U0790180

应用生物技术大系

生物催化剂与酶工程

Biocatalysts and Enzyme Technology

K. 布赫霍尔茨
〔德〕V. 卡谢　　　　等　编著
U. T. 博恩舒尔

魏东芝　马显澍　马兴元　等　译

科 学 出 版 社
北　京

图字：01-2006-7060 号

内 容 简 介

生物催化剂和酶工程是生物工程的重要研究和应用领域，本书将为读者带来人类应用生物催化剂的历史，酶的催化原理、动力学、产量、循环、特性以及设计方法等知识。不仅涵盖了常用的可溶性酶，也着重介绍了新式的固定化酶在有机合成、生物反应器设计和反应工程中的应用。每一章都有大量的应用实例，章末还设有习题以帮助读者更好地学习这门令人兴奋的学科。

本书适合于生物化学、生物催化工程、发酵生产等领域的研究者和技术人员使用。

Originally published in the English language by WILEY-VCH Verlag GmbH & Co. KGaA, Boschstraβe 12, D-69469 Weinheim, Federal Republic of Germany, under the title "Biocatalysts and Enzyme Technology". Copyright 2005 by WILEY-VCH Verlag GmbH & Co. KGaA.

图书在版编目(CIP)数据

生物催化剂与酶工程/（德）布赫霍尔茨（Buchholz K.）等编著；魏东芝等译．—北京：科学出版社，2008

（应用生物技术大系）

ISBN 978-7-03-022195-7

Ⅰ．生…　Ⅱ．①布…②魏…　Ⅲ．①生物-催化剂②酶-生物工程　Ⅳ．TQ426　Q814

中国版本图书馆 CIP 数据核字（2008）第 078546 号

责任编辑：李　晓　李　悦　席　慧／责任校对：赵燕珍

责任印制：赵　博／封面设计：耕者设计工作室

科学出版社出版

北京东黄城根北街 16 号

邮政编码：100717

http://www.sciencep.com

北京富资园科技发展有限公司印刷

科学出版社发行　各地新华书店经销

*

2008 年 9 月第　一　版　开本：787×1092　1/16

2025 年 3 月第七次印刷　印张：23 1/4

字数：528 000

定价：120.00 元

（如有印装质量问题，我社负责调换）

译 者 名 单

主　　译：魏东芝　马昱澍　马兴元

参译人员：（按姓氏音序排列）

曹　丹　高克亮　林金萍　林良才

马兴元　马昱澍　彭　仁　秦鲁敏

孙建安　魏东芝　魏国栋　尤朋永

前　　言

德文第一版

生物技术是生物系统整体或部分的技术性应用，是一种为满足人类需求而提供的产品和服务。与其他技术不同，生物技术能够以一种可持续的方式来满足人类的需求。在大多数情况下，它的过程采用可再生的原材料和系统，所有副产品都可再次循环利用，故可认为这些过程是无废弃物的。

就生物技术而言，通过自然科学和工程科学的发展来进行过程设计仍然是个挑战，毕竟生物技术是一个源于生物学、化学和过程工程等学科相交叉的领域。

除了各学科的基础知识外，生物技术的必需教育还包括更深层次的生物技术知识，这些知识有助于对整个领域有一个全面的认识，并更为深入地了解生物技术的各个方面。不同材料的生物技术生产可以利用活细胞以发酵罐的形式进行（微生物技术），也可以以酶（游离酶或全细胞）的形式，也就是以生物催化的形式进行。实际上，最近几年生物催化已经有所发展，并形成了生物技术中的一个领域，即大家所熟知的酶技术/应用生物催化。

本书的目的是帮助读者对酶技术/应用生物催化有更为深入的了解，并特别强调以下几个问题：对酶作为生物催化剂，在宏观生物学、细胞生物学和分子生物学中的一体化知识的全面认识；溶液中催化作用和分子反应的物理化学特性；多相体系和相间边界；物理学传质过程。还包括基于以上自然学科的酶技术与化学过程、过程工程之间的内部关系。

在工业酶生产兴起不到一个世纪的时间内，酶技术和其产品的重要性稳步提升。为满足日常生活所需，酶在材料生产工业中发挥着重要的作用。实际上，酶的应用涵盖了食品（如面包、奶酪、果汁、啤酒）的生产、制药业和精细化工、皮革和纺织品的生产以及在环境工程中的应用。

为满足新产品生产的需求，例如新开发的立体纯药物的制备和精细化工，迫切要求生物催化和酶技术进一步发展。此外，对现有产品实现可持续生产流程的研发同样重要。本书第 1 章对此进行了详细阐述。

酶作为催化剂在生物技术中至关重要，犹如核酸作为基因信息载体所起的作用。酶可以作为独立催化剂应用表明了它的重要性，本书第 2 章对该专题进行了说明。而在分子水平和动力学水平上对酶的描述和分析，对酶催化过程的阐释及合理设计是必需的。酶还可以进行双向催化，该特性可应用于快速、高产率反应终点的选择，酶促反应的热力学性质和酶本身的特性也应一并考虑。同时，为了衡量酶的应用在经济上的可行性，必须通过计算底物单位时间内转化所需的酶量来确定酶耗，第 2 章还强调了生物催化的定量计算。

当酶耗过高时可通过提高酶的产量来减少成本，该专题在第 3 章中有所说明（本书第 4 章）。

第 4 章（本书第 5 章）中阐述了应用生物催化中的游离酶的使用，并列举了相关过程的实例。酶的单次使用在经济上是不可取的，酶可以进行再利用，也可在膜反应器中连续使用（第 4 章，本书第 5 章）或是进行固定化（第 5、6 章，本书第 6、7 章）。酶的固定化在第 5 章中有详细说明，微生物和细胞固定化以及对环境技术的参考价值在第 6 章中进行了讲述。

为分析说明合理过程设计中采用固定化生物催化剂的反应，必须同时考虑体系中反应和扩散两个过程。为确定固定化生物催化剂的性质，可采用之前为同源生物和过程工程（多相催化）所研发的方法（第 7 章，本书第 8 章）。

第 8 章（本书第 9 章）对酶技术中的反应器和过程工程技术进行了阐明，第 10 章为游离酶和固定化酶应用的介绍（英文版没有涉及此内容）。

每章都设置了启发性提问、习题、参考文献、全文或章节引用的相关内容。

本书适用于生物学、化学、生物化学、化学过程工程学等学科的学生和研究生，同时也面向工厂、研究机构和高校的科研人员，为读者了解应用生物催化/酶技术研发的各相关方面提供了基础知识。有一点必须明确的是，在不同的情况下，各专题的重要性并非一致，读者应根据各自所需选择性地利用本书。除了基础知识，我们也尝试提供广泛的数据和新过程的实例以强调各方面在工业实践中的重要性。

就我们的观点而言，社会和环境中存在的超越科学和工程范畴的联系也十分重要。在过去的 20 年中，人们已认识到这些关系对可持续发展的重要性和必需性，这促使了科学和工程发展过程的新经济和政策边界条件的产生。洗涤剂中酶的过敏性反应和近来重组有机体中的酶生产等各种问题，都对酶技术/应用生物催化有直接的影响。因此集成化工艺设计必须考虑其环境影响，包括原材料的有效利用以及副产品、废物的最小化和循环利用。政策边界条件源于可持续性概念，当以法律和法规的形式表达时，必须考虑其在研究和开发中的必要性。因此，对于应用生物催化和酶技术而言，可持续过程的设计是一个重大挑战。当应用基因技术时，必须将伦理因素考虑在内，在技术和制药酶的生产过程中，伦理因素也越来越重要。在应用自然科学和过程科学时，必须考虑研究开发与经济政策边界条件的相互关系，且必须在任何研发的早期对最佳生产过程的改进和选择过程中加以重视，以满足人类方方面面的需求，图释如下：

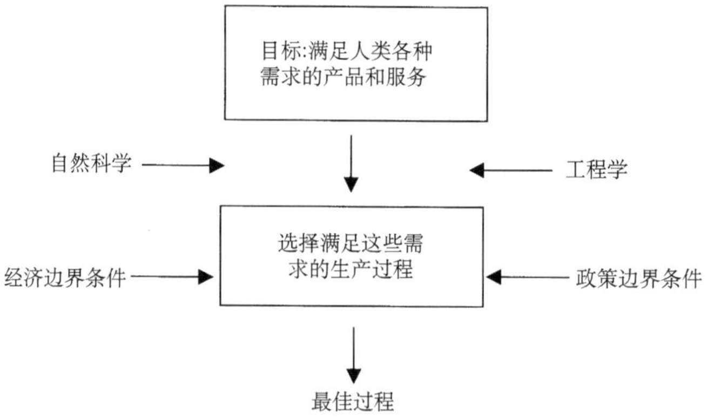

本书由我们的讲座笔记和材料整理而得。在此，我们要感谢所有提供宝贵帮助以及为本书的出版做出重大贡献的人士。我们要特别感谢 Dipl. -Ing. Klaus Gollembiewsky，Dr. Lieker，Dr. Noll-Borchers 和 Dipl. Chem. André Rieks。

Klaus Buchholz
Volker Kasche

英文第一版

我们保留了之前德文版的基本理念，但对内容做了修订和更新来说明酶技术/应用生物催化的巨大发展，毕竟德文版已出版 10 年了。我们新增了第 3 章以说明酶作为生物催化剂在有机化学中的重要作用。第 2 章加入了大量的最新的蛋白质设计（采用合理设计和定向进化方法）的知识。最后一章也做了修改，增加了更多的案例研究来说明酶过程设计中必须解决的问题。本书还增加了利用图书馆和网络资源进行信息检索的附录，这要感谢 Thomas Hapke（汉堡科技大学图书馆化学工程学科管理员）在材料准备过程中所提供的帮助。英文版中删除了酶用于分析目的的章节，因为它已超出了本书的范畴。

我们要感谢 Prof. Dr. L. Jaenicke 和 Prof. Dr. J. K. P. Weder，感谢他们在德文版的更正和改进过程中所提出的非常具有建设性的建议。

本书的作者还要感谢 Prof. Dr. Andreas Bommarius，Dr. Aurelio Hidalgo，Dr. Janne Kerovuo，Dr. Tanja Kummer，Dr. Dieter Krämer，Dr. Brian Morgan，Sven Pedersen，Poul Poulsen，Prof. Dr. Peter Reilly，Dr. Klaus Sauber，Dr. Wilhelm Tischer 和 Dr. David Weiner，感谢他们为本书的筹备所做的修订工作和提出的宝贵建议。

Klaus Buchholz
Volker Kasche
Uwe T. Bornscheuer

目　　录

1 酶技术简介

1.1 引言

为满足人类的各种需求，生物技术在生产中显现出越来越大的潜能。作为生物技术的范畴之一，酶技术已开发了许多以酶为催化剂的新生产加工过程，其产品产量大、价值高，能够满足食品（面包、奶酪、啤酒、食醋）、精细化学品（氨基酸、维生素）以及药物制品等工业的生产需求。此外，酶在清洁、环保、分析及诊断等方面同样发挥着作用。无论是学术上还是工业生产上，无论是过去还是将来，酶技术发展的动力主要有：①开发更新更好的产品、加工工艺以及服务以满足社会需求；②改进利用生物体作为新原料来生产现有产品的加工过程。

这些方法的目标在于设计既有竞争力又符合可持续标准的创新型产品和工艺。关于可持续性的概念是 1987 年由世界环境与发展委员会（WCED）提出的，旨在推动“……能够满足现在的需求但不危害后代满足自身需求能力的发展”。对于一项工艺而言，可持续性需考虑在经济、环境和社会影响等标准方面予以评价（Gram et al.，2001；Raven，2002；Clark and Dickson，2003）。而这些方面的有利发展有赖于可持续性的工艺过程。与对社会影响评价相比，对经济与环境影响的量化评价标准更易于制定。在经济和环境方面，为了比现有工艺表现得更为持久，所涉及的新加工过程必须减少资源的损耗（如原材料、能量、空气、水）和废弃物的产生，而且还应该增加单位产品的废料循环使用。

1.1.1 什么是生物催化剂

生物催化剂指具催化作用的蛋白质（酶），或在某些情况下可能是核酸（核酶；一些可催化水解 RNA 的 RNA 分子，是在 20 世纪 80 年代检测到的，在此将不予描述；Cech，1993）。今天，我们知道酶是所有生命系统中的必要物质，它们能迅速地、选择性地以及有效地催化所有系统内的化学反应以满足生命体的生存和生产的需要。在 20 世纪初，生物化学家们就关于酶是否能在生物体外作为催化剂的问题展开争论。然而，酶在早期已显现出体外的催化作用，而且几项应用酶作为生物催化剂的工艺也获得了专利（见 1.3 节）。

酶技术就是利用了酶的这些优点。例如，它可作为生物催化剂持续用于工业规模的化学反应中。它的应用覆盖到所有人类需要的产品生产（如食品、动物饲料、药品、精细化学品、纤维材料、保健及环境技术），也在以分析为目的的领域里，尤其是诊断中起着广泛的作用。事实上，在过去的 50 年时间里，我们很快地了解了有关酶的知识，包括其合成和细胞生物学机制，这使得它们能作为生物催化剂而有条不紊地应用于许多生产过程中。此外，人们还对酶进行了修饰与催化，从而为其参与新的合成系统并解决分析问题创造条件。

本章将列举酶技术作为一种生物技术所具备的工艺及经济潜质，并简要地描述了酶的历史背景和优缺点，并与其他各种生产工艺进行比较。此外，作为当今和将来的重点，酶工艺的合理设计所需要考虑的问题也将在此予以介绍。

1.2 生物技术生产工艺的目的与潜能

生物质，作为可再生的原材料，已经成为并将继续作为可持续资源用于满足人类各种物质需求。在发达国家，如德国，生物质资源约占所需原材料的 30%，相当于每人每年 7000kg。图 1.1 显示了生物质在满足人类不同要求方面的分布。这些分布代表了一个发达国家在冬季所需的高能源消耗水平。然而，其中能源的消耗（以相当于 1999 年煤消耗的吨数计算）范围很大，从美国的 11.4 到德国与英国的 5.5，中国为 0.8，印度是 0.43（据 2002 年联合国统计）。这种差距主要由用于住房、运输以及制造其他所需物质的不同能源所引起。在稍欠发达的国家，尽管在以生物质为原材料来满足人类需求这方面水平高于发达国家，但它们的总消耗数却比较少。

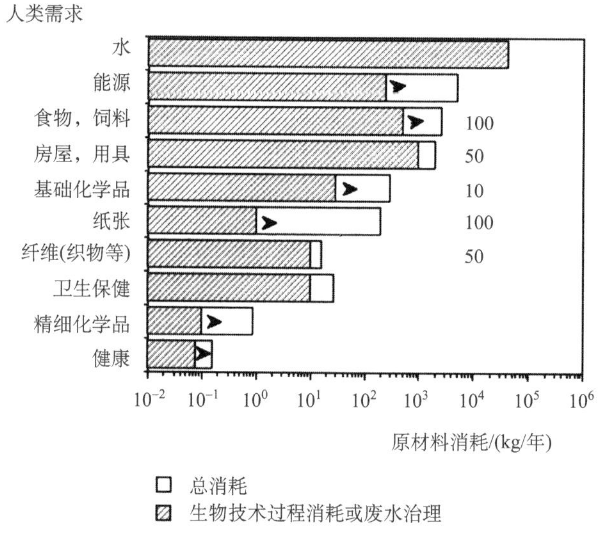

图 1.1　1992 年德国每人每年用于满足生活需求所消耗的原材料。水的消耗仅限于家用。箭头显示了近年来各种利用生物技术过程加工的必需品的增长趋势。用于食品和动物饲料的原材料只有可再生的原材料（生物质）才能被采用，右边的数字为生产该产品时作为原材料的生物质的使用率。对于卫生方面，精细化学品和健康产品，0～100%的原材料的生产依赖于生物质。在产品使用后，不可避免地会产生废物，也必须以可持续的形式予以循环。除了废水外，还会产生约 1000kg 的固体废物（如土、建材、塑料、泥浆等），也必须用合适的环保生物技术过程予以循环利用。能量以煤的消耗量计。

生物质与其他不可再生原材料，如金属、煤和石油相比，在以下标准满足的情况下，是以可持续的方式再生的：

- 生物圈内存在着 C、N、O 和盐循环；

- 在土壤和水系统中生物体通过光合作用和生物转化进行可持续生物生产的条件充足。

目前，在全球范围来看，这些条件均不满足，其中有一个不平衡的例子是为满足能量需求而增加了CO_2和减少了雨林地带通过光合作用对CO_2的消耗。这导致了全球变暖以及其他更加破坏该标准条件的结果。国际上有通用的治理方法，如京都协议，以期引进该协议来抵制这种发展，从而达到满足以上标准的目的。

当满足以上可持续的标准时，生物质就可作为原材料来满足如图 1.1 中所述的各种人类所需。人类的食品以及动物饲料的需求完全有赖于生物质，尽管当这些最主要的需求已被满足了，但生物质还可用来满足图 1.1 所示的其他方面的要求。这特别适用于总的原材料消耗比食物更低的地区。从这一点而言，为满足能源需求而大量消耗生物质的做法，仅在人口密度低和生物质产量高的国家可行。

按照定义，生物技术工艺是特指用生物质作为原材料进行化合物生产的一整套过程(图 1.2)。这类工艺的经济重要性见表 1.1。其中也涉及开发适当的设备，以通过这些设备获得可持续生产工艺。从图 1.1 中的信息可知，在开发可持续生产工艺以满足人类需求的过程中，生物技术蕴藏着巨大潜力。

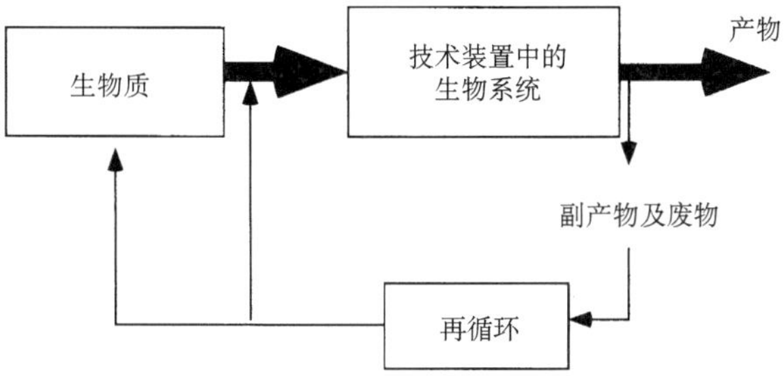

图 1.2 理想的可持续生物技术生产过程简图。生物质作为可再生资源转化为所需的产物，同时生产最小的废物及副产物，并且这些废物及副产物必须被完全再循环。

表 1.1 利用生物技术生产的用于满足人类需求的产品的年产量和产值。所有生产数据为 1999～2003 年，产值仅限于有来源的或可估计的范围，以欧盟的标准计

人类需求	产品	世界产量 /(t/a)	产值 /(10^9€/a)	生产方法	
				生物学	化学
食品与饲料	啤酒/酒	170 000 000	200	F，E	
	奶酪	13 000 000	100	F，E	
	酿酒酵母（1992 年）	1 800 000	?	F	
	精制菜籽油	25 000 000	?	E	+
	醋（10%）	1 200 000	?	F	
精细化学品	氨基酸	>1 000 000	>5	F，E	+

续表

人类需求	产品	世界产量/(t/a)	产值/(10^9€/a)	生产方法	
				生物学	化学
	葡萄糖-果糖浆	12 000 000	5	E	
	维生素 C	>100 000	>2	F，E	+
	天冬氨酰苯丙氨酸甲酯（二肽）	10 000	?	F，E	+
	柠檬酸	800 000	1	F	
	除草剂，杀虫剂	2 200 000	?	E	+
	酶	>10 000	2	F	
基础化学品	淀粉产品（乙醇等）	35 000 000	10	F，E	
	丙烯酰胺	400 000	?	E*	+
	乙酸	3 400 000	?		+
织品用纤维	棉	17 000 000		E	+
	羊毛	1 000 000		E	+
	亚麻	70 000		F，E	+
纸张		300 000 000		E	+
卫生剂	生物表面活性剂	?	?	F，E	+
清洁剂	洗衣粉	22 000 000		F	+
治疗	抗体	>60 000	约 60	F，E	+
	胰岛素	约 10	3	F，E	
	其他肽类激素	?	?	F，E	+
	重组蛋白（因子 8，干扰素，tPA，生长因子，单克隆抗体等）	?	20	F，E	
诊断	单克隆抗体	?	>1	F，E	+
	DNA/蛋白质芯片	?	?	F，E	+
	以酶为基础的物质	<1	>1	F，E	+
环境	纯净水（仅德国）	3 000 000 000	13	F	+
	清洁空气/净土（土壤补救）	?	?	F	+
比较					
化学工业	所有产品	约 1 000 000 000	约 2000		
	化学催化剂	180 000	8		

注：F=发酵；E=酶技术；* 酶技术占 25%。

资料来源：联合国（UN）（2003）；Hassan and Richter（2002）；ifok（2003）；C & EN/Datamonitor（2001）；Novozymes（2004）。

酶技术是生物技术的一部分，欧盟的生物技术部门在 1989 年将其定义为：“生物技术是自然科学与工程科学的结合，以实现对有机体、细胞及其中的部分和分子类似物的应用，从而获得某种产品和服务。”

随后又将其修正为：“生物技术很显然是遵循生物学原理，造福人类。”

有些准则已在上文列出。这里，我们将加入那些不仅是传统经典的，也是新生物技术过程必须改进和（或）发展的内容，以保持其可持续性（图 1.2）。生物技术过程中涉及多个交叉学科，其发展所需的基础便是生物学家、化学家、生物工程师和化学工程师之间的紧密合作。

1.3 酶技术与应用生物催化的历史节点

1.3.1 早期发展

生物催化技术的应用渊源可追溯到古代对食品和酿酒的生产和保存，这可在古埃及的画册中看到。制作奶酪一直都需用到酶，早在大约公元前 400 年，荷马的 Iliad 就提到利用儿童的胃液制作奶酪。

随着 18 世纪至 19 世纪现代自然科学的发展，生物催化开始发展到一个更科学的阶段。1833 年，Payen 和 Persoz 研究了处于发芽状态的大麦水解淀粉为糊精和糖的过程，及其中不同提取物的转变，并表述了一些基本的酶促反应规则（Payen and Persoz，1833）：

- 少量的配制品即可溶解大量的淀粉。
- 所得提取物（即酶）不耐热。
- 酒精可使活性底物从水溶性介质中沉降，从而被浓缩和纯化。这种活性底物被称为淀粉酶（diastase）[一种淀粉酶（amylase）的混合物]。

1835 年，Berzelius 确定淀粉酶（diastase）将淀粉水解是一种催化反应。1839 年，他又将发酵诠释为是始于一种催化动力，并推断有一个主体（由于它的存在）通过亲和力与发酵底物结合，引起重新组合而形成新产物（Hofmann-Ostenhof，1954）。

自从 19 世纪 30 年代起，淀粉酶（diastase）的应用成为主要热点，人们利用这种酶生产糊精，在法国主要用于制作面包，也用于以水果为原料生产啤酒和酒类。Payen（1874 年）对这一过程作了更详尽的描述，包括其应用价值和经济前景（图 1.3）。事实证明在该水解过程中，使用麦芽汁比使用硫酸更加经济。

实验室制剂也可以用于生产奶酪（Knapp，1847），而 Berzelius 随后也报道说 1 份实验室制酶可凝固 1800 份的牛奶，且仅有 0.06 份的酶损失。这为 Berzelius 有关酶的假设提供了进一步的证据。

大约 20 年后，有人提议区分有机酶和无机酶（Wagner，1857），并得到了 Payen（1874）的进一步发展。这些研究者将发酵描述为一种接触（催化）的分解或合成过程（与水），执行该过程的是两种物质或主体：

- 一种含氮的有机（无机）物质，如参与分解的蛋白材料。
- 一种活的（有机）主体、一种低等植物或一种“滴虫”（infusorium），如通过发酵生产乙醇。

人们对可溶性酵素（酶）的认识发展始终很慢，直到 19 世纪 90 年代，一些前沿的

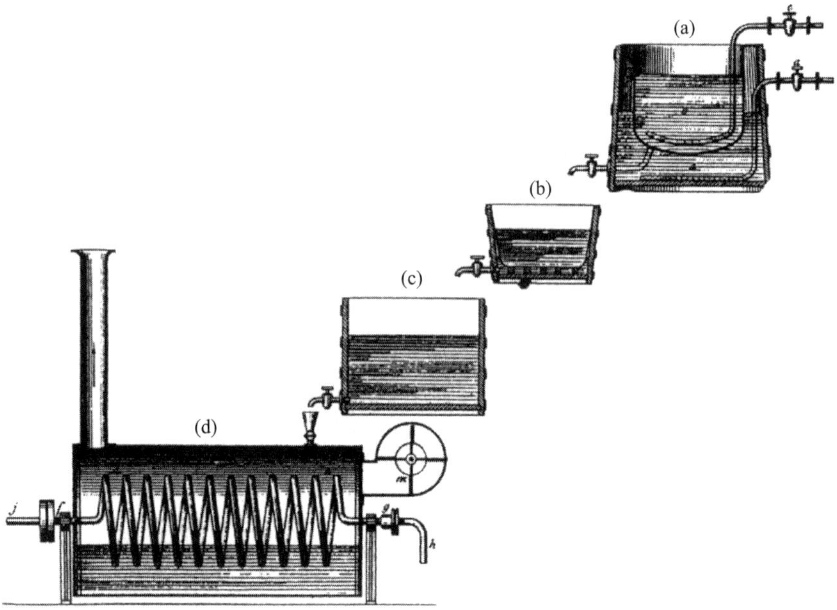

图 1.3 生产糊精的过程。包括（a）反应器，（b）过滤器，（c）蓄水池和（d）浓缩设备。

科学家如 Pasteur 驳斥了不具化学性质的“无机可溶性酶”的存在，引发了一场科学争论。结果，酶催化反应的主体依然是模糊的，只是得出了这类反应是在生物系统中与过程相联系的结论。在发酵原理中，仍然存在着不为人知的事物：一些与化学动力不同的生命因子，并被认为有这样一个重要的理论，即分离自生命体的成分与化学反应过程中的合成相联系。但 Liebing 及其团队却对此持相反观点，他们认为发酵仅仅是一种衰退过程。

1874 年，在丹麦的哥本哈根，Christian Hansen 开设了第一家将标准化酶制剂投放市场的公司（Christian Hansen 药厂），生产用于制作奶酪的凝乳酶（Buchholz and Poulson，2000）。

1.3.2 19 世纪 90 年代的科学进展：生物化学的典范；应用中走向成功

大约从 1894 年开始，Emil Fischer 潜心钻研了酶催化的基础内容。第一个方面是其特异性。Fischer 在一系列实验中利用几种糖苷和寡聚糖对不同酶的功能进行了研究。在这项研究中，他对转化酶和脂肪分解酶（苦杏仁酵素）进行了比较。他从酵母中提取转化酶，这是个一般的步骤，发现它能分解 α-甲基-D-糖苷，但不能水解 β-甲基-D-糖苷。相反，Merck 公司的商业化酶脂肪水解酶可分解 β-甲基-D-糖苷，却不能水解 α-甲基-D-糖苷。因此，Fischer 提出了著名的“锁钥”模型，在该模型中他认为对底物具有化学影响是酶功能的前提。“（酶）分子的立体几何构型主要是不对称性，与天然的己糖（糖类）所对应”（Fischer，1909）。

第二方面是酶的蛋白质天然属性。1894 年，Fischer 指出在所有活细胞内的成分中，蛋白质是最重要的。他认为酶是蛋白质，但这一点直到20多年后酶的化学属性揭晓后才得以证实。事实上，甚至到了1927年，Willstätter依然否认酶是蛋白质（Fruton，1979）。

在Fischer开始研究后的几年，Eduard Buchner发表了一系列文章（1897，1898），这标志着发酵及酶学领域的新突破。他的第一篇论文是关于无酵母细胞的酒精发酵。文中他简洁明朗地指出："无酵母细胞的（酒精）发酵到现在才取得成功"。随后，他提出了一种解决这一问题的工艺（Buchner，1897），并详细描述了酵母无细胞抽提物制备及其将糖转化为酒精和二氧化碳的实验细节。Buchner还提出证据证明（酒精）发酵不需要"像酵母细胞那样复杂的装备"的存在。其关键因素是一种可溶物质，毫无疑问是一种蛋白质，被他称为酿酶（Buchner，1897）。由于Buchner的发现和已有的理论存在着强烈的矛盾，而且与Pasteur的观点也不相符，但Buchner坚信他的新实验发现是不会被旧理论所推翻的。

从最开始到其后的一百年间，曾有人提出多种其他富有想象力的理论，Buchner的精心研究结果开创了生物化学的新时代。Buchner的发现与Pasteur的理论明显不同，他认为酶催化反应，包括像酒精发酵那样的复杂现象，都是化学过程，并不需要活细胞的存在和功能，也不要求具有生命力——*a vis vitalis*。从此酶工艺在一个新的科学基础之上以理性的态度进行发展。

酶的科学研究活动在这种新思想的指导下越来越频繁，尤其在19世纪80年代中期以后，有关可溶性酵素的论文发表量的显著增加也反映了这一点（Buchholz and Poulson，2000）。在很短的时间内即有了更为深入、重要的发现。1898年，Croft-Hill利用酵母提取物（α-糖苷酶）作用于40%葡萄糖溶液完成了第一项酶合成反应6-葡萄糖-α-葡萄糖苷（Sumner and Somers，1953）。1900年，Kastle和Loevenhart研究发现脂肪酶催化的脂肪水解和其他酯类水解是可逆的反应，而且酶的合成反应可以在稀释了的酒精和酸的混合液中发生（Sumner and Myrbäck，1950）。这一原则在其后分别被Fischer及其团队于1902年、Bourquelot及其团队在1913年应用于众多糖苷的合成中（Wallenfels and Diekmann，1966）。1897年，Bertrand观察到有些特定的酶需要可渗透的物质来激活其催化活性，他将这些物质称为辅酶。

Sumner在1926年对脲酶进行结晶，以及Northrup和Kunitz在1930～1931年结晶了更多的酶（如胰蛋白酶），最终证实了酶的确是蛋白质（Sumner and Myrbäck，1950）。

尽管酶的发展取得了以上的进步，但酶的新应用仍然很少。在美国，J. Takamine在19世纪90年代开始分离细菌淀粉酶，后来他们成为著名的Miles实验室。1895年，Boidin发现了一种生产酒精的新工艺，称之为"淀粉工艺"（amyloprocess）。其中包含有谷类的蒸煮、能形成糖化酶的毛霉的接种以及随后的酵母发酵（Uhlig，1998）。Neidleman的综述中概括了早期食品工业中的酶的应用及相关专利（至1911年约为10项）（1991）。

在20世纪初，人们开始生产植物脂肪酶并应用在脂肪酸的生产中，原料是油和脂，规模为每周10t（Ullmann，1914）。类似地，在美国，蛋白水解酶自1911年起已成功地应用于啤酒的冷藏（Tauber，1949）。早在 1890 年，Lintner 就表示小麦淀粉酶在面包制作过程中起作用，并对此效应进行了广泛的研究。结果就是麦芽提取物的添加获得应用，在 1922 年，美国的面包师即使用了重达 3000 万磅（13.5×10^6kg）的麦芽提取物，价值达 250 万美元（Tauber，1949）。

游离酶的应用在工业化规模生产制造皮革方面起着重要作用。早期的制革工人在准备好制革用的兽皮等皮革后，将去了毛的皮悬浮于狗或鸟的粪便中。1898 年，Wood 第一个发现粪便的软化作用是由于其中所包含的酶（蛋白酶、胰蛋白酶、脂肪酶）引起的。在 Wood 的研究基础上，第一种商业化皮革用软化剂 Erodine 是在 1896 年经一项德国专利授权由 Popp 和 Becker 利用 *Bacillus erodiens* 制成的。为生产 Erodine，需将微生物培养基吸附于木质颗粒物，并混以氯化铵（Tauber，1949）。

1907 年，Röhm 发明了一项关于以胰提取物与铵酸盐混合作为软化剂的专利（Tauber，1949）。作为一个化学家，Röhm 的动机是寻找另一种代替令人不满的粪便法的新软化方法。早期仅用铵作为软化剂的实验以失败告终，但 Röhm 开始意识到了 Buchner 关于酶的研究。他认为酶是粪便中具有活性的关键物质，随后开始寻找在技术上可行的酶源。他用胰提取物的试验获得了成功，在这基础上，他于 1907 年建立了自己的工厂，并成功地进入了市场，发展也很迅速。1908 年，该公司销售以 Oropon 为商品名的产品达 10t，随后的两年分别达到 53t 和 150t。1913 年，该公司（图 1.4）拥有 22 名化学师、30 名其他员工和 48 名工人（Thrommsdorf，1976）。如今的 Röhm and Haas 公司（美国总部的子公司）建立于 1911 年。Röhm 公司的成功的例子说明，虽然市场对于这一新产品需求是一个重要因素，但酶活性原理的知识从经济上和技术上对获得解决方案具有同样重要的作用。

图 1.4 Röhm and Haas 公司的工厂，达姆施塔特，德国，1911 年。

该项利用酶的软化工艺成功后，又出现了许多胰蛋白酶的新应用，包括消化不良的替代疗法、织物纤维的退浆、伤口的治疗以及大规模洗涤过程中去除蛋白质凝块的方法。然而，在 20 世纪 20 年代，胰腺中发现了胰岛素，因此胰腺组织开始作为治疗糖尿病的胰岛素的来源。为此，人们需要其他的酶来源来提供现有酶工艺中必需的生物催化剂，这项研究又成功地转向了微生物如细菌、真菌和酵母。

1.3.3　20世纪50年代后的发展

从1950～1970年，随着新科学技术的发展，市场对酶的需求，无论是应用于洗涤过程、淀粉过程，还是生产甜料的更廉价原材料和光学纯净氨基酸，都促进了酶技术更进一步的发展。结果，人们发现有越来越多的酶能应用到酶工艺中，并将这些酶给予纯化和定性。在1950年第一个鉴定并用于水解青霉素的青霉素转氨酶，几年后又鉴定了葡萄糖异构酶，用于将葡萄糖异构为果糖。随着酶的固定化这一新技术的出现，酶可以获得重复利用并降低酶过程的成本。虽然蔗糖的主要糖料是甘蔗或甜菜根，但谷物中的淀粉是一种替代性蔗糖的原材料（主要在美国）。淀粉能水解为葡萄糖，但这类葡萄糖的含糖量不如同等重量的蔗糖及其水解产物——葡萄糖和果糖。由于葡萄糖异构酶可将葡萄糖异构为果糖，因此淀粉便成为一种糖料的来源。该过程已于1960年申请了专利，但直到将近15年以后，这项应用酶将淀粉转化为葡萄糖-果糖糖浆的过程才得以实现工业化。部分的原因是由于蔗糖价格上涨和固定化的葡萄糖异构酶作为生物催化剂被引入到生产中。尽管这一工艺的发展是经欧洲工程师和科学家的努力而得以实现的，但由于对利用甜菜来生产蔗糖实施保护措施，这一工艺在欧洲的应用仅占最低量（约为世界产量的1%）。

酶的固定化首先被应用于高价酶的重复使用中。一些早期的尝试是在20世纪初（Hedin，1915）。但结果证明用木炭吸附酶十分不稳定。大约在20世纪50年代，几个小组开始将酶固定于其他载体上（Michel and Evers，1947；Grubhofer and Schleith，1954；Manecke，1955，引用于Silman and Katchalski，1966）。Georg Manecke第一个成功地将蛋白质固定化在聚合物载体上而制作成相对稳定的固定化系统，尽管他的方法申请了相关专利，但他无法证明该发明在工业开发上的重要性。相反，是一群在以色列Ephraim Katchalski-Katzir工作的化学家使得固定化酶在全世界范围内实现工业化（Katzir的合作者包括Klaus Mosbach和Malcolm Lilly，他们随后为建立酶技术做出了重大贡献）。由葡萄糖异构酶催化葡萄糖生产高果糖糖浆（HFCS）、光学纯度的氨基酸的生产（Tosa et al.，1969）和青霉素G的水解（Carleysmith and Lilly，1979年，同英国的Beecham制药和德国的Bayer的G. Schmidt-Kastner共同完成）是固定化酶第一次在工业上应用。

直至今天，就体积而言，最大的固定化酶产品仍是固定化的葡萄糖异构酶。随着这类产品的采用，它们变得更为实用，而稳定的生物催化剂也发展得更经济、更便捷。最终，商品化固定化葡萄糖异构酶的产量从约500kg HFCS/kg（1975年）固定化酶产品上升到约为15 000kg/kg（1997年）（Buchholz and Poulson，2000）。

在20世纪60年代，酶的生产仅在一定范围内有所发展，这主要体现在细菌淀粉酶和蛋白酶的销量增长。事实上，Novo Industri（现今的Novozymes诺维信）——当时领先的酶生产商，每年完成的酶类产品在1965年才超过100万美元。然而，随着去污剂蛋白酶（detergent protease）的出现，酶的使用显著增长，且在20世纪60年代末，每天都需要 Biotex——含去污剂的蛋白酶。与此同时，一种用葡萄糖淀粉酶生产右旋葡萄糖的酸/酶工艺在淀粉工程中获得广泛应用。结果仅仅过了 4 年，在 1969 年，Novo 的酶产值每年都超过 5000 万美元，而 2003 年诺维信的产值更是达到了约 10 亿美元。现在全球市场在这方面的产值估计约为 20 亿欧元（Novozymes，2004）[图 1.5（a)]，这也可以从酶制造业的员工增长量上反映出来 [图 1.5（b)]。

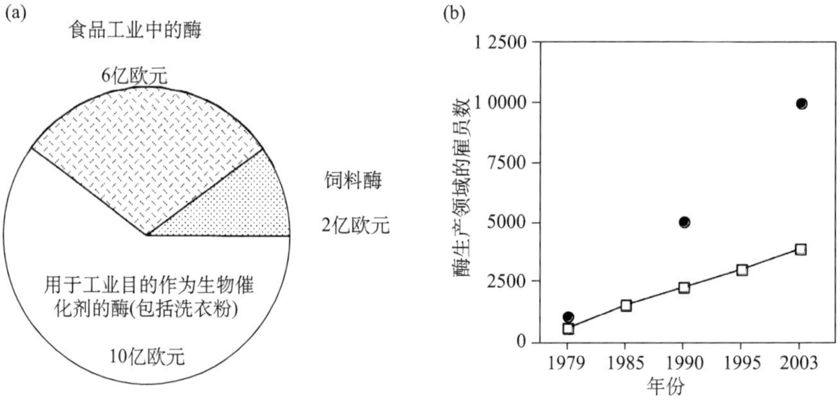

图 1.5 不同用途的酶的市场现状（a）即由在酶制造工业领域增加的职工数量反映酶应用的增长（b)（□表示诺维信的年度报告；●为所估计的全球总量）。

表 1.2 列举了游离酶或固定化酶作为生物催化剂的主要工业酶工艺。

20 世纪 70 年代基因技术的应用不但有力地推进了更完善、更经济的生物催化剂的发展，还拓宽了其应用的规模。采用重组微生物后产量显著增加，酶的稳定性也增强，这使得酶应用的成本适当降低，也导致了酶应用经济的进一步完善。如今，除了食品工艺外，在酶工艺过程中所用的大多数酶类生物催化剂是重组的。

表 1.2 不同公司年生产量超过 1000t 用作生物催化的酶制剂。其他一些利用最近发展的酶工艺年产量为 10～1000t 的酶也列入其中

产品	酶	游离或固定化酶	公司
>10 000 000t/a			
HFCS	淀粉酶	游离	多家公司
	葡萄糖淀粉酶	游离	
	葡萄糖异构酶	固定化	
乙醇	淀粉酶	游离	多家公司
（汽油添加剂）	葡萄糖淀粉酶	游离	
>10 000t/a			
丙烯胺	腈水解酶	固定化细胞	Nitto，DSM
6-氨基青霉素酸（6-APA）	青霉素酰化酶	固定化	多家公司
可可黄油	脂肪酶	固定化	Fuji Oil，Unilever
异麦芽糖	蔗糖异构酶	固定化细胞内	Südzucker
无乳糖牛奶或乳清	β-半乳糖苷酶	游离或固定化	多家公司

续表

产品	酶	游离或固定化酶	公司
>1000t/a			
7-氨基头孢菌素酸（7-ACA）	(*R*)-氨基氧化酶	固定化	多家公司
	戊二酰胺酶	固定化	
7-氨基去氧化头孢菌素酸（7-ADCA）	戊二酰胺酶	固定化	DSM
	[修饰的（?）]		
(*S*)-天冬氨酸	天门冬氨酸酶	固定化（?）	Tanabe
天冬氨酰苯丙氨酸甲酯	嗜热菌蛋白酶	固定化	Toso，DSM
(*S*)-甲氧基异丙基	脂肪酶	固定化	BASF
(*R*)-泛酸	内缩醛酶		Fuji chem. Ind.
(*R*)-氨基酸	乙内酰脲酶	固定化	多家公司
	甲氨酰化酶		
(*S*)-氨基酸	氨酰转移酶	游离	Degussa，Tanabe
1000>10t/a			
阿莫西林	青霉素酰化酶	固定化	DSM
头孢氨苄	青霉素酰化酶	固定化	DSM
(*S*)-DOPA	β-酪氨酸酶	固定化	Ajinomoto
人胰岛素	羧基肽酶 A	游离	Aventis
	赖氨酰肽链内切酶	游离	多家公司
	胰蛋白酶	游离	BASF
立体选择性纯醇类和胺类	脂肪酶	固定化	BASF
(*R*)-扁桃酸	腈水解酶	固定化	BASF

最近，定点突变、基因穿梭和定向进化等技术的发展开启了对酶的选择性和特异性进行修饰的先河（见第 2 章 2.11 节及第 3 章）。

更详细的科学技术发展内容可参见以下文章：Sumner 和 Myrbäck（1950），Sumner 和 Somers（1953），Ullmann（1914），Tauber（1949），Neidleman（1991），Turner（Roberts et al.，1995），Buchholz 和 Poulsen（2000）。有关生物技术和“酿造术”背景的更深分析可参见 Bud（1992，1993）。

1.4　生物技术过程：游离酶或胞内酶作为生物催化剂的应用

生物技术过程使用一种或多种有或没有辅助因子或辅助底物的酶作为生物催化剂（图 1.6）。如果有更多酶和辅助底物需要再生，则用活细胞进行发酵过程就比使用游离酶更有效。除了在环境生物技术方面的应用（见第 7 章），这些过程将不在此赘述。与发酵相比，那些利用几种（≤3）游离酶且无任何辅助底物（ATP，NADH）再生的酶过程，或利用死细胞与活细胞中的酶的反应过程具有如下优点：

- 可以获得比用活细胞更高的时空得率；可以使用更小的反应器从而降低工艺成本。
- 降低了细胞中其他酶对目标产物转化的风险。

• 稳定性增强，固定化生物催化剂的再利用，这些都使该过程可持续至好几个月。

对于这类酶工艺而言：

1. 所需的胞内或胞外酶必须有足够的数量及纯度（不含其他干扰酶或其他化合物）。

2. 必须选择不含有干扰该酶过程的胞内酶的细胞。

3. 酶的成本必须低于总产值的 5%～10%。

表 1.1 和表 1.2 中提供了一些关于重要的酶技术产品及其生产过程的信息。在许多情况下，酶和化学工艺相结合而获得产物。即使将来两种工艺的经济性和稳定性均能达到表中所列的标准，这种情况仍将延续。如果不想延续这样的情况，就必须发展新的工艺来更好地满足标准。这一点可以由最早的两个大规模酶工艺得到说明，即青霉素的水解（图 1.7）和用淀粉生产葡萄糖-果糖糖浆（图 1.8），这两种工艺均为约 30 年前发展起来的，且都取代了经济性效益差、稳定性差的纯化学工艺。

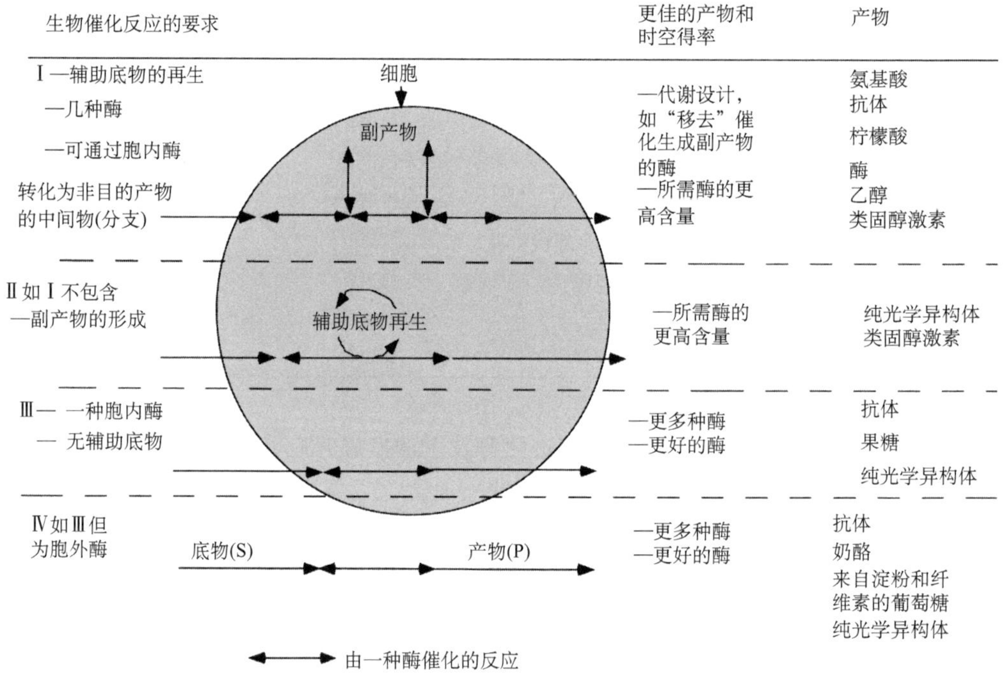

图 1.6 以酶作为生物催化剂的生物催化过程分类。Ⅰ和Ⅱ反应必须是在活细胞内酶作用下的过程；Ⅲ反应是在死细胞中的酶作用下的过程，而Ⅳ反应则是在游离酶作用下的反应。本书将涵盖Ⅱ～Ⅳ的过程。过程Ⅰ只在用固定化细胞解决废水和耗气问题时涉及（见第 7 章）。

1.5 以酶为基础的生产过程的优点与缺点

图 1.7 和图 1.8 对青霉素的水解和葡萄糖-果糖糖浆的生产过程与以前相同目的的生产过程进行了比较。在青霉素的水解方面，化学方法所使用的是对环境不良的溶剂和具有毒性的化合物，所产出的有毒废物很难循环。因此该工艺是非可持续的。酶工艺就

比过去的方法更可持续，所产生的废物也在一定程度内降低从而降低工艺成本。在这项工艺中产物得率也增加到95%以上。淀粉的水解和葡萄糖异构化无法采用成本适宜的化学方法，因为两者的产率都很低，还有不需要的副产物以及大量的废酸产生。框1.1中显示了酶工艺较其他工艺过程的一些优点。然而必须记住的是，酶作为生物催化剂会受到其生物学或化学性质的限制。

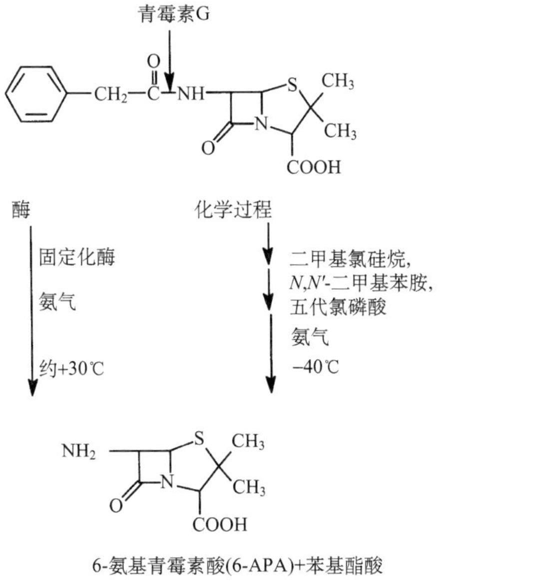

生产500t 6-APA所需

用于水解:

1000t	青霉素G	1000t	青霉素G
45t	氨气	300t	二甲基氯硅烷
约1t	固定化酶	800t	*N*,*N'*-二甲基苯胺
10 000m³	水	600t	五代氯磷酸
		160t	氨气
		4200m³	二氯甲
		4200m³	*n*-丁醇

用于下游工程:

丙酮	盐酸
碳酸氢铵	乙基乙酸酯
	丙酮

图1.7 青霉素G水解的旧（化学）工艺和新（酶）工艺的比较。其中，产物6-氨基青霉素酸（6-APA）用于除苯基酯酸外的其他侧链的青霉素的半合成。在酶工艺中，副产物苯基酯酸在青霉素生产中通过发酵实现循环（Tischer，1990）。

酶是生命系统中所必需的蛋白质，且在正确的部位能催化有机体生存和繁衍所需的所有化学转化。然而在不正确的区域则会对机体造成伤害。在正常情况下来自胰腺的蛋白酶被转运到小肠中，在此将蛋白质消化为氨基酸。这些氨基酸又被运输到血管中供给不同的细胞用以合成新的蛋白质。在受刺激或在胰腺功能失调时，这些蛋白酶可能从胰腺中直接被运输到血流从而可能引发严重的血凝。为防止这一现象发生，血液中含有胰

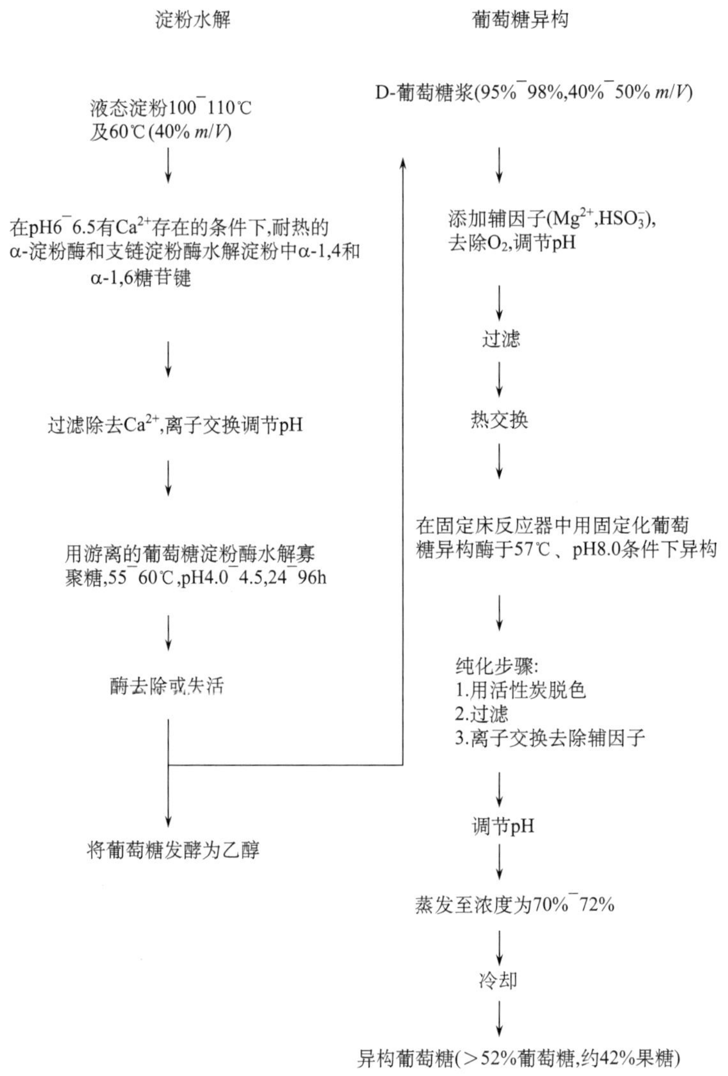

图 1.8　淀粉水解为葡萄糖，葡萄糖异构为果糖的酶过程（m/V=质量比体积）（见第 5、6、9 章）。

蛋白酶抑制物。

酶是食品中的正常组分，与所有从口中咽下的蛋白质一样在肠胃中被水解。但是，如果酶或其他蛋白质被当作小颗粒或气雾剂吸入到肺中，则会直接被转运到血流。那里，它们会被识别为异源蛋白质而诱发免疫反应，即产生抵抗它们的抗体。这也会引起酶和蛋白质的过敏性反应。在生产和使用酶和其他蛋白质时应该考虑到这些风险并采取简单的方法使其尽可能最小化。例如，将洗涤剂中所用的酶干燥成为大颗粒并包裹一层蜡；后来颗粒的尺寸已足够大（$>100\mu m$）以至于无法被吸入到肺里。类似地，在液相中使用的酶，必须防止气雾剂的形成。

一些蛋白质（酶）也会从消化器官中转运到血流中而引起过敏反应。这是指那些在肠胃中消化得很慢的蛋白质（Fuchs and Astwood，1996；Jank and Haslberger，2003）。缓慢的消化与热稳定性相关，在工业规模中用作生物催化剂的酶应该被消化系统中的蛋白酶快速水解以减少过敏反应的危害。这尤其适用于不宜在封闭系统中使用的酶，特别是在食品工艺中。

1.6 新的以及改进的酶工艺的目的和系统基本特征

1.6.1 目的

框 1.1 中详细的生物催化剂的优点对酶工艺的工业化来说是充分的。在 1.1 节中所指出的标准中，可持续的目的也不可忽略（表 1.3）。

框 1.1 与化学催化剂相比，细胞和酶作为生物催化剂的优点与缺点

优点：

- 对映体选择性与区域选择性
- 需要的温度低（0～110℃）
- 低能量消耗
- 在 pH2～12 范围内具活性
- 较少副产物
- 正确使用下无毒性
- 可重复利用（固定化）
- 可由生物降解
- 可无限量生产

缺点：

- 细胞和酶是

-高温下不稳定

-极端 pH 条件下不稳定

-在聚合（aggressive）溶剂中不稳定

-会被一些金属离子抑制

-会被蛋白酶所水解

- 某些酶

-价格依然昂贵

-需昂贵的辅助底物

- 被误吸入或咽入人体的酶均被视为异蛋白，有引起过敏的可能

表 1.3 酶过程可实现的经济及环境的可持续目标（修改自 Uhlig，1998）

目的	所采用的方法	产物/过程
降低成本	提高得率	青霉素-头孢菌素 C 水解
	利用固定化重复利用生物催化剂及增加产率	葡萄糖异构化
	原材料的更好利用	果汁和酒类的生产
	降低工艺成本：	
	• 过滤	植物提取物的除菌筛选
	• 能量	低温洗涤粉
	• 纤维降解	酶降解
	• 奶酪生产	用酶提高效率
	• 啤酒生产中的麦芽制作	酶
	淀粉处理时间的缩短	
生物学性质与质量的改进	生产只具有目标生物学特性的异构体	外消旋物
	食品保鲜的改进	果汁浓度
	技术特性的改进	蛋白质修饰，烘焙用的面粉，植物油的转酯，生物柴油
	口味的改进（甜味）	葡萄糖异构为葡萄糖-果糖糖浆
可再生性的原材料利用	食品与木工工业中废物的利用（乳清、植物油生产中含淀粉和蛋白质的滤饼、纤维素）	乳清制成饮料 酒精、生物柴油 动物饲料
减少对环境的影响	减少不可循环的废物	青霉素-头孢霉素 C 的水解，皮革的生产，纸品漂白
	废物的循环	乳清的利用

由于酶工艺比别的工艺在达到上述目标上更具有竞争性，而被应用于工业中。同时，这还要求要对这些目标进行定量，也就是在给定时间内对一定量的酶所生产的产物、副产物（或废物）进行定量。为了这些目的，酶工艺和所有的化学催化工艺一样可被分为两种（图 1.9）。

1. 平衡控制的过程：在过程终止时，目的产物浓度或性质达到最大值（图 1.9B）；化学平衡与催化剂（酶）的成分无关，但却与 pH 和温度相关。

2. 动力学控制的过程：目的产物浓度或性质（如纤维长度或纺织原料及纸张的光滑度）达到最大值（图 1.9A）；而目的产物浓度或性质与催化剂（酶，见第 2 章）的性质、pH 和温度有关。达到最大值时必须停止反应。

在这两种情况中，达到最大产物浓度或性质的时间与使用的酶量和酶的性质以及催化过程的性质有关（吸热或放热，平衡常数对 pH 和温度的依赖性，底物及产物的可溶解性和稳定性等）。这些必须在酶工艺过程的合理设计中考虑到。需要考虑的另一个不同点是在这些过程中，酶是在底物浓度（高达 1mol/L）远远高于在生物活体中浓度时

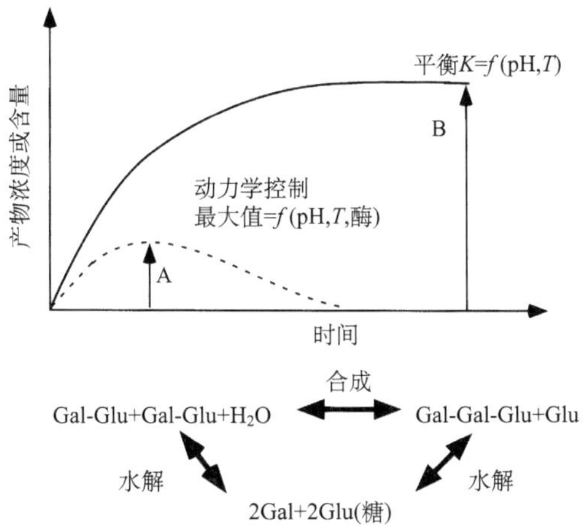

图 1.9　酶催化的平衡控制（实线）和动力学控制（虚线）过程与时间关系（进程曲线）。这些过程的适宜终点是其最大产物浓度或性质最佳的一个位置，即为动力学控制过程的为 A，而平衡控制过程的为 B。这类过程通过牛奶或乳液中乳糖水解来描述。乳清是乳酪生产中的副产品，乳酪生产中，在牛奶中添加“凝”酶（凝乳酶，一种羧酸蛋白酶 EC 3.4.23.4）使主要的蛋白质和脂肪沉淀。剩下的液相（乳清）含约 5%的糖类（多为乳糖，一种半乳糖——葡萄糖的二糖），1%蛋白质，1%氨基酸和 1%离子（Ca^{2+}、Na^{+}、磷酸根离子等）。从前，在一些小型的乳品厂，乳浆即被当作饲料或浓缩后用于各种甜品的生产。在现在，大型奶酪生产企业，每年生产重达 10^7 t 的乳浆而无法再如从前那样利用。其主要成分乳糖无法被制成甜品，因为有一部分人口对乳糖过敏（这部分人在亚洲和非洲占更大比例）。当其水解后甜度就会增加。催化乳糖水解的酶—— β-半乳糖苷酶也催化动力学控制的三糖和四糖的合成。当乳糖耗尽时，这些寡糖便被水解了。图中也描述了酶催化过程中副产品的形成。寡糖类便是平衡控制乳糖水解中的副产物。另一方面，在寡糖类合成动力学控制中可用作 prebiotics，而副产品的形成是由于水解成单糖引起的（Illanes et al.，1999；Bruins et al.，2003）。通过选择合适的过程条件和生物催化剂使副产品的产生量最少。

（≤0.01mol/L）使用的。在酶技术中使用的酶的浓度面，非催化的双分子反应中副产物的形成也不能忽略。

1.6.2　酶工艺过程的合理设计系统的基本特征

如图 1.9 所示，在底物乳糖转化为产物葡萄糖和半乳糖的平衡控制水解反应的基础上，本书所涉及的酶工艺过程理性设计的步骤可以得到解释。其过程总结见图 1.10。

高底物成分浓度有利于降低下游工艺成本。牛奶中乳糖浓度不能改变，但在乳清中可通过纳米过滤来增加乳糖量。由溶解度（150～200g/L）决定的上限浓度比其他的二糖如蔗糖的溶解度要低。由于底物和产物均不含有碱性或酸性基团，因此其平衡常数与 pH 无关，但与温度有关。为了使反应在一个适宜的温度（T）下进行，必须了解平衡常数与温度的关系，虽然其选择性也取决于生物催化剂的性质。为了减少副产物（低级多糖）的形成，酶的选择性（水解率比合成率）一定要高。此外，还需了解生物催化剂性质和稳定性是 pH 及温度的函数，这样我们能计算在给定的时间内达到反应终点所需

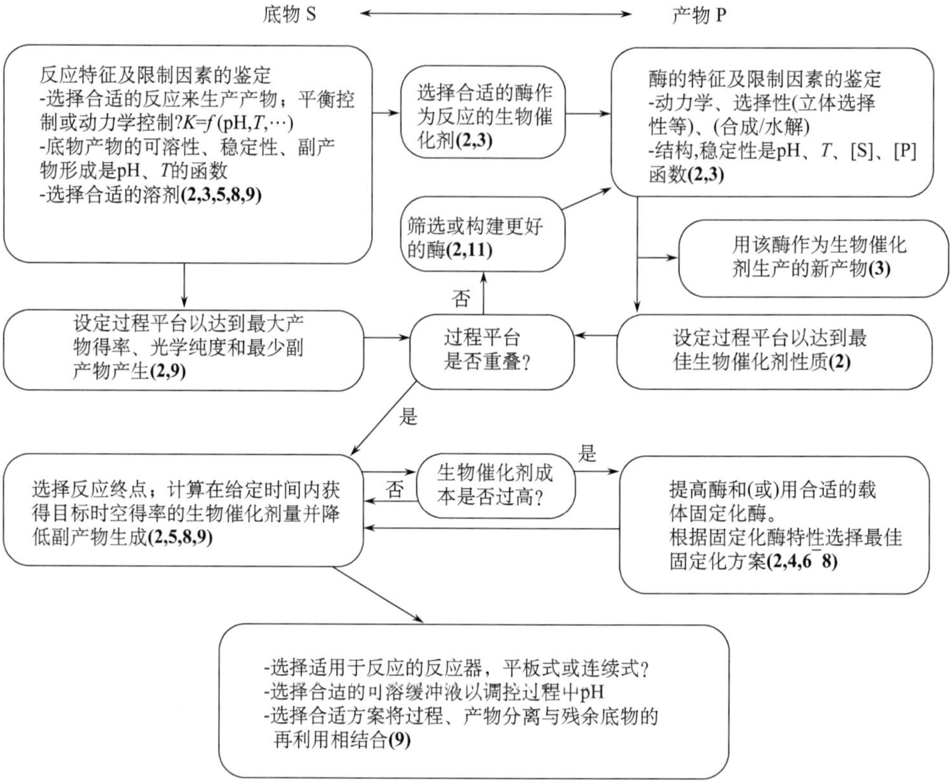

图 1.10　生产现存产品或新产品的酶过程设计的步骤（粗体字表示书中的章数）。* 过程平台＝在 pH-*T*（pH-[S]-，pH-[P]-，*T*-[S]-，*T*-[P]-）范围，在这个范围内反应可以获得一定的得率或光学纯，并且生物催化剂性质（活性、选择性、稳定性）达到最优。

的生物催化剂量。当其他的限制因素已知时，作 pH-*T* 平面图，在一定范围内可反映出最佳得率和最低生物催化剂成本的条件。最大产量是 pH 和 *T* 的函数，这是在催化反应中定义的。如果该最大值超出了过程范围，则该催化过程只有通过筛选更好的生物催化剂或利用重组方法改变其性质加以改进，以使该过程在合适的 pH 和 *T* 值条件下达到最大值。

降低酶的成本，提高酶产品的量（见第 4 章）或重复使用酶，可以通过将酶固定于多孔的微粒中实现，在反应结束后可轻易地将微粒去除（见第 6、7 章）。这类系统的动力学与使用非固定化酶的系统不同，主要是由于生物催化剂大量地进出微粒会引发浓度和 pH 梯度的变化从而影响速率和得率（这一点将在第 8 章中讨论）。

在反应体系中，一旦确定了反应条件和终点，每千克产物的酶成本便会受到反应器类型影响（板式、连续搅拌器或填床反应器）（见第 9 章）。作为一个经典的酶过程（HFCS 的生产）和一个较新的酶过程（7-CAC 的生产）的设计的研究案例，酶反应过程的设计程序要详细地被说明。

1.6.3 酶技术的使用现状和展望

表 1.1 和表 1.2 中详细列举了近期工业生物技术过程和酶过程所获得的产物数量。图 1.5 显示的是酶作为生物催化剂在不同应用中的价值。除了工业用途外，许多酶被应用于分析目的，主要在诊断方面，但在该领域所应用的酶的还不到生产总酶量的 1‰。一些用于治疗的酶的数量在持续增加，主要是一些重组酶如第Ⅷ因子、tPA 和脲激酶等，这些酶的天然来源都不大充足。这些酶的重组产品还具有另一个优点：能避免潜在人病原病毒（HIV、疱疹）感染的可能。

在过去的 30 年里所提出的酶的大量新工艺过程最近已被详细地综述（Liese et al.，2000）。这些过程中，使用的工艺类型、生产的化合物和使用的酶均获得了统计学分析（Straathof et al.，2002）。这些数据表明酶处理中的所用酶的 2/3 是水解酶、裂解酶和氧化还原酶，大约 3000 种已知酶的 1%被大量应用于酶技术过程和治疗过程中。在过去的 10 年里，很多酶技术过程中的重要酶的三维结构和它们催化反应的机制已经确定。这类信息知识有利于更理性地改良酶性质，而且也是它们的应用基础。在以上讨论及图 1.5（b）所示的内容的基础上，在以后的几十年里人们期待有更多的新的酶工艺过程。这些新酶过程的理性且可持续的设计以及对现有酶过程的改进需要（生物）化学家、微生物学家、分子生物学家和（生物）化学工程师之间的学科合作。（生物）化学家需和其他的工程师一起研究，确定酶催化过程的机制和酶的性质，酶催化过程的动力学，产物与底物的其他相关的性质，游离酶或固定化酶（稳定性、可溶性、平衡常数对 pH 和温度的依赖性、选择性），以及固定化载体的选择。这也为改良的酶性质提供信息（特异性、选择性、pH 优化、稳定性、金属离子、发酵中的得率），同时这也是微生物和分子生物学家的任务。解决此种问题的方法是筛选更好的天然酶种，或者是体外分子进化（见第 2 章，2.11 节）。最后，必须由工程师通过这些已了解的内容将过程规模放大到生产水平。但为了改进生产过程，工程师也必须确定需要（生物）化学家、微生物学家和分子生物学家解决的问题，这便是图 1.8 中描述的内容。若酶在相同 pH 下起作用并对金属离子有相同的需求，这时可减少过程的步骤，但这个问题还没有效解决。

为实现可持续的新酶过程以满足人类需求而要求使用大量酶的领域包括：

- 光学纯的诊断试剂和精细化学品生产。人们期望在将来，具所需生物活性的同分异构体通过权威部门的认证而得到应用。许多药物和精细化学品仍然只作为消旋体使用，任何改良过程最大得率都为 50%。对于一个可持续的过程工艺而言，另外的 50%也必须得到消旋，而要解决这个问题，在动力学运动过程或不对称合成的开发中就必须将化学工艺与酶工艺合理地整合（Collins et al.，1992；Breuer et al.，2004）。
- 抗生素的合成（Bruggink，2002）。
- 纸张的生产或循环以减少废物和能量消耗（Bajpai，1998）。
- 用作食品和药品的寡糖的区域选择性和对映体选择性合成。
- 多肽、蛋白质和其他药物的选择性糖基化。
- 环境生物技术。

1.7 练习

1. 怎样表明酶在活细胞以外具有催化剂作用？该项知识在哪个酶工艺中首次应用？
2. 图 1.8 的过程如何通过减少过程的步骤而改进过程？为达到此目的采取了哪些措施？
3. 解释图 1.9 与酶技术的相关性。为提高这些过程的产率，除了了解生物催化剂的性质还必须了解系统中的什么性质？
4. 根据图 1.9 所示，乳糖生产寡糖的过程中，为了减少副产物形成，需要了解酶和催化过程的哪些性质？（提示：用图 1.10 解题）
5. 检验图 1.1 所示是否与你的消耗模式相符。
6. 怎样避免酶引起的过敏和中毒危险？

文献

酶技术纵览

以下书目从生物技术和化学工业（酶的生产者和使用者）角度纵览了酶技术。除了游离酶和固定化酶的固有应用和新应用外，有些还涉及酶技术的健康、法律和经济方面。

Atkinson, B. Mavituna, F., *Biochemical Engineering and Biotechnology Handbook,* 2nd Ed., Stockton Press, New York, 1991

Bommarius, A.S., Riebel, B., *Biocatalysis,* Wiley-VCh, Weinheim, 2004

Collins, A.N., Sheldrake, G.N., Crosby, J., (Eds.), *Chirality in Industry,* J. Wiley & Sons, Chichester, 1992

Godfrey, T., Reichelt, J., (Eds.), *Industrial Enzymology,* 2nd Ed., pp. 435–482, Stockton Press, New York, 1996

Kirst, H.A., Yeh, W.-K., Zmijewski, Jr., M.J., (Eds.), *Enzyme Technologies for Pharmaceutical and Biotechnological Applications.,* Marcel Dekker, New York, 2001

Liese, A., Seelbach, K., Wandrey, C., *Industrial Biotransformations,* Wiley-VCH, Weinheim, 2000

Tanaka, A., Tosa, T., Kobayashi, T., (Eds.), *Industrial Application of Immobilized Biocatalysts,* Marcel Dekker, New York, 1993

Straathof, A., Adlercreutz, P., (Eds.), *Applied Biocatalysis,* Harwood Academic Publishers, Amsterdam, 2000

Uhlig, H., *Industrial enzymes and their applications,* John Wiley & Sons, Inc., New York, 1998

Whitaker, J.R., Voragen, A.G.J., Wong, D.W.S. (Eds.), *Handbook of food enzymology,* Marcel Dekker, New York, 2003

历史发展

以下文章和书籍涵盖了生物技术和酶技术的历史发展。

Bud, R., The zymotechnic roots of biotechnology, *Br. J. Hist. Sci.,* **1992**, *25*, 127–144

Bud, R., *The Uses of Life, A History of Biotechnology,* Cambridge University Press, 1993

McLaren, A.D., Packer, L., Some aspects of enzyme reactions in heterogeneous systems, *Adv. Enzymol.* **1970**, *33*, 245–303

Mosbach, K., (Ed.), *Immobilized enzymes,* Methods Enzymol, Vol. 44, Academic Press, New York 1976

Mosbach, K., (Ed.), *Immobilized enzymes and cells,* Methods Enzymol. Vol. 135–137, Acad.Press, New York, 1987

Silman, I.M., Katchalski, E., Water insoluble derivatives of enzymes, antigens and antibodies, *Annu.Rev. Biochem.,* **1966**, *35*, 873–908

Sumner, J.B., Myrbäck, K., In: *The Enzymes,* 1, Part 1, 1–27, 1950

参考文献

Bajpai, P., Applications of enzymes in the pulp and paper industry, *Biotechnol. Prog.,* **1999**, *15*, 147–157

Bruggink, A., (Ed.), *Synthesis of β-lactam antibiotics,* Kluwer Acad. Publ., Dordrecht, 2001

Bruins, M.E., Strubel, M., van Lieshout, J.F.T., Janssen, A.E.M., Boom, R.M., Oligosaccharide snthesis by the hyperthermostable β-glucosidase from *Pyrococcus furiosus*: kinetics and modelling, *Enzyme. Microb. Technol.,* **2003**, *33*, 3–11

Buchholz, K., Poulson, P.B., *Overview of History of Applied Biocatalysis,* in: Applied Biocatalysis, 1–15, A.J.J. Straathof, P. Adlercreutz, (Eds.), Harwood Academic Publishers, Amsterdam, 2000

Buchner, E., Alkoholische Gährung ohne Hefezellen. *Ber. D. Chem. Ges.,* **1897**, *30*, 117–124

Buchner, E., Über zellfreie Gährung, *Ber. D. Chem. Ges.,* **1898**, *31*, 568–574

Carleysmith, S. W., Lilly, M.D., Deacylation of benzylpenicillin by immobilised Penicillin acylase in a continuous four-stage stirred-tank reactor, *Biotechnol. Bioeng.,* **1979**, *21*, 1057–1073

Cech, T.R., Catalytic RNA: Structure and mechanism, *Biochem. Soc. Trans.,* **1993**, *21*, 229–234

Clark, W.C., Dickson, N.M., Sustainable science: The emerging research programm, *Proc. Natl. Acad. Sci. USA,* **2003**, *100*, 8059–8061

C & EN, *Chemical engineering news*, Datamonitor, 2001

Fischer, E., Untersuchungen über Kohlenhydrate und Fermente. Springer, Berlin, 1999

Fruton, J. S., in: *The Origins of Modern Biochemistry*, Srinivasan, P.R., Fruton, J.S. and Edsall, J.T. (Eds.), pp. 1–18, New York Academy of Sciences, New York, 1979

Fuchs, R.L., Astwood, J., Allergenicity Assessment of foods derived from genetically modified plants, *Food Technol.*, **1996**, 83–88

Gram, A., Treffenfeldt, W., Lange, U., McIntyre, T., Wolf, O., *The application of Biotechnology to Industrial Sustainability*, OECD Publications Service, Paris, 2001

Hassan, A., Richter, S., Closed loop management of spent catalysts in the chemical industry. *Chem. Eng. Technol.*, **2002**, *25*, 1141–1148

Hedin, S. G., *Grundzüge der physikalischen Chemie in ihrer Beziehung zur Biologie*, Kap. 4, J. F. Bergmann Verlag, Wiesbaden, 1915

Hoffmann-Ostenhof, O., *Enzymologie*, Springer, Wien, 1954

Illanes, A., Wilson, L., Raiman, L., Design of immobilized enzyme reactors for the continuous production of fructose sirup from whey permeate, *Bioprocess. Eng.*, **1999**, *21*, 509–551

Ifok, Institut für Katalyseforschung, Rostock, Germany, 2003

Jank, B., Haslberger, A.G., Improved evaluation of potential allergens in GM food, *Trends Biotechnol.*, **2003**, *21*, 249–250

Knapp, F., *Lehrbuch der chemischen Technologie*, F. Vieweg und Sohn, Braunschweig, 1847

Neidleman, S.L., Enzymes in the food industry: a backward glance, *Food Technology*, **1991**, 45, 88–91

Novozymes, *Annual report for 2003*, Novozymes, Copenhagen, 2004 (www.NOVOZYMES. com)

Payen, A., *Handbuch der technischen Chemie*, in: F. Stohmann and C. Engler, (Eds.), Vol. II, p.127 E. Schweizerbartsche Verlagsbuchhandlung, Stuttgart, 1874

Payen, A., Persoz, J.F., Mémoire sur la diastase, les principaux produits de ses réactions, et leurs applications aux arts industriels, *Annales de Chimie et de Physique*, **1833**, 2me Série *53*, 73–92

Raven, P.H., Science, sustainability, and the Human Prospect, *Science*, **2002**, *297*, 954–958

Roberts, S.M., Turner, N.J., Willets, A.J. and Turner, M.K., *Biocatalysis*, p. 1, Cambridge University Press, Cambridge, 1995

Straathof, A., Panke, S., Schmid, A., The production of fine chemicals by biotransformations, *Curr. Opin. Biotechnol.*, **2002**, *13*, 548–556

Sumner, J.B. and Somers, G. F., *Chemistry and Methods of Enzymes*, Academic Press, New York, XIII-XVI, 1953

Tauber, H., *The Chemistry and Technology of Enzymes*. Wiley, New York, 1949

Tischer, W., *Umweltschutz durch technische Biokatalysatoren, in* Symposium Umweltschutz durch Biotechnik, Boehringer Mannheim GmbH, (Ed.), Boehringer Mannheim, 1990

Tosa, T., Mori, T., Fuse, N., Chibata, I., Studies on continuous enzyme reactions 6. Enzymatic properties of DEAE-Sepharose Aminoacylase complex, *Agr. Biol. Chem.*, **1969**, *33*, 1047–1056

Trommsdorf, E. *Dr., Otto Röhm – Chemiker und Unternehmer*, Econ, Düsseldorf, 1976

Ullmann, F., *Enzyklopädie der technischen Chemie*, Vol 5, p. 445, Urban und Schwarzenberg, Berlin, 1914

UN, *Energy Statistics Yearbook for 1999*, United Nations, New York, 2002

UN, *Industrial commodity statistics yearbook 2001*, United nations, New York, 2003

Wagner, R., *Die chemische Technologie*, O. Wiegand, Leipzig, 1857

Wallenfels, K., Diekmann, H., in: *Hoppe-Seyler*, **1996**, *6B*, 1156–1210

WCED – World Commission on Environment and Development, *Our common future*, Oxford Univ. Press, Oxford, 1987

Internet resources for enzyme technology

see Appendix I (p. 419)

2 酶作为生物催化剂的基础知识

要发展一个新酶必须解决以下问题：	要回答这些问题就必须了解或进行以下工作：
怎样选择一个合适的酶？	酶的分类（2.2节）
酶的哪些结构性质对其在酶工程中的应用是至关重要的？	结构（初级、二级、三级、四级）；在酶表面或其裂缝中的携带功能基团的氨基酸残基（2.3节）
如何描述酶作为生物催化剂的生物学功能并如何将其应用于平衡和动力学控制的过程？其机制如何？如何定量地测定酶的生物学功能？不同来源的同工酶具有哪些差异？	酶的功能可以通过以下性质加以描述： • 底物结合，用解离常数 K_m 来表示 • 酶与反应底物分子中的发生改变的部分之间的单分子催化反应，用第一反应速率 k_{cat} 来表示（又称转换数） • 产物与酶结合时会引起产物抑制，产物与酶的最终分离可以用分离常数 K_i 来描述 这也决定了酶的底物以及立体异构专一性（2.4～2.6节）
根据酶的动力学性质如何确定其底物以及立体异构专一性？酶的动力学性质如何受pH、温度（T）、离子强度、抑制剂和初级结构的影响？	由测定的初始速度来确定 k_{cat}、K_m、K_i，初始速度是pH、T、离子强度、[抑制剂]的函数，即 $v=f$（k_{cat}、K_m、K_i、[底物][产物]）。
什么样的整体特点决定了酶反应终点时具有最大的产量？在限定时间内达到反应终点所需的酶量是多少？	pH、T、离子强度、抑制剂、激活剂、k_{cat}、K_m、K_i、立体选择性如何影响平衡以及反应终点时产物的立体纯度，以及在平衡和动力学控制下的反应达到终点所需的时间（2.8节）？
在底物浓度达到1mol/L，甚至底物微溶于水时酶反应如何进行？	应当了解底物和产物的溶解度。酶的反应过程可以在悬浊液、乳浊液或者有机试剂、离子溶液以及超临界气体中进行（2.9节）。
酶反应过程中有哪些因素影响酶的稳定性？	影响酶变性与复性的因素（2.10节）

续表

要发展一个新酶必须解决以下问题：	要回答这些问题就必须了解或进行以下工作：
如何在一个给定的酶反应过程中发现或构建具有改良性质的作为生物催化剂的酶？	通过以下手段来筛选性质改进的酶： • 在其他生物体内现有的同工酶 • 生命体内通过突变或通过体外定向或随机进化产生的新酶 • 经过定点突变重新设计的现有酶（2.11节）

2.1 引言

酶学的生物化学基础是成功发现和应用酶促反应的基础。这一理论在很多优秀的教科书上都有详细的描述（见参考文献），以下章节对酶的分类、结构、功能（底物结合与催化）、底物特异性、空间结构特异性和位置特异性以及酶促反应的作用机制和动力学原理等在内的普遍问题和原理机制进行总结。

一些关于酶和酶促反应过程的问题对于酶工程是很重要的，然而在主要的生物化学的文献中却常常没有涉及。这包括：

- 酶可以在平衡控制反应的正反两个方向上用作生物催化剂，或可以在动力学控制的合成中获得非平衡浓度的产物；
- 酶具严格的立体结构专一性；
- 酶促反应的终点和达到终点所需的时间和酶量；
- 催化反应过程的物理化学性质和达到最佳产率的手段；
- 酶可以在诸如水性悬浮液、有机溶剂、临界状态的气体和液体离子中催化与非天然底物的反应；
- 酶、底物和产物的稳定性；
- 通过以下手段改变现有酶的性质以使其在酶促反应过程达到最佳产率：

  -筛选天然酶的突变体，

  -遗传工程（定点突变、随机或定向进化）。

因此，以上问题将在本章中详细介绍。

2.2 酶的分类

表 2.1 是常见的由酶学委员会（EC）公布的已知酶的分类系统。每个酶都在 EC 的缩写后面有一个 4 位数字的编号（www. chem. qmul. ac. uk/iubmb/enzyme）。第 1 个数字表示该酶可能催化的 6 类反应类型中的一种；第 2 个数字表示在反应过程中的化学结构的变化；第 3 个数字表示在酶促反应过程中酶的性质或者在酶促反应中的特性；第 4 个数字是流动的编号。该分类系统如今包括了 3000 多种酶。如大部分生命体中的情况，它强调酶在某一反应过程中，作为催化剂的功能。当然，酶作为催化剂也可以催化可逆

反应，并且这一性质经常应用于酶工程。这一点已经在酶的列表中注明，本列表所列的酶都是目前在酶工程中所使用的酶（表 2.1），其中具有同样功能但是来源不同的酶具有相同的 EC 编号。酶行使其功能的定量性质（动力学）随着酶来源（生物体）的不同而有差异。这主要是由于具有同一 EC 编号而不同来源的酶在一级结构上有很大差异（见 2.3 和 2.4 节）。因此，除了 EC 编号，酶的来源必须加以说明。

表 2.1 IUPAC（国际纯粹和应用化学联盟）的酶学委员会（EC）建立的酶分类系统。这里基于第 2 位数字的分类是不完整的，而第 3 位（酶性质）和第 4 位（流水号）EC 编号不包含在其中

酶的种类和亚类（功能）	说明
1. 氧化还原酶	
（氧化-还原反应）	需要辅助底物
对-CH—OH	双底物反应
对-C=O	
对-C=C	
2. 转移酶	
（基团转移反应）	
C1 基团	双底物反应，一种底物必须被活化
醛基或酮基	
酰基	
糖基	
3. 水解酶	
（严格地说是转移酶，将基团转移给水分子，即水解反应）	
酯键	双底物反应，一种底物是水
糖苷键	
醚键	
肽键	
酰胺键	
4. 裂解酶	
（非水解的键断裂反应）	单底物反应→键断裂
C—C	双底物反应←键形成
C—O	
5. 异构酶	
（异构反应）	
外消旋作用	单底物反应
cis-trans-异构化作用	
分子内氧化还原酶	
6. 连接酶	
（键形成反应）	
C—O	需要 ATP 作为辅助底物
C—S	双底物反应
C—N	
C—C	

上述的 EC 分类系统是以酶在生命体系中的生物化学功能为基础的。这一数据库不包含酶的性质的定量数据。更新的酶的数据库（附录 1 中列举了对于酶工程而言重要的互联网数据库的描述和评价）提供了以下信息：

- 以酶的三级结构和功能为基础的酶的新分类系统（www. biochem. ucl. ac. uk/bsm/cath _ new）；
- 酶的性质（www. brenda. uni-koeln. de）；
- 其所能催化的生物转化反应（www. genome. ad. jp/kegg/ligand. html）。

随着生物信息学的进一步发展，这些数据库会连成一体，以便于查找催化特定反应的酶。

一种酶一旦被鉴定为生物催化过程中的合适的生物催化剂，则其发展包括了在其他来源（微生物）的同种酶的筛选。除了酶的催化性质以外，酶促反应的终点、酶促反应中酶的选择性和稳定性、酶的来源（酶的产生、安全性）等这些性质都必须在选择最佳的生物催化剂的过程中考虑到。最近，已知酶的理性设计、定向进化或随机突变改进了发现更好酶的方法（见 2.11 节）。

2.3 酶的合成与结构

一级结构也就是氨基酸的排列顺序是由结构基因（DNA）中的碱基序列和遗传密码所决定的（图 2.1）。只有双链 DNA 中的一条链，即正义链的信息是有用的。它首先转录成 mRNA，然后被翻译成具有正确一级结构的多肽。合成的方向总是从 N 端到 C 端，也就是多肽链的起始是氨基。

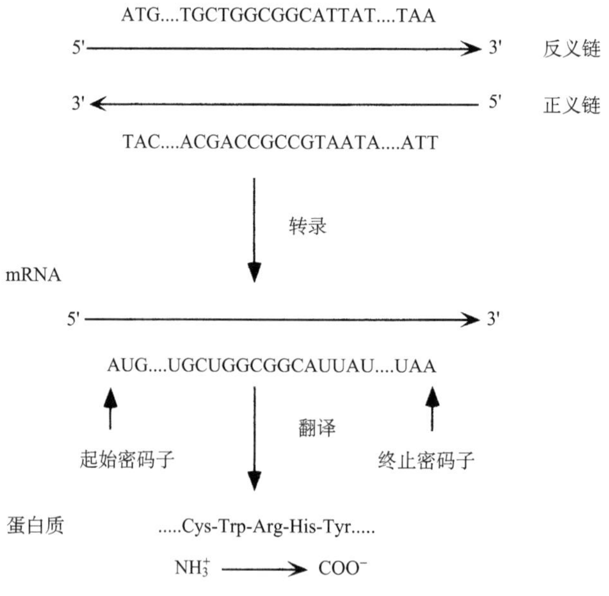

图 2.1　转录过程（DNA 到 mRNA）中，只有一条 DNA 链（正义链）用于互补 mRNA 的合成。在蛋白质的合成过程中，mRNA 被翻译成氨基酸序列或者蛋白质一级结构。反义 DNA 链包含了不同的一级结构的信息。

对于细胞内蛋白质的主要二级结构，如α螺旋、β折叠，是随着翻译或在翻译后自然形成的，并且通过不同的氨基酸残基之间的氢键或疏水作用来维持稳定。这些二级结构靠疏水作用、电荷间作用、电荷-偶极作用以及偶极-偶极作用自然折叠成一定的结构域，并维持其稳定。酶的三级结构通常包括一个以上的结构域，并且通过在一级结构上距离很远的氨基酸残基之间的相互作用来维持稳定。不同结构域之间通过不具有二级结构的多肽链来间隔开，这样可以使酶的三级结构有一定的弹性来行使其功能。翻译产物的自然折叠与部分折叠的翻译产物之间存在大分子的聚合与竞争。在蛋白质含量高的细胞内，后一种反应不能被忽略，它会导致酶的失活。为避免这一损失，生命体内发展出了能作为折叠催化剂发挥作用并避免胞内酶聚合反应的特殊蛋白质（分子伴侣）。

一些胞外酶的自然折叠在细胞内是受到其他分子伴侣的抑制的，以便于没有折叠的多肽可以通过细胞膜转运出来，然后在细胞外再进行折叠。

许多在酶工程中应用的酶是由相同或者不同的亚基组成的寡聚体。这一四级结构是通过亚基之间的非共价作用形成的。

许多酶的翻译产物在折叠后是没有催化活性的。这些主要是胞外和周质空间里的酶，需要不同的翻译后修饰来激活酶的前体（酶原），这些修饰包括：

- 非共价键结合的辅因子（金属离子、吡哆醛、生物素等）。
- 共价键结合的辅因子和其他分子［亚铁血红素、单糖、多糖（仅限于真核细胞的胞外酶）、磷酸盐等］。
- 多肽链的蛋白酶水解。对于胞外酶，首先要水解掉的是酶前体与膜蛋白转运系统的胞质部分相结合所需的N端信号肽。这些信号肽被位于外膜的肽酶水解（Dalbey and Robinson，1999）。形成的酶原随后在膜内或膜外被蛋白质水解酶处理活化（酶原中的一个或多个肽键的水解）。最近研究发现一些酰胺酶和肽酶（钙蛋白酶原、青霉素酰化酶原、胃蛋白酶原以及启动凋亡、血液凝结和溶栓、消化酶的活化等重要生理学意义的第一个酶）的第一步反应是分子内或分子间的自我蛋白酶水解反应（Kasche et al.，1999）。许多在酶工程里面用量很大的水解酶（淀粉酶、半乳糖苷酶、脂肪酶、戊二酸单酰及青霉素酰化酶、溶栓酶subtilisin和胰蛋白酶的肽酶）是蛋白质水解的胞外酶。这些酶的粗制剂通常包含几种具有相同的功能但活性不同的蛋白酶水解产物。当其应用于对所使用酶的可靠性有要求的酶促反应中时，必须考虑到这一因素，并测定纯酶制剂的酶动力学常数，这在对不同来源的同种酶或突变酶的性质进行比较时尤其重要。

对于所有的翻译后修饰而言，折叠后的翻译产物的活性中心是很重要的。参与共价和非共价结合的辅因子的功能团以及蛋白质水解过程中的肽键必须位于这一中心（表2.2）。酶活性中心40％～50％的氨基酸残基是疏水性的。这对于多亚基酶的寡聚化是重要的，并且可应用这一性质利用疏水介质对酶进行纯化。

表 2.2　具有功能基团的氨基酸的平均含量及其在酶中作为活性位点残基的频率。其中大部分位于蛋白质表面或其裂缝中，并能在溶液中与分子相互作用（Creighton，1993；Bartlett et al.，2002）

氨基酸	含量/%	功能基团	活性位点中的频率/%
Ser	7.8	—OH	4
Lys	7	$—NH_2$	9
Thr	6.5	—OH	3
Asp	4.8	—COOH	15
Glu	4.8	—COOH	11
Arg	3.8	$—NH_2$	11
Tyr	3.4	—OH	5
Cys	3.4	—SH	6
His	2.2	—N—	18
Met	1.6	—S—	<1
Trp	1.2	—N—	1

酶与底物、无机离子、有机分子的结合可能导致酶的三级结构和四级结构的显著改变（图 2.2），此时酶的性质可能也会显著改变。未结合葡萄糖的己糖激酶是弱水解酶（ATP 酶），但是结合葡萄糖后它变成了水解酶活性显著降低的转移酶。这表明酶的三级结构和四级结构的柔韧性对于酶的功能是很重要的。当酶需要固定化的时候（见第 6 章），必须保留这种柔韧性。

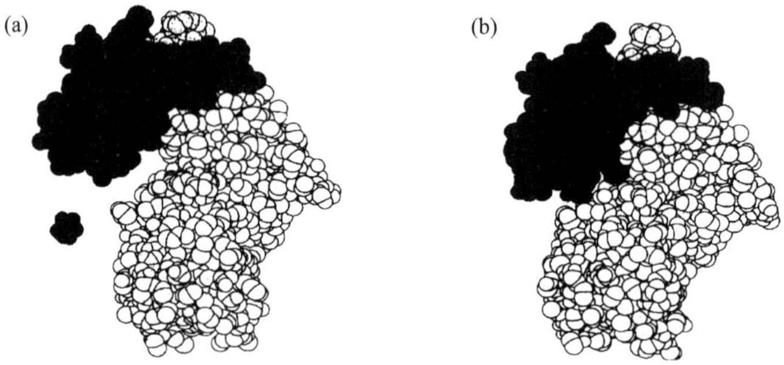

图 2.2　酶与底物结合而使酶的三级结构发生变化的例子：己糖激酶与葡萄糖的结合。(a) 没有结合葡萄糖；(b) 结合了葡萄糖之后（引自 Darnell et al.，1986；Scientific American Books 版权所有，1986；得到了 W. H. Freeman and Co. 的许可）。

2.4　酶的功能及其催化机制

酶的功能由其所催化的反应确定。这通常包括 3 个步骤，其中每一步可以细分为不同的反应。

1. 在酶表面一个或两个底物以非共价形式与位于酶促反应中发生改变的化学键之前的结合亚位点 S_i 及之后的 S_i' 中的功能团结合。编号 i 从 1 开始，位于所述化学键两侧。图 2.3 描述了该规定的应用，但它同时也适用于其他底物。

2. 当底物与结合亚位点正确结合，酶表面裂缝中的具有催化活性的氨基酸残基 C 上的功能基团可与底物的相关部分互相作用，引起其化学结构的变化。

3. 第二步中形成的产物与结合亚位点分离。

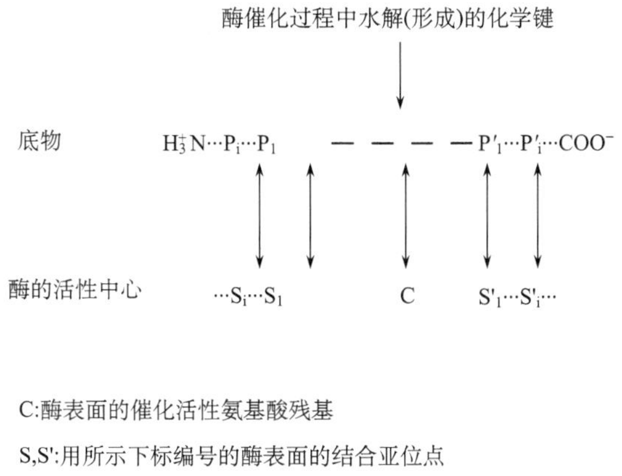

图 2.3 以肽酶为例，通过反应说明酶的底物特异性以及酶活性位点的结合（S-、S′-）与催化活性（C）亚位点（Schechter and Berger, 1967）。这可以适用于所有催化共价键形成或裂解的酶。所涉及的亚位点数量取决于涉及的分子的大小。

酶的活性位点由结合亚位点以及具有催化活性的氨基酸残基（催化亚位点）组成。

许多工业中重要的酶，如淀粉酶、羧肽酶 A、α-胰凝乳蛋白酶、糖原淀粉酶、葡萄糖异构酶、谷氨酰胺酶、脂肪酶、青霉素酰化酶以及胰蛋白酶，它们的活性位点都已经绘成图谱。关于羧肽酶、α-胰凝乳蛋白酶、青霉素酰化酶如何进行上述酶促反应前两步的详细机制如图 2.4 和图 2.5 所示。

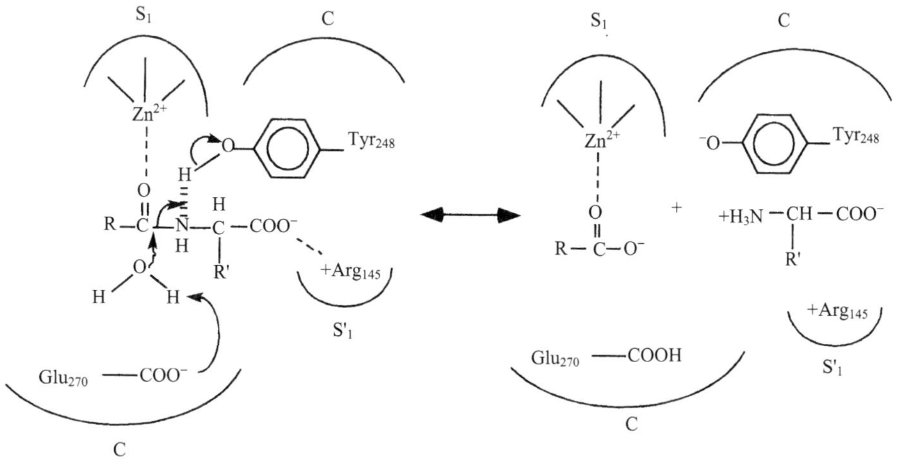

图 2.4 羧肽酶 A 的活性中心（EC 3.4.17.1），该酶是催化肽链 C 端肽键水解的外肽酶。该酶用于人胰岛素的生产及肽的合成。图中显示了结合亚位点 S_i 和 S'_i 以及催化活性亚位点中的氨基酸残基。

结合步骤中同时涉及结合亚位点中带电的和不带电的功能基团。这些位点中的氨基酸残基发生移动，从而与底物更好地相互作用（诱导结合）。这说明了弹性四级结构的重要性。在结合步骤中，酶可识别带电和不带电的底物。由于羧肽酶 A 的 S'_1 亚位点中的 Arg_{145} 带正电荷，它能结合并水解多肽中带负电荷的 C 端氨基酸。因此它是一种外肽酶。内肽酶 α-胰凝乳蛋白酶在 S'_1 亚位点上具有负电荷，因此不能水解这样的肽；确切地说，它只能水解多肽中中性或带正电荷的氨基酸残基之前的肽键。在这步结合以及随后的催化反应中，酶还可以识别不同的立体异构体。这至少需要两种相互结合作用，与底物中不对称 C 原子结合。其机制如图 2.4 所示。当 R′-C 端和（S)-氨基酸上的羧基正确结合到功能基团上，而该功能基团又与羧肽酶 A 的 S_1 亚位点中的 Arg_{145} 与 R′结合，酰胺键中被水解的 N—H 基团又正确地定位于具有催化活性的氨基酸残基 C。对于 C 端的（R)-氨基酸，只能同时发生所述 3 种相互作用中的 2 种。因此，羧肽酶对于 C 端（S)-氨基酸残基具有立体异构性。功能基团与 R′之间的相互作用可以区别该位置上不同的氨基酸残基，并表现出酶的底物特异性。

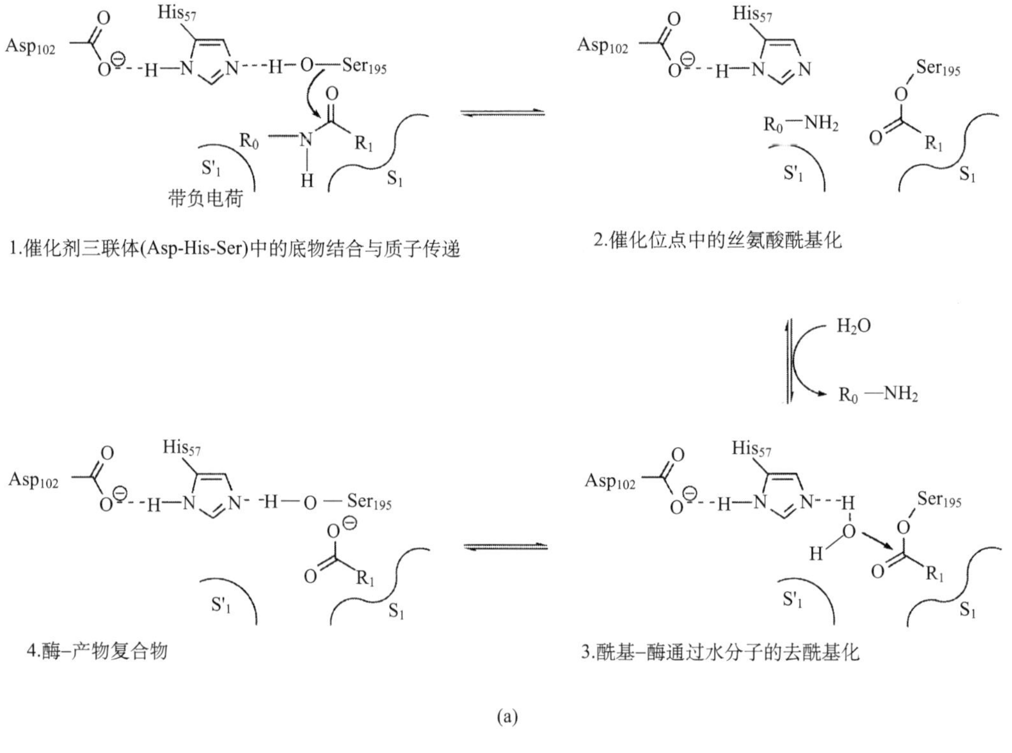

(a)

图 2.5　涉及酰基-酶中间产物生成的肽键和酰胺键酶催化水解的机制。催化位点是已知的，而结合亚位点 S_i 和 S'_i 还没有完全确定。(a) 丝氨酸内肽酶 α-胰凝乳蛋白酶（EC3.4.21.1）对肽键的水解。该酶催化多肽链中肽键的水解，其中 S_1 和 S'_1 结合亚位点分别结合芳香族氨基酸残基（Tyr、Trp、Phe）和精氨酸、亮氨酸残基。丝氨酸肽酶在其催化亚位点中形成 Asp_{102}-His_{57}-Ser_{195} 催化三联体。催化三联体中电荷和质子传递导致对底物羧基基团的亲核攻击，从而启动反应（Walsh，1979）。

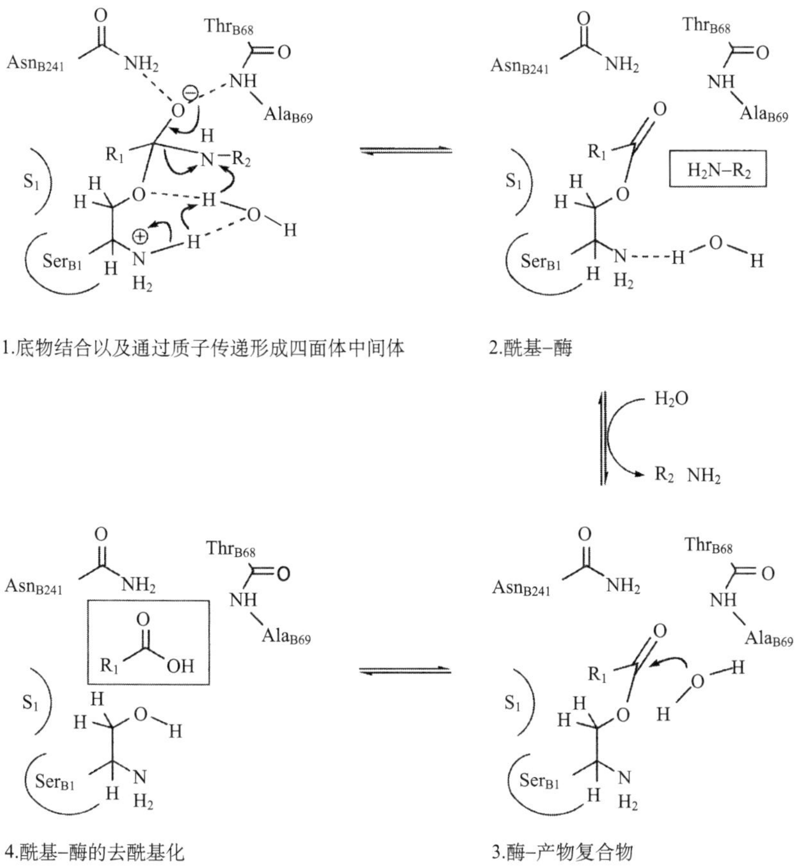

(b)

图 2.5 续（b）大肠杆菌（*E. coli*）的青霉素酰化酶（EC3.5.1.11）对酰胺键的水解（Duggleby et al.，1995）。在该酶中启动催化反应的质子与电荷传递通过 B 链的 N 端 Ser 及相邻的水分子进行。

图 2.4 所示的水解和图 2.5 所示的酰基化与去酰基化的催化步骤，开始于起催化作用的氨基酸残基得到或失去质子的质子转移反应。由 Glu_{270} 从水中得到一个质子引起 OH^- 基团对肽键的亲核攻击，被攻击的肽键不形成共价的酰基-酶中间产物而直接被水解。图 2.5（a）中，电荷与质子在催化三联体 Asp_{102}、His_{57} 和 Ser_{195} 以及图 2.5（b）中 N 端 Ser_{B1} 中的氧原子传递，从而对酰胺键进行亲核攻击。与图 2.5（a）类似的机制也适用于催化三联体的脂肪酶（EC3.1.1.3）（图 3.20）（这样的质子转移机制在许多酶催化反应启动催化步骤中，而不仅只作用于水解酶；Dodson and Wlowader，1998；Brannigan et al.，1995）。这种催化机制会引起 Ser 的酰基化，即共价酰基-酶中间产物的形成和 C 端肽或氨基酸的形成。在这两种情况下，为了实现质子传递，所涉及的 His 和 Ser 残基必须是不带电荷的。这说明酶催化过程是 pH 依赖的。当 pH 低于该 His 残基的 p*K* 时，催化步骤的速率会降低。酰基化作用后，中间产物通过水分子的亲核攻击而去酰基化。

最后，产物必须与结合亚位点分离。作为底物的一部分，它们与活性位点的结合较弱。产物与活性部位的结合抑制了底物的结合。这导致了酶反应过程中无法避免的产物抑制。由于反应进行至所需终点的过程中产物浓度不断增大，因此考虑酶反应过程时这一点要特别注意。与生物体内的底物浓度相比（≤10mmol/L），在这些过程中也会使用大得多的底物浓度（达到 2mol/L，如在葡萄糖的异构化中）。

如图 2.4 和图 2.5 所示，活性中心的氨基酸残基在一级结构上相距较远，但在三级结构中必须相近。具有相同功能和 EC 编号的酶的一级结构可能有高达 70％的差异。由于功能上的保守性，我们可以假设这些酶的自然突变体的活性位点及其空间构象也是保守的。这已经在对某些酶的详细研究中得到了证实。通过自发突变（DNA 结构基因上碱基的改变），脱氮副球菌（*Paracoccus icans*）的细胞色素基因在进化过程中发生改变，而金枪鱼中编码的细胞色素在一级结构上氨基酸序列有 70％的改变（Salemme，1977）。最近发现同样的情况也存在于酶工程中感兴趣的酶，如甘油淀粉酶（Sauer et al.，2000）、葡萄糖异构酶（Hartley et al.，2000）、脂肪酶（Kazlauskas，1994）和青霉素酰化酶（Brannigan et al.，1995；McDonough et al.，1999；Kasche et al.，2003）（图 2.6）。生物体中自发突变的频率是每碱基对和每次细胞分裂错误插入的核苷酸 $10^{-10}\sim10^{-9}$。对于一个分子质量是 10^5Da 的酶，这就意味着 $10^4\sim10^5$次的细胞分裂后能形成一个突变酶（有一个氨基酸的突变）（Lewin，1997）。只有在无意突变后酶功能得到保留的细胞才能存活。导致活性位点改变并使酶丧失功能的突变对生物体来说是致命的，这样的酶在进化中会被淘汰。这些结果也表明酶的大部分自发突变是无意突变（Kimura and Ohta，1973）。它们引起不同来源的同一种酶的一级结构的极大差异，并

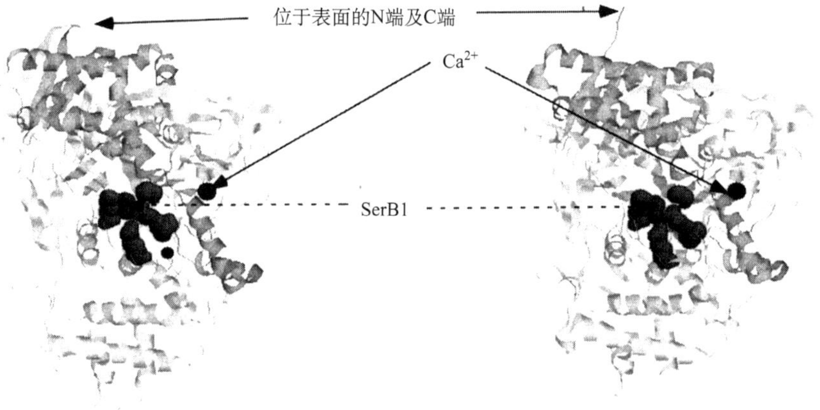

图 2.6　来自大肠杆菌（*E. coli*）（左）和雷极氏变形杆菌（*P. rettgeri*）（右）的青霉素酰化酶的三维带状结构。具有活性的酶由 A 链（深色的）和 B 链（浅色的）两条多肽链组成。其中与来自 *A. faecalis*、*A. viscosus*、*B. megaterium* 以及 *K. citrophila* 的青霉素酰化酶相比保守的活性位残基（催化活性残基 Ser B1 用虚线箭头表示）用深灰色球状表示。它们的空间朝向在已知结构中是保守的。对于这些酶的其他对酶特性重要的保守残基，尤其是对与分子内自我蛋白酶水解以及将 A 链和 B 链整合在一起钙离子（箭头指明的黑色球体）紧密结合的基团，还没有被显示出来（Brannigan et al.，1995；McDonough et al.，1999；Kasche et al.，2003）。

产生具有不同应用前景的酶突变体。对于一个具体的酶促反应，必须从无意突变所形成的天然突变体中发现最佳的酶。现在，基因技术为筛选酶突变体提供了另一种方法。已知酶的基因可以在试管中通过 DNA 复制进行突变，从而可以得到比在活体系统中大得多的突变频率。随后通过适当的筛选方法选择对于具体应用而言具有改良性质的突变酶（见 2.11 节）。

2.5 自由能变化与酶催化反应的特异性

底物一旦在活性位点中与酶结合，氨基酸残基上具有催化活性的功能基团和辅因子可作为亲核试剂或亲电试剂对所催化反应中发生改变的底物基团进行攻击。酶与底物的结合需要静电相互作用，同时也需要亲水性作用。在酶-底物复合物中，底物结构和酶的活性中心都发生了改变，使功能基团以 10^{-2}nm 以内的精确度实现与底物基团的空间定向。与非催化反应相比，这会导致活化能的下降，使催化反应的速率提高 10^{10} 倍以上。在自由能图解中对此进行了简要说明（图 2.7 和图 2.8）。与非催化反应相比，催化反应至少需要两步反应-结合，随后进行化学催化反应。

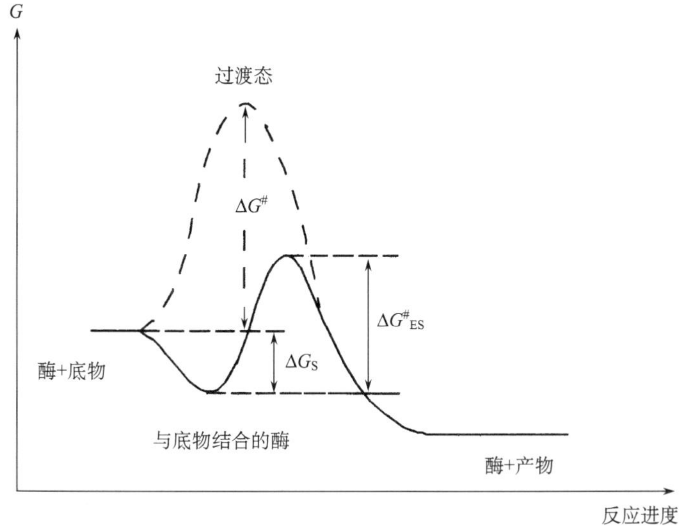

图 2.7 非催化反应及包括一个结合步骤和一个化学反应的酶催化（图 2.4）反应的自由能示意图。后者的表观活化能（$\Delta G^{\#}_{ES}-\Delta G_S$）比非催化反应的（$\Delta G^{\#}$）要小得多；$\Delta G_S$是由底物结合引起的自由能的改变。

为了分析所有可能影响酶催化过程动力学的因素，需要了解详尽的反应机制。图 2.7 中的自由能图示是对图 2.4 所示羧肽酶催化的肽键水解的热动力学分析。对于涉及共价的酰基-酶中间产物形成的水解反应（图 2.5），该图示是不充分的，在这种情况下就必须使用图 2.8，其中包含了酰基化与去酰基化反应，但不包括产物结合。

图 2.7 与图 2.8 显示的是由亚基结合引起的自由能的变化以及化学反应的活化能可能与酶催化反应的底物结合和催化步骤的分离常数和速率常数相关。自由能的改变 ΔG_s

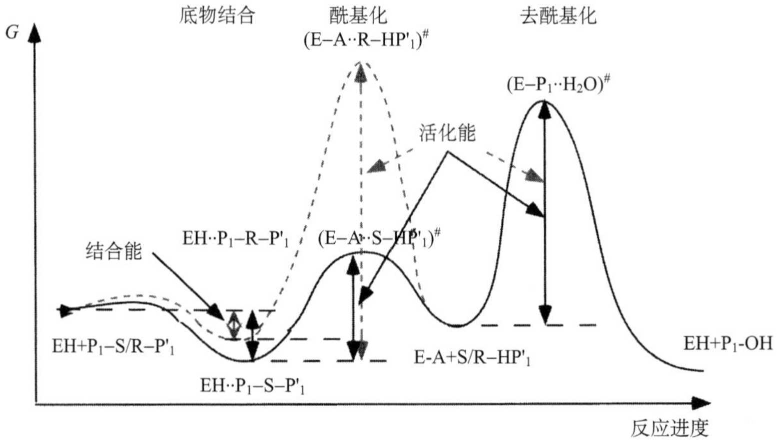

图 2.8　如图 2.5 所示的 P'_1 位点分别结合 S-(—) 或 R-(---) 氨基酸（图 2.3）的肽键或酰胺键水解的包括一个结合步骤和两个化学反应的涉及酰基-酶中间体形成的酶催化反应的自由能示意图。酰基-酶（E-A）通过 P_1 位点中的氨基酸酰基化得以形成。

确定了分离常数 K_s，由 K_s 可进一步推导出通常使用的米氏常数 K_m，同时自由能的改变也用作底物结合的定量测量方法（见 2.7.1 节）。在分子水平上，它是指酶的活性位点中底物与功能基团结合的自由能的总和。活化能 $\Delta G^{\#}_{ES}$ 确定一级反应速率常数 k_{cat}，后者是酶促反应中催化步骤的定量检测方法。它也被称为转换数。如 2.7.1 节中所述，当化学步骤涉及两个反应时（图 2.8），转换数取决于两个反应的一级反应速率常数。

一种酶可以催化不同底物的转化。与活性位点中功能基团的相互作用导致不同的自由能变化（图 2.7 和图 2.8）。因此，底物之间的 K_m 与 k_{cat} 各不相同。这是酶的底物特异性的热动力学基础。即使是相同的底物和不同来源但功能相同的酶之间的反应，K_m 和 k_{cat} 也会发生改变。

酶催化的反应比起非酶催化的反应速度加快了 10^{10} 以上，其主要原因直到最近一直被认为主要是活化能降低的结果。酶过渡态的结构（图 2.7 和图 2.8）被认为是与底物的过渡态互补，从而使该状态稳定，并导致活化能降低。但当酶与底物结合时，它的结构已经发生了改变（诱导契合，如图 2.2 所示）(Done et al.，1998)。对于酶的进化来说，当结合能 ΔG_s 也有助于降低活化能时是十分有利的。因此，同非催化反应相比，底物结合和催化反应有助于酶的底物特异性和加快反应速度（Menger，1992；Schowen，2003；Garcia-Viloca et al.，2004)。

为了说明涉及酰基-酶中间物的酶催化反应，图 2.8 显示了水解二肽或 *N*-酰化氨基酸［其 C 端氨基酸是（*R*)-或（*S*)-对映体］的自由能示意图。相应的反应机制见图 2.5。由于（*R*)-和（*S*)-底物的残基相对于酶活性位点功能基团的空间朝向不同，这两种底物的结合能与活化能都不同。在所示的例子中，这仅适用于（*S*)-特异性酶的结合与酰化步骤。对于二肽的 N 端（R，S）-氨基酸来说，去酰基化步骤的活化能也不同。这说明酶有立体特异性，但由于两种底物都能被所述酶水解，这不总是很严格的。底物结合与催化都促进了酶的立体特异性。从上述讨论也可以得出结论，相同功能但来源不同的酶的立体特异性也应不同。以上讨论同样适用于酶的区域特异性。

虽然上述关于酶的底物特异性、立体特异性的热力学基础的分析来自水解酶，但它同样适用于其他类型的酶。要定量地分析影响酶催化反应动力学和产量的所有因素，必须确定动力学常数 K_m 和 k_{cat}（见 2.7 节）。

2.6　酶催化的平衡控制和动力学控制的反应

酶催化平衡控制的反应时（图 2.4 和图 2.5）会加快反应速度以达到平衡，但并不影响平衡常数或反应终点（图 2.9）。在酶技术中，高产率是获得具有竞争力的工艺的基本要求。平衡（热力学的）产率取决于初始底物浓度、底物和产物溶解性，以及可能受到如 pH、T、P 等系统性质影响的平衡常数。由此，从所述性质中可以推导出能够达到指定产率（如＞90%）的工艺手段。在所有能催化该反应的酶中，最佳的酶是在该操作窗口中具有最佳性质（活性、稳定性）的酶。这说明在酶工程的理性设计时必须考虑酶的特点和所催化过程的特点。

对于酶催化的外消旋物的分解过程的平衡控制，所需对映体的平衡产率不受酶性质影响。但在这种情况下也必须考虑所需对映体的空间纯度。这会受酶立体特异性的影响［图 2.8 和图 2.9（a）］。因此，这些过程中选择最佳酶时也必须考虑这个性质。

图 2.5 中反应机制说明 H_2O 在去酰基化过程中作为亲核物质发挥作用。那么在这里是否有其他分子（R-OH 或 R-NH_2）也可以作为亲核物质起作用？如果确实如此，水解酶也能起转移酶的作用，将酰基转移到 R-OH 或 R-NH_2 上。的确如此，酰基-酶（图 2.5）、糖基-酶共价中间物形成或在 RNA 酶催化的反应（Kasche，1986）中观察到的环化磷酸盐中间物的形成，都证明水解酶具有转移酶的功能。这些反应需要活化的底物（如酯或酰胺）。这样的酶催化的反应动力学控制流程和氨苄青霉素合成的实验数据如图 2.9（b）所示。在这些过程中，亲核物质 H_2O 和 NH［图 2.5（b）中 6-氨基青霉素酰酸］在酰基-酶的去酰基化反应中相竞争［图 2.5（b）］。在前一个反应中，酶作为水解酶起作用，其表观水解酶速率常数为 k_H。在后一个反应中，酶作为转移酶起作用（其表观转移酶速率常数为 k_T），形成也能被该酶水解的缩合产物。该缩合产物的浓度不断增加，直到其合成速率等于水解速率，此时观察到的为最大产物浓度。最后的缩合产物浓度由反应：$AN + H_2O \rightleftharpoons AOH + NH$ 的平衡常数确定。

因此，在动力学控制的反应中，获得的产物浓度比平衡控制的反应中大得多。最大产物浓度取决于选择度（k_T/k_H）$_{app}$ 和酶水解 AN 的速度。所以，与平衡控制的过程相反，动力学控制的过程中最大产物产率取决于酶的性质。（k_T/k_H）$_{app}$ 和酶本身的速率常数间的关系可由示意图 2.1 得到。

（k_T/k_H）$_{app}$ 的比率由缩合物 AN（v_T）和水解产物 AOH（v_H）形成的初始速度决定。由图 2.9 和示意图 2.1 可以得出以下关系式：

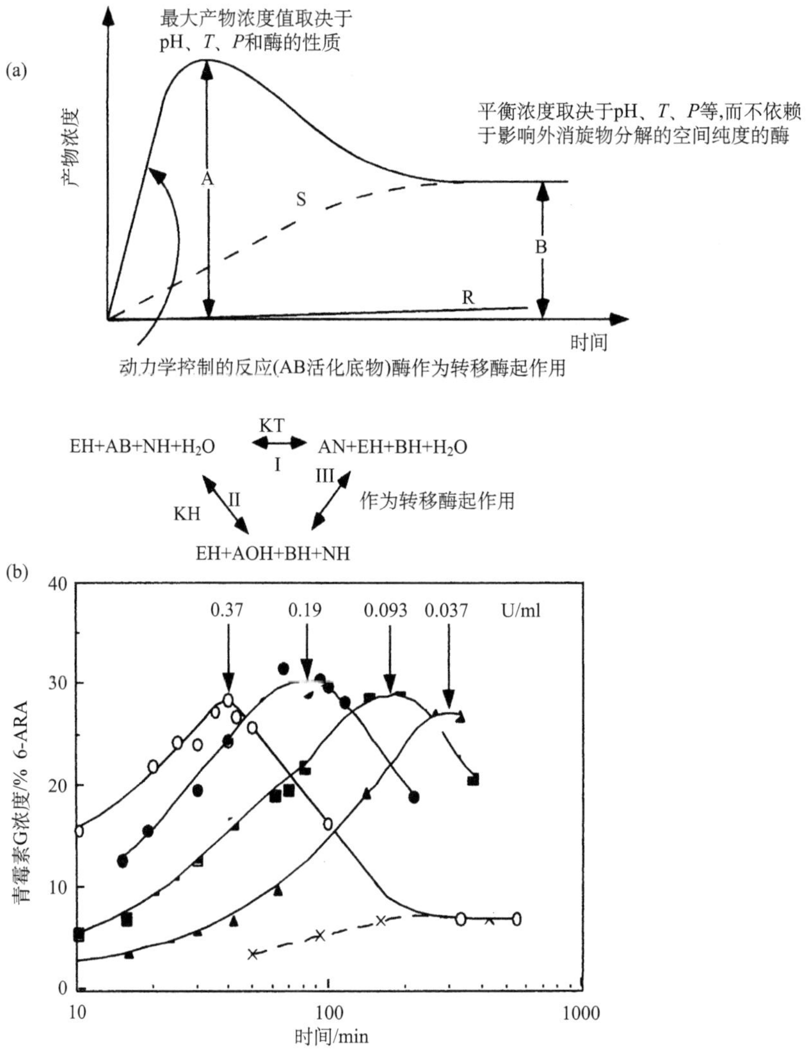

图 2.9　水解酶催化的具有酰基-酶及其他共价中间体的动力学和平衡控制反应的时间依赖性示意图及实验结果。(a) 这也说明在平衡控制的外消旋物分解过程中产物的空间纯度取决于所用酶的立体选择性。(b) 相同浓度苯乙酰甘氨酸（AB）或苯乙酸（AOH）和 6-氨基青霉素酰酸（NH）在不同的酶（来自大肠杆菌的青霉素酰化酶）浓度（以 U/ml 表示，pH6.0，25℃）下的动力学控制（—）和平衡控制（…）的青霉素 G（AN）合成。动力学控制的最大产物浓度（在实验误差范围内）与酶浓度无关，而且比平衡浓度大得多。

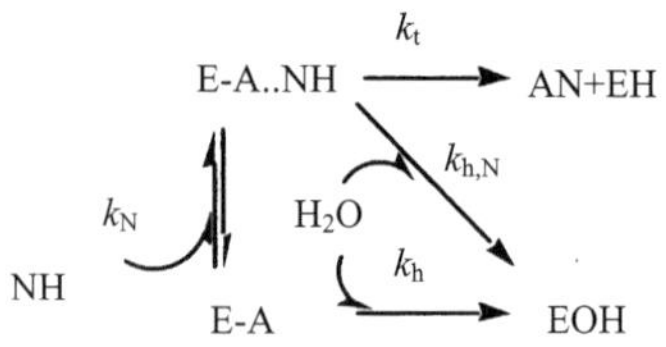

示意图2.1

$$(v_T/v_H) = (k_T/k_H)_{app}[NH]/[H_2O] =$$

$$k_t[E\text{-}A \cdot\cdot NH]/(k_h[H_2O][E\text{-}A] + k_{h,N}[H_2O][E\text{-}A \cdot\cdot NH]) \quad (2.1)$$

假设在亲核结合时建立平衡，即

$$K_N = [E\text{-}A][NH]/[E\text{-}A \cdot\cdot NH] \quad (2.2)$$

那么

$$(k_T/k_H)_{app} = k_t/(k_h K_N + k_{h,N}[NH]) \quad (2.3)$$

也就是说，$(k_T/k_H)_{app}$取决于酶本身的性质和［NH］。

此类动力学控制过程在酶技术中可以应用于具有转移酶作用的水解酶催化的缩合产物的生产（Kasche，1986，2001），某些工艺已经在工业规模上得以实现（如生产胰岛素和甜味剂阿斯巴甜等其他肽；合成半合成的头孢菌霉素和青霉素；外消旋物的动力学分解等）（Bornscheuer and Kazlauskas，1999；Bruggink，2001；Kasche，2001；Liese et al.，2000；Zmiejewski et al.，1991）。表 2.3 中列出了能用作生物催化剂的水解酶以及从初始速率检测所推导的其表观转移酶/水解酶比率 $(k_T/k_H)_{app}$。$(k_T/k_H)_{app}$比也是一种肽酶和酰化酶的 P'_1-特异性测量方法（图 2.3），并能用来对其定位（Kasche，2001；Galunsky and Kasche，2002）。

表 2.3　能在缩合产物的动力学控制的合成中用作转移酶的转移酶和水解酶及其对于不同亲核物质的选择性 $(k_T/k_H)_{app}$（Kasche，1986）

酶	亲核物质	$(k_T/k_H)_{app}$
1. 转移酶类		
DNA-聚合酶	DNA	10^7
己糖激酶	葡萄糖	10^6
葡聚糖蔗糖酶	葡萄糖	
2. 水解酶类		
脂肪酶[a]	酸类	
	醇类	10
	胺类	
碱性磷酸酶	TRIS	$10^2 \sim 10^3$
RNA 酶 I	醇类	10
	核苷	$10^2 \sim 10^3$
糖苷酶类	醇类	10^2
β-半乳糖苷酶	乳糖	$10^2 \sim 10^3$
丝氨酸肽酶类，硫肽酶类	(S)-氨基酸	$10 \sim 10^2$
	(S)-氨基酸酯类	$10^2 \sim 10^4$
	(S)-氨基酸酰胺类	$10^2 \sim 10^5$
	(*R*)-氨基酸酰胺类	$10 \sim 10^3$
	醇类	-10^2
	TRIS	-10^2
酰胺酶类		
青霉素酰化酶	6-氨基青霉素酰酸	$10^3 \sim 10^4$
	(S)-氨基酸类	-10^4
	醇类	1

a. 对于脂肪酶参与的反应（酯化常在几乎无水体系中进行），以上数据适用于水相系统。

活细胞中的缩合产物（生物聚合物，如核酸、多糖和蛋白质）的浓度比存在热力学平衡的系统中高得多。在动力学控制的过程中，由活化底物（三核苷酸如ATP、二糖、腺苷酸氨基酸）来合成这些生物聚合物，在平衡点时可以获得较高的产物浓度。催化这些反应的转移酶在进化过程中已得到了优化，因此其转移酶活性远高于水解酶活性（表2.3）。这些酶和其活化底物仍十分昂贵，难以在酶技术中应用，然而也有例外，如能利用活化的底物蔗糖合成多糖的葡聚糖蔗糖酶和果聚糖蔗糖酶（Buchholz and Monsan，2003）。

从表2.3的数据可以看出，许多水解酶可以在动力学控制的产物合成中用作生物催化剂。不过，为了实现缩合产物的高产率，必须使用比活细胞体系中（$<10^{-2}$ mol/L）高得多的亲核物质浓度（达到1mol/L），必须选择使得 $(k_T/k_H)_{app}$（[NH] / [H_2O]）$\gg 1$ 的浓度（表2.3和方程式2.1）。

2.7 酶催化反应动力学

酶用作催化剂以减少达到平衡和动力学控制的过程终点所需的时间（图2.9）。如2.5节中讨论的那样，这个时间是酶浓度和酶性质（底物与产物的结合、催化反应的活化能）的函数。为了计算这一时间，必须在酶催化反应动力学分析的基础上确定这些性质（见2.7.1节）。对酶催化反应的终点必须加以选择以实现最高的可能产率。当终点就是反应的平衡状态时，产率不会受到酶性质的影响。然而，在动力学控制的过程中，酶性质会影响产物的最高产率。产率还与初始底物浓度、pH、温度和离子强度有关。这说明酶的反应条件依赖于催化过程中的pH、离子强度和温度（见2.8节）。当酶在反应的最适条件下不稳定时，这些因素对作为生物催化剂的酶很不利。因此，为了确定最佳反应条件，必须同时了解酶对pH、离子强度和温度依赖性等性质（结合、催化、稳定性）（见2.7.2节）。

2.7.1 酶催化反应动力学性质和选择性的定量关系

2.7.1.1 转换数（k_{cat}）和米氏常数（K_m）

对2.4～2.6节中所讨论的酶催化反应和其他酶参与的反应而言，都可以用以下的动力学示意图之一加以描述［注：2.7节中的酶与通常缩写E不同，写为EH；这是为了强调质子转移步骤直接参与许多酶催化过程（图2.5；Benkovic and Hammes-Schiffer，2003），并说明这些过程是pH依赖的。后面会使用常用的E表示］：

1. 单底物（AB）反应（只针对裂解酶的单向反应和异构酶的双向反应）。

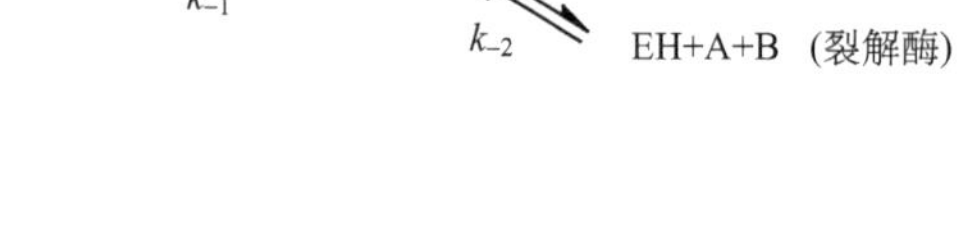

(2.4)

2. 双底物（AB 和 NH）反应（对所有酶而言）。

（a）两种底物不能同时结合到活性中心上。

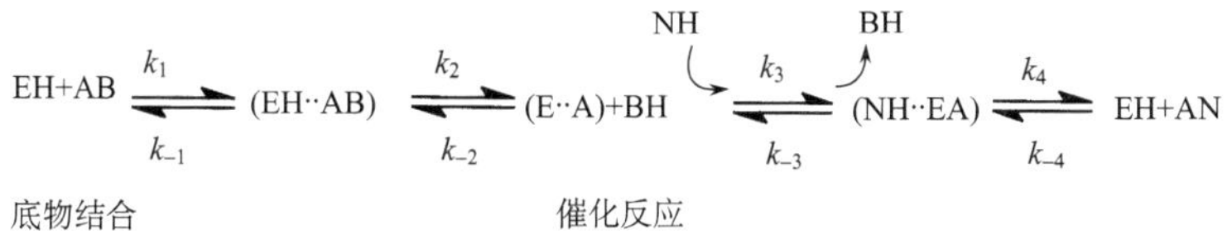

（2.5）

（b）两种底物能同时结合到活性中心上。

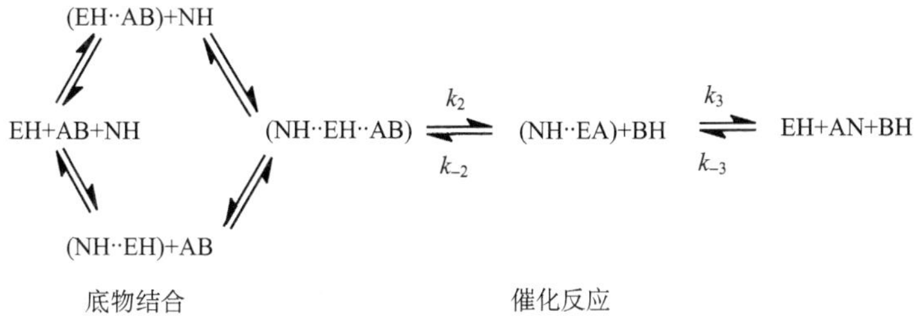

（2.6）

大部分酶催化反应都能用这 3 个式子中的一个加以描述。如在动力学控制的反应中，当有一个以上的底物 NH 作为亲核物质参与时，反应式（2.5）和（2.6）将包括更多的分支反应。从这些式子可以推导出酶的性质、底物结合以及酶催化反应速率，并提供定量检测的关系式。假设下面的限制条件已达到，可以进行这样的推导：

1. 底物浓度≫酶浓度

$[NH]_0$，$[AB]_0 \gg [EH]_0$（下标 0 表示 $t=0$）。

2. 仅测得初始速度。这样 $[NH]_0$ 和 $[AB]_0$ 实际上是常数并可以忽略底物结合后的逆反应。

3. 达到底物结合平衡。这个假设是有疑问的。

4. 中间产物 EH ·· AB，H ·· EH ·· AB，NH ·· EA 等浓度达到稳定态。

（·· 非共价相互作用，EA＝共价的酶-底物中间体，如酰基-酶或糖基-酶）

根据结合条件（1）～（4）以及质量守恒关系式，可以获得一组线性方程式，其中反应速度可用式（2.4）～（2.6）的速率常数及已知浓度来表达。酶工程中的大部分酶催化反应是双底物反应，因此可在这里加以讨论①。

图式（2.5）中产物生成速度（或底物消耗速度）为：

$$v = \mathrm{d}[AN]/\mathrm{d}t = k_4[EH \cdot\cdot AB] \tag{2.7}$$

由这套线性等式，可以推导出已知浓度 $[EH]_0$、$[AB]_0$ 和 $[NH]_0$ 下的 $[EH \cdot\cdot AB]$ 表达式和速率常数。代入等式（2.7），得到下面的米氏方程形式的单底物反应表达式：

① 生化课本里通常只讲述了单底物反应（2.4 式）。产物生成的速度为 $v=k_2[EH \cdot\cdot AB]$。酶的质量守恒关系式为：$[EH]_0=[EH]+[EH \cdot\cdot AB]$，$[EH \cdot\cdot AB]$ 的稳定态条件得 $k_1[EH][AB]_0=(k_1+k_2)[EH \cdot\cdot AB]$。从这两个等式，我们得到 $[EH \cdot\cdot AB]=[EH]_0[AB]_0/((k_{-1}+k_2)/k_1+[AB]_0)$，产物生成速率为 $v=k_2[EH]_0[AB]_0/(K_m+[AB]_0)$，其中转换数 k_2 和米氏常数 $K_m=k_{-1}+k_2/k_1$ 是酶催化性质和底物结合性质的定量标准。

$$\nu = \frac{k_{\text{cat,AB}}[\text{AB}]_0[\text{EH}]_0}{(K_{\text{m,AB}} + [\text{AB}]_0)} \tag{2.8}$$

转换数：

$$k_{\text{cat,AB}} = \frac{k_2 k_3 k_4 [\text{NH}]_0}{k_3 \cdot (k_4 + k_2)[\text{NH}]_0 + k_2 k_4} \tag{2.9}$$

以及米氏常数：

$$K_{\text{m,AB}} = \frac{(k_{-1} + k_2) \cdot k_3 \cdot k_4 \cdot [\text{NH}]_0}{(k_3 \cdot (k_4 + k_2) \cdot [\text{NH}]_0 + k_2 k_4) k_1} \tag{2.10}$$

对于大 $[\text{NH}]_0$值（如水解反应中 $[\text{NH}]_0 = H_2O$），等式（2.9）和（2.10）变成：

$$k_{\text{cat,AB}} = \frac{k_2 k_4}{k_2 + k_4} \tag{2.11}$$

和

$$K_{\text{m,AB}} = \frac{(k_{-1} + k_2) k_4}{(k_2 + k_4) k_1} \tag{2.12}$$

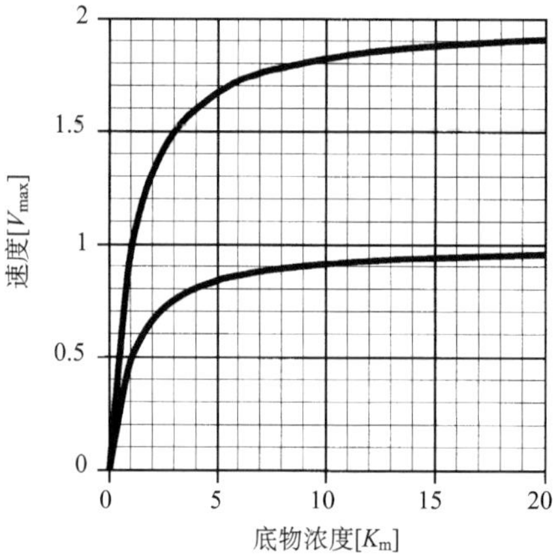

图 2.10　Michaelis-Menten 作图——就是速度 v（等式 2.8）以酶催化反应 $V_{\max}$ 为单位，作为底物浓度（K_m 单位）的函数。酶浓度 $[\text{EH}]_0$（较低的曲线），2 $[\text{EH}]_0$（较高的曲线）。注意：$v = 0.9V_{\max}$ 需要底物浓度约为 $10K_m$。

也就是说，仅在这些条件下，对于同一种酶而言，这些数值是底物 AB 的特征型的。若 $[\text{NH}]_0$浓度比较小的话，它们也依赖于这个浓度。等式（2.8）最早由 Michaelis 和 Menten 在 1913 年得出，它是酶催化反应速度的通用表达式，以底物浓度的函数作图被称为 Michaelis-Mentens 图（图 2.10）。

转换数 k_{cat}单位为 s^{-1}，是在底物饱和的条件下一个酶分子每秒钟转换底物的分子数，它只受催化反应速度（k_2，k_4）的影响，并且是图 2.7 和图 2.8 中活化能 $G^{\neq}_{\text{ES}}$的测量标准。米氏常数 K_m的度量单位是 mol/L，是反应速度达到最大速度 $V_{\max}$（$= k_{\text{cat}}$ $[\text{EH}]_0$）一半时的底物浓度。它是表观平衡常数，并且是图 2.7 和图 2.8 中底物结合能 ΔG_S的度量标准。它由底物结合的平衡常数和催化反应的速率常数决定。K_m越小，底物与酶的结合就越好。转换数 k_{cat}和米氏常数 K_m被用来描述酶的动力学性质。它们受酶和底物的影响。k_{cat}/K_m比[单位：L/(mol · s)] 作为表观二级速率常数，被称作特异性常数，是酶的底物特异性的定量度量标准。特异性常数不能大于扩散控制的双分子反应的速度 [$<10^8 - 10^9$ L/(mol · s)]（Fersht，1999）。要确定一个酶与不同底物，或是不同酶与同一底物的底物特异性，必须确定 k_{cat}和 K_m。当酶浓度未知时（如匀浆中），通过 $V_{\max} = k_{\text{cat}} \cdot [\text{EH}]_0$确定。只能确定其活性中心能被滴定的（就是说，仅当活性酶的浓度 $[\text{EH}]_0$能被确定）酶的转换数。这对于如丝氨酸肽酶、青霉素酰化酶和脂肪酶等来说是可能的，它们的活

性中心能被不可逆地酰化（Fersht，1999）。V_{max}是用活性单位表示的酶数量的检测标准。因此仍使用酶单位（U），虽然它不是国际标准单位制（SI）。1U 指在给定条件（pH、T）下，每分钟催化 1μmol 底物转化所需的酶量。1SI 酶活性单位（Katal，缩写成 kat）是每秒钟转化 1mol 底物的酶量，但这在酶学文献里几乎不使用。1kat 等于 60×10^6U。

现已发展了不同的技术方法，在不同底物浓度下测得的 v 来确定 k_{cat} 和 K_m。Eadie 和 Hofstee 发展了一种合适的方法。等式（2.8）能线性化为：

$$\frac{v}{[AB]_0[EH]_0}=\frac{k_{cat}}{K_m}-\frac{\nu}{[EH]_0K_m} \tag{2.13}$$

v/ $[AB]_0$ $[EH]_0$作为 ν/ $[EH]_0$ 的函数提供了一个线性图（Eadie-Hofstee 图），其中 k_{cat}和 K_m可从 x、y 轴截距确定。通常这些变量由另一线性图确定（1/ν 对 1/ $[AB]_0$作图；Lineweaver-Burk 作图）。可以看出，通过 Lineweaver-Burk 作图确定 k_{cat} 和 K_m 比 Eadie-Hofstee 作图的实验误差大（Deranleau，1969），但即使是 Eadie-Hofstee 作图，当确定速度误差在±2%时，其误差也不可忽略（±10%）。

不同底物（同种酶）以及不同酶（同一底物）的 k_{cat}和 K_m列于表 2.4 和 2.5 中。这些表提供了关于结合不同 P'_1 残基和 P_1 残基、水解酯键或酰胺键的底物特异性信息（即这些键在图 2.3 中通过催化亚位点 C 被活化），还提供活性中心和底物间相互作用的信息。表 2.4 的数据清楚地表明，一个酶对于不同底物的特异性可以相差几个数量级，一些酶的特异性常数接近扩散控制的反应速率 $k_{cat}/K_m\approx10^8$ L/(mol · s)。胰蛋白酶和 α-胰凝乳蛋白酶是优于酰胺酶的酯酶，并具有不同的 P_1-特异性。酯酶和酰胺酶活性的差别主要是由底物结合的不同（胰蛋白酶）或催化反应的不同（α-胰凝乳蛋白酶）引起的。由于羧基端携带负电荷，这些内肽酶不能水解 C 端未保护的氨基酸。底物受这些酶带负电荷的活性中心的排斥（图 2.5）。表 2.4 中关于 α-胰凝乳蛋白酶和青霉素酰化酶的数据也说明不同来源的酶对相同底物的特异性常数变化相当大。

表 2.4 不同来源的不同水解酶的转换数 k_{cat}和米氏常数 K_m；等式（2.5）和（2.6）中的 NH＝H_2O；↓＝被水解的键（来自 Laidler，1958 以及作者 Kasche 的实验室数据）

酶	底物 (P_i‥P_1 ↓ P'_1‥P_1)	温度 /℃	pH	k_{cat}/s^{-1}	K_m/ (mmol/L)	k_{cat}/K_m /[L/(mol · s)]
胰蛋白酶（牛）	苄基-Arg ↓ NH_2	25.5	7.8	27	2.1	13 000
	苄基-Arg ↓ OEt	25.0	8.0	19	0.02	1 000 000
	Z-Lys ↓ OMe	30	8.2	101	0.23	440 000
	Z-Lys ↓ Ala	40	8.2	0		约 0
	Z-Lys ↓ Ala-Ala-Ala	40	8.2	4.6	3.7	1200
α-胰凝乳蛋白酶（牛）	乙酰基-Tyr ↓ OEt	25.0	7.0	160	3.7	42 000
	乙酰基-Tyr ↓ NH_2	25.0	7.8	0.28	7	40
	苄基-Tyr ↓ OEt	25.0	7.8	78	4	20 000

续表

酶	底物 (P$_i$.. P$_1$ ↓ P$'_1$.. P$_1$)	温度/℃	pH	k_{cat}/s^{-1}	K_m/(mmol/L)	k_{cat}/K_m/[L/(mol·s)]
	苄基-Phe ↓ OEt	25.0	7.8	37	6	6300
	苄基-Met ↓ OEt	25.0	7.8	0.77	0.8	1000
	Ac-ProAlaProPhe ↓ Ala	37	8.0	0		约 0
	Ac-ProAlaProPhe ↓ AlaAlaNH$_2$	37	8.0	37	0.83	44 000
小鼠 NZB	乙酰基-Tyr ↓ Oet	25	7.0	250	2.1	120 000
小鼠 A/sn	乙酰基-Tyr ↓ OEt	25	7.0	210	2.1	100 000
羧肽酶 A	羧苄基-Gly- ↓ -Try	25	7.5	89	2	17 000
	羧苄基-Gly- ↓ -Leu	25	7.5	10	28	390
青霉素酰化酶						
大肠杆菌		25	7.8	48	0.01	4 800 000
粪产碱菌	青霉素 G	25	7.8	80	0.008	10 000 000
K. citrophila		2.5	7.8	60	0.02	3 000 000
腺苷三磷酸酶	ATP	25	7.0	104	0.012	8 300 000
尿素酶	尿素	20.8	7.1	20 000	4	5 000 000

表 2.5　不同水解酶水解同种底物的立体选择性（pH7.5，25℃，I=0.2mol/L）

（Michaelis，1991；Lummer et al.，1999；Galunsky et al.，2002）

底物 P$_1$- ↓ -P$'_1$	K_m/(mmol/L)	k_{cat}/s^{-1}	k_{cat}/K_m/[L/(mol·s)]	立体选择性 E_{eq} $(k_{cat}/K_m)_S/(k_{cat}/K_m)_R$
青霉素酰化酶水解（EC 3.5.1.11 来自大肠杆菌）				
(S)-Phg- ↓ O-Me	20	11	550	0.5
(*R*)-Phg- ↓ O-Me	32	35	1100	
N-乙酰基-(S)-Phg- ↓ O-Me			1.3	>13
N-乙酰基-(*R*)-Phg- ↓ O-Me			<0.1	
(S)-Phg- ↓ -NH$_2$	11	6.4	580	0.27
(*R*)-Phg- ↓ -NH$_2$	17	36	2100	
α-胰凝乳蛋白酶水解（EC 3.4.21.1 牛）				
(S)-Phg- ↓ O-Me	50	0.46	9.2	14
(*R*)-Phg- ↓ O-Me	140	0.08	0.57	
N-乙酰基-(S)-Phg- ↓ O-Me	4	0.8	200	285
N-乙酰基-(*R*)-Phg- ↓ O-Me	7	0.005	0.7	
蛋白酶 K 水解（EC 3.4.21.14 来自白色念球菌）				
(S)-Phg- ↓ O-Me			0.6	2
(*R*)-Phg- ↓ O-Me			0.3	
Phg：苯基-甘氨酰基				

注：↓表示被水解的键。

2.7.1.2 平衡和动力学控制反应的立体选择性

从表 2.5 的数据可以看出，不同的酶能水解同一底物。同样地，酶的立体选择性存在差异，水解酶及其他酶不具有严格的立体选择性［立体特异性提供了酶是否偏爱(*S*)-或(*R*)-底物的定性信息］。优选作用于(*S*)-对映体的酶也能转化(*R*)-对映体，反之亦然。表 2.5 的结果显示所有情况下所研究酶的立体选择性是由于对于对映体底物的 k_{cat} 和 K_m 的不同。与优选的底物相比，特异性较低的底物结合导致催化反应中改变的键与催化亚位点 C 之间的距离更大（图 2.11）。这导致转化(*S*)-和(*R*)-对映体的活化能不同（图 2.8）。青霉素酰化酶的数据也表明，酶的立体特异性在 S_1-和 S'_1-结合亚位点上可能有所不同。当底物结合涉及额外的结合位点时，立体选择性增加，而立体特异性降低（图 2.11）。这由表 2.5 中 *N*-乙酰化底物的结果得出，其中乙酰基结合在 S_2-亚位点上。

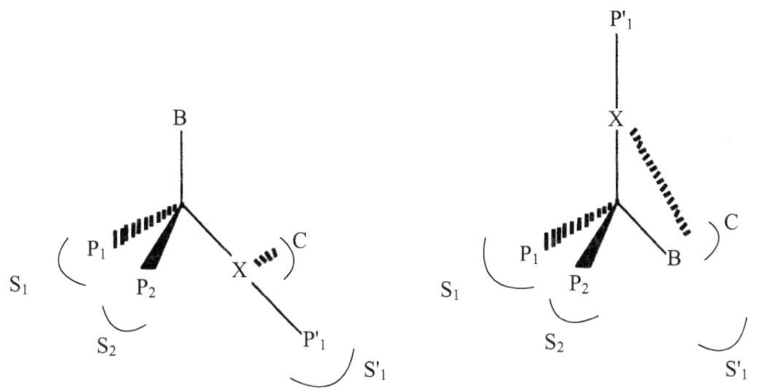

图 2.11 决定酶的空间特异性的相互结合作用。这用以说明对与 S_1、S_2 和 S'_1 结合亚位点具有结合相互作用的(*S*)-对映体（含与不对称 C 原子结合的基团 P_1、P_2、B 和 X-P_1）具有特异性的酶。左边为该对映体的正确结合。催化亚位点（C）接近催化反应中发生改变的键。对于(*R*)-对映体，这和其他 3 个结合相互作用无法同时进行，只能实现其中 2 个的结合相互作用。右边显示了此类情况之一，这导致催化位点与所改变的键之间的距离变大。因此，或是(*R*)-对映体的结合比(*S*)-对映体弱，或是随着活化能增加，(*R*)-对映体的催化反应更慢（图 2.8）。

酶的立体选择性越来越多地应用于利用前手性化合物（不对称合成）或外消旋混合物（外消旋分解）来生产纯对映体。α-酮酸是一个前手性化合物，在活细胞中被转氨酶（转移酶）或脱氢酶（氧化还原酶）催化反应生成(*S*)-氨基酸。最早的工业化酶工程之一是用(*S*)-特异性的酰基转移酶（一种水解酶）从 *N*-乙酰化(*R*，*S*)-氨基酸对映体混合物生产(*S*)-氨基酸（Tosa et al.，1969）。通过结晶或离子交换色谱将去酰基化的(*S*)-氨基酸与 *N*-乙酰化-(*R*)-氨基酸分离。分离的 *N*-乙酰化-(*R*)-氨基酸是消旋的，随后几乎所有的消旋混合物都能被转化成(*S*)-氨基酸（见第 3 章）。

图 2.12 中显示了能用于生产纯对映体的酶反应。在外消旋物Ⅱ～Ⅳ的动力学分解中，≤50％外消旋混合物能被转化成所需的对映体。为增加产率，所需的对映体必须从其他对映体中分离出来，其他对映体可被化学过程或由外消旋酶催化的酶过程进行外消

旋化。当外消旋物的动力学分解和外消旋化同时进行时，也能发生上述情况，这被称为“动态动力学分解”。在第3章中对应用酶分解外消旋物或从前手性化合物生产对映体进行详细论述。在这些工艺中所使用酶的立体选择性必须是已知的，但可以如下所述的方法针对平衡和动力学控制的反应加以确定。

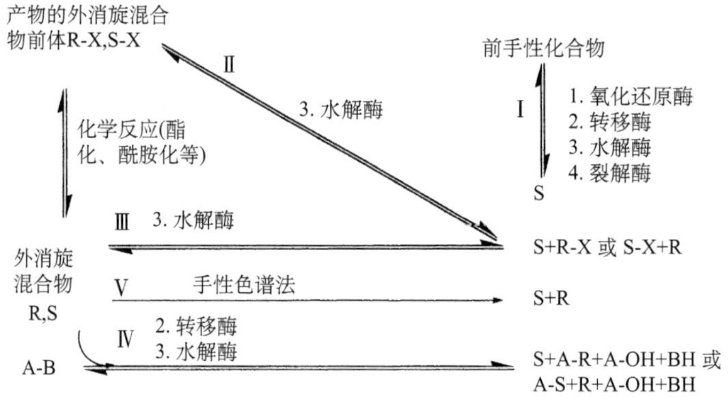

图2.12 显示了利用外消旋混合物经动力学分解或由前手性化合物不对称合成来生产纯的（S)-对映体的不同的酶和色谱分离过程。在2.2节的分类基础上可以确定催化不同反应的酶的种类。酶催化过程Ⅰ～Ⅳ是受平衡控制的，而Ⅳ是个例外，它是受水相系统中被水解酶催化的动力学控制的反应。在反应过程Ⅰ中，能实现100%的产率，而其他反应过程中（Ⅱ～Ⅳ）只有50%的外消旋混合物能转换成所需对映体。为得到100%的产率，不需要的对映体必须被外消旋化。可以设计类似的针对（*R*)-对映体生产的流程。

酶催化反应的立体选择性 E 被定义为（S)-对映体的消耗速度与（*R*)-对映体的消耗速度之比（Chen et al.，1982)：

$$E = \nu_S / \nu_R \tag{2.14}$$

对于平衡控制反应如水解反应，立体选择性或对映选择性表示为：

$$E_{ed} = (k_{cat}/K_m)_S / (k_{cat}/K_m)_R \tag{2.15}$$

即两种对映体特异性常数之比。对于分离的对映体来说，酶的固有性质 E_{eq} 可以在初速度测量的基础上通过确定这些常数加以计算。动力学控制反应只能用于外消旋亲核混合物的分析（见2.6节、示意图2.1和图2.12)。含亲核物质NH的活化底物（*R*，*S*)-A-B的外消旋混合物的动力学控制的分解并不是适当的外消旋物分解过程，因为它产生两种不同的对映体产物［(S)-A-OH和（*S*)-A-N]。因此，对于动力学控制的外消旋物分解反应来说，必须使用等式（2.14）中的定义对亲核物质结合亚位点（S_1'-立体选择性）的 E 值关系式进行推导。固有的（非浓度依赖性的）S_1'-空间选择性只能利用消旋混合物形成（*S*)-和（*R*)-对映体的初始速度（采用外消旋亲核混合物）来确定（Galunsky and Kasche，2002）。假定亲核物质结合达到平衡①，则

$$E_{kin} = v_{A\text{-}(S)\text{-}N}/v_{A\text{-}(R)\text{-}N} = (k_t/K_N)_S/(k_t/K_N)_R \tag{2.16}$$

由等式（2.15）和（2.16）确定的 E 值的关系式可以用于 E 的 pH、T 和离子强度的依赖性的热力动力学分析。这需要大量的检测，但可以确定的 E 值范围为 $10^4 \sim 10^5$。

一种更简单快速、但精确度较差的 E 值的估算方法是建立在对产物过剩量 ee_P（$ee_P = |[P_S]-[P_R]|/([P_S]+[P_R])$）或底物过剩量 ee_S（$ee_S = |[S_S]-[S_R]|/([S_S]+[S_R])$）以及测量对映体过剩量时的反应程度的测定的基础上的。

$$c = 1 - ([S_S] + [S_R])/([S_S]_0 + [S_R]_0)$$

式中：下标 0 表示初始浓度，对于一个平衡控制或动力学控制的外消旋混合物的分解反应，从以下关系式可以确定 E 值：

$$E = \frac{\ln[1 - c(1 + ee_p)]}{\ln[1 - c(1 - ee_p)]} \quad \text{或} \quad E = \frac{\ln[1 - c(1 - ee_s)]}{\ln[1 - c(1 + ee_s)]} \tag{2.17}$$

E 也可使用以下关系式从 ee_P 和 ee_S 得到：

$$E = \frac{\ln\left(\dfrac{1 - ee_s}{1 + \dfrac{ee_s}{ee_p}}\right)}{\ln\left(\dfrac{1 - ee_s}{1 + \dfrac{ee_s}{ee_p}}\right)} \tag{2.18}$$

只有当平衡控制过程中的逆反应、产物抑制以及动力学控制中的产物水解［图 2.9 (a)］能被忽略时，等式（2.17）或（2.18）计算得到的 E 值才等同于由等式（2.15）或（2.16）的初始速度所确定的值。可以推测不同的产物对映体不同程度的抑制酶。在这种情况下，所需产物对映体的立体纯度也受产物抑制的影响（Straathof and Jongejan，1997）。

由等式（2.17）和（2.18）确定的 E 值的实验误差比从等式（2.15）和（2.16）确定的要大得多，尤其是当 ee_P-或 ee_S-值接近 1 时。因此等式（2.17）和（2.18）只能用来确定范围为 $10^{-2} \sim 10^2 E$ 值。

图 2.13 总结了已发表的平衡及动力学控制反应中酶的立体选择性的范围。对于在外消旋物的酶技术动力学分解中应用，为了获得产物的高立体纯度，立体选择性 E 对于 S-和 R-特异的酶应该分别>100 或<0.01。

2.7.2 水溶液中 k_{cat}、K_m 对 pH、温度、抑制剂、激活剂和离子强度的依赖性和选择性

在 2.7.1 节中我们推导了“未受干扰的”酶动力学和立体选择性间的定量关系式。这些是建立在底物与活性位点结合后所发生的反应基础上的。而底物与活性位点的结合

① 以前，由两种不同对映体的测定值所确定的 $(k_T/k_H)_S/(k_T/k_H)_R$ 比值被用作动力学控制反应中的立体选择性检测方法。但是这个比值是依赖［NH］的，也就是说它是浓度依赖的。因此不能用作酶的立体选择性的检测标准。

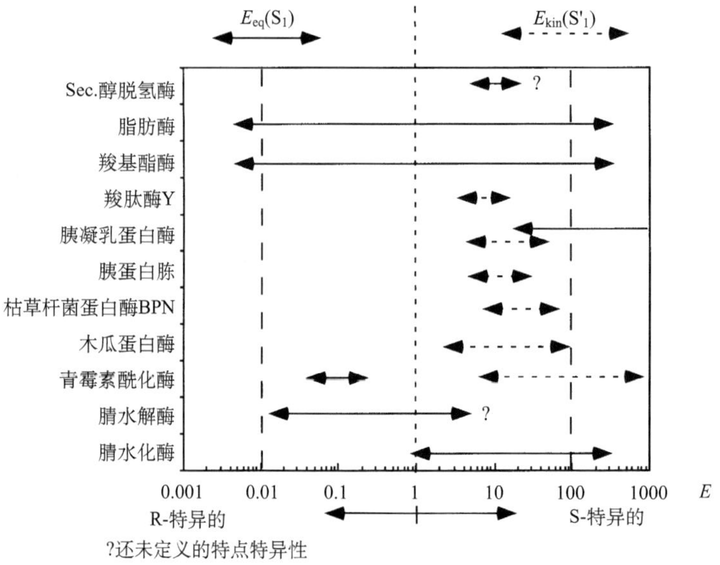

图 2.13　已发表的 S_1-结合亚位点（图 2.3 中的酰基-结合）E_{eq}［等式（2.15）］和酶（主要是水解酶）的 S'_1-结合亚位点（平衡控制的水解过程中的离去基团或动力学控制的合成中的亲核物质结合亚位点）E_{kin}（等式 2.16）的立体选择性范围。需要注意的是，青霉素酰化酶在上述两个结合亚位点中具有不同的立体选择性。这同样适用于脂肪酶和酯酶，其中结合亚位点为酸和醇结合位点。

可以直接或间接地受其他化合物或 pH、温度变化的影响，并导致酶催化过程的提高（激活）或降低（抑制）。定量研究这些变化能提供某些控制酶功能的基团的有价值的信息（哪个氨基酸残基在活性中心、酶如何被选择性抑制等）。这些信息反过来能用于更好的酶的寻找，如通过筛选天然酶资源、通过随机或定向进化、蛋白质理性设计（见 2.11 节）来创造新酶。从等式（2.8）、（2.11）、（2.12）、（2.14）～（2.18）可以推导出描述这些因素影响的定量关系式。在 2.9 节中将对这些性质在水悬浮液或非常规溶剂（有机溶剂、超临界气体、离子液体）中是如何变化的进行讨论。

2.7.2.1　pH 依赖性

k_{cat}和 K_m

酸性和碱性基团存在于酶表面，但它们也形成部分活性中心。因此，其离子化状态能影响酶的 k_{cat}和 K_m。2.7.1 节里没有考虑 k_{cat}和 K_m的 pH 依赖性，并且这些值被认为是表观的（pH 依赖的）。这里将以 α-胰凝乳蛋白酶来说明这种情况（图 2.5）。当α-胰凝乳蛋白酶活性中心的组氨酸质子化（EH）时，k_{cat}为 0，酶没有功能。只有当组氨酸基团不带电荷（f_-）时酶才具有活性，此时的表观 k_{cat}为：

$$k_{cat} = f_- k_{cat}^0 = \frac{k_{cat}^0}{1 + \frac{[H^+]}{K_1}} \tag{2.19}$$

即 pH 的函数，其中 pK_1是活性位点中组氨酸的 pK。

当另一个 $pK=pK_2$ 的基团影响底物的结合时，也同样适用于 K_m。我们假设具有该 pK 的带电与不带电荷基团都可以以不同的 K_m 结合底物，那么作为 pH 函数的表观 K_m 为：

$$K_m = \frac{K'_m}{\left(1+\frac{K_2}{[H^+]}\right)} + \frac{K''_m}{\left(1+\frac{[H^+]}{K_2}\right)} \tag{2.20}$$

把等式（2.19）和（2.20）代入式（2.8）中时，我们可以得到反应速率的 pH 依赖性：

$$\nu = \frac{\dfrac{k^0_{cat}[EH]_0[AB]_0}{\left(1+\frac{[H^+]}{K_1}\right)}}{\left([AB]_0 + \frac{K'_m}{\left(1+\frac{K_2}{[H^+]}\right)} + \frac{K''_m}{\left(1+\frac{[H^+]}{K_2}\right)}\right)} \tag{2.21}$$

当 $[H^+]>K_1$（或 $pH<pK_1$）且 $K_1>K_2$ 时，ν 将随着 pH 升高而升高（$[H^+]$ 降低）。当 pH 大于 pK_1 和 pK_2，$[H^+]/K_1$ 约为 0，分母将随着 pH 而增大时，ν 将减小。由此可知，ν 在 pK_1 和 pK_2 之间存在最大值（最适 pH）。这通常在酶动力学中可以观察到（Fersht，1999）。pK_1 和 pK_2 可以根据图 2.14 加以确定。当 $k_{cat}=1/2k^0_{cat}$，$[H^+]=K_1$ 或者 $pH=pK_1$，酶中的氨基酸残基与解离的氨基酸具有相似的 pK。因此，图 2.14 的曲线可以提供引起 k_{cat} 和 K_m 对 pH 依赖性的氨基酸类型的定性信息。对于 α-胰凝乳蛋白酶活性位点结构的研究获得了支持这方面的动力学数据［图 2.5（a)］。pK_1 约为 7 的氨基酸残基为 His_{57}。K_m 受到 pK_2 约为 9 的必需氨基的残基影响。式（2.21）表明，只有当两个不同的氨基酸影响 k_{cat} 和 K_m 对 pH 的依赖性时，才可以获得最适 pH。这点适用于大部分酶［例外，胃中（pH＝1～2）的胃蛋白酶］。因此，必须在缓冲系统中进行定量研究以测定 k_{cat} 和 K_m。特别是在酶催化反应中有酸或碱生成或消耗时，所使用的缓冲液必须在所进行测定的 pH 范围内有足够的缓冲能力。另外很重要的一点是，缓冲液不能参与酶催化反应，因此不能用可能会使酰基-酶脱酰基的含有氨基的缓冲液。所以，Tris 缓冲液在酶动力学研究中不可以用作缓冲液（Kasche and Zöllner，1982）。由于带电底物会影响离子强度，因此它们可以直接或间接影响 k_{cat} 和 K_m 对 pH 的依赖性（Lummer et al.，1999）。

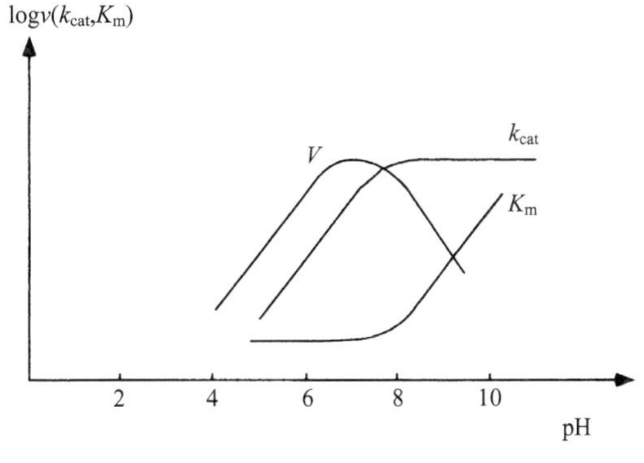

图 2.14 α-胰凝乳蛋白酶催化的不带电荷的底物水解的 v、k_{cat} 和 K_m 对 pH 的依赖性（引自 Bender et al.，1964）。

选择性

在动力学控制的反应中，亲核物质的反应基团通常为氨基，它必须不带电荷。在针对这些反应的选择性的等式（式 2.3）中，k_t 依赖于该氨基的 pK。pH 低于此值时它随之降低。因此，动力学控制的合成反应必须在高于亲核物质氨基 pK 1 个 pH 单位的情况下进行。

乙醇脱氢酶和青霉素酰胺酶的立体选择性 E_{eq}取决于 pH（Lummer et al.，1999）。当影响 k_{cat}的基团的 pK 由于结合（S)-或（R)-底物而改变时，这种情况就会发生。观察到的改变低于一个数量级。

2.7.2.2 温度依赖性

k_{cat}和 K_m

在 2.7.1 节中表明 k_{cat}是单分子反应中的速率常数，而 K_m是解离常数。从其基于自由能的变化的温度依赖性（图 2.7 和图 2.8）出发，ν 的温度依赖式（2.8）可以写成：

$$\nu = \frac{A[EH]_0[AB]_0 e^{-\frac{\Delta G_{ES}^{\neq}}{RT}}}{[AB]_0 + Be^{-\frac{\Delta G_S}{RT}}} \quad (2.22)$$

式中：A 和 B 是常数。活化能 $\Delta G_{ES}^{\neq}$总是大于 0 的，ΔG_S可以小于 0 也可以大于 0。这就意味着 k_{cat}总是随着温度而增加，而 K_m可能随温度增加或减小。$\Delta G_{ES}^{\neq}$和 ΔG_S可以根据 Arrhenius 图从 k_{cat}和 K_m的温度依赖中得到。当 $|\Delta G_{ES}^{\neq}| > |\Delta G_S|$ 时，ν 一般随着温度最适化而增加（图 2.15），超过之后 ν 又减小。酶具有柔性结构，在过高的温度下，导致去折叠（变性）和活性中心结构变化而使 ν 降低。由于来源不同，水溶液中酶的最适温度位于嗜温生物酶的 40～50℃到嗜热生物酶的 100℃之间。作为一项规则，酶反应一般在低于“最适温度”10～20℃的条件下进行，以防止酶的快速变性（这里的“最适”是令人误解的说法）。

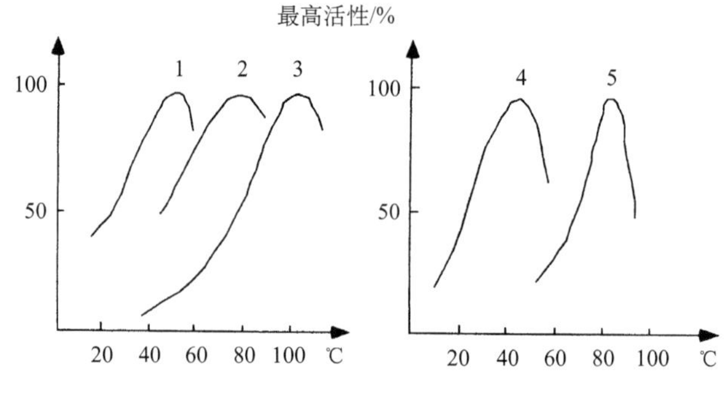

图 2.15 不同酶活性的温度依赖性。来自胰脏（1）、枯草芽孢杆菌（2）和地衣芽孢杆菌（3）的淀粉酶；来自胰脏（4）、枯草芽孢杆菌（5）的肽酶（引自 Godfrey，1996）。

选择性

当酶用于外消旋物的平衡控制的动力学分解反应过程时，平衡控制过程的立体选择性 E_{eq} [式（2.15)] 就很重要了。由图 2.7 和图 2.8 的热力学定量、k_{cat}和 K_m的温度依赖性，可以推导出以下对于 In E_{eq}（T）的等式：

$$\ln E_{eq} = -\frac{(\Delta(G_{ES}^{\#})_S - \Delta(\Delta G_{GS}^{\#})_R) - (\Delta(G_S)_R - \Delta(G_S)_S)}{RT} \tag{2.23}$$

如预想的一样，对映体选择性是温度依赖的——该结果最初在 1989 年通过实验获得（Phillips，1996）。总体来说，活化能（$\Delta G^{\#}$）的差异大于结合能（ΔG）的差异。所以，E_{eq}会随着温度而降低。这一点在大部分 E_{eq}的温度依赖性研究中观察到（Phillips，1996；Galunsky et al.，1997；Sakai et al.，1997）。图 2.16 表明随温度的降低，E_{eq}的差异（提高或降低）高达 10 倍。

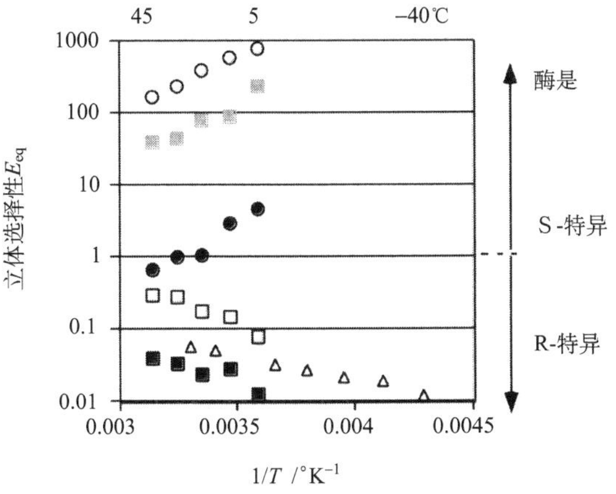

图 2.16　水溶液中 α-胰凝乳蛋白酶、青霉素酰胺酶和有机溶液中脂酶的不同结合亚位点的立体选择性 E_{eq}的温度依赖性。牛的 α-胰凝乳蛋白酶：（S_1选择性，见图 2.3）*N*-乙酰-（*S*，*R*）-苯甘氨酸-甲基酯（实心圈）和（*S*，*R*）-苯甘氨酸-甲基酯（空心圈）在 pH7.5 条件下水解（Galunsky et al.，1997）。大肠杆菌的青霉素酰胺酶：（S_1选择性）（*S*，*R*）-苯甘氨酸氨基化合物（空心的方形），（*S*，*R*）-羟基-苯甘氨酸酯（实心的方形）和 *N*-乙酰-（*S*，*R*）-苯甘氨酸（灰色的方形，S'_1选择性）在 pH7.5 条件下水解（Kasche et al.，1996）。来自 *P. cepacia* 的脂酶（三角形）：（亲核物质结合位点）在乙醚中外消旋 azirine 与乙烯基乙酸的酯化反应（Sakai et al.，1997）。注意青霉素酰胺酶在 S_1和 S'_1亚位点上的立体特异性不同。

对于动力学控制的外消旋物的分解，可以推导出类似于式（2.23）的 E_{kin}的温度依赖性的表达式。对 E_{kin}的温度依赖性研究发现，大多数情况下 E_{kin}随着温度的升高而降低（Kasche et al.，1996；Galunsky et al.，1997）。这一点以及 E_{kin}的温度依赖性已经应用于在 5℃下进行的动力学控制的 β-内酰胺抗生素生产中的外消旋物分解，以提高产物的产率和空间纯度（Zmiejewski et al.，1991）。

2.7.2.3　激活和抑制分子的结合

化合物的活性中心结构的直接或间接改变都改变酶催化反应的反应速率 ν（式 2.8）。当 ν 增大时，该化合物为激活剂，而引起 ν 减小的即为抑制剂。在酶的活性中心之外也可能还有它们的结合位点（图 2.17）。

酶可以在活性位点结合竞争性抑制剂：

$$EH + I_c \underset{k_d}{\overset{k_a}{\rightleftarrows}} EH \cdot\cdot I_c \quad K_i = k_d/k_a \tag{2.24}$$

当这种抑制剂结合之后，该酶不能行使其功能，即它被竞争性抑制了。这种类型的抑制剂可以是：

1. 产物（产物抑制），如对于水解酶而言在反应中形成的 H^+，和 α-胰凝乳蛋白酶中 His_{57}被质子化或者对于青霉素酰胺酶而言苯乙酸对青霉素（图 2.5）。

2. 不可逆地对酶进行酰基化（即缓慢地去酰基化）的底物。神经毒素或革兰氏阳性菌中的青霉素属于这一类型。

3. 可以结合对酶活性至关重要的金属离子（Ca^{2+} 或 Zn^{2+}）的螯合型化合物（如 EDTA）。

当抑制剂或激活剂结合于活性位点之外时，除了酶反应之外还要考虑平衡过程$M + EH \longleftrightarrow M \cdot\cdot EH$［图 2.17 和式（2.4），（2.6）］。$M \cdot\cdot EH$ 的构象（三级结构）与 EH 不同。$M \cdot\cdot EH$ 可能发生酶催化反应而不涉及活性中心。随着 $M \cdot\cdot EH$ 中活性中心发生改变，k_{cat}和 K_m与 EH 的可能也不同。当 ν 随着 M 的浓度而增加时，M 即是酶的激活剂。这经常适用于金属离子，如 Ca^{2+} 与胰蛋白酶，Mg^{2+} 与磷酸二酯酶。另一种情况是非竞争性抑制，M 是非竞争性抑制剂时，ν 随着 M 的浓度而减小。ν 的减小可能是由于 $M \cdot\cdot EH$ 中 K_m的增加或 $M \cdot\cdot EH$ 中的 k_{cat}比 M 中的小。这两种情况可以同时发生，此时为混合抑制。表 2.6 显示了在竞争性抑制剂和非竞争性抑制剂存在时 k_{cat}和 K_m的表达式。通过固定抑制剂浓度测定 $\nu = f([S])$，然后根据等式（2.13）将数据作图可得到抑制的类型（图 2.18）。

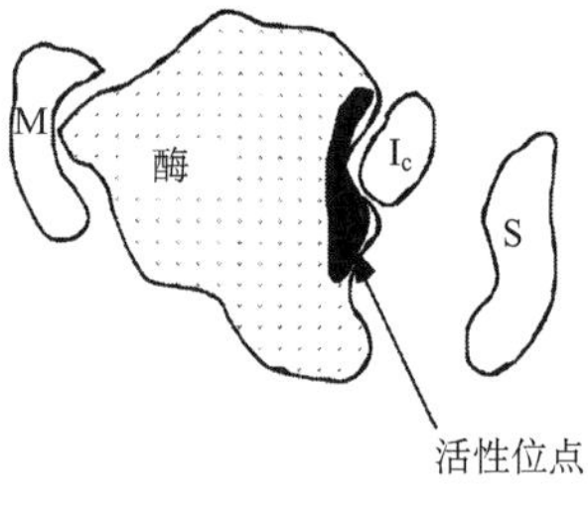

图 2.17 酶与抑制剂（I_c是竞争性抑制剂）、调节分子 M（激活剂或非竞争性抑制剂）及底物 S 的相互作用。

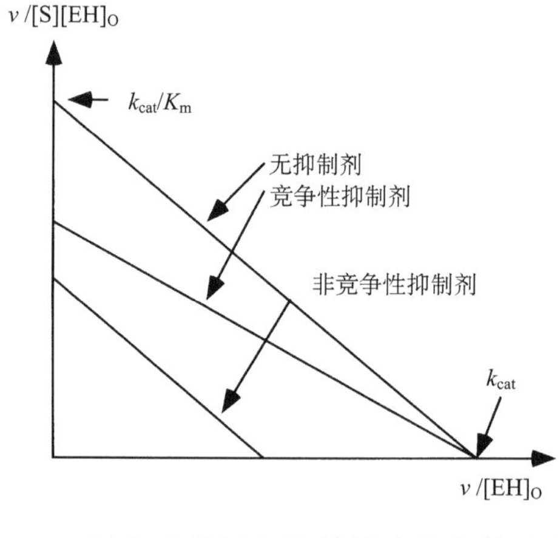

图 2.18 恒定或非恒定抑制剂浓度条件下根据 Eadie-Hofstee 作图确定抑制类型。不能由这些曲线确定底物抑制类型（竞争性或非竞争性）。

底物在活性位点中不正确地结合或者结合在活性位点之外时，也可能成为抑制剂。水解寡糖的水解酶属于这一类。另一个例子是双底物反应［式（2.5）和式（2.6）］，这个反应中通过保持一种底物浓度恒定改变另一种底物浓度来测定 ν。这通常在高底物浓度时观察到，并在酶技术中得到应用。在这些情况下，ν 最大值是底物浓度的函数。对

于 [S] = [I] = $[AB]_0$（S 是底物，[NH] =0）的非竞争性底物抑制，表 2.6 提供了针对这种情况下等式（2.8）的以下表达式：

$$\nu = \frac{k_{cat}[EH][S]}{K_m + [S]\left(1 + \frac{K_m}{K_i}\right) + \frac{[S]^2}{K_i}} \tag{2.25}$$

表 2.6　竞争性或非竞争性抑制剂对 k_{cat} 和 K_m 的影响

	竞争性抑制剂	非竞争性抑制剂
k_{cat}	不变	$k_{cat}/(1+[I]/K_I)$
K_m	$K_m(1+[I]/K_I)$	不变

注：[I] =游离的抑制剂浓度。

2.7.2.4　离子强度的影响

酶是聚合电解质，它的活性位点可能包含带电荷的氨基酸残基。一些在酶工程中感兴趣的底物，如氨基酸、肽、有机酸和核苷酸包含酸性或碱性功能团。在酶工程中，这些底物用量高达 1mol/L 左右，此时离子强度 I 为：

$$I = 0.5\sum c_i z_i^2 \tag{2.26}$$

式中：c_i =离子浓度（离子 i）；z_i =离子电荷（离子 i）。

离子强度 I 影响离子的活性、反应速率和平衡常数。离子强度达到约 0.1mol/L 时，带电底物 S 的活性为：

$$\{S\} = [S] \cdot \exp\left(-\frac{z_s^2 \cdot A\sqrt{I}}{1 + B\sqrt{I}}\right) = [S]\gamma \tag{2.27}$$

式中：γ 是活性系数；z_s 为电荷；A 和 B 是常数。

在式（2.27）中 A≈0.5，B≈1 时，离子强度和离子间相互作用对速率（k_{cat}）和平衡常数（K_m）的影响可以表达如下（Martinek et al.，1971；Dale and White，1982）：

$$k_{cat} = k_{cat}^{\circ} \cdot \exp(z_S z_E \sqrt{I}/(1 + \sqrt{I})) \tag{2.28}$$

$$K_m = K_m^{\circ} \cdot \exp - (z_S z_E \sqrt{I}(1 + \sqrt{I})) \tag{2.29}$$

式中：上标○适用于非离子强度依赖性常数。

这一离子强度依赖性如图 2.19 中所示，离子强度浓度>0.1mol/L 时不能忽略它的影响。由于 I 也影响控制酶 pH 依赖性的 pK 基团，因此它可以影响最适 pH。虽然在这部分的参考文献中有一些数据，但 I 对 k_{cat}、K_m 和选择性的影响的数据很少。在动力学控制的β-内酰胺抗生素的半合成过程中，发现选择性和产率随着离子强度而减小，这是由于离子强度降低了亲核物质与酶上带电结合位点的结合而造成的（Kasche，1986，和未公开的数据）。

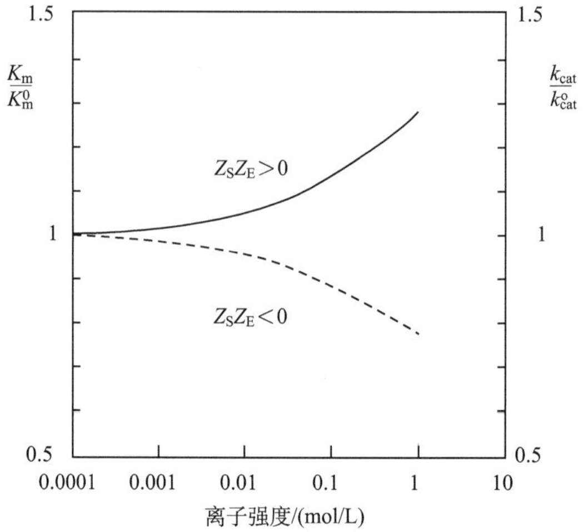

图 2.19　对于带不同电荷的底物和活性位点 $|Z_E|=|Z_S|=1$ 的酶催化反应的 k_{cat} 和 K_m 的离子强度依赖性。

2.8　酶反应终点和给定时间内到达终点所需酶量

酶催化反应的时间依赖性和可能的终点如图 1.9 和图 2.9 所示。在终点时，我们希望得到最大产率或最佳产品质量。在平衡反应中，酶不会影响产率，但它会影响到达终点的时间。在动态合成中（图 1.9 和图 2.9），或者用酶处理纤维以达到最佳纤维长度，或者纤维抛光过程中（再生纸的处理或织物生产中改善棉或毛纤维），产物浓度或质量达到最大值时，必须除去酶以终止反应。该最大值（与平衡过程不同）受酶性质的影响。在动态外消旋分解过程或非对称合成过程中，不止产率对选择合适的终点很重要，产物的立体纯度也很重要。这些反应终点的选择将在本节最后部分讨论。

在工艺过程中，酶成本应该低于总成本的 5%～10%。因此，为了估计成本，必须确定在给定时间达到终点时所需酶量。对于平衡控制的过程，可以通过下面方法得到。

在给定时间 t 和底物浓度的一定变化条件下，从初始浓度 $[S]_0$ 到选定终点的终浓度 $[S]_t$ 需要的时空产率（STY）为：

$$\mathrm{STY}=\frac{[S]_0-[S]_t}{t} \tag{2.30}$$

STY 具有度量单位［每单位时间和反应器体积的底物摩尔数］，在酶工程中它是一个重要数值，决定了反应器体积。它是根据以前的工艺步骤所确定的一个量。当每天发酵所生产的青霉素 G（见第 1 章）必须被水解为 6-APA 时，这就确定了酶过程中所需的最小 STY。2.7.1 节中所推导的等式计算达到 STY 时所需的酶量是不充分的，因为它们是建立在初始速率基础上的，其中只有一部分底物转变为产物，并且还要考虑逆反应和产物抑制。因此生化教科书上对酶的动力学初始速率分析的表述，在酶工程中必须加以修改。在给定时间到达终点时所需酶量可以推导如下。底物量改变的速率：

$$\frac{d[S]}{dt} = -\frac{V_{max}(t)}{f([S],[P])} \tag{2.31}$$

其中 V_{max} （t） 由下面关系式得到：

$$V_{max}(t) = V_{max,0}e^{-k_i t} \tag{2.32}$$

假设酶在速率常数 k_i 的一级反应中失活，并且 $V_{max,0}$ 是初始酶浓度。在变量分离后可以解微分方程（2.31），并获得对于 $V_{max,0}$ 的以下关系式：

$$V_{max,0} = \frac{\int_{[S]_t}^{[S]_0} f([S],[P])d[S]}{(1-e^{-k_i t})/k_i} \tag{2.33}$$

其中当 k_d 趋于 0 时，分母趋于 t，也就是说，酶的失活可以忽略。当逆反应可以忽略时，针对过程的函数 f（[S]，[P]）可以由式（2.8）和表 2.6 的关系式进行推导：

$$\frac{k_m + [S]}{[S]} \tag{2.34}$$

当底物和产物抑制可以忽略时，

$$\frac{K_m + (1 + K_m/K_i)[S] + [S]^2/K_i}{[S]} \tag{2.35}$$

对于非竞争性底物抑制，以及

$$\frac{K_m(1 + [S]_0/K_i) + (1 - K_m/K_i)[S]}{[S]} \tag{2.36}$$

对于竞争性产物抑制。

在很多重要的平衡控制的酶反应过程中，理论产率低于 100%底物转化。这适用于：

- 葡萄糖异构化，ca. 50%，
- 青霉素和头孢菌素 C 的水解，ca. 90%～95%，
- 麦芽糖水解，约 95%底物转变。

对于这些过程来说，只有当 pH 和温度在酶作为催化剂稳定存在的范围之外时，可以实现 100%的底物转化。在这些过程中，逆反应（见 2.7.1 节）不能忽略，等式（2.33）和（2.36）只能用以粗略估算，而等式（2.8）和（2.33）不包含逆反应。对单底物反应来说，如葡萄糖（Glu）异构为果糖（Fru），可以得到下面的 Michaelis-Menten 等式：

$$\nu = \frac{\frac{k_{cat}}{K_m}[Glu] - \frac{k'_{cat}}{K'_m}[Fru]}{1 + \frac{[Glu]}{K_m} + \frac{[Fru]}{K'_m}}[EH]_0 \tag{2.37}$$

其中右上角标记表示逆反应。青霉素水解的相应方程可以在文献中找到（Spiess et al.，1999）。

在动态控制的合成中，产物浓度达到最大 $[AN]_{max}$ 是合适的终点（图 2.9）。

$$[AN]_{max} = \frac{[AB]_0[NH]_0}{(k_H/k_T)_{app}[H_2O] + [NH]_0} \tag{2.38}$$

当 AN 的水解速率可以忽略时，或

$$[AN]_{max}=\left(\frac{(k_T/k_H)_{app}}{(k_T/k_H)_{app}[NH]+[H_2O]}\right)\frac{\left(\frac{k_{cat}}{K_m}\right)_{AB,NH}}{\left(\frac{k_{cat}}{K_m}\right)_{AN,NH}}[NH][AB] \qquad (2.39)$$

当 AN 的水解速率不可以忽略时（Kasche，2001）。由这些关系式可知，$[AN]_{max}$取决于酶的性质。给定时间内达到该浓度所需酶量能计算出来，但还没有推导形成分析方程式。

平衡或动态控制过程终点时最佳产率通常在酶作为催化剂具有最佳性质时的 pH 和温度范围之外得到。由此可知，在酶反应设计过程中，酶和酶在催化过程中的性质均要考虑。这将会针对温度和 pH 的影响加以说明。

2.8.1 产率的温度依赖性

对于平衡过程，需要热力学数据来分析产率对温度的依赖性，但遗憾的是，很多重要酶过程的热力学数据仍旧缺失。表 2.7（Tewari，1990）提供了一些数据。

表 2.7 酶催化反应的热力学数据（终点＝平衡）（Goldberg and Tewari，1995；http：//xpdb. nist. gov/enzyme _ thermodynamics/enzyme. pl）

反应	焓变/(kJ/mol)[a]	过程	随温度升高的产率变化
甲酸盐的还原	－15	放热	减少
水解类			
青霉素 G 水解	20	吸热	增加
青霉素 V 水解	＜0	放热	减少
蔗糖水解	－15	放热	减少
乳糖水解	0.5	?	?
麦芽糖水解	－4	放热	减少
异麦芽糖水解	＞0	吸热	增加
纤维素水解	＜0	放热	减少
淀粉水解	＜0	放热	减少
脂质水解	?	?	?
肽键水解	－5[b]	放热	减少
延胡索酸和 NH_3 合成 Asp	－24	放热	减少
葡萄糖异构化	3	吸热	增加

a. pH7～8，25～40℃；b. 在被保护的氨基酸之间（也在多肽中）。

在动态过程中，产率随着温度而降低（Kasche，1986）。但某反应是吸热还是放热的研究数据还很少（Michaelis，1991）。

2.8.2　终点产率的 pH 依赖性

在平衡控制的过程中，当有酸或碱生成或消耗时，平衡常数和产率是 pH 的函数。这适用于肽、多肽抗生素（如头孢菌素和青霉素）、脂类和酯的水解和合成。当底物和产物的 pK 已知时，pH 的函数可以进行计算。当所有活性系数（式 2.27）为 1 时，一个碱和一个酸的平衡缩合的表观相关常数 K_{app} 为：

$$K_{app}=\frac{(\sum[\text{缩合产物}])[H_2O]}{(\sum[\text{酸}])(\sum[\text{碱}])}$$

$$=K_{ref}\frac{\left(\dfrac{\sum[\text{缩合产物}]}{[\text{参照缩合产物}]}\right)}{\left(\dfrac{(\sum[\text{酸}])}{[\text{参照酸}]}\right)\left(\dfrac{\sum[\text{碱}]}{[\text{参照碱}]}\right)} \tag{2.40}$$

其中，和包括某种底物所有的水解状态，而产物 K_{ref}是一个参照结合常数，适用于酸和碱的不同质子化状态之间的缩合反应。K_{ref}作为一个参照 pH，又不依赖于 pH。式（2.40）中分子分母的比率可以由下列等式（2.41）所示的解离过程确定。

$$H_3^+N-R_i-COOH \xrightleftharpoons{K_1} H_3^+N-R_i-COO^-+H^+ \xrightleftharpoons{K_2} H_2N-R_i-COO^-+2H^+ \tag{2.41}$$

在图 2.20 中，一些缩合反应中，K_{app}/K_{ref}可以作为 pH 的函数进行计算，产率随着 K_{app}而增加。而在缩合产物的水解过程中，产率随着 K_{app}的降低而增加。在肽的合成中，在中性 pH 下获得最高产率，在该 pH 下作为生物催化剂的丝氨酸肽酶具有其最适 pH（图 2.14）。利用青霉素酰化酶合成青霉素或丝氨酸肽酶合成酯的反应中，在远低于这些酶最适 pH 的条件下获得最大产率。青霉素酰化酶在 pH5 时也具有低 pH 稳定性（图 2.28），但结合常数太低以至于不能得到最大产率。所以，这些酶在这些缩合产物的合成反应中不适宜用作生物催化剂。相反，它们适用于在缩合产物的水解过程中用作催化剂。从图 2.20 可知，高产率的青霉素水解反应应该在 pH>9 时进行。然而在该 pH 时，作为生物催化剂的大肠杆菌青霉素酰化酶具有低 pH 稳定性（图 2.28）。因此该酶的催化过程即在不太合适的条件下进行。这再一次说明在选择酶工艺的最适条件时，必须考虑工艺和酶本身的性质。

在动态控制的过程中，最大产物浓度对 pH 的依赖性可由等式（2.38）和（2.39）进行推导。然而，由于这些等式中速率常数对 pH 的依赖性不容易确定，这样的推导是很困难的。这些反应必须在亲核物质不带电的 pH 下（即高于其 pK）进行。只有不带电的亲核物质可以使酰基-酶去酰基化。因此，青霉素合成在 pH>5 的条件下进行，而肽的合成在 pH>9 的条件下进行（Kasche，1986）。

2.8.3　外消旋物动力学分解反应的终点

在这些反应中，除了高的产物产率，产物的高立体纯度也是很重要的。立体纯度是由产物（ee_p）或底物（ee_s）的对映体的量决定的。期望得到的对映体（产物或剩余底

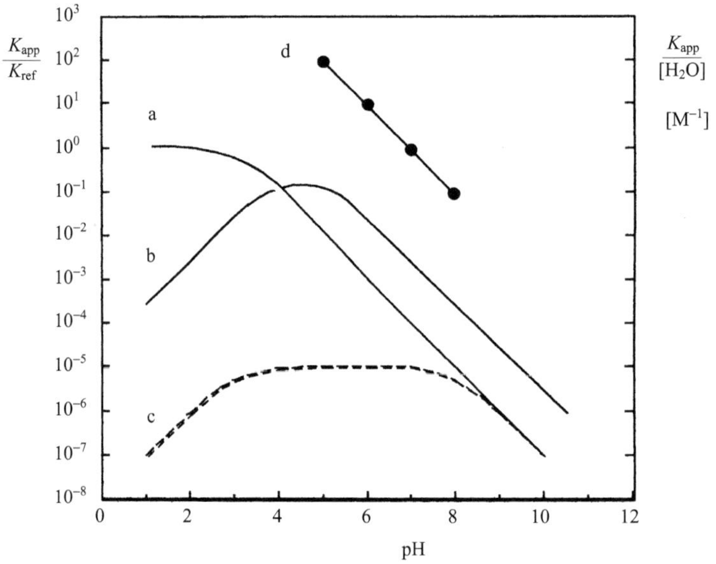

图 2.20　酯（a）、多肽抗生素（b，d）和肽（c）形成过程中通过等式（2.40）计算的 K_{app}/K_{ref} 和结合常数对 pH 依赖性的实验值（K_{app}/［H_2O］）。(a) 由羧酸（$pK_1'=3$）合成酯，参照状态：不带电化合物。(b) 由苯乙酸（$pK_1'-4.9$）和 6-氨基青霉烷酸（6-APA，$pK_1''=2.9$，$pK_2''=4.6$）合成青霉素 G（$pK_1'''=2.9$），参照状态：不带电产物、中性酸和带正电 6-APA。(c) 由氨基保护（$pK_1'=3.0$）和羧基保护（$pK_1''=7.8$）的氨基酸合成二肽，参照状态：不带电化合物。(d) 在 25℃合成青霉素 G 的实验数据（$I=0.2$mol/L）。′、″和‴分别表示酸、碱和缩合产物的解离常数；下标 1 和 2 分别表示酸和碱的解离常数。

物）的产率低于初始外消旋物浓度的 50%（图 2.12，第 3 章）。对这些实验条件也必须加以选择，以确保在平衡或动态反应中形成 90%以上的期望对映体。在平衡控制的过程中这需要知道平衡常数和 pH-、T-依赖性（见前文）。在动态控制的过程中，这可以在浓度比［AB］$_0$/［NH］$_0$ 和式（2.1）中选择性 ν_T/ν_H 大于 1 时实现（Kasche，1986）。

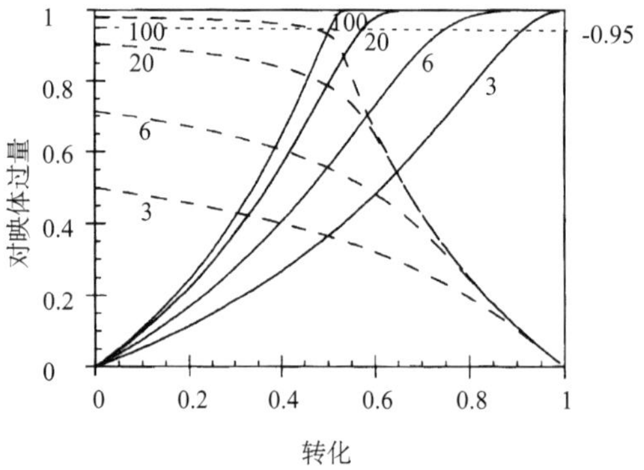

图 2.21　作为以具有不同 E 值的（S）-或（R）-特异性酶催化的外消旋物动力学分解反应程度的函数的产物 ee_P（…）和剩余底物 ee_S（—）的对映体多余量［(R)-特异性酶的 E 值是给定的 E 值的倒数］。水平点线（100）表示需要用 $E\geqslant100$ 的（S）-特异性酶以实现 $ee_P\geqslant0.95$ 的产物产率≥45%。

基于立体纯度的终点的选择性可以通过对反应程度函数 ee_P 和 ee_S 进行作图来研究（图 2.21）。从图中可以看出，当 $ee_P\geqslant0.95$ 且产物产率≥45%初始外消旋物浓度时，需使用 $E\geqslant100$ 的（S）-特异性酶或 $E\leqslant0.01$ 的（R）-特异性酶。若需考虑产物抑制和非期望对映体的竞争性抑制时，可以根据等式（2.33）计算出平衡过程中达到终点所需的酶量。

2.9 微溶性产物和底物的酶催化过程

酶已经经过了数十亿年的进化以保证生命体的存活，而在生命体内酶是在水相系统中发挥其生物学功能的。酶在这些系统中催化的反应，其底物浓度相对较低（<10mmol/L）。在酶反应中，需要将浓度提高至少一个数量级以降低成本。这个可能会提高酶反应中疏水性天然化合物或有机分子类底物或产物在水中的溶解度。本节包括了解决这一问题的以下方法：

1. 酶反应过程可以在有沉淀的底物和（或）产物的水悬液（乳浊液）中进行（见2.9.1节）。这在质量转化（固态到液态，或乳状到液态）速率不是限速过程的情况下是可行的（图2.22）。它要求乳浊液中的固体微粒或液滴的体积很小（式2.42），这样才能实现高STY（图2.23）。

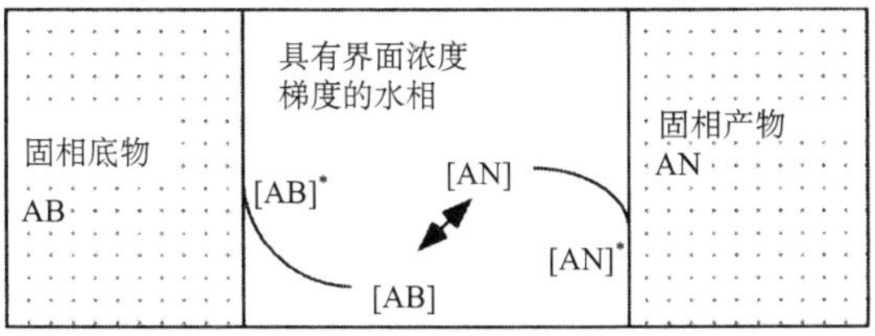

图2.22 具有不溶底物或产物的水悬液中酶催化反应相界面上的浓度梯度。星号表示在固相和水相平衡时相界面处的浓度。

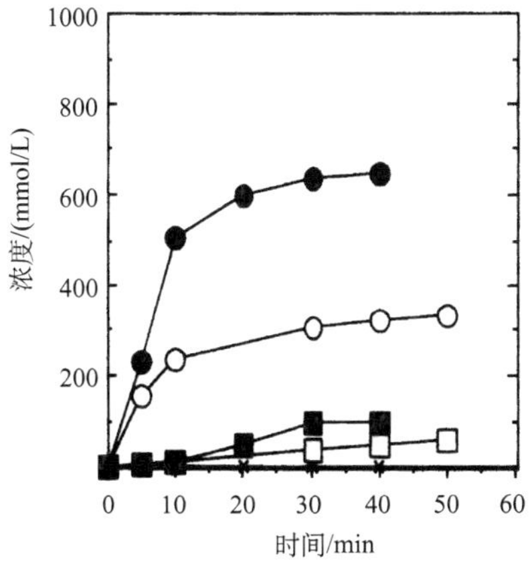

图2.23 肽酶α-胰凝乳蛋白酶（CT）利用*N*-acetyl-(*S*)-Tyr-OEt（ATEE）悬液及可溶的（*S*）-Arg-NH_2动态合成二肽（Tyr-Arg）kyotorphin的前体——可溶性*N*-acetyl-(*S*)-Tyr-(*S*)-Arg-NH_2。条件：酶含量10μg/ml，25℃；pH9.0（碳酸盐缓冲液，$I=0.2$mol/L），在反应过程中pH保持恒定。方框：可溶性水解产物*N*-acetyl-(*S*)-Tyr。实心符号：初始浓度：800mmol/L（*S*）-Arg-NH_2和750mmol/L（总含量）ATEE悬液。空心符号：初始浓度：400mmol/L（*S*）-Arg-NH_2和400mmol/L（总浓度）ATEE悬液。反应过程中水相中溶解的ATEE浓度<1mmol/L（Kasche and Galunsky，1995）。

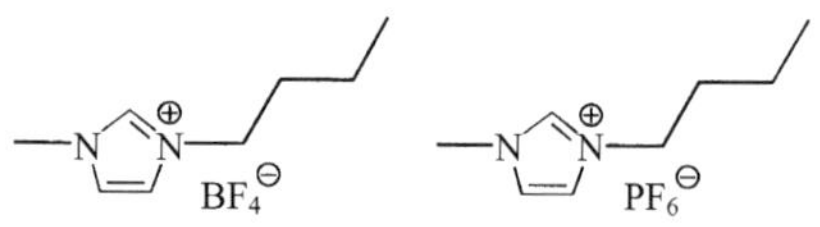
BMIM-BF_4　　BMIM-PF_6

图 2.24　两种最常用的离子液体结构：1-丁基-3-甲基咪唑四氟硼酸盐（BMIM-BF_4）或其六氟磷酸盐（BMIM-PF_6）。

2. 当方法 1 不可行时，反应可以在含有溶剂的不同单相或双相系统中进行，在这些溶剂中，底物或者产物是可溶的（表 2.8）。除了传统的有机溶剂，还可以使用超临界气体如 CO_2 或离子液体（图 2.24）。但要求所使用的有机溶液和离子液体不具有毒性且易于回收。那些在水中不易进行的平衡在这样的系统中，可以趋向理想的方向进行［式（2.43）和图 2.25］。

在很多过程中，某种底物（如乙醇）可以用作溶剂。这种系统特别适用于脂肪酶（EC 3.1.1.3）作为生物催化剂的酶反应过程。这种酶也在生命系统中的有机相-水相界面上催化微溶性疏水底物的转化。在这些“无水”系统中，也需要水来达到最佳酶活性（图 2.26），最少量的水分子与酶结合以使酶具有柔韧性并完成其功能。

2.9.1　水悬液中的酶催化过程

在含有微溶底物的水悬液中，若该底物可以被水相中的酶转化，则在溶剂和固相底物之间的界面上会形成浓度梯度（图 2.22）。这会引起底物从固相到液相的质量转化。底物分解的速率为：

$$k_{L,AB}\,a_{AB}([AB]^{*}-[AB])=\frac{\mathrm{Sh}D_{AB}3\alpha}{2(r_{AB})^{2}}([AB]^{*}-[AB]_{1})\qquad(2.42)$$

式中：$k_{L,AB}$和 a_{AB}分别是质量转化系数和单位体积表面积；Sh 是 Sherwood 数，D_{AB}是底物的扩散系数，r_{AB}是固体底物颗粒的平均半径，α 是悬液中固体颗粒的容积。当底物分子质量＝500Da（$D_{AB}\approx 5\times 10^{-6}\,cm^2/s$）、Sh＝10、$r_{AB}=10^{-2}$ cm、浓度梯度为 1mmol/L 的 10％悬液（α＝0.1）时，底物的分解率可以进行估算。由式（2.42）得到的分解速率为 75×10^{-6} mol/(L·s) ＝4500U/I。

当水相中稳定的底物浓度＞K_m、酶含量为 10μmol/L、$k_{cat}\geqslant 8.3$/s 时，酶的反应速率和分解速率相同。由此及表 2.4 可知，许多酶的反转数大于该值。因此，在微溶底物的总浓度大于 1mol/L 悬液（乳液）中成功进行酶反应并获得高 STY 是可能的。一些研究中也证明了这一点（图 2.23）（Kasche and Galunsky，1995；Cao et al.，1997；Vulfson et al.，2001）。

这样的过程还没有详细地研究或在酶工程中应用的一个原因可能是由于微溶产物的形成。这在形成微溶产物的平衡反应中是有利的，可以使平衡向生成产物的方向移动。但是，在悬液中进行的酶反应过程在到达终点时必须除去酶。这对于可溶的酶难以操作，但当酶被固定化（见第 6～8 章）在能与不溶的底物或产物分离的非孔或多孔介质上时，这是可以实现的。这样的分离对于磁性介质尤其简便（Bozhinova et al.，2004）。

为了保证固定化酶的循环使用，必须避免不溶产物在多孔介质孔隙中的沉淀。由于溶解度与 r_{AB}呈反比（Freundlich，19909），因此，当使用小孔或非孔介质时可以避免沉淀的发生（Kasche and Galunsky，1995；Bozhinova et al.，2004），也可见 8.8 节。

2.9.1.1 与匀质水溶液相比，这些系统中速率、k_{cat}、K_m和选择性发生改变

在水相中进行的酶催化反应，其k_{cat}、K_m和立体选择性不发生改变。当分解速率不受限制时（等式 2.42），速率和选择性（k_T/k_H）$_{app}$也是不变的。当这些体系中水含量较低，且反应中有酸或碱消耗或生成时，pH 难以进行控制。这可能降低动力学控制的反应过程的速率并改变（k_T/k_H）$_{app}$（Vulfson et al.，2001）。

2.9.2 在产物和底物可溶（酶悬浮）的非常规溶剂中的酶催化过程

生物体系中含有不到 20%的可溶成分和一定比例的如膜、脂、蜡、结构蛋白质（头发、毛）和纤维素等微溶成分，也就是说，它们是异质体系。微溶成分由疏水性的低分子质量分子（脂质）或者生物聚合物构成。许多具有生物学活性的脂质、维生素、多环或肽类激素在水中都是微溶的，并且他们在生物体系中发挥生物学活性的浓度远低于其溶解度（≤1μmol/L）。

起初，由于它们的低溶解度，疏水化合物的酶工程生产被认为是有难度的。如 2.9.1 节中所述，许多酶工程理论和技术在水悬液体系中是不适用的。100 多年前就已经提出在酶工程中利用单相或双相溶剂体系来提高疏水化合物溶解度的可能性，并在过去的 20 年中对此进行了深入研究（Halling，1994，2000；Vulfson et al.，2001）。下列溶剂能使酶催化反应在水相中或是在带有悬浮酶的液相中进行（表 2.8）：

- 水混溶溶剂（甲醇、乙醇、丙酮、二甲基亚砜、二甲基甲酰胺等）；
- 不与水混溶的溶剂（液态烷烃、高级醇、乙酸乙酯、氯化烃等）；
- 超临界溶剂，如 CO_2（具有许多物质在这些溶剂中都表现出低溶解度的局限性）；
- 离子液体（在室温下是液体的盐）。

表 2.8 在有机溶剂或离子液体中发生的酶催化过程

两相体系			单相体系	
Ⅰ不与水混溶的溶剂[a]	Ⅱ悬浮在有机溶剂或离子液体中的含水酶	Ⅲ悬浮在有机溶剂或离子液体中的固定化酶	Ⅳ有机溶剂饱和缓冲液	Ⅴ水混溶有机溶剂缓冲液

a. 水相通常很小（≤1%）。

由于有机溶剂有危险性（毒性、可燃性等），因此在工业生产过程中使用的有机溶剂是存在问题的，并且它们的使用和存储都有严格的规范。在许多国家，保护环境法律法规要求在工业生产的过程中尽可能使用危险性更低的材料。这种对环境更友好的化合物的筛选必须制度化。如卤代烃这样的溶剂，它会破坏大气中的臭氧层，因此这些溶剂已经被其他溶剂所取代，并且在酶工程中禁止使用。由于其他有机溶剂的排放受到（或必须受到）环境法规的限制，它们在生产过程中必须可以循环利用。像 CO_2 这样的超临界溶剂也是有利于环境的替代物，但离子液体是否能广泛应用于酶技术工程，则需要更

进一步的研究，特别是要考虑到它们对生物系统的影响（Poliakoff et al.，2002；Park and Kazlauskas，2003）。离子液体（IL）是低熔点（<100℃）的盐，是一种新型的非水溶剂。与传统的有机溶剂不同，它们不具有蒸气压，因此有利于其重复利用。由于它们不挥发，所以也被认为是“绿色溶剂”（Seddon，2003），但目前关于其毒性和生物降解性没有太多的数据。

生物催化中应用最广泛的离子液体是1-烷基-3-甲基醯亚氨盐（图2.24）。通过改变阳离子或阴离子，可以显著调节其溶剂性质。因此，可以获得不同极性的离子液体使其或可与水混溶（如BMIM-BF）或不可与水混溶（如BMIM-PF）。最近的研究还表明，离子液体不仅可以替代有机溶剂，而且酶在离子液体中的特性也会发生改变。在有些实例中，离子液体可以提高酶反应的区域、对映体选择性、酶活性及其稳定性（Kragl et al.，2002；Park and Kazlauskas，2003；van Rantwijk et al.，2003）。蛋白酶、脂肪酶、脂酶、糖苷酶和氧化还原酶在离子液体中都具有活性。至今，这些溶剂的广泛应用，尤其是在工业过程中的应用，还受其高价格的限制（其价格是传统溶剂价格的800倍），同时也需要研究更有效的方法对其进行重复利用和（或）产物分离。

如表2.8所示，这些溶剂进行的酶催化过程也可以在单相或双相系统中进行。附加溶剂可以直接或间接影响酶或酶催化反应。

直接的影响是由于溶剂分子与表面的疏水部分相结合引起的，这会导致活性中心的结构发生改变。结合的溶剂分子会改变酶的动力学性质。这可以参考表2.8中的体系Ⅳ，但要排除间接影响。现有数据显示，结合的有机溶剂（正己烷、辛烷、己烷、乙酸乙酯）是通过不同方式影响酶的。例如，荧光和圆二色谱分析表明，在有机溶剂饱和的缓冲液中，α-胰凝乳蛋白酶、青霉素酰化酶和蛋白酶K的二级结构和三级结构通过有机溶剂分子与酶结合发生了改变（Michaelis，1991）。这引起S-，S′-结合与催化中心发生不同的变化。对α-胰凝乳蛋白酶和青霉素酰化酶而言，其特异性常数几乎不受影响。然而，α-胰凝乳蛋白酶S'_1结合位点的选择性（动力学控制合成中的立体-和合成/水解比）有约一个数量级的改变，而青霉素酰化酶在结合有机溶剂分子时则不发生改变。对蛋白酶K而言，当有有机溶剂结合时，其催化水解*N*-乙酰基-L-乙烷基-酪氨酸的特异常数有近一个数量级的提高（Kasche et al.，1991）。

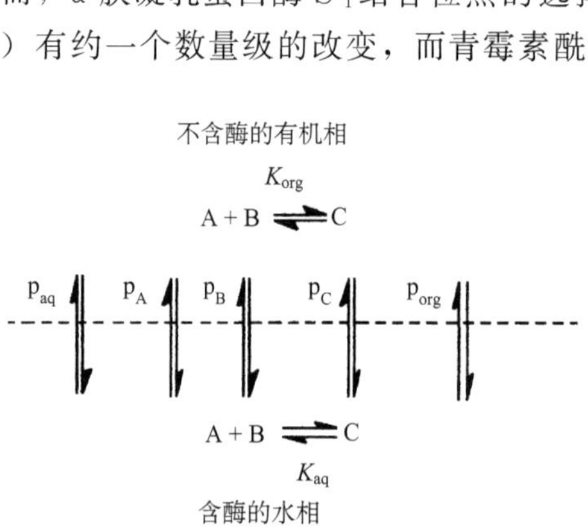

图2.25 两相系统中的酶催化过程。酶催化过程只发生在水相或界面上。K_{aq}和K_{org}分别是水相和有机相中的平衡常数；p_A、p_B和p_C（$=C_{org}/C_{aq}$）是分配系数；p_{aq}和p_{org}是溶剂的分配系数。

溶剂的间接影响是通过表2.8中两相体系（Ⅱ、Ⅲ）中底物和产物的分配而影响反应终点引起的。溶剂会改变平衡控制过程中的平衡关系（图2.25）。两相系统的表观平衡常数K_{biph}通过下述关系式给出：

$$K_{biph}=K_{aq}\frac{(1+\alpha p_C)(1+\alpha)}{[(1+\alpha p_A)(1+\alpha p_B)]} \tag{2.43}$$

式中：α=体积比V_{org}/V_{aq}。从此等式可以看出，仅当 $p_C > p_A \approx p_B$ 时（也就是说当产物的疏水性远高于底物时）才可获得较高的C产率。

当有机溶剂本身作为底物之一如液体酯、乙醇、脂质等，而其他的底物可溶时，情况就不一样。这发生在许多脂肪酶催化的生物转化中，该酶已用于疏水性化合物的生物转化。脂肪酶具有广泛的底物特异性，并在如油脂的转脂反应、精细化工或制药中疏水化合物的外消旋拆分等酶工程中得到应用（见第3章）。

2.9.2.1 与匀质水溶液相比，这些系统中速率、k_{cat}、K_m和选择性的变化

在表2.8中的两相系统Ⅰ及单相系统Ⅳ和Ⅴ中，由于有机分子的结合，k_{cat}和K_m发生了改变。这一特点是否适用于与水不混溶的离子液体还没有研究。由于底物在两相系统中的浓度低于其在水中的溶解度，因此速率较低。

图2.26显示了速率在另两个双相系统（Ⅱ、Ⅲ）中对水的依赖性。对在这些溶剂中进行的生物催化的研究也提出了问题：需要多少水来保持酶的催化功能？由于酶的催化已经进化到了离不开水的地步。因此，酶在无水条件下不能作为生物催化剂发挥功能。这点已在对表2.8中系统Ⅰ和Ⅲ的研究中得到了证实。这一结果已总结在图2.26中。有机溶剂结合的直接影响即是，酶的动力学特性被改变近一个数量级。那么，图2.26中的最大值该如何解释呢？这至少由两个不同因素引起：在水含量较低时，溶剂和酶会竞争溶解于有机溶剂中的水分子。只有酶结合了行使其最佳功能必需的水分子，酶活性才会增加。当水含量进一步增加而形成双相系统（到系统Ⅰ）时，存在于水相中的酶被稀释。这就导致如图2.26所示的速率下降。同样地，水相中的底物含量也降低，并且在两相界面上，低物的溶解度总是小于在水中的溶解度，也就是说，低于图2.22所示的相界面上的浓度。因此，相之间的传质以及酶的柔性降低（在非水溶剂中构象不变）导致在两相系统中速率降低 10^{-3} 倍，这是与水溶液或含有溶解或悬浮底物的悬浮液相比而言的（Halling，1994；Kasche and Galunsky，1995；Schmitke et al.，1996）。从图2.25可以得出，酶反应过程必须在最大速率时的水含量下进行，即通常在表2.8的系统Ⅱ或Ⅲ中进行。然而，在这些系统中悬浮的游离酶倾向于聚集，导致酶活性位点不能被有效利用。为了避免由这种影响引起的酶速率的降低，酶应用时应该以分散状态存在，这可以通过固定化或共价修饰以降低酶聚集来实现。

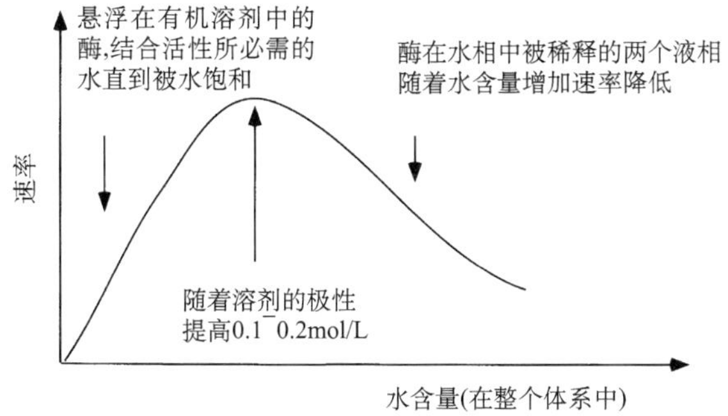

图2.26 在低水含量（表2.8中所示的体系Ⅱ和Ⅲ）或高水含量（表2.8中所示的体系Ⅰ）时的酶催化反应速率。体系中酶的总量保持不变。

立体选择性

有机溶剂或离子液体的外消旋体拆分大多在表 2.8 的双相系统Ⅱ或Ⅲ中进行。某些直接和间接的影响都能引起立体选择性明显改变。大部分发表的数据表明这种变化大于在水溶液中的变化（Carrea et al.，1995；Halling，2000）。虽然还没有对此现象的结论性解释，但已有研究表明，加入有机溶剂前酶如何孵育（pH)、如何冻干以及是否有金属离子的存在都会影响反应速率（Halling，2000）。

动力学控制过程中的选择性

在体系Ⅱ和Ⅲ中进行的动力学控制过程如转脂反应，由于含水量低，产物不能如预期的那样水解。因此，这些反应被视为平衡控制过程。

我们认为，微溶底物或产物在水悬浮液或乳液中进行酶过程，比表 2.8 所示的其他溶剂的系统可获得更高的 STY 值。若溶剂没有特殊的特性（如超临界 CO_2；Mesiano et al.，1999），或是其中一种底物可以用作溶剂时，使用有机溶剂来溶解底物对这样的过程来说是有利的。这通常是脂肪酶催化过程中发生的情况。

2.10 酶的稳定性、变性和复性

在酶催化过程中，我们常常期望生物催化剂可以长时间利用以降低酶的成本。在生命系统中，酶没有朝着长期利用的方向进化，其半衰期一般在几分钟到 100 天。酶的最佳利用时间的确定需要知道影响其稳定性的因素，使其在作用条件下尽可能长时间地保持其稳定性。

具有生物活性的酶的三、四级结构是自发形成的，这就是说，其天然结构是热力学稳定的。然而，由于温度提高或 pH 变化导致稳定天然结构的作用力（如疏水键、氢键、离子间相互作用，如 $NH^+\cdots COO^-$）减弱，则导致酶解折叠、功能丧失并最终导致酶变性（图 2.27）。

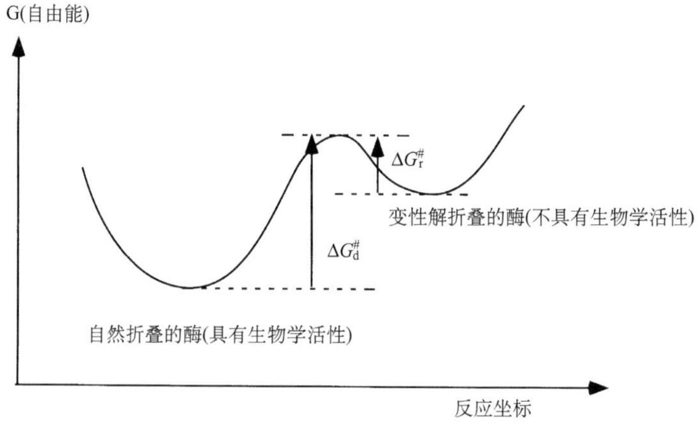

图 2.27 具有变性活化能（$\Delta G_d^\#$）和复性活化能（$\Delta G_r^\#$）的酶的可逆变性过程的自由能示意图。天然结构是在常温下自发形成的。在高温或极端的 pH 下，平衡向解折叠（变性）方向移动。缓慢恢复温度和 pH 至原始值，变性的酶可以复性。由于重新折叠的速率慢，快速改变“冻结”了变性状态。为了避免变性酶的聚集，复性也要在低酶浓度的条件下进行。与图 2.7 比较显示了当酶与底物相结合时，酶稳定性提高。

酶的一级结构没有共价改变时，酶的变性是可逆的。底物和有机溶剂分子与酶结合会影响酶的稳定性（见 2.9 节）。研究表明，不能与水混溶的底物和有机溶剂能提高酶的稳定性，而与水混溶的溶剂会降低酶的稳定性。在超临界气体 CO_2 中，水含量增加会降低此系统中酶的稳定性（Kasche et al.，1988）。高离子强度下破坏稳定性的相互作用，如离子间排斥作用，减弱时或二价耦合离子如 Ca^{2+} 或 HPO_4^{2-} 存在时，酶会变得稳定。酶的稳定性也是其一级结构的函数（图 2.28）。就青霉素酰化酶而言，共价固定化在多孔微粒会增加其 pH 稳定性（见第 6 章）。

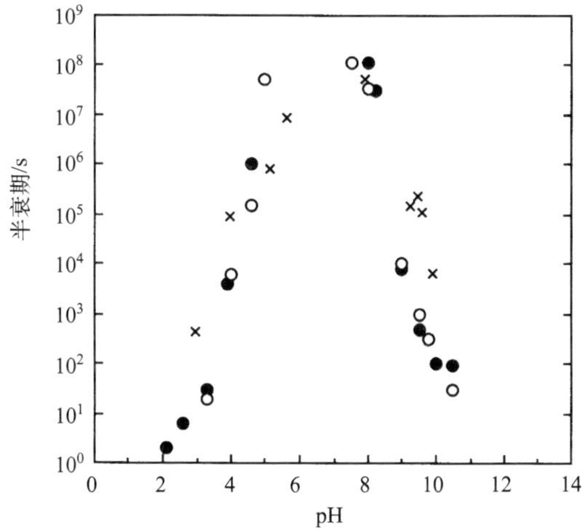

图 2.28　来自大肠杆菌和粪产碱杆菌的不同青霉素酰化酶在 25℃时（$PA_{7.0}$●，$PA_{6.7}$○；下标表示其等电点）的 pH 稳定性。在离子强度为 1mol/L 的缓冲溶液中通过活性测定测得的单分子变性的半衰期（Wiesemann，1991；A. Rieks and V. Kasche，未发表数据）。

表 2.9 中列出了酶催化过程中导致酶可逆或不可逆变性（导致一级结构中共价改变）的不同因素。蛋白质的分子内自裂解是一种新发现的、由氨基酸残基所催化的、多肽链内部的肽键水解的作用过程（Kasche et al.，1999）。这些过程也可导致酶的不可逆变性。

表 2.9　酶催化作用过程影响速率和产率的因素会使酶变性，以及如何使这种变性最小化

因素/目的	变性方式	减小变性的方式
升高温度/高速率和得率	解折叠（可逆） 化学修饰（不可逆）	使用温度≥20℃低于最适温度； 使用具有较高最适温度的酶
降低温度/高得率	寡聚酶的分裂（可逆）	寡聚酶的交联
剪切力/增加传质	解折叠（可逆）	交联或固定化酶
增加或减小 pH/高速率和得率	解折叠（可逆） 当 pH≥或≤pI 时	交联或固定化酶，或者使用更好的 pH 稳定性的酶

续表

因素/目的	变性方式	减小变性的方式
O_2/提高氧化酶反应速率 H_2O_2/洗衣粉中的漂白剂	—SH 或甲硫氨酸的氧化（不可逆）	发现或构建更稳定的酶
高底物含量/增加得率减小产物纯化成本	化学修饰（不可逆） 葡萄糖能与赖氨酸的氨基基团反应	发现或构建更稳定的酶
有机溶剂	解折叠（可逆）	固定化或交联酶
在酶制备过程中的肽酶	肽键的水解（不可逆）	用更纯的酶或固定化酶
分子内的蛋白质自水解	肽键的水解（不可逆）	发现或构建更稳定的酶
作为水，混合物缓冲液中杂质的重金属离子	—SH 的不可逆抑制	使用最小重金属离子含量的水和缓冲液
紫外或电离辐射/杀菌	化学修饰（不可逆）	固定化酶

在最适工艺条件下，酶的半衰期范围有数天（脂肪酶、β-葡萄糖苷酶）到 100 天以上（青霉素酰化酶），但酶的稳定性范围如此之广的原因还不完全了解。表 2.10 中列出了不可逆热变性的速率。避免由表 2.9 中列出的各种因素导致变性的一种可能方法是在生命体内筛选更稳定的酶或开发、构建更好的酶，此方法还能降低酶的成本。

表 2.10　溶菌酶在 100℃ 时不可逆变性和化学变化的速率常数（Ahern and Klibanov，1988）

反应过程	不同 pH 下的一级速率常数/h		
	4	6	8
所有反应过程	0.49	4.1	50
天冬酰胺的脱酰胺	0.45	4.1	18
天冬氨酸-X 肽键的水解	0.12	0	0
半胱氨酸的破坏	0	0	0
“错误”结构的形成（可逆过程）	0	0	32

2.11　通过自然进化、体外进化或理性酶工程得到的更好的酶

酶技术中的一个主要问题是为一个具体的酶催化过程选择或设计最佳的酶。要实现这些过程的产业化则必须要求酶的成本占总成本的 5%。如 2.8 节所述，在热力学数据的基础上，建立一个平衡控制过程在 pH-T 平面中能获得最佳产率的操作窗口。由方程式（2.31）可知，在规定时间内达到该产率所需的酶量取决于：

1. 酶的动力学常数（k_{cat}、K_m和 K_i）。

2. 在工艺条件下，由酶的半衰期和表观一级速率常数 K_i所决定的酶的稳定性（化学、pH 或热稳定性）[等式（2.32）]。

对平衡控制的外消旋物拆分来说，产物的空间纯度也取决于：

3. 由 1 中的酶的动力学常数决定的酶的对映体选择性 E_{eq} ［等式（2.15）］。这也适用于动力学控制的外消旋物拆分。然而某些情况下，平衡控制过程中的对映体选择性 E_{kin} ［等式（2.16）］也取决于其他速率和平衡常数。

对动力学控制的其他过程来说，产物的产率还受到：

4. 合成和水解反应的选择性 $(k_T/k_H)_{app}$ ［等式（2.3）］的影响。

对某一特定的酶过程来说，在天然变体中发现或通过基因技术手段构建具有上述 1～4 的性质酶，会降低生物催化的成本。

中性突变（或沉默突变）引起一级结构的变异，并在 2.4 节中介绍了酶天然变体应该具有的 1～4 的性质。这些突变对于生命进化来说是非常重要的，因为它们可以使有机体更好地适应环境的改变（较高或较低的 pH、温度、底物或盐浓度、新的底物等）。在酶的水平上，突变就造成了不同来源的同种酶在一级结构上的巨大差异，如性质1～4 的差异。对酶技术来说，这就意味着通过在不同生物体中对酶进行筛选或从环境样本 DNA 中对酶基因进行筛选（宏基因组，"metagenomes"；Lorenz et al.，2002）可以发现适合某个催化过程的更好的酶。这样的酶可以从占微生物总量 99%以上的的未培养或不可培养微生物中筛选酶。宏基因组是来自环境样本中的活细胞和死细胞的 DNA 混合物，其中包含有酶的基因，这些基因可以在适当的宿主生物体中表达。筛选酶或基因的合适环境是 pH 和温度值合适、底物或类似化合物浓度较高的地方。

这里着重分析了相同的酶由于自然进化导致性质 1～4 产生差异的范围。2.11.1 节包含了这方面的问题，同时也提出了新的问题：这些特性是否可以通过体外进化（2.11.2 节）或者理性酶工程（2.11.3 节）（Bornscheuer and Pohl，2001）得到更进一步的改进。

2.11.1 自然进化引起的酶性质的改变

k_{cat}和 K_m

在原核和真核细胞中，蛋白质（包括酶）含量不会超过 20%（Atkinson，1969）。一些代谢反应在以下情况下，可能会产生新的代谢反应：

- 在进化过程中丢失某些酶基因；
- 在进化过程中酶得以改良，使得催化这些代谢反应需要较少的酶。

这两种情况在生命体进化过程中都可以观察到。真核细胞如哺乳动物细胞就缺失了合成某些氨基酸所需酶的基因，从而允许编码催化新的代谢反应的酶的基因的整合。酶的合成需要很多能量（底物）。能够合成较高的 k_{cat} 的酶的生物体，与合成较低活性酶的生物体相比，需要更少的酶和能量来催化代谢反应。对于在相同环境温度中生物体来说，具有较高 k_{cat} 的生物体具有进化优势，这导致不同生物来源的酶在恒定温度下的转换数的差异。然而，进化过程中 k_{cat} 值的改变受到特异性常数（k_{cat}/K_m）约 10^8 L/(mol·s)的最大值（见 2.7.1 节）和生命体中的底物浓度的限制。当酶分子的某一组分可以催化代谢反应时，消耗能量去合成酶分子对生物体来说是不利的。只有当［S］$\ll K_m$时才会发生这种状况。因此，为了降低合成酶的能量消耗，生命系统中的酶已经进化成为在一定底物浓度范围内的具有 K_m 的酶（Fersht，1999；Hochachka and

Somero，2002）。这种情况如图 2.29 所示。由底物特异性的边界条件可知，通过自然进化 k_{cat} 的上限可以达到 10^{-8} [S]/s，也就是说，生命体内的 k_{cat} 受底物浓度和外界环境条件的限制。

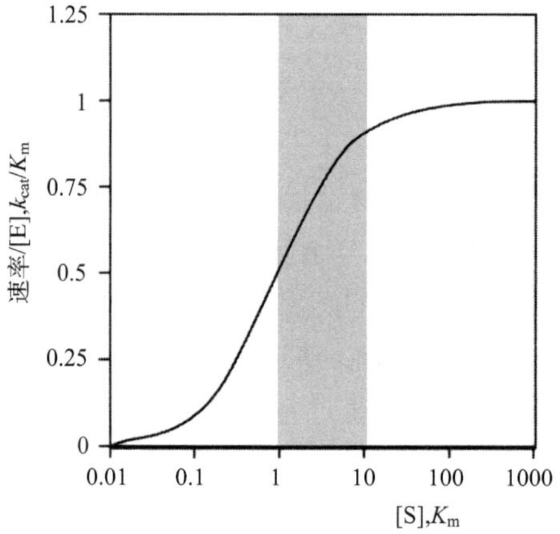

图 2.29 根据在活细胞或其外界环境中的底物浓度 [S] 的函数，以 K_m 为单位表示从等式 (2.8) 计算出的酶的特异性速率，并且以 k_{cat}/K_m 单位表示。将尽可能多的合成的酶用于底物的催化转化是进化的优势。当 [S] 是 1～10K_m 时，这种情况会发生（阴影部分）。在更高的比值下，特异性速率与 [S] 无关；这对于新陈代谢的调节是不利的。

对于能在较大温度范围内生存的生物体（如原核生物、鱼类）来说，k_{cat} 和 K_m 的温度依赖性也具有重要的进化意义。对于低温生物（如嗜冷生物）而言，其催化代谢反应的酶必须进化为在此温度时的 k_{cat} 高于生活在较高温度下的生物体（如中温或嗜热生物）内催化相同代谢反应的酶的 k_{cat}。否则，低温生物必须产生更多的酶，这在进化上是不利的。嗜冷、中性、嗜热生物的乳酸脱氢酶的 k_{cat} 在同一温度下有一个数量级的差异（Fields and Somero，1998）。由于这些生命体能在不同温度下生活，必须调节反应速率来降低其对温度的依赖。这就需要酶的 K_m 随温度而增加。这正如上面所述，乳酸脱氢酶在同一温度下的 K_m 会有一个数量级的差异（Fields and Somero，1998）。

不同生物来源的同种酶对非天然底物的 k_{cat}、K_m 和特异性常数也有一个数量级以内的差别（表 2.11）。对于特异性和较低特异性底物来说，这些改变并不显著（表 2.4）。

与生命体中相比，酶技术中使用了很高的底物浓度（达到 1mol/L），通常也会有较高酶的 K_m。在这些情况下，工艺条件下只有通过使用更高 k_{cat} 的酶突变体来提高酶的活性。从上述分析可以得出，通过体外进化或理性酶工程对酶进行改良可以预期得到与自然突变体中所观察到的相似的 k_{cat} 的变化。

表 2.11 不同来源的青霉素酰化酶（PA）以及两种不同来源的A-链和B-链通过遗传构建的杂合酶（杂合酶Ⅰ AKcBEc 和杂合酶Ⅱ AEcBKc；Ec=*E. coli*，Kc=*K. citrophila*）的动力学常数和选择性：苄青霉素（BP）、2-硝基（5-苯乙酰氨基）苯甲酸（NIPAB）、苯甘氨酰胺（$PhgNH_2$）和苯甘氨酸甲酯（PhgOMe）在 pH 7.5（I=0.2）和 25℃下水解的 k_{cat}、K_m 和特异性常数

底物 PA 的来源	BP k_{cat}/s^{-1}	BP K_m /(μmol/L)	BP k_{cat}/K_m /[L/(mol·s)]	NIPAB k_{cat}/s^{-1}	NIPAB K_m /(μmol/L)	NIPAB k_{cat}/K_m /[L/(mol·s)]	(*R*)-$PhgNH_2$ k_{cat}/s^{-1}	(*R*)-$PhgNH_2$ K_m /(mmol/L)	(*R*)-$PhgNH_2$ k_{cat}/K_m /[L/(mol·s)]	(*R*)-PhgOMe k_{cat}/s^{-1}	(*R*)-PhgOMe K_m /(mmol/L)	(*R*)-PhgOMe k_{cat}/K_m /[L/(mol·s)]
E. coli	50	10	5.0×10^6	20	20	1.0×10^6	16	16	1.0×10^3	16	15	1.1×10^3
A. faecalis	80	8	1.0×10^7	82	12	6.8×10^6	7	6	1.2×10^3	43	6	7.2×10^3
K. citrophila	60	18	3.3×10^6	30	20	1.5×10^6	15	20	7.5×10^2	13	13	1.0×10^3
A. viscosus	140	20	7.0×10^6	5	130	3.8×10^4	45	480	9.4×10	42	13	3.2×10^3
杂合酶Ⅰ	100	12	8.3×10^6	40	20	2.0×10^6	15	21	7.1×10^2	18	21	8.6×10^2
杂合酶Ⅱ	115	18	6.4×10^6	6	20	3.0×10^6	14	25	5.6×10^2	—	—	—

（*R*，*S*)-$PhgNH_2$，（*R*，*S*)-pOH $PhgNH_2$（S_1-立体选择性）以及 PAA-(*R*，*S*)-Phe（S'_1-立体选择性）在 pH 7.5（I=0.2）和 25℃下水解反应的立体选择性 E_{eq}；在 pH 6.5（I=0.2）和 25℃下由 20mmol/L（*R*)-pOH $PhgNH_2$ 和 20mmol/L 6-氨基青霉烷酸动力学控制合成羟氨苄青霉素以及在 pH 7.5（I=0.2）和 25℃下由 200mmol/L（*R*)-$PhgNH_2$ 和 200mmol/L 7-氨基-3-脱乙酰氧基头孢烷酸动力学控制合成头孢氨苄的选择性 $(k_T/k_H)_{app}$。

反应 PA 的来源	(*R*，*S*)-$PhgNH_2$ 水解 E_{eq}	(*R*，*S*)-pOH $PhgNH_2$ 水解 E_{eq}	PAA-(*R*，*S*)-Phe 水解 E_{eq}	羟氨苄青霉素合成 $(k_T/k_H)_{app}$	头孢氨苄合成 $(k_T/k_H)_{app}$
E. coli	0.5	0.03	1000	3200	3300
A. faecalis	0.4	n. d.	250	2500	800
K. citrophila	0.3	0.2	n. d.	1900	n. d.
A. viscosus	0.7	n. d.	n. d.	n. d.	n. d.
杂合酶Ⅰ	0.4	0.2	n. d.	1600	n. d.
杂合酶Ⅱ	n. d.	n. d.	n. d.	2500	n. d.

注：n. d. =不确定。

酶的稳定性

进化过程对在不同的 pH（1～11）和不同的温度（0～100℃以上）环境下生存的生物体进行了选择。这就意味着生物体内的酶已经得到进化，与在其他条件（pH、温度）下生存得更好的生物体内同种酶相比，在这些生物生存环境的 pH 和温度条件下，该生物体内的酶具有更好的生物活性。生物体既产生胞内酶又产生胞外酶，但由于胞内蛋白质水解（蛋白质周转），胞内酶具有生物半衰期，但不受 pH、温度稳定性的限制（见第 4.3 章）。由此看来，在进化过程中还没有对胞内酶的 pH 和温度稳定性进行完全选择。

生物体产生的胞外酶是为了水解生物聚合物以及将有机化合物转化为能被细胞摄取并在细胞内代谢的产物。它们还可以对细胞外具有细胞毒性的化合物进行解毒。对细胞而言，当生物体通过提高酶的 pH 和温度稳定性，使其只需产生较少的酶就可将胞外化合物转化为其生存所必需的分子时，该生物体就具有进化优势。青霉素 G 的水解过程中，酶的 pH 稳定性是其酶催化过程的基本要求（见 2.7、2.10 节和 2.12 节的练习 14）。在这一过程中最先使用的酶是来自大肠杆菌的胞外（周质）青霉素酰化酶。由于其 pH 稳定性较差，只能在 pH≈8 以下应用，但在这一 pH 条件下，不到 95％的青霉素在平衡控制过程中被水解。源自 *A. faecalis* 的青霉素酰化酶由于较好的 pH 稳定性（图 2.28），在 pH≈9 时具有较好的酶活性，使青霉素 G 水解产率提高到约 99％（Verhaert et al.，1997；Ignatova et al.，1998）。

由此可知，通过体外进化或理性蛋白设计，胞外酶的 pH 和温度稳定性可以得到较大提高，这一方法可以用来获得 pH 和温度稳定性更好的胞内酶。

酶的化学稳定性是衡量反应中的代谢物及环境中其他有机分子对酶进行的化学修饰的衡量标准。糖的羟基可以与酶的氨基反应，而 O_2 和 H_2O_2 可以氧化甲硫氨酸或半胱氨酸等。在自然体系中，这些化合物的浓度比酶反应过程中所用到的浓度低得多，因此，在酶反应中通过这样的双分子反应对酶进行修饰的速率要高得多。在这种情况下，化学稳定性是衡量酶作用过程中酶被底物和产物共价修饰程度的标准。因此，可以假设在进化过程中酶已经获得了最佳化学稳定性，并且不同生物来源的同种酶在化学稳定性方面有很大的差异。虽然这方面的问题还没有进行详细研究，但酶的这一性质还是可以通过体外进化或理性蛋白质设计来提高。

立体选择性

除氨基酸、羟酸、糖类和其他一些化合物外，在生命系统中光学活性分子只以一种对映体的形式存在。这也体现在下表中（EC 5.1）催化外消旋反应的酶上。因此，参与利用上述化合物的外消旋混合物来生物合成立体纯化合物的酶在进化过程中以获得高立体选择性。这适用于从单体合成寡聚物和聚合体。经核糖体合成的多肽（蛋白质）仅包含（*S*)-型氨基酸，而非经过核糖体合成的多肽抗生素包含（*S*)-和（*R*)-型两种氨基酸（β-内酰胺抗生素，如青霉素、短杆菌肽 S、环孢霉素、短杆菌酪肽等）（Kleinkauf，von Döhern，1990）。后者多是在原核生物中产生。有些真核生物的核糖体抗菌肽（如来自蛙皮的蛙皮啡肽）包含（*R*)-型氨基酸，这些氨基酸是在由（*S*)-型氨基酸合成多肽后通过外消旋反应形成的。在自然系统中，这些寡聚物和聚合体由水解酶水解。在原核生物中，单体可以被外消旋化，水解酶作为转移酶催化聚合反应时没有高的立体选择性。因此，很多肽酶可以被用于（*S*)-和（*R*)-型两种氨基酸之间肽键的动力学控制合成（Kasche，2001；图 2.12)。

在生命系统中，立体纯的化合物是由含有双键的前手性化合物合成的或就是酮酸。催化这些反应的酶，如合成双键的脱水酶（EC4.2.1）和加氧酶（EC1.13)、或转氨酶（EC2.6.1）和脱氢酶（EC1)，在进化过程获得高度的立体选择性。

在自然体系中存在光学纯底物或光学上无活性的底物参与的反应，催化这些反应的酶在进化过程中不能获得高度立体选择性。例如，脂肪酶在天然酶变体中具有广泛的立体选择性（图 2.13)。还有未知生物学功能的青霉素酰胺酶的立体选择性具有（*S*)-和（*R*)-型特异结合位点，并且该酶的天然酶变体的立体选择性约有一个数量级差异（表 2.11)。

与酶的稳定性一样，通过体外进化或理性酶工程可以提高酶的立体选择性（见 2.11.2 和 2.11.3 节)。

缩合产物动力学控制合成中的选择性

在自然系统中，某些反应过程是由再进化过程获得的高 $(k_T/k_H)_{app}$ 转移酶所催化的（表 2.3)，而在酶工程中主要使用水解酶作为生物催化剂。对于同一反应而言，不同来源的同种水解酶的性质可以相差 4 倍（表 2.11)。这些酶在进化过程中没有对这一性质加以选择。

2.11.2 通过体外进化提高酶性质的方法

鉴定新酶的传统方法是对土壤样本或富集培养的菌株收集物进行筛选。一旦确定了适当的生物催化剂，菌株改良以及编码基因克隆表达能实现其大规模生产。不幸的是，不是所有的微生物都可以通过常规的发酵技术进行培养，而且根据其来源不同，估计一个样本中可供利用的微生物的数量为 0.001%～1%（Lorenz et al.，2003；Miller，2000)。此外，不是自然界中发现的所有的酶都适合于某个合成问题，例如，酶的活性、稳定性、底物特异性和立体选择性不总是令人满意的。直到最近，通过理性蛋白质设计才能克服这些限制，条件是编码酶的基因及其三维结构是已知的，定点突变可以引入适当的氨基酸，并且这个突变位点是可以鉴定的（见 2.11.3 节)。

20 世纪 90 年代中期发展起来的另一种方法是体外进化策略（也叫定向或分子进化)。这种“在试管中的进化”主要包括两个步骤：①编码酶的基因的随机突变；②通过筛选或选择从这些突变体文库中获得所需要的生物催化剂突变体，并进行鉴定（图 2.30)。

体外进化的先决条件是编码目的酶的基因的可用性、合适的表达系统（通常是微生物表达系统)、构建突变体文库的有效方法和合适的筛选或选择系统。有关这方面具体操作可以参考一些书籍（Arnold and Georgiou，2003a，b；Brakmann and Johnsson，2002；Brakmann and Schwienhorst，2004）和综述（Bornscheuer，2001；Neylon，2004；Reetz，2004；Turner，2003)。

2.11.2.1 构建突变体文库的方法

构建突变体文库的方法有很多。它们可以被分类为：①非重组突变，即对亲本基因

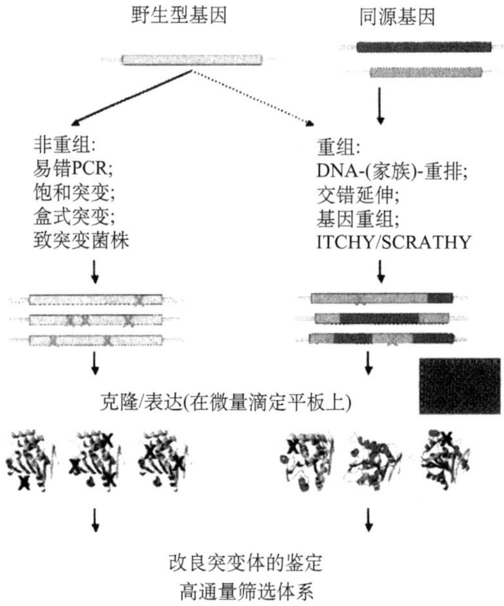

图 2.30 定向进化原理。通过非重组或重组的方法对编码野生型或同源酶的基因进行随机突变。对得到的突变文库进行克隆和表达（经常在微量滴定平板上）。通过高通量筛选体系对所需的改良突变体进行鉴定，这通常使用基于微量滴定平板的检测或选择（如使用琼脂平板分析；图中没有表示）。

进行随机突变产生具有点突变的突变体；②重组方法，即亲本基因（通常有较高的同源性序列）随机组合，得到嵌合体文库而不是点突变库。

定向进化实验所面临的挑战是足够大的序列空间的覆盖，也就是要构建尽可能多的突变体。在一个由 200 个氨基酸组成蛋白质（酶）中，在 N 个氨基酸中引入 M 突变，则形成突变蛋白质数目可以用公式 19^{M} ［$N!/(N-M)!\ M!$］计算出来（在 20 种蛋白质氨基酸中，有一种已经存在于野生型酶中，因此数值是 19）。因此，2 种随机突变就可能形成 700 多万个突变体，若 3 个或更多的突变，则构建和筛选文库就变得非常具有挑战性（表 2.12）。

表 2.12 由 200 个氨基酸组成的蛋白质在给定的取代数下可能突变体的数目

取代氨基酸/(mol/L)	突变体数目（序列长度 $N=200$）
1	3800
2	7 183 900
3	9 008 610 600
4	8 429 807 368 950
5	6 278 520 528 393 960

构建文库最主要的方法是易错 PCR，这种方法每 1000bp 可以引入一个突变（Cadwell and Joyce，1992）。这可以通过改变反应条件而实现，如用 Mn^{2+} 盐代替 Mg^{2+} 盐

(聚合酶是 Mg^{2+} 依赖的)、使用 *Thermomyces aquaticus* 来源的 *Taq* 聚合酶及改变 4 种脱氧核苷酸（dNTP）的浓度。需要指出的是，由于核苷酸非偏爱性交换和简并密码子的存在，这种方法通常只能取代所有 19 种氨基酸中的 6 种氨基酸。另一种方法是利用致突变菌株，如大肠杆菌衍生菌株 *Epicurian coli* XL1-Red，此菌株缺失了 DNA 修复功能（Bornscheuer et al.，1998；Greener et al.，1996）。包含编码目的蛋白的基因的质粒转化入该菌株后，基因在复制过程中发生突变。这两种方法都引入点突变，为得到具有所需性质的生物催化剂，通常需要重复几轮突变并对最好的突变体进行鉴定。

另外，可以使用重组突变的方法（也称为有性突变）。第一个实例是由 Stemmer 提出的 DNA（或基因）重排，这种方法是利用 DNA 酶把基因降解后，再用包含和不包含引物的 PCR 进行片段重组（Stemmer，1994a，b）。这一过程是模仿自然重组，并已在不同实例中证实该方法是创建所需酶的非常有效的工具。最近，这种方法得到了进一步的改进，并被称为“DNA 家族重排”或“分子育种”，它能由一个基因家族构建嵌合体文库。

Arnold 实验室发展了两种形式的 DNA 重排方法：交错延伸（StEP）是一种改进的 PCR 方法，即用一系列引物及短的退火和聚合时间来进行 PCR。截短的低聚物与模板解离，并与不同的模板随机退火从而引起重组。几次重复这一过程能够形成全长基因（Zhao，1998）。其他方法还有 ITCHY（嵌合杂合酶的递增截断）及相关方法（Lutz et al.，2001；Ostermeier et al.，1999）。表 2.13 提供了这些方法的概况，而构建突变库的不同策略的比较和更多的详细资料可参见综述（Kurtzman et al.，2001；Neylon，2004）。

表 2.13 定向进化构建突变库的精选方法（Kurtzman et al.，2001；Neylon，2004）

方法	优点	缺点
易错 PCR	简单易行； 突变率可调整	非偏爱氨基酸取代； 只能实现点突变
致突变菌株	简单易行	整个生物体/质粒被突变； 只能实现点突变
DNA 重排	适度的序列同源性； 高效的； 能够使用几条亲本基因； 可以创建嵌合体； 有用突变合并，丢弃有害突变	要求序列同源性
交错延伸	类似于 DNA 重排，更简单； 不需要片段纯化	需要序列同源性； 必须对 PCR 操作进行具体优化
SHIPREC	不要求序列同源性	单一循环中文库多样性低（可以重复）； 两个亲本有相似长度的限制； 可能发生缺失/重复

续表

方法	优点	缺点
ITCHY	与 SHIPREC 类似	与 SHIPREC 类似
THIO-ITCHY	与 ITCHY 类似，但更有效/简单	与 ITCHY 类似
GSSM	覆盖了所有的单个氨基酸取代	对大部分研究人员来说技术上难以达到

2.11.2.2 检测系统

定向进化的主要挑战是对突变库中目标突变体的鉴定。恰当的检测方法应该能够从 10^4～10^6 个突变体的文库中快速地、精确地、有目的性地对所有目标的生物催化剂进行鉴定。原则上可以使用两种不同的手段：选择或筛选。

选择

传统的选择系统通常是去富集某种微生物。由于选择方法只适用于宿主菌株代谢中所发生的酶促反应，因此选择方法在体外进化中不经常使用。另一方面，与筛选体系相比，选择的系统具有明显的高通量（见下文）。通常，选择以互补的形式进行，即只能由一种酶的突变体产生一种基础代谢物。例如，生长检测被用于鉴定单体混配变位酶。用缺失 L-酪氨酸和 L-苯丙氨酸的培养基对文库进行筛选（MacBeath et al.，1998）。类似地，生化途径的互补也用来筛选参与色氨酸生物合成的酶的突变体。HisA 和 TrpF（分别参与组氨酸和色氨酸生物合成的异构酶）具有类似的四级结构和类似氨基醛糖底物（ProFAR 和 PRA），但是这两个酶在氨基端的功能区有一个氨基酸残基不同。通过随机突变和在色氨酸缺失的培养基上进行互补选择，已经鉴定几种体内外催化 TrpF 反应的 HisA 突变体（Juergens et al.，2000）。其中一种突变体保留了明显的 HisA 活性（图 2.31）。

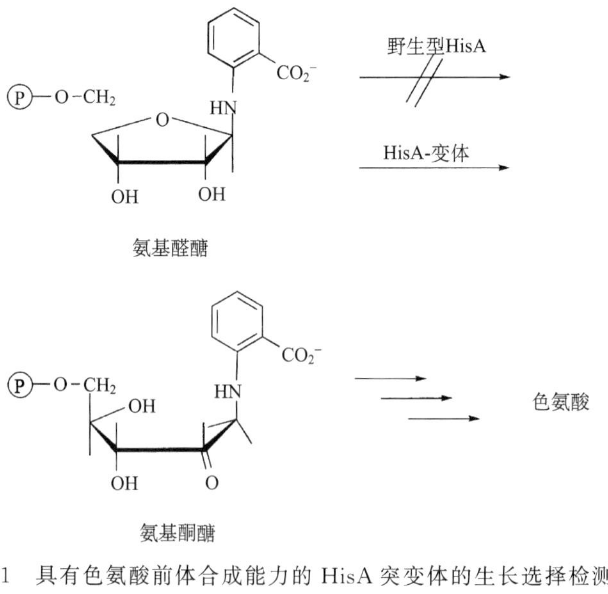

图 2.31 具有色氨酸前体合成能力的 HisA 突变体的生长选择检测。

Stemmer 的研究小组利用易错 PCR 或 DNA 重排方法研究了来自气肠杆菌、耶耳辛氏菌、柠檬酸杆菌、克雷伯菌的头孢菌素酶的 4 个基因。琼脂糖平板上通过提高拉氧头孢（β-内酰胺抗生素）的浓度对 4 代的文库（共 50 000 个菌落）进行筛选。只有那些能够水解 β-内酰胺抗生素的克隆能够存活。从易错 PCR 得到的最好的突变体活性只提高了 8 倍，而从多基因重排得到的最好的嵌合体对拉氧头孢的抗性提高了 270～540 倍（Crameri et al.，1998）。测序的结果表明，这个突变体与亲本基因的同源性较低（图 2.32），总共 33 个氨基酸被置换和 7 处交换。若仅使用易错 PCR 和单基因重排是无法实现这些改变的；因此，这些研究说明了 DNA 重排的威力。

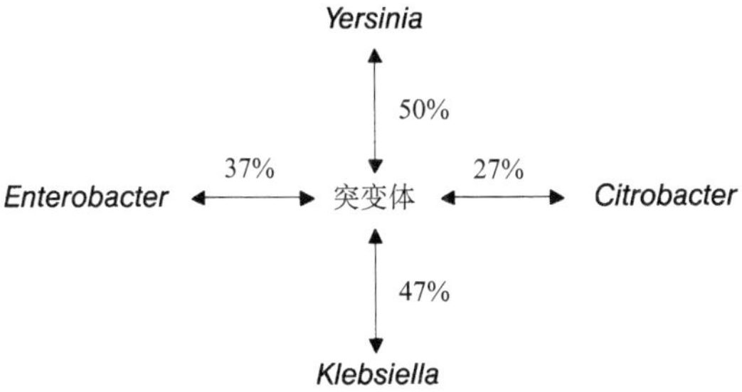

图 2.32 利用 DNA 重排所获得的头孢菌素酶基因突变体与 4 个不同种属的亲本基因的同源性。

利用致突变菌株 *Epicurian coli* XL1-Red 对荧光假单胞菌酯酶进行定向突变获得了一个突变酶，然后利用选择程序对该酶突变体的底物特异性改变进行了检测（Bornscheuer et al.，1999）。具有空间位阻的 3-羟基酯不能被野生型酯酶水解，作用于这种 3-羟基酯的改良酶的鉴定的关键是一种具有 pH 指示功能的琼脂平板检测系统，当乙酯水解会引起平板颜色的改变。利用添加了甘油衍生物 3-羟基酯的平板对克隆进行平板影印，这种平行检测手段提高了鉴定能力，因为只有产生活性酯酶的大肠杆菌菌落才能利用碳源甘油，从而导致生长强势并形成更大的菌落。采用这一策略，鉴定一个能有效催化水解的双突变体。

筛选

筛选系统（不要与微生物鉴定的术语“筛选”混淆）的使用非常普遍。定向进化产生了非常多的突变体，常规的分析工具如气相色谱和 HPLC 由于很耗费时间而较少使用。高通量的质谱联用（GC-MS）或核磁共振（NMR）技术已经进行了阐述，但这些技术都要求相当昂贵的设备，而且在筛选对映选择性的生物催化剂时需要使用氘化作底物。噬菌体展示、核糖体展示和荧光激发细胞分选（FACS）也已用来从含有$>10^6$的突变体的突变文库中进行筛选，但这些技术并不是在所有情况下都适用。

在微孔板（MTP）中以分光光度和荧光检测为基础的高通量的自动化筛选是现在最常用的筛选方法。利用这一方法可以在合理时间内对数以万计的突变体进行相当精确的筛选，并提供所研究的酶的相关信息，如通过测定初始速率或终点提供酶的活性信息以及通过目的化合物的两种对映体获得空间选择性信息。一个通用的例子是 7-羟基香豆素衍生物的使用（图 2.33）。7-羟基香豆素的酯或氨基化合物很不稳定，尤其是在极端的 pH 和高温环境下。而图 2.33 所示的醚衍生物非常稳定，主要是由于荧光团通过醚键与底物结合。只有经过酶反应并用高碘酸钠和牛血清白蛋白（BSA）处理后，荧光团才会释放（Reymond and Wahler，2002）。其他技术将在以下段落中概述。

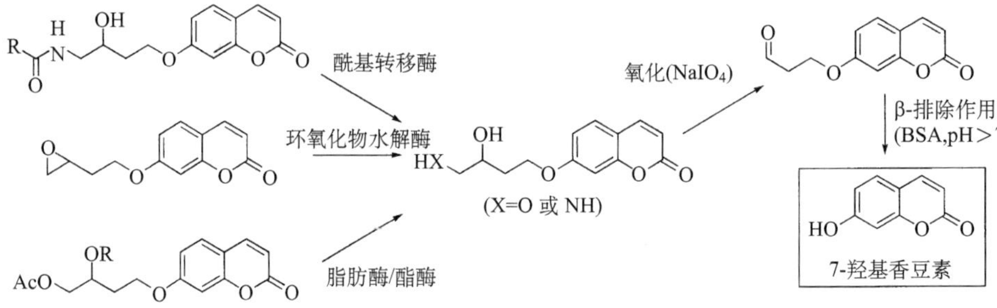

图 2.33　7-羟基香豆素衍生物的荧光检测。酶催化获得中间产物，中间产物用高碘酸钠氧化和 BSA 处理后，生成 7-羟基香豆素（Reymond and Wahler，2002）。

实例

Reetz 与其合作者将绿脓杆菌（*Pseudomonas aeruginosa*）的一个无对映体选择性的脂肪酶（2% ee，E=1.1）PAO1 改造为在 2-甲基癸酸的动力学拆分中具有非常好的选择性的突变体（E＞51，＞95% ee）。对突变体的鉴定是在分光光度筛选中使用了 2-甲基癸酸的光学纯的（R）-型和（S）-型对硝基苯酚酯。首先，野生型的脂肪酶基因通过易错 PCR 进行几轮随机突变，形成 E=11（81% ee）的突变体，随后对其进行饱和突变（E=25）。对映体选择性翻倍的关键是 DNA 重排、组合式盒式诱变和饱和突变的组合使用，这导致形成最佳突变体的最大重组。总共对约 40 000 个突变体进行了筛选，获得的最好的突变体（E＞51）包括 6 个氨基酸替代（Reetz et al.，2001）。图 2.34 对整个策略做了说明，并在图 2.35 中对不同的随机突变方法的组合使用所引起的对映体选择性的改变作了总结。

Arnold 的研究小组报道了通过易错 PCR 和饱和突变联合使用将乙内酰脲酶的对映体选择性从 D-选择性（40% ee）改变为中等的 L-偏爱性（30%转化时 20% ee）。仅一个氨基酸的替代就足以使对映体选择性发生逆转。因此，在含有 L-甲氨酰化酶和消旋酶的重组大肠杆菌全细胞体系中，由（R，S）-5-(2-甲硫乙烷）乙内酰脲生产 L-甲硫氨酸是可行的（May et al.，2000；也可参见第 3 章 3.2.2.6 节）。

即便是一种具有适当的底物特异性（和立体选择性）的生物催化剂已经得到了鉴定，对其成本有效性的要求也不一定能得到满足。使用诸如固定化技术或定点突变等传统方法很难对如 pH、温度和溶剂稳定性等酶的性质加以改进。在面对这一挑战的过程中，定向进化再一次显示了作为通用工具的能力。

例如，枯草芽孢杆菌的酯酶可以水解头孢抗生素氯碳头孢的对硝基苯酚酯。但这种野生型的酶在溶解底物所需的二甲基甲酰胺（DMF）存在的条件下仅具有微弱的活性。易错 PCR 和 DNA 重排的联合应用产生了高活性的突变体，该突变体与野生型活性相

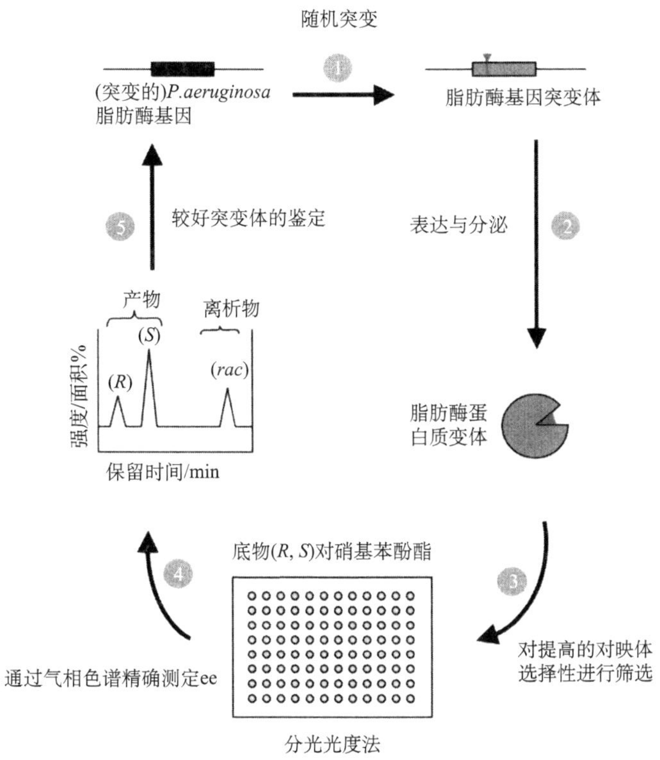

图 2.34 *Pseudomonas aeruginosa* 的脂肪酶对 2-甲基癸酸对映体选择性拆分进行定向进化的过程。在步骤（1）中，对脂肪酶基因进行随机突变；接着表达突变基因并使其分泌（2）。在分光光度检测的基础上使用光学纯（*R*)-型和（*S*)-型对硝基苯酚酯的底物筛选具有高对映体选择性的突变体（3）。对具有高对映体选择性的突变体用气相色谱进行检验（4）。重复以上循环以鉴定最佳突变体。

比在 15% DMF 中活性提高了 150 倍（Moore and Arnold，1996）。后来，定向进化使这种酯酶的热稳定性提高了约 14℃。通过类似的方式，枯草杆菌蛋白酶 E 在 DMF 中的性能也提高了 470 倍。

Novozymes（丹麦）的研究者们对灰盖鬼伞（*Coprinus cinereus*）中的一种亚铁血红素过氧化物酶（CiP）经过多轮定向进化，得到适合在衣物去垢剂中用作染料掉色抑制剂的突变体。通过模拟洗衣机内的条件下（如 pH10.5、50℃、5～10mmol/L 过氧化物）对易错 PCR 和定点突变获得的突变体进行孵育后，检测其残余部分活性的稳定性的提高。随后的体内重排使酶的氧化稳定性得到了巨大的改善，产生了比野生型 CiP 的热稳定性提高 174 倍、氧化稳定性提高 100 倍的突变体。

通常我们认为生物催化剂在一个方面性质的提高会伴随着酶的其他特性的丧失。然而最近有结果显示，可以将一个低温蛋白酶的热稳定性提高到 60℃，同时保持其在 10℃时的高活性（Miyazaki et al.，2000）。最佳的低温枯草杆菌蛋白酶 S41 的突变体仅包含 7 个氨基酸变异，这只占在嗜冷酶和嗜温同源酶之间的通常 30%～80%序列差异的一小部分。

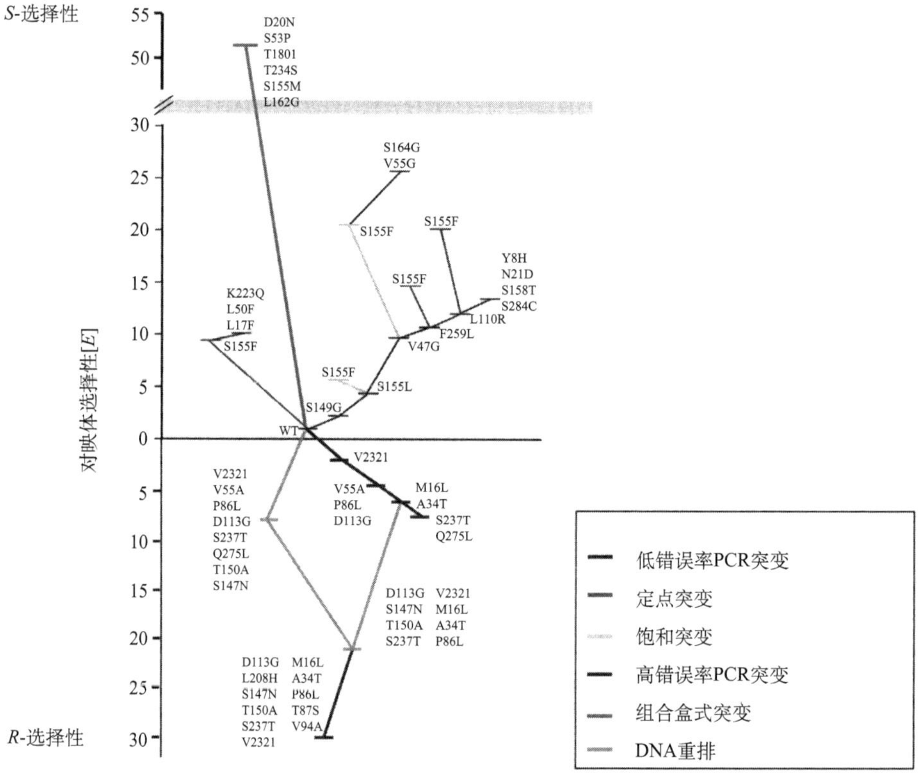

图 2.35 用定向进化方法改变 *Pseudomonas aeruginosa* 脂肪酶的对映体选择性。从无选择性的野生型（WT，$E=1.1$）出发，联合使用各种遗传学工具产生具有高 S 型选择性（$E=55$）和 R 型选择性（$E=30$）的突变体并对其进行鉴定（Reetz et al.，2001）。

在另外一个例子中，Maxygen（美国）和 Novozymes（丹麦）的研究者们同时在枯草杆菌蛋白酶家族重排文库中对 23℃下的活性、热稳定性、有机溶剂耐受性和 pH 范围等 4 个特性进行了筛选，并且获得了所有特性都得到了显著改善的突变体。

酶的定向进化实例总结在表 2.14 中。

表 2.14 酶定向进化的精选实例（Bornscheuer，2001）

酶	目标	突变方法	检测	主要结果
Pseudomonas fluorescens 酯酶	改变底物特异性	致突变菌株	生长/pH 指示剂	有活性的双突变体
Pseudomonas fluorescens 酯酶	提高对映体选择性	致突变菌株/易错 PCR	MTP 与/手性试卤灵（resorufin）酯	E 值从 3.5 增加到 6.5
Pseudomonas aeruginosa 脂肪酶	提高对映体选择性	易错 PCR/饱和突变/盒式诱变	MTP 与/手性对硝基苯酚酯	E 值从 1 增加到 51

续表

酶	目标	突变方法	检测	主要结果
Bacillus subtilis 酯酶	用于氯碳头孢对硝基苯酚酯的 DMF 中的高活性	易错 PCR/饱和突变/SH	MTP 与/对硝基苯酚酯	活性增加约 150 倍
Coprinus cinereus 亚铁血红素过氧化物酶	洗衣条件下的稳定性和活性	易错 PCR/饱和突变/SH	在高 pH/双氧水条件下在 MTP 中孵育，检测残余活性	氧化活性提高 100 倍/热稳定性提高 170 倍

2.11.3 理性酶工程

在 20 世纪 90 年代撰写本书的德语版的时候，当时所使用的主要方法是定点突变，也就是用一个氨基酸残基取代另一个氨基酸残基以改变酶的性质。除了葡萄糖异构酶（Hartley et al.，2000）和枯草杆菌蛋白酶（Bryan，2000）的稳定性提高以外，酶活性位点的氨基酸置换是研究的主要内容，并且在酶技术中少有应用。虽然如此，这些研究在阐明酶催化反应的详细机制方面是非常重要的，今天从酶技术中广泛使用的酶的研究中获得大量的数据。在大部分情况下，突变会导致酶丧失功能或使酶对相同底物的特异性常数降低或稍有改变，同时也使酶的底物特异性发生较大的改变（Hartley，2000；Sauer et al.，2000）。根据我们现在的知识，这是意料之中的事，因为不同来源的同一种酶的活性位点中直接与底物作用的大部分氨基酸残基是高度保守的。从 1993 年起，使用随机或定向进化进行了大量的研究，已经成功提高酶技术中重要的酶的 2.11.1 节中所述的性质 1～4（见 2.11.2 节）。然而，在许多情况下，性质的改良是由于远离活性位点的较低保守性的氨基酸残基的置换（Arnold，2001）。这说明，活性位点周围和远离活性位点的较低保守性的氨基酸残基可能具有功能调节作用，也就是说，它们可能对酶功能不是必需的，但改变行使功能时的数量标准 [k_{cat}、K_m、E 和 $(k_T/k_H)_{app}$]。不同来源的同种酶的氨基酸比对，酶的三维结构的解析，以及从这些数据中对可能的功能调节残基进行鉴定，这些结果能够为我们提供进行理性的酶工程的新工具。事实上，这是生物信息学发展领域中的一个重要任务（Chen，2001）。

理性蛋白质设计的目标是鉴定一个具体的酶催化过程中可能行使功能调节或可能限制酶的稳定性的氨基酸残基。然后通过定点突变对这些残基进行突变以挑选具有改良性质的突变酶。但如上所述，还没有对这些残基加以识别的普适准则。

表 2.15 中列举了一些以三维结构、多重序列比对和其他数据为基础对酶技术用作生物催化剂的酶的 1～4 性质进行改良的理性酶工程（见 2.11.1 节）的结果。这包括用于以下过程的酶：

- 由淀粉酶（Nielsen，Borchert，2000）、葡萄糖化酶（Sauer et al.，2000）和葡萄糖异构酶（Hartley et al.，2000）催化的淀粉转化。
- 清洗过程中由枯草杆菌蛋白酶催化的蛋白水解（Bryan，2000）。
- 戊二酸酰胺酶（Sio et al.，2002；Oh et al.，2003）和青霉素酰化酶（Van Der

Laan et al.，2000；Kasche et al.，2003）催化的β-内酰胺抗生素的水解和合成。

表 2.15　以三维结构、多重序列比对为基础的定点突变（SDM）来提高酶过程中酶的重要性质的理性设计的结果总结

酶	必须加以改良以提高产率和酶过程速率的酶的性质	通过定点突变对需改变的氨基酸残基进行选择的基础	需要提高的酶性质中发生的改变	注释
α-淀粉酶	特异性常数	三维结构，活性位点残基的定点突变	活性丧失	紧密结合的 Ca^{2+} 是活性所必需的
	淀粉水解过程中的温度稳定性	三维结构，杂合酶的性质，Ca^{2+} 结合位点和序列比对，去除含侧链的氨基化合物以增加温度稳定性（表 2.10）	温度稳定性提高了 10 倍，达到 90℃	结合常数在 nm 级，但该离子并不参与酶功能
葡萄糖淀粉酶	特异性常数	三维结构，活性位点残基的定点突变	降低	
	麦芽糖和麦芽四糖水解时的温度稳定性	三维结构，定点突变以形成新的二硫键	最适温度提高 4℃	
葡萄糖异构酶	热稳定性以降低葡萄糖异构过程中由于葡萄糖和 Lys 氨基基团反应引起的活性丧失	三维结构和 11 种来源的Ⅰ类酶的一级序列比对，17 个保守氨基酸残基的置换	通过用 Arg 置换 3 个 Lys，提高了几乎 3 倍（无活性改变）	对于活性和稳定性，Mg^{2+}、Mn^{2+} 或 Co^{2+} 的结合（结合常数在 nm 级）是必需的，但这些离子并不参与酶功能
	特异性常数		其中 14 个氨基酸置换导致活性几乎完全丧失，其余具有野生型 90%以下的活性	
戊二酸酰化酶	底物特异性以降低己二酰 7-ADCA 水解中的酶成本	三维结构及由体外进化选择的 3 个适于定点突变的氨基酸残基。它们位于活性位点或其附近	提高 6 倍	建立在与下面青霉素酰化酶相似的序列比对基础上（但没有结合的 Ca^{2+}）
	提高头孢菌素 C 水解的特异性常数（见第 9 章的实例研究）	三维结构和选择与头孢菌素 C 相互作用的位点作定点突变	由于 2 个残基的突变提高了 6 倍	

续表

酶	必须加以改良以提高产率和酶过程速率的酶的性质	通过定点突变对需改变的氨基酸残基进行选择的基础	需要提高的酶性质中发生的改变	注释
青霉素酰化酶	pH稳定性和反转数以增加产率并降低青霉素G水解的酶的成本	部分原肽激活来自 *A. faecaliss* 的具有比大肠杆菌来源更高的 k_{cat}和更好 pH 稳定性的酶（图 2.28） 定点突变以避免原肽的完全水解	k_{cat}能够提高 3 倍	原肽有助于折叠成活性结构
	外消旋拆分中的立体选择性和（k_T/k_H）或β-内酰胺抗生素的动力学控制的合成	三维结构（大肠杆菌酶），5 种来源的酶序列比对和分子模拟，活性位点中或附近残基的定点突变	特异性常数降低，立体选择性提高 6 倍，*A. faecalis* 酶的 8 个突变体的（k_T/k_H）不变或降低	紧密结合的 Ca^{2+} 对于膜转运和原酶的成熟是必需的。这也可能是活性和稳定性所需的，但不参与酶功能
枯草杆菌蛋白酶	耐热和化学稳定性以及降低洗衣粉中双氧水对 Met 的氧化	三维结构，定点突变以形成新的具有稳定功能的二硫键或增加新的具有稳定功能的侧链相互作用，以及替换 Met	18 个新的二硫键中的 3 个将热稳定性提高了 100 倍（*B. amyloliquefaciens* 的酶）或 20 倍（*B. subtilis* 的酶）；通过将 Met 置换为 Ser，化学稳定性提高了 100 倍（特异性常数降低了 10 倍）	定点突变了 50%以上的氨基酸 原肽有助于折叠成活性结构 紧密结合的 Ca^{2+} 是活性所必需的（结合常数在 nm 级）但该离子并不参与酶功能

根据表 2.15 中列出的性质的改变，与 2.11.1 节中概述的天然酶变体的性质差异在数量级上看似有很好的吻合。

2.11.4 生物合成（催化抗体）或化学合成（合成酶）的新酶

催化抗体

使用杂交瘤技术能在细胞培养物中产生针对与底物过渡态具有类似结构的化合物的不同单克隆抗体。杂交瘤具有如酶的活性位点中所存在的结合亚位点。免疫后形成的不同单克隆抗体中，有些在这些结合位点附近可能具有催化亚位点。这些催化抗体可以用作生物催化剂对底物进行转化，并且能够使用 2.11.2 节中所述的筛选技术对不同的单克隆抗体进行挑选。催化抗体已经发展了近 20 年，尽管其特异性常数已经得到了提高，但与酶相比，其对同样底物进行转化的特异性常数还是低了许多数量级（Wentworth，2002）。

合成酶

X 射线结晶确定的已知活性位点结构已经被聚合物化学家用来模拟化学合成的聚合

物中的位点。尽管这些研究已经进行了 30 多年，但所获得的最好的特异性常数还是比被模拟的酶的特异性常数低了许多数量级。

2.12 练习

1. TRIS（分子式见 Merck 目录）和磷酸的离子化热能分别是 40kJ/mol 和约 0kJ/mol。你选择哪种缓冲液研究酶催化反应的 pH 和温度依赖性？在进行酶动力学研究时，为什么要尽量避免使用 TRIS 作为缓冲液？（$pK_{TRIS}\approx 8.5$）（表 2.3）。
2. 为什么氧化还原酶需要辅助底物，它是什么？
3. 解释图 2.4 和图 2.5。为什么羧肽酶 A 在 C 端水解而 α-胰凝乳蛋白酶不行？（提示：后一种酶在 S'_1 亚位点具有负电荷）。
   对离子强度有什么影响？在哪步酶的功能被分开？产物抑制能避免吗？
4. 除了保守的活性位点的结构，你在图 2.6 中还能找到什么其他的相似性？
5. 推导米氏方程（见 2.8 节）。
6. 马铃薯的焦磷酸酶在 pH5.3 时催化无机焦磷酸盐水解，在不同温度下的 V_{max} 测定为：

温度（℃）	15	25	35	40
V_{max} [μmol/(L·min)]	6.53	10.47	16.79	20.65

   计算酶催化过程的活化能并与非催化反应（=12kJ/mol）比较。这里所测定的是什么活化能？（提示：见图 2.7）
7. 给出 k_{cat}、K_m 和 k_{cat}/K_m 的定义。它们提供了什么信息？为什么最后一个数值有上限？
8. 表 2.4 和表 2.5 对所研究的酶的 P_1-、P'_1-底物特异性和立体选择性提供了什么信息？什么是肽酶的酯酶/酰化酶活性比？
9. 糖酯是可生物降解洗涤剂。哪种酶可以催化该化合物的合成和水解？

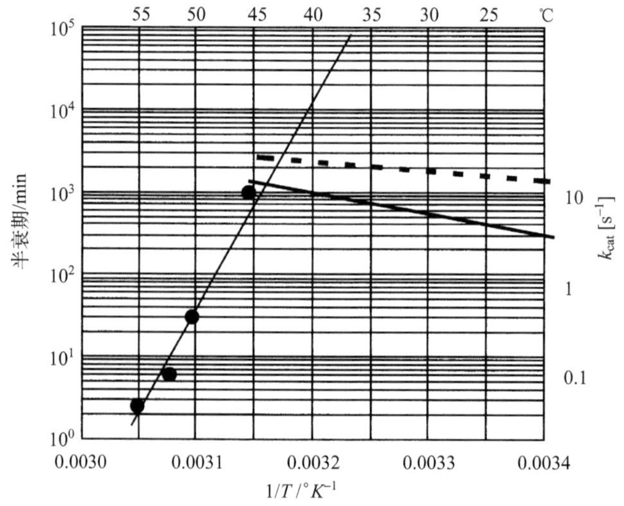

10. 上图给出了大肠杆菌青霉素酰化酶在 pH7.5 时热变性的 Arrhenius 作图（实心圈，左刻度），以及同一种酶水解 *R* 型（虚线）和 *S* 型（细实线）苯基甘氨酸的 k_{cat}（右刻度）。计算并比较不同过程的活化能。图 2.8 中被测定的是什么活化能？
11. 转谷氨酰胺酶（EC 2.3.2.13）催化多肽链之间谷酰胺（酰基供体）和赖氨酸的氨基（酰基受体）之间肽键的形成（Aeschlimann，1994）。在这个反应中形成了氨。试着设计一个反应机制并讨论在蛋白质内部或蛋白质表面哪里可以形成这样的肽。当这种酶被荧光染料和其他配体标记、将蛋白质固定化在其表面上时，还能被用于催化反应吗？这些配体或表面必须具有什么反应基团？是出于什么目的才使用这种标记蛋白的？这是一个平衡或动力学控制的过程吗？这个反应的最佳的 pH 是多少？
12. 为什么底物和产物抑制在酶技术上是很重要的？
13. 在酶技术中使用的有机溶剂需要具备什么样的特性？
14. 下图给出了青霉素 G 水解时 K_{app} 的 pH 和温度依赖性（解离常数＝［6-氨基青霉烷酸］［苯乙酸］/［青霉素 G］）。确定 pH-T 平面中 300mmol/L 青霉素 G 水解产率在 95％和 99％时的操作窗口。图 2.28 中的哪种酶能够用作生物催化剂？其他哪些因素可以限制该操作窗口的大小（见练习 10）？什么缓冲液适于控制水解过程中的 pH？（提示：一种在反应的最佳 pH 下具有高缓冲能力的缓冲液，并且不增加废水处理的成本）

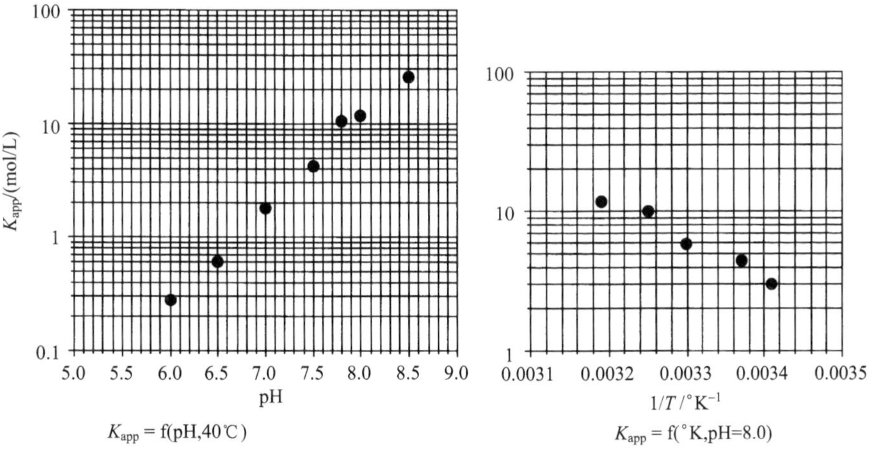

15. 在一个隔热反应器中进行 300mmol/L 青霉素 G 或 1mol/L 蔗糖水解时的温度改变是多少？（提示：见表 2.7）酶技术的成果是什么？
16. 微溶底物的酶作用过程能够在含有≥90％的固体底物的液体中进行。当过程中 H^+ 形成或消耗时，反应的 pH 会改变。讨论一下在不同的固体含量条件下通过添加碱或酸来保持 pH 稳定（以及高产物产率）的可能性。在什么样的固体含量条件下你会进行这样的反应？

17. 下图提供了在 pH7.5，25℃条件下由 200mmol/L *R* 型苯基甘氨酸和 6-氨基青霉烷酸动力学控制合成β-内酰胺抗生素青霉素中的选择性（实心圈）和最大产率（空心圈）的离子强度依赖性。氨基化合物水解不依赖于 *I*。试着解释造成这一离子强度依赖的原因。（提示：表 2.20 的 p*K*、酶结合位点电荷、6-APA 是怎么抑制氨基化合物的水解的）

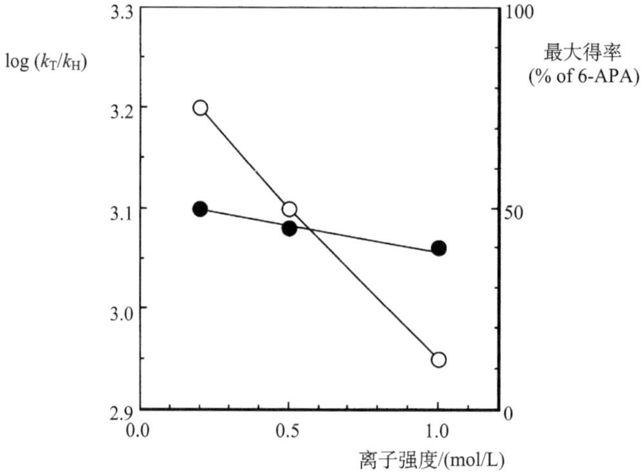

18. 对竞争性产物抑制进行推导并对等式（2.33）解积分。
19. 怎样针对一个给定的酶反应过程选用或构建一个较好的酶?
20. 分析表 2.15。
21. 丙酮酸脱羧酶能够催化乙醛羧化形成丙酮酸。你会在什么 pH 和溶剂中进行这个反应以获得高产率?（提示：丙酮酸的 p*K* 是什么，CO_2被用于羧化反应）
22. 激素肽或神经肽是以核糖体产生的多肽的一部分而被合成的。一些具有生物学活性的肽在 C 端被酰胺化。以下的荷尔蒙多肽属于这种类型（刺激平滑肌的收缩）：
催产素：Cys-Tyr-Ile-Gln-Asn-Cys-Pro-Leu-Gly-NH_2和后叶加压素（即抗利尿素）：Cys-Tyr-Ile-Gln-Asn-Cys-Pro-Arg-Gly-NH_2
其中两个半胱氨酸形成二硫键。
(a) 讨论在酶催化过程中如何由非酰胺化多肽形成这种酰胺化多肽。用作生物催化剂的酶需要具有什么样的特性?（提示：图 2.3～图 2.5 和表 2.4）
(b) 利用网络资源寻找更多关于此类多肽生物合成的信息，并提出其生物技术生产的过程。

文献

教科书

这些教科书包括了生物化学、有机化学和物理化学的基础知识，以及酶催化反应动力学和结构功能分析。

Bisswanger, H., *Enzyme kinetics*, 2nd Ed., Wiley-VCH, Weinheim, 2002

Creighton, T.E., *Proteins: Structures and Molecular Properties*, W.H. Freeman, New York, 1993

Fersht, A.R., *Structure and Mechanism in Protein Science: A Guide to Enzyme Catalysis and Protein Folding*, W.H. Freeman, New York, 1999

Laidler, K.J., *The Chemical Kinetics of Enzyme Action*, The Clarendon Press, Oxford, 1958

Walsh, C., *Enzymatic Reaction Mechanisms*, W.H. Freeman, San Fransisco, 1979

手册

Schomburg, D., Salzmann, I., *Springer Handbook of Enzymes*, 2nd rev. Ed., Springer, Berlin, Heidelberg, New York, 2001

Webb, E.C., *Enzyme Nomenclature*, Academic Press, San Diego, 1992

参考文献

Ahern, T.J., Klibanov, A.M., Analysis of processes causing thermal inactivation of enzymes, *Meth. Biochem. Anal.*, **1988**, *33*, 91–127

Arnold, F. H., Combinatorial and computational challenges for biocatalyst design, *Nature*, **2001**, *409*, 253–257

Arnold, F.H., Georgiou, G. (Eds), *Directed Enzyme Evolution: Screening and Selection Methods*, Humana Press, Totawa 2003a.

Arnold, F.H., Georgiou, G. (Eds), *Directed Evolution Library Creation: Methods and Protocols*, Humana Press, Totawa 2003b.

Atkinson, D.E., Limitation of metabolite concentrations and the conservation of solvent capacity in the living cell, *Current Topics in Cellular Regulation*, **1969**, *1*, 29–43

Bartlett, G.J., Porter, C.T., Borkakoti, N., Thornton, J.M., Analysis of catalytic residues in enzyme active sites, *J. Mol. Biol.*, **2002**, *324*, 105–121

Bender, M.L., Clement, G.E., Kézdy, F.J., D'A Heck, H., The correlation of the pH (pD) dependence and the stepwise mechanism of α-chymotrypsin-catalyzed reactions, *J. Am. Chem. Soc.*, **1964**, *86*, 3680–3689

Benkovic, S.J., Hammes-Schiffer, S., A perspective on enzyme catalysis, *Science*, **2003**, *301*, 1196–1202

Bornscheuer, U.T., Altenbuchner, J., Meyer, H.H., Directed evolution of an esterase for the stereoselective resolution of a key intermediate in the synthesis of Epothilones, *Biotechnol. Bioeng.*, **1998**, *58*, 554–559

Bornscheuer, U.T., Altenbuchner, J., Meyer, H.H., Directed evolution of an esterase: screening of enzyme libraries based on pH-indicators and a growth assay, *Bioorg. Med. Chem*, **1999**, *7*, 2169–2173

Bornscheuer, U.T., Directed evolution of enzymes for biocatalytic applications, *Biocat. Biotransf.*, **2001**, *19*, 84–96

Bornscheuer, U. T., Pohl, M., Improved biocatalysts by directed evolution and rational protein design, *Curr. Opin. Chem. Biol.*, **2001**, *5*, 137–143

Bozhinova, D., Galunsky, B., Yueping, G., Franzreb, M., Köster, R., Kasche, V., Evaluation of magnetic polymer micro-beads as carriers for immobilized biocatalysts for selective and stereoselective transformations, *Biotechnol. Letters*, **2004**, *26*, 343–350

Brakmann, S., Johnsson, K. (Eds), *Directed molecular evolution of proteins*, Wiley-VCH, Weinheim 2002

Brakmann, S., Schwienhorst, A. (Eds), *Evolutionary Methods in Biotechnology: Clever Tricks for Directed Evolution*, Wiley-VCH, Weinheim 2004

Brannigan, J.A., Dodson, G., Duggleby, H.J., Moody, P.C.E., Smith, J.L., Tomchik, D.R., Murzin, A.G. A protein catalytic framework with an N-terminal nucleophile is capable of self-activation, *Nature*, **1995**, *378*, 416–419

Bruggink, A., (Ed.), *Synthesis of β-lactam antibiotics*, Kluwer Academic Publishers, Dordrecht, 2001

Bryan, P.N., Protein engineering of subtilisin. *Biochim. Biophys. Acta*, **2000**, *1543*, 203–222

Buchholz, K., Monsan, P., Dextransucrase, in: *Handbook of Food Enzymology*, J.R. Whitaker, A.G.J. Voragen, D.W.S. Wong (Eds), M. Dekker, New York, 1990

Cadwell, R.C., Joyce, G.F., Randomization of genes by PCR mutagenesis, *PCR Methods Appl.*, **1992**, *2*, 28–33

Cao, L., Fischer, A., Bornscheuer, U. W., Schmid, R.D., Lipase-catalyzed solid phase synthesis of sugar fatty acid esters. *Biocatal. Biotrans.*, **1997**, *14*, 269–283

Carrea, G., Ottolina, G., Riva, S., Role of solvents in the control of enzyme selectivity in organic media, *Trends Biotechnol.*, **1995**, *13*, 63–70

Chen, C.S., Fujimoto, Y., Girdaukas, G., Shih, C.J., Quantitative analysis of biochemical kinetic resolution of enantiomers, *J. Am. Chem. Soc.*, **1982**, *104*, 7294–7299

Chen, R, Enzyme engineering: rational redesign versus directed evolution, *Trends Biotechnol.*, **2001**, *19*, 13-–14

Cherry, J.R., Lamsa, M.H., Schneider, P., Vind, J., Svendsen, A., Jones, A., Pedersen, A.H., Directed evolution of a fungal peroxidase, *Nat. Biotechnol.*, **1999**, *17*, 379–384

Crameri, A., Raillard, S.A., Bermudez, E., Stemmer, W.P., DNA shuffling of a family of genes from diverse species accelerates directed evolution., *Nature*, **1998**, *391*, 288–291

Dalbey, R, Robinson, C., Protein translocation into and across the bacterial plasma membrane and the plant thylakoid membrane, *Trends Biochem. Sci.*, **1999**, *24*, 17–22

Dale, B.E., White, D.H., Ionic strength: a neglected variable in enzyme technology, *Enzyme Microbiol. Technol.*, **1982**, *5*, 227–229

Darnell, J., Lodish, H., Baltimore, D., *Molecular Cell Biology*, Scientific American Books, New York, **1986**, p. 72

Deranleau, D.A., Theory of the measurement of weak molecular complexes, I. General Considerations, *J. Am. Chem. Soc.*, **1969**, *91*, 4044–4049

Dodson. G., Wlowader, A., Catalytic triades and their relatives, *Trends Biochem.*, **1998**, *23*, 347–352

Done, S.H., Brannigan, J.A., Moody, P.C.E., Hubbard, R.E., Ligand-induced conformational change in penicillin acylase, *J. Mol. Biol.*, **1998**, *284*, 463–475

Duggleby, H.J., Tolley, S.P., Hill, C.P., Dodson, E.J., Dodson, G.G., Moody, P.C., Penicillin acylase has a single amino acid catalytic centre, *Nature*, **1995**, *373*, 264–268

Fields, P.A., Somero, G.N., Hot spots in cold adaptation: Localized increases in conformational fexibility in lactate dehydrogenase A_4 orthologs of Antarctic notothenioid fisches, *Proc. Natl. Acad. Sci. USA*, **1998**, *95*, 11476–11481

Freundlich, H., *Kapillarchemie*, Akad. Verlagsgesellschaft, Leipzig, 1909

Galunsky, B., Ignatova, Z., Kasche, V., Temperature effects on S_1- and S_1'-enantionselectivity of α-Chymotrypsin, *Biochim. Biophys. Acta*, **1997**, *1343*, 130–138

Galunsky, B., Kasche, V., Determination of the enantioselectivity for kinetically controlled condensations catalysed by amidases and peptidases, *Adv. Synth. Catal.* **2002**, *2002*, 1115–1119

Garcia-Viloca, M., Gao, J., Karplus, M., Truhlar, D.G., How enzymes work: analysis by modern rate theory and computer simulations, *Science*, **2004**, *303*, 186–195

Godfrey, T., (Eds), in: *Industrial Enzymology*, Godfrey, T., Reichelt, J., (Eds), 2nd Edn., pp. 435–482, Stockton Press, New York, 1996

Goldberg, R.N., Tewari, Y.B., Thermodynam ics of enzyme-catalyzed reactions: Part 5, *J. Phys. Chem. Ref. Data*, **1995**, *24*, 1765

Greener, A., Callahan, M., Jerpseth, B., An efficient random mutagenesis technique using *E. coli* mutator strain, *Methods Mol. Biol.*, **1996**, *57*, 375–385

Halling, P.J., Thermodynamic predictions for biocatalysis in nonconventional media: Theory, tests, and recommendations for experimental design and analysis, *Enzyme Microbiol. Technol.*, **1994**, *16*, 178–205

Halling, P.J., Biocatalysis in low-water media: understanding effects of reaction condition, *Curr. Opin. Chem. Biol.*, **2000**, *4*, 74–80

Hamada, J. S., Deamidation of food proteins to improve functionality. *Crit. Rev. Food Sci. Nutr.*, **1994**, *34*, 283–292

Hartley, B.S., Hanlon, N., Jackson, R.J., Rangarajan, M., Glucose isomerase: insight into protein engineering for increased stability, *Biochim. Biophys. Acta*, **2000**, *1543*, 294–335

Hochachka, P.W., Somero, G.N,. *Biochemical adaptation: Mechanism and Process in Physiological Evolution, Oxford Univ. Press, Oxford,* **2002**

Ignatova, Z., Stoeva, S., Galunsky, B., Hörnle, C., Nurk, A., Piotraschke, E., Voelter, W.,

Kasche, V., Proteolytic processing of penicillin amidase from *A. faecalis* in *E. coli* yields several active forms, *Biotechnol. Lett.*, **1998**, *20*, 977–982

Juergens, C., Strom, A., Wegener, D., Hettwer, S., Wilmanns, M., Sterner, R., Directed evolution of a (beta-alpha)8-barrel enzyme to catalyze related reactions in two different metabolic pathways, *Proc. Natl. Acad. Sci. USA*, **2000**, *97*, 9925–9930

Kasche, V., Zöllner, R., Tris, (hydroxymethyl) methylamine is acylated when it reacts with acyl-chymotrypsin, *Hoppe Seyler's Z. Phys. Biol. Chem.*, **1982**, *363*, 531–534

Kasche, V., Mechanism and yields in enzyme catalyzed equilibrium and kinetically controlled synthesis of β-lactam antibiotics, peptides and other condensation products, *Enzym. Microbiol. Technol.* **1986**, *8*, 4–16

Kasche, V., Schlothauer, R., Brunner, G., Enzyme denaturation in supercritical CO_2: Stabilizing effect of S-S bonds during the depressurization step, *Biotechnol. Lett.*, **1988**, *10*, 569–574

Kasche, V. Galunsky, B., Michaelis, G., Binding of organic solvent molecules influences the P_1'-P_2' stereo- and sequence specificity of α-chymotrypsin in kinetically controlled peptide synthesis, *Biotechnol. Lett.*, **1991**, *13*, 75–80

Kasche, V., Galunsky, B., Enzyme catalyzed biotransformations in aqueous two-phase systems with precipitated substrate and/or product, *Biotechnol. Bioeng.*, **1995**, *45*, 261–267

Kasche, V., Galunsky, B., Nurk, A., Piotraschke, E., Rieks, A., The dependency of the stereoselectivity of penicillin amidases – enzymes with *R*-specific S_1- and *S*-specific S_1'-subsites – on temperature and primary structure. *Biotechnol. Letters*, **1996**, *18*, 455–460

Kasche, V., Lummer, K., Nurk, A., Piotraschke, E., Riecks, A., Stoeva, S., Voelter, W., Intramolecular autoproteolysis initiates the maturation of penicillin amidase from *E. coli*, *Biochim. Biophys. Acta*, **1999**, *1433*, 76–86

Kasche, V., Proteases in peptide synthesis. In: *Proteolytic enzymes*. A practical approach, Beynon, M., Bond., J. (Eds), pp. 265–292, Oxford Univ. Press, Oxford, **2001**

Kasche, V., Galunsky, B., Ignatova, Z., Fragments of pro-peptide activate mature penicillin amidase of *Alcaligenes faecalis*, *Eur. J. Biochem.*, **2003**, *270*, 4721–4728

Kazlauskas, R.J., Elucidating structure–mechanism relationships in lipases: prospects for predicting and engineering catalytic properties, *Trends Biotechnol.*, **1994**, *12*, 464–472

Kimura, M., Ohta, T., Mutation and evolution at the molecular level, *Genetics*, **1973**, *72*, 19–35

Kleinkauf, H., von Döhren, H., Bioactive peptide analogues: In vivo and in vitro production, *Prog. Drug Res.*, **1990**, *34*, 287–317

Kragl, U., Eckstein, M., Kraftzik, N., Enzyme catalysis in ionic liquids, *Curr. Opin. Biotechnol.*, **2002**, *13*, 565–571

Kurtzman, A.L., Govindarajan, S., Vahle, K., Jones, J.T., Heinrichs, V., Patten, P.A., Advances in directed protein evolution by recursive genetic recombination: applications to therapeutic proteins, *Curr. Opin. Biotechnol.*, **2001**, *12*, 361– 370

Lewin, B., *Genes*, Oxford Univ. Press, Oxford, **1997**, p. 94

Lorenz, P., Liebeton, K., Niehaus, F., Eck, J., Screening for novel enzymes for biocatalytic processes; accessing the metagenome as a resource of novel functional sequence space, *Curr. Opin. Biotechnol.*, **2002**, *13*, 572–577

Lorenz, P., Liebeton, K., Niehaus, F., Schleper, C., Eck, J., The impact of non-cultivated biodiversity on enzyme discovery and evolution, *Biocat. Biotransf.*, **2003**, *21*, 87–91

Lummer, K., Riecks, A., Galunsky, B., Kasche, V., pH-dependence of penicillin amidase enantioselectivity for charged substrates, *Biochim. Biophys. Acta*, **1999**, *1433*, 327–334

Lutz, S., Ostermeier, M., Benkovic, S.J., Rapid generation of incremental trunction libraries for protein engineering using a-phosphothioate nucleotides, *Nucleic Acids Res.*, **2001**, *29*, 1–7

MacBeath, G., Kast, P., Hilvert, D., Redesigning enzyme topology by directed evolution, *Science*, **1998**, *279*, 1958–1961

May, O., Nguyen, P.T., Arnold, F.H., Inverting enantioselectivity by directed evolution of hydantoinase for improved production of L-methionine, *Nat. Biotechnol.*, **2000**, *18*, 317–320

Moore, J.C., Arnold, F.H., Directed evolution of a para-nitrobenzyl esterase for aqueous-organic solvents, *Nat. Biotechnol.*, **1996**, *14*, 458–467

Martinek, K., Yatsimirski, A.K., Berezin, I.V., Effect of ionic strength on the steady state kinetics of α-chymotrypsin catalyzed reactions, *Molec. Biol. (USSR)*, **1971**, *5*, 96–109

McDonough, M.A., Klei, H.E., Kelly, J.A., Crystal structure of penicillin G acylase from the Bro 1 mutant strain of *Providencia rettgeri*, *Protein Sci.*, **1999**, *8*, 1971–1981

Mesiano, A.J., Beckman, E.J., Russel, A.J., Supercritical biocatalysis, *Chem. Rev.*, **1999**, *99*, 623–634

Menger, F.M., Analysis of ground-state and transition-state effects in enzyme catalysis, *Biochem.*,**1992**, *31*, 5368–5373

Michaelis, G., *Peptidase-katalysierte Peptidsynthese*, Thesis, TU Hamburg-Harburg, 1991

Miller, C.A., Advances in enzyme discovery, *Inform*, **2000**, *11*, 489–495

Mitchison, C., Wells, J.A., Protein engineering of disulfide bonds in subtilisin BPN', *Biochemistry*, **1989**, *28*, 4807–4815

Miyazaki, K., Wintrode, P.L., Grayling, R.A., Rubingh, D.N., Arnold, F.H., Directed evolution study of temperature adaptation in a psychrophilic enzyme, *J. Mol. Biol.*, **2000**, *297*, 1015–1026

Miyazaki, M., Shibue, M., Ogino, K., Nakamura, H, Maeda, H., Enzymatic synthesis of pyruvic acid from acetaldehyde and carbon dioxide, *Chem. Commun.*, **2001**, *21*, 1800–1801

Nielsen, J.E., Borchert, T.V., Protein engineering of bacterial α-amylases, *Biochim. Biophys. Acta*, **2000**, *1543*, 253–274

Ness, J.E., Welch, M., Giver, L., Bueno, M., Cherry, J.R., Borchert, T.V., Stemmer, W.P., Minshull, J., DNA shuffling of subgenomic sequences of subtilisin, *Nat. Biotechnol.*, **1999**, *17*, 893–896

Neylon, C., Chemical and biochemical strategies for the randomization of protein encoding DNA sequences: library construction methods for directed evolution, *Nucleic Acids Res.*, **2004**, *32*, 1448–1459

Oh, B., Kim., M., Yoon, J., Chung, K., Shin, Y., Lee, D., Kim, Y., Deacylation activity of cephalosporin acylase to cephalosporin C is improved by changing the side-chain conformations of active site residues, *Biochem. Biophys. Res. Commun.*, **2003**, *310*, 19–27

Ostermeier, M., Nixon, A.E., Benkovic, S.J., Incremental truncation as a strategy in the engineering of novel biocatalysts, *Bioorg. Med. Chem.*, **1999**, *7*, 2139–2144

Park, S., Kazlauskas, R.J., Biocatalysis in ionic liquids – advantages beyond green technology, *Curr. Opin. Biotechnol.*, **2003**, *14*, 432–437

Phillips, R.S., Temperature modulation of the stereochemistry of enzymatic catalysis: Prospects for exploitation, *Trends Biotechnol.*, **1996**, *14*, 13–16

Poliakoff, M., Fitzpatrick, J.M., Farren, T.R., Anastas, P.T., Green Chemistry: Science and Politics of change, *Science*, **2002**, *297*, 807–810

Reetz, M.T., Wilensek, S., Zha, D., Jaeger, K.-E., Directed evolution of an enantioselective enzyme through combinatorial multiple-cassette mutagenesis, *Angew. Chem. Int. Ed.*, **2001**, *40*, 3589–3591

Reetz, M.T., Controlling the enantioselectivity of enzymes by directed evolution: Practical and theoretical ramifications, *Proc. Natl. Acad. Sci. USA*, **2004**, *101*, 5716–5722

Reymond, J.L., Wahler, D., Substrate arrays as enzyme fingerprinting tools, *Chem.Bio.Chem.*, **2002**, *3*, 701–708

Sakai, T., Kawabata, I., Kishimoto, T., Ema, T., Utaka, M., Enhancement of the enantioselectivity in lipase-catalyzed kinetic resolution of phenyl-2H-azirine-2-mehanol by lowering the temperauture, *J. Org. Chem.*, **1997**, *62*, 4906–4907

Salemme, F.R., Structure and function of cytochrome C, *Annu. Rev. Biochem.* **1977**, *46*, 299–329

Sauer, J., Sigurskjold, B.W., Christensen, U., Frandsen, T.P., Mirgodskaya, E., Harrison, M., Roepstorff, P., Svensson, B., Glucoamylase: structure/function relationships, and protein engineering, *Biochim. Biophys. Acta*, **2000**, *1543*, 275–293

Schechter, I. Berger, A., On size of active site in protease, I. Papain, *Biochem. Biophys. Res. Commun.*, **1967**, *27*, 157–162

Scherer, L.J., Rossi, J.J., Approaches for the sequence-specific knockdown of mRNA, *Nat. Biotechnol.*, **2003**, *21*, 1457–1465

Schmitke, J.L., Wescott, C.R., Klibanov, A.M., The mechanistic dissection of the plunge in enzymatic activity upon transition from water to anhydrous solvents, *J. Am. Chem. Soc.* **1996**, *118*, 3360–3365

Schowen, R.L., How an enzyme surmounts the activation energy barrier, *Proc. Natl. Acad. Sci. USA*, **2003**, *100*, 11931–11932

Seddon, K.R., Ionic liquids. A taste of the future, *Nature Materials*, **2003**, *2*, 1–2

Sio, C.F., Riemen, A.M., van der Laan, J.M., Verhaert, R.M.D., Quax, W.J., Directed evolution of a glutaryl acylase into an adipyl acylase, *Eur. J. Biochem.*, **2002**, *269*, 4495–4504

Spiess, A., Schlothauer, R., Hinrichs, J., Scheidat, B., Kasche, V., pH gradients in heterogeneous biocatalysts and their influence on rates and yields of the catalysed processes. *Biotechnol. Bioeng.*, **1999**, *62*, 267–277

Stemmer, W.P., Rapid evolution of a protein in vitro by DNA shuffling, *Nature*, **1994**, *370*, 389–391

Stemmer, W.P.C., DNA shuffling by random fragmentation and reassembly: *In vitro* recombination for molecular evolution, *Proc. Natl. Acad. Sci. USA*, **1994**, *91*, 10747–10751

Straaathof, A.J.J., Jongejan, J.A., The enantiomeric ratio: Origin, determination and prediction, *Enzyme Microbiol. Technol.* **1997**, *21*, 559–671

Tosa, T., Mori, T., Fuse, N., Chibata, I., Studies on continuous enzyme reactions. 6. Enzymatic properties of DEAE-Sepharose Aminoacylase complex, *Agric. Biol. Chem.*, **1969**, *33*, 1047–1056

Turner, N.J., Directed evolution of enzymes for applied biocatalysis, *Trends Biotechnol.*, **2003**, *21*, 474–478

van Rantwijk, F., Madeira Lau, R., Sheldon, R.A., Biocatalytic transformations in ionic liquids, *Trends Biotechnol.*, **2003**, *21*, 131–138

Van der Laan, J.M., Riemens, A.D., Quax, W.J., Mutated penicillin acylase genes, *US Patent 6.033*, **2000**, 823

Verhaert, R.M.D., Riemens, A.M., van der Laan, J.M., van Duin, J., Quax, W.J., Molecular cloning and analysis of the gene encoding the thermostable penicillin G acylase from *Alcaligenes faecalis*, *Appl. Env. Microbiol.*, **1997**, *63*, 3412–3418

Vulfson, E.N., Halling, P.J., Holland, H.L., (Eds), *Enzymes in nonaqueous solvents: methods and protocols*, Humana Press, Totowa, New Jersey, **2001**

Wentworth, Jr., P., Antibody design by man and Nature, *Science*, **2002**, *296*, 224–226

Wiesemann, T., *Enzymmodifikation für analytische und präparative Zwecke: natürliche und künstliche Penicillinamidase-Varianten*, Dissertation, TU Hamburg-Harburg, 1991

Zhao, H., Giver, L., Shao, Z., Affholter, J.A., Arnold, F.H., Molecular evolution by staggered extension process (StEP) in vitro recombination., *Nat. Biotechnol.*, **1998**, *16*, 258–261

Zmiejewski, Jr., M.J., Briggs, B.S., Thompson, A.R., Wright, I.G., Enantioselective acylation of a beta-lactam intermediate in the synthesis of Loracarbef using penicillin G amidase, *Tetrahedron Lett.*, **1991**, *32*, 1621–1622

3 有机化学中的酶

酶为什么用于有机合成?	替代化学方法 • 高区域选择性和立体选择性 • 更温和的反应条件 • 环境更友好
是何种酶?	氧化还原酶（3.2.1 节） 水解酶（3.2.2 节） 裂解酶（3.2.3 节） 异构酶/消旋酶（3.2.4 节）
催化何种反应体系?（见 2.9 节）	水溶液 水溶液和与水混溶的有机溶剂 水溶液和与水不混溶的有机溶剂 纯有机溶剂 其他溶剂（超临界流体、离子型液体）
包含何种“化学”?	动力学拆分与不对称合成 无辅助因子和依赖辅助因子的酶

3.1 引言

酶首次运用于有机化学可追溯到大约 1 个世纪前。早在 1908 年，Rosenthaler 用含有羟腈裂合酶的提取物从苯甲醛和氰化氢（HCN）中制备（*R*）-苯乙醇腈。此后，越来越多的酶被鉴定，它们在有机化学中的应用随之稳步增长。特别是从 20 世纪 70 年代中期开始，有关酶利用的报告目前已超过 13 000，与工业化酶相关的工艺数量也显著增加。这一发展归结为许多原因，主要包括：

- 越来越多的有机化学家接受生物催化剂的使用。
- 和有机合成相比，生物催化可减少反应的步骤。
- 酶通常具有高度的化学专一性、区域专一性和立体专一性。
- 生物催化是一种更安全、更“绿色”的技术。
- 特别是对于用于医药的光学纯化合物，需求显著增加。
- 由于重组表达体系的发展，生物催化剂的制备更加容易。
- 许多酶已经商业化。

酶在有机化学中最重要的应用是合成具有光学活性的化合物。这是由于许多酶展示了极好的对映专一性和立体专一性，这使得它们能够替代始于手性库的不对称有机合成或反应。

此外，酶还用于无手性中心的化学物质的合成。最著名的实例是年产大约100 000t的丙烯酰胺生产和烟酰胺的生产（二者均使用腈水合酶），以及应用于化妆品中的酯类的合成（表1.3）。

在下面的实例中，生物催化剂在有机化学中的应用，是根据酶学委员会建议的分类来进行的。因而对每一类酶，都提供酶的简介、反应原理和优选实例。值得注意的是，除了少数例外，实例中只包含了使用游离酶的那些反应。

在过去的20年内，酶在有机合成中的应用是一个极其宽泛的领域，人们描述了多种类型的酶以及它们在化学—酶法合成中的应用实例。因而，在本章中不可能包括所有进展，例如，K. Drauz和H. Waldmann用了3卷约1500页来单独阐述该领域。因此，这章中只包括经挑选的几种酶，目的是对该主题作一个基本的介绍。因而希望读者查阅文献列表中引用的多种优秀图书和综述文章，因为其中的许多图书和综述文章对酶在有机化学中的应用作了更深入的阐述。

3.1.1 动力学拆分或不对称合成

具有光学活性的化合物的合成始于外消旋混合物的动力学拆分，或通过不对称合成进行（图3.1）。除非不需要的对映体被消旋化，否则动力学拆分只能达到50%的最大产率。消旋化可以使用消旋酶或者通过化学消旋实现。如果动力学拆分和消旋化同步进行，该过程被称为动态动力学拆分（DKR），并在3.2.2.1节中详述。不对称合成能使一种对映体达到100%的产率。这样的实例包括前手性化合物的去对称，如用醇脱氢酶还原酮（3.2.2.1节），或者手性化合物的形成，如用裂合酶形成C—C键（见3.2.3节）。

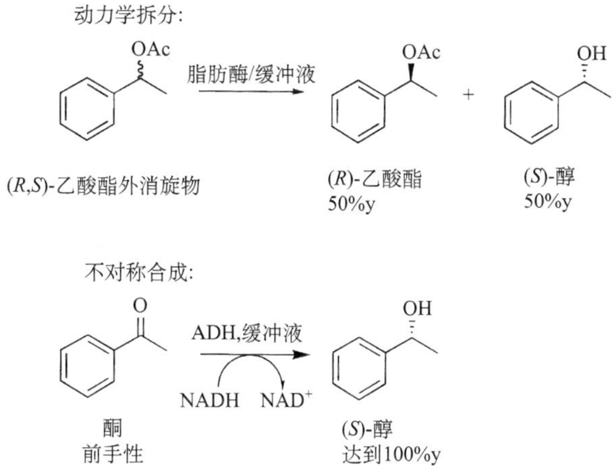

图3.1 外消旋物的动力学拆分与前手性化合物的不对称合成

对映选择性（对映选择率，E 值）通常用于估计动力学拆分中酶的选择性（Chen et al.，1982，1987）。计算该值的理论背景和方程已在第 2 章 2.7.1 节中概述。

对于绝对构型的命名，推荐（R）/（S）命名法。在有关氨基酸和糖的科学文献中，D，L-命名法仍使用得很普遍，因而我们在第 3～6 章仍使用这种命名法，在这些章节中更加详细地分析这些化合物的生物催化。

3.2 实例分析

3.2.1 氧化还原酶（EC 1）

尽管所有目前已知的酶中大约 25％是氧化还原酶，但是用于制备用途中最有用的酶是脱氢酶或还原酶。单加氧酶、双加氧酶、氧化酶、过氧化物酶也属于这一类。所有这些酶都需要 NADH 或 NADPH 作为辅助因子，并且酶对辅助因子有依赖性，为了实现低成本的生产工艺，再循环利用是必要的，除非反应是在全细胞体系中进行的。目前大多数氧化还原酶不用作游离的生物催化剂，因而将不多出现在后面的章节中。

3.2.1.1 脱氢酶（EC 1.1.1，EC 1.2.1，EC 1.4.1）

醇的合成

氧化还原酶在有机化学中最重要的用途是它的还原模式，因为通过它可以产生如醇、羟基酸或氨基酸之类的手性化合物。如醇脱氢酶（ADH）可以使一个质子和两个电子从还原态的烟酰胺转移给如酮和 α-酮酸之类的受体分子。在许多情况下，这个反应具有高度立体选择性，脱氢酶从羰基的 *re*-面或 *si*-面运送氢化物，产生相应的（R）-或（S）-产物（图 3.2）。尽管有一些 Anti-Prelog 的例外情况，但是许多 ADH 还是遵循 Prelog 规则，它是以取代基的大小为依据，并且可以预测产生哪种对映体。表 3.1 概述了不同的 ADH 和它们的选择性。

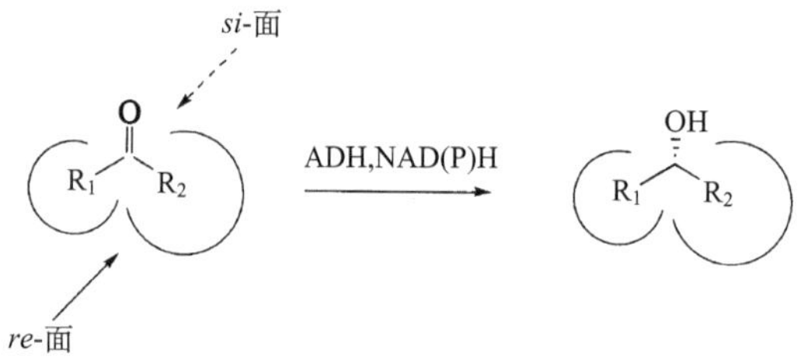

图 3.2 根据 Prelog 规则，取代基的大小 R_1 和 R_2（这里 $R_1<R_2$）决定氢化物从 *re*-面还是从 *si*-面进攻酮上的羰基。在上面所示的例子中，如果假定 $R_2>R_1$，就形成（S）-产物。成功的关键在于高浓度的异丙醇和丙酮下 ADH 的高稳定性。

表 3.1 各种不同来源的醇脱氢酶和它们的选择性

ADH	进攻方向	构象
酵母	*Re*	Prelog
马肝	*Re*	Prelog
Thermoanaerobium brockii	*Re*	Prelog
Curvularia falcata	*Re*	Prelog
Pseudomonas sp.	*Si*	Anti-Prelog
Lactobacillus kefir	*Si*	Anti-Prelog
Mucor javanicus	*Si*	Anti-Prelog

在文献中，大多数利用 ADH 的实例都与全细胞体系有关，如面包酵母。然而，最近 ADH 也被用作与有效的辅助因子再生系统相偶联游离酶，该再生系统是不需要单独生物催化剂的。与此相反，在异丙醇存在的情况下，NAD（P）H 通过利用 ADH 来直接再循环产生光学纯的醇类（图 3.3 和图 3.4）。

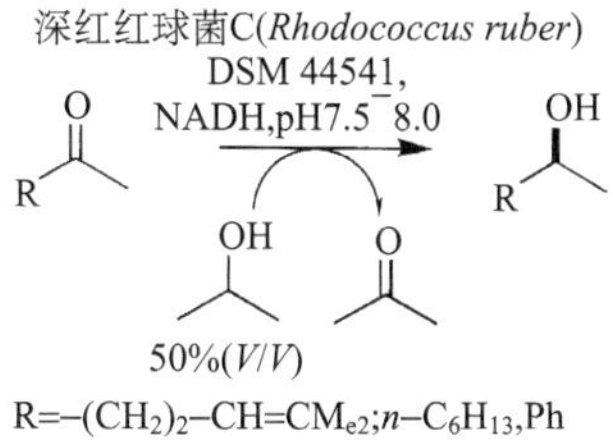

图 3.3 利用醇脱氢酶合成具有旋光活性的醇的实例。辅助因子 NADH 直接从异丙醇再生（Stampfer et al.，2002）。

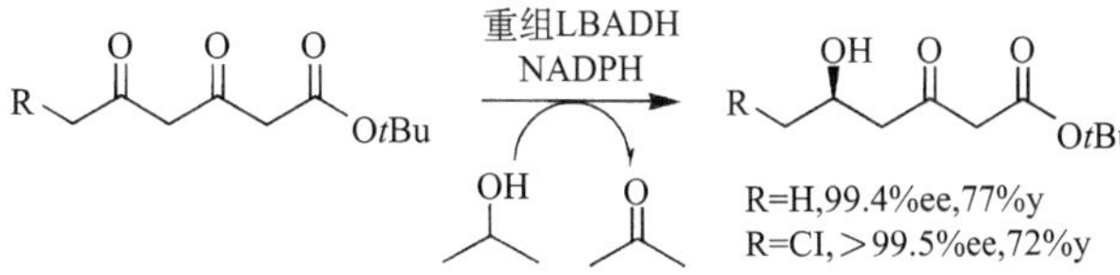

图 3.4 利用来自 *Lactobacillus brevis* 中重组的醇脱氢酶合成具有光学活性的 3-氧-5-羟基羧酸的实例说明该 ADH 的区域选择性和旋光选择性。辅助因子 NADH 直接从异丙醇再生。

氨基酸的合成

氨基酸（α-氨基羧酸）广泛地用于营养、医疗和有机合成。它们可由下列途径之一产生：

- 微生物的培养，尤其是某种氨基酸的过度生产者。
- 从蛋白质水解物中提取。
- 从前手性前体进行酶法合成或者通过外消旋物的动力学拆分。
- 化学合成。

前两种方法只用于得到天然的 L-氨基酸，后两种方法可用于合成非天然氨基酸和 D-对映体。目前，L-谷氨酸（>1 000 000t）和 L-赖氨酸（>200 000t）是用谷氨酸棒杆菌（*Corynebacterium glutamicum*）作为主要生产菌得到的氨基酸。蛋白质水解物可用于分离得到 L-甲硫氨酸、L-亮氨酸、L-天冬氨酸、L-精氨酸和 L-酪氨酸。

酶法合成始于化学合成（如 Strecker 方法）得到的外消旋氨基酸，然后用酯酶（如氨基酸羧酸酯的对映选择性水解；见 3.2.2.2 节）或者酰化酶/酰胺酶（如酰胺的对映选择性水解；见 3.2.2.3 节）或者海因酶（见 3.2.2.6 节）进行动力学拆分。作为替代方法，利用氨基酸脱氢酶（AADH）能对前手性前体进行还原性氨基化。只有少数例外，只能得到 L-氨基酸。虽然各种 AADH 在文献中被描述过（表 3.2）（Bommarius，

表 3.2 各种来源的脱氢酶和它们的选择性

AADH	辅酶	来源
丙氨酸-DH	NADH	细菌
谷氨酸脱氢酶-DH	NAD（P）H	细菌、酵母、真菌、植物
丝氨酸-DH	NADH	植物
缬氨酸-DH	NAD（P）H	细菌、植物
赖氨酸-DH	NADH	细菌、人类
苯丙氨酸-DH	NADH	细菌

2002)，但是目前使用的仍有限。20 多种 AADH 的基因序列和蛋白质序列已被确定，并且一些三维晶体结构已被解析。虽然 AADH 之间的序列变化极大，但是涉及催化和烟酰胺辅助因子结合的残基却是高度保守的。

通过追踪亚胺的形成过程，AADH 的催化机制已提出。对亮氨酸脱氢酶（LeuDH）如图所示（图 3.5），在 α-酮酸和氨进行胺化反应中，两个赖氨酸残基（Lys_{68} 和 Lys_{80}）通过羧基和氧负离子之间的氢键稳定该反应。形成亚胺后，水分子和 Lys_{80} 之间形成氢键，氢化物从 NADH 上转移，由此产生 α-氨基酸和 NAD^+（Ohshima and Soda，2000）。

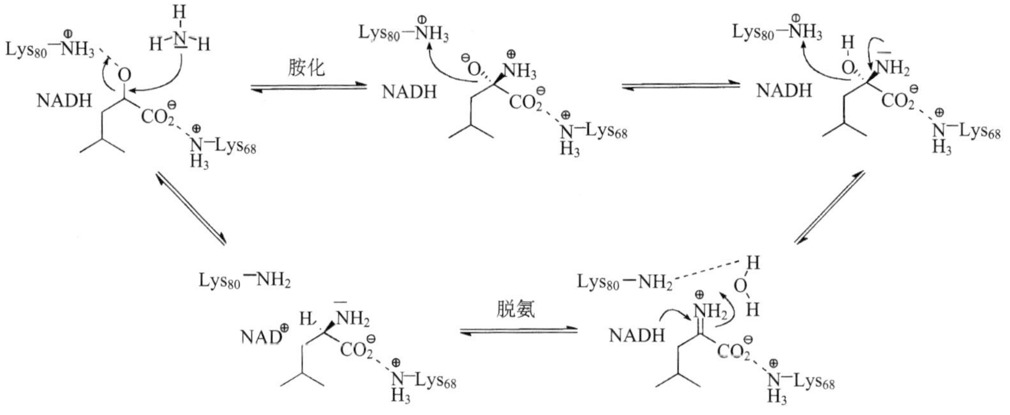

图 3.5　LeuDH 的反应机制（改编自 Ohshima and Soda，2000）

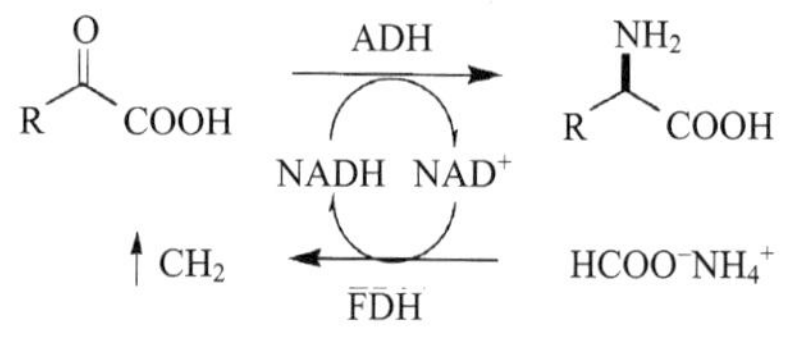

图 3.6　利用氨基酸脱氢酶（AADH）合成具有光学活性的 L-氨基酸的实例。利用来自甲醇酵母（*Candida boidinii*）的甲酸脱氢酶使辅助因子 NADH 再生。通过使用甲酸胺产生副产物二氧化碳使平衡朝 NADH 方向移动。

亮氨酸脱氢酶和苯丙氨酸脱氢酶（Leu-DH，Phe-DH）是最重要的 AADH，特别是因为它们不限于天然底物，能接受很多其他前体，并能有效地从相应的前手性 α-酮酸合成非蛋白质 α-氨基酸（图 3.6）。通过同位素标记的 α-氨基酸的生成也已描述过上述现象（Kragl et al.，1993）。

正如上面所指出那样，辅助因子再生对于脱氢酶的低成本应用是必需的。对于辅助因子必需的再循环，Kula 和 Wandrey 发展了一种精巧的解决方案，它利用来自 *Candida boidinii* 酵母中的甲酸脱氢酶（FDH）为基础，并使用甲酸胺为共底物（图 3.6）。副产物 CO_2 具有高度挥发性，导致平衡朝有利的方向移动。这使得总转换数（产物的摩尔数/辅助因子的摩尔数）可达到 600 000，正如苯丙氨酸的连续合成所证实的那样（Hummel et al.，1987）。总反应在酶膜反应器中进行得很好，用超滤膜使 AADH 和 FDH 停留在反应器区室中（见 5.4 节）。辅助因子 NADH 和聚乙烯醇（PEG）共价偶联用于防止膜渗漏。表 3.3 概括了通过该方法得到氨基酸的过程，而更多实例和更多细节可在综述中找到（Bommarius，2002；Ohshima and Soda，2000）。

在表 3.3 所示的实例中，L-*tert*-亮氨酸（L-ᵗLeu）是唯一的非蛋白质氨基酸。L-ᵗLeu 是一系列药物的一种重要构件，正如涉及该氨基酸的肽键只能被肽酶缓慢水解一样。（同时请注意：按照酶学委员会，蛋白酶现在应称为肽酶，并且该术语用于整本书。）由于利用酰化酶、酰胺酶和海因酶/氨甲酰酶的生物催化制备路线已失败，所以利用联合 FDH 辅因子再循环的 LeuDH 的还原性氨化反应已成为大规模制备的方法（Bommarius et al.，1992）。通过该路线可得到的其他非天然氨基酸包括 L-新苯基甘氨酸、L-β-羟基-缬氨酸和 6-羟基-L-正亮氨酸。

表 3.3 利用图 3.6 所示的原理合成 L-氨基酸的实例（改编自 Bommarius，2002）

AADH[a]	产物	产物浓度 /(mmol/L)	浓度 /%	STY[b] /[g/(L·d)]	酶消耗量[c] /(U/kg)
Leucine-DH	L-Leu	80	80	250	300 (300)
Leucine-DH	L-Leu	70	70	72	730 (350)
Leucine-DH	L-Met	240	60	143	n. d.
Leucine-DH	L-ᵗLeu	425	85	640	1000 (2000)
Alanine-DH	L-Ala	184	46	134	4700 (2600)
Phe-DH	L-Phe	114	95	456	1500 (150)

a. AADH：氨基酸脱氢酶；b. STY：时空转化率；c. 括号内的值指辅助因子再生的酶的消耗量；n. d. 为未测量(not determined)。

3.2.1.2 加氧酶

加氧酶是把一个氧原子（单加氧酶）或两个氧原子（双加氧酶）加入底物的酶，其中最为典型的是 NADH 和 NADPH 通过如还原酶之类的电子转移蛋白质充当还原剂。这些酶用于有机合成主要是因为它们的高区位选择性和立体选择性。而许多这样的反应很难通过化学方法合成，尤其是在未活化的碳氢部分需要被转化时。尽管目前已经知道许多加氧酶，但是许多问题导致它们在有机合成的利用是有限的。这些问题包括不容易得到大量的酶、酶的稳定性不够、比活性通常低、需要昂贵的辅助因子和还原酶。许多酶还结合在膜上，这进一步限制了它的使用。而通过使用优先过度表达加氧酶的全细胞体系可以克服其中的一些问题。双加氧酶只在全细胞体系中使用，这里就不阐述了。

P450-单加氧酶（EC1.14.13）

P450-单加氧酶（也称为细胞色素 P450 酶）在自然界中广泛分布，并在初级代谢和次级代谢的各步骤以及外源性化合物的脱毒中起关键作用。这些酶催化一系列反应（图 3.7），这类反应包括氧分子传递给非活化的脂肪族或芳香族 X—H 键（X：C，N，S）（Goldstein，1993）。此外，许多 P450 酶能使—C ═C—双键环氧化（Lewis，1996）。对于这些加氧反应，P450 酶需要如 NADPH 和 NADH 之类的辅助因子充当还原剂。P450 酶表现出典型光谱特征，也就是在一氧化碳相差光谱中它的最大吸收峰在 450nm，该酶因此而得名（Omura，1964）。

P450 超家族是最大和最古老的基因家族之一（Nelson et al.，1993），在 2004 年，

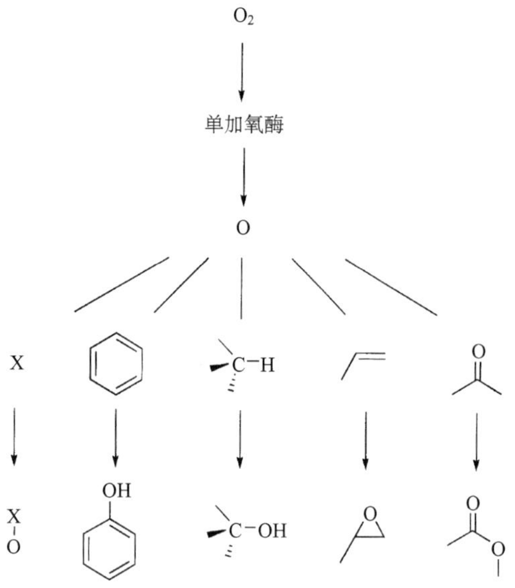

图 3.7 由 P450-单加氧酶催化的反应概述。

P450 编码序列的数目估计超过 1000 个（http://www.icgeb.trieste.it/-p450srv/new/p450.html）。例如，植物 *Arabidopsis thaliana* 基因组计划使得 270 多种假定的 P450 基因得以鉴定（http://drnelson.utmem.edu/Arablinks.html）（Nelson，1999）。P450 基因的分类以一级序列同源性为基础。P450 基因用缩写（CYP，细胞色素 P）标识，缩写后面的第一个数字表示家族，一个字母命名亚家族（当两个或更多亚家族存在），一个数字代表亚家族内的单个基因。例如，*CYP*4A1 表示 P450 基因家族 4，P450 亚家族 A 中的第一个基因。根据电子传递系统（还原系统）的机制，P450 酶分为 4 类（Degtyarenko，1995；Peterson，1998）：

第Ⅰ类：这些酶主要存在于线粒体系统和大多数细菌中。电子体系含有一个 FAD-域作为还原酶和一个铁硫蛋白。

第Ⅱ类：这些酶主要位于内质网中，只需要单个蛋白质传递电子，即一个 FAD/FMN 还原酶。

第Ⅲ类：这些酶不需要还原剂。P450 酶直接转化已结合氧的过氧合底物。

第Ⅳ类：目前只知道一种酶，它直接从 NADH 中得到电子。

假设的反应循环

假设的 P450 酶反应循环见图 3.8（也见图 3.11）。该反应说明在生理条件下，利用氧分子作为氧化剂是如何进行酶氧合反应的（Urlacher et al.，2004）。氧的活化是在 6 价配位的铁-原卟啉Ⅸ（血红素）上进行。它有一个保守的硫醇基为第 5 个配体，在无活性的高铁状态下，1 个水分子为它的第 6 位配体（图 3.8 中第 1 阶段）。起初，结合底物并取代水分子（第 2 阶段），过后通过 1 个电子转移，高铁状态的酶被还原为亚铁状态（第 3 阶段）。氧结合后产生 1 个亚铁双氧物（第 4 阶段）。质子转移前的第二次还原产生 1 个铁-羟基超氧中间体（第 5 阶段），该中间体经 O—O 键断裂后释放水和 1 个活化的铁-氧物（第 6 阶段），该铁-氧物氧化底物，随之释放产物，在这个催化循环中，形成一些高度具有反应活性的氧，它被认为导致 P450 酶的快速失活。那些利用“过氧化物穿梭”途径以及利用过氧化氢作为电子和氧供体进行羟基化的 P450 酶，在生物催化中是非常有用的。

目前有 8 种 CYP 酶结构已被解析，尽管它们序列同源性低，但是它们的结构很相似。因为该活化中间体并非共价结合，所以只有 3 种和它们天然底物复合的酶结构（即 CYP101、$P450_{cam}$ 和 CYP102）被确定。

现已提出了一些绕开辅助因子 NADPH 再生的方法，如电化学方法或者笼形结构的钴原子的使用，它能被廉价的锌粉还原（Schwaneberg et al.，2000）。最便捷的想法

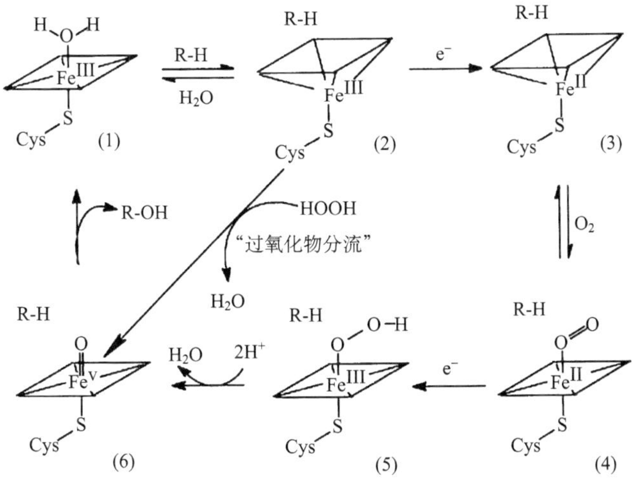

图 3.8 P450-单加氧酶催化的羟基化反应循环。

是穿梭途径（图 3.8 中的阶段 2～6），它利用过氧化氢代替 NADH 或 NADPH，$P450_{cam}$（Joo et al.，1999）和 P450BM-3（Farinas et al.，2001）已被描述过。

关于 P450 的更多信息能够在很多图书与综述中找到（Cirino and Arnold，2002；Li et al.，2002；Urlacher and Schmid，2002；Urlacher et al.，2004）。

羟基化羧酸的合成

羟基化羧酸有多种（潜在）的应用，它可作为多聚体构件或作为抗生素合成的中间体。在内酯化形成时，它们能充当香料成分。

已经知道众多的 P450 可催化脂肪酸的羟基化，尽管在大多数情况下只有中等链和长链脂肪酸（C_{12}-C_{18}）可作为底物。此外，羟基化发生在多个位点，也就是末端（ω-位点）和亚末端（ω-1-，ω-2-位点）上生成混合产物（Schwaneberg and Bornscheuer，2000）。最近表明通过蛋白质合理设计，尤其是通过定向进化可以有效地改变来自巨大芽孢杆菌（*Bacillus megaterium*）的 P450 酶的底物专一性（见第 2 章，2.11.2 节）。从菌株芽孢杆菌产生的 P450（P450-BM3）能够催化脂肪酸的羟基化，据报道它在所有的单加氧酶中转换数最高（在＞1000Eq/min 的范围内）。编码基因已被克隆并在 *E. coli* 中表达（Narhi and Fulco，1986，1987；Ruettinger，1989）。P450BM-3（CYP102）尤其适合于生物催化，因为它是水溶性天然融合蛋白，在一条多肽链上含有 P450 和还原酶部分。此外，它的晶体结构已被确定。用 Glu 代替 Arg47 产生的 P450BM-3 突变体能够使 *N*-烷基三甲基铵化合物羟基化，底物结合状态的反转可以解释该现象（Olive et al .，1997）。在 *E. coli* 中异源表达的 P450BM-3 已用于在体内规模化制备高光学活性的手性 12-、13-和 14-羟基十五烷酸的混合物（Schneider et al.，1998）。此外，P450BM-3 和它的突变体 Phe87Ala 可以克级规模被表达生产，单一步骤就能够有效地纯化该酶，并用于下一步的基于酶催化的规模化的生物转化反应（Schwaneberg et al.，1999b）。

P450BM-3 成功改造的关键在于发展了一个精巧的比色测量方法（图 3.9），在没有背景反应下它可以测量 P450BM-3 野生型和突变型的活性（Schwaneberg et al.，1999a）。如图 3.9 所示，底物末端位点的羟基化产生一个不稳定的半缩醛，它又自发离解为 ω-氧-羧酸和发色团硝基酚。后者很容易用分光光度计在 410nm 处定量检测。pNCA 测量为 P450BM-3 的定向进化创造了基础，因为它可以高通量地筛选突变体（Schwaneberg et al.，2001）。

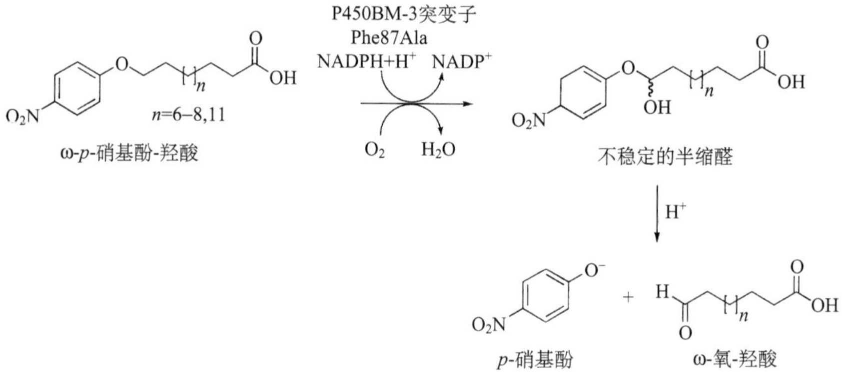

图 3.9　比色 pNCA 测量原理，它可以检测来自 *Bacillus megaterium* 的 P450BM-3 突变体 F87A 酶的脂肪酸羟基化活性（Schwaneberg et al.，1999a）。

发展那些具有更高羟基化活性的 P450BM-3 突变体始于对 P450BM-3 的 X 射线晶体结构 8 个突变位点的确认，然后将这些位点进行随机诱变。用 pNCA 检测筛选后，综合最佳突变，得到一个具有 5 个突变的生物催化剂，使它能有效地羟基化 C_8-pNCA，同时又保留对 C_8 脂肪酸和 C_{12} 脂肪酸的活性（Li et al.，2001）。Arnold 和他的合作者发现 P450BM-3 也能对如辛烷的烷烃进行羟基化，产生含有 4-辛醇、3-辛醇、2-辛醇、4-辛酮和 3-辛酮的混合物。最近，据报道对丙烷羟基化能产生丙醇（Glieder et al.，2002）。虽然反应速率和产量还不令人满意，但是这被认为是一个重要的突破，因为经过进一步改进，经生物转化能得到商品化的化学物质。利用一个和上面描述的 pNCA 检测方法相类似的测定法，定向进化能鉴别比野生型 P450BM-3 的比活性高 5 倍的突变体（Farinas et al.，2001）。后来，通过定向进化产生其他突变体，它们具有对映选择性，能产生（*S*)-2-辛醇（40% ee）或（*R*)-2-己醇（40%～55% ee）（Peters et al.，2003）。

现已经找到一个 P450BM-3 三重突变体（Phe87Val，Leu188Gln，Ala74Gly）能对吲哚进行有效地羟基化产生靛蓝和靛玉红（Li et al.，2000）。此外，该突变体也能对烷烃、环烷烃、芳烃和杂环烃进行羟基化（Appel et al.，2001），而对于这些物质野生型无活性或活性很低。

定向进化被用于改变来自 *Pseudomonas putida* 的 $P450_{cam}$ 的底物专一性，并使萘更有效地转化为羟基化产物。突变体能通过与辣根过氧化物酶（HRP）共表达得以鉴别，辣根过氧化物酶把 P450 反应的产物转变为可以数字化影像筛选的荧光化合物（Joo et al.，1999）（图 3.10）。

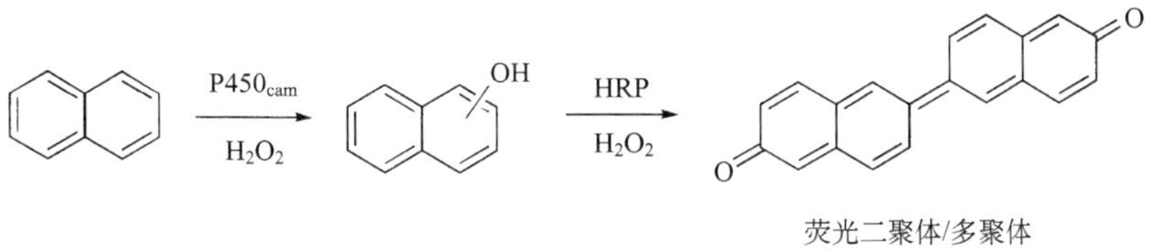

图 3.10 用于鉴别对萘进行羟基化的 $P450_{cam}$ 突变体的测定原理。得到的萘醇偶联辣根过氧化物酶氧化为荧光多聚体。所有反应在重组 *E. coli* 细胞内进行。

上述实例总结于图 3.11。更多细节和实例能在相关综述中找到（Burton，2003；Cirino and Arnold，2002；Li et al.，2002；Wong，2002）。

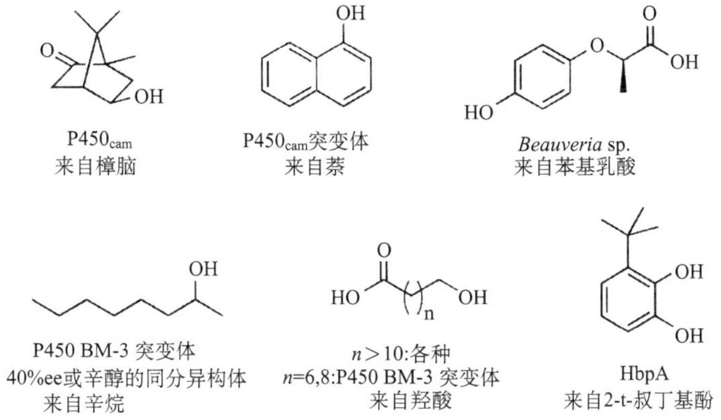

图 3.11 单加氧酶催化的羟基化反应得到产物的实例。注意大多数实例代表已被改造的 P450 的应用。

非血红素单加氧酶

最近通过定向进化改造了两个非血红素单加氧酶。来自 *Pseudomonas azelaica* HBP1 的 2-羟基苯-3-单加氧酶（HbpA），在 2-代酚区域选择性 *O*-羟基化产生邻苯二酚时，它的底物专一性和活性被改变（Meyer et al.，2002，2003）。另一个突变体（在 *E. coli* 中表达）羟基化 2-t-丁酚产生邻苯二酚。全细胞催化过程已被彻底优化，产率达 64mg/(L·h)，相当于 1.5g/d。

Baeyer-Villiger 单加氧酶（EC1.14.13.16，1.14.13.22）

Baeyer-Villiger 单加氧酶（BVMO）在 Baeyer-Villiger 化学氧化的生物催化相对应过程中起催化作用（Walsh and Chen，1988），该反应在一个多世纪以前最先由 Adolf Baeyer 和 Victor Villiger 描述过（Baeyer and Villiger，1989）。该化学氧化通常使用过氧酸，普遍采用分两步进行的作用机制，它起初是由 Criegee 提出（Criegee，1948）。然而化学 Baeyer-Villiger 氧化没有立体选择性，除非使用金属有机试剂。即使如此，产物的光学纯度在大多数情况下还是不能令人满意的（Bolm，1997；Bolm et al.，1994；

Frisone et al.，1993；Strukul，1998）。

首例酶法 Baeyer-Villiger 氧化（BVO）可追溯到 1948 年，它是采用红城棒杆菌（*Proactinomyces erythropolis*）发酵产羰基胆甾酮（Turfit，1948）。几年后，提出了两步 BVO 法，进行孕酮的侧链降解（图 3.12）（Fried et al.，1953）。

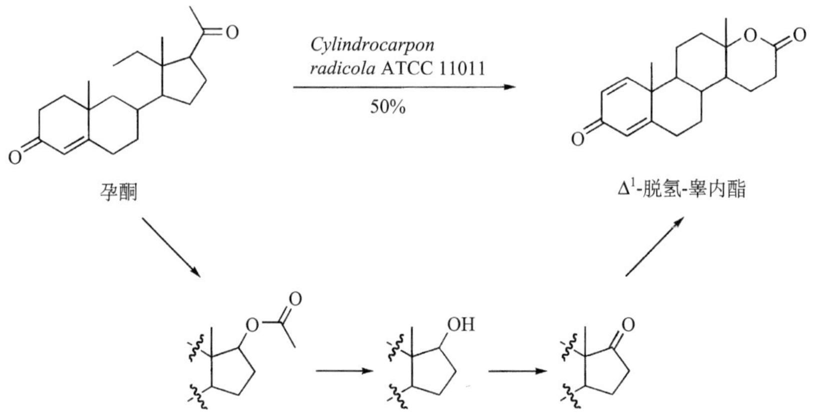

图 3.12 酶催化 Baeyer-Villiger 氧化的早期实例（Fried et al.，1953）。

在 20 世纪 80 年代早期，多种出版物报道了用新发现的 BVMO 进行生物催化。一种酶来源于恶臭杆菌（*Pseudomonas putida*）（Grogan et al.，1992，1993；Jones et al.，1993；Taylor and Trudgill，1986），另一种酶由 S2 有机体乙醇钙不动杆菌（*Acinetobacter calcoaceticus*）产生（Gagnon et al.，1994）。对于这两种酶，已证实它们能够接受多种单或双环酮。对于外消旋底物，氧化过程保持了高的对映选择性。在 20 世纪 90 年代，来自 *Acinetobacter* sp. 的 BVMO 被克隆并在酵母中表达（Kayser et al.，1999；Stewart et al.，1996），后来也在 *E. coli* 中表达（Mihovilovic et al.，2001）。此外，全细胞生物催化也表明是可能的，尽管副反应会发生，例如，在全细胞系统中存在的内源醇脱氢酶还原酮底物生成醇。除此之外，其他产 BVMO 的菌株被鉴别并且这些酶在生物催化的应用已被描述（见后面）。

直到最近，BVMO 的三维结构才被报道。当没有三维结构时，以来自 *Acinebacter calcoaceticus* 的 BVMO 酶的底物专一性为基础，发展了一个简化的卡通样模型（Ottolina et al.，1996），该模型一定程度上使实验观察合理化。应用该模型（图 3.13）不仅可以预测底物专一性，特别是可用来设计对于采用蛋白质理性设计非常困难的突变体。

然而，新解析的 BVMO 三维结构（Malito et al.，2004）对验证这一模型将是非常有帮助的。

作用机制

在酶法 Baeyer-Villiger 氧化中，一个氧原子导入一个酮前体分子，产生相应的内酯或酯（依赖于使用的是环酮还是非环酮）。第二个氧原子转变成水。

对于它们的催化作用，BVMO 需要一个辅助因子（NADH 或 NADPH），并且它们通常依赖黄素（FAD 或 FMN）。图 3.14 表明了来自 *Acinebacter calcoaceticus* NCIMB 9871 的 BVMO 氧化环己酮生成 ε-己内酯的作用机制（Donoghue et al.，1976）。

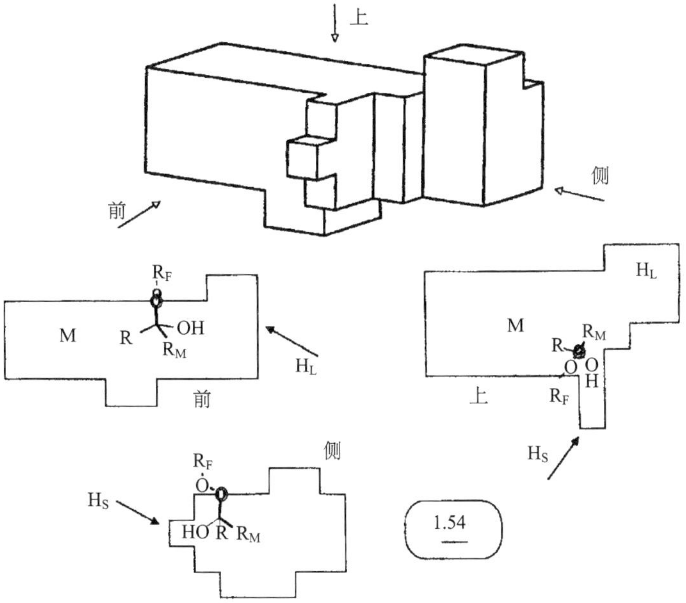

图 3.13 来自 *Acinetobacter* sp. 的 Baeyer-Villiger 单加氧酶的活性中心模式图。

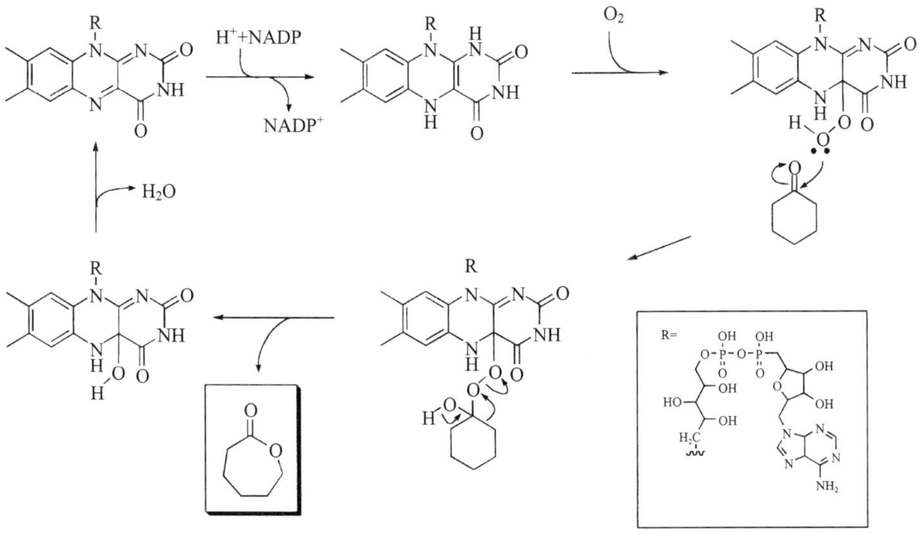

图 3.14 被推定的酶催化 Baeyer-Villiger 氧化的作用机制（Donoghue et al.，1976）。

迄今为止，研究得最透彻的 BVMO 产自 *Acinebacter calcoaceticus* NCIMB 9871。如上所述，它也可以作为重组酶获取。图 3.15 表明了应用该生物催化剂转化单环酮和双环酮的一些实例；更多细节可以在最近的优秀综述中找到（Mihovilovic et al.，2002）。对于樟脑诱导的来自 *Pseudomonas putida* 的 BVMO，据报道有与前者很相似的底物谱（图 3.15），*Pseudomonas putida* 产生三种不同的 BVMO；这几乎相同的酶中，其中两种需要 NADH [每种类型由（－）或（＋）-樟脑诱导产生]，而第三种是利用 NADPH。

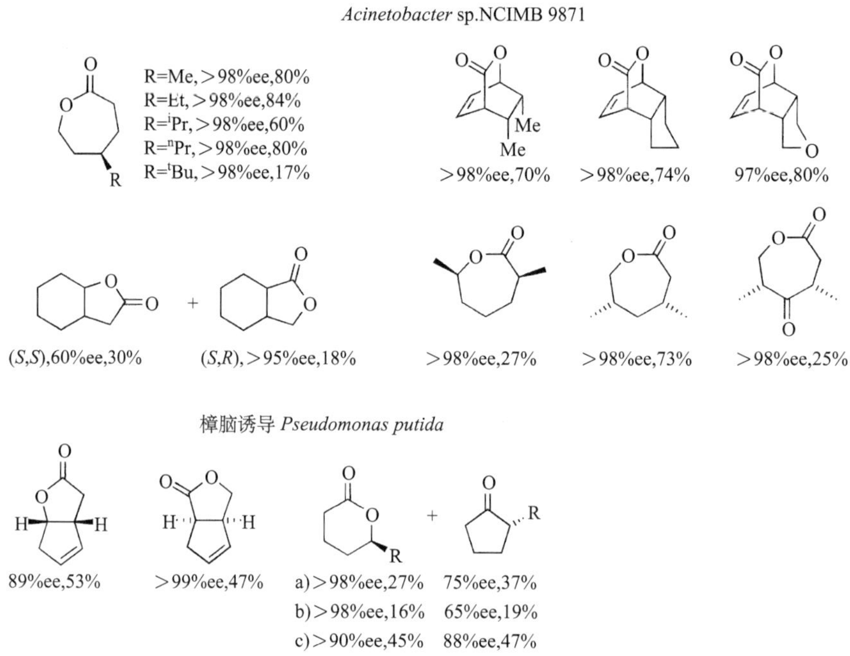

图 3.15　用来自 *Acinebacter* sp. 或樟脑诱导的来自 *Pseudomonas putida* 的 BVMO 转化单环酮和双环酮的实例。

转化苯乙酮的不同来源的 BVMO 也曾被描述过，如来源于 *Arthrobacter*（Cripps，1975）、*Nocardia*（Cripps et al.，1978）和 *Pseudomonas*（Kamerbeek et al.，2001；Tanner and Hooper，2000）。这些酶接受多种环取代的苯乙酮，使其转化为相应的手性乙酸酯。

对于来自 *Mycobacterium* sp.（Hartmans deBont，1986）、*Psedomonas*（Forney et al.，1967）和 *Norcardia* sp. 的单加氧酶（Britton et al.，1974），转化脂肪烃直链的例子已被描述过。然而，只研究了简单的酮，并没有进行转化消旋性起始物产生具有光学活性的化合物的研究。现已相信这些酶在长链烷烃亚末端氧化为羧酸中发挥作用。

现已证实 BMVO 能用于如硫辛酸（图 3.16；Adger et al.，1995）和抗癌霉素（图 3.17；Königsberger and Griengl，1994）的天然化合物的化学酶法合成。

除此之外，现已表明 BMVO 也能催化手性亚砜的合成（图 3.18；Secundo et al.，1993）。

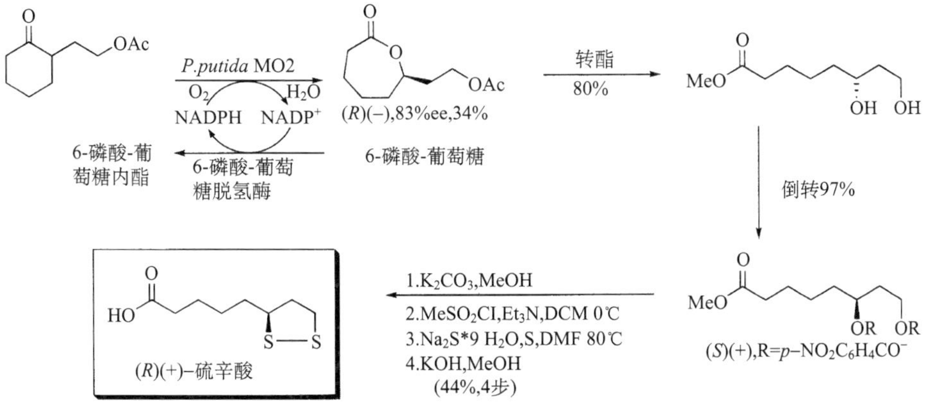

图 3.16 用来自 *Pseudomonas putida* 的 BVMO 化学酶法合成（*R*)-(+)-硫辛酸的途径（Adger et al.，1995）。

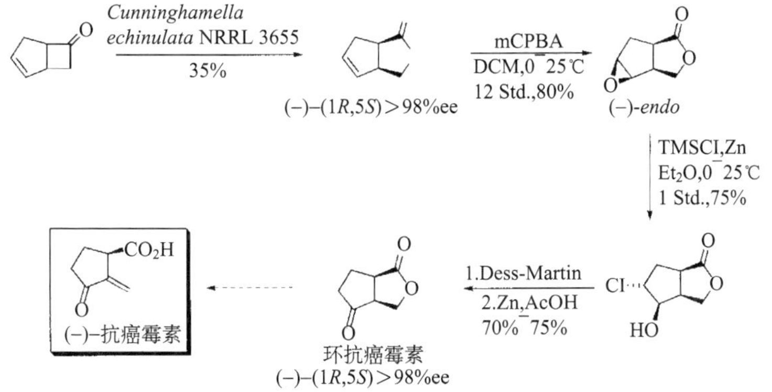

图 3.17 用来自 *Cunninghamella echinulata* 的 BVMO 化学酶法合成（一）-抗癌霉素途径（Königsberger and Griengl，1994）

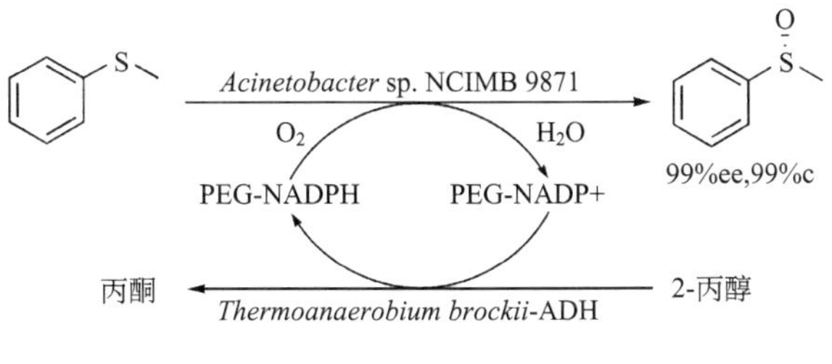

图 3.18 用一个具有辅因子再循环的 Baeyer-Villiger 单加氧酶（BVMO）合成具有光学活性的亚砜（Secundo et al.，1993）。

3.2.1.3 过氧化物酶（EC1.11.1.10）

血红素含铁过氧化物酶，能够利用过氧化物，通常过氧化氢用作氧化剂去氧化有机底物。对于有机合成唯一重要的酶是来自 *Caldariomyces fumago* 的氯过氧化物酶，它能催化芳香族化合物的立体选择性氧化，产生相应的醇和环氧化烃（图 3.19）。（Z）-3-庚烯也被转化为它对应的醇（Zaks and Dodds，1985）。

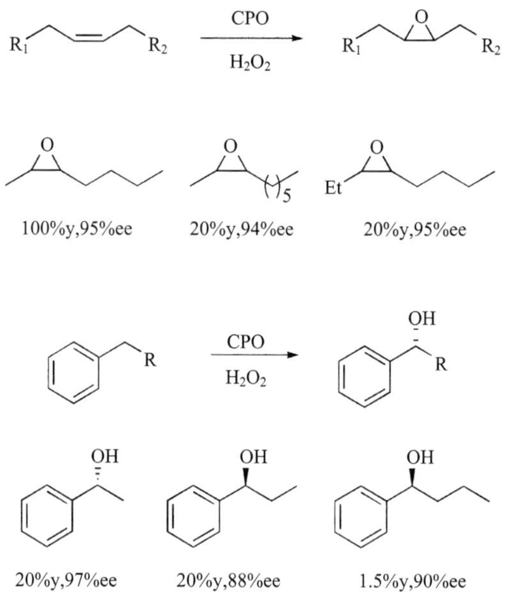

图 3.19　来自 *Caldariomyces fumago* 的氯过氧化物酶（CPO）催化环氧化和苄基羟基化的实例。

3.2.2　水解酶（EC 3.1）

3.2.2.1　脂肪酶（EC3.1.1.3）

脂肪酶（三脂酰甘油水解酶）可能是有机合成中最经常使用的酶（Kazlauskas and Bornscheuer，1998；Schmid and Verger，1998）。它们在自然界（动物、人类、细菌、真菌、植物）中被广泛地发现，并且相当多的酶已被商品化。它们的天然功能是将天然的脂肪和油，即甘油三酯进行水解和重新酯化。该反应被由 Ser、His 和 Asp（有时是 Glu）组成的一个催化三元体所催化，这与丝氨酸蛋白酶［图 2.5（a）］和羧基酯酶（EC3.1.1.1）类似。对于脂肪酶和酯酶，酯水解和形成的机制基本上是相同的，它由 4 个步骤组成：

1. 底物与活性中心的丝氨酸反应，产生一个由催化性 His 和 Asp 残基稳定的四面体中间体。

2. 释放醇并且形成一个共价的酰基-酶复合物。

3. 亲核基团［水解反应中的水、（转）酯化反应中的醇］进攻后再形成一个四面体中间体。

4. 中间体崩塌后形成产物（酸或酯）和自由酶（图 3.20）。

除了用于有机合成产生具有光学活性的化合物外（它们在后面被详细地叙述），脂

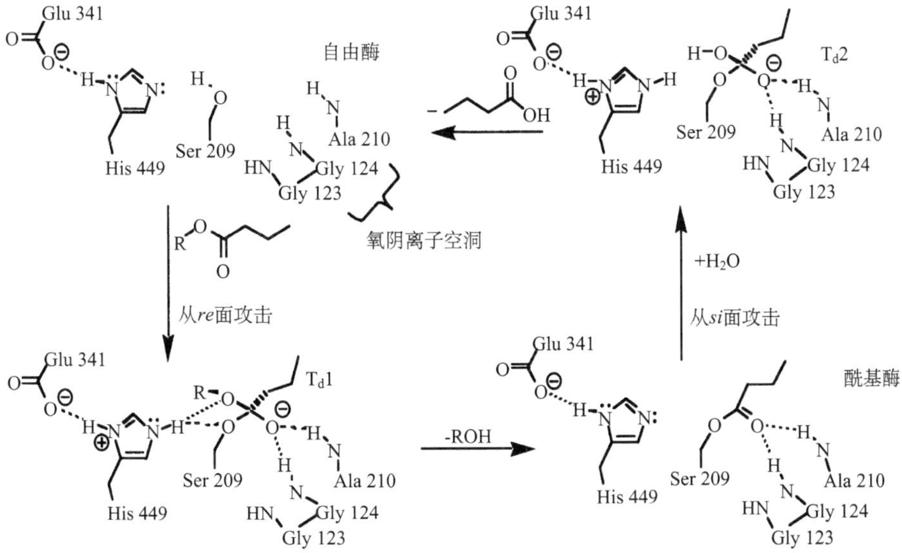

图 3.20 脂肪酶催化水解丁酸酯的作用机制。氨基酸残基的编号是针对来自皱落假丝酵母（*Candida rugosa*）的脂肪酶（CRL）的。

肪酶还用于各种其他领域。这些应用包括洗衣去污剂、奶酪制造、天然脂肪和油的修饰（如可可脂替代品的合成、单甘油酯、为人类营养考虑引入多不饱和脂肪酸）、糖脂的合成和用于个人护理的简单酯（如肉豆蔻酸酯、可可脂）。

脂肪酶不同于酯酶（见后面）之处在于它们的底物专一性：脂肪酶接受长链脂肪酸（甘油三酯）作为底物，然而酯酶更接受短链脂肪酸。更通俗地说，脂肪酶容易接受水不溶性底物，而酯酶更接受水溶性化合物。更进一步的区别在于这些酶的三维结构：脂肪酶含有一个疏水性寡肽（通常称为盖或瓣）覆盖活性位点的入口，这在酯酶中是不存在的。脂肪酶优先在水-有机溶剂（或油）的界面起作用，这可能解释了盖的移动使活性中心接近底物。该现象被称为“界面活化”，脂肪酶的更特有的结构特征是 α，β-水解酶折叠（Ollis et al.，1992）和活性位点丝氨酸周围的通用序列（Gly-X-Ser-Gly，X 代表任意氨基酸）。研究表明通过基因工程移去盖子后，溶液中脂肪酶的活性被提高，这主要用于洗衣/去污剂领域。

脂肪酶进一步的分类以对甘油三酯的底物专一性为基础：非专一性的脂肪酶催化甘油三酯的所有脂肪酸，而 *sn*1，3-区域专一性酶只水解甘油三酯的 1、3 位酯键，产生 *sn*-2 甘油酯。一些脂肪酶也展示了特有的脂肪链长度和饱和度选择性。例如，来自白地霉（*Geotrichum candidum*）的脂肪酶 B 对 *cis* Δ9 脂肪酸如油酸表现出高度的专一性（Baillargeon and McCarthy，1991）。其他一些分类是以分子质量、氨基酸序列或序列基序为基础的（Pleiss et al.，2000）。

目前对脂肪酶在有机化学中的运用主要源于下列几方面：

1. 脂肪酶在多种非水溶剂中具有高度活性。
2. 它们通常表现优良的立体选择性。

3. 除催化甘油三酯外，它们还催化多种酯。

4. 除了水，它们还接受亲核试剂（如醇、胺）。

对于合成光学纯化合物，动力学拆分是通常选择的方法，它（在最佳条件下）可以产生50％的光学纯对映体。动力学拆分可以通过水解外消旋底物（如乙酸酯，图3.21）或通过在有机溶剂中酰基化（图3.22）进行。值得注意的是，如果酶是（*S*）-选择性的，在水解反应中形成（*S*）-醇，但是在酰基化反应中，（*R*）-醇却未反应。

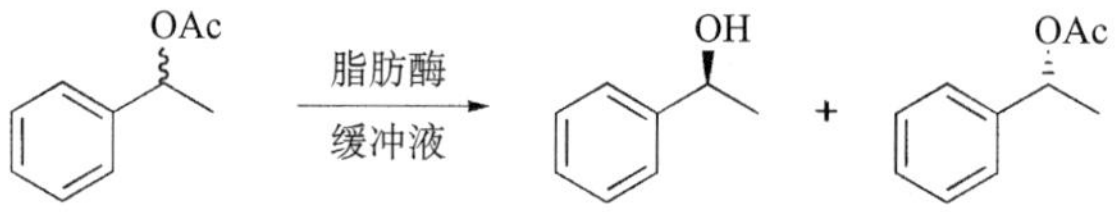

图3.21　通过水解由脂肪酶催化的动力学拆分的实例。
通过蒸馏和层析直接进行酯/醇混合物的制备性分离。

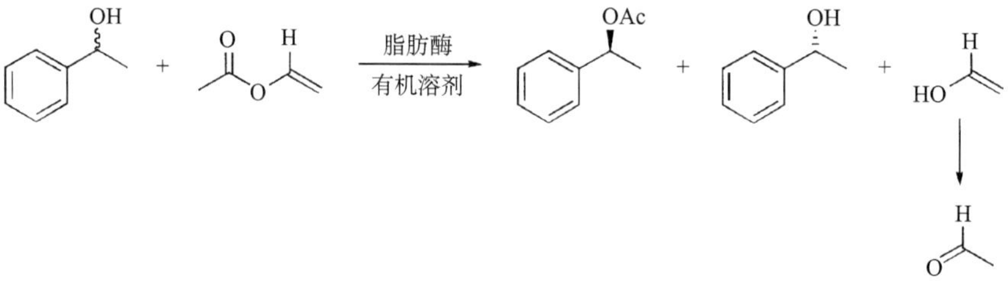

图3.22　通过酰基化由脂肪酶催化的动力学拆分的实例。使用乙酸乙烯酯确保反应不可逆，因为乙烯醇产生副产物乙醛通过酮-烯醇互变。

因为脂肪酶在多种有机溶剂中很稳定，酰基化通常是优先反应。为了使动力学拆分趋于完全，可采用过量的一种底物或者使用活化的酰基供体。使用烯醇酯如乙酸乙烯酯（图3.22）或乙酸异丙烯酯，反应实际上是不可逆的，因为产生的乙烯醇通过酮-烯醇互变生成羰基化合物（如从乙酸乙烯酯产生乙醛，从乙酸异丙烯产生丙酮）（图3.23）。然而，乙醛通过和赖氨酸残基形成席夫碱可能使酶失活。三氟乙酯则更昂贵，而由*S*-乙基硫酯产生的硫醇有一种令人不愉快的气味。虽然如乙酸酐之类的酸酐便宜，但是产

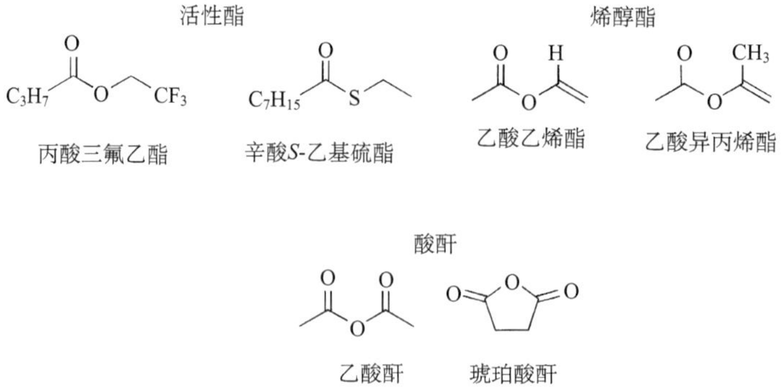

图3.23　一些以脂肪酶催化的动力学拆分的酰基供体。

生的游离酸使 pH 下降并且可能参与缓慢的背景酰化作用。

目前在文献中能找到用脂肪酶拆分的实例可超过 1000 例（Bornscheuer and Kazlauskas，1999）。通常来说，对于仲醇，反应以良好到极好的对映选择性进行，但是对于伯醇只有中度的选择性。基于底物结构和脂肪酶的类型，研究者试图预测脂肪酶催化拆分的结果。

Kazlauskas 和合作者提出的经验规则能够用来预测伯醇或仲醇的何种对映体比其他对映体反应更快（Kazlauskas et al.，1991；Weissfloch and Kazlauskas，1995）。根据该规则，对带有中等（如甲基）或大取代基（如苯基）的底物能达到高的对映选择性（图 3.24）。

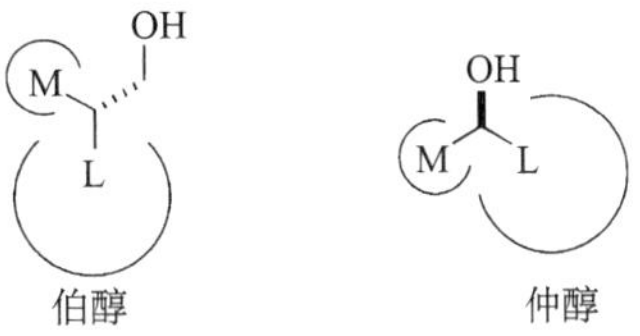

图 3.24　一种来自洋葱假单胞菌（*Burkholderia cepacia*）的脂肪酶（BCL）的经验规则（Kazlauskas 规则）概述了伯醇或仲醇的对映优先性。图解表示了优先的对映体。对于伯醇来说，如果氧原子没有加在立体中心上，该规则才可靠。注意：对于伯醇来说，BCL 展示了相反的对映优先性。

在相当多可获得的脂肪酶中，只有少数被广泛地利用，并展示高立体选择性和足够的稳定性。这些酶是猪胰脂肪酶（PPL），来自 *Candida antarctica* 的脂肪酶 B（CAL-B，商品名：Novozyme®，Chirazyme® L2），来自 *Burkholderia cepacia* 脂肪酶 B（BCL，从前的名称：*Pseudomnas cepacia*，*Ps. fluorescens*）、*Candida rugosa*（CRL，从前的名称 *Candida cylindracea*）和 *Rhizomucor miehei*（RML，商品名 Lipozyme®）等的脂肪酶。

图 3.25 和图 3.26 展示了几个经挑选的用这些脂肪酶催化的底物实例。与伯醇和仲醇相反，应用脂肪酶动力学拆分羧酸的实例更少（图 3.27）。有趣的是，对于醇表现高选择性的脂肪酶（如 PCL，CAL-B），在拆分羧酸时选择性更低，反之亦然（如 CRL）。

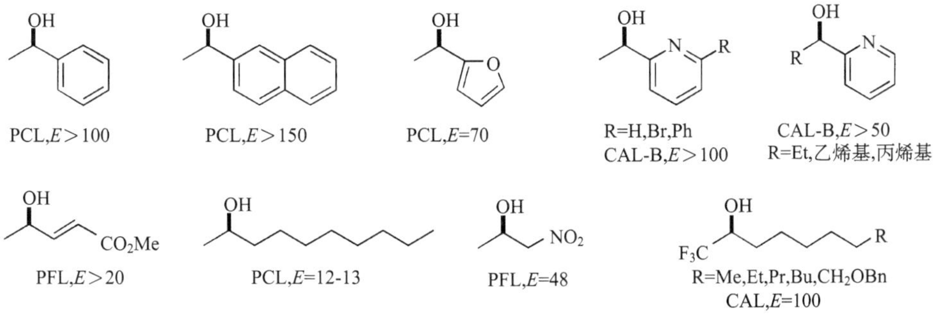

图 3.25　一些用脂肪酶拆分仲醇的实例。在所有的情况下，乙酸乙烯酯作为酰基供体。注意对映选择性随不同底物结构的变化。

叔醇的转化和拆分

直到最近，才知道只有少数的脂肪酶（如 CRL 和来自 *Candida antarctica* 的脂肪酶 A）能够接受叔醇。由于它们的结构大，因此被认为这些化合物不适合进入酶的活性位点。后来发现位于脂肪酶和酯酶的氧负离子结合口袋内的某个氨基酸基序（GlyGly-GlyX-基序，X 表示任何氨基酸）决定了催化叔醇的活性（Henke et al.，2002）。含有

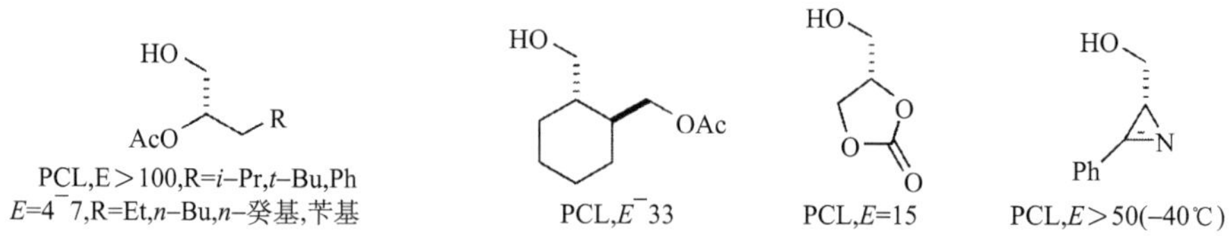

图 3.26 一些用来自 *Pseudomonas cepacia* 的脂肪酶（PCL）拆分伯醇的实例。在所有的情况下，乙酸乙烯酯作为酰基供体。注意对映选择性随不同底物结构的变化，并且与仲醇相比，*E* 值更低。

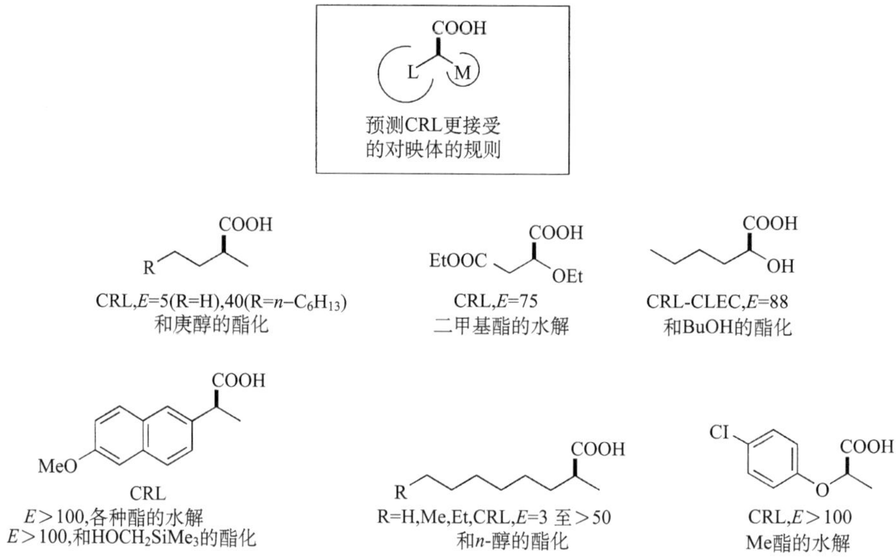

图 3.27 一些用来自 *Candida rugosa* 的脂肪酶（CRL）拆分羧酸的实例。CRL-CLEC 是一种交联的 CRL 酶结晶制备物。更高的 E 值可能是因为在结晶中移去了干扰的同工酶。

该基序（如猪肝脂肪酶、一些脂酰胆碱酯酶、来自 *Bacillus subtillu* 的酯酶）的所有酶对一些乙酸叔醇酯都有活性，但带有更普通的 GlyX-基序不能水解该模型类化合物。然而，这些酶的对映选择性通常相当低。这可以通过蛋白质理性设计和定点诱变所克服（Henke et al.，2003），产生一个来自 *Bacillus subtillus*（Gly105Ala）的脂肪酶的突变体，*E* 值为 19（野生型：*E*=3）。另外，通过转酯反应与优化反应条件（溶剂、固定化载体、温度）能获得良好的动力学拆分（Krishna et al.，2002）（图 3.28）。

工业应用

光学纯的胺对于多种产物是通用的合成成分。有趣的是，通过动力学拆分，脂肪酶被发现对合成这些化合物是最有效的。在 BASF 建立的工艺中，(*R*，*S*)-1-苯乙基的高度对映选择性酰化就是一个实例（图 3.29）。通过蒸馏或提取，(*R*)-酰胺从（*S*)-酰胺中分离，并通过碱性水解释放（*R*)-胺。因为来自 *Burkholderia* sp. 中的脂肪酶的底物专一性宽，各种芳基烷基胺、烷基胺、醇胺能被拆分，有些达到了吨级规模。不需要的

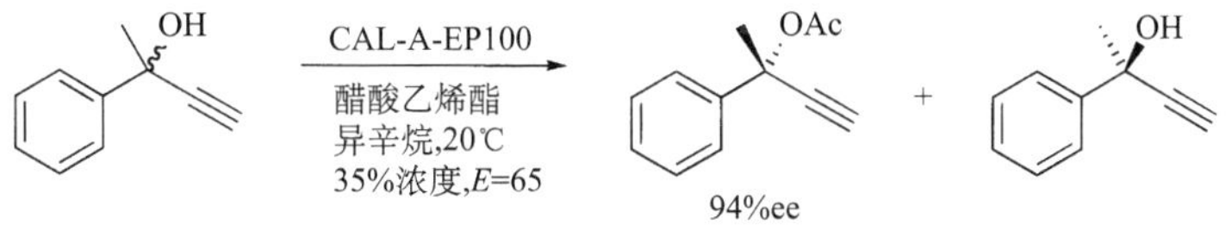

图 3.28 利用来自 *Candida antarctia* 并固定在聚丙烯载体上的脂肪酶对叔醇进行动力学拆分（CAL-A-EP100）。

对映体被消旋化，并且酰基化试剂（如甲氧基乙酸甲酯）能被回收。用该工艺 BASF 每年的生产量超过 2500t（Balkenhohl et al.，1997）。

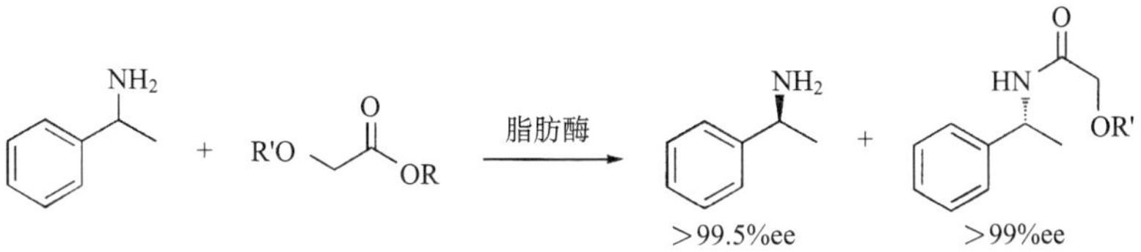

图 3.29 在 BASF 工艺中脂肪酶催化胺的动力学拆分实例。

DSM 的研究人员开发了一种脂肪酶催化的工艺并用于生产一种卡托普利中间体（*R*)-3-氯-2-甲基-丙酸酯。所有脂肪酶优先催化（*S*)-对映体，用来自 *Candida cylindracae* 的脂肪酶催化，可达到 64%的转化率和 98%ee（图 3.30)。

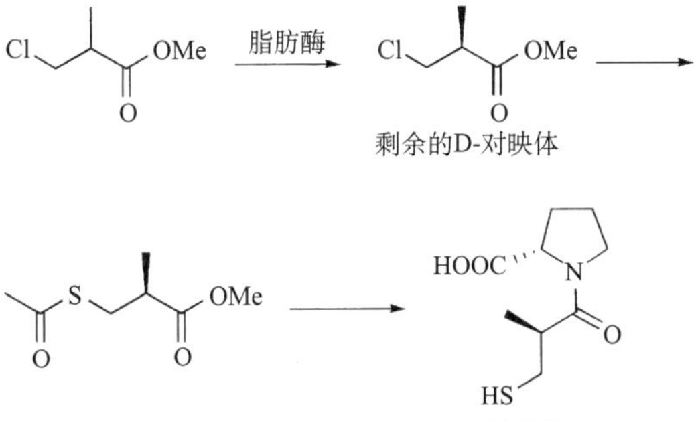

图 3.30 脂肪酶对卡托普利合成中的一种构件进行催化的动力学拆分。

此外，在过去的几年中，已经建立了更多的以脂肪酶催化为基础的工业化过程（Breuer et al.，2004；Liese et al.，2000)。

动态动力学拆分（DKR）

正如 3.1.1 节中所概述的那样，外消旋物的动力学拆分最大只能产生 50%的产物。为了使两种对映体都完全转化，要利用动态动力学拆分。这种策略也使光学纯化合物的合成比利用醇脱氢酶和前手性底物进行的不对称合成更有竞争力。

DKR 的必要条件是：①底物消旋化要比随后进行的酶反应更快；②产物不被消旋

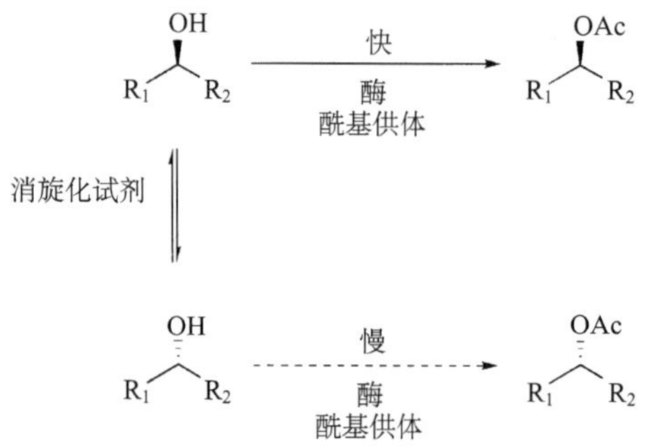

图 3.31　动态动力学拆分的原理。

化；③如同任何不对称合成，酶反应必须是高度立体选择性的。图 3.31 说明了 DKR 的原理，并且在最近的综述中描述过许多实例（El-Gihani and Williams，1999；Kim et al.，2002；Pàmies and Bäckvall，2003；Pàmies and Bäckvall，2004）。

DKR 的最早实例是从海因中合成光学纯 α-氨基酸。海因的消旋化在碱性 pH 或消旋酶的协助下进行（见 3.2.2.6 节）。后来，动态动力学拆分被描述用于化学不稳定的仲醇、仲硫醇和仲胺（氰醇、半缩醛和硫代半缩醛）的去对称。

最近，在氯化三苯基磷协助下进行的氨解中，利用来自 *Candida cylindracea* 的脂肪酶，通过亲核取代对 2-氯-丙酸酯的原位消旋已被证实（Bdjic et al.，2001）。

其他拆分途径是把酶法拆分和金属催化的消旋化组合起来。这些反应通常以乙酸-*p*-氯乙酯作为酰基供体的钌为催化剂，通过质子转移或通过形成 π-烯丙基复合物进行。Bäckval 和他的合作者就发展了一个质子转移系统。但是，应该注意的是，金属尤其是钌的使用会在再循环再生中产生问题，并存在与全过程有关的环境问题。由于副反应的存在，除了乙酸异丙烯酯外，不能使用烯醇酯。另一方面，由于不需要加入酮和额外的碱，而通常会影响到反应的进行。图 3.32 展示了被选实例。

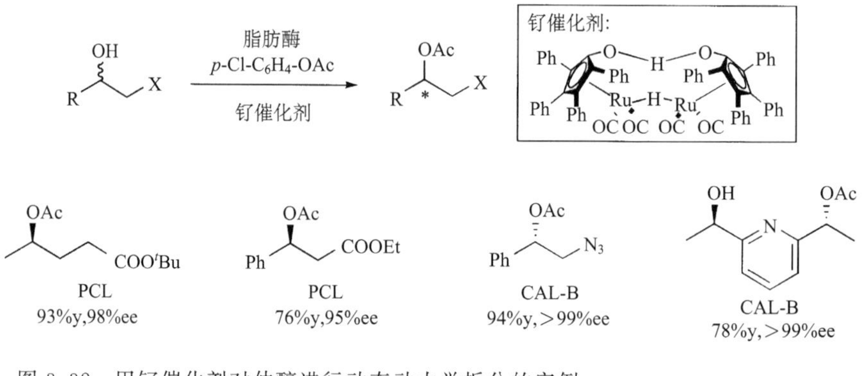

图 3.32　用钌催化剂对仲醇进行动态动力学拆分的实例。

Kim 和合作者在四氢呋喃中用 Pd（0）催化剂改进了烯丙基乙酸酯的动态动力学拆分。以 2-丙醇充当酰基受体，在室温下，未反应的对映体被加入双膦的 Pd（PPh)$_3$ 消旋化（图 3.33）。一系列的线性烯丙基乙酸酯以高对映体过量值（97%～99%ee）和中等到良好的产率（61%～78%）去消旋化。

3.2.2.2　酯酶（EC3.1.1.1）

尽管目前已发现多种羧基酯酶，并在合适的宿主中被过度表达（表 3.4），但是其中只有少数被用于合成光学纯化合物。这主要是由于商业化的酯酶还有限，及其对映选

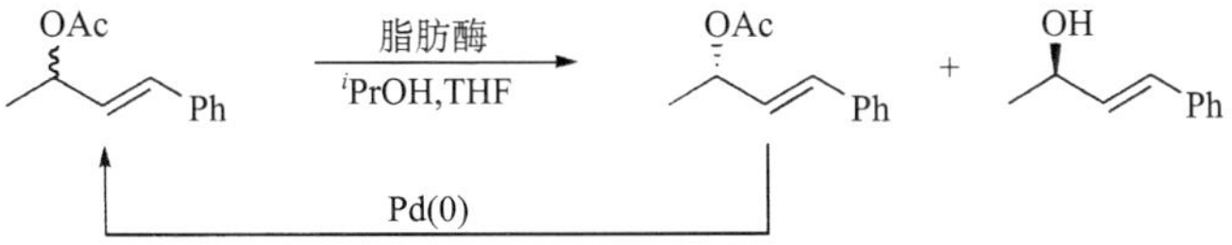

图 3.33 用 Pd（0）对烯丙基乙酸酯进行动态动力学拆分的实例。

择性表现一般。这些年来，从各供应商那里可以买到一些商业化的酯酶（如 Fluka，Amano，Jülich Fine Chemicals，Diversa，Roche Diagnostics）。

表 3.4 （重组的）微生物酯酶的比较

来源[a]	生化特性	专一性底物	备注
Burkholderia gladioli ATCC10248（EstB）	392aa，42kDa	三甘油酯（≤C_6），脱酰化头孢菌素	S-x-x-K-基序，β-内酰胺酶样
Burkholderia gladioli ATCC10248（*EstC*）	298aa，32kDa	—	G-x-S-x-G-基序，和植物羟腈裂合酶同源
Pseudomonas fluorescens DSM50106	36kDa，$T_{opt.}$ 43℃	内酯，辛酸乙酯，中等对映选择性	G-x-S-x-G 基序和卤过氧化物酶同源
Pseudomonas fluorescens SIKW1	27kDa，同二聚体	对 α-苯乙醇的高 *E* 值	通过定向进化改变底物专一性和提高对映选择性
Pseudomonas putida MR2068	29kDa，同二聚体 $T_{opt.}$ 70℃	烷基-二羧酸甲酯高选择性（E>100）	—
Bacillus acidocaldarius	34kDa，$T_{opt.}$ 70℃	中等选择性（E～18）	与激素敏感型脂肪酶同源
Bacillus subtilis NRRL B8079	489aa，54kDa，$T_{opt.}$ 52℃（66.5℃对最佳突变体）	氯拉卡比 *p*-硝基苄基酯	通过定向进化提高在 DMF 中的稳定性和热稳定性
Bacillus stearothermophilus	—	中等选择性	热稳定性突变体
Bacillus subtilis（ThaiI8）[e]	32kDa，$T_{opt.}$ 35～55℃	对 2-芳基丙酸的高 *E* 值	结构已知，通过 SDM 得到的稳定突变体[b]
Pyrococcus furiosus DSM3638	$T_{opt.}$ 100℃，$t_{1/2}$ 50min at 126℃	MU-Ace[b]	—
Lactococcus lactis[d]	258aa，30kDa	三丁酸甘油酯，C_6-磷脂	G-x-S-x-G 基序，功能未明
Rhodococcus ruber DSM 43338[c]	—	乙酸芳樟酯	具有相反对映体优先性的两种酯酶
Rhodococcus sp. H1	34kDa，四聚体	海洛因	G-x-S-x-G 基序，保守的His_{86}
Rhodococcus sp. MB1	574aa，65kDa，单体	可卡因和氨肽酶同源	—
Streptomyces diastatochromogenes	326aa，31kDa	中等对映选择性	—
Saccharomyces cerevisiae IFO2347	28kDa，同二聚体，$T_{opt.}$ 25℃	乙酸异戊酯，乙酸异丁酯	—

a. 如果未指明，均在 *E. coli* 中过度表达。b. MU-Ace：乙酸 4-甲基微型酯；SDM：定点诱变。c. 纯化的天然酶。d. 在 *L. lactisee* 中过度表达。e. 在 *B . subtilis* 中过度表达。

目前研究得最透彻的酯酶也许是来源于 *Bacillus subtillis* 的羧酸酯酶 NP（NP 缩写来自萘普生，一种非甾类的抗炎症药物）（Quax and Broekhuizen，1994）。除了萘普生，其他多种 2-芳基丙酸以高对映选择性被拆分（图 3.34）（Azzolina et al.，1995）。羧酸酯酶 NP 的分子质量为 32kDa，最佳 pH 为 8.5～10.5，最佳温度为 35～55℃。羧酸酯酶 NP 是一种胞内蛋白质，它的结构还未知。在中试规模的工艺中，存在吐温 80 时，(*R*，*S*)-萘普生甲酯被水解，其中加入吐温 80 时是为了增加 pH9.0 时底物的溶解度。(*S*)-酸从剩余的（*R*)-甲酯中分离后可用于有机碱的消旋化。该反应产生的（*S*)-萘普生有极好的光学纯度（99%ee），总产率为 95%（Quax and Broekhuizen，1994）。

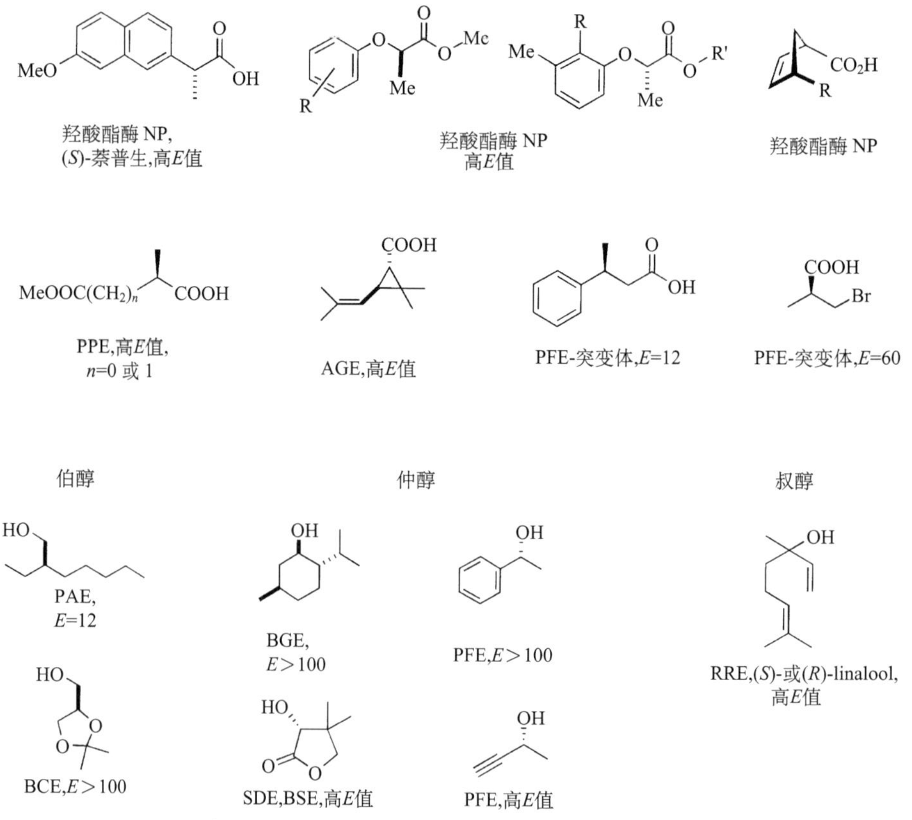

图 3.34 酯酶催化拆分实例（引自 Bornscheuer，2002)。AGE，*Arthrobacter globiformis* 酯酶；BCE，*Bacillus coagulans* 酯酶；BGE，*Burkholderia gladioli* 酯酶；BSE，*Bacillus stearothermophilus* 酯酶；PAE，*Pseudomonas aeruginosa* 酯酶；PFE，*Pseudomonas putida* 酯酶；RRE，*Rhodococcus ruber* 酯酶；SDE，*Streptomyces diastatochromogenes* 酯酶。

现已能成功地进行另一有效的动力学拆分合成（+）-反-（1*R*，3*R*）菊酸，该化合物是杀虫剂除虫菊酯的重要前体（图 3.34）。在这里，来自 *Arthrobacter globiformis* 的酯酶催化形成所要的唯一对映体（>99%ee，38%的转化率）。该酶已被纯化且其基因已被克隆在 *E. coli* 中（Nishizawa et al.，1995）。在 160g 规模的工艺中，水解反应在 pH9.5、50℃条件下进行。产生的酸通过中空纤维膜分离，并且酶经过 4 轮循环后（每轮循环 48h）仍很稳定。

在图 3.34 中概述了应用微生物羧酸酯酶合成光学纯化合物的更多实例。

猪肝酯酶

猪肝酯酶（PLE）可能是有机合成中最重要的羧酸酯酶，因为它接受多种底物，这些底物以极好的立体选择性被转化。除了各种外消旋物的动力学拆分外，PLE 在前手性化合物和内消旋化合物的去对称中也有效（Jones，1990；Jone et al.，1985；Lam et al.，1986）。

PLE 通过提取从猪肝中分离，其中含有几种同工酶，它们以 α-、β-和 γ-亚基为最主要的亚基。在文献中，有关这些同工酶在对映选择性方面的不同（Öhrner et al.，1990）或相同（Lam et al.，1988）仍存争议。最近报道了活性 PLE（γ-同工酶）首次在巴氏毕赤酵母中过度表达（Lange et al.，2001）。这使得重组 PLE（rPLE）既能稳定生产，又没有其他同工酶和水解酶的干扰性影响。更重要的是，rPLE 在拆分仲醇乙酸酯时显著地表现出更高的 *E* 值。例如，用商业化酯酶拆分（*R*，*S*）乙酸-1-苯基-2-丁酯时，*E*=1～4，而用只含有单一同工酶的重组酶时，*E*>100（图 3.35）（Musidlowska et al.，2001）。

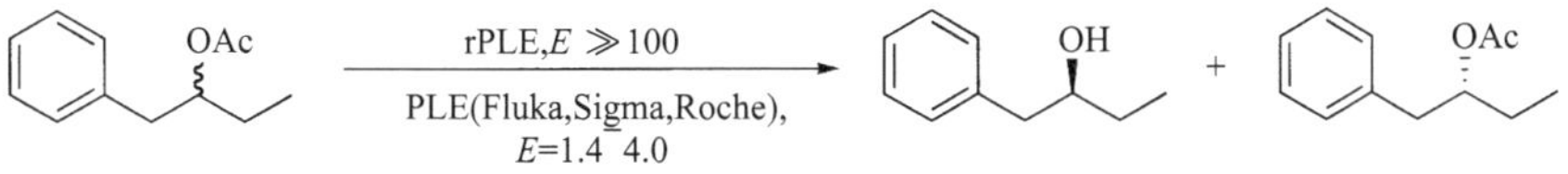

图 3.35 重组猪肝酯酶（rPLE）在拆分（*R*，*S*）乙酸-1-苯基-2-丁酯时比来自生产商的粗酶展示了更高的对映选择性。

编码 rPLE 的基因与发表的猪肠道羧酸酯酶（PICE）的核苷酸序列有 97%的同源性。通过定点诱变，PLE 基因中编码 17 个氨基酸的 22 个核苷酸被逐个替换，产生了重组的 PICE 序列和 8 个中间体突变体。所有的酯酶作为胞外蛋白质成功地在巴氏毕赤中产生（Musidlowska-Persson and Bornscheuer，2003a）。

这些新的酯酶在水解多种仲醇乙酸酯时又发现它们在对映选择性上有显著的区别（Musidlowska-Persson and Bornscheuer，2003b）。用只含有 2 个突变位点的突变体水解（*R*，*S*）乙酸-1-苯基乙酯时，和 rPLE 相比（*E*=8），对映选择性提高 6 倍（*E*=46）[图 3.36（a）]。对其他底物，引入某些突变会改变对映体优先性。

3.2.2.3 肽酶、酰化酶和酰胺酶

肽酶（EC3.4.-.-.）和酰胺酶（EC3.5.-.-.）催化酰胺的形成和水解。虽然它们的天然作用是水解，但是它们也形成酰胺键。形成酰胺键有两种不同的策略，即采用热力学控制或者动力学控制（图 3.37；见第 2 章，2.6 节和 2.8 节）。

在热力学控制的合成中，改变反应条件使平衡朝合成而不是水解的方向进行。以 −5 kJ/mol 的自由能有利于肽的水解，并且水解过程主要由羧酸盐和铵根离子的溶剂化所驱动，并对 pH 有依赖性（图 2.20）。一个使平衡向合成方向移动的普遍方法是用

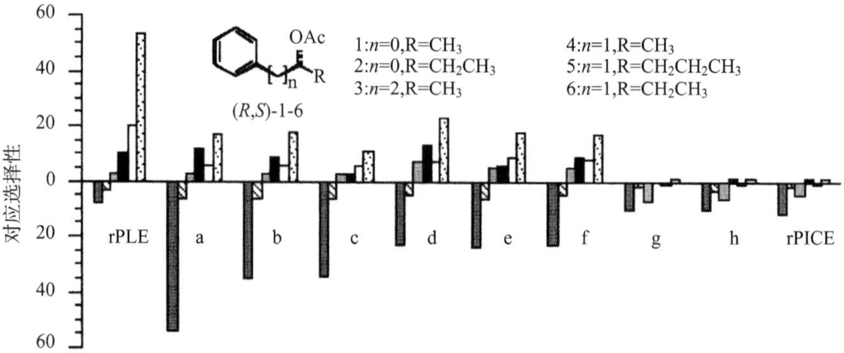

图 3.36　重组猪肝酯酶（rPLE）、突变体（a～h）和重组猪肠道羧酸酯酶（rPICE）对映选择性的变化。研究了对 6 种仲醇乙酸酯（1～6）的对映选择性，并在相应的栏中表示（从左到右的长条分别为乙酸酯 1～6）。注意不仅改变对映选择性大小，而且氨基酸替代改变了对映优先性。

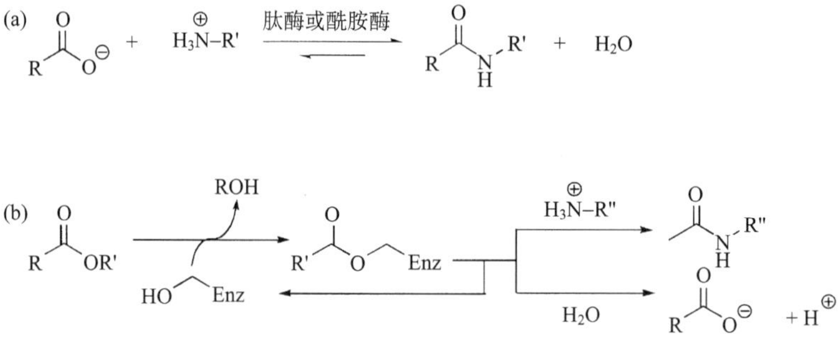

图 3.37　用肽酶和酰胺酶合成酰胺键。(a) 通过改变反应条件，热力学控制使平衡朝合成的方向进行。例如，加入有机溶剂来减少水的浓度并抑制起始物的离子化。(b) 动力学控制起始于活化的羧基成分（通常是酯和酰胺）并形成一个酰基-酶中间体。该酰基-酶中间体和胺反应形成酰胺。在竞争性的副反应中，水能和酰基-酶中间体反应。

有机溶剂代替水。有机溶剂抑制起始物的离子化，并且也减少水的浓度。其他使平衡移动的通用方法是增加起始物的浓度，或者选择促使产物沉淀的保护基团。

在动力学控制的合成中，需使用活化的羧基成分（通常是酯和酰胺）；它和酶反应形成一个酰基-酶中间体，然后该中间体与胺反应形成酰胺，或者与水反应形成羧酸。因为起始物是一个活化的羧基成分，所以动力学控制的反应比热力学控制的反应更快（图 2.9）。因为热力学控制方法需要一个酰基-酶中间体，所以只有丝氨酸水解酶（如枯草杆菌蛋白酶、青霉素酰胺酶）是合适的。例如，嗜热菌蛋白酶的金属肽酶只在热力学控制的合成中发挥功能。

尽管肽酶催化的肽合成在 1901 年已首次报道（Savjalov，1901），但是从 20 世纪 70 年代后期开始，肽酶才更经常地在肽合成中使用（Bordusa，2002；Drauz and Waldmann，2002；Kasche，2001；Schellenberger and Jakubke，1991)。酶催化肽合成的优势在于温和的反应条件、无消旋化、对保护基团需求小和区域选择性、对映选择性高。

肽酶催化肽合成的最大规模应用（生产成百上千吨）是用嗜热菌蛋白酶催化合成一种低卡路里甜味剂——阿巴斯甜（图 3.38）（Oyama，1992)。产物沉淀驱动该热力学控制的合成，并且嗜热菌蛋白酶的高对映选择性确保天冬氨酸只有 α-羧基反应。因而没有必要保护 β-羧基。高对映选择性允许使用外消旋氨基酸，因为只有 L-对映体反应。

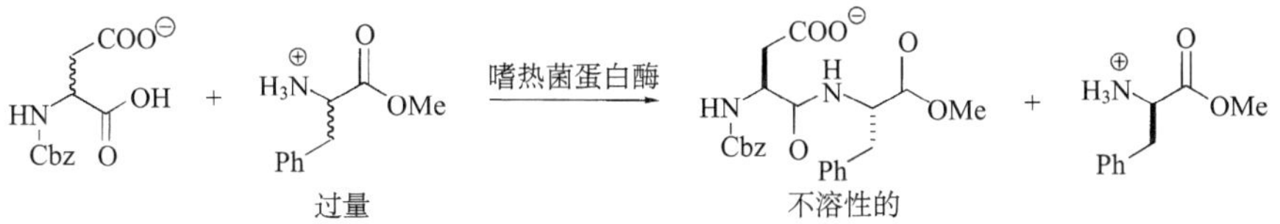

图 3.38　商品化生产阿巴斯甜（α-天冬氨酰-L-苯丙氨酸甲酯）的生产工艺。嗜热菌蛋白酶催化 *N*-Cbz 保护的天冬氨酸和苯丙氨酸甲酯耦合。在过量的苯丙氨酸甲酯下形成不溶性的盐。该沉淀驱使这个热力学控制的肽合成。嗜热菌蛋白酶对 α-羧基的高度区域性允许天冬氨酸的 β-羧基不受保护。嗜热菌蛋白酶的对映选择性允许使用外消旋起始物。

热力学控制的肽合成的实例是用胰凝乳蛋白酶催化生产一种镇痛二肽——京都酚（Tyr-Arg）（图 3.39，图 2.23）（Fischer et al.，1994)。为了减少酰基酶中间体的水解，可使用高浓度的亲核试剂，这是可能的，只因为带电荷的马来酰保护基团增加了羧基成分的溶解度。

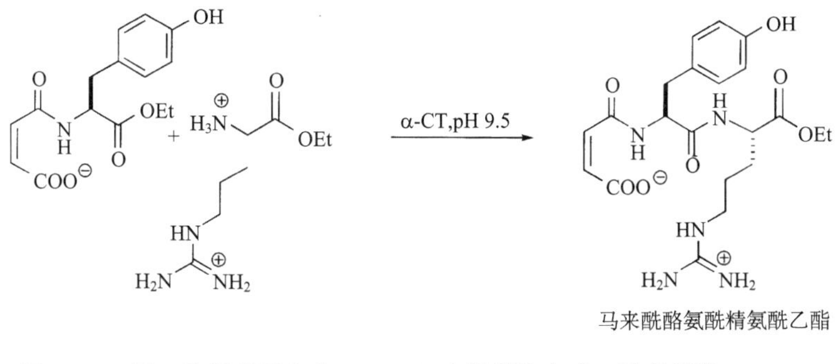

图 3.39　用 α-胰凝乳蛋白酶（α-CT）大规模地合成二肽京都酚。

枯草杆菌蛋白酶比其他肽酶接受底物的范围更广，因此它也用于涉及非天然底物的酰胺耦合（Moree et al.，1997)。当耦合 D-氨基酸时，最好把它当作亲核试剂而不是羧基供体使用，因为枯草杆菌蛋白酶在亲核试剂中比在羧基中更稳定。

酰化酶和酰胺酶也能催化肽键的形成，在这里最重要的应用是水解和合成 β-内酰胺肽抗生素（青霉素和头孢菌素)。在青霉素酰胺酶催化的平衡控制的工艺中，每年大约 40 000t 青霉素被水解产生 6-氨基青霉烷酸（6-APA）（图 1.7；见第 2 章，第 14 题练习；见第 9 章，9.2 节）。现已发展了始于 6-APA 或 7- 氨基头孢烷酸（7-ACA）制备多种半合成的β-内酰胺抗生素的新工艺（见第 9 章，9.2 节；Liese et al.，2000）。对于该合成，青霉素酰胺酶是用在动力学控制途径中，当用过量 2 倍多的活化底物进行合成时，在水溶液中抗生素（6-APA 或 7 -ACA 的）的产率大于 95%（图 3.40）。第 9 章 9.2 节描述了从头孢菌素生成 7-ACA。

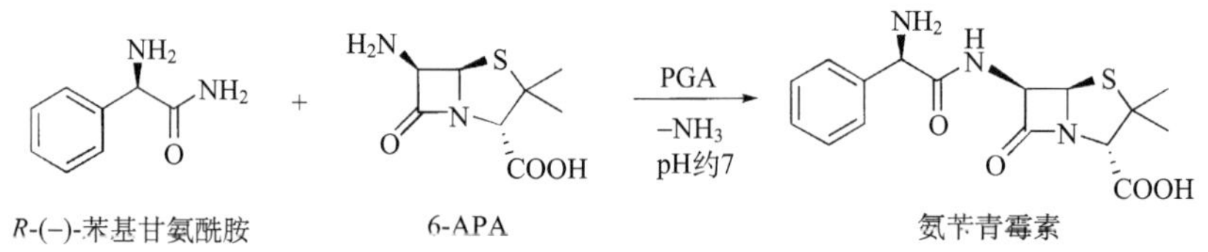

图 3.40　青霉素酰胺酶（PGA）催化 6-氨基青霉烷酸（6-APA）和（*R*）-（−）苯基甘氨酸偶联来生产一种β-内酰胺抗生素——氨苄青霉素

肽酶和酰胺酶的生化特性和机制在图 2.5 中更详细地叙述（也见第 2 章 2.7 节和 2.10 节）。更多相关信息可在各类图书中找到（如 Bornscheuer and Kazlauskas，1999；Drauz and Waldamann，2002）。

3.2.2.4　环氧化物水解酶（EC3.3.2.3）

光学纯的环氧化物在有机合成中是多用途的构件。现已发展了一些制备光学纯的环氧化物的化学方法，如由 Sharpless 或 Jacobsen-Katsuki 描述的方法。但是，Sharpless 环氧化（Katsuki and Martin，1996）只限于烯丙醇，而对于双取代或反式双取代的烯烃，Jacobsen-Katsuki 方法（Hosoya et al.，1994；Linker，1997）通常产生低对映体过量值（≤60% ee）。这些或其相关的化学方法被用于工业化规模生产（Breuer et al.，2004）。

另外，环氧化物也能用环氧化物水解酶拆分，该酶能催化环氧化物的水解产生相应的邻二醇。该反应通过 S_N-2 专一性地打开环氧化物，形成相应的反式 1，2-二醇。

环氧化物水解酶（EH）不需要辅因子，这种酶目前已在包括哺乳动物、植物、昆虫、酵母、丝状真菌和细菌的各种来源中被发现。这些酶在有机溶剂中具有催化活性并通常表现出高区域选择性和对映选择性。尽管有关它们的代谢功能已被详细地研究过，但是主要因为哺乳动物 EH 来源有限，而未用于生物催化。

有关微生物 EH 的首次报道发表在 1991 年和 1993 年，但是从那时起，来自各种微生物的多种酶被鉴定并被广泛地表征。来自哺乳动物、细菌和真菌的三种 EH 的结构已确定，并呈典型的 α/β 水解酶折叠。

现已提出的环氧化物开环机制涉及亲核羧基对环氧化物末端的攻击，使环氧化物通过质子化活化。这导致一个 α-羟基酯中间体和酶活性位点共价结合。通过被组氨酸活化的水分子的亲核攻击，该中间体被水解，随后释放二醇和进行酶再生。从酶的晶体结构可推断出环氧化物的活化是由两个酪氨酸残基引导的（图 3.41）（Nardini et al.，1999）。

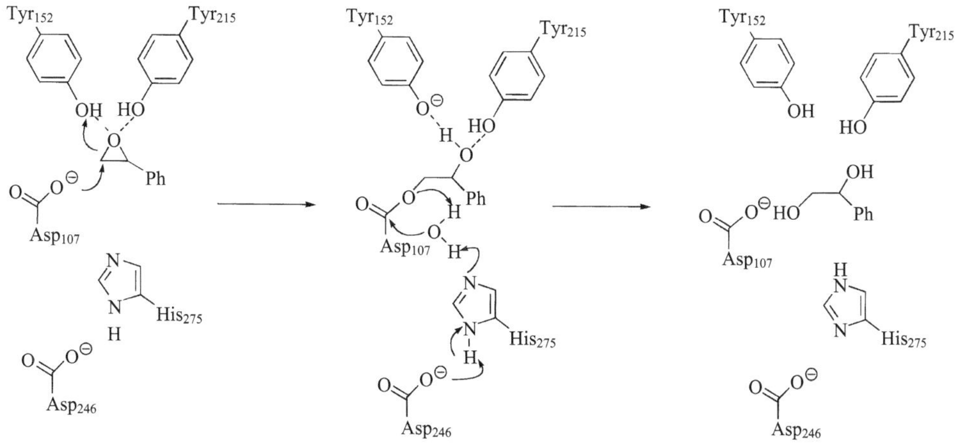

图 3.41 来自 *Agrobacterium radiobacter* 环氧化物水解酶的作用机制。

末端环氧化物的酶水解可以通过攻击位阻更小的环氧乙烷上的碳进行，从而保留构型（最普遍的）或者通过攻击手性中心，导致构型的倒转（Faber et al.，1996）（图 3.42）。

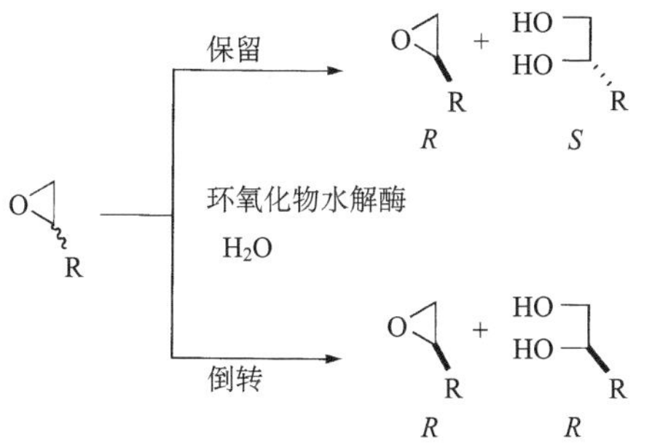

图 3.42 环氧化物的水解能使原构型保留或使构型倒转

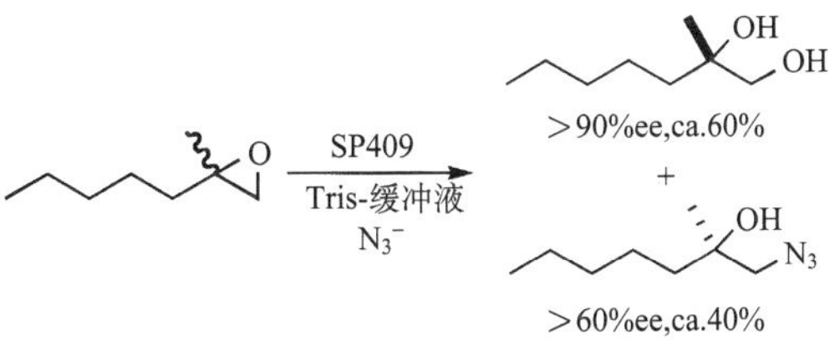

图 3.43 *Rhodococcus* sp. SP409 催化环氧化物中环的打开并接受叠氮化合物为亲核试剂（Mischitz and Faber，1994）

起初时，Faber 的研究小组发现由 Novozymes 公司生产的来自 *Rhodococcus* sp. 的酶 SP409 也表现 EH 活性，并且以由低到中等的对映选择性转化多种单环氧化物和 1,1-双取代环氧化物。此外，除水外的其他亲核试剂（如叠氮化合物）也被接受（图 3.43）（Mischitz and Faber，1994）。通常以冲洗过的全细胞或冻干的无细胞提取物方式来使用 EH，因为游离酶稳定性更差。

在过去 10 年里，已鉴定了多种微生物 EH，图 3.44 展示了用来自细菌的该酶拆分环氧化物的实例。尽管通常对于单取代的芳香基脂肪族环氧化物具有更高的选择性，但是对于脂肪族和芳香基脂肪族底物转化也都是高对映选择性的。

来自 *Nocardia* sp. 的一些菌株（H8、EH1、TB1，后来命名为 *Rhodococcus ruber*）被鉴定为产 EH 菌。尤其是 *Nocardia* sp. EH1 在以 50％的转化率拆分 2-甲基-1,

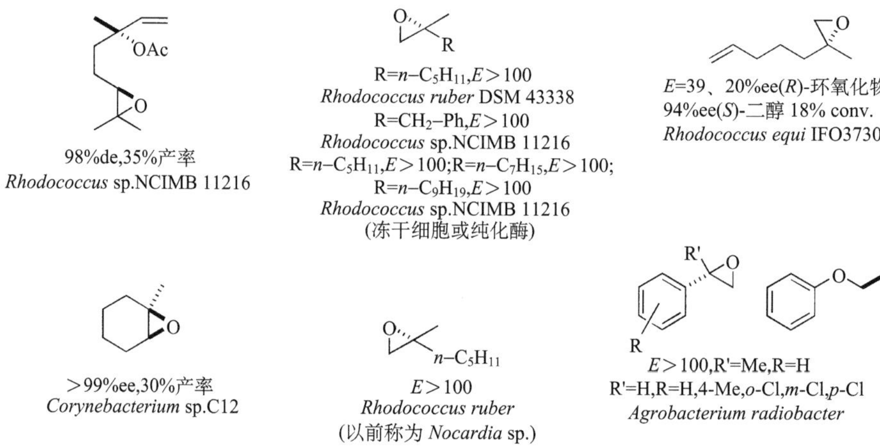

图 3.44　用细菌环氧化物水解酶拆分环氧化物的实例。

2-环氧庚烷时表现出高对映选择性（$E>100$）。然而，侧链引入苯基后会减少其对映选择性（$E=5.6$）。该酶经过 4 步后纯化到均一性。它是单体，分子质量为 34kDa，最适 pH 为 8～9，最适温度为 35～40℃。尽管纯化酶比全细胞制备物更不稳定，但是通过加入吐温 80 或 Triton X-100 能使其稳定。在 DEAE-纤维素上固定化后酶的比活力加倍，并可重复反应 5 次，尽管其对映选择性有所降低（Kroutil et al.，1998a，b）。通过 10g 2-苄基-2-甲基环氧乙烷的去消旋化，使用 *Nocardia* sp. EH1 能成功地合成天然存在的（*R*)-(－)-甲羟戊酸内酯。酶促反应也相应产生了（S)-二醇，然而，催化性硫酸的加入能水解剩余的（*R*)-环氧化物，使其发生构型的倒转，使（*S*)-二醇的分离总产率达到 94%和 94%ee。随后的化学步骤使得（*R*)-(－)-甲羟戊酸内酯的总产率达到 55%（Orru et al.，1997，1998)。

用重新复水的 *Nocardia* sp. 冻干细胞以对映会聚的形式进行（±)-顺式-2，3-环氧庚烷的水解，只能得到唯一产物——(2*R*，3*R*)-庚烷-2，3-二醇（Kroutil et al.，1996)。

从 *Agrobacterium radiobacter* AD1 中克隆并在 *E. coli* 中过度表达的重组微生物 EH（Rink et al.，1997）能接受多种环氧苯乙烯衍生物和缩水甘油苯基醚，它们以极好的对映选择性被转化（Spelberg et al.，1998)。酶的分子质量为 34kDa，并且酶的催化三元体被认为含有 Asp_{107}、His_{275}和 Asp_{246}。

Furstoss 研究小组首次报道了通过水解规模化制备环氧化物，他们发现真菌 *Aspergillus niger* 能对映选择性地转化环氧香叶醇-*N*-苯氨基甲酸产生高纯度（96%ee）的（*S*)-环氧化物（Zhang et al.，1991)。*p*-硝基苯乙烯氧化物的拆分通过可接受的对映选择性（E=41）进行，并且加入高达 20%的 DMSO，但是其活性没有任何明显损失。在 *Beauveria sulfurescens*（ATCC7159）中也发现有 EH 活性，它可以高对映选择性转化苯乙烯氧化物以及茚和四氢萘（Pedragosa-Moreau et al.，1996)。图 3.45 总结了这方面的内容，并提供了更多的实例。

有趣的是，*Asperillus niger* 和 *Beauveria sulfurescens* 在水解苯乙烯氧化物时产生

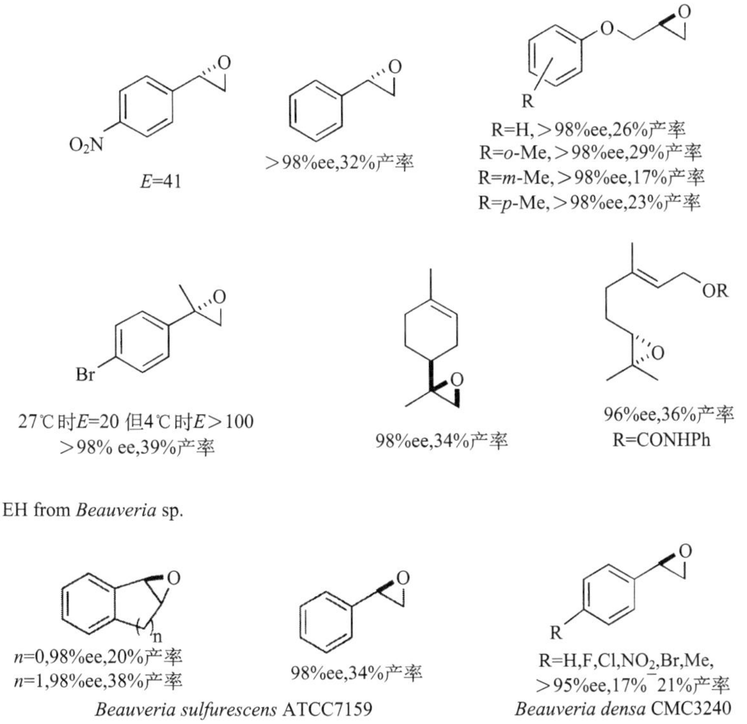

图 3.45　用酵母和真菌的环氧化物水解酶拆分环氧化物的实例。

(*R*)-二醇。因而，由 *A. niger* 催化的反应以保留构型的方式进行（通过对 C-2 的攻击），然而用 *B. sulfurescens* 水解却产生了构型的倒转（通过对 C-1，苄基位点的攻击）。利用两种有机体的混合物能以 92%的产率和 89%ee 合成（*R*)-1-苯基-1，2-二羟基乙烷（图 3.46)。

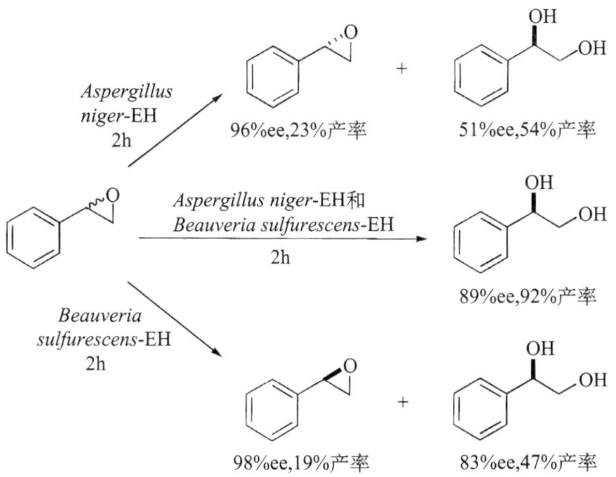

图 3.46　用来自 *Asperillus niger* 和 *Beauveria sulfurescens* 的真菌环氧化物水解酶拆分苯乙烯氧化物或两者的混合物进行对映会聚合成。

在寻找能拆分茚氧化物——一种 HIV 肽酶侧链的抑制剂 MK639 前体的对映选择性 EH 时，Merck 的研究人员在所研究的 80 种真菌中发现，*Diploida gossipina*（ATCC16391）和 *Lasiodiploida theobromae*（MF5215）表现出极好的对映选择性，能产生预期的（1*S*，2*R*)-对映体。来自 *Gilmaniella humicola*（MF5363）和 *Altenariatenuis*（MF4352）中的其他两种菌株却表现相反的对映优先性。用全细胞 *Diploda gossipina*（ATCC16391）进行生物转化制备时，经过 4h 的反应能分离到光学纯（1*S*，2*R*）-茚氧化物，产率为 14%（图 3.47）（Zhang et al.，1995）。

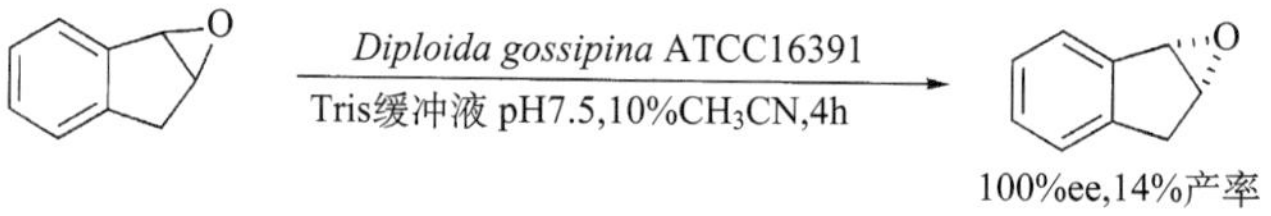

图 3.47　用来自 *Diploida gossipina* 的环氧化物水解酶催化茚氧化物的拆分产生一种 HIV 蛋白酶抑制剂前体。

在最近的综述中能找到 EH 表征和应用的更多实例（Archelas and Furstoss，2001；Smit，2004；Steinreiber and Faber，2001）。

3.2.2.5　腈水解酶（EC3.5.5.1）

对于合成羧酸酰胺和羧酸，腈是重要的前体。腈的化学水解需要高温与强酸或强碱的反应条件。腈水解酶具有反应条件温和、不产生大量的副产物的优点。此外，酶具有区域选择性和立体选择性。两种不同的酶途径被用于水解腈（图 3.48）。腈水解酶（EC3.5.5.1）可直接催化腈转化成相应的酸和氨。在其他途径中，腈水合酶（EC4.2.1.84；一种裂合酶）催化腈的水合形成酰胺，该物质又可通过酰胺酶（EC3.5.1.4）被转化成羧酸和氨。

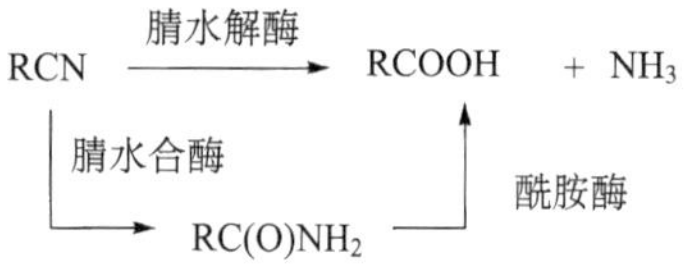

图 3.48　腈的水解遵循两条不同的途经。

纯的腈水解酶和腈水合酶通常是不稳定的，因而催化剂通常采用全细胞催化方式。腈水解酶活性首先必须被诱导产生，虽然不昂贵的尿素诱导物也能起作用，但是通常采用的诱导物是苯甲腈、异戊腈、丁烯腈、乙腈。此外，用布洛芬或酮洛芬诱导能产生对映选择性的酶（Layh et al.，1997）。经过诱导后，通过在培养中加入腈或利用静息细胞通常能进行制备性转化。最常使用的菌株来自 *Rhodococcus* sp.，而最重要的菌株是 *Rh. rhodochrous* 的亚类。

腈水解酶是半胱氨酸水解酶，它利用催化三元体 Glu-Lys-Cys 并通过酶结合的亚胺中间体起作用。巯基试剂［如 5，5′-二硫代（2-硝基苯甲酸)］使所有腈水解酶失活，这表明它们是巯基酶。

现有两种不同类的腈水合酶，它们需要 Fe（Ⅲ）离子或 Co（Ⅲ）离子（Nagasawa et al.，1991）。*Rhodococcus* sp. J-1 可以产生两种不同分子质量（520kDa 和 130kDa）的腈水合酶。高分子质量的腈水合酶能优先作用于脂肪族腈，然而更小的酶对芳香族腈也表现出高亲和力。大多数腈水合酶只接受芳香族腈（如来自 *Arthrobacter* sp. J-1、

Brevibacterium R312、*Pseudomonas chlororaphis* B23)；然而也有报道作用于芳烷基腈、芳乙腈、异环腈的菌株。

Yamada的研究小组通过利用电子自旋共振研究表明腈水合酶是含铁的非血红素酶。进一步的光谱研究表明酶也能结合辅助因子吡咯喹啉醌（PQQ)，由此提出如图3.49所示的机制（Sugiura et al.，1987)。

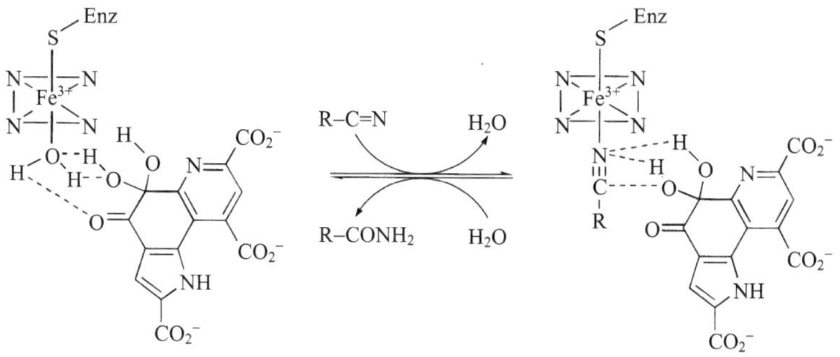

图3.49 涉及Fe（Ⅲ）和PQQ的一种腈水合酶催化腈水合的机制
(Sugiura et al.，1987)。

对来自*Rhodococcus* sp. R312的腈水合酶的晶体结构研究表明，该酶由两个亚基（α，β）组成，α亚基由一个能形成新折叠的长N端和C端结构域组成，它含有4层α-β-β-α结构。这两个亚基形成紧密的异二聚体，是酶的功能单位。活性位点位于亚基与亚基界面的洞穴中。尽管铁中心位于α亚基和β亚基中间，但是铁中心只由α亚基中的残基形成——3个半胱氨酸硫醇酯和两个主要的侧链酰胺氮原子是配体。现已提出金属离子在腈水合酶中具有三种可能的催化作用，金属离子总是作为Lewis酸活化腈进行水合。关于金属腈水合酶的结构、调控和应用的更多信息可在综述中找到（Kobayashi and Shimizu，1998)。

各种腈水合酶基因被克隆和鉴定，且酰胺酶基因被发现紧密靠近腈水合酶基因的位置；这支持了这两种酶涉及腈两步降解成羧酸的理论。

目前来自*Rhodococcus rhodochrous*的两个腈水合酶（Nagasawa and Yamada，1995）已被商业化应用（图3.50)。Nitto化学公司（Yokohama，日本）以每年＞40 000t的规模生产丙烯酰胺。起初时使用来自*Rhodococcus* sp. N-774或*Pseudomonas chlororaphis* B23的菌株，但是目前的工艺改用生产率超过10倍的菌株*Rhodococcus rhodochrous* J-1。产率是每克细胞＞7000g，丙烯腈的转化率为99.97%。在2～4℃的反应温度下几乎没有检测到丙烯酸的形成。在实验室规模的实验中，用休眠细胞在每升反应混合物中成功地获得高达656g的丙烯酰胺。除了丙烯酰胺，也能产生包括乙酰胺（150g/L)、异丁酰胺（100g/L)、异丁烯酰胺（200g/L)、丙酰胺（560g/L)、丁烯酰胺（200g/L）在内的多种其他酰胺。

此外，*Rh. rhodochrous*也接受芳香族腈和芳香基脂肪族腈作为底物。例如，催化3-氰基吡啶转化为烟酰胺（动物饲料添加剂中的一种维生素)，并且Lonza（瑞典）已

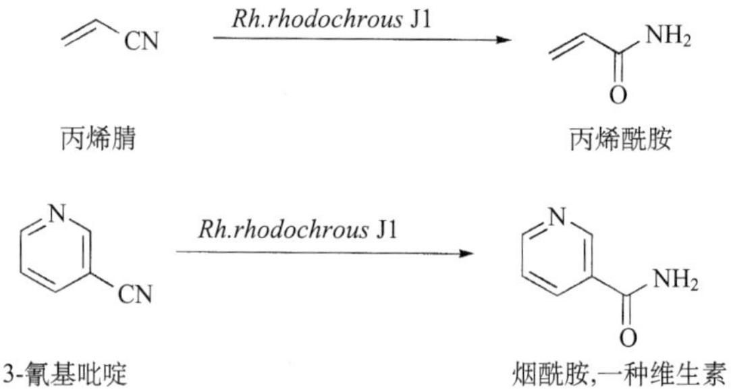

图 3.50 用休眠的 *Rhodococcus rhodochrous* 细胞商业化生产丙烯酰胺和烟酰胺。

实现该工艺的工业化，年产规模>3000t。

多种二腈能以中等到极好的区域选择性被水解产生相应的单羧酸（图 3.51)。

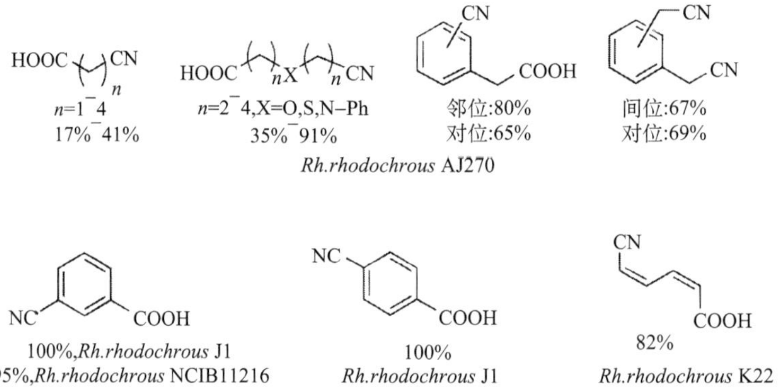

图 3.51 用腈水合酶和酰胺酶区域选择性水解的实例。

在腈水合酶/酰胺酶系统中，通常只有酰胺酶表现出立体选择性，而腈水合酶无选择性。动力学拆分的实例包括非固醇的抗炎症药物的前体（如酮基布洛芬、布洛芬、甲氧萘丙酸）（图 3.52)。

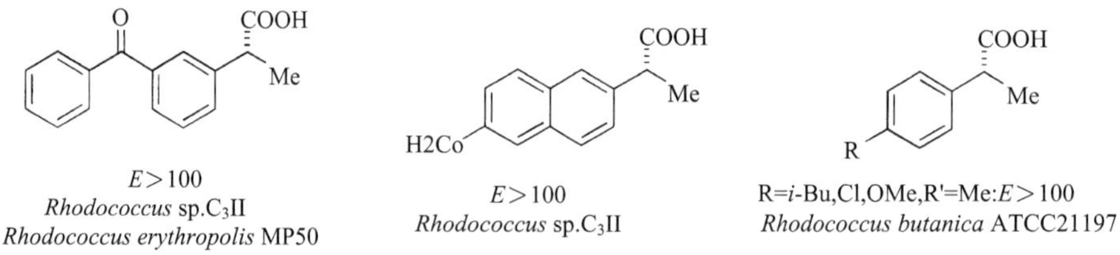

图 3.52 通过腈的水解合成非固醇的抗炎症药物的实例。

菌株 *Alcaligenes faecalis*（ATCC8750）用于产生扁桃酸（Yamamoto et al.，1991）。由于 *A. faecalis* 含有腈水解酶和酰胺酶，但没有腈水合酶。利用休眠细胞能形

成光学纯度极好（100％ ee）的（*R*)-(－)-扁桃酸。此外，剩余的（*S*)-扁桃腈被消旋化，经 6h 的反应后，扁桃酸的总产率达 91％。这表明快速的消旋化是由于扁桃腈和苯甲醛/HCN 之间的平衡所致，因为当只有扁桃腈和苯甲醛/HCN 被用作底物时，也能得到扁桃酸（图 3.53）。

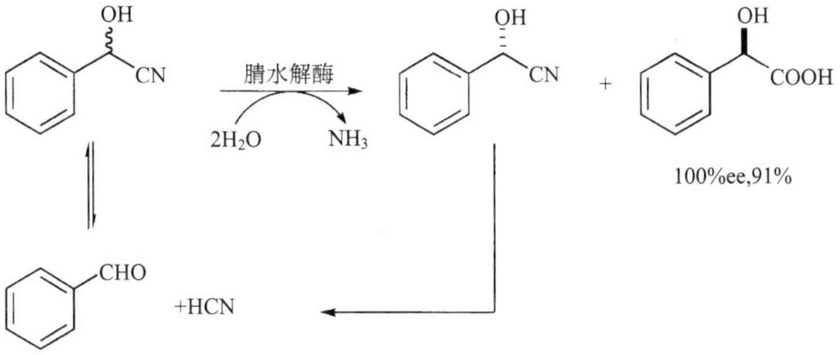

图 3.53　*A. faecalis* 休眠细胞中的腈水解酶合成（*R*)-(－)-扁桃酸涉及（*S*）-扁桃腈的原位再循环，（*S*）-扁桃腈分解成苯甲醛和 HCN 后再形成（*R*，*S*）-扁桃腈。

到目前为止，大约 15 种腈水解酶被报道。美国圣地亚哥的研究人员从基因组文库中发现了 200 多种独特的腈水解酶。这些基因组文库来自环境样本中提取的 DNA（DeSantis et al.，2002）。在动态动力学拆分的条件下，27 种酶以＞90％ ee 生成（*R*）-扁桃酸（图 3.53）。在这些腈水解酶中，一种腈水解酶能以 86％的产率和 98％ ee 生成（*R*）-扁桃酸。进一步的研究表明该腈水解酶能以高活性和类似的立体选择性转化多种扁桃酸的衍生物和类似物。另一种腈水解酶对芳香基乳酸衍生物表现出高活性和广泛的底物耐受性，它们也以动态动力学拆分方式被转化（表 3.5）。

表 3.5　在动态动力学拆分的条件下，用腈水解酶制备具有光学活性的芳香基乳酸衍生物

（引自 DeSantis et al.，2002）

Ar	相对活性/％	ee/％
C_6H_5	25	96
2-Me-C_6H_5	160	95
2-Br-C_6H_5	121	95
3-F-C_6H_5	22	99
1-萘基	64	96
2-吡啶基	10.5	99

少数研究小组已经研究了前手性二腈的水解。3-羟基戊二腈的水解表明对于单羧酸，为了达到可接受的对映体过量值，需要Bn-或Bz-保护基团（Crosby et al.，1992）。对于Diversa发现的腈水解酶，已表明它们具有高转化率（>95%）和高选择性（>90% ee）。对于（*S*）-产物，最佳酶能达到95%的产率和95% ee（DeSantis et al.，2002）。此外，已发现22种酶以90%～98%ee产生相反的对映体（图3.54）。在最近的研究中，为了耐高底物浓度同时保持高对映选择性，最有效的（*R*）-腈水解酶已通过定向进化被优化（见第2章，2.11.2节）。由“基因位点饱和诱变”技术得到的最佳突变体含有单个突变（Ala 190His），能以96%的产率、98.5%ee在3mol/L的底物浓度下产生（*R*）-酸（DeSantis et al.，2003）。

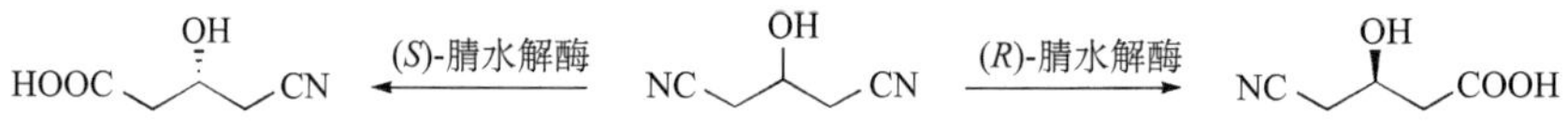

图3.54 用改造过的腈水解酶对前手性-羟基戊二腈去对称。

有关腈水解酶和腈水合酶/酰胺酶的更多实例能在综述中找到（Bornscheuer and Kazlauskas，1999；Kobayashi and Shimizu，1994；Wieser and Nagasawa，1999）。

3.2.2.6 海因酶（EC3.5.2.-）

海因酶是产生光学纯D-和L-氨基酸的有价值的酶（海因酶是常用的名称，更专门地说，它们是环酰胺酶；另一名称是二氢嘧啶酶）。这些酶催化海因和5-单取代海因的可逆水解。与氨甲酰酶一起（EC3.5.1.-），该反应依赖于该酶的立体选择性（图3.55），产生L-或D-氨基酸。为了使产率高于50%，以外消旋的海因作为起始物，通过在略微碱性的pH（pH>8）条件下反应或用海因专一性的消旋酶进行动态动力学拆分也是可能的。因为通过化学方法（如Strecker合成）容易得到外消旋的海因，所以如果酶有适当的底物专一性，非天然氨基酸的合成也是可行的。

自从20世纪40年代起就已经知道如果D，L-5-单取代海因作为唯一的碳源和氮源，一些微生物能在这些物质上生长。特别自从20世纪70年代起，由于海因酶和氨甲酰酶在光学纯氨基酸合成中的重要性，因此通过筛选发现了各种海因酶和氨甲酰酶。如今，如来自*Arthrobacter* sp.、*Norcardia* sp.、*Bacillus* sp.和*Pseudomonas* sp.的海因酶已被报道。使用它们可得到各种D-氨基酸。现已表明对于来自*Arthrobacter aurescens* DSM3745的海因酶，每摩尔亚基需要2.5molZn^{2+}，并且这些金属离子既有催化功能又有用于结构方面研究的功能。对于来自*Arthrobacter aurescens*和*Thermus* sp.的海因酶和来自*Agrobacterium*的D-氨甲酰酶，它们的晶体结构已经阐明。对于D-氨甲酰酶，其催化中心含有一个谷氨酸、一个赖氨酸和一个半胱氨酸残基（Altenbuchner et al.，2001；Syldatk et al.，1999）。

基于海因酶合成D-或L-氨基酸的方法，现已描述了两种不同的策略。在其中的一种方法中，生成的氨甲酰用化学法水解（用化学法对不需要的对映体进行消旋化）。另外，利用海因酶、氨甲酰酶和消旋酶的一个合并的一锅化工艺（“海因酶工艺”）能被使

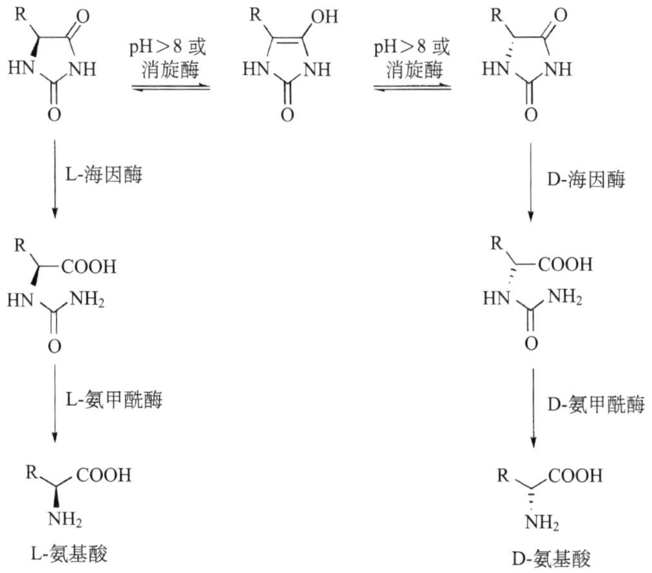

图 3.55　用海因酶与氨甲酰酶一起合成 L-或 D-氨基酸。通过碱性 pH 或专一性的消旋酶能够进行外消旋的 D，L-海因的完全转化。

用（图 3.55）。该方法有几个主要优点：使用更具有选择性的氨甲酰酶能克服海因酶没有足够的对映选择性的缺点；消旋化在工艺中可直接使产率达到 100%；化学物质和溶剂的使用能避免或减少很多。

最近，对于来自 *Arthrobacter* sp. DSM9771 并在 *E. coli* 中表达的海因酶，通过定向进化（见第 2 章，3.11.2 节）能改善生产 L-蛋氨酸的海因酶工艺。

组合利用易错 PCR 和饱和诱变鉴别了一个具有更高 L-选择性和增加了 5 倍比活性的突变体。重组技术也被用来在 *E. coli* 中一起克隆和表达来自 *Bacillus stearothermophilus* SD1 的 D-海因酶和来自 *Agrobacter tumefaciens* 的 D-N-氨甲酰酶。两种酶大约占总细胞蛋白质的 20%，并且以相当量的水平表达（比例 1∶1.2）。因而通过重组方法所得的该全细胞催化剂——D，L-*p*-羟基苯丙酰海因（30g/L）在 15h 内产率可达 96%，能有效地转化为 D-*p*-羟基苯丙酰甘氨酸，该产物是在制备半合成 β-内酰胺时的一种重要前体（Park et al.，2000）。近来也描述过一种海因酶工艺，该工艺使用基因工程 *E. coli*，它能在鼠李糖诱导启动子控制下表达所有三种酶。和野生菌株 *Arthrobacter aurescens* 相比，用该系统能以比野生菌高 6 倍多的效率产生 L-色氨酸。

3.2.3　裂合酶（EC 4）

3.2.3.1　羟腈裂合酶（EC 4.1.2.-）

羟腈裂合酶（HNL，通常也称为氧腈酶）可催化氰化氢（HCN）以可逆立体选择性方式加成到醛和酮上（图 3.56）。因而 HNL 能从前手性底物（在理论上）定量合成光学纯化合物。此外，许多 HNL 表现极好的立体选择性（Effenberger，2000；

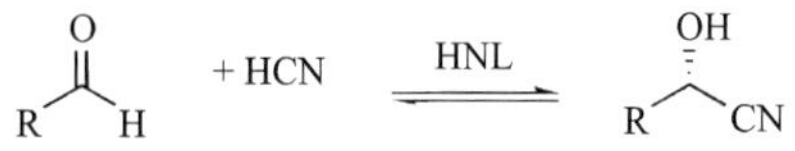

图 3.56　由羟腈裂合酶从醛和氰化氢合成具有光学活性的氰醇的实例

Schmidt and Griengl，1999）。对能通过随后的化学合成得到各种手性合成元来说，产物 α-羟基腈是多用途的中间体（图 3.57）。

有关生物催化的最早报告之一就涉及 HNL 的使用，那时 Rosenthaler 使用含有羟腈裂合酶的提

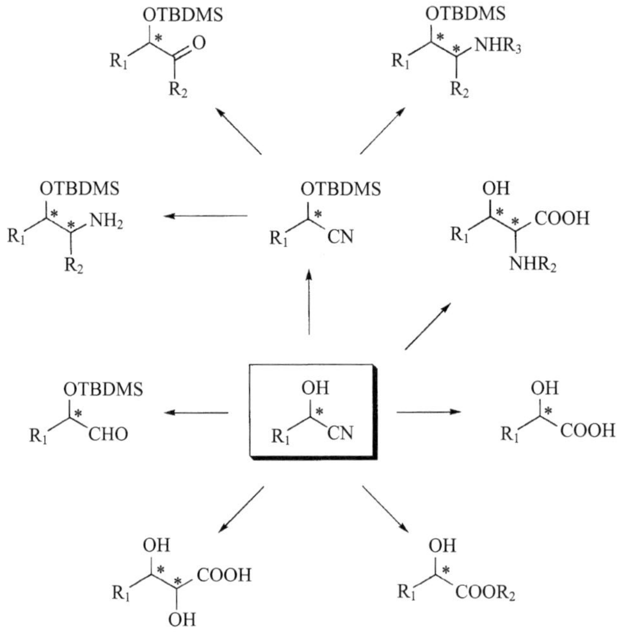

图 3.57　从手性氰醇通过化学合成得到的之间构件的实例。通过这些路线可以得到具有两种立体中心的产物（改自 Schmit and Griengl，1999）。

取物（苦杏仁酶）从苯甲醛和 HCN 中制备（*R*）-苯乙醇腈（Rosenthaler，1908）。然而，直到 20 世纪 60 年代，当对相应的酶被分离、表征并用于生成对映体富集的（*R*）-氰醇，该发现才被引起广泛注意。

目前已知有 3000 多种植物能从组织中释放 HCN，并且大约 300 多种植物是从生氰糖苷或生氰脂质中释放的。这些氰化物供体能通过自发或通过诸如羟腈裂合酶断裂。直到现在，所有的 HNL 从不同的植物分离，并且描述了大约 11 种具有（*S*）-或（*R*）-立体选择性的酶。

来自 *Prunus* sp. 的氧腈酶含有辅因子 FAD，但是它不涉及氧化还原反应。相反，它似乎具有稳定结构的效果。其中一些 HNL 被糖基化并且大多数 HNL 由亚基组成。表 3.6 列出了研究最彻底的酶。因为只有少数 HNL 通过从植物中提取得到，所以来自橡胶树（*H. brasiliensis*）、木薯（*Manihot esculenta*）和亚麻（*Linum usitatissimum*）的酶已被克隆并在 *E. coli* 和 *P. pastoris* 中过度表达。例如，编码来自 *H. brasilliensis* 的酶的基因在 *P. pastoris* 酵母中 AOX1 启动子控制下高水平表达。在高密度发酵中，

纯 HNL 的生产在实验室规模下达到 23g/L，并且该蛋白质能用一步离子交换层析获得（Griengl et al.，2000）。

表 3.6　用于有机合成的羟腈裂合酶

酶	专一性	分子质量	最佳 pH	底物谱
Sorghum bicolor	*S*	105	n. d.	芳香族醛或酮
Manihot esculenta	*S*	92～124	5.4	广谱
Hevea brasiliensis	*S*	58	5.5～6.0	广谱
Linum usitatissimum	*R*	82	5.5	脂肪族醛或酮
Prunus sp.	*R*	55～80	5.5	广谱

对于来自 *H. brasilliensis*、*S. bicolor*、*M. esculenta* 和杏仁（*Prunus amygdalus*）的酶，它们的晶体结构已经被解析。有趣的是，该酶有一个 α/β 水解酶折叠并且还含有一个丝氨酸活性位点，与脂肪酶和酯酶相似，它通常镶嵌在 GXSXG 基序上。这可能表明这两类酶，即水解酶和裂合酶之间在进化上相接近的，尽管最近的研究表明 HNL 遵循不同的机制。

对于来自 *S. bicolor* 的 HNL，已提出如下的机制。与丝氨酸蛋白酶和脂肪酶中组氨酸残基充当普通碱的作用相反，C 端的色氨酸（*S. bicolor* 中的 Trp_{270}）从氰醇的羟基中抽出一个质子。一个水分子结合到活性位点似乎涉及质子转移。因而进入的氰醇与 Ser_{158}、Trp_{270} 以氢键结合，它从底物的 OH—基中抽出一个质子。接着，质子通过活性位点的水从色氨酸转移到腈而离开基团。氰离子的质子化导致产物 4-羟基-苯甲醛和 HCN 的形成（图 3.58）。该模型也同时解释了逆反应的（*S*)-立体选择性（Lauble et al.，2002）。

为了在有机合成中有效地利用 HNL，除了要得到 HNL 外，还必须进一步解决两个问题：①在与水不混溶的有机溶剂中进行反应；②在低 pH 尤其是 pH4～5 中进行反应。两种方法都抑制竞争性的化学反应，而导致产物的低旋光纯度。表 3.7 展示了用来自杏仁的 HNL 合成几种脂肪族 α-羟基腈的过程。

与来自 *H. brasiliensis* 和 *M. esculenta* 的酶相反，此时的脂肪族醛和芳香族醛是作为底物，来自 *S. bicolor* 的 HNL 只催化（*S*)-氰醇的生成和断裂。在表 3.6 列出的其他酶显示（*R*)-选择性。

多种醛和酮可以用 HNL 转化成相应的 α-羟基腈。图 3.59 显示了用表 3.6 列出的酶，以高产率和不同光学纯度得到的一些产物。如上所述，为了避免非立体选择性的化学反应，对于用 HNL 进行的有机合成，推荐使用与水不混溶的溶剂。正如表 3.7 所示，用固定在微晶粉末纤维素（一种纤维素膜）上的 PaHNL 在二异丙醚中得到高产率和极好的光学纯度是可能的。相反，在水/乙醇混合物中得到的产物光学纯度更低，如 *m*-取代的苯基衍生物只有 11%ee。然而对于使用酮的反应，该效果更不显著（表 3.8）。

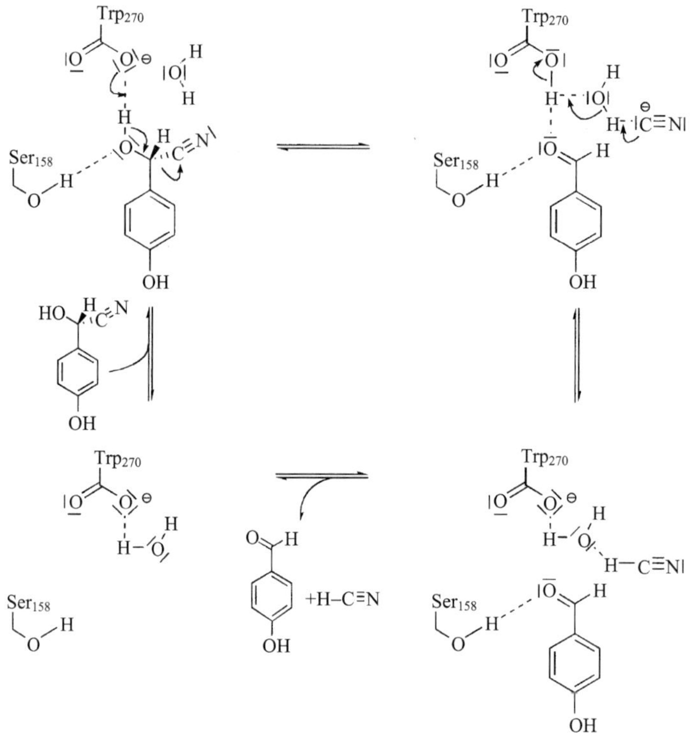

图 3.58　来自 *S. bicolor* 的羟腈裂合酶（HNL）反应机制（Lauble et al.，2002）。

表 3.7　用来自杏仁的 HNL（PaHNL）在有机溶剂或缓冲液中从醛制备（*R*）-氰醇

（改自 Fessner，2000）

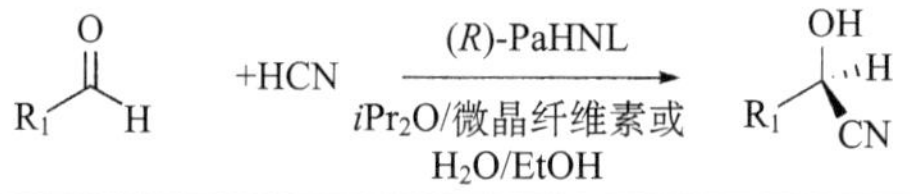

R_1	H_2O/EtOH		iPr_2O/微晶纤维素	
	产率/%	ee/%	产率/%	ee/%
Ph	99	86	96	99
3-PhO-C_6H_4	99	11	99	98
C_3H_7	75	69	99	98
$(CH_3)_3C$	56	45	84	83

替代使用高毒性 HCN 的方法是采用转氰化（转羟基氰化作用）反应，如来自杏仁的（*R*）-HNL，在转氰作用中，脂肪族醛和芳香族醛与 2-甲基 2-羟基丙腈反应（图 3.60）。然而，与涉及自由 HCN 的反应相比，产物的光学纯度更低一点。

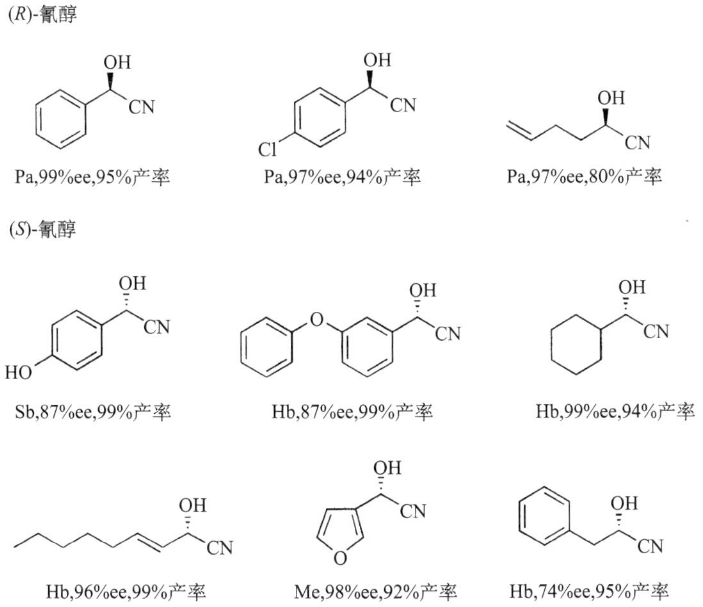

图 3.59　羟腈裂合酶（HNL）催化合成手性氰醇的实例。Pa，来自 *P. amygdalus* 的 HNL；Sb，来自 *S. bicolor* 的 HNL；Hb，来自 *H. brasilliensis* 的 HNL；Me，来自 *M. esculenta* 的 HNL（Griengl et al.，2000）。

表 3.8　用来自 *P. amygdalus* 的 HNL（PaHNL）在有机溶剂或缓冲液中从酮制备（*R*）-氰醇

（改自 Fessner，2000）

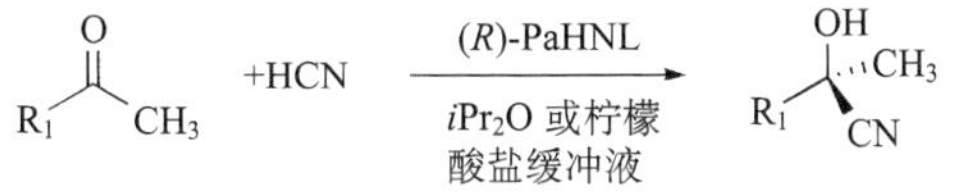

R_1	iPr_2O/微晶粉末纤维素		柠檬酸盐缓冲液	
	产率/%	ee/%	产率/%	ee/%
C_3H_7	70	97	78	95
C_4H_9	90	98	94	98
C_5H_{11}	88	57	56	96
$(CH_3)_2CHCH_2$	57	98	40	98

图 3.60　转羟基氰化作用的原理。

最近已发展了一种来自 *H. brasiliensis* 和 *M. esculenta* 的 HNL 催化生成（*S*）-氰醇的工艺。在双相系统中合成（S）-*m*-苯氧基苯甲醛氰醇——拟除虫菊酯合成的一种中间体，已被 DSM Chemie Linz 公司和 Nippon Shokubai 公司商业化（图 3.61）。

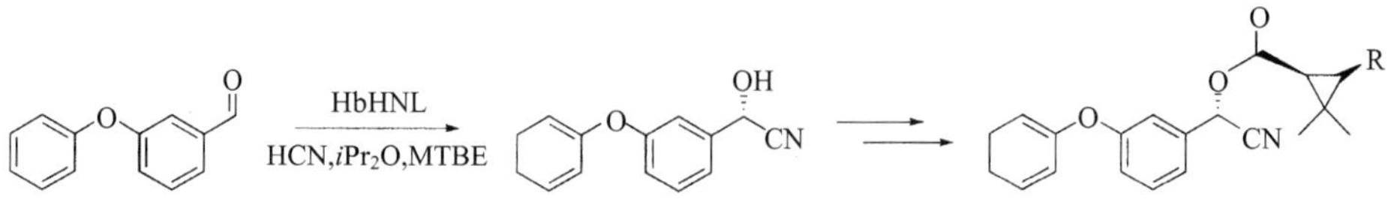

图 3.61 用来自 *H. brasiliensis* 的重组 HNL 合成拟除虫菊酯的一种中间体——（S）-*m*-苯氧基苯甲醛氰醇。

3.2.3.2 醛缩酶（EC4.1.2.-；4.1.3-）

醛缩酶催化与化学醛缩反应相对应的步骤，它通过亲核的酮立体控制方式加成到亲电的醛受体上形成碳-碳键。根据亲核成分的性质，醛缩酶通常可分为：①丙酮酸（和磷酸烯醇式丙酮酸）酶；②磷酸二羟基丙酮酶；③乙醛酶；④依赖甘氨酸的酶。在有机合成中最重要的是磷酸二羟基丙酮（DHAP）的利用，它们在单个反应中能形成两个新的立体中心。现已鉴别了一些相应的酶。醛缩酶能够接受各种非天然的受体底物，并产生已知绝对和相对立体化学的新立体中心，这使得它们成为不对称合成的强大工具。

根据它们的机制，醛缩酶分为Ⅰ和Ⅱ两种类型酶。类型Ⅰ酶主要存在于高等植物和动物中，并且不依赖于金属辅助因子。活性位点上赖氨酸残基上的自由氨基和 DHAP 反应形成席夫碱中间体。经过去质子化后形成烯胺，然后烯胺进攻醛。最后，与水反应后希夫碱中间体分解并释放醇醛和酶（图 3.62）。类型Ⅱ醛缩酶大多数存在于细菌和真菌中，并依赖 Zn^{2+} 起作用。锌离子作为 Lewis 酸，在 DHAP 中它使羰基极化（图 3.62）。

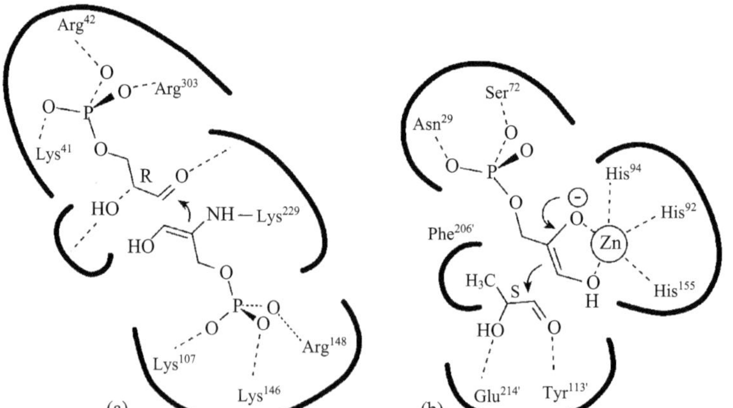

图 3.62 类型Ⅰ和类型Ⅱ醛缩酶的机制。实例表明磷酸二羟基丙酮（DHAP）作为亲核酮。

正如上面所指出那样，醛缩酶具有高度专一性并且醛缩反应的立体化学结构与底物结构无关，通常能够预测。因此，用 4 种不同的醛缩酶由 DHAP 和醛合成所有 4 种非对映体是可能的（图 3.63）。

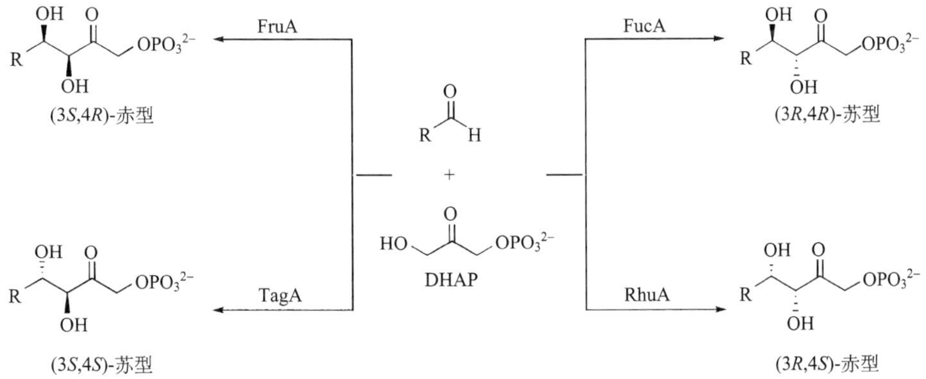

图 3.63 由 4 种立体互补的醛缩酶——FruA（1，6-二磷酸果糖醛缩酶）、FucA（1-磷酸果糖醛缩酶）、TagA（1，6-二磷酸果塔格糖糖醛缩酶）和 RhuA（1-磷酸鼠李糖醛缩酶）催化的醛缩反应。

在许多优秀的综述和图书中可以找到醛缩酶应用的实例（Fessner，2000；Fessner and Helaine，2001；Wong，2002）。在下面的段落中只描述了两种醛缩酶，同时，我们也注意到具有醛缩酶活性的催化抗体也被报道过（Gildersleeve et al.，2003）。

依赖 DHAP 的醛缩酶

最经常使用的依赖 DHAP 的醛缩酶是 Fru-醛缩酶（FruA，也经常简写为 FDP 醛缩酶；EC4.1.2.13），它催化 DHAP 和 D-3-磷酸甘油醛反应生成 D-二磷酸果糖（FDP）。反应的平衡常数约 10^4 L/mol，这有利于生成 FDP。该酶已从各种真核生物和原核生物中分离，并且已有过类型Ⅰ和类型Ⅱ生物催化剂报道。类型Ⅰ酶通常是四聚体，分子质量约 160kDa，然而类型Ⅱ FDP 醛缩酶是二聚体，分子质量约 80kDa。类型Ⅰ和类型Ⅱ醛缩酶序列之间同源性通常很低，尤其是类型Ⅱ醛缩酶之间。现解析了来自家兔肌肉（RAMA）和其他材料中的 FDP 醛缩酶的晶体结构。RAMA 和来自微生物的一些类型Ⅱ醛缩酶已被克隆和过度表达，这使得到这种酶很容易获得。醛缩酶广泛地使用在碳水化合物合成中，并且在图 3.64 中显示了少数产物。

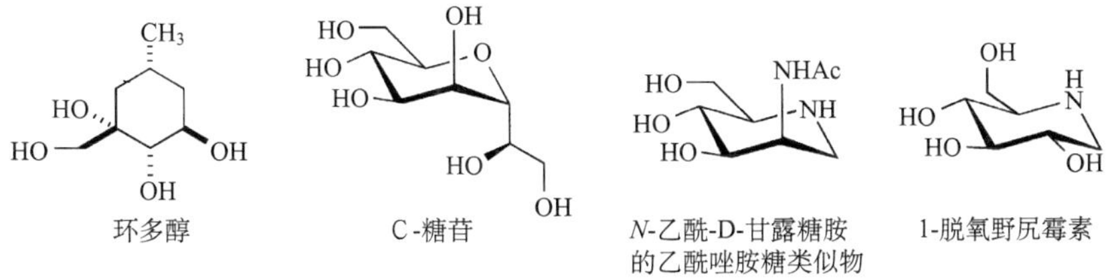

图 3.64 用 FDP 醛缩酶合成的分子的实例（ManNAc，*N*-乙酰-D-甘露糖胺）。

对于这些醛缩酶催化的反应，必须有磷酸化酮 DHAP。尽管在原理上 DHAP 能通过可逆反应得到，也就是说用 FDP 醛缩酶从 FDP 需要经过一个逆醛缩反应，但是该途径需要磷酸丙糖异构酶，如果在正向醛缩反应中使用了不同的醛缩酶，那么该途径几乎不能使用，它会产生复杂的混合产物。ATP 再生的需求阻碍了激酶催化的二羟基丙酮的磷酸化。一种化学替代方法是多步合成，它通常提供稳定的二聚体，二聚体通过酸水解容易转化为 DHAP。另外，虽然在低醛缩酶活性下，但是 DHAP 的砷酸盐衍生物也能被使用。

近来描述了一种基于甘油磷酸化的有效方法，该方法利用廉价并容易得到的植酸酶和无机焦磷酸。对于合成 5-脱氧-5-乙基木酮糖，这个反应的可行性已被证实。5-脱氧-5-乙基木酮糖的合成始于甘油，它是用三种不同的酶进行四步酶催化的一锅化反应（图 3.65）。首先，甘油磷酸化是焦磷酸在 pH4.0 和植酸酶存在的情况下和 95%的甘油反应，定量地得到外消旋的 3-磷酸甘油。然后用磷酸甘油氧化酶（GPO）在 pH7.5 和厌氧条件下把 L-对映体氧化成 DHAP。其中的过氧化氢通过触酶除去。利用 FruA 使原位生成的 DHAP 和丁醛反应，随后醇醛去磷酸化，并在 pH4.0 条件下再一次使用植酸酶。总的来说，从 3-磷酸甘油得到 5-脱氧-5-乙基木酮糖的产率为 57%。通过改变 pH 进行植酸酶的“开/关”是控制磷酸化和去磷酸化的关键（Schoevaart et al.，2000）。

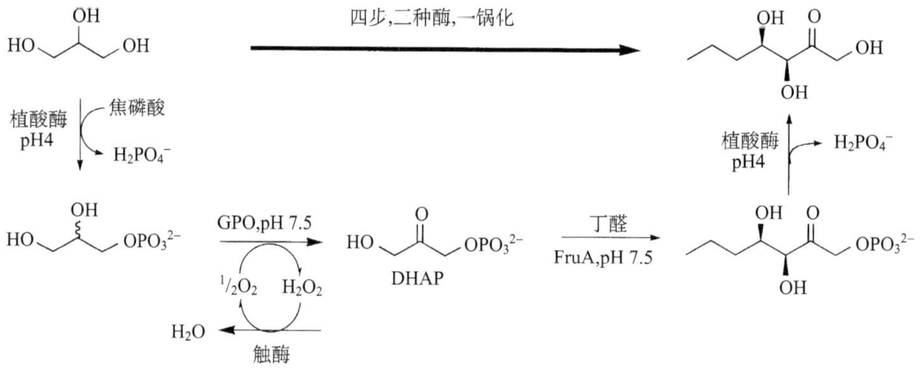

图 3.65 用原位生成的磷酸二羟基丙酮（DHAP）酶法全合成 5-脱氧-5-乙基木酮糖。成功的关键在于 pH 从 4.0（植酸酶反应）变为 7.5［磷酸甘油氧化酶（GPO）和醛缩酶（FruA）反应］。

依赖丙酮酸/磷酸烯醇式丙酮酸的醛缩酶

利用丙酮酸的酶，目前研究得最透彻的是 *N*-唾液酸（NeuAc）醛缩酶（EC4.1.3.3）。它催化丙酮酸和 *N*-乙酰-D-甘露糖胺（ManNAc）可逆缩合生成唾液酸。醇醛断裂的最初产物是 α-ManNAc 和丙酮酸。虽然在体内平衡有利于逆醛缩反应（K_{eq} 约 12.7L/mol），但是对于有机合成，使用过量的丙酮酸能进行醛缩反应，产生 NeuAc 的 β-异头物（β-anomer）（图 3.66）。NeuAc 醛缩酶是一种希夫碱类型Ⅰ醛缩酶，并已从细菌和动物中分离到。来自 *Clostridium* 和 *E. coli* 的这种酶已商业化，其中来自 *E. coli* 的该酶已被克隆和过度表达。它的最适 pH 是 7.5，但是 pH 7～9 时酶仍保留活

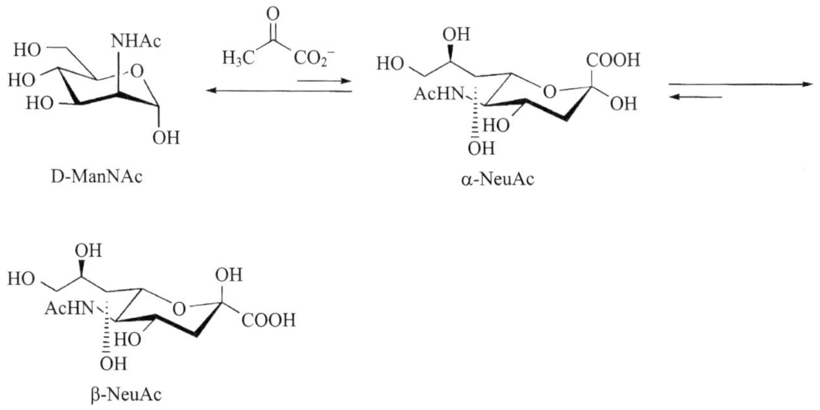

图 3.66　由 NeuAc 醛缩酶催化的体内醛缩反应。

性。NeuAc 醛缩酶能在溶液中或以固定化形式，或包裹在膜系统中使用。如果有了醛缩酶，在细胞与细胞作用以及细胞附着中起重要作用的复合糖就能以克级以上规模合成。

异构酶（EC5）

在该类别中，对有机合成最重要的酶是消旋酶和差向异构酶（两者都是 EC5.1.-.-），它们可催化立体中心的倒转。消旋酶可转化外消旋物中的一种对映体，然而差向异构酶是把一种非对映体转化为另一种非对映体。在该类别中其他被深入研究的酶是葡萄糖果糖异构酶（EC5.3）和顺-反异构酶，其中葡萄糖果糖异构酶用于高果糖玉米糖浆的合成（见 6.4.1 节和 9.4.2 节）。

虽然消旋酶“破坏”了特定手性化合物的光学纯度，但是它们对生物催化是非常重要的。如果在动力学拆分中不需要一种对映体，那么它能被消旋化并又一次进行拆分，经过反复的循环（再循环）或直接进行动态动力学拆分，最后可以生成 100%的产物。3.2.2.6 节的海因酶工艺就证实了这一点。此外，消旋酶还被用于增加氨基酸的 D-对映体。

除了扁桃酸酯消旋酶外，在文献中描述的大多数消旋酶都作用于 α-氨基羧酸（Kenyon et al.，1995；St. Maurice and Bearne，2004）。消旋酶和差向异构酶中的多数酶作用于羰基附近的立体中心，并通过稳定产生的阴离子和降低氢的 pK_a 来可逆地断裂 C—H 键。因为该阴离子中间体是二维的，并且能以相同的概率从两侧进行再质子化，所以生成外消旋产物（或差向异构产物）。

消旋酶可分为两种不同的类型，这依赖于是否需要辅因子 5′-磷酸吡哆醛（PLP）。对于依赖 PLP 的酶，反应机制是基于 PLP-辅因子和底物之间形成亚胺键。这极大地酸化了 α-质子，导致 pK_a 降低，结果更容易抽出质子。然后这个质子再回到亚胺上，结果产生 1∶1 的两种对映体混合物（图 3.67）。

对于不依赖于 PLP 的醛缩酶（如谷氨酸消旋酶），根据用含重氢的底物进行的机制研究提出了一个双碱机制（图 3.68）。对来自 *Lactobacillus fermenti* 的谷氨酸消旋酶诱

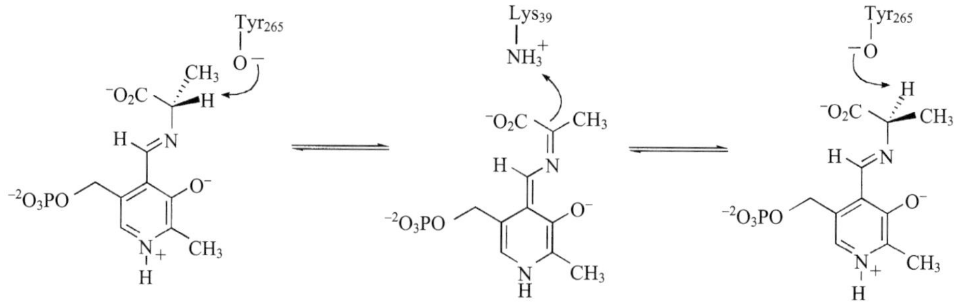

图 3.67　依赖 5′-磷酸吡哆醛（PLP）丙氨酸消旋酶的机制。

变研究鉴定了两个作为催化性酸/碱残基的半胱氨酸残基（Cys_{73} 和 Cys_{184}）。丙氨酸消旋酶（EC5.1.1.1）是一种细菌酶，它催化丙氨酸的消旋化并需要 PLP。它提供用于肽聚糖合成的 D-丙氨酸，从而在细菌生长中起重要作用。

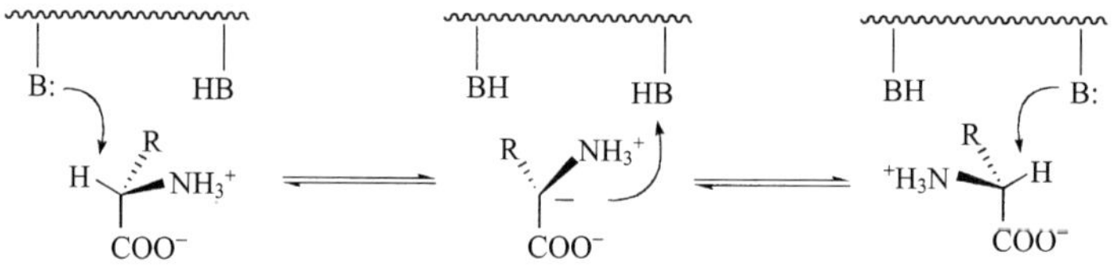

图 3.68　不依赖 5′-磷酸吡哆醛（PLP）消旋酶，如谷氨酸消旋酶的机制。

一些来自不同细菌的酶已被鉴定，并且这些酶也被克隆。通过联合 L-丙氨酸脱氢酶、D-氨基酸转氨酶和甲酸脱氢酶，这些酶被用于生产各种 D-氨基酸（图 3.69）。现已报道了所有 4 种基因的同时表达。

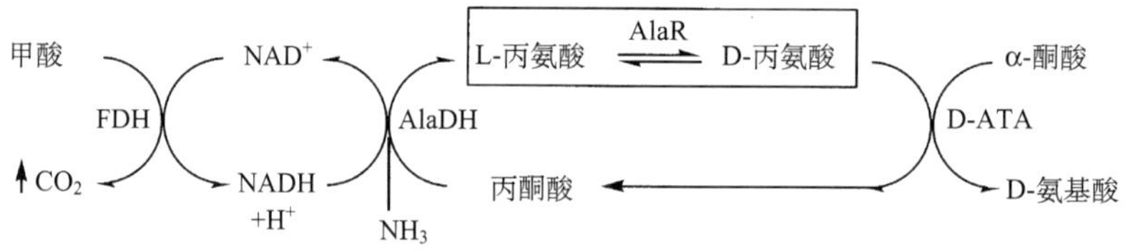

图 3.69　用 4 种酶（FDH，甲酸脱氢酶；AlaDH，丙氨酸脱氢酶；AlaR，丙氨酸消旋酶；D-ATA，D-氨基酸转氨酶）从 α-酮酸、甲酸、丙氨酸和氨合成 D-氨基酸。其中的消旋酶催化的反应被打框。

另一种用于生物催化的依赖 PLP 的消旋酶是 α-氨基-ε-己内酰胺消旋酶（图 3.70），它能合成 L-赖氨酸。然而，该工艺比不上发酵生产这种氨基酸的优势。

各种微生物中的谷氨酸消旋酶已被鉴定，并且来自 *Lactobacillus* sp. 和 *Bacillus* sp. 的基因已被克隆和过度表达。用 X 射线晶体学已确定了来自 *Aquifex pyrophilus* 的酶结构。且表明该酶是由两个 α/β 结构域组成。现已描述了在 L-谷氨酸合成中的应用，它与图 3.69 所示的实例相似，并能以高产率生成 D-缬氨酸、D-丙氨酸、D-天冬氨

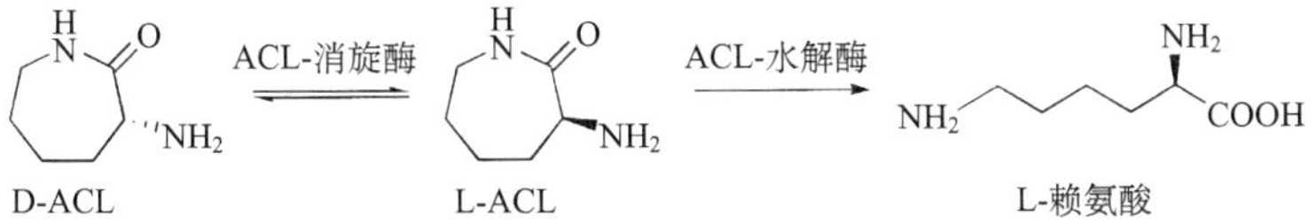

图 3.70 用 ACL-消旋酶和水解酶从外消旋物 D，L-α-氨基-ε-己内酰胺酶法合成 L-赖氨酸。

酸和其他 D-氨基酸。

***N*-乙酰氨基酸消旋酶**

N-乙酰氨基酸比相应的氨基酸更容易消旋化。因而，*N*-氨基乙酰酶（EC3.5.1.14）对映选择性水解 *N*-乙酰氨基酸并联合化学消旋可用于合成 L-色氨酸。不幸的是，化学步骤和酶法步骤的反应条件完全不同，因而拆分步骤和消旋化必须分开进行。Takeda 化学公司（日本）的研究人员从 *Streptomyces atratus* Y-53 成功地鉴定了一种消旋酶，它作用于 *N*-乙酰氨基酸但不它作用自由氨基酸；这使得起始于 D，L-乙酰氨基酸的动态动力学拆分更容易。该消旋酶作用于 *N*-乙酰、*N*-L-乙酰甲硫氨酸、*N*-L-乙酰缬氨酸、*N*-L-乙酰酪氨酸和 *N*-氯乙酰 L-缬氨酸，但不作用于 *N*-乙酰氨基酸甲酯或乙酯。

3.3 练习

1. 解释动态动力学拆分的概念。
2. 对于合成光学纯的醇，利用水解酶作为关键酶进行动态动力学拆分，或者利用醇脱氢酶还原酮进行不对称合成。讨论其中一个工艺的利弊。
3. 讨论在全细胞系统或用游离酶进行 P450 催化的羟基化的利弊。什么决定了哪个工艺选择哪种方法？
4. 哪种酶可用于光学纯 α-氨基酸的合成？
5. 现已知道用乙烯基酯作为酰基供体的脂肪酶催化的拆分中释放的乙醛会使生物催化剂失活。你如何克服该问题？
6. 你如何筛选一培养物具有消旋酶活性？

文献

教科书

这些教科书提供有机合成中与酶的利用相关的普遍信息。

Bommarius, A.S., Riebel, B.R., *Biocatalysis*, Wiley-VCH, Weinheim, **2004**

Bornscheuer, U.T., Kazlauskas, R.J., *Hydrolases in Organic Synthesis – Regio- and Stereoselective Biotransformations*, Wiley-VCH, Weinheim, **1999**

Drauz, K., Waldmann, H., (Eds), *Enzyme Catalysis in Organic Synthesis*, 2nd edition, Vols. 1–3, Wiley-VCH, Weinheim, **2002**

Faber, K., *Biotransformations in Organic Chemistry*, 5th edition, Springer, Berlin, **2004**

Patel, R.N., (Ed.), *Stereoselective Biocatalysis*, Marcel Dekker, New York, **2000**

Roberts, S.M., *Biocatalysts for Fine Chemical Synthesis*, Wiley-VCH, Weinheim, **1999**

参考文献

Adger, B., Bes, M.T., Grogan, G., McCague, R., Pedragosa-Moreau, S., Roberts, S.M., Villa, R., Wan, P.W.H., Willetts, A.J., Application of enzymic Baeyer-Villiger oxidations of 2-substituted cycloalkanones to the total synthesis of (R)-(+)-lipoic acid, *J. Chem. Soc., Chem. Commun.* **1995**, 1563–1564

Altenbuchner, J., Siemann-Herzberg, M., Syldatk, C., Hydantoinases and related enzymes as biocatalysts for the synthesis of unnatural chiral amino acids, *Curr. Opin. Biotechnol.*, **2001**, *12*, 559–563.

Appel, D., Lutz-Wahl, S., Fischer, P., Schwaneberg, U., Schmid, R.D., A P450 BM-3 mutant hydroxylates alkanes, cycloalkanes, arenes and heteroarenes, *J. Biotechnol.*, **2001**, *88*, 167–171

Archelas, A., Furstoss, R., Synthetic applications of epoxide hydrolases, *Curr. Opin. Chem. Biol.*, **2001**, *5*, 112–119

Azzolina, O., Vercesi, D., Collina, S., Ghislandi, V., Chiral resolution of methyl 2-aryloxypropionates by biocatalytic stereospecific hydrolysis, *Il Farmaco*, **1995**, *50*, 221–226

Baeyer, A., Villiger, V., Einwirkung des Caro'schen Reagens auf Ketone, *Chem. Ber.*, **1899**, *32*, 3625–3633

Baillargeon, M.W., McCarthy, S.G., *Geotrichum candidum* NRRL Y-553 lipase: purification, characterization and fatty acid specificity, *Lipids* **1991**, *26*, 831–836

Balkenhohl, F., Ditrich, K., Hauer, B., Ladner, W., Optically active amines via lipase-catalyzed methoxyacetylation, *J. Prakt. Chem.*, **1997**, *339*, 381–384

Bdjìc, J.D., Kadnikova, E.N., Kostic, N.M., Enantioselective aminolysis of an α-chloroester catalyzed by *Candida cylindracea* lipase encapsulated in sol-gel silica glass, *Org. Lett.*, **2001**, *3*, 2025–2028

Bolm, C., Catalyzed Baeyer-Villiger reactions, *Adv. Catal. Processes*, **1997**, *2*, 43–68

Bolm, C., Schlingloff, G., Weickhardt, K., Optically active lactones from a Baeyer-Villiger-type metal-catalyzed oxidation with molecular oxygen, *Angew. Chem. Int. Ed. Engl.*, **1994**, *33*, 1848–1849

Bommarius, A.S., Reduction of C=N bonds, in: Drauz, K., Waldmann, H., (Eds), *Enzyme catalysis in organic synthesis*, Vol. 3, pp. 1047–1063. VCH, Weinheim, **2002**

Bommarius, A.S., Drauz, K., Groeger, U., Wandrey, C., Membrane bioreactors for the production of enantiomerically pure a-amino acids, in: Collins, A.N., Sheldrake, G.N., Crosby, J., (Eds), *Chirality in Industry*, pp. 371–397. Wiley, London, **1992**

Bordusa, F., Proteases in organic synthesis, *Chem. Rev.*, **2002**, *102*, 4817–4867

Breuer, M., Ditrich, K., Habicher, T., Hauer, B., Keßeler, M., Stürmer, R., Zelinski, T., Industrial methods for the production of optically active intermediates, *Angew. Chem. Int. Ed.*, **2004**, *43*, 788–824

Britton, L.N., Brand, J.M., Markovetz, A.J., Source of oxygen in the conversion of 2-tridecanone to undecyl acetate by *Pseudomonas cepacia* and *Nocardia* species, *Biochim. Biophys. Acta*, **1974**, *369*, 45–49

Burton, S.G., Oxidizing enzymes as biocatalysts, *Trends Biotechnol.*, **2003**, *21*, 543–549

Chen, C.S., Fujimoto, Y., Girdaukas, G., Sih, C.J., Quantitative analyses of biochemical kinetic resolutions of enantiomers, *J. Am. Chem. Soc.*, **1982**, *104*, 7294–7299

Chen, C.S., Wu, S.H., Girdaukas, G., Sih, C.J., Quantitative analyses of biochemical kinetic resolution of enantiomers. 2. Enzyme-catalyzed esterifications in water-organic solvent

biphasic systems, *J. Am. Chem. Soc.*, **1987**, *109*, 2812–2817
Cirino, P.C., Arnold, F.H., Protein engineering of oxygenases for biocatalysis, *Curr. Opin. Chem. Biol.*, **2002**, 6, 130–135
Criegee, R., The rearrangement of decahydronaphthalene peroxide esters resulting from cationic oxygen. *Justus Liebigs Ann. Chem.*, **1948**, *560*, 127–135
Cripps, R.E., The Microbial Metabolism of Acetophenone, *Biochem. J.*, **1975**, *152*, 233–241
Cripps, R.E., Trudgill, P.W., Whateley, J.G., The metabolism of 1-phenylethanol and acetophenone by *Nocardia* T5 and an *Arthrobacter* species, *Eur. J. Biochem.*, **1978**, *86*, 175–186
Crosby, J.A., Parratt, J.S., Turner, N.J., Enzymic hydrolysis of prochiral dinitriles, *Tetrahedron: Asymmetry*, **1992**, *3*, 1547–1550
Degtyarenko, K.N., Structural domains of P450-containing monooxygenase systems, *Prot. Eng.*, **1995**, *8*, 737–747
DeSantis, G., Wong, K., Farwell, B., Chatman, K., Zhu, Z., Tomlinson, G., Huang, H., Tan, X., Bibbs, L., Chen, P., Kretz, K., Burk, M.J., Creation of a productive, highly enantioselective nitrilase through gene site saturation mutagenesis (GSSM), *J. Am. Chem. Soc.*, **2003**, *125*, 11476–11477
DeSantis, G., Zhu, Z., Greenberg, W.A., Wong, K., Chaplin, J., Hanson, S.R., Farwell, B., Nicholson, L.W., Rand, C.L., Weiner, D.P., Robertson, D.E., Burk, M.J., An Enzyme library approach to biocatalysis: Development of nitrilases for enantioselective production of carboxylic acid derivatives, *J. Am. Chem. Soc.*, **2002**, *124*, 9024–9025
Donoghue, N.A., Norris, D.B., Trudgill, P.W., The purification and properties of cyclohexanone oxygenase from *Nocardia globerula* CL1 and *Acinetobacter* NCIB 9871, *Eur. J. Biochem.*, **1976**, *63*, 175–192
Effenberger, F., Hydroxynitrile lyases in stereoselective synthesis, in: Patel, R.N., (Ed.), *Stereoselective Biocatalysis*, pp. 321–342. Marcel Dekker, New York, **2000**
Effenberger, F., Förster, S., Wajant, H., Hydroxynitrile lyases in stereoselective catalysis, *Curr. Opin. Biotechnol.*, **2000**, *11*, 532–539
El-Gihani, M.T., Williams, J.M.J., Dynamic kinetic resolutions, *Curr. Opin. Biotechnol.*, **1999**, *3*, 11–15
Faber, K., Mischitz, M., Kroutil, W., Microbial epoxide hydrolases, *Acta Chem. Scand.*, **1996**, *50*, 249–258
Farinas, E.T., Schwaneberg, U., Glieder, A., Arnold, F.H., Directed evolution of a cytochrome P450 monooxygenase for alkane oxidation, *Adv. Synth. Catal.*, **2001**, *343*, 601–606
Fessner, W.-D., Enzymatic synthesis using aldolases, in: Patel, R.N., (Ed.), *Stereoselective Biocatalysis*, pp. 239–265. Marcel Dekker, New York, **2000**
Fessner, W.-D., Helaine, V., Biocatalytic synthesis of hydroxylated natural products using aldolases and related enzymes, *Curr. Opin. Biotechnol.*, **2001**, *12*, 574–586
Fischer, A., Bommarius, A.S., Drauz, K., Wandrey, C., A novel approach to enzymic peptide synthesis using highly solubilizing N^{α}-protecting groups of amino acids, *Biocatalysis*, **1994**, *8*, 289–307
Forney, F.W., Markovetz, A.J., Kallio, R.E., *J. Bacteriol.*, **1967**, *36*, 155–158
Fried, J., Thoma, R.W., Klingsberg, A., Oxidation of steroids by microorganims. III. Side chain degradation, ring D-cleavage and dehydrogenation in ring A, *J. Am. Chem. Soc.* **1953**, *75*, 5764–5765
Frisone, M.d.T., Pinna, F., Strukul, G., Baeyer-Villiger oxidation of cyclic ketones with hydrogen peroxide catalyzed by cationic complexes of Platinum(II): Selectivity properties and mechanistic studies, *Organometallics* **1993**, *12*, 148–156
Gagnon, R., Grogan, G., Levitt, M.S., Robets, S.M., Wan, P.W.H., Willetts, A.J., Biological Baeyer-Villiger oxidation of some monocyclic and bicyclic ketones using monooxygenases from *Acinetobacter calcoaceticus* NCIMB 9871 and *Pseudomonas putida* NCIMB 10007, *J. Chem. Soc., Perkin Trans. 1*, **1994**, 2537–2543
Gildersleeve, J., Varvak, A., Atwell, S., Evans, D., Schultz, P.G., Development of a high-throughput screen for protein catalysts: Application to the directed evolution of antibody aldolases, *Angew. Chem. Int. Ed.*, **2003**, *42*, 5971–5973
Glieder, A., Farinas, E.T., Arnold, F.H., Laboratory evolution of a soluble, self-sufficient, highly active alkane hydroxylase, *Nat. Biotechnol.*, **2002**, *20*, 1135–1139
Goldstein, J.A., Faletto, M.B., Advances in mechanisms of activation and deactivation of environmental chemicals., *Environ Health Perspect.*, **1993**, *100*, 169–176

Griengl, H., Schwab, H., Fechter, M., The synthesis of chiral cyanohydrins by oxynitrilases, *Trends Biotechnol.*, **2000**, *18*, 252–256

Grogan, G., Roberts, S., Wan, P., Willetts, A.J., Camphor-grown *Pseudomonas putida*, a multifunctional biocatalyst for undertaking Baeyer-Villiger monooxygenase-dependent biotransformations, *Biotechnol. Lett.*, **1993**, *15*, 913–918

Grogan, G., Roberts, S., Willetts, A., Biotransformations by microbial Baeyer-Villiger monooxygenases stereoselective lactone formation *in vitro* by coupled enzyme systems, *Biotechnol. Lett.*, **1992**, *14*, 1125–1130

Hartmans, S., deBont, J.A.M., Acetol monooxygenase from *Mycobacterium* Py1 cleaves acetol into acetate and formaldehyde, *FEMS Microbiol. Lett.*, **1986**, *36*, 155–158

Henke, E., Bornscheuer, U.T., Schmid, R.D., Pleiss, J., A molecular mechanism of enantiorecognition of tertiary alcohols by carboxylesterases, *ChemBioChem.*, **2003**, *4*, 485–493

Henke, E., Pleiss, J., Bornscheuer, U.T., activity of lipases and esterases towards tertiary alcohols: insights into structure-function relationships, *Angew. Chem. Int. Ed.*, **2002**, *41*, 3211–3213

Hosoya, N., Hatayama, A., Irie, R., Sasaki, H., Katsuki, T., Rational design of Mn-Salen epoxidation catalysts: Preliminary results, *Tetrahedron*, **1994**, *50*, 4311–4322

Hummel, W., Schütte, H., Schmidt, E., Wandrey, C., Kula, M.-R., Isolation of L-phenylalanine dehydrogenase from *Rhodococcus* sp. M4 and its application for the production of L-phenylalanine, *Appl. Microbiol. Biotechnol.*, **1987**, *26*, 409–416

Jones, J.B., Esterases in organic synthesis: present and future, *Pure Appl. Chem.*, **1990**, *62*, 1445–1448

Jones, J.B., Hinks, R.S., Hultin, P.G., Enzymes in organic synthesis. 33. Stereoselective pig liver esterase-catalyzed hydrolyses of meso cyclopentyl-, tetrahydrofuranyl-, and tetrahydrothiophenyl-1,3-diesters, *Can. J. Chem.*, **1985**, *63*, 452–456

Jones, K.H., Roy, T.S., Trudgill, P.W., Diketocamphane enantiomer-specific 'Baeyer-Villiger' monooxygenases from camphor-grown *Pseudomonas putida* ATCC 17453, *J. Gen. Microbiol.*, **1993**, *139*, 797–805

Joo, H., Lin, Z., Arnold, F.H., Laboratory evolution of peroxide-mediated cytochrome P450 hydroxylation, *Nature*, **1999**, *399*, 670–673

Kamerbeek, N.M., Mooen, M.J.H., van der Ven, J.G.M., van Berkel, W.J.H., Fraaije, M.W., Janssen, D.B., 4-Hydroxyacetophenone monooxygenase from *Pseudomonas fluorescens* ACB, *Eur. J. Biochem.*, **2001**, *268*, 2547–2557

Kasche, V., Proteases in peptide synthesis, in: Beynon, M., Bond., J., (Eds), *Proteolytic enzymes. A practical approach*, pp. 265–292.: Oxford University Press, Oxford, **2001**

Katsuki, T., Martin, V.S., Asymmetric epoxidation of allylic alcohols: The Katsuki-Sharpless epoxidation reaction, *Org. React. (N.Y.)*, **1996**, *48*, 1–299

Kayser, M., Chen, G., Stewart, J., Designer Yeast: an enantioselective oxidizing reagent for organic synthesis, *Synlett.*, **1999**, *1*, 153–158

Kazlauskas, R.J., Bornscheuer, U.T., Biotransformations with Lipases, in: Rehm, H.J., Reed, G., Pühler, A., Stadler, P.J.W., Kelly, D.R., (Eds), *Biotechnology*, Vol. 8a, pp. 37–191. Wiley-VCH, Weinheim, **1998**

Kazlauskas, R.J., Weissfloch, A.N.E., Rappaport, A.T., Cuccia, L.A., A rule to predict which enantiomer of a secondary alcohol reacts faster in reactions catalyzed by cholesterol esterase, lipase from *Pseudomonas cepacia*, and lipase from *Candida rugosa*, *J. Org. Chem.*, **1991**, *56*, 2656–2665

Kenyon, G.L., Gerlt, J.A., Petsko, G.A., Kozarich, J.W., Mandelate racemase: structure–function studies of a pseudosymmetric enzyme, *Acc. Chem. Res.*, **1995**, *28*, 178–186

Kim, J.-M., Ahn, Y., Park, J., Dynamic kinetic resolutions and asymmetric transformations by enzymes coupled with metal catalysis, *Curr. Opin. Biotechnol.*, **2002**, *13*, 578–587

Kobayashi, M., Shimizu, S., Versatile nitrilases: Nitrile-hydrolysing enzymes, *FEMS Microbiol. Lett.*, **1994**, *120*, 217–224

Kobayashi, M., Shimizu, S., Metalloenzyme nitrile hydratase: structure, regulation, and application to biotechnology, *Nature Biotechnol.*, **1998**, *16*, 733–736

Königsberger, K., Griengl, H., Microbial Baeyer-Villiger reaction of bicyclo[3.2.0]heptan-6-ones – A novel approach to Sarkomycin A, *Bioorg. Med. Chem.*, **1994**, *2*, 595–564

Kragl, U., Gödde, A., Wandrey, C., Kinzy, W., Cappon, J.J., Lugtenburg, J., Repetitive batch as an efficient method for preparative scale enzymic synthesis of 5-azido-neuraminic acid and ^{15}N-L-glutamic acid, *Tetrahedron: Asymmetry*, **1993**, *4*, 1193–1202

Krishna, S.H., Persson, M., Bornscheuer, U.T., Enantioselective transesterification of a tertiary alcohol by lipase A from *Candida antarctica*, *Tetrahydron: Asymmetry*, **2002**, *13*, 2693–2696

Kroutil, W., Genzel, Y., Pietzsch, M., Syldatk, C., Faber, K., Purification and characterization of a highly selective epoxide hydrolase from *Nocardia* sp. EH1, *J. Biotechnol.*, **1998a**, *61*, 143–150

Kroutil, W., Mischitz, M., Plachota, P., Faber, K., Deracemization of (±)-*cis*-2,3-epoxyheptane *via* enantioconvergent biocatalytic hydrolysis using *Nocardia* EH1-epoxide hydrolase, *Tetrahedron Lett.*, **1996**, *37*, 8379–8382

Kroutil, W., Orru, R.V.A., Faber, K., Stabilization of *Nocardia* EH1 epoxide hydrolase by immobilization, *Biotechnol. Lett.*, **1998b**, *20*, 373–377

Lam, L.K.P., Brown, C.M., Jeso, B.d., Lym, L., Toone, E.J., Jones, J.B., Enzymes in organic synthesis. 42. Investigation of the effects of the isozymal composition of pig liver esterase on its stereoselectivity in preparative-scale ester hydrolyses of asymmetric synthetic value, *J. Am. Chem. Soc.*, **1988**, *110*, 4409–4411

Lam, L.K.P., Hui, R.A.H.F., Jones, J.B., Enzymes in organic synthesis. 35. Stereoselective pig liver esterase catalyzed hydrolyses of 3-substituted glutarate diesters. Optimization of enantiomeric excess via reaction conditions control, *J. Org. Chem.*, **1986**, *51*, 2047–2050

Lange, S., Musidlowska, A., Schmidt-Dannert, C., Schmitt, J., Bornscheuer, U.T., Cloning, functional expression, and characterization of recombinant pig liver esterase, *ChemBioChem*, **2001**, *2*, 576–582

Lauble, H., Miehlich, B., Förster, S., Wajant, H., Effenberger, F., Crystal structure of hydroyxnitrile lyase from *Sorghum bicolor* in complex with the inhibitor benzoic acid: a novel cyanogenic enzyme, *Biochemistry*, **2002**, *41*, 12043–12050

Layh, N., Hirrlinger, B., Stolz, A., Knackmuss, H.-J., Enrichment strategies for nitrile-hydrolysing bacteria, *Appl. Microbiol. Biotechnol.*, **1997**, *47*, 668–674

Lewis, D.F.V., *Cytochromes P450: Structure, Function and Mechanism*, Wiley-VCH, Weinheim, **1996**

Li, Q.-S., Schwaneberg, U., Fischer, F., Schmitt, J., Pleiss, J., Lutz-Wahl, S., Schmid, R.D., Rational evolution of a medium chain-specific cytochrome P-450 BM-3 variant, *Biochim. Biophys. Acta*, **2001**, *1545*, 114–121

Li, Q.-S., Schwaneberg, U., Fischer, P., Schmid, R.D., Directed evolution of the fatty-acid hydroxylase P450 BM-3 into an indole-hydroxylating catalyst, *Chem. Eur. J.*, **2000**, *6*, 1531–1536

Li, Z., van Beilen, J.B., Duetz, W.A., Schmid, A., deRaadt, A., Griengl., H., Witholt, B., Oxidative biotransformations using oxygenases, *Curr. Opin. Chem. Biol.*, **2002**, *6*, 136–144

Liese, A., Seelbach, K., Wandrey, C., *Industrial Biotransformations*, Wiley-VCH, Weinheim, **2000**

Linker, T., The Jacobsen-Katsuki epoxidation and its controversial mechanism, *Angew. Chem. Int. Ed. Engl.*, **1997**, *36*, 2060–2062

Malito, E., Alfari, A., Fraaije, M. W., Mattevi, A., Crystal structure of a Baeyer–Villiger-monooxygenase, *Proc. Natl. Acad. Sci. USA*, **2004**, *101*, 13 157–13 162

Meyer, A., Held, M., Schmid, A., Kohler, H.-P.E., Witholt, B., Synthesis of 3-tert-butylcatechol by an engineered monooxygenase, *Biotechnol. Bioeng.*, **2003**, *81*, 518–524

Meyer, A., Schmid, A., Held, M., Westphal, A.H., Röthlisberger, M., Kohler, H.-P.E., van Berkel, W.J.H., Witholt, B., Changing the substrate specificity of 2-hydroxybiphenyl-3-monooxygenase from *Pseudomonas azelaica* HBP1 by directed evolution, *J. Biol. Chem.*, **2002**, *277*, 5575–5582

Mihovilovic, M.D., Müller, B., Kayser, M.M., Stewart, J.D., Fröhlich, J., Stanetty, P., Spreitzer, H., Baeyer-Villiger oxidations of representative heterocyclic ketones by whole cells of engineered *Escherichia coli* expressing cyclohexanone monooxygenase, *J. Mol. Catal. B: Enzym.*, **2001**, *11*, 349–353

Mihovilovic, M.D., Müller, B., Stanetty, P., Monooxygenase-Mediated Baeyer-Villiger Oxidations, *Eur. J. Org. Chem.*, **2002**, 3711–3730

Mischitz, M., Faber, K., Asymmetric opening of an epoxide by azide catalyzed by an immo-

bilized enzyme preparation from *Rhodococcus* sp., *Tetrahedron Lett.*, **1994**, *35*, 81–84
Moree, W.J., Sears, P., Kawashiro, K., Witte, K., Wong, C.H., Exploitation of subtilisin BPN′ as catalyst for the synthesis of peptides containing noncoded amino acids, peptide mimetics and peptide conjugates, *J. Am. Chem. Soc.*, **1997**, *119*, 3942–3947
Musidlowska, A., Lange, S., Bornscheuer, U.T., By overexpression in the yeast *Pichia pastoris* to enhanced enantioselectivity: New aspects in the application of pig liver esterase, *Angew. Chem. Int. Ed.*, **2001**, *40*, 2851–2853
Musidlowska-Persson, A., Bornscheuer, U.T., Recombinant porcine intestinal carboxyl esterase: cloning from the pig liver esterase gene by site-directed mutagenesis, functional expression and characterization, *Prot. Eng.*, **2003**a, *16*, 1139–1145
Musidlowska-Persson, A., Bornscheuer, U.T., Site directed mutagenesis of recombinant pig liver esterase yields in mutant with altered enantioselectivity, *Tetrahedron: Asymmetry*, **2003**b, *14*, 1341–1344
Nagasawa, T., Takeuchi, K., Yamada, H., Characterization of a new cobalt-containg nitrile hydratase purified from urea-induced cells of *Rhodococcus rhodochrous* J1, *Eur. J. Biochem.*, **1991**, *196*, 581–589
Nagasawa, T., Yamada, H., Microbial production of commodity chemicals, *Pure Appl. Chem.*, **1995**, *67*, 1241–1256
Nardini, M., Ridder, S. I., Rozeboom, H.J., Kalk, K.H., Rink, R., Janssen, D.B., Dijkstra, B.W., The X-ray structure of epoxide hydrolase from *Agrobacterium radiobacter* AD1, *J. Biol. Chem.*, **1999**, *274*, 14579–14596
Narhi, L.O., Fulco, A.J., Characterization of a catalytically self-sufficient 119,000 Dalton cytochrome P-450 monooxygenase induced by barbiturates in *Bacillus megaterium*, *J. Biol. Chem.*, **1986**, *261*, 7160–7169
Narhi, L.O., Fulco, A.J., Identification and characterization of two functional domains in cytochrome P-450 BM-3, a catalytically self-sufficient monooxygenase induced by barbiturates in *Bacillus megaterium*, *J. Biol. Chem.*, **1987**, *262*, 6683–6690
Nelson, D.R., Cytochrome P450 and the individuality of species, *Arch. Biochem. Biophys.*, **1999**, *369*, 1–10
Nelson, D.R., Kamataki, T., Waxman, D.J., Guengerich, F.P., Estabrook, R.W., Feyereisen, R., Gonzalez, F.J., Coon, M.J., Gunsalus, I.C., Gotoh, O., et al., The P450 superfamily: update on new sequences, gene mapping, accession numbers, early trivial names of enzymes, and nomenclature, *DNA Cell. Biol.*, **1993**, *12*, 1–51
Nishizawa, M., Shimizu, M., Ohkawa, H., Kanaoka, M., Stereoselective production of (+)-*trans*-chrysanthemic acid by a microbial esterase: cloning, nucleotide sequence, and overexpression of the esterase gene of *Arthrobacter globiformis* in *Escherichia coli*, *Appl. Environ. Microbiol.*, **1995**, *61*, 3208–3215
Öhrner, K., Mattson, A., Norin, T., Hult, K., Enantiotopic selectivity of pig liver esterase isoenzymes, *Biocatalysis*, **1990**, *4*, 81–88
Ohshima, T., Soda, K., Stereoselective biocatalysis: Amino acid dehydrogenases and their applications, in: Patel, R.N., (Ed.), *Stereoselective Biocatalysis*, p. 877. Marcel Dekker, New York, **2000**
Oliver, C.F., Modi, S., Pimrose, W.U., Lian, L.Y., Roberts, G.C., Engineering the substrate specificity of *Bacillus megaterium* cytochrome P-450 BM3: hydroxylation of trimethylammonium compounds, *Biochem. J.*, **1997**, *327*, 537–544
Ollis, D.L., Cheah, E., Cygler, M., Dijkstra, B., Frolow, F., Franken, S., Harel, M., Remington, S.J., Silman, I., The α/β hydrolase fold, *Protein Eng.*, **1992**, *5*, 197–211
Omura, T., Sato, R.J., The carbon monooxide-binding pigment of liver microsomes. I. Evidence for its hemoprotein nature, *J. Biol. Chem.*, **1964**, *239*, 2370–2378
Orru, R.V.A., Kroutil, W., Faber, K., Deracemization of (±)-2,2-disubstituted epoxides *via* enantioconvergent chemoenzymic hydrolysis using *Nocardia* EH1 epoxide hydrolase and sulfuric acid, *Tetrahedron Lett.*, **1997**, *38*, 1753–1754
Orru, R.V.A., Osprian, I., Kroutil, W., Faber, K., An efficient large-scale synthesis of (*R*)-(−)-mevalonolactone using simple biological and chemical catalysts, *Synthesis*, **1998**, 1259–1263
Ottolina, G., Carrea, G., Colonna, S., Ruckemann, A., A predictive active site model for cyclohexanone monooxygenase catalyzed Baeyer-Villiger oxidations, *Tetrahedron: Asymmetry*, **1996**, *7*, 1123–1136
Oyama, K., Industrial production of aspartame, in: Collins, A.N., Sheldrake, G.N., Crosby, J., (Eds), *Chirality in Industry*, pp. 237–247. Wiley, Chichester, **1992**

Pàmies, O., Bäckvall, J.-E., Combination of enzymes and metal catalysts. A powerful approach in asymmetric catalysis, *Chem. Rev.*, **2003**, *103*, 3247–3262

Pàmies, O., Bäckvall, J.-E., Chemoenzymatic dynamic kinetic resolution, *Trends Biotechnol.*, **2004**, *22*, 130–135

Park, J.H., Kim, G.J., Kim, H.S., Production of D-amino acid using whole cells of recombinant *Escherichia coli* with separately and coexpressed D-hydantoinase and N-carbamoylase, *Biotechnol. Prog.*, **2000**, *16*, 564–570

Pedragosa-Moreau, S., Archelas, A., Furstoss, R., Microbiological transformations. 32. Use of epoxide hydrolase mediated biohydrolysis as a way to enantiopure epoxides and vicinal diols: Application to substituted styrene oxides, *Tetrahedron*, **1996**, *52*, 4593–4606

Peters, M.W., Meinhold, P., Glieder, A., Arnold, F.H., Regio- and enantioselective alkane hydroxylation with engineered cytochromes P450 BM-3, *J. Am. Chem. Soc.*, **2003**, *125*, 13442–13450

Peterson, J.A., Graham, S.E., A close family resemblance: the importance of structure in understanding cytochromes P450, *Structure*, **1998**, *6*, 1079–1085

Pleiss, J., Fischer, M., Peiker, M., Thiele, C., Schmid, R.D., Lipase engineering database understanding and exploiting sequence-structure-function relationships, *J. Mol. Catal B: Enzymatic*, **2000**, *10*, 491–508

Quax, W.J., Broekhuizen, C.P., Development of a new *Bacillus* carboxyl esterase for use in the resolution of chiral drugs, *Appl. Microbiol. Biotechnol.*, **1994**, *41*, 425–431

Rink, R., Fennema, M., Smids, M., Dehmel, U., Janssen, D.B., Primary structure and catalytic mechanism of the epoxide hydrolase from *Agrobacterium radiobacter* AD1, *J. Biol. Chem.*, **1997**, *272*, 14650–14657

Rosenthaler, L., Durch Enzyme bewirkte asymmetrische Synthese, *Biochem. Z.*, **1908**, *14*, 238–253

Ruettinger, R.T., Wen, L.-P., Fulco, A.J., Coding nucleotide, 5'-regulatory, and deduced amino acid sequences of P-450 BM-3, a single peptide cytochrome P-450:NADPH-P-450 reductase from *Bacillus megaterium*, *J. Biol. Chem.*, **1989**, *264*, 10987–10995

Savjalov, W.W., Zur Theorie der Eiweissverdauung, *Pflügers Arch. Ges. Physiol.*, **1901**, *85*, 171

Schellenberger, V., Jakubke, H.D., Protease-catalyzed kinetically controlled peptide synthesis, *Angew. Chem. Int. Ed. Engl.*, **1991**, *30*, 1437–1449

Schmid, R.D., Verger, R., Lipases – interfacial enzymes with attractive applications, *Angew. Chem. Int. Ed. Engl.*, **1998**, *37*, 1608–1633

Schmidt, M., Griengl, H., Oxynitrilases: From Cyanogenesis to asymmetric synthesis, in: Fessner, W.-D., (Ed.), *Topics Curr. Chem.*, Vol. 200, pp. 193–226. Springer, Berlin, **1999**

Schneider, S., Wubbolts, M.G., Sanglard, D., Witholt, B., Biocatalyst engineering by assembly of fatty acid transport and oxidation activities for in vivo application of cytochrome P-450BM-3 monooxygenase., *Appl. Environ. Microbiol.*, **1998**, *64*, 3784–3790

Schoevaart, R., Rantwijk, F.v., Sheldon, R.A., A four-step cascade for the one-pot synthesis of non-natural carbohydrates from glycerol, *J. Org. Chem.*, **2000**, *65*, 6940–6943

Schwaneberg, U., Appel, D., Schmitt, J., Schmid, R.D., P450 in biotechnology: zinc driven ω-hydroxylation of *p*-nitrophenoxydodecanoic acid using P450 BM-3 F87A as a catalyst, *J. Biotechnol.*, **2000**, *84*, 249–257

Schwaneberg, U., Bornscheuer, U.T., in: Bornscheuer, U.T., (Ed.), *Enzymes in Lipid Modification.*: Wiley-VCH, Weinheim, **2000**

Schwaneberg, U., Otey, C., Cirino, P.C., Farinas, E., Arnold, F.H., Cost-effective whole-cell assay for laboratory evolution of hydroxylases in *Escherichia coli*, *J. Biomol. Screen.*, **2001**, *6*, 111–117

Schwaneberg, U., Schmidt-Dannert, C., Schmitt, J., Schmid, R.D., A continuous spec trophotometric assay for P450 BM-3, a fatty acid hydroxylating enzyme, and its mutant F87A, *Anal. Biochem.*, **1999**a, *269*, 359–366

Schwaneberg, U., Sprauer, A., Schmidt-Dannert, C., Schmid, R.D., P450 monooxygenase in biotechnology I. Single-step, large-scale purification method for cytochrome P450 BM-3 by anion-exchange chromatography, *J. Chromatogr. A*, **1999**b, *848*, 149–159

Secundo, F., Carrea, G., Riva, S., Battistel, E., Bianchi, D., Cyclohexanone monooxygenase catalyzed oxidation of methyl phenyl sulfide and cyclohexanone with macromolecular NADP in a membrane reactor, *Biotechn. Lett.* **1993**, *155*, 865–870

Smit, M.S., Fungal epoxide hydrolases: new landmarks in sequence-activity space, *Trends Biotechnol.*, **2004**, *22*, 123–129

Spelberg, J.H.L., Rink, R., Kellogg, R.M., Janssen, D.B., Enantioselectivity of a recombinant epoxide hydrolase from *Agrobacterium radiobacter*, *Tetrahedron: Asymmetry*, **1998**, *9*, 459–466

St. Maurice, M., Bearne, S.L., Hydrophobic nature of the active site of mandelate racemase, *Biochemistry*, **2004**, *43*, 2524–2532

Steinreiber, A., Faber, K., Microbial epoxide hydrolases for preparative biotransformations, *Curr. Opin. Biotechnol.*, **2001**, *12*, 552–558

Stewart, J.D., Reed, K.W., Zhu, J., Chen, G., Kayser, M.M., A 'designer yeast' that catalyzes the kinetic resolutions of 2-alkyl-substituted cyclohexanones by enantioselective Baeyer-Villiger oxidations, *J. Org. Chem.*, **1996**, *61*, 7652–7653

Strukul, G., Transition metal catalysis in the Baeyer-Villiger oxidation of ketones, *Angew. Chem. Int. Ed.*, **1998**, *37*, 1198–1209

Sugiura, Y., Kuwahara, J., Nagasawa, T., Yamada, H., Nitrile hydratase: the first non-heme iron enzyme with a typical low-spin Fe(III)-active center, *J. Am. Chem. Soc.*, **1987**, *109*, 5848–5850

Syldatk, C., May, O., Altenbuchner, J., Mattes, R., Siemann, M., Microbial hydantoinases – industrial enzymes from the origin of life?, *Appl. Microbiol. Biotechnol.*, **1999**, *51*, 293–309

Tanner, A., Hopper, D.J., Conversion of 4-hydroxyacetophenone into 4-phenyl acetate by a flavin adenine dinucleotide-containing Baeyer-Villiger-type monooxygenase, *J. Bacteriol.*, **2000**, *182*, 6565–6569

Taylor, D.G., Trudgill, P.W., Camphor revisited: studies of 2,5-diketocamphane 1,2-monooxygenase from *Pseudomonas putida* ATCC 17453, *J. Bacteriol.*, **1986**, *165*, 489–497

Turfitt, G.E., Microbiological degradation of steroids. IV. Fission of the steroid molecule. *Biochem. J.*, **1948**, *42*, 376–383

Urlacher, V., Schmid, R.D., Biotransformations using prokaryotic P450 monooxygenases, *Curr. Opin. Biotechnol.*, **2002**, *13*, 557–564

Urlacher, V.P., Lutz-Wahl, S., Schmid, R.D., Microbial P450 enzymes in biotechnology, *Appl. Microbiol. Biotechnol.*, **2004**, *64*, 317–325

Walsh, C.T., Chen, Y.C.J., Enzymatische Baeyer-Villiger-Oxidation durch flavinabhängige Monooxygenasen, *Angew. Chem. Int. Ed.*, **1988**, *27*, 333–343

Weissfloch, A.N.E., Kazlauskas, R.J., Enantiopreference of lipase from *Pseudomonas cepacia* toward primary alcohols, *J. Org. Chem.*, **1995**, *60*, 6959–6969

Wieser, M., Nagasawa, T., Stereoselective nitrile-converting enzymes, in: Patel, R., (Ed.), *Stereoselective Biocatalysis*, pp. 461–486. Marcel Dekker, New York, **1999**

Wong, C.H., Formation of C-C bonds, in: Drauz, K., Waldmann, H., (Eds), *Enzyme catalysis in organic synthesis*, Vol. 2, pp. 931–974. VCH, Weinheim, **2002**

Yamamoto, K., Oishi, K., Fujimatsu, I., Komatsu, K.-I., Production of *R*-(–)-mandelic acid from mandelonitrile by *Alcaligenes faecalis* ATCC 8750, *Appl. Environm. Microbiol.*, **1991**, *57*, 3028–3032

Zaks, A., Dodds, D.R., Chloroperoxidase-catalysed asymmetric oxidations: substrate specificity and mechanistic study, *J. Am. Chem. Soc.*, **1995**, *117*, 10419–10424

Zhang, J., Reddy, J., Roberge, C., Senanayake, C., Greasham, R., Chartrain, M., Chiral bioresolution of racemic indene oxide by fungal epoxide hydrolase, *J. Ferment. Bioeng.*, **1995**, *80*, 244–246

Zhang, X.M., Archelas, A., Furstoss, R., Microbiological transformations. 19. Asymmetric dihydroxylation of the remote double bond of geraniol: A unique stereochemical control allowing easy access to both enantiomers of geraniol-6,7-diol, *J. Org. Chem.*, **1991**, *56*, 3814–3817

4 酶的生产与纯化

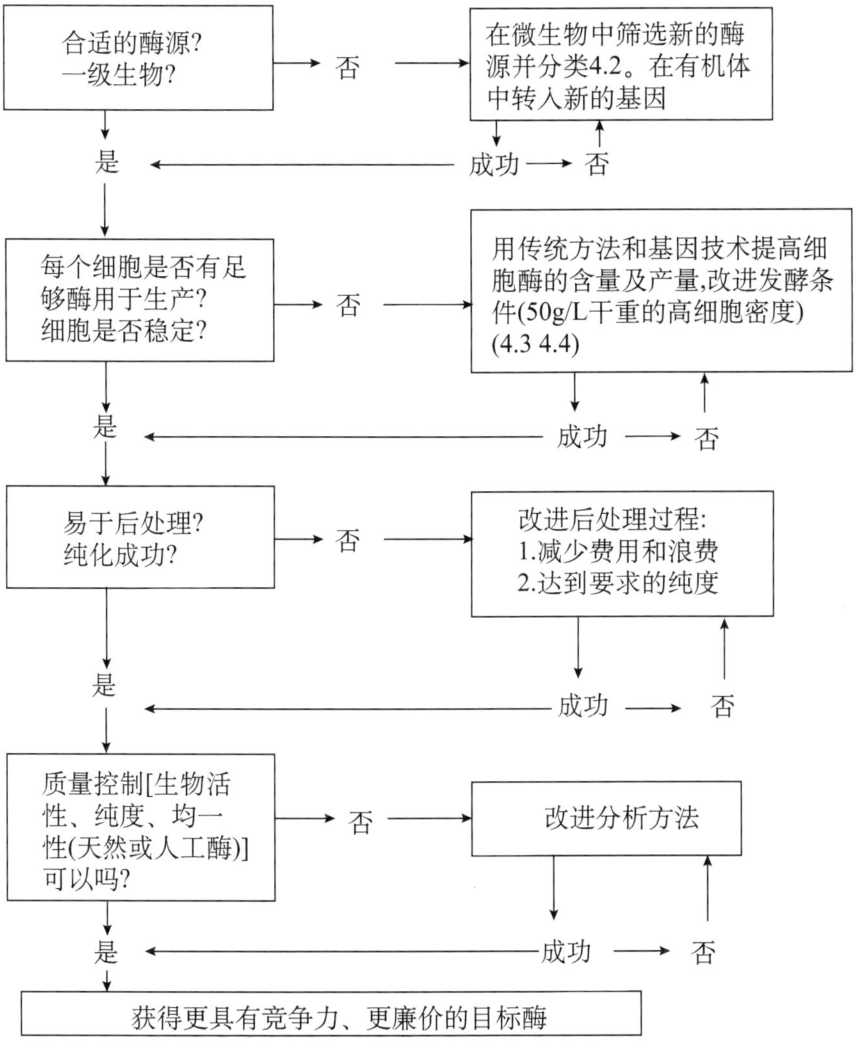

在酶的加工处理过程中和用于治疗与纯度分析中，需要有稳定、安全的酶供给。在酶技术应用方面，酶的成本必须低于产品价值的1%～10%，为使成本与价值高低相对应，可采用下列方法来进行酶的生产与纯化，可以达到这个目的。

4.1 引言

酶的活性是限制酶被利用的主要因素。如果使用更稳定的酶能具有相同，或更好，或活性达到相同的效果，那么就能降低酶的成本。因此，酶的加工处理包括酶的生产与纯化，酶的纯化能降低酶的成本，以达到所需的纯度。首先是选取合适的酶源（GRAS或者一级生物）。然后进行酶的纯化。一般来说，才能从自然资源（如动物、植物组织、野生型微生物）获得充足的酶，因为它们在自然进化过程中，酶产量没有被优化提高。因而，用天然生物生产GRAS或一级安全生物来源的酶的下一个生产步骤就是优化酶的产量①。

由非GRAS或者一级生物生产的酶，不能满足安全标准的要求。这种情况下，所需酶的基因可转入GRAS或者一级生物，并在其内表达来实现生产。野生型或重组型微生物酶生产的优化过程，包括影响酶活性的转录、翻译及翻译后加工等方面。这些可以通过基因操作技术或不需要基因操作技术可以达到。最后，作为生物催化剂应用的酶必须进行纯化以达到要求的纯度。由于胞外酶可直接从培养基中分离出来，而不需要破坏细胞结构，因此较胞内酶更易于纯化。通过纯化降低了培养基或者匀浆中酶的含量，提高了酶的纯度，达到最终要求的纯度。每千克工业酶的估价大约在10（如淀粉酶、果胶酶）～100 000欧元（如青霉素酰化酶）。这个价格比用于分析和医疗的酶相对较低，因为分析和医疗用酶需要更高的纯度。

这一章概括介绍了如何提高酶的产量，及下游处理提高纯度来降低酶成本。如果需要进一步信息，感兴趣的读者可参考本章后面的参考文献。

4.2　酶源

4.2.1　动物和植物组织

传统工艺中，从加工过的动植物组织，特别是不能作为食物的残余物中提取酶。早期曾用来自胰腺（用于皮革的预处理，见1.3）、牛胃、肾、肝和植物组织（番木瓜、菠萝）中的酶，在制皮工业中软化消化肉质，或者如中非地区用死海果叶凝固牛奶来生产奶酪。这些过程中，除了对胰腺的应用，其他应用都已有5000多年的历史了。这些是经过长久的实践经验而形成的，也就是在不久前，才知道在这些过程中作为生物催化剂的酶是必需的。经过过去的150年，随着生物化学和酶学的发展，参与这些反应的酶才被鉴定。某些酶源酶含量高，每天生产的酶量可占湿重的1%（表4.1）。这些组织（如胰腺，种子）产生消化酶，或表达出大量用于特定组织（肝、肌肉、心脏）代谢的酶。而由于某些组织中提取酶回收率低，为了避免酶的供应不足，所以需要代替的酶源。这一点在应用胰腺作为酶源时已阐明了。直到1921年，发现胰腺还能产生胰岛素，胰腺才作为获得工业酶和用于代替治疗的消化酶的主要来源（见1.3）。但后来发现，用胰腺作为生产工业酶的来源价格太昂贵。在生产胰岛素时，胰腺还生产胰凝乳蛋白酶、胰蛋白酶等副产物。现在，胰岛素主要由重组生物（如*E. coli*或者酵母）来产生，因此，用于医疗和动物细胞培养的酶价格就提高了。同时，对于其他以胰腺作为消耗性

---

① GRAS（generally recongnized as safe，即公认为安全的），是指在食品加工中，长期认为没有健康问题的生物。一级生物不会引起人类或者动物疾病，其用于酶生产的种类少于实验室中用到的。很多国家通过法律来规定这个分类，可根据国际、国家健康机构（如美国的WTO、FAO、FDA；德国的ZKBS）进一步修订。可参照参考文献和附录Ⅰ中的网络资源。

资源的工业酶，其主要来自于微生物的替代酶源已被找到。

表 4.1　来自动植物和微生物中的具有生物活性的酶含量和产量

（Albee et al.，1997；Amneus，1977；Deshpande et al.，1994；Rua et al.，1998；Pilone and Pollegioni，2002；Christiansen et al.，2003；Kasche et al.，2004）

酶源	酶	酶含量/(g/g 干重)	酶产量 (g/L·d)
动物组织			
胰腺	消化酶如胰凝乳蛋白酶，脂肪酶，核酸酶，胰岛素 (e)[a]	在胰腺细胞外，这些酶被活化，酶原含量约 0.04	达到 10
肝	醛缩酶 (i)[a]	0.001	
肌肉	醛缩酶 (i)	0.03	
猪肾	D-氨氧化酶 (i)	0.001	
植物组织			
番木瓜树	木瓜蛋白酶 (e)	<0.01	
微生物			
S. cerevisiae	醛缩酶 (i)	0.016	
E. coli			
一野生型	青霉素酰化酶 (p)[a]	0.004	0.25
一重组型	青霉素酰化酶 (p)	0.04～0.1	1～4
一重组型	glutaryl 酰胺酶 (p)	7	
一重组型	脂肪酶 (e)[b]	0.04	
一重组型	D-氨基酸氧化酶	0.04	
B. clausii			
一重组型	Savinase (枯草杆菌蛋白酶)	0.016	0.4

a. (i) 胞内的；(p) 周质的；(e) 胞外的。

b. *B. thermocatenulatus* 脂肪酶是胞外酶，但 *E. coli* 的脂肪酶主要在胞内产生。

目前，通过 pharming 转基因技术，能用动物、植物组织产生异源蛋白质（Miele，1997；Rudolph，1999）。到目前为止，这种方法主要用来生产治疗性蛋白质，与微生物发酵相比，其优势在于生产成本更低。虽然对组织中生产异源蛋白质仍有质疑，但是仍可采用转基因技术来生产治疗用蛋白质。在动物体内，这种蛋白质可能产生抗体，进而在动植物组织中可能产生某些未知的与生长方面相关的负面影响。从动物组织中提取酶，还可能造成朊病毒（如 BSE）感染或其他有害于人类的病毒（如 HIV）感染。

4.2.2　野生型微生物

长期用于食品生产（主要的保藏机构）的微生物（GRAS 生物和一级生物）是理想酶源。用于食品生产的酶要求是非重组酶，并进行严格调控。

野生微生物也用来筛选新酶。有以下这些不同的筛选方法：

- 从不同微生物取样（图 4.1）；

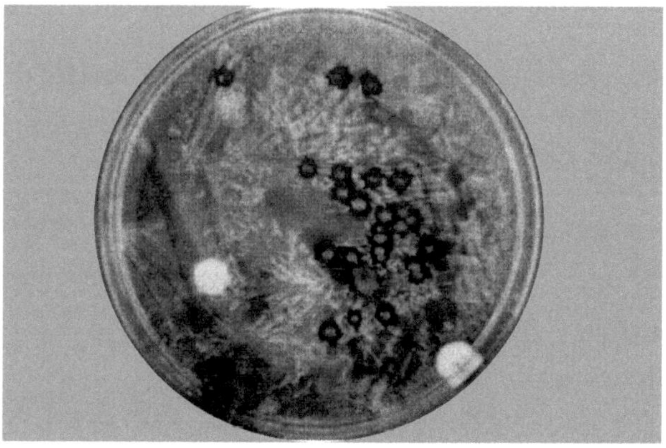

图 4.1　从土壤样品中筛选能降解芘的微生物。这些微生物能以芘作为唯一碳源，可直接观察到其菌落（Kästner，1994）。

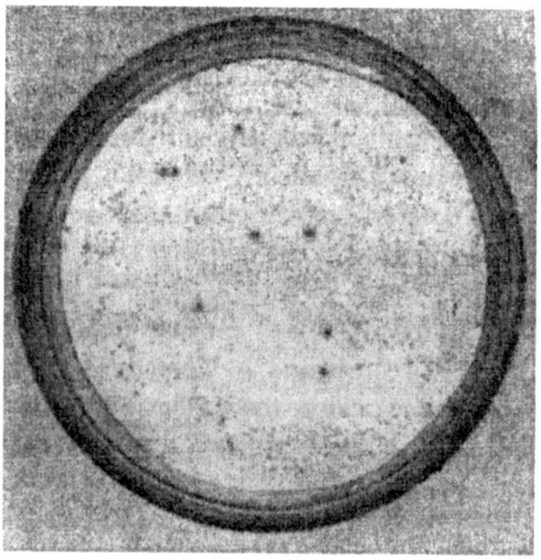

图 4.2　筛选产青霉素酰化酶的 *E. coli*。细菌培养皿上放一张滤纸。黄色的酶产物可水解滤纸上的培养基。青霉素酰化酶使滤纸也变成黄色（图中的黑点）；产酶量越多，变色时间越短。

• 从不同酶量的同一微生物取样（图 4.2 和图 4.3）。

这些方法也能用于筛选在所需活性发挥条件（pH、温度）下的新酶。如果所需反应要在酸或碱条件下进行，那么也应从相应环境中筛选（见 2.2.11 节）微生物或者宏基因组（宏基因组是不可培养的微生物库的 DNA，见 2.11 节。将宏基因组的基因转入微生物，并表达出相应的酶）。如果酶的最适温度很高（甚至达 100℃），那就需要从温泉中筛选微生物（Niehaus et al.，1999），那样该微生物才可能达到预期设定的要求。

4.2.3　重组微生物

当所需的酶在野生生物中含量很低，甚至不存在时，需要替代的酶源。可在一级微生物中转入所需酶的基因，并在其中表达，即可解决这一问题。常用的微生物包括细菌和酵母，如 *Aspergillus*、*Bacillus*、*Escherichia coli*（只有一级菌株）、*Saccharomyces*、*Streptomyce*。如今，大多数酶都是应用重组技术来生产的。

4.3　酶产量的提高

4.3.1　影响酶产量的过程

转录、翻译和翻译后加工可能影响活性酶的产量（图 4.4）。这些过程包括下列各

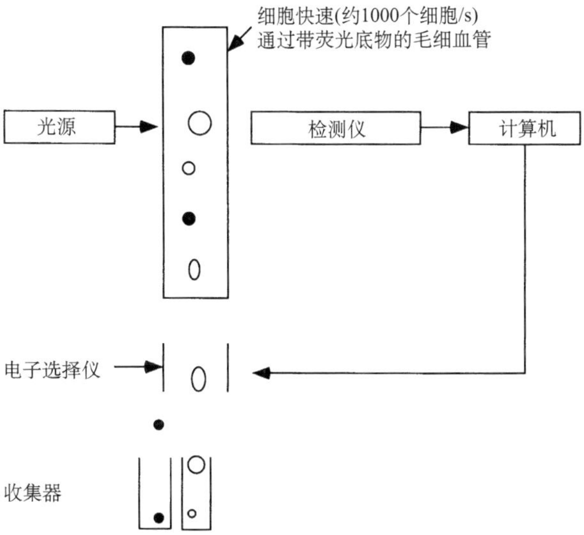

图 4.3　荧光激活的细胞分拣法（FACS）高通量筛选（HTS）不同性质的酶，如大小、DNA 含量、胞内酶或者周质酶的浓度。在后一个酶 E 试验中，单个细胞可通过带荧光底物的毛细血管被转运，而这种荧光底物只有酶 E 才能将其转化为荧光产物。产酶的细胞（黑色表示）就有荧光标记，可通过测定器（检测仪和计算机）检测到，而分离器又根据产生的电信号将细胞分离。

步（其中的第 6～8 步只发生在胞外酶和通过细胞膜转到周质的酶）：

1. 在转录开始前，野生型基因在外部诱导物作用下活化。阻遏蛋白阻遏 RNA 聚合酶结合到所需转录的双链 DNA 上；当结合诱导物时，阻遏蛋白失活。这种失活机制也用在重组酶的生产中。

2. mRNA 在体内迅速水解。近来发现一个基因沉默的天然机制，其中发现有小干扰 RNA（siRNA）通过转录而形成，它能够抑制翻译或者加速互补 RNA 的降解（Scherer and Rossi，2003）。这减少了被 mRNA 翻译的前酶原（pre-pro-enzyme）多肽的数量。

3. 肽酶通过蛋白质转换，水解胞内未折叠多肽（Enfors，1992）。胞内经过蛋白质转换回收不再使用的已折叠蛋白质的氨基酸（Wickner et al.，1999；Henge and Buckau，2003）。

4. 当前酶原（pre-pro-enzyme）合成浓度高时，邻近的多肽在折叠中可能相互作用，引起不溶蛋白质聚合（包含体）。这些聚合体必须通过去折叠和复性才能恢复生物活性（Mitraki et al.，1991）。胞内酶或胞外前酶原在通过细胞膜前必须通过分子伴侣进行折叠。胞外前酶原在膜中运输时必须去折叠，其他辅助其转运到膜的蛋白质阻止前酶原在胞质中的折叠、胞内蛋白水解和形成包含体。

5. 胞内酶需结合辅因子才有生物活性。它们以共价结合（如磷酸化）或非共价结

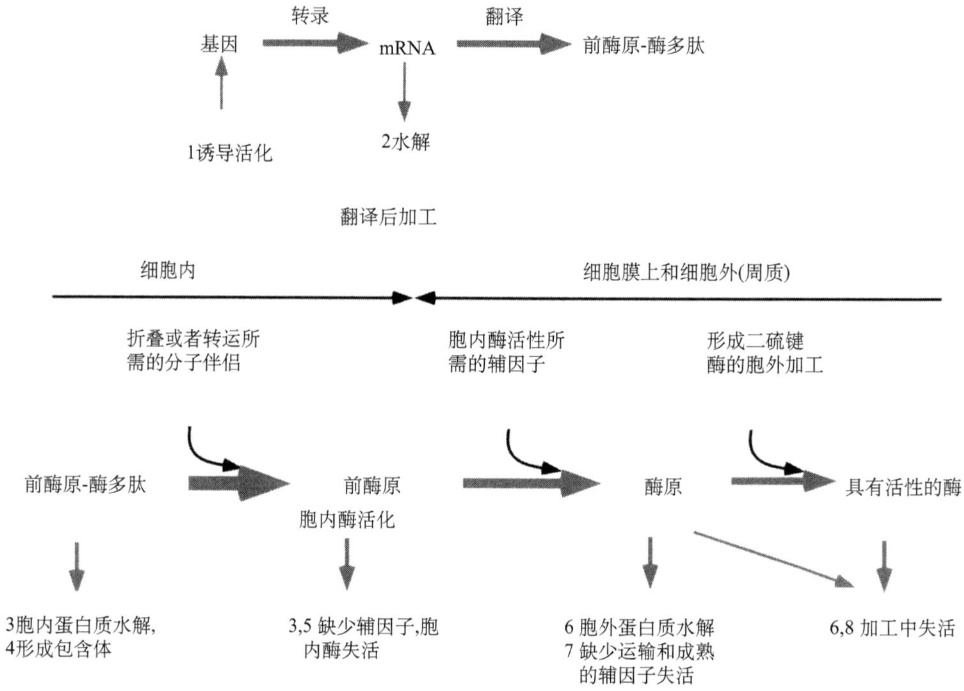

图 4.4　影响胞内、胞外和周质酶产量的转录、翻译和翻译后加工过程。后面两种先合成前酶原-酶多肽。通过细胞膜需要信号肽（肽原），被细胞膜外的信号肽水解。粗体表示生物活性酶。

合，如海因酶上的 Zn^{2+}（Altenbuchner et al.，2001），或者通过 FAD 结合于 D-氨基酸氧化酶。当辅因子不足时，活性酶的产量降低。胞内离子浓度（如 Ca^{2+}、Zn^{2+}）$<1\mu mol/L$；因此，结合酶的离子常数必须低于 $1\mu mol/L$ 才能达到饱和（Jones et al.，2002）。

6. 胞外（周质）肽酶可降解胞外（周质）酶。

7. 对于需要辅因子的前酶原（如金属离子，见第 5 步），在其运输到细胞膜后，如果还不成熟和/或生物活性缺乏，将导致非活化前酶原或者酶原在胞质中积累。

8. 在不同反应中，通过蛋白质水解加工使酶原成熟而具有不同活性。

表 4.2 中列出了是否采用基因技术对酶产量提高的影响。如表 4.2 所示，当使用摇瓶培养的细胞产酶量要优化提高时，只能在发酵时增加细胞密度来提高产量。细胞生长进入指数生长期时，培养基中也应相应地增加所需营养成分，如 C、N、S、P 源和不同辅因子。实际生产中，每升高密度发酵液可达到 50g 细胞干重，产生的活性酶最高浓度为 10g/L，或占细胞总蛋白质的 40%。酶的最佳生产也能达到这个数值（表 4.1）。最新研究表明，胞外酶（脂肪酶）和周质酶（青霉素酰化酶）达到此数值主要依靠翻译后加工。

表 4.2 图 4.4 的 1～8 步如何在转录、翻译、翻译后加工水平上提高生物活性酶的产量[a]

影响细胞产量的过程（图 4.4）	非基因技术提高产量的方法	基因技术提高产量的方法
1. 诱导基因活化和 mRNA 合成	选择最佳诱导物浓度	增加每个细胞基因数量和 mRNA 合成速度
2. mRNA 水解	选择减少 mRNA 水解的细胞	减少不同的 RNase 浓度
3. 胞内蛋白质水解	选择胞内肽酶浓度较低的细胞	提高分子伴侣浓度来减少蛋白质水解的损失
4. 形成包含体	降低温度，减少多肽合成速率	提高分子伴侣浓度来减少包含体的形成
5. 胞内酶结合辅因子	提高胞外辅因子浓度（金属离子）	刺激胞内辅因子的合成和提高胞外辅因子浓度（金属离子）
6. 胞外（周质）蛋白质水解	选择胞外（周质）肽酶浓度低的细胞	降低周质肽酶浓度
7. 胞外和周质酶结合辅因子，膜运输	提高辅因子浓度，选择膜运输速率高的细胞	提高辅因子浓度和细胞膜上蛋白质迁移数；改变信号肽
8. 过程损耗		对结合到酶原上的多肽进行定点诱变以阻止酶原的进一步加工

a. 用质粒转导用于酶的大规模生产，必须选择抗生素抗性低的微生物进行抗生素抗性标记。

4.4 提高周质酶和胞外酶产量

现在，大多数工业酶（包括重组酶和非重组酶）都由微生物（细菌、酵母、真菌）产生。重组酶常以 *E. coli*、*Bacillus*、*Aspergillus*、酵母（只有一级菌株）为宿主细胞。工业应用过程中的大多数水解酶是胞外酶或者周质酶。青霉素酰化酶和脂肪酶已作为生物催化剂，大规模用于生产（Makrides，1996）。表 4.2 以活性酶产量为基础，而不针对包括（前）原酶的包含体。包含体中含有大量酶蛋白，纯化后可使其产生活性。然而，这需要在纯化后将天然酶原重新折叠，利用蛋白酶水解使其体外活化。当然，这不仅增加了酶的成本，还减少了活性酶的产量（Middelberg，2002）。

4.4.1 青霉素酰化酶

目前每年从 *E. coli*、*A. faecalis*、*P. rettgeri*、*K. citrophila*、*B. megaterium*、*A. viscosus* 中生产大约 30 000t 青霉素酰化酶（EC3.5.1.11）（图 1.7）。最近，青霉素酰化酶作为生物催化剂的新用途是工业化生产半合成青霉素和头孢菌素（见第 2 章，2.6 节；第 9 章，9.2 节；Bruggink，2001）。青霉素酰化酶能够在 *E. coli* 中以周质酶方式生产。有活性的青霉素酰化酶包含了不直接涉及酶生物功能的 Ca^{2+} 辅因子（McDonough et al.，1999；Kasche et al.，2004）。*E. coli* 中产生的青霉素酰化酶经分子内自体溶解而具有活性（图 4.5*E. coli* 青霉素酰化酶 PA_{EC}）（Kasche et al.，1999）。青霉素酰化酶在转入周质过程中或转入周质后被活化。其他微生物也以类似的过程生产青霉素酰化酶（Ignatova et al.，1998）。

在转录和翻译水平上，通过转入高拷贝目的基因或提高温度稳定 mRNA 数量，增

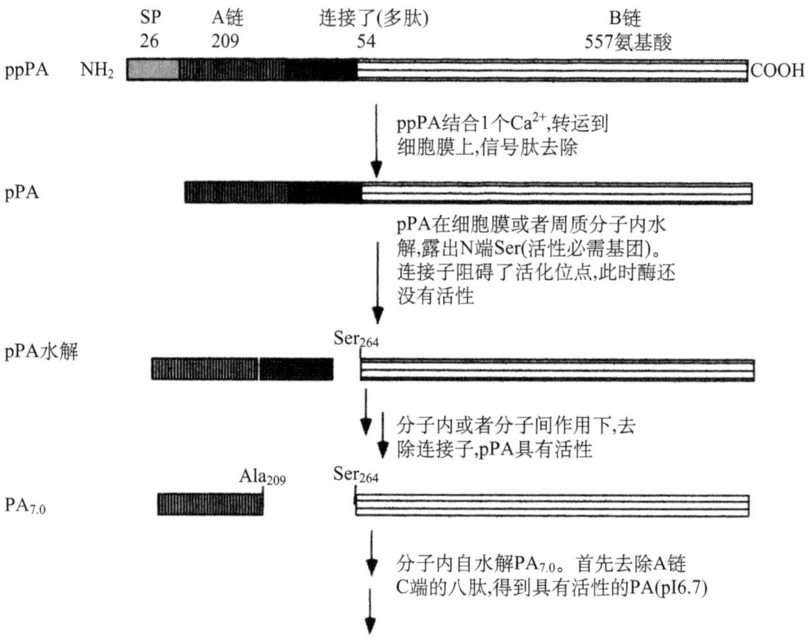

图 4.5 *E. coli* 青霉素酰化酶（PA_{EC}，EC3.5.1.11）的加工过程。酶原前体（ppPA）是由信号肽（A 链）和连接子（B 链）组成的多肽链。野生型细胞中具有活性的 PA 由 A 链和 B 链组成，pI7.0。

加 ppPA 的合成能提高酶产量，而 ppPA 合成速度为制约因子。核糖体多肽合成过程中，邻近的肽折叠，形成包含体（Mitraki et al.，1991）。降低发酵温度能降低多肽合成速度。如表 4.3 所示，能使野生型 *E. coli* 生产活性 PA_{EC} 提高的因素不少于 20 个，除了使发酵温度由 37℃降到 28℃，如表 4.3 所示，在这些细胞中，一些前原酶胞内蛋白质因水解而损失。

表 4.3　在表 4.2 和图 4.4 中，对野生型和重组型 *E. coli* 在摇瓶和发酵培养条件下，在转录、翻译和翻译后加工水平对活性 PA_{EC} 浓度产生影响的多种因素

(Ignatova et al.，2000，2003；Kasche et al.，2004)

影响因素	图 4.4 中的主要影响过程	细胞类型/培养条件	活性 PA_{EC} 浓度/(mg/g CDW)
温度/℃	3，4	野生型/摇瓶 LB 培养基	
24	包含体形成		1.7
28			1.9
32	蛋白质胞内水解		0.5
36			<0.1
葡萄糖/(μmol/L)	3	野生型/摇瓶 28℃ LB 培养基	
0	蛋白质胞内水解		1.9
28			1.6
56			1.5

续表

影响因素	图 4.4 中的主要影响过程	细胞类型/培养条件	活性 PA_{EC} 浓度/(mg/g CDW)
140			1.0
280			0.2
560			<0.1
细胞株	所有过程	摇瓶/28℃	
野生型		基本培养基	3.3
DH5			3.1
K5			7.0
JM109			10.8
TOP10			5.7
BL21DE			52.0
Ca^{2+}/(μmol/L)	3，7	重组 BL21DE/摇瓶	
3	细胞质中加入细胞膜运输所需的辅因子		1.9
10		28℃基本培养基	7.9
100			14.0
1000			20.2
以不同浓度 Ca^{2+}/(μmol/L) 与指数倍增葡萄糖进行高密度发酵	3，7 细胞质中加入辅因子	重组 BL21DE/2-L 28℃发酵	
0			1
0.48			16
2.4			40
4.8			35

胞内蛋白质水解是受胞内蛋白酶浓度和培养基影响的耗能过程。为了提高 PA_{EC} 产量，野生型 *E. coli* 培养基中葡萄糖浓度需保持在低于 50μmol/L 水平的一定含量（表 4.3）。产生 PA_{EC} 时，为减少胞内蛋白质水解，应使用肽酶缺陷型细胞。但培养基成分仍是一个重要因素（表 4.3）。

每分子上述青霉素酰化酶可紧密结合一个 Ca^{2+} 作为辅因子。胞内 Ca^{2+} 浓度很低，由此产生一个问题，就是应何时加入 Ca^{2+}，是在膜转位前还是后？在野生型和重组型产 PA_{EC} 细胞中，研究发现，只有结合 Ca^{2+} 的 $ppPA_{EC}$ 或者 pPA_{EC} 才能通过细胞膜转位（图 4.6）（Kasche et al.，2004）。于是推测，辅因子的浓度影响 PA_{EC} 产量。而且，在低密度摇瓶培养（1～2g 细胞干重）时也得到以上结果。

发酵时，必须增加细胞密度以进一步提高 PA_{EC} 产量。对于重组型 BL21（D3）细胞，高密度发酵可以在经摇瓶培养优化好的培养基中以指数补料方式实现。补料成分中须加含有 C 源（葡萄糖）、N 源、离子（特别是作为辅因子的 Ca^{2+}）。同时必须控制葡萄糖浓度，防止生成乙酸而降低 PA_{EC} 产量①。

① 酶技术中其他周质酶或者胞外酶也结合 Ca^{2+}，但不直接构成酶的功能。其中有 α-淀粉酶（Nielsen and Borchert，2000）、枯草杆菌蛋白酶（Bryan，2000）和一些脂肪酶（见 4.4.2 节）。

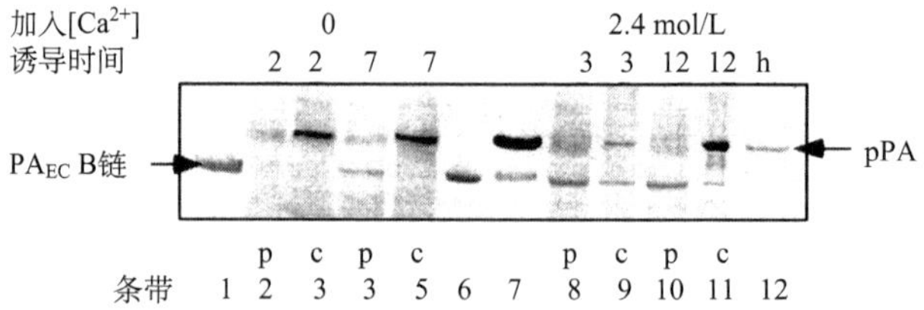

图 4.6　在分批培养后，以不同浓度 Ca^{2+} 与指数补料发酵条件下，重组 *E. coli* BL21（D3）产青霉素酰化酶（PA_{EC}）周质（p），细胞质（c）片段 SDS 凝胶 Western blot（图 4.7）。条带 1，6：PA_{EC}；条带 7，12：指在 *E. coli* 结合 Ca^{2+} 后，pPA 的缓慢加工过程。蛋白质以不同分子质量在 SDS 凝胶电泳中被分离。只有 pPA 和 PA_{EC} 的 B 链，pPA 的胞内水解产物产生单克隆抗体，在 Western blot 出现条带。pPA 标记的条带是确定氨基端序列的酶原。值得注意的是：不论是否加入 Ca^{2+}，都会有 pPA 积累；而缺少 Ca^{2+}，有活性的 PA 浓度降低（图 4.7）。

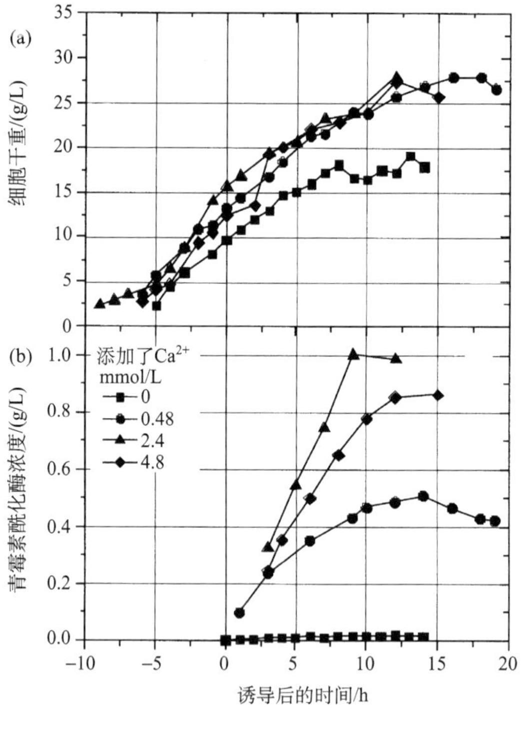

图 4.7　生产青霉素酰化酶的重组 *E. coli* BL21（DE）细胞的高密度（CDW，g/L）生长曲线。在 10h 时，当 ITPG 诱导细胞前，加入指数级葡萄糖与不同浓度 Ca^{2+}。在加入诱导剂后，细胞立即生产前酶原（Kasche et al.，2004）。

图 4.7 显示补料中有无 Ca^{2+} 对酶产量的影响。在最适 Ca^{2+} 浓度下，有活性的 PA_{EC} 约占发酵生产总蛋白的 10%，而 *A. faecalis* 相应产物可达 20%。结果证明了酶原前体或者酶原都需要有足够量的 Ca^{2+}，才能转运到细胞膜，蛋白质水解产生活性酶。

4.4.2　脂肪酶

来自不同微生物中的脂肪酶（EC 3.1.1.3）目前已得到了广泛应用（见第 3 章，3.2.2.1 节）。与青霉素酰化酶不同的是，这些脂肪酶都是胞外酶，通过野生型宿主细胞壁进入培养基。图 4.8 显示了翻译后加工和成熟的不同机制。一些原核生物（如 *Pseudomonas aeruginosa*、*B. glumae*、*C. viscosum*）生产出脂肪酶酶原，需要经过如脂肪酶特异伴侣（如脂肪酶特异折叠酶，Rosenau et al.，2004）蛋白质来激活。这些伴侣蛋白能防止脂肪酶蛋白质被水解和形成包含体［图 4.8（b）］。目前，已对脂肪酶的基因表达调控、折叠、分泌进行了深入的研究（Rosenau et al.，2004）。虽然还没有证明加入 Ca^{2+} 对脂肪酶活性是必需的，但一些脂肪酶也结合了 Ca^{2+}（Nardini et al.，2000）。

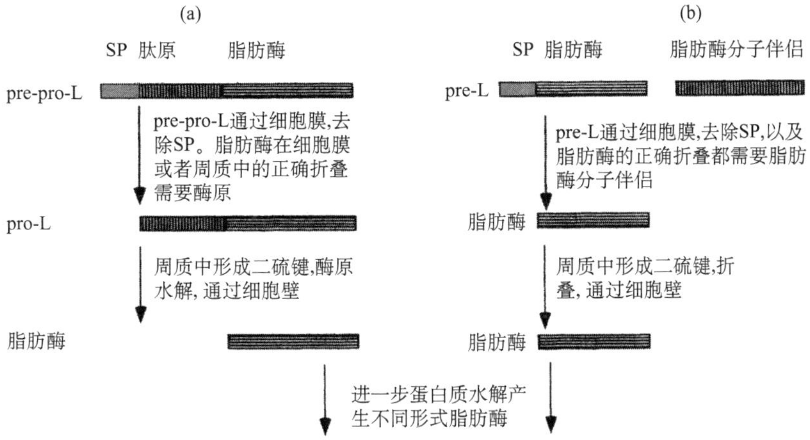

图 4.8　不同微生物胞外脂肪酶（L，EC 3.1.1.3）翻译后加工机制。SP＝信号肽。（a）真核生物脂肪酶（如 *Rh. miehei*，*Rh. oryzae*）；（b）原核生物脂肪酶（如 *Pseudomonas* sp.，*Burkholderia* sp.，*C. viscosum*）（Jaeger et al.，1999；Ueda et al.，2002）。

来自丝状真菌（*Rh. miehei*，*Rh. oryzae*）真核脂肪酶和青霉素酰化酶一样，以前酶原方式产生［图 4.8（a）］。这些脂肪酶的前原酶比成熟酶活性更强（Beer et al.，1998）。对这类酶而言，原肽在脂肪酶内部起催化折叠作用。

现已发现，一些影响翻译后加工的因子也影响脂肪酶产量（表 4.2）。*P. cepacia* 脂肪酶在 *E. coli* 主要形成包含体。野生型信号肽与 *E. coli* 信号肽交换可增加该活性酶的表达。脂肪酶前体所形成的包含体变性可在脂肪酶特异折叠酶的作用下复性，这种折叠酶可通过单独在 *E. coli* 中以包含体方式表达所获得。活性脂肪酶的最终产量为 0.2g/g

细胞干重，相当于细胞蛋白质的40%（Quyen et al.，1999）。虽然这需要更多步骤，但其产量比表4.1中重组的活性酶稍高一些。

来自*Rh. oryzae*的真核脂肪酶可在*E. coli*和*S. cerevisiae*中表达（Beer et al.，1998；Ueda et al.，2002）。42℃时，在*E. coli*中主要以包含体方式生产；当温度降低到39.4℃时可产生一些活化酶。当以野生型信号肽代替*E. coli*信号肽时，活性酶产量增加。

4.5 酶的下游处理

酶的下游处理的成本，也就是纯化酶到所需纯度，达到最终使用要求所耗费的价值，一般超过酶整个生产成本的50%。治疗与诊断用酶比工业用酶所需的下游处理成本更高，因此，必须改进下游处理来降低成本。

酶存在于细胞质、周质或者细胞外。第一步如图4.9所示，将不同的酶分离。第二步，用超滤或者纳米过滤法浓缩来自细胞内、周质酶或者细胞外的酶[①]。

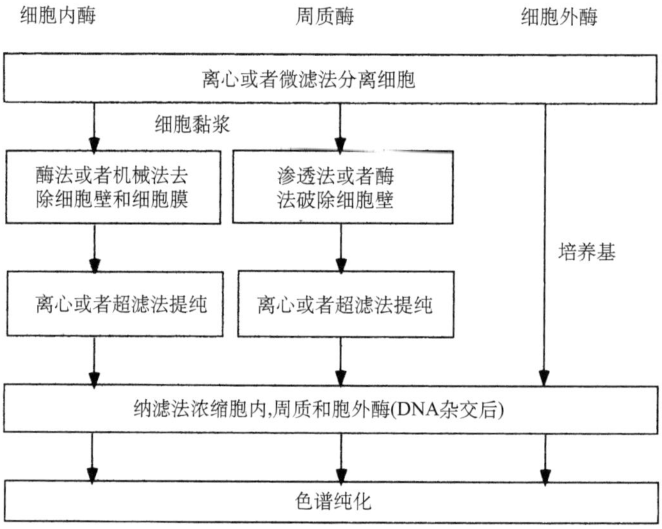

图4.9 发酵液中的胞内酶、周质酶和胞外酶的第一步下游加工。

首要一步是确定酶的分子质量，下一步重要的是浓缩，必须除去影响后续纯化的小分子杂质和离子，更利于色谱纯化。浓缩液包含有其他酶、蛋白质、核酸和多糖。对于胞内酶，杂质含量比较高，对胞外酶虽然很低，但也是不可忽略的。事实上，用高密度细胞生产周质蛋白或者胞外蛋白时，培养基中DNA浓度可达到100mg/L（Castan and Enfors，2000）。更有事实表明：工业化生产的胞外酶的紫外线吸收光谱更接近DNA/RNA，而不是蛋白质（Scheidat，1999）。

---

① 首先，在匀浆或者结晶前加入50%（NH_4）SO_4将酶悬浮、浓缩［图4.11（a），（b）］。然后，用水清洗，去除（NH_4）SO_4。更好的办法是用超滤或者纳米级滤过法纯化。

根据最后的使用要求以及杂质对酶活性的影响，来考虑是否应除去这些杂质。对重组酶来说，必须将 DNA 去除或水解，以免基因转移。在分离纯化过程中，通常必须知道酶的以下性质：

1. 分子质量（MW）：SDS-PAGE 能够测定酶的分子质量（图 4.6）。SDS 溶液可使蛋白质变性，使蛋白质去折叠，解除二硫键。电泳中，酶蛋白因分子质量不同而被分离，通过标准分子质量得到目的条带的分子质量。寡聚酶检测到的是单体的分子质量。不同多肽链组成的酶（如青霉素酰化酶）可检测到不同肽链的分子质量。分离后，用染色或者免疫学法（Western blot）可看到目的蛋白。其中的免疫学方法是利用了抗体的特异性结合目的蛋白的特性（图 4.6）。

2. 等电点（pI），即蛋白质净电荷为零时的 pH。pI 可通过等电聚焦电泳（IEF）法测定，在使用离子交换或者双功能色谱纯化或者鉴定酶时，需要已知 pI。与 SDS-PAGE 不同的是，双功能色谱分离方法是在蛋白质不变性的条件下进行的。pI 可如图 4.10 那样被测定。在 IEF 中，蛋白质聚集在 pI＝pH 的凝胶处。经电泳分离后，酶的等电点也可以通过转印与凝胶上的特异显色底物相作用而被确定，或者通过酶特异性抗体进行免疫学方法测定，如图 4.8 中的 Western blot。

3. 辅因子，是提高和稳定酶活性所需的特定离子，如青霉素酰化酶和 4.4 节中所提到的脂肪酶所需的 Ca^{2+}，辅因子可能在纯化过程中丢失。

4. pH 范围，即为酶稳定存在的 pH，酶的纯化必须在酶稳定的 pH 范围内进行。

表 4.4　根据不同酶性质进行分离纯化所采用的色谱吸附剂

色谱类型	酶的性质
空间排阻色谱	分子质量
离子交换色谱	表面电荷（pH＞pI）
阳离子交换色谱	表面电荷（pH＜pI）[a]
疏水层析	酶表面的疏水性
金属亲和层析	表面的 His；His 标记[b]
双向色谱	表面电荷和表面疏水性（pH＞pI 时疏水吸附，pH＜pI 时去吸附）
生物特异性层析	与抑制剂、抗体、生物特异标记物能
（酶-抑制剂；酶-抗体；生物素-链霉亲和素；肽-抗体）	够发生疏水和静电作用（链霉亲和素或者多肽）[b]

a. 阳离子（非阴离子）交换色谱结合酶活性必需的金属离子。

b. 酶的 N 端或者 C 端结合 8 个 His 标记。这个 His 标记结合在吸附于介质表面的金属离子（Co^{2+}，Ni^{2+}）。只有当 N 端或者 C 端位于酶的表面，并且 His 不影响酶的正确折叠时，才能使用金属离子亲和层析。结合了 His 标记和其他标记的酶能从匀浆中一步分离得到，并且没有活性的损失。有的标签也能协助胞内酶移到胞外。当最终要求野生型的酶时，需要去除 His 标记（Nygren et al.，1994；Terpe，2003）。His 标记的去除需要额外的两个步骤，如采用生物特异性层析，离子交换层析或者双功能吸附剂（见图 4.10 和图 4.11）。

一般通过色谱法纯化酶。表 4.4 列举不同色谱吸附剂分离不同性质的酶。以前，从浓缩匀浆开始进行酶的纯化至少需要 5 种不同类型的色谱法。每一步损失的酶超过 10%，降低回收率。因此，应减少处理步骤来提高回收率。过去 10～20 年，蛋白质下游处理的色谱法迅速发展，包括连续色谱，如模拟移动床（SMB）、连续分离（CSEP）、连续环形层析（CSEP）（Gottschlich et al.，1996；Imamoglu，2002；Uretschlager and Jungbauer，2002）。已有大量色谱吸附剂用于酶的纯化。色谱法结合 pI、MW、酶的特异性，可更合理地用于酶的纯化，提高回收率。图 4.10 和图 4.11 列举了传统和当今的酶的纯化过程。新的加工只需要将浓缩匀浆用双功能介质或者多功能介质（图 4.11B 和 C）和生物特异性介质（Gottschlich et al.，1996）一步分离纯化，或者用离子交换吸附剂两步分离纯化（图 4.10）。采用这些纯化方法，酶的回收率可超过 80%。

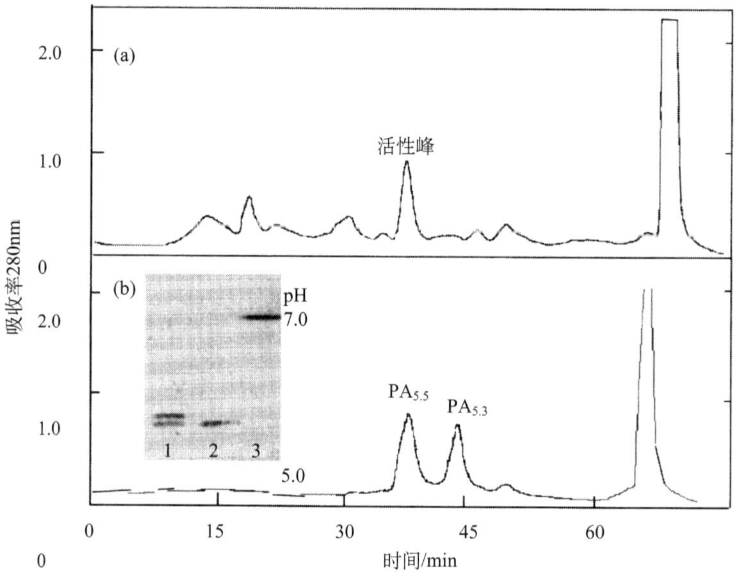

图 4.10 采用两步色谱法纯化在 *E. coli* 中表达的 *A. faecalis* 青霉素酰化酶（PA）。(a) 阴离子交换色谱洗脱图，(b) 采用 1 个 Mono Q 10/10 柱反向色谱活性洗脱成分。用 30mmol/L Tris-HCl，pH7.5，2ml/min 平衡，样品也采用同样的缓冲液，用以下的办法洗脱：30mmol/L Tris-HCl 在 0～60min 内加入线性梯度 0～20% 1mol/L NaCl，60～80min 内所含 NaCl 为 1mol/L。插图显示的是反向色谱中活性酶条带的考马斯亮蓝染色 IEF（条带 1：$PA_{5.5}$；条带 2：$PA_{5.3}$，由 $PA_{5.5}$ 迅速蛋白水解形成；条带 3：*E. coli* 中得到纯的 PA，pI 为 7.0）。(a) 和 (b) 顶峰主要为 DNA。pH<4.5 时，*A. faecalis* 的 PA 不稳定，不能使用阳离子交换层析来避免 DNA 的吸附。下标代表不同形象酶的 pI（Ignatova et al.，1998）。

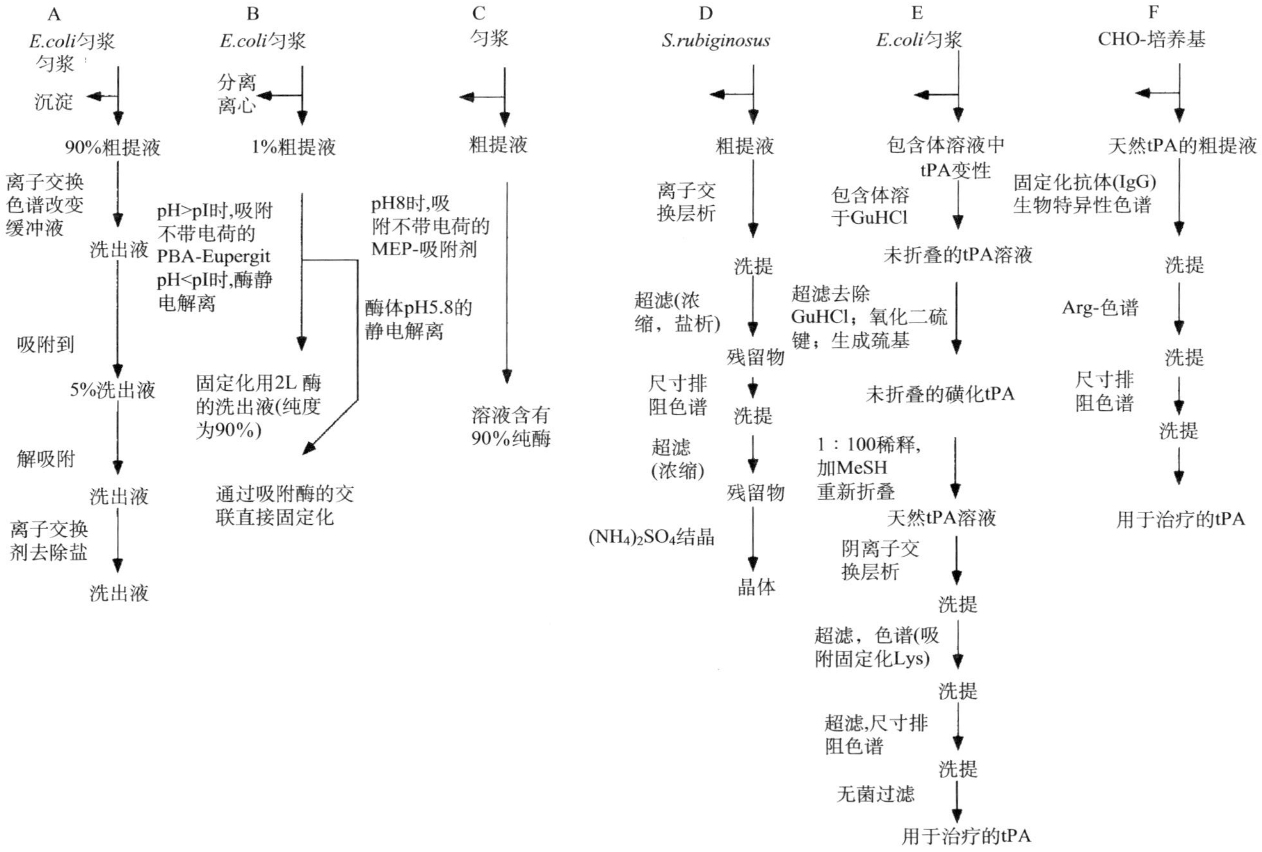

图 4.11　工业用酶(A～D)与治疗用酶(E,F)的下游处理过程。1(B,C)-3 步(A,E,F)色谱,D 与 B,C 相比,需要额外的步骤。B,C 所用的吸附剂为双功能(多方式)或者疏水电荷诱导吸附剂(PBA,MEP)。A,B 是 *E. coli* 青霉素酰化酶。[(A)Bayer,个人通讯;(B)Kasche et al.,1990;(C)去污剂肽酶(Steele and Heng,1999);(D)*Streptomyces rubiginosus*(Antrim and Auterinen,1986)葡萄糖异构酶;(E,F)*E. coli* 和 CHO 细胞中生产 tPA(Datar et al.,1993)]。

4.5.1 工业用酶

如果工业用酶匀浆的污染物不影响酶的生物活性，那就不需要进一步纯化。这在固定化酶中运用得更多。如果酶制剂要求不含 DNA，或者要求更高的酶纯度（U/g），那么就需要进一步纯化。利用 DNase 水解掉 DNA，用超滤法除去水解产物和杂蛋白（对于低于 10kDa 的）。

如果 DNA 不能用 DNase 去除，那么可采用双功能或者多模型色谱（图 4.11B 和 C），或者用一、两种离子交换色谱（图 4.10）除去。双功能色谱或者多模型色谱（也叫 charge induction）是基于酶的两个不同特性来分离酶的。在这个技术中，疏水分子含有苯环或者其他基团，氨基固定在色谱吸附剂颗粒上。当 pH 大于氨基 p*K* 时，吸附剂不带电荷，浓缩匀浆中的酶部分被疏水吸附（Kasche et al.，1990；Burton and Harding，1998）。在高离子强度下，匀浆中的 DNA 不被吸附，因而易于从酶中分离出来。当 pH 降低时，吸附剂上的阳离子和结合的酶增加，这将产生一个比疏水力更强的静电作用，然后通过电场使酶被解吸附。利用这些吸附介质，无 DNA 的高纯度工业酶可通过一步不连续或者连续色谱分离工艺获得。

工业酶以溶液、粉状或者固定于不同多孔载体的形式被使用（见第 6 章）。通过浓缩（超滤）或者稀释确定溶液中的活性酶含量。酶溶液中加入防腐剂和稳定剂可避免细菌污染，维持酶活性。而粉状的酶经干冻（可吸入的小颗粒）或者喷雾干燥后，覆盖有颗粒状保护层，该保护层可避免被人吸入。所有制备过程应处于封闭状态中，以免酶颗粒被工作人员吸入或者散布到环境，引起过敏反应。

4.5.2 用于治疗和诊断的酶

用于治疗和诊断的酶纯度要求很高。特别是用于治疗的酶必须无热原，DNA 浓度低，并确保其不含有病毒和未知基因。因此，它比工业用酶需要更多的纯化步骤（图 4.11E 和 F）。以重组组织溶纤原激活剂（tPA）（是一种用于溶解由中风引起的血栓的酶）的两个分离过程为例，来阐述生产治疗用的重组酶或者重组蛋白的不同策略。酶在细菌中以非活性包含体方式，或者在真核生物中以有活性酶的方式被生产出来。在后者中，酶也可以以糖基化的形式存在生产，这种糖基化酶为其全部生物活性所必需。包含体（约 5g/L）比 CHO 细胞（0.05g/L）酶含量（g/L 发酵液）高。包含体形式的 tPA 可通过多步处理而复性，其中涉及离液剂（尿素或者盐酸胍 GuHCl），另外还需要加入氧化还原剂（巯基乙醇，MeSH）。最终获得重新折叠的活性酶必须在稀释溶液中进行，以免形成非活化 tPA 复合体。重新折叠量低于 100%。所有步骤都增加了生产和纯化 tPA 的成本。相比之下，虽然 CHO 细胞产 tPA 少，但是更廉价（Datar et al.，1993）。4.3 节和表 4.2 显示了细菌产 tPA 的合适条件。

最后，纯化后的酶溶液用过滤法除菌，一般以冻干粉末出售给使用者，可经消化道直接摄入（如用于替代疗法消化酶）或在使用前溶于无菌缓冲液。

酶的质量必须被检测，依据纯度、生物活性、均一性（与人体自身酶）这 3 方面的酶质量衡量标准。具体方法显示在表 4.5 中。

表 4.5　治疗用酶的纯度、生物活性和均一性的检测方法（Geisow，1991）

质量标准	方法
纯度（包括 DNA 等杂质的检测）	PCR（DNA）
	电泳（IEF，SDS）
	色谱法
	质谱法
生物活性	测定酶活性
	免疫法
均一性（与人体酶相比）	色谱法
	N 端测序
	质谱法
	肽酶水解后多肽图

4.6　练习

1. *E. coli* 通常为一级生物吗？

2. 一些公司以一级生物和 GRAS 生物（如 *S. cerevisiae*）作为工业酶（如凝乳酶（用于生产奶酪）、蛋白酶（savinase）（用于洗衣粉，表 4.1）的生产宿主。为了筛选转化细胞，在酶基因上加入了选择性标记。在实验室中，抗生素（细菌中的β-内酰胺酶的基因，即水解 β-内酰胺抗生素）是过去主要的选择性标记。为什么不能用于生产重组工业酶和治疗酶？生产这些酶的公司目前用了什么方案和其他替代方法？

3. *E. coli* 细胞含水约 70%，含蛋白质约 15%。*E. coli* 被认为是圆柱形的。每升发酵液最多能生产多少蛋白质？这与实际细胞产量比较是多还是少？实际中 *E. coli* 圆柱形的底部是圆形，而不是平的。

4. 细胞生长达到练习 3 的密度，青霉素酰化酶的产量是多少？讨论实际的可能性？

5. 什么过程影响酶产量？具体如图 4.4，表 4.2 中青霉素酰化酶，4.4 节脂肪酶。

6. 为什么在细胞中结合辅因子（如 Ca^{2+}、Zn^{2+}）的酶结合这些离子的平衡常数（解离常数）很小？

7. 包含体是持续产生的吗？

8. 如果来自嗜热菌的工业酶在 *E. coli* 中表达，根据表 2.9，讨论如何从匀浆中简单分离这种酶？肽酶水解热稳定蛋白较慢。这常与引起过敏有关，这种过敏是由于肠道中吸收了未被水解的全蛋白酶有关。因此，热稳蛋白酶在用于食品工业前还必须进行哪些方面的研究？

9. 解释图 4.11B 和图 4.11C 中的分离过程。

10. 图 4.11E 和图 4.11F 中在纯化 tPA 上有何区别？

11. 为什么胞外酶培养基中含有 DNA？如何从粗酶中去除 DNA？用过滤法将培养基与细胞分离后，是否必须要对细胞进行洗脱来增加酶产量？色谱纯化前，酶溶液为什么应该用超滤法浓缩？

12. 下图表示，在胞外融合蛋白生产中，标签 X 或细胞外分泌性蛋白的应用，可以很容易地利用 X 特异性色谱亲和介质来分离目的蛋白。什么才是实验成功的关键？［提示：目标蛋白的 N 端或者 C 端是否位于表面（图 2.6）？酶必须正确折叠。］与本章提到的其他方法相比较来讨论这种方法的优缺点（Nygren et al.，1994）。

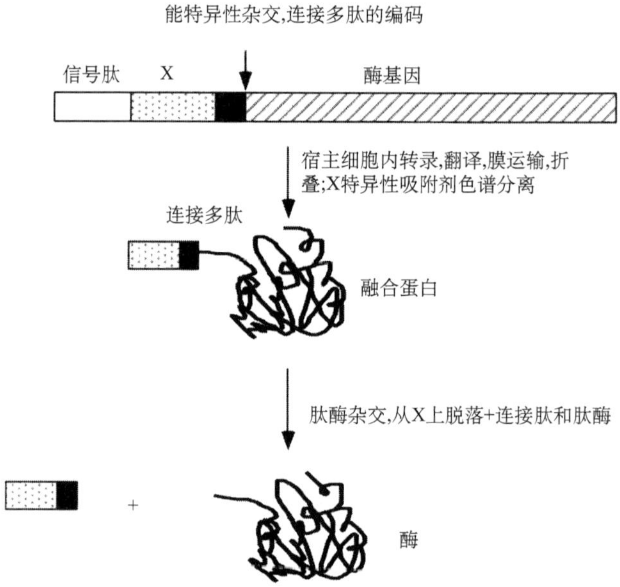

文献

教科书

以下是关于酶的生物合成和纯化,微生物分类以及酶的生产和使用的安全问题的常见资源。

AMFEP (Association of Manufactures of Fermentation Enzyme Products) the homepage (www.amfep.org) contains important information on safety aspects on enzyme production and use, and has links the main producers of enzymes and to international and national organizations that formulate the regulations on the use of enzymes, especially in the food sector

FDA (U.S. Food and Drug Administration) (2001), Partial list of microorganisms and microbial-derived ingredients that are used in foods. www.cfsan.fad.gov/~dms/opa-micr.-html

JECFA (Joint FAO/WHO expert committee on food additives) (2001), Compendium of food additive specifications (http://apps.3.fao.org/ jecfa) contains an extensive list of references on safety aspects of enzyme production and use

RKI (Robert Koch Institut), The German classification of microorganisms (www.rki.de/Gentec/ZKBS/ZKBS.HTM

Subramanian, G. (Ed.), *Bioseparation and Bioprocessing*, Vols. I and II, Wiley-VCH, Weinheim, 1998

参考文献

Albee, K.R., Butler, M.H., Wrigtht, B.E., Cellular concentration of enzymes and their substrates, *J. Theor. Biol.* **1990**, *143*, 163–195

Altenbuchner, J., Siemann, M., Syldatk, C., Hydantoinases and related enzymes as biocatalysts for the synthesis of unnnatural chiral amino acids, *Curr. Opin. Biotechnol.*, **2001**, *12*, 559–563

Amneus, H., *On the use of pancreatic proteases for indication of genetic mutation*, Dissertation, Univ. Uppsala, Sweden, 1977

Antrim, R.L., Auterinen, A.-L., A new regenerable immobilized glucose isomerase, *Starch/Stärke*, **1986**, *38*, 132–127

Beer, H.D., McCarthy, J.E.G., Bornscheuer, U.T., Schmid, R.D., Cloning, expression, characterization and role of the leader sequence of a lipase from *Rhizopus oryzae*, *Biochim. Biophys. Acta*, **1998**, *1399*, 173–180

Bruggink, A. (Ed.), *Synthesis of ß-lactam antibiotics*, Kluwer Academic Publishers, Dordrecht, 2001

Bryan, P.N., Protein engineering of subtilisin, *Biochim. Biophys. Acta*, **2000**, *1543*, 203–222,

Burton, S.C., Harding, D.R.K., Hydrophobic charge induction chromatography: salt independent protein adsorption and facile elution with aqueous buffers, *J. Chromatogr. A*, **1998**, *814*, 71–81

Castan, A., Enfors, S.O. Characterization of a DO-controlled fed-batch culture of *Escherichia coli*. *Bioproc. Eng.* **2000**, *22*, 509–515

Christiansen, T., Michaelsen, S. Wümpelmann, M., Production of savinase and population viability of *Bacillus clausii* during high cell density fermentations, *Biotechnol. Bioeng.*, **2003**, *83*, 344–352

Datar, R.V., Carwright, T., Rosen, C.-G., Process economics of animal cell and bacterial fermentations: a case study analysis of tissue culture plasminogen activator, *Bio/Technology*, **1993**, *11*, 349–357

Deshpande, S.S., Ambedkar, V.K., Sudhakaran, V.K., Shewale, J.G., Molecular biology of β-lactam acylase, *World J. Microbiol. Biotechnol.*, **1994**, *10*, 129–138

Enfors, S.O., Control of proteolysis in fermentation of recombinant proteins, *Trends Biotechnol.*, **1992**, *10*, 310–315

Geisow, M.J., Characterizing recombinant proteins, *Bio/Technology*, **1991**, *9*, 921–924

Gottschlich, N., Weidgen, S., Kasche, V., Continuous biospecific affinity purification of enzymes by simulated moving bed chromatography: Theoretical description and experimental results, *J. Chromatogr.*, **1996**, *719*, 267–274

Henge, R., Bukau, B., Proteolysis in prokaryotes: protein quality control and regulatory principles, *Mol. Microbiol.*, **2003**, *49*, 1451–1462

Ignatova, Z., Stoeva, S., Galunsky, B., Hörnle, C., Nurk, A.,Piotraschke, E., Voelter, W., Kasche, V., Proteolytic processing of penicillin amidase from *A. faecalis* in *E. coli* yields several active forms, *Biotechnol. Lett.* **1998**, *20*, 977–982

Ignatova, Z., Taruttis, S., Kasche, V., Role of the intracellular proteolysis in the production of the periplasmatic penicillin amidase in *Escherichia coli*, *Biotechnol. Letters*, **2000**, *22*, 1727–1732

Ignatova, Z., Mahsunah, A., Geogieva, M., Kasche, V., Improvement of Posttranslational Bottlenecks in the Production of Penicillin Amidase in Recombinant *Escherichia coli* strains, *Appl. Environ. Microbiol.*, **2003**, *69*, 1237–1245

Imamoglu, S., Simulated moving bed chromatography (SMB) for application in bioseparation, *Adv. Biochem. Eng. Biotechnol.*, **2002**, *76*, 211–231

Jaeger, K-E., Dijkstra, B.W., Reetz, M.T., Bacterial biocatalysts: molecular biology, three-dimensional structures, and biotechnological applications of lipases, *Annu. Rev. Microbiol.*, **1999**, *53*, 315–351

Jones, H.E., Holland, I.B., Campbell, A.K., Direct measurement of free Ca^{2+} shows different regulation of Ca^{2+} between the periplasm and the cytosol of *Escherichia coli*, *Cell Calcium*, **2002**,. *32*, 183–192

Kästner, M., personal communication, **1994**

Kasche, V., Scholzen, T. Boller, Th., Krämer, D.M., Löffler, F., Rapid protein purification using PBA-Eupergit™ a novel method for large-scale procedures, *J. Chromatogr.*, **1990**, *510*, 149–154

Kasche, V., Lummer, K., Nurk, A., Piotraschke, E., Riecks, A., Stoeva, S., Voelter, W., Intramolecular autoproteolysis initiates the maturation of penicillin amidase from *E. coli*, *Biochim. Biophys. Acta*, **1999**, *1433*, 76–86

Kasche, V., Galunsky, B., Ignatova, Z., Fragments of pro-peptide activate mature penicillin amidase of *Alcaligenes faecalis*. *Eur. J. Biochem.* **2003**, *270*, 4721–4728

Kasche, V., Ignatova, Z., Märkl, H., Plate W., Punckt N., Schmidt D., Wiegandt K., Ernst B., Cofactor (Calcium ion) content as a yield determining factor in penicillin amidase production in high cell density fermentations, submitted, **2004**

Makrides, S.C., Strategy for achieving high-level expression of genes in *Escherichia coli*. *Microbiol. Rev.*, **1996**, *60*, 512–538

McDonough, M.A., Klei, H.E., Kelly, J.A., Crystal structure of penicillin G acylase from the Bro 1 mutant strain of *Providencia rettgeri*, *Prot. Sci.*, **1999**, *8*, 1971–1981

Middelberg, A.P.J., Preparative protein refolding, *Trends Biotechnol.*, **2002**, *20*, 437–443,

Miele, L., Plants as bioreactors for biopharmaceuticals; regulatory considerations, *Trends Biotechnol.*, **1997**, *15*, 45–50

Mitraki, A., Fane, B., Haase-Pettigell, C., Sturtevant, J., King, J., Global suppression of protein folding defects and inclusion body formation, *Science*, **1991**, *290*, 54–58

Nardini, M., Lang, D.A., Liebeton, K., Jaeger, K.-E., Dijkstra, B.W., Crystal structure of *Pseudomonas aeruginosa* Lipase in the Open Conformation. *J. Biol. Chem.*, **2000**, *275*, 31219–31225

Niehaus, F., Bertoldo, C., Kähler, M., Antranikian, G., Extremophiles as a source of novel enzymes for industrial application, *Appl. Microbiol. Biotechnol.*, **1999**, *51*, 711–729

Nielsen, J.E., Borchert, T.V., Protein engineering of bacterial α-amylases. *Biochim. Biophys. Acta*, **2000**, *1543*, 253–274

Nygren, P.Å., Ståhl, S., Uhlén, M., Engineering proteins to facilitate bioprocessing, *Trends Biotechnol.*, **1994**, *12*, 184–188

Pilone, M.S., Pollegioni, L., D-amino acid oxidase as an industrial biocatalyst. *Biocatal. Biotrans.*, **2002**, *20*, 145–159

Quyen, D.T., Schmidt-Dannert, C., Schmid, R.D., High-level formation of active *Pseudomonas cepacia* lipase after heterologeous expression of the encoding gene and its modified chaperone in *Escherichia coli* and rapid in vitro refolding, *Appl. Env, Microbiol.*, **1999**, *65*, 787–794

Rosenaua, F., Tommasen, J., Jaeger, K-E., Lipase-specific foldases, *ChemBiochem.*, **2004**, *5*, 152–161

Rudolph, N.S., Biopharmaceutical production in transgenic livestock, *Trends Biotechnol.*, **1999**, *17*, 367–374

Scheidat, B., *Bioverfahrenstechnische Aspekte zum Einsatz von technischen Enzymen am Beispiel der kommunalen Abwasserreinigung*, Thesis, TU Hamburg-Harburg, **1999**

Scherer, L.J., Rossi, J.J., Approaches for the sequence-specific knockdown of mRNA, *Nature Biotechnol.*, **2003**, *21*, 1457–1465

Steele, L., Heng, M., *Rapid protease variant purification and scale-up using novel hydrophobic charge induction chromatography*, Recovery of biological products IX, Whistler, BC, May 23–28, **1999**

Terpe, K., Overview of tag protein fusions: from molecular and biochemical fundamentals to commercial systems, *Appl. Microbiol. Biotechnol.*, **2003**, *60*, 523–533

Ueda, M., Takahashi, S., Washida, M., Shiraga, S., Tanaka, A., Expression of *Rhizopus oryzae* lipase gene in *Saccharomyces cerevisiae*, *J. Mol. Cat. B: Enzymatic*, **2002**, *17*, 113–124

Uretschlager, A., Jungbauer, A., Preparative continuous annular chromatography (P-CAC), a review, *Bioprocess. Biosyst. Eng.*, **2002**, *25*, 120–140

Wickner, S., Maurizi, M.R., Gottesman, S., Posttranslational quality control: folding, refolding, and degrading proteins, *Science*, **1999**, *286*, 1888–1893

5 酶在溶液中的应用：可溶酶和酶系统

主题/目的/问题	问题的解决方法
反应/转化 • 技术应用 • 制剂目的	可溶酶与固定化生物催化剂的比较 (标准参考下面)
不溶性的高分子底物	可溶酶
根据以下条件的所需酶量 • 给定底物浓度 • 时间 • 温度	基于动力学、生产效率和失活动力学的计算
与产品成本相关的酶的成本	基于生产效率的计算 • 低成本 —酶在溶液中的应用 • 高成本 —酶生产的优化（第 4 章） —膜反应器（第 5 章 5.4 节） —固定化（第 6 章和第 7 章）
更高标准 • 产品中的残留酶 • 依赖共底物的反应 • 不溶于水的底物	

5.1 引言及应用领域

可溶酶在技术应用方面仍然起主导作用，特别是在下面的几个领域：

• 使用蛋白酶、脂肪酶和纤维素酶的洗涤剂配方；

• 通过淀粉水解及深加工的食品加工业，以及面包、奶酪和果汁加工。

这些应用代表着酶应用的主要的领域，一份关于这些酶的应用情况的调查结果见表 5.1。

表 5.1　酶的工业应用：主要的一些领域

市场份额[a]	酶	目的，在溶液中应用	膜系统	固定化系统
	水解酶			
洗涤剂：35%～40%	蛋白酶	洗涤剂		
	脂肪酶			
	…	纺织品，油类		
食品：40%～45%	凝乳酶	奶酪加工		
	葡萄糖苷酶			
(淀粉 11%～15%)[b]	淀粉酶	淀粉水解		
	淀粉葡萄糖酶			(糊精水解)
	果胶酶[c]	果汁加工		
	乳糖酶			乳糖水解
	酯酶			
	酰基转移酶		氨基酸合成	氨基酸合成
	青霉素酰胺酶			青霉素水解/合成
	氧化还原酶			
	葡萄糖氧化酶	饮料加工分析		葡萄糖分析仪
	脂氧化酶	烘焙		
	转移酶			
	转氨酶			氨基酸加工
	环糊精转移酶			环糊精加工
(12%)[b]	**异构酶**			
	葡萄糖异构酶			高果糖玉米浆（HFCS）的加工
2000€[d]	总销售额			
	世界范围			

a. 技术酶，世界范围内的估计值；b. 包括在食品中；c. 包括其他的活性；d. 2000。

近年来，酶的应用领域已经拓展到造纸和果肉加工、纺织品工业和一步反应法进行油类脱脂，而水解酶依然占主要部分。

但是，近年来，酶应用的新领域和有机合成及药物化学的前景已经引起大家很大的兴趣，这些在第 3 章和第 9 章有更详细的介绍。

遗传工程，尤其是重组技术的影响，在提高酶的产率、降低成本和提高酶的稳定性和效率方面起着至关重要的作用。此外，酶的应用范围也明显扩大，选择性也得到很大的提高。在对酶进行遗传改造时，一个重要因素就是安全，尤其是在食品工业，因此 GRAS（公认安全）状况就起着关键作用。

决定可溶酶的应用潜力的几种情况和与化学反应（参看淀粉水解）或固定化酶相比的优缺点见表 5.2。

表 5.2 可溶酶与固定化酶的优缺点

可溶酶的优点	可溶酶的缺点	固定化酶的优点	固定化酶的缺点
酶的价格低廉	酶在产品中损失大，造成酶价高	酶价高，要求固定化	固定化的成本高
特殊的应用（分析，治疗）	生产效率有限	连续操作，生产效率高	
用量少（分析，治疗）			
对不溶性的或被吸附的或高分子量底物的催化效率高[a]		副产物少[b]	更多副产物[c]
可以应用于与反应途径相偶联的复杂反应体系			在复杂的体系中效率低
可以应用于依赖辅酶的反应			不能截留辅酶
可以应用膜反应器体系（可以截留或回收酶）		容易重复使用	

a. 酶残留于产物中；b. 例如，在乳糖水解过程中，因为降低了载体中产物的梯度，所以只产生少量的三糖；c. 例如，在用淀粉葡萄糖苷酶对糊精进行水解过程中，因为会增加载体中产物的梯度，所以会产生更多的逆产物。

因为廉价（浓缩液，5～20€/kg 或 €/L），可溶酶在产品加工业方面都只是局限于单一的应用，或是在分析测试和医药上的少量应用。

大分子质量的、不溶性的和被吸附的底物的水解只有用可溶酶才能高效地进行。如果是固定化酶，由于大分子或被吸附的底物的缓慢扩散和不良通透性，导致催化效率大大降低。蛋白酶、纤维素酶和脂肪酶的应用是用做衣服的洗涤剂，葡萄糖苷酶用于淀粉水解和果汁、蔬菜加工，这些仍然是溶液酶的主要应用领域（见 5.3 节）。

膜技术的应用使得溶液酶在低分子质量的底物转化中也能应用，特别是在那些需要辅酶的体系和（或）多酶体系（见 5.4 节）。

工业酶的销售总额在 1995 年大约是 20 亿 €（Godfrey and West，1996），在 2000 年达到 20 亿 €（Poulson，2001）。工业酶最重要的应用领域是食品领域，它占市场酶用量的 40%～45%，其中包括 11%～15%的淀粉加工酶和 12%的葡萄糖异构酶，而在洗涤剂方面的用酶占 35%～40%。

5.1.1 遗传工程的影响

遗传工程以及重组技术在扩大酶的应用领域方面起着重要的作用。1992 年，重组酶占有的市场份额超过 50%。而且，酶在发酵过程中的得率也提高了约 100 倍，这反过来也促使酶的价格下降了许多，与传统来源的酶相比，价格低了 10 倍（Poulson，2001）

通过定点突变、随机突变和定向进化可以提高酶的热稳定性。虽然这些技术方法已经建立，但是还需单独对每一个酶进行改造（详见第 2 章，2.11 节）。定点突变还可以用来变换那些在提高温度时不稳定的氨基酸。这样的例子有：经脱酰胺的天冬氨酸和谷氨酸，以及与还原糖易形成希夫碱（Schiff's base）的淀粉酶和葡萄糖异构酶中的赖氨酸（Sicard et al.，1990；Quax et al.，1991）。酶参与去折叠区域的修饰也是改造的一个目标。将 4～12 个氨基酸进行变换时，可能会产生一些相关的影响，如会改变酶的应用温度范围，使酶的操作温度提高 5℃以上（见第 2 章，2.11 节）。从嗜热微生物中获得的热稳定的淀粉酶的最高耐受温度是 130℃，并在工业上用于淀粉加工过程，在 105～110℃下作用大约 5min。酶的其他显著的改善是对离子的要求（如淀粉酶，不再需要向底物溶液中添加 Ca^{2+} 了）或是 pH 应用范围的改变（如降低了淀粉酶的 pH，使得它的 pH 接近于淀粉葡萄糖苷酶的操作范围），使得用于调整底物溶液 pH 的离子交换操作也可以省略了。

一系列的成功的修饰已经在第 2 章（2.11 节）和第 3 章进行了总结。虽然取得了这些成功，但是由于消费者的偏爱，在一些欧洲国家对于食品加工通常要求天然酶。

5.1.2 培养基的设计

为了提高酶的稳定性，对培养基进行设计是必需的。盐和多羟基化合物对酶的保护作用是众所周知的，因此可以用来提高商品酶制剂的储藏稳定性。在提高温度和压力的条件下，盐和多羟基化合物对酶的稳定作用也是有效的。包括铵或钾和硫酸根离子在内的盐对酶的稳定性的影响大小可以参见下面的离子促变序列（Foster et al.，1995；Curtis et al.，2002；Morgan and Clark，2004）：

- 阳离子：$NH_4^+ > K^+ > Na^+ > Mg^{2+} > Ca^{2+}$（在一些地方 Ca^{2+} 是不可缺少的）；
- 阴离子：$SO_4^{2-} > Cl^- > NO_3^-$。

已有研究者对多羟基化合物对酶的保护作用进行了研究（Morsan and Combes，1984；Ye et al.，1988）。其中最突出的一个例子是用超过两个数量级浓度的山梨醇来稳定 β-半乳糖苷酶（Athes and Combes，1998；同时参见以下数据）。这些作用在淀粉的水解和异构化以及糖的合成和转化工业过程中（底物浓度很高和产物易于回收）是非常显著的（Cheetham，1987）。聚合物也可以用作酶的稳定剂；因此，通过在溶液中添加 1%以内的量，对如葡聚糖的多糖，以及如聚乙烯醇和聚乙烯吡烷酮的合成的聚合物和聚乙烯糖的稳定和保护作用进行了研究（Gibson et al.，1993；Bryiac and Novorita，1994；Kühlmeyer，2000）。

酶的修饰，如果在蛋白质的外表面，可以提高酶的稳定性和提供一些特殊的应用。一些试剂，如酰基衍生物或是环氧化物，能与氨基酸的功能基团发生反应，从而改变蛋白质的表面带电情况和（或）疏水性质。通过与双功能试剂交联，可以减小蛋白质的柔性和去折叠的趋势，从而提高酶的热稳定性（Laane et al.，1987；Ballesteros et al.，1998）。然而，在提高酶热稳定性方面，重组被证明是一种更成功的方法。

稳定性好的加酶洗涤剂（主要是耐受高 pH 的能力）和漂白剂（如过硼酸盐和过碳酸盐）可能含有多种稳定剂。一种成功的方式就是用盐、抗氧化剂和聚合物如聚乙烯醇制成不同的包覆层，从而使酶稳定。包埋法可以保护蛋白酶，同时也可以减少酶从小球中的释放，从而大大提高了酶的储藏稳定性，与对比实验的 40%相比，酶的残留活力为 80%（Gaetner et al.，2000）。在许多应用中，在不同的盐和多糖存在的条件下将酶的浓缩液凝聚是用于制备介于 0.5～1mm 的合适大小的颗粒以主要避免过敏反应的成熟方法（Eriksen，1996）。

5.1.3　安全问题

安全问题不仅在食品工业中非常重要，而且对那些可能与蛋白质接触的产品（如洗涤剂）而言也是非常重要的。一个由世界粮农组织（FAO）和世界卫生组织（WHO）组成的关于食品添加剂的专家委员会（JECFA；参见第 4 章）指出酶制剂在食品加工过程中的安全问题，并提出建议和制定根据酶的来源来评价酶的标准。从动物的食用组织、普遍用作食品的植物和传统上认为是食品的组成部分或是用于制备食品的微生物中获得的酶都可以认为是食品。从非病原体、但普遍认为是食品污染源的微生物中获得的酶，委员会建议要进行短期的毒性试验。对于其他来源的酶，应进行更广泛的毒性的研究。对于经过遗传修饰的生物，其安全评价必须包括供体、宿主和由此而得到的克隆生物。FAO 在 1992 年公布了关于酶的纯度的标准（Denner and Gillanders，1996）。对于食品添加剂和过敏反应，每日可允许的摄入量（ADI）表示每日可从膳食中摄入而没有危险的添加剂数量（参考 WHO 主页：www.WHO.org；www.elu-eu.org/addit3.htm）。对于重组酶产物，应首选公认安全（GRAS）[①]（也可参考第 4 章 4.1 节）的微生物作为宿主，包括在食品工业中使用的 *Bacillus* sp.、*A. niger* 或是酵母。

5.2　时空产率和生产效率

酶的过程动力学已在第 2 章做了概述。在给定转化率的技术规模中，酶的过程动力学是计算和估算酶的数量和（或）反应时间（和反应器体积）的基础。这些方面可以概括为时空产率（STY）、消耗的底物量，或是单位时间单位体积生成的产物（见第 2 章 2.7 节和第 8 章 8.6 节）。

催化剂效率是第二个关键的经济参数，可以用单位数量的生物催化剂所能获得的产物来表示（在这节的结尾有更详细的阐述）。应该记住的是：一定技术规模的转化通常必须在并非最理想的反应速率和稳定性条件，如高转化率、高温和非理想的反应器（因此与自然条件相差甚远）下进行的。这些重要的工艺条件归纳于表 5.3。

表 5.3　工艺过程中反应条件的选择

反应条件	理由	后果
高浓度	简化产品的回收，提高效率；避免感染；时空产率高	底物抑制
高转化率	同上；降低底物成本	产品抑制
温度	优化反应速率和得率；避免感染	酶失活
pH	改变反应平衡，使平衡向最佳得率方向移动	对于反应速率和稳定性来说，不是最佳的条件

① GRAS［美国食品药品管理局（FDA）标准］：公认安全。一般来说，必须要有专家一致认为用作食品一部分的底物是安全的，而且关于安全性的专家一致意见必须基于以下两点之一：（a）有数据和信息表明，在 1958 年以前，这种物质用于动物饲料的材料；（b）科学的程序，这要求必须具有 FDA 批准这种物质作为食品添加剂所需的相同的数量和质量的科学数据。此外，这些信息必须在科技文献中发表。

选择反应条件的目标是产率最大化和过程成本最小化：成本主要包括原材料、投资、能源、酶、残余材料处理和环保（废水和废气等）成本。在大规模的生产过程中，酶的成本只占总消耗的很少一部分，一般占 1%～10%，而原材料的消耗占主要部分（在用淀粉作为原材料的加工过程中，淀粉占了总成本的 30%～50%）。在这样的实例中，如在洗涤剂的应用中，酶的成本大约只占 1%。用于上游和下游操作（如产品的分离纯化）的花费和投资成本，一般来说，大大超过那些转化步骤；但是，转化过程中的相关步骤也应该优化（高产品得率和浓度，低副产物）。

用来计算工艺数据和参数的基础动力学方程在前面第 2 章已经讨论过了，并总结在框 5.1 中。要记住的是，转化会朝平衡的方向移动（如葡萄糖异构化）或者会受动力学控制（如抗生素或多肽的合成）。进行精确计算时，可以使用一些相应的方程（见第 2 章 2.7 节）。具有多底物和不同反应途径的合成反应以及大分子底物水解的动力学，可能要复杂得多。这其中的一个例子是用葡聚糖蔗糖酶将蔗糖和另外一种作为受体的糖合成寡糖（Böker et al.，1994；Demuth et al.，1999）。在固定反应条件的有限范围内（如受体浓度不变的米氏动力学，或是蛋白质水解的一级动力学）使用简化的动力学方程是适当的（Prenosil et al.，1987）。

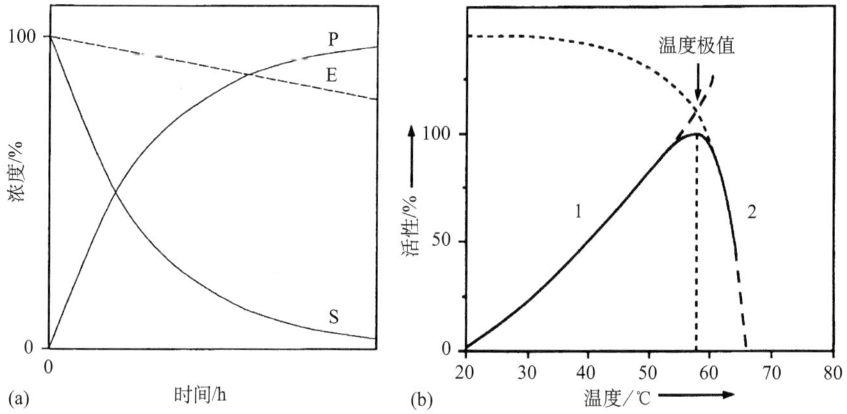

图 5.1　(a) 不连续的分批过程中，底物浓度［S］和产物浓度［P］是时间的函数。由于酶的失活，所以酶活［E］也是时间的函数。(b) 在提高反应速率（曲线 1）和提高失活速率（曲线 2）的不同作用下，酶活是温度的函数。

酶在溶液中的应用最常见的是分批（不连续）过程，并且底物和产物的浓度是时间的函数（图 5.1）。因此，必须使用框 5.1 给出的积分方程计算转化率。

框 5.1

用一定时间内特定底物转化所需的单位反应器体积 V_{max}，分别计算或估算酶用量的方程式①如下。由此可以计算出生物催化剂的生产率（底物转化为产物的数量）/V_{max}

① 对于游离酶来说，其酶量通常表示为 U（见第 2 章 2.7.1 节），即在一定的温度下，每分钟转化 1μmol 底物所需的酶量。所计算的 V_{max} 可以方便地转化成 U。

（详见第 2 章）。

生物催化剂在没有受到抑制和失活的情况下：

速率方程（方程 2.8）：

$$v=-\frac{d[S]}{dt}=\frac{k_{cat}[E][S]}{K_m+[S]}=\frac{V_{max}[S]}{K_m+[S]} \tag{5.1}$$

V_{max}和 K_m 对 pH、T 和抑制剂I的依赖性见第 2 章 2.7.2 节。对方程（5.1）积分得：

$$V_{max}=\frac{([S]_0-[S])+K_m\ln([S]_0/[S])}{t} \tag{5.2}$$

其中下标 0 表示初始底物浓度或初始生物催化剂活力。

生物催化剂的生产率为：

$$([S]_0-[S])/V_{max} \tag{5.3}$$

在生物催化剂受到抑制但没有失活的情况下：

对于非竞争性底物抑制时［方程（2.25)］，方程（5.1）可以变为：

$$v=\frac{V_{max}[S]}{K_m+[S]+\left(1+\frac{K_m}{K_i}\right)+\frac{[S]^2}{K_i}} \tag{5.4}$$

合并，得

$$V_{max}=\frac{([S]_0-[S])\left(1+\frac{K_m}{K_i}\right)+K_m\ln([S]_0/[S])+\frac{[S]_0^2-[S]^2}{2K_i}}{t} \tag{5.5}$$

对于竞争性产物抑制［(方程 2.26)］，方程（5.1）可以变为：

$$v=\frac{V_{max}[S]}{K_m+\frac{K_m}{K_i}[S]+[S]\left(1-\frac{K_m}{K_i}\right)} \tag{5.6}$$

合并，得

$$V_{max}=\frac{([S]_0-[S])\left(1-\frac{K_m}{K_i}\right)+\left(K_m+\frac{K_m}{K_i}[S]_0\right)\ln([S]_0/[S])}{t} \tag{5.7}$$

这些方程可应用于用青霉素酰胺酶水解青霉素工艺（见第 2 章 2.7.2.3 节）。

在生物催化剂受到抑制和失活的情况下：

生物催化剂的失活可以是一级过程

$$V_{max}=V_{max,0}e^{-k_i,t} \tag{5.8}$$

也可以是二级过程。后者发生在肽酶自溶或者在所使用的生物催化剂中存在肽酶情况下。当生物催化剂的失活是一级过程时，方程（5.2)、(5.5）和（5.7）中的分母 t 可以由下式代替：

$$\frac{1-e^{-k_it}}{k_i}\geqslant t \tag{5.9}$$

也就是说，当生物催化剂失活时，催化效率降低。

酶失活是要考虑的很重要的一个要素。在进行转化反应后酶会丢失（这与膜系统中是不一样的，见 5.4 节）。因此，在选择温度时，应选择转化速率快，但在达到所需求的转化率之前，酶失活不会导致反应速率降低的温度。一般来说，酶催化反应的活化能在 40～80kJ/mol 范围内，而对于酶失活来说，活化能明显比较高，一般是 60～400 kJ/mol。用简化的动力学方程进行一些简单的估算可以确定适当的折衷（见练习 2）。

为了计算酶的转化率，步骤如下：动力学常数来自文献（参考表 2.4 的一些重要技术参数；也可参见 Bergmeyer，1983；Atkinson and Mavituna，1983；Schomburg and Stephan，1996；Schomburg and Schomburg，2000；以及附录 Ⅰ 中的因特网上的资源）。如果没有现成数据可用，那么可以通过实验来确定。转化率要求是固定的，如 98%，也就是说（ $[S]_0-[S])/[S_0]=0.98$，那么反应时间（和 STY）也是固定的（如 24h）。然后将这些数据代入一个合适的积分方程，所需要的酶量 $V_{max,0}$ 就可以计算出来了。注意：一定要考虑到底物和产物的抑制，否则有可能导致完全错误的结果。

最后，由于失活导致的酶活损失也应该计算出来。在文献中很少有数据可用，因此，这些参数（失活动力学——经济用酶的关键）一般要通过实验来确定（Prenosil et al.，1987）。在酶的应用过程中，其工艺条件往往与模型溶液体系不一样，因此应该考虑在不同于模型溶液的体系中酶的稳定性。在许多情况下，稳定性条件是可以确定的，特别是在食品工业中，因为碳水化合物的加工都是在浓缩溶液中进行的。

因此，在高浓度的蔗糖溶液中（>50%），在 65～70℃ 温度范围内观察到（固定化）转化酶相当高的稳定性，其产率为每千克生物催化剂可催化产生 10t 产物（Monsan and Combes，1984）。对于为洗涤剂开发的蛋白酶，也发现了相似的效果（Adler-Nissen，1986）。在较高温度下使用时，来源于嗜热菌的酶表现出比较高的热稳定性，而且这些酶能被克隆到合适的产酶生物体中。一种蛋白酶的实验结果见图 5.2（a）和（b）。从图中可以看出，pH 对稳定性有明显的影响。来源于地衣芽孢杆菌（*Bacillus licheniformis*）的热稳定的 α-淀粉酶，其失活的动力学数据如下（de Cordt et al.，1992)：（下面所有的报道的 k_i 数据针对遵循具有每分钟维度的一级反应）$k_i=0.02$～0.06（商品酶制剂按1∶100～1∶500 的比例稀释，95℃，pH8.5，Ca^{2+}：70μg/g）；活化能 $E_A=426$kJ/mol（失活动力学的更多数据，包括温度和压力参数，见 Weemaes et al.，1996；也可参考第 5 章 5.5 节，练习 2）。Feng 等在 2002 年发表了关于两种热稳定的淀粉糖苷酶的失活动力学的更多的数据，包括用山梨醇稳定淀粉糖苷酶的一些数据（见练习 2）。

Fullbrack（1996）归纳了失活动力学的另外一些数据，并适用于蛋白酶、β-半乳糖苷酶、α-淀粉酶和葡萄糖异构酶。至今为止报道的具有最高稳定性的酶是一种来源于激烈热球菌（*Pyrococcus furiosus*）的酯酶，它被克隆到大肠杆菌中，在 126℃下的半衰期为 50min（Ikeda and Clark，1998）。在固定化的半乳糖苷酶中观察到酶失活的两个阶段的串联机制（Illanes et al.，1998）。

生物催化剂（或酶）的效率可以通过方程（5.3）来计算。基于这种计算，作为产品成本的一部分的酶成本可以被推导出来。需酶量、酶效率和半衰期（可以通过简单的计算得到）的例子见第 5 章 5.5 节。

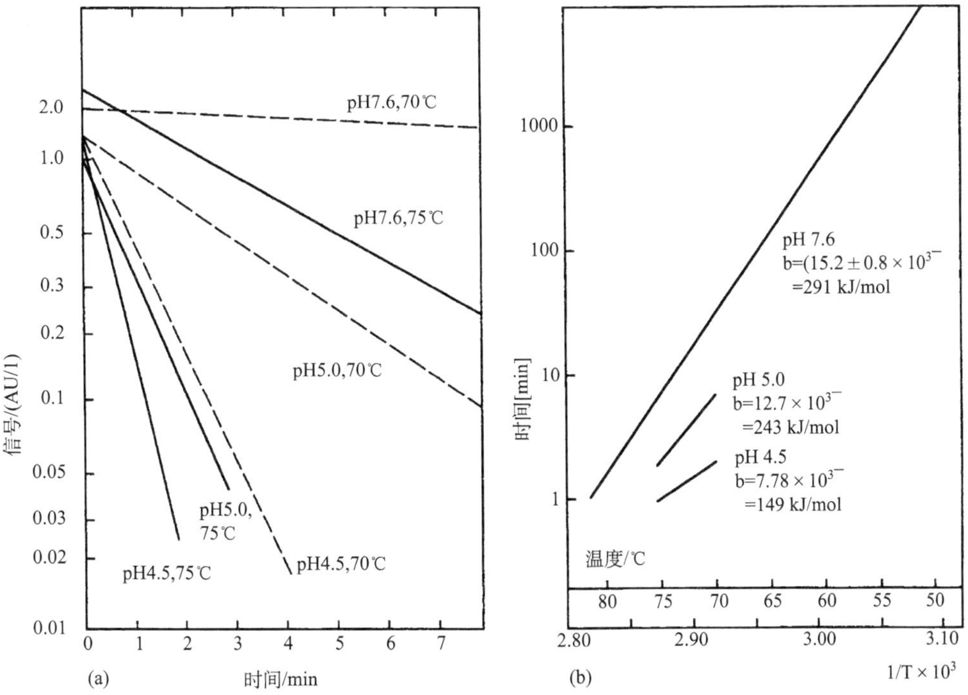

图 5.2 (a) 在不同 pH 和温度下一种在碱性条件下稳定的蛋白酶的失活［对数表示的活性作为时间（min）的函数］（Adler-Nissen，1986）。(b) 针对 t_D 的按照 Arrhenius 的相关性（以 min 为单位的 t_D 对应于活性降低 10 倍的时间，因此是实际操作的最大时间）（Adler-Nissen，1986）。

5.3 酶在溶液中的应用例子

5.3.1 概论

自从 19 世纪开发了第一种酶制剂，大量的各式各样酶的工业应用就发展起来了。由于与经济的相关性，有两个领域的发展比较突出：①洗涤剂用酶，主要是有重要活性的蛋白酶（近来更多的是纤维素酶）、脂肪酶和淀粉酶；②淀粉加工过程中使用的淀粉酶和淀粉葡萄糖苷酶（表 5.1）。一些重要的酶供应公司列于表 5.4（要想了解更多的公司，参考 Godfrey and West，1996，索引 2）。

表 5.4 一些主要的酶供应/销售公司（见附录 A）

公司	国家
AB Tech (former Röhm)	英格兰，德国
Amano Pharmaceutical Co.	日本
Biocatalysts Ltd.	大不列颠
Chritian Hansen AS	丹麦

续表

公司	国家
Danisco (also with genencor enzymes)	丹麦
DSM (with former Gist-Brocades enzymes)	荷兰
Enzyme Devt. Corp. (with Röhm enzymes and other)	美国
Fluka Chemie GmbH	瑞士
Genencor International	芬兰，美国
Meiji Seika Kaisha Ltd	日本
Nagase Biochemicals	日本
Novozymes	丹麦
Primalco Co. (associated with AB Tech/ Röhm)	芬兰
Roche (with former Boehringer Mannheim enzymes)	瑞士
Sankyo Co.	日本
Sigma Chemical Co.	美国

关于技术酶的更多细节和它们的商业应用参考表 5.5（商品酶的更详细的参数见 Godfrey and West，1996，索引 3）。酶应用的其中一个重要领域是洗涤剂，而主要的洗涤剂就是洗衣粉和液体洗涤剂。在这些洗涤剂中使用的酶有蛋白酶、纤维素酶、脂肪酶和淀粉酶（见 5.3.3 节）。脂肪酶制剂的成功应用包括经遗传修饰在水溶液中具有活性（天然脂肪酶主要是在界面上被激活，如油/水界面）的制剂。酶的最重要的应用领域是食品方面，主要是在食品加工、食品修饰和食品改良领域（表 5.5）。

表 5.5　技术酶的应用（根据经济相关性选择）

酶	来源	反应类型	应用
蛋白酶			
碱性蛋白酶	*Bacillus*，*Aspergillus*	蛋白质降解	洗涤剂，皮革加工
凝乳酶	小牛	酪蛋白专一水解	奶酪加工
胃蛋白酶和其他	*Mucor*；猪胰，牛	蛋白质降解	肉类产品
木瓜蛋白酶	*Carica papaya*	蛋白质水解	面包加工；酿造；肉类加工
糖苷酶[a]			
α-淀粉酶	*Bacillus*,*Aspergillus*	淀粉内水解生成糊精	淀粉水解，糊精产品；乙醇产品；酿造；面包加工
淀粉葡萄糖苷酶	*Aspergillus*	糊精水解生成葡萄糖	
支链淀粉酶异淀粉酶		水解支链淀粉的 α-1,6-糖苷键	葡萄糖浆产品酿造
纤维素酶	*Aspergillus*，*Trichoderma*	纤维素水解	洗涤剂；植物原料加工
果胶酶[b]，包括半乳聚糖酶、木聚糖酶、阿拉伯聚糖酶	*Aspergillus*	细胞壁多糖水解	水果、蔬菜、酒类产品、果汁等的加工

续表

酶	来源	反应类型	应用
戊聚糖酶（与前面的相似，果胶酶除外）	*Humicola*, *Trichoderma*	戊聚糖片段水解	面包加工；面包产品
乳糖酶	*Aspergillus*	乳糖水解	牛奶产品；乳清加工
转化酶	*Saccharomyces*	蔗糖水解	转化糖浆生成产品；面包，糖果
酯酶，酰胺酶			
脂肪酶	*Pseudomonas*, *Aspergillus Candida*	脂肪，三酰甘油水解；酯交换反应；有机合成	表面活性剂；脂肪加工、修饰；脂肪酸产品，牛奶产品
乙酰酯酶			氨基酸特殊产品
海因酶/氨甲酰水解酶		海因水解	氨基酸产品
转移酶			
环糊精转移酶	*E. coli*	葡萄糖基转移/环化	环糊精产品
转谷氨酰胺酶			肉类加工
氧化还原酶			
葡萄糖氧化酶	*Aspergillus*, *Penicillium* *Soy beans*	葡萄糖氧化	葡萄糖分析；除去果汁、啤酒和葡萄酒中的氧气
过氧化氢酶	*Aspergillus*, *Micrococcus*	过氧化氢降解	（与葡萄糖氧化酶相同）
脂肪氧化酶	*Soy beans*		面包加工

a. 在许多情况下，是由许多不同的酶或添加剂组成的混合物；b. 混合物，一般以果胶酶形式提供。

改进工艺的经济性，提高产率，减少副产物和改善环保（如排放更少的废水）也是非常重要的。从这方面来说，下面的一个或几个方面可能起着重要的作用：

- 改性产品或新产品（如甜点、面包配料、糖果）；
- 有营养价值的，功能性食品；
- 味道，质地；
- 物理性质（水活度，黏度）；
- 经济性。

淀粉水解和加工是最重要的过程之一，在其中还包括了大量的不同产品（见 5.3.2 节）。此外，除了麦芽糖酶，在酿酒和乙醇生产中使用了微生物淀粉酶和其他葡聚糖酶。

5.3.1.1 在食品方面的应用

面包工业已经成为酶的一个重要应用领域，如淀粉酶、戊聚糖酶（半乳聚糖酶、木聚糖酶和阿拉伯聚糖酶）、葡萄糖氧化酶、脂肪酶和脂肪氧合酶。对于非常复杂的底物，可以用不同活性的酶来协同作用（参看果胶酶；见 5.3.3.2 节）。这样做的目的是为了改进生面团的加工工艺，使得面包具有较好的或更令人喜欢的结构和体积，同时也可提高面包的储藏质量（保鲜作用）。酶的使用量是很低的，100kg 面粉只需 0.1～10g 的酶。此外，如果只是需要水解部分的麸质，那么可以使用蛋白酶，因为这样会使得生面团具有较低的黏性，因此生面团的加工也就变得更容易了。脂肪酶可以代替乳化剂来促进乳状液的形成。葡萄糖氧化酶（包括过氧化氢酶）可以通过麸质蛋白质中游离巯基的氧化和二硫键的形成用于强化生面团。酶制剂的颗粒化可以防止使用过程中灰尘的形式。在高温烘焙过程中，前述的所有酶都会失活。由包括淀粉酶、葡萄糖淀粉酶、纤维素酶、木聚糖酶和蛋白酶在内的相似的酶组成的混合物，可以用于酿酒工业（O'Rourke，1996）。此外，由于市场需求的快速增长，在饲料生产中需要相当大数量的酶（>1 亿 €），特别是β-葡萄糖苷酶、内切木聚糖酶和肌醇六磷酸酶。

在奶酪加工业中，用皱胃酶和凝乳酶（或是相关的蛋白酶）来凝结牛奶蛋白，同时可以加入其他蛋白酶和脂肪酶以改善其口味。乳糖酶（β-半乳糖苷酶）用来为那些自身不能分解乳糖的消费者水解牛奶和软冰品中的乳糖。

在水果和蔬菜的加工过程中，使用了包括半纤维素酶（聚糖酶）在内的大量果胶酶来提高产率，和（或）通过浸渍以及加快过滤和压榨步骤以生产浓汤（见 5.3.1.2 节）。应该注意的是，微生物的 GRAS 状况是酶产品能否应用于食品领域的一个主要因素。

5.3.1.2　在纺织品方面的应用

相当数量的酶（约占 10%市场份额）是用在纺织品工业上的。例如，在纺织过程中，胶黏剂可用来保护织物，而且大部分使用的都是淀粉基胶黏剂。加工后需要脱浆，这要求淀粉是可溶的，可以用不同来源的淀粉酶处理。在脱浆过程中，需要加入表面活性剂，主要是非离子形式的，并带有少量阳离子的表面活性剂，目的是破坏酶的活性；也要加入一些 $CaCl_2$ 来提供合适的酶活。一般来说，常用的和热稳定的微生物淀粉酶的用量为 0.025%～0.25%（m/V），在 75～85℃下作用 2～4h（Godfrey，1996）。

酶应用的另外一个重要领域是造纸行业。将酶用于造纸行业的目的是希望能开发出一种既经济又环保的技术。通过预处理，可以改善酶与原材料（底物）的相互作用。纤维素酶和半纤维素酶的混合物能用来加快纸浆的脱水速度，这主要是因为它们可以部分溶解一些细小组分和除去纤维素表面的小纤维，因此，可以提高工艺的经济性。此外，木聚糖酶可以帮助漂白牛皮纸纸浆，除去纤维中的木质素，从而可以减少使用含氯化物的漂白粉（Tolan，1996；Bajpai，1999）。

在一些分析方法中需要用到更多的酶，但是这些不包括在技术酶的统计中。虽然说产生的总量可能是相当低的，但是它们的纯度和高附加值意味着它们的经济性也是非常高的。

在这概述之后，选择了一些例子将进行更详细的阐述。所提及的与反应机制相关的方面，是为了突出它们在选择性和副产物形成方面的作用。反应条件（浓度、pH、温度、反应时间和影响因素如金属离子）对反应过程、产品稳定性和过程的经济性都起着关键作用。从这些参数可以看出工艺的复杂性，对参数的处理和优化设计需要基本的科学洞察力和大量的实验知识和经验。

5.3.2　淀粉加工

在所有的生物合成中，淀粉是植物碳水化合物中最重要的碳源和能源，每年合成

10^{10} t，在纤维素之后居第二位。它的工业产品大约有 45×10^{6} t/a。最重要的淀粉来源是玉米（玉米，欧洲 3.6×10^{6} t/a）、小麦和马铃薯。淀粉由两种多糖组成，其中15%～30%是直链淀粉，它是一种线形的由 α-D-(1→4)-糖苷键连接的呋喃型葡萄糖单元（大于 6000 个单元）组成的多聚糖，分子质量为 $3\times10^{5}\sim10^{6}$ Da［图 5.3（a)］。特别的玉米类型（直链淀粉含量高）已经开发出来了，其中直链淀粉的含量达 80%。常规的淀粉包含 70%～85%支链淀粉，支链淀粉由 α-D-(1→6)-糖苷键连接的呋喃型葡萄糖单元组成主链，侧链通过 α-D-(1→6)-糖苷键连接到主链上，大约含有 5%的分支［图 5.3（b)］。支链淀粉的分子质量为 $16\times10^{6}\sim160\times10^{6}$ Da，对应于约 10^{6} 个葡萄糖单元。种子和块茎中都含有几微米直径大小的紧密的小颗粒淀粉，并含有部分的结晶状的直链淀粉和支链淀粉，它们基本是酶所不能接近的。当在水中加热到 60℃时，这些小颗粒吸收了大量的水后开始膨胀，然后变成一种糊状物，大大增加悬浮液的黏度。最后，在剪切力的作用下，这些小颗粒裂解，只有在这种情况下，酶才能高效地水解淀粉。水解的程度用 DE（葡萄糖当量）值来表示，这是将单位干质量的还原基团（相当于被水解的键的数量）作为葡萄糖当量来决定的。DE 100 表示的是纯的葡萄糖，DE 0 表示的是没有水解的长链淀粉。

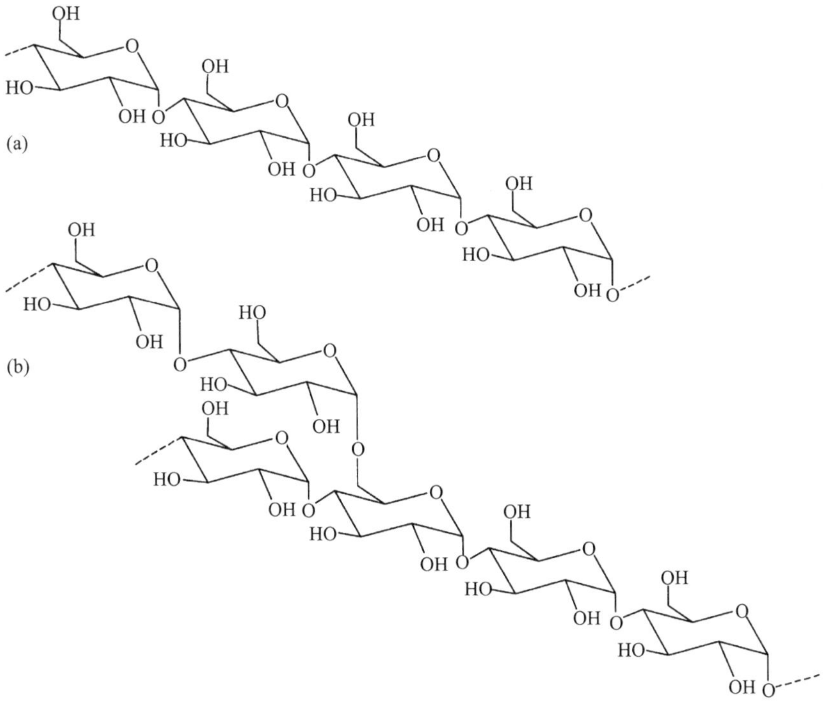

图 5.3　淀粉分子的结构：(a) 直链淀粉；(b) 支链淀粉。

水解程度低（DE 10～15）的淀粉形成所谓的“可溶性淀粉”，与原始溶液相比，这种可溶性淀粉的黏度显著较低。含有 4～20 个葡萄糖单元的低聚糖叫做糊精。糊精可以通过酸或 α-淀粉酶一步法水解淀粉得到。要想进一步水解，就需要酸水解和酶水解协同作用，或者用 α-淀粉酶和葡萄糖淀粉酶进行两步酶解。由此可以生产可结晶以生成晶体葡萄糖的更高 DE 度的糖浆直至基本纯净的葡萄糖。但是，这些需要额外的一些下游过程，因为除了低含量的来自淀粉的低聚糖（即麦芽糖）之外，其他的低聚糖，即所谓的具有 α-(1→6)-糖苷键的逆产物（即异麦芽糖），也通过浓缩步骤形成。这是由于经济原因所要求的反应液的高浓度（>30%）。

用于淀粉加工的酶，包括 α-淀粉酶、葡萄糖淀粉酶、β-淀粉酶、支链淀粉酶、异淀粉酶和葡萄糖异构酶，它们占了世界上工业用酶的 30%。虽然有大量的不同产品如淀粉水解产物、葡萄糖、果糖含量高的玉米糖浆（HFCS）和环状糊精都已有商业生产，但是在这里只详细介绍 α-淀粉酶和葡萄糖淀粉酶。

5.3.2.1 机制

淀粉转化酶基本上有 4 类：①内切淀粉酶；②外切淀粉酶；③去支酶；④葡萄糖转移酶。

这其中第三种酶包括异淀粉酶和支链淀粉酶，是专一水解 α-(1→6)-糖苷键的。最后一种酶只表现出很低的水解活力，也就是说，它的活性位点会排斥水，只允许作为亲核试剂的糖接触共价连接的葡萄糖基团。环式麦芽糊精葡萄糖转移酶是迄今为止所知的催化效率最高的酶，反应速率比没有酶存在时的提高了 10^{15} 倍（van der Maarel et al.，2002）。

许多淀粉转化酶都属于一个单一家族：α-淀粉酶或者是家族 13 的葡萄糖水解酶（Coutinho and Henrissat，1999）。这类酶有许多共性，如 $(\beta/\alpha)_8$ 的桶状结构、水解或形成 α-葡萄糖糖苷键，以及在活性位点上有许多的保守氨基酸残基。这些酶的三级结构、从结构和功能关系推导得出的机制和一些性质（如动力学、选择性和稳定性）都有研究报道，并综合在几篇综述里（Gottschalk et al.，1998；van der Maarel et al.，2002）。

已确定的具有 α-残留活力的 α-淀粉酶家族的催化机制涉及活性位点上的两个催化残基：作为一般的酸性催化剂的谷氨酸残基和作为亲核试剂的天冬氨酸残基（在 *Aspergillus niger* 中编号为 Glu_{230} 和 Asp_{206}）[图 5.4（a）]。谷氨酸提供一个质子给连接在活性位点亚位点－1 和＋1 上的两个底物葡萄糖单元之间的葡萄糖苷键；亲核试剂天冬氨酸攻击在亚位点－1 上的葡萄糖单元的 C_1；经过一个（假设的）类似氧碳 离子形式的过渡态形成一个共价中间体。当有水分子进入时，亚位点＋1 上的质子化的葡萄糖单元就会离开活性位点；谷氨酸接受水中的一个氢，攻击亚位点－1 上的葡萄糖单元和天冬氨酸之间的共价键上的氧原子，而这氨基酸经由类似氧碳 离子形式的过渡态并在氧位点－1 上的葡萄糖单元的 C_1 位置上形成一个新的羟基。当其他的葡萄糖分子取代水分子进入活性位点时，一个新的葡萄糖苷键，优先是 α-(1→6)-糖苷键就会形成。随着葡萄糖浓度增加，这种情况更常发生，导致产生逆产物如异麦芽糖 [α-D-呋喃型糖苷-(1→6)-D-葡萄糖]。第三个保守残基——第二个天冬氨酸（Asp_{297}）通过氢键连接到底物 OH-2 和 OH-3 基团上，在底物变形时起着重要作用（图 5.5）（van der Maarel et al.，2002）。

α-淀粉酶家族的酶在其底物和产物专一性上差异显著，这可能与它们的催化中心或催化位点周围的外糖结合亚位点结合不同的结构域有关（van der Maarel et al.，2002）。

底物是紧密连接在活性位点上的，蔗糖与淀粉蔗糖酶突变体的结合就很好地说明了这一点。该突变体是一种具有很高的区域和立体选择性的葡萄糖转移酶形成的直链淀粉[α-(1→4)-糖苷键连接的葡萄糖单元]。很显然，蔗糖酶的每个羟基在活性位点上连接一个或两个氨基酸（图 5.5）（Mirza et al.，2001）。

淀粉水解酶在遍布整个活性位点的一排连续的亚位点上结合底物葡萄糖残基。在典型的内切作用酶（如 α-淀粉酶）中，底物的结合区域包括 5～11 个亚位点（Svensson et al.，1999）。结合区域的结构决定了底物和产物的选择性。

由于对来自含有侧链的支链淀粉的产物（“α-限制糊精”）（其不适于活性中心）水解的限制，对于 α-淀粉酶而言，形成具有优选分子质量分布的产物原则上是可以预见的。低分子质量产品会形成非生产性的复合物，这会抑制酶的活性。不同来源的酶在结合位点的结构上表现出很大的不同，因此它们会形成不同分子质量分布的产物混合物。

α-淀粉酶的热稳定性的研究获得成功，人们找到了杆菌属酶高热稳定性的结构决定子（Declerck et al.，2000）。大麦 α-淀粉酶同工酶的热稳定性研究表明静电作用对酶的稳定性也有一定的作用（Svensson et al.，1999）。

β-淀粉酶也是一种具有逆转活性的外水解酶，它的活性位点是一条很深的具有“活盖”的裂缝，与淀粉和麦芽低聚糖的非还原性末端结合［图 5.4（e)］。与葡萄糖淀粉酶催化生成麦芽糖不同，β-淀粉酶是在酶的“盖子”打开时将麦芽糖释放出来的。同一底物链受到反复攻击，这是一个单链攻击的例子。

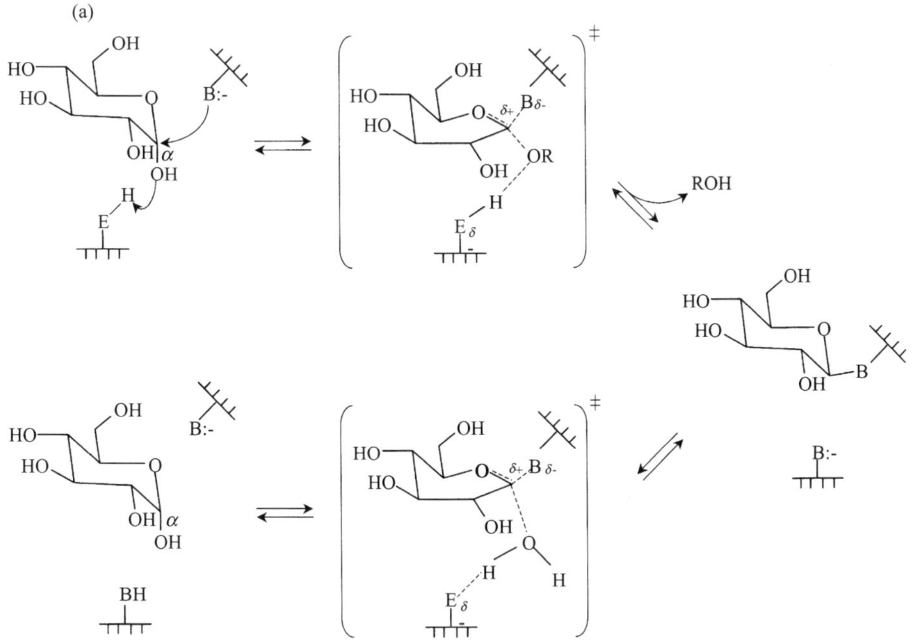

图 5.4 淀粉酶家族的活性中心和亚位点。(a) 亲核试剂 B、谷氨酸和天冬氨酸分别亲核攻击糖苷键的机制简化流程图，生成含有共价连接葡萄糖残基的中间体，中间体通过水分子亲核取代释放（van der Maarel et al.，2002）。

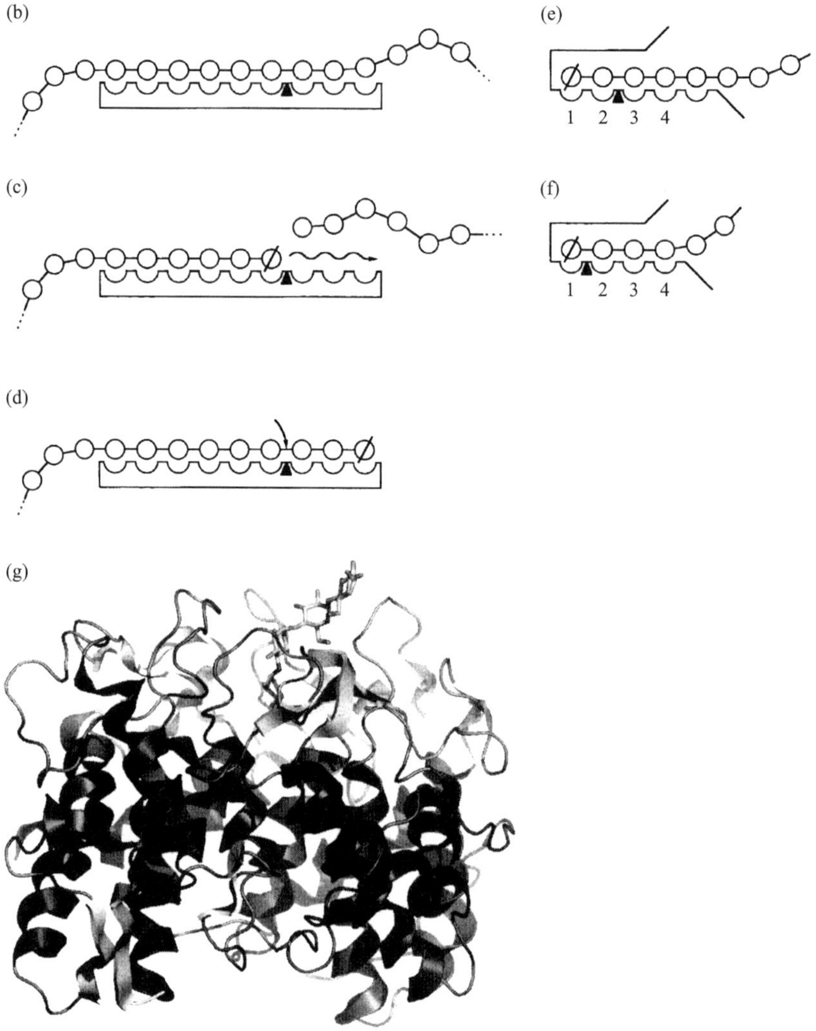

图 5.4（续）。(b) α-淀粉酶的亚位点图解。(c) 随机水解反应。(d) 从底物末端反应。(e) β-淀粉酶的亚位点图解。(f) 葡萄糖淀粉酶的亚位点图解。(g) $(\beta/\alpha)_8$ 的桶状结构的葡萄糖淀粉酶的三维结构侧面图，α 螺旋（黑色）形成的典型的桶状结构，活性位点氨基酸位于顶端的环中（Coutinho and Reilly，1994；Reilly，2003）。

葡萄糖淀粉酶（工业上叫淀粉葡萄糖苷酶）是一种外作用的逆转葡萄糖苷水解酶［α-(1→4)-D-葡聚糖葡萄糖水解酶］，催化释放 β-D-葡萄糖。它是一种外作用酶，因为它只从淀粉的非还原性末端水解糖苷键，同时它也是一种逆转酶，因为β-葡萄糖是由 α-糖苷键形成的。但是，在溶液中，初始产物会经历自发的变旋现象直到 α-D-葡萄糖和 β-D-葡萄糖达到平衡。

β-淀粉酶的活性位点是一条裂缝，它可以允许淀粉和低聚糖链自由进出。与 β-淀粉酶不同，葡萄糖淀粉酶的活性位点是“井”状的［图 5.4（f），（g）］，使得其具有外作用活性和多链攻击的特点，不同的链有相同的机会与之结合。在黑曲霉（*A. niger*）葡

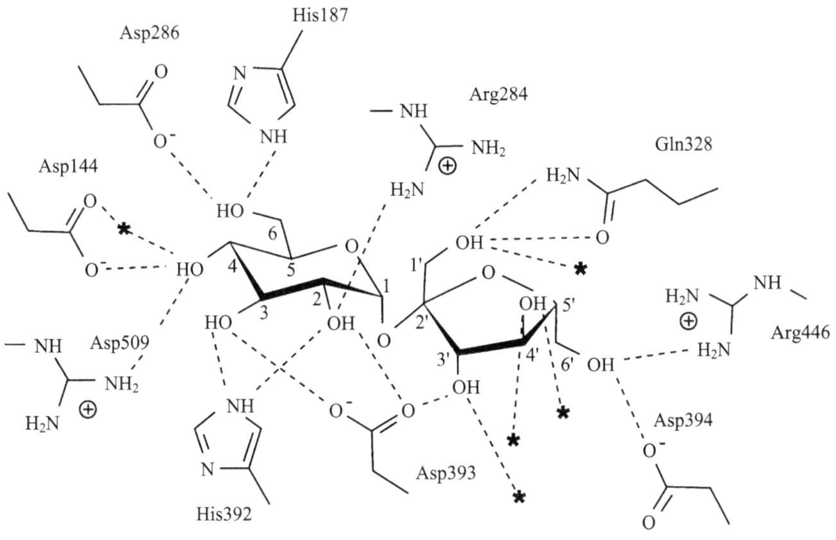

图 5.5　蔗糖与淀粉蔗糖酶活性位点上氨基酸的结合（Mirca et al.，2001）。

萄糖淀粉酶中，Glu_{179} 和 Glu_{400} 分别是常规的酸和碱催化剂（Sierks et al.，1989；Harris et al.，1993）。C 端淀粉结合区通过糖苷键与催化结构域相连。Olsen 等已经详细研究了底物、低聚糖和抑制剂结合引起的结构与机制变化，以及动力学热力学数据，包括单个葡萄糖单元和单个羟基的结合自由焓（Olsen et al.，1993；Sigurskjold et al.，1998；Sierks and Svensson，2000）。

葡萄糖淀粉酶的逆转副产物的形成可以通过反应机制用一种直观的方式来解释。共价结合的葡萄糖残基会受到另一个取代水分子的葡萄糖或寡糖分子的亲核攻击，特别是在高糖浓度的时候，会优先形成一个 α-(1→6)-糖苷键，生成异麦芽糖低聚糖。这个反应途径使得糖苷酶能在低水活性和高糖浓度时形成低聚糖。但是在这个途径上，葡萄糖转移酶具有更高的选择性（见第 6 章 6.4 节）。

葡萄糖淀粉酶是由丝状真菌产生的，主要是曲霉。与其他工业用酶相比，葡萄糖淀粉酶的产量更高，因此价格比较低廉。研究人员之所以在葡萄糖淀粉酶上花大量的努力，目的在于希望能解决其结构和机制问题（Aleshin et al.，1994，1996；Sauer et al. 等，2000）。有一篇综述概括了近来蛋白质的性质、酶的机制和动力学数据（Reilly，2003）。

目前，葡萄糖淀粉酶存在两个主要难题：第一，在高浓度的溶解固体中，它会缩合一些葡萄糖合成二糖、三糖和四糖，其中最重要的是异麦芽糖；第二，葡萄糖淀粉酶不如 α-淀粉酶和葡萄糖异构酶稳定，在淀粉加工过程中一般在 60℃下使用。因此有必要对葡萄糖淀粉酶进行广泛研究并对其进行遗传改造。对优良的突变加以组合，成功地降低了酶催化形成异麦芽糖的动力学，使葡萄糖的产率由 96%上升到 97.5%（相当于在实际生产规模上额外增加了 2×10^5 t）（Reilly，1999）。要想成功设计实验，使得葡萄糖淀粉酶中的单一氨基酸发生突变，前提是要对葡萄糖淀粉酶的结构和功能有充分的了解。通过 Gly→Ala 和 Ser→Pro 突变，并在两个环之间形成二硫键，α 螺旋变得刚性，从而使得 *A. niger* 葡萄糖淀粉酶的热稳定性提高了 4 倍（Reilly，1999；Suvd et al.，2001）。

因此，遗传工程和重组技术在酶技术上有着深远的影响：

- 用重组生物进行发酵使得生产效率大大提高；
- 通过筛选嗜热生物、定向进化和理性设计定点突变，大大提高了酶的热稳定性（α-淀粉酶、葡萄糖淀粉酶）；
- 通过提高选择性（形成较少的副产物）和减少或去除对 Ca^{2+} 的依赖（α-淀粉酶），可以优化工艺。

5.3.2.2 工艺步骤

淀粉水解的第一步是用热稳定性高的 α-淀粉酶将淀粉液化，α-淀粉酶的有效温度是 85～120℃。因此，在温度高于 105℃进行热处理过程（胶凝）和水解过程（液化）可以部分地结合在一起。在淀粉加工过程中用到的一些酶概括在表 5.6。

表 5.6 工业淀粉水解用酶（Olsen，1995；Bentley and Williams，1996）

酶	来源	类型[a]	底物的最小聚合度	产物的最小聚合度[b]	应用数量[c]	pH_{opt} (Ca)[e]	T_{opt} /℃[d]
α-淀粉酶	*Aspergillus oryzae* *A. niger*	内切-α-(1→4)	PS[f]	OS[f]		4～5(50) 55～65	55～70
					0.8～1.2	6～7(150)	60～85
	Bacillus subtilis				0.4～1	5.8～7(20)	95～105
β-淀粉酶	*B. licheniformis*	外切-α-(1→4)	3	2	0.3～0.7		55～60
异淀粉酶[g]	*Pseudomonas* sp.，*Bacillus* sp.	内切-α-(1→6)				40～50	
支链淀粉酶	*Pullularia*，*Streptococus*	内切-α-(1→6)	>3	3		3.5～5	55～65
葡萄糖淀粉酶	*A. oryzae*， *A. niger*， *Rhizopus oryzae*	外切-α-(1→4)和α-(1→4)(慢)	2	1	0.5～1.1 (300U/ml)	4～5	55～65

a. 水解糖苷键的类型；b. 最小聚合度（DP）；c. 酶制剂的平均酶活［每吨淀粉干品所需的酶量（kg)］；d. 最适应用温度；e. 所需的 Ca^{2+} 浓度，μg/g；f. PS：多糖，OS：寡糖；g. 与葡萄糖淀粉酶混合使用。

α-淀粉酶水解淀粉的工艺条件为：pH5.8～7，30%～40%的淀粉浓度（干固体），每吨淀粉（干品）0.4～1.2L 的酶。初始步骤（胶凝）在通入蒸汽的情况下于 105～110℃下作用 5～10min，然后将蒸汽-酶-淀粉浆混合物转移到一个管状反应器中反应。接下来在 85～95℃下液化 1～2h（表 5.6 和表 5.7）（对于不同的工艺手段，参见 Bentley and Williams，1996）。α-淀粉酶的稳定需要 20～150μg/g 的 Ca^{2+}。这里给出的 DE10～15 的麦芽糊精是一个商业产品（93%，DP>4；4%麦芽三糖，3%的麦芽糖）。水解的程度可以通过酸和（或）热处理使酶失活来控制。新的重组 α-淀粉酶不再需要 Ca^{2+}，而且能在 pH<5 的情况下保持活力。因此，用葡萄糖淀粉酶进行进一步水解时，

pH 基本上不需要变化（Pedersen，2002）。减少一个离子交换操作可以大大减少上游的工序。

表 5.7 淀粉水解工艺资料（Olsen，1995；Bentley and Williams，1996）

底物	应用的酶	过程步骤	条件
淀粉悬浮液 30%～40%d. s.[a]	α-淀粉酶（热稳定的）	加热，胶凝[b]	大约 105℃，pH6.5，5～10min
(DE 8～15) 25%～40%d. s.	α-淀粉酶	部分水解（增溶），冷却	85～95℃，1～2h，Ca^{2+}（30～50μg/g）
淀粉/糊精（DE 8～15）	β-淀粉酶	水解为麦芽糖浆[c]	60℃，pH4.5～5，24～40h
部分水解产物 (DE 8～15)	葡萄糖淀粉酶	水解为葡萄糖糖浆	55～60℃，pH4.5，24～48h
水解产物（DE 42）或葡萄糖糖浆（DE 95） 产物：结晶葡萄糖		脱色（活性炭），去离子（离子交换），浓缩 结晶，浓缩，干燥	

a. d. s.：干品；b. 喷射式蒸煮锅；c. 麦芽糖的浓度为 60%～80%，并含有较高浓度的麦芽低聚糖。

由 α-淀粉酶充分水解得到的商品化产品通常 DE 大约为 4.2，其中大约含有 19%的葡萄糖、14%的麦芽糖、12%的麦芽三糖和 55%以上的低聚糖。结晶葡萄糖或 FCS 的生产要求产品的 DE 达到 95%～96%。要结晶得到葡萄糖，糖浆首先要浓缩到 70%～78%d. s.，然后结晶，离心，干燥。葡萄糖果糖糖浆的生产见第 6 章 6.4.1 节和第 9 章 9.4.2 节。

进一步水解形成葡萄糖糖浆（糖化）还需要另一个步骤，即用葡萄糖淀粉酶在不同条件下进行水解（表 5.7）。真菌酶（表 5.6）分别从直链淀粉或支链淀粉的非还原性末端水解释放 α-(1→4) 糖苷键连接的葡萄糖。它也可以水解 α-(1→6) 糖苷键，但速度要慢得多。在这一步中，如果添加支链淀粉酶和异淀粉酶，它的速度将大大加快，这在工业过程中经常应用。反应在下列条件下进行：底物浓度 25%～40%，pH 4.3～4.5，反应温度为 55～60℃，反应时间为 24～48h，反应时间的长短取决于所要求的水解程度。在反应完成之后，酶在 120℃、pH>4.5 下灭活，或是用离子交换除去，这是为了使逆转产物的量达到最少。脱色和离子交换（除去重金属离子）是接下来的一个不可或缺的步骤。在储藏产物糖浆时，必须提高温度以防止结晶。

5.3.3 范例和前景

5.3.3.1 洗涤剂

除用于淀粉水解外，技术酶最重要的应用要数洗涤剂工业中的洗衣粉了（经常是液体）（表 5.1）。虽然这是一个传统的应用，但由于重组技术对所有的酶组分、蛋白酶、脂肪酶、纤维素酶和淀粉酶的应用，已取得了长足的进步。在应用这些酶时，根据洗涤程序要求，使它们在碱性条件和合适温度下具有最佳的活性（图 5.6）。酶生产商在筛选微生物时取得很大的成功，筛选得到的微生物能产生具有特殊性质，在 pH 约 11 和

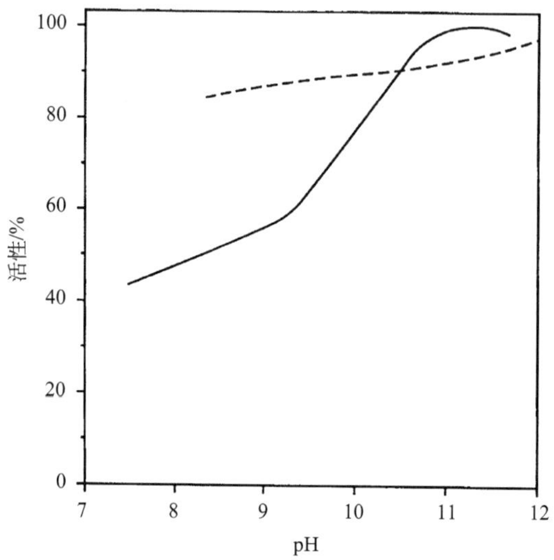

图 5.6 一个碱性蛋白酶的活性（%）与 pH 的函数［底物：酪蛋白，40℃下反应，实线；血色素（变性的），25℃下反应，虚线］（根据 International Bio-Synthetics，1998）。

温度 40℃或更高条件下稳定性好和活性高的酶。这些酶可以水解牛奶中的蛋白质，水解黄油和其他食品成分中的脂肪。纤维素酶可以水解断裂纤维的末端，由于光的散射，这种断裂纤维的表面呈浅灰色，并能保护被吸附的杂质不被表面活性剂除去。

通过定点突变（甲硫氨酸取代）获得了对过氧化氢酶而引起失活保持稳定的肽酶（枯草杆菌蛋白酶），并与过氧化氢前体共同使用从而提高洗涤剂的洗涤效果。酶的进一步修饰和改进详见第 2 章 2.11 节。

脂肪酶能将脂肪（三酰甘油）水解成自由脂肪酸、二酰甘油、单酰甘油和甘油的混合物，所有这些都比脂肪要容易去除得多，这是脂肪酶应用的重要成功。一般情况下，脂肪酶在水中是不能激活的，因为它有一个“盖子”，这个“盖子”必须打开时底物才能进入；这个“盖子”在非极性表面时会打开，而在水相中不会打开（Eriksen，1996）。通过遗传工程手段将脂肪酶的这个“盖子”除去，大大提高了它们在洗涤过程中的效率（Svendsen，2000）。通过修饰静电表面的电荷，包括使一个 N 端带上电荷，使酶的性质得以进一步改善，目的是使得酶在有阴离子洗涤剂存在的情况下有活性。“经典的”蛋白质工程解决了这个问题。为了提高酶的热稳定性，应用了许多的方法，包括底物停泊计算化学、分子动力学和局部随机突变（组合使用相关基因片段的易错 PCR 与掺杂的 DNA 寡核苷酸）和家族基因重排（见第 2 章 2.11 节）。这种方法是成功的，获得了在高达 80℃及更高温度下具有活性的突变体（Vind，2002）。

用于洗衣粉的酶有不同的形式，主要是小颗粒状的、非粉末状的制剂，它们具有水溶性惰性包被内的蛋白质内含物配方。这项技术是酶成型的一个最重要的单元操作，在这里，避免了蛋白质粉末的形成并通过吸入方式或直接与皮肤接触而引起的过敏反应。

5.3.3.2 食品加工

在这里，要详细讨论的酶的另外一个重要应用领域是水果和蔬菜加工（Grassin and Fauquembergue，1996；Benen et al.，2003）。果胶酶用于水果加工过程可以使果汁的得率更高，并能提高过滤速率和改善色泽（如在红酒中）。此外，它们在果汁澄清和果肉饮料的稳定性方面也有辅助作用。除此之外，果胶酶还可应用于蔬菜加工以制备泡制产品、西红柿酱、胡萝卜酱或者土豆泥和一些特殊用途的果胶，并用在食品工业的其他领域（Benen et al.，2003）。

在应用这些酶时，了解底物的组成和结构是很有必要的。果胶材料的结构是非常复杂的，但是，用于工业食品加工的一些植物材料的结构已经得以详细的阐明［图 5.7 (a)］（Schols and Voragen，2003）。植物细胞壁的强度是由纤维素提供的，纤维还表现出在抗酸和酶水解方面的主要稳定作用。纤维与其他一些多糖连接在一起（如木聚糖、木糖葡聚糖、阿拉伯聚糖、阿拉伯半乳聚糖和半乳聚糖）（通常称为半纤维素），它们各自与果胶物质、不同种类的高聚物交联。在这里，果胶物质和高聚物可以看作是一种连接材料，同时也使得细胞壁具有弹性。果胶大体上包括线性的同半乳糖醛酸聚糖，线性分支的含有木糖残基的木糖半乳糖醛酸聚糖，高度分支的半乳糖醛酸聚糖和鼠李糖半乳糖醛酸聚糖，其中主链是由 α-(1→2) 糖苷键连接的 L-鼠李糖残基和 α-(1→4) 糖苷键连接的 D-半乳糖醛酸残基构成的，在鼠李糖残基上连有不同的寡糖侧链，包括 L-阿拉伯聚糖、D-半乳聚糖和混合寡糖［图 5.7 (a)］（Schols and Voragen，2003）。

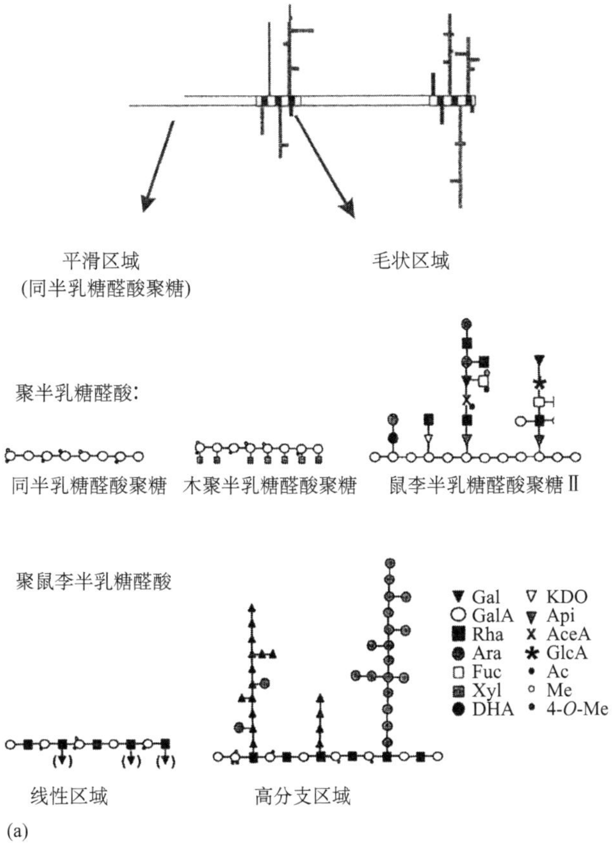

图 5.7　(a) 果胶的结构成分。Gal：半乳糖；GalA：葡萄糖醛酸；Rha：鼠李糖；Ara：阿拉伯糖；Fuc：岩藻糖；Xyl：木糖；DHA：3-脱氧-D-木-2-庚酮糖酸；KDO：2-酮-3-脱氧-D-甘露-辛酮糖酸；Api：芹菜糖；AceA：冰乙酸；GluA：葡萄糖醛酸；Ac：乙酰基；Me：甲酯；4-*O*-Me：4-*O*-甲酯。

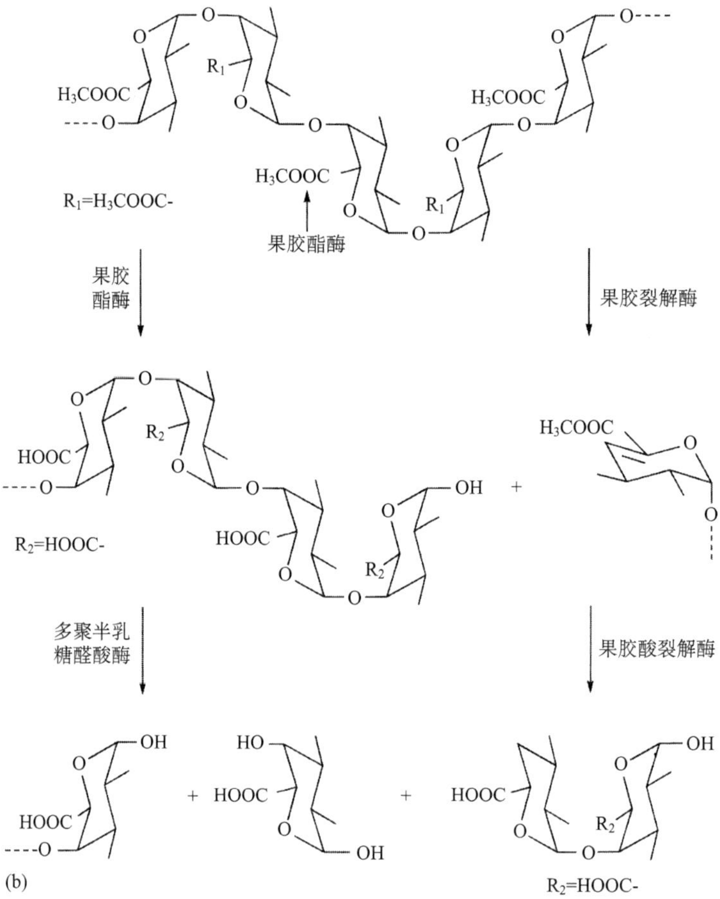

图 5.7（续）(b) 一些重要果胶酶反应的简化流程图。

果胶酶制剂、鼠李糖半乳糖醛酸聚糖水解酶和果胶乙酰酯酶的最重要的活性归纳于表 5.8 中。果胶部分水解（包括纤维和半纤维成分的纤维材料和可溶性果胶和半纤维材料的降解）会导致细胞壁的破裂。内作用酶可以很快降低聚合物的摩尔质量，而且通过黏度测定很容易检测到。甲酯酶和乙酰酯酶分别会释放甲醇和乙酸，并会改变底物的性质和果胶水解酶水解果胶时酶攻击的敏感性。在这点上，最相关的活性是：

- 果胶甲酯酶，具有从聚合物主链上释放甲醇和羧酸的功能；
- 内果胶酶，水解聚合物主链（在甲基化的位置）；
- 内果胶裂合酶，通过反式消去作用降解聚合物主链，在产物的非还原性末端形成一个双键［图 5.7（b）］；
- 内多聚半乳糖醛酸酶，水解聚合物主链；
- 果胶酸裂合酶，与果胶酶的作用相似，但与多聚半乳糖醛酸的羧基邻近。

表 5.8　果胶酶制剂的酶活性（Uhlig，1998；Benen et al.，2003）[a]

酶	活性[b]/(U/g)	应用或理想的 pH
果胶甲酯酶	50～100	3～5
内切果胶酶（聚甲基半乳糖醛酸酶）		
内切聚半乳糖醛酸酶	1000～2000	4～4.5
外切聚半乳糖醛酸酶		
内切果胶裂解酶（果胶反排除酶）	100～300	
内切果胶酸酯裂解酶（聚半乳糖醛酸反排除酶）		ca. 5
更多活性		
木聚糖酶		
L-阿拉伯聚糖酶		
半乳聚糖酶		
纤维素酶		

a. 来源：一般是 *A. niger*；b. 商品酶制剂，液体或固体（颗粒状），用盐、糖类、糊精和（或）是甘油稳定后的活性如上所示。

当对酶的单个活性进行量化时，酶的分析测定是很困难的。简单的方法有聚合物降解的黏度测定法，这是一种灵敏的方法，当糖苷键有 2%～3%的变化时，可能会导致黏度降低 50%。比色法可以测定还原性末端基团，而在裂合酶作用下，测光法可以测定不饱和产物的结构。通过使用高效液相色谱（HPLC）和高效阴离子交换色谱（HPAEC），单一单糖和寡糖的形成可用于详细分析不同的活性（Lieker，1993；Schols and Voragen，2003）。

在食品工业中，对于许多植物底物来说，典型的是要求具有不同活性的酶能够协同作用，也就是说，当混在一起时，与单一酶作用相比，多个酶协同作用有更强大的功能。酶活最佳的混合取决于使用的目的，过程细节 Uhlig 已有报道（1991，1998）。多聚半乳糖醛酸酶的动力学参数（这对工艺改进有帮助）已经由 Benen 等进行了归纳（2003）。此外，已有大量的商品酶制剂可以使用了。

在详细分析上述的工业酶的主要应用领域时发现，由于下面的一些原则（或困难）问题，使得溶液酶要明显优于固定化体系：

- 高分子底物的转化；
- 不溶性的和（或）吸附性的底物的转化，如洗涤过程中（蛋白质、淀粉、果胶、半纤维素）的转化；
- 高度复杂、需要不同活性的酶协同作用的底物的转化（如在水果加工过程中的葡萄糖苷酶和果胶酶的协同作用）。

除了上述应用外，酶在其他方面的应用研究工作正在大量开展，因此，到目前为止仍然无法回答在经济上是否成功。这些方面应用的一些例子接下来还要进行考查。

自从认识到糖、寡糖及其衍生物在生物信号转导、识别和细胞间相互作用中所起的作用之后，它们的修饰和合成已经引起很大的兴趣。酶的许多新的应用已经拓展到食品和药品工业市场，如食品添加剂、益生原和具有保护和刺激免疫功能的所谓自然食疗

(Pierre et al., 1997；Reddy，1998；Rastall，2003；Buchholz and Seibel，2003)。用醛缩酶合成糖类和寡糖的介绍参看第 3 章 3.2.3.2 节，Leloir 葡萄糖基转移酶参考 Hendrix 和 Wong (1998)。工业上，确定的使用固定化酶通过葡萄糖基转移酶进行诸如葡萄糖异构化、寡糖和环糊精生产的工艺将在第 6 章 6.4 节讨论。

因为化学路线一般都要经过许多困难和复杂的步骤，如保护基的引进、糖苷化的化学活化、有机溶剂的使用和去保护步骤，特别是它们在总体上产率也很低（直接催化糖的还原是例外，如山梨醇产品），因此，对单糖和寡糖的修饰也已经引起很大的兴趣。相反，酶法路线是直接在水溶液中进行的，具有良好的区域和立体选择性。一般情况下还具有比较高的得率，在应用合适的反应工程之后，这效果就更显著了。蔗糖因为具有数量多、纯度高和价格低的特点，因此对它进行修饰是研究的主要热点。此外，化学路线已经证明，当分子含 8 个羟基，而且每个基团的反应性相似时，用化学路线来合成是相当困难的。通过具有高度区域选择性的根癌农杆菌（*Agrobacterium tumefaciens*）的作用，蔗糖可以被氧化为 3-酮蔗糖（α-D-核-吡喃己糖基-3-酮糖基-β-D-呋喃果糖苷），并且产率达 75%（图 5.8）(Stoppok and Buchholz，1999)。同样，其他二糖如麦芽糖、乳糖和葡萄糖基山梨醇都可以由这条路线氧化，但是必须使用静息细胞，目的是使得脱氢酶的辅助因子能够再生。3-酮蔗糖可以用作化学路线的许多步骤中的骨架，包括催化蔗糖同分异构体的还原以及水解产生阿洛糖（Timme et al.，1998)。还原性胺化产生 3-氨基-别蔗糖（3-氨基-3-脱氧-α-D-吡喃阿洛糖基-β-D-呋喃果糖苷），其在脂肪酸存在下酰化生成表面活性剂；甲基丙烯酸衍生物取代 3-氨基-别蔗糖生成聚合物骨架，这骨架可用来合成具有蔗糖衍生侧链（聚乙烯糖）的聚合物；与氨基酸偶联产生具有选择性偶联蔗糖的 3-位置的相应耦合物（Pietsch et al.，1994；Stoppok and Buchholz，1999；Buchholz et al.，2001；Anders，2002)。

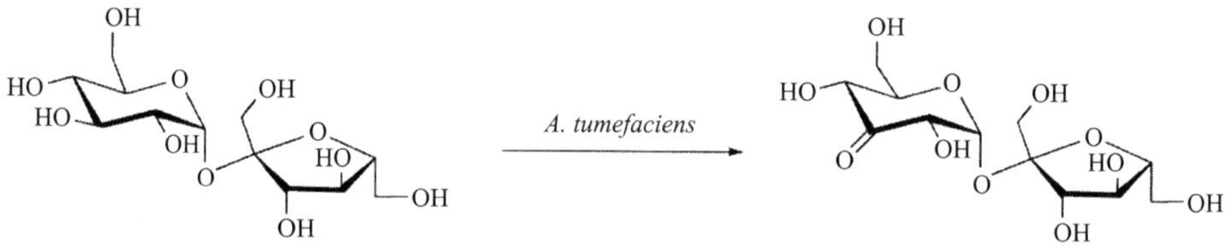

图 5.8　根癌农杆菌对蔗糖的选择性氧化。

吡喃糖氧化酶可以催化各种各样的酮糖和酮糖酸，在化学酶法合成中可以用作手性中间体和合成纤维。现在已经清楚酶的作用位点是在不同的糖，如 D-葡萄糖、D-半乳糖、D-木糖或 D-核糖的 2-、3-、4-、或 6-位置上（Röper，1990；Giffhorn et al.，2000)。酶在这方面应用有一个技术问题，就是酶的稳定性问题，因为在反应过程中会产生副产物过氧化氢。通过氧化还原酶所需辅酶及其再生，进行了一系列改进，其中膜系统在此具有优势，这将在下文进行描述（见 5.4 节）。

不同产品的其他重要的酶法合成路线将会在本书的其他章节介绍，这包括氨基酸合成（第 3 章 3.2.1.1 节和 3.2.2.6 节，第 5 章 5.4 节和第 6 章 6.4.3 节）、半合成抗生素（第 2 章 2.7 节和第 9 章 9.2 节）和更多的合成路线（第 3 章）。

5.4　膜系统和工艺

将酶固定化后，利用半透膜可以从反应器中将酶截留或回收（图 5.9 和图 5.10）。用于此目的的超滤膜已经有商业生产了，它的截留分子质量为 5kDa 或 10kDa，分子质量高的蛋白质是不能透过这膜的。

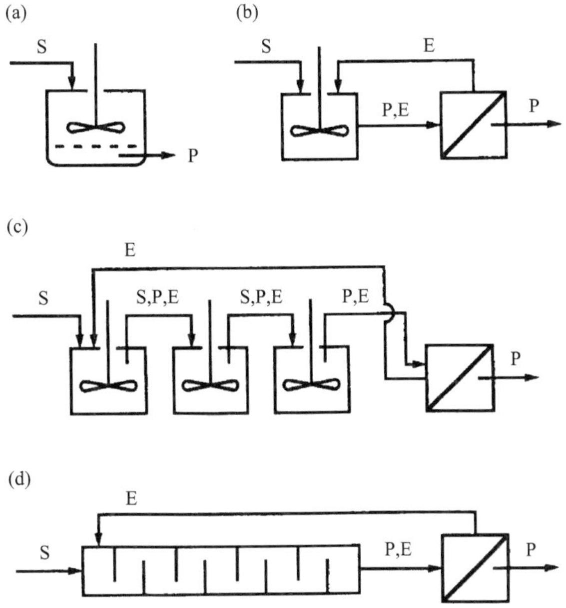

图 5.9　膜系统的原理。(a) 整合有半透膜的膜反应器；(b) 连续搅拌釜式反应器；(c) 级联反应器；(d) 管式反应器，每个系统都有用来回收酶的膜单元。

当需要辅酶再生时，膜系统对于需要辅酶的反应来说是很有优势的。一般来说，催化一个耦合的氧化还原反应需要两种酶（E_1 和 E_2）：

出于成本的考虑，反应器中的酶和辅助因子都必须要截留或回收。辅助因子再生和回收的效率，对于 NADH（价格为 1€/g 左右和中等价格的产品，<25€/kg）来说，应该超过 99.9%。为了降低成本，这种膜系统的总使用次数，对于价格高的产物如 L-叔-亮氨酸来说，应该超过 1000 次，对于价格低的产物如 L-亮氨酸，应超过 10 000 次，以满足经济要求（Kula and Wandrey，1987；Kragl et al.，1996）。用这种系统共价固定化两个酶和一个辅助因子，而且这两个酶的活性中心还必须能让底物进入，是很困难的，因此，从经济角度上来讲是行不通的。

选择依赖辅酶的、两个或多个酶组成的体系的方法就是用膜反应器，它能截留或回收所有具有催化活性的组分。因此，低分子质量的辅助因子必须与具有足够高分子质量的聚合物偶联。图 5.11 就是个例子。平均分子质量为 20kDa 的聚乙二醇可以作为可溶

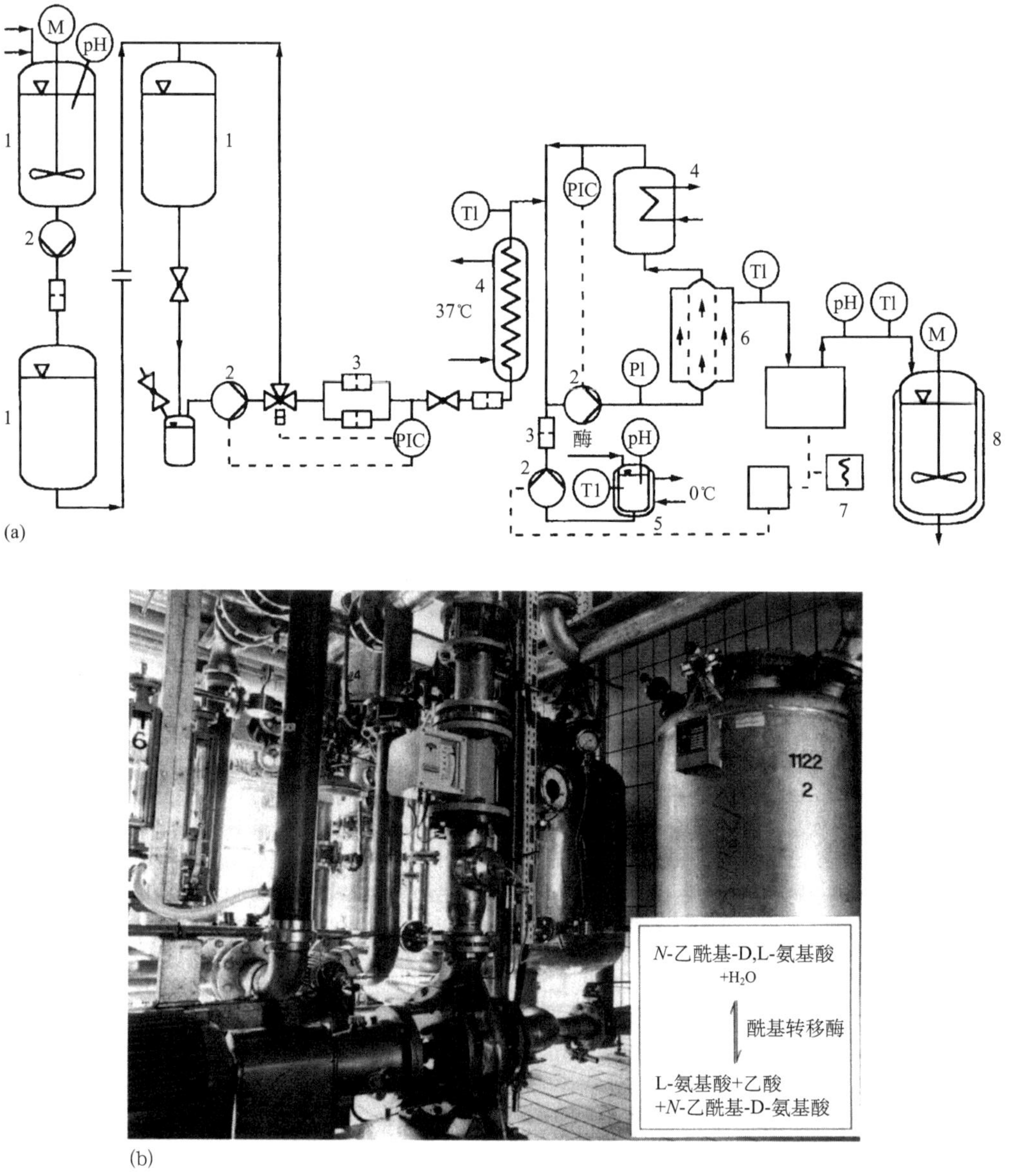

图 5.10　(a) 具有膜单元生产系统流程图，具有混合储藏罐 (1)、泵 (2)、过滤器 (3)、热交换器 (4)、酶容器 (5)、超滤模块 (6)、分析监测器 (7)、产物罐 (8) 和 pH、温度 (TI)、压力 (PIC)、体积流量 (FIC) 的控制单元；(b) 氨基酸生产单元 (Degussa，Hanau，德国)。

性大分子载体 (Riva et al.，1986)。所有类型的具有膜模块的反应器体系都可以应用 (图 5.9)，但是为了能提供令人满意的酶催化效率，具有膜单元的连续搅拌釜式反应器或管状反应器是适当的系统，其中膜的作用是回收酶和辅助因子 [图 5.9 (c) 和 (d)]。将搅拌和具有膜单元的管状反应器组合在一起使用也是值得考虑的。具有外围反应器、阀门、泵和控制单元的一个生产单元如图 5.10 所示。

目前，几种具有不同膜结构和单元构造的膜系统可以使用（图 5.12）。Kula 和 Wandrey（1987）与 Tu tunjian（1985）已经对此有过详细的讨论。许多分别关于氧化还原酶或脱氢酶（DH）的显著进展已经发表，并且一些已在工业规模上得到应用（见第 3 章 3.2.1 节）。

图 5.13 亮氨酸脱氢酶（B）、甲酸脱氢酶（A）和聚合物负载的辅助因子催化一种酮酸（α-酮异己酸）连续生成产物的反应流程图。

对于需辅助因子的反应，需要对共底物的辅助因子进行

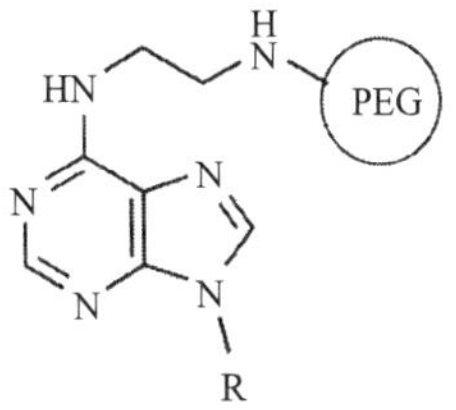

图 5.11　修饰过的高分子质量辅助因子衍生物：聚乙二醇-*N*-6-C2-氨基-NAD^+（Riva et al.，1986）。

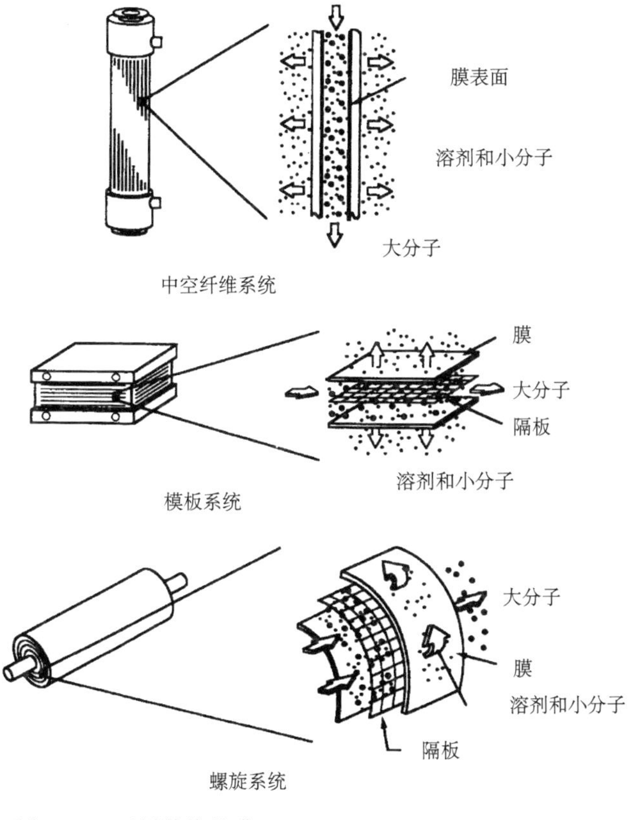

图 5.12　不同结构的膜。

再生。共底物应该是可溶的、无毒的和非抑制性的，而且是低价格、容易得到的。产物应该是很容易分离和（或）是表现为一种有价值的副产物。至于 NAD^+ 的再生，可以选择甲酸或甲酸盐，因为它便宜，而且所需的酶［来自博伊丁假丝酵母（*Candida boidinii*）的甲酸脱氢酶（FDH）］也很容易得到，并且产物（CO_2）很容易分离（见第 3 章 3.2.1 节，图 3.6 和表 3.2）。

以膜反应器方式将酮酸（α-酮-异己酸）和亮氨酸脱氢酶（LeuDH）反应得到 L-亮

氨酸产物的许多数据已经发表（Kula and Wandrey，1987；Kragl et al.，1996）（图5.13～5.15 和表 5.9）。辅酶衍生物（PEG-NADH）以高保留度保留在反应器中（$R>0.999\%$），其中：R 的定义为：

$$R=(C_r-C_f)/C_r$$

式中：C_r 和 C_f 分别为截留液和透过液中的浓度，符号$_0$ 表示 $t=0$，因冲洗导致的损失为：

$$C_r/C_{r,0}=\exp-[(1-R)/\tau]$$

式中：τ 是平均滞留时间。

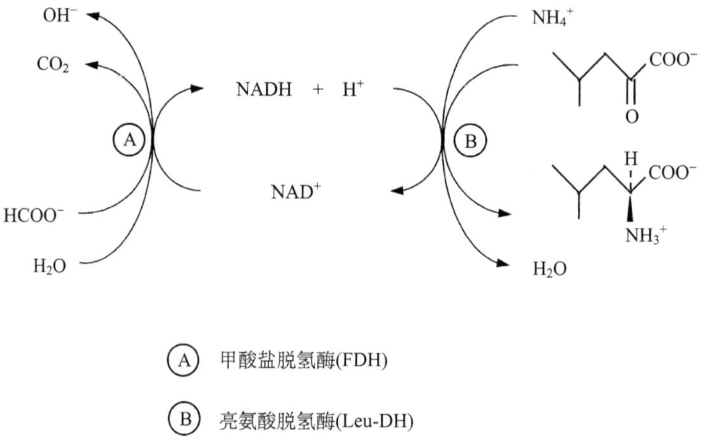

图 5.13　用亮氨酸脱氢酶（B）、甲酸盐脱氢酶（A）和聚合物结合的辅助因子从酮酸（α-酮-异己酸）连续生产 L-亮氨酸的反应方案。

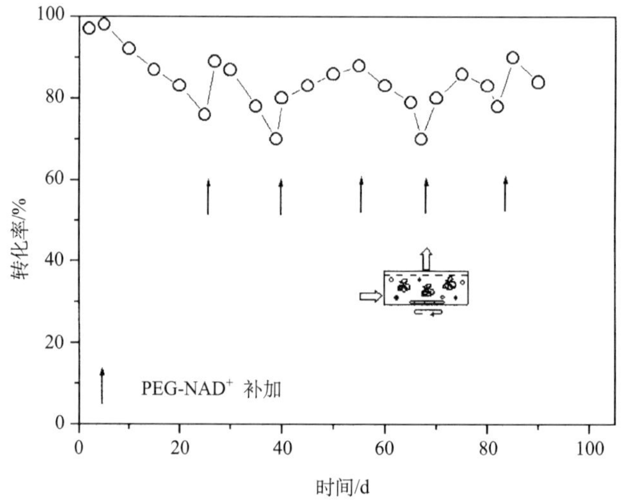

图 5.14　在一个单一酶膜反应器中连续生成 L-亮氨酸；条件（料液浓度）：100mmol/L α-酮异己酸，400mmol/L 氨水和 400mmol/L 甲酸；LeuDH 2.5U/ml，FDH 2.5U/ml；0.2mmol/L PEG-NAD$^+$；滞留时间 1.25h。箭头表示当辅助因子浓度降到 0.1mmol/L 时补充 PEG-NAD$^+$（Kragl et al.，1996）。

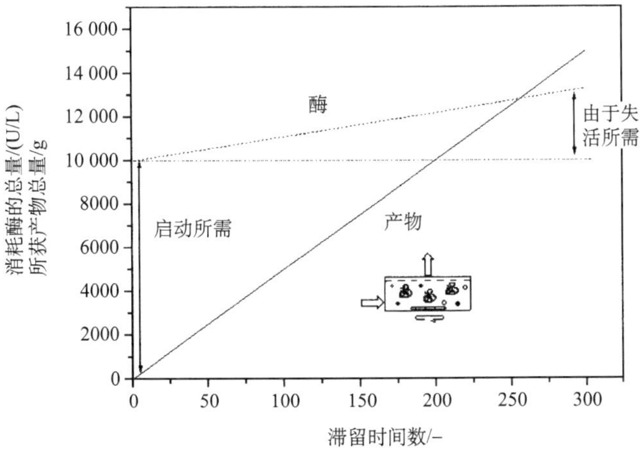

图 5.15 酶的消耗总量和产物的生成总量是工艺时间的一个函数；用来计算的一个例子：底物 500mmol/L，每天酶失活 3%，产物的分子质量为 100g/mol，滞留时间 1h (Kragl et al.，1996)。

酶的消耗量和产物的获得量是工艺时间的一个参数，如图 5.15 所示。包括浓度、转化率、时空收率、转换数和每单位产物的酶消耗量在内的实验结果列在表 5.9 中。在实验过程中，在高效的连续操作下，把时间延长至 90 天，结果表明效果是显著的。

表 5.9 L-亮氨酸生产的条件和结果 (Kragl et al.，1996)

料液浓度	
• 酮异己酸	100mmol/L
• 氨水	400mmol/L
• 甲酸	400mmol/L
反应器浓度	
• PEG-NAD$^+$	0.2mmol/L
• LeuDH	2.5U/ml
• FDH	2.5U/ml
反应器容量	10ml
pH	8.0
温度	25℃
滞留时间	1.25h
平均转化率	85%
时空产率	214g/ (L·d)
总转换数	80 000
LeuDH 消耗量	261U/kg 产品
FDH 消耗量	298U/kg 产品

还有其他的一些范例，参看第 3 章 3.2.1.1 节。羟酸可以根据相同的原理生成。(*R*)-2-羟基-4-苯丁酸在工业上是用 (*R*)-乳酸-NAD-氧化还原酶催化 2-羰基-4-苯丁酸生

成的。用甲酸脱氢酶和甲酸对辅助因子进行再生。反应是在一个具有超滤膜［截留分子质量为 10kDa，参看图 5.9（b）］的连续搅拌釜式反应器中进行的，滞留时间为 4.6h。在一个转化率为 91％达到 99.9％ee 的反应中，每千克产品需要消耗乳酸脱氢酶和甲酸脱氢酶的酶量分别为 150U/kg 和 150U/kg（Liese et al.，2000）。立体化学、经验法则和其他一些例子已经在前面的第 3 章 3.2 节讨论过了。

膜在反应过程中应用的优点和缺点总结于表 5.10，并且在下面章节中会提及其他一些例子。各种不同的氨基酸都可以根据前面讲到的原理或通过酰基转移酶对 D，L-混合物的酰基衍生物进行立体专一的水解得到。随后使用离子交换柱对 L-氨基酸和乙酰化的 D-衍生物进行分离。辅助因子再生的一个优良方式是选择合适的底物：将 α-羟酸氧化生成酮酸之后再进行还原性胺化，生成氨基酸。

表 5.10 膜工艺的优点和缺点

优点	缺点
固定化时酶没有损失因此不耗成本	投资更高和外围情况更复杂
由于持续的酶用量，所以可以连续转化生成产物	需要连续抽吸
底物/酶系统很容易交换	管状反应器的特性要求级联反应器或是具有塔内件的反应器
均一催化	与固定化酶相比，溶液酶比较不稳定
没有传质限制	
高效地使用多酶系统	

用氧化还原酶对碳水化合物进行区域和立体专一的转化也可以在膜体系中进行，D-塔格糖和 D-木酮糖的立体结构专一性形成就是一个例子（Haltrich et al.，2000）。

但是，对于高成本的酶或者不易获得并且高度复杂的系统（具有辅助因子的两个以上的酶），使用重组微生物或细胞、通过代谢工程优化可能比用纯酶构建的膜体系来得更方便些。这样的例子是通过肠膜状明串珠菌（*Leuconostoc mesenteroides*）细胞将果糖立体专一地转化为甘露醇，其中辅助因子的再生是通过葡萄糖氧化来进行的，以及为维生素 C 所设计的新的细菌系统（Anderson，1985；Grindley，1988；Kaup et al.，2003）。

5.5 练习

5.5.1 练习 1：用转化酶生产转化糖

通过转化酶［E］的作用，将蔗糖水解生成转化糖：

$$\text{蔗糖} + H_2O \xrightarrow{E} \text{葡萄糖} + \text{果糖}$$

（A）反应温度：20℃（不考虑酶的失活）

每单位反应体积（m^3）加入 600kg 蔗糖（$1.75\times10^3 mol/m^3$）进行转化，转化 10h（$3.6\times10^4 s$）后，转化率达到 95％，最后的产物浓度为 $30kg/m^3$（$0.0877\times10^3 mol/m^3$）。

用方程（5.2）进行转化计算：

$$[S]_0 - [S] + K_m \times \ln([S]_0/[S]) = V_{max} \times t$$

$$K_m = 0.01\text{mol/l} = 10\text{mol/m}^3$$

根据给定数据算出结果：

$$(1.75 - 0.0877) \times 10^3 + 10\ln 20 = V_{max} \times 3.6 \times 10^4$$

（显然 10ln20≈30 可以被忽略，这说明在这个考虑范围内是零级反应）

$$1.66 \times 10^3 = V_{max} \times 3.6 \times 10^4$$

$$V_{max} = 4.6 \times 10^{-2}(\text{kat/m}^3) = 2.76 \times 10^6\text{U/m}^3$$

2.76×10^6U（1kat=6×10^7U）相当于每立方米反应体积所需的酶量。

在 20℃下，酶的失活可以忽略。

（B）反应温度：50℃（考虑酶的失活）

反应条件（Westphal et al.，*Acta Biotechnol*. 1988，8，357～365）：

反应活化能：E_A=39.1kJ/mol

失活反应活化能：E_I=404.4 kJ/mol

失活速率常数：$\ln k_i = -48610\times(1/T) + 143.33$（温度：$K$；$T/K = \vartheta/℃ + 273.15$）

失活速率常数的结果为：k_i（50℃）$=8.29\times10^{-4}$/min。

10h 之后的残留活力（[E] / [E]$_0$）：ln（[E]$_0$/ [E]）$=k_i\times t$；[E]$_0$/[E]=1.64，相当于此时酶的残留活力为 60.8%。

考虑酶的失活时平均酶活力的计算（对反应时间 t 积分，除以 t）：

$$V_{max} = V_{max,0} = \frac{(1 - e^{-k_i \cdot t})}{k_i \cdot t}$$

由上式可以得出反应初始时所需的酶活力：$V_{max,0} = V_{max}\dfrac{k_i \cdot t}{(1-e^{-k_i \cdot t})}$

例如，在 50℃时酶的有效平均活力为：$V_{max,m} = 0.788V_{max,0}$

与 20℃下的速率常数 k_1 相比，50℃下的速率常数 k_2 要高，相当于：

$$k_2/k_1 = (\exp - E_A/RT_2)/(\exp - E_A/RT_1)$$

$$\ln(k_2/k_1) = \frac{E_A}{R}\left(\frac{1}{T_1} - \frac{1}{T_2}\right)$$

$$\ln(k_2/k_1) = \frac{39.1}{8.315 \times 10^{-3}}\left(\frac{1}{293.15} - \frac{1}{323.15}\right) = 1.489$$

$$k_2/k_1 = 4.43$$

为了获得相同的反应速率，与 20℃时相比，在 50℃下分别只需要 1/4 的酶量或活力。但是，由于失活，需要的有效酶量为：

$$V_{max,0} = 1/0.788\, V_{max,m} = 1.27V_{max,m}$$

因此，需要的酶总量为：$V_{max,0} = \dfrac{1}{4.43}\times1.27\times2.76\times10^6\text{U/m}^3$

$$V_{max,m} = 0.79 \times 10^6\text{U/m}^3$$

相当于 20℃下所需酶量的 29%。

生产效率为：$P(t)=600\times0.95$kg（转化糖/m^3)/13.17×10^{-3}（kat/m^3）≈43.3t/kat，或是 0.72g/U（t=10h)。
对于一个拥有 300U/mg 酶活力的酶，相当于每千克酶可以得到大约 216 000kg 转化糖。
对于一个拥有 100U/mg 酶活力的技术酶，相当于每千克酶可以得到大约 7200kg 的产品。

问题

1. 进一步升高温度至 55℃是否有好处？升高温度可以减小因受感染而被污染的风险。
2. 用糊精蔗糖酶转化蔗糖（60kg/m^3）生产糊精，在 7 天内，转化率要达到 90%，计算所需要的酶量（kat/m^3）；是否必须考虑底物抑制（k_i=1.5mol/L)。

$$K_m = 2.4\times10^{-2}\text{mol/L}; k_i = 7.1\times10^{-4}/\text{h}(\text{失活},20℃)$$

反应活化能：40kJ/mol（假设值)；失活活化能：20 040kJ/mol（假设值)。反应温度：a) 20℃；b) 40℃。

5.5.2 练习 2：不同条件下酶失活计算

失活动力学数据来源于两个热稳定的淀粉葡萄糖苷酶（GA)，包括用山梨醇作为多羟基化合物模型来稳定它的性质（Feng et al.，2002)：高温厌氧芽孢杆菌（*thermoanaerobacterium*）和热解糖梭菌（*thermosaccharolyticum*）GA 的稳定温度达到 65℃，在 75℃下 k_i/min 为 0.0043（7.17×10^{-5}/s)。对于来源于黑曲霉（*A. niger*）的 GA，在 60℃、65℃和 70℃条件下的 k_i 分别为 0.018，0.062 和 0.088（3.0×10^{-4}/s、1.03×10^{-3}/s 和 1.47×10^{-3}/s)。

问题

1. 在 70℃下，根据残留 20%酶活力时的失活时间来比较两个酶的稳定性。用分钟、小时或恰当的时间单位给出结果。
   结果：高温厌氧芽孢杆菌 GA 的失活时间为 374min 或 6.2h；而黑曲霉 GA 的为 18.3min。
   在 65℃下分别用 1mol/L 和 2mol/L 的山梨醇明显稳定了黑曲霉 GA，其 k_i 分别为 0.020 和 0.0080（3.33×10^{-4}/s 和 1.33×10^{-4}/s)，而当山梨醇浓度达到 4mol/L 时，酶的稳定时间可以达到 40min 以上。
2. 由上面的在 65℃条件下由 2mol/L 山梨醇稳定的酶的半衰期计算黑曲霉 GA 的稳定因子。
   结果：没有山梨醇：半衰期为 11.2min；
   2mol/L 山梨醇：半衰期为 86.6min；
   稳定因子：7.7
3. 对于一个肽酶（谷蛋白酶)，给出了失活数据和产物描述，在小麦谷蛋白存在的情况下，酶活失活 90%的时间，60℃时达到 220min 和 70℃时 15min，而在烘焙过程中要求的温度 80℃下迅速失活。
   在 80℃下迅速失活在数量上是什么概念（min)？
   计算 60℃和 70℃下的 k_i 的活化能，80℃下的 k_i 和在各自温度下失活 90%的时间。

结果：60℃时的 k_i：0.0105/min；在 70℃时：0.153/min。活化能 E_A＝248kJ/mol；80℃时失活 90%的时间为 1.23min。

5.5.3　练习 3：用青霉素酰胺酶水解青霉素

青霉素 G（300mmol）在 37℃和 pH7.8（K_m＝10μmol/L）条件下，用青霉素酰胺酶（PA）作用 120min 生成 6-APA 和苯乙酸，转化率达到 95%。如果 pH 保持不变，酶的失活可以忽略。苯乙酸是一种竞争性抑制剂（K_i＝20μmol/L）。

问题

1. 每千克 6-APA 需要多少单位（U）的 PA？[价格：6-APA 约 100€/kg（约每 100 单位 2€)。
2. 这个工艺对于生物技术用途有意义吗？要想使酶成本低于产品成本的 5%，那么酶需要利用多少次？

在不同的条件下，对于一个给定底物给定时间的转化所需的酶量可以由方程（2.34）和（2.36）计算出来。在有竞争性产物抑制的情况下，米氏方程综合如下（每升反应体积）

$$V_{max}=\frac{([S]_0-[S])\left(1-\frac{K_m}{K_i}\right)+\left(K_m+\frac{K_m[S]_0}{K_i}\right)\ln([S]_0/[S])}{t}$$

$$=\frac{(0.3-0.015)(1-0.5)+(10^{-5}+0.15)\ln(20)}{120}=\frac{0.6\times10^6}{120}\left[\frac{\mu mol/L}{L\ min}\right]$$

$$=5\times10^3[U/L]$$

1kg 6-APA 所需的酶量：

$5\times10^3\ (0.285-0.216)^{-1}=5000/0.062=80\ 600U$

每千克 6-APA 的酶成本：约 2000€。

结果：对于每千克 5€ 的酶价格，为了让工艺在经济上具有竞争性，酶必须反复使用超过 400 次。因此，作为工业用途的酶应当做成固定化生物催化剂。

文献

常用信息

Atkinson, B., Mavituna, F., *Biochemical Engineering and Biotechnology Handbook*, 2nd edn., pp. 529–546. MacMillan Publisher Ltd., New York, **1991**

Ballesteros, A., Plou, F.J., Iborra, J.L., Halling, P.J. (Eds), *Stability and Stabilization of Biocatalysts*. Elsevier, Amsterdam, **1998**

BRENDA – the Enzyme Database, via www.empproject.com/links/

Godfrey, T., West, S.I. (Eds), *Industrial Enzymology; Introduction to industrial enzymology*, pp. 1–8. Macmillan Press, London, **1996**

Laane, C., Tramper, J., Lilly, M.D. (Eds), *Biocatalysis in Organic Media; Studies in Organic Chemistry*, Vol. 29. Elsevier, Amsterdam, **1987**

Liese, A., Seelbach, K., Wandrey, C., *Industrial Biotransformations*. Wiley-VCH, Weinheim, **2000**

Straathof, A.J.J., Adlercreutz, P., *Applied Biocatalysis*. Harwood Academic Publishers, Amsterdam, **2000**

Uhlig, H., *Industrial enzymes and their Applications*. John Wiley & Sons, Inc., New York, **1998**

Whitaker, J.R., Voragen, A.G.J., Wong, D.W.S. (Eds), *Handbook of Food Enzymology*. Marcel Dekker, New York, **2003**

参考文献

Adler-Nissen, J., *Enzymic hydrolysis of food proteins*, Appendix p. 355, Elsevier Publishers, Barking, **1986**

Aleshin, A.E., Hoffman, C., Firsov, L.M., Honzatko, R.B., Refined crystal structures of glucoamylase from *Aspergillus awamori* var. X100, *J. Mol. Biol.* **1994**, *238*, 575–591

Aleshin, A.E., Stoffer, B., Firsov, L.M., Svensson, B., Honzatko, R.B., Crystallographic complexes of glucoamylase with maltooligosaccharide analogs: relationship of stereochemical distortions at the nonreducing end to the catalytic mechanism, *Biochemistry*, **1996**, *35*, 8319–8328

Anders, J., Synthese neuartiger Polyvinylsaccharide auf der Basis von 3-Aminosaccharose. PhD thesis, Technical University, Braunschweig, **2002**

Anderson, S., Berman, C., Lazarus, M.R., et al., Production of 2-keto-L-gulonate, an intermediate in L-ascorbate synthesis, by a genetically modified *Erwinia herbicola*, *Science* **1985**, *230*, 144–149

Athes, V., Combes, D., Effect of high hydrostatic pressure on enzyme stability, in: Ballesteros, A., Plou, F.J., Iborra, J.L., Halling, P.J. (Eds), *Stability and Stabilization of Biocatalysts*, pp. 205–210. Elsevier, Amsterdam, **1998**

Bajpai, P., Application of enzymes in the pulp and paper industry, *Biotechnol. Prog.*, **1999**, *15*, 147–157

Bentley, I.S., Williams, E.C., Starch conversion, in: Godfrey, T., West, S.I. (Eds), *Industrial Enzymology*, pp. 339–357. Macmillan Press, London, **1996**

Bergmeyer, H.U. (Ed.), *Methods of enzymic analysis*, 3rd edn. Verlag Chemie, Weinheim, **1983**

Beier, L., Svendsen, A., Andersen, C., Frandsen, T.P., Borchert, T.V., Cherry, J.R., Conversion of the maltogenic α-amylase Novamyl into a CGTase, *Protein Eng.*, **2000**, *13*, 509–513

Benen, J.A.E., Voragen, A.G.J., Visser, J., Pectic Enzymes; and Benen, J.A.E., Alebeek, G.W.M., Voragen, A.G.J., Visser, J., Pectic Esterases; Benen, J.A.E., Visser, J., Polygalacturonases, in: Whitaker, J.R., Voragen, A.G.J., Wong, D.W.S. (Eds), Handbook of Food Enzymology, pp. 845–848, 849–856, 857–866. Marcel Dekker, New York, **2003**

Böker, M., Jördening, H.-J., Buchholz, K., Kinetics of Leucrose formation from sucrose by dextransucrase, *Biotech. Bioeng.*, **1994**, *43*, 856–864

Bommarius, A.S., Drauz, K., Hummel, W., Kula, M. R., Wandrey, C., Some new developments in reductive amination with cofactor regeneration, *Biocatalysis*, **1994**, *10*, 37–47

Bryjak, J., Noworyta, A., Storage stabilization and purification of enzyme by water-soluble synthetic polymers, *Enzyme Microb. Technol.*, **1994**, *16*, 616–621

Buchholz, K., Glümer, A., Skeries, B., Schmalbruch, B., Warn, S., Yaacoub, E., Saccharidpolymere und -copolymere auf der Basis von Zukkerbausteinen. In: Moderne Polymere-Kohlenhydrate und Pflanzenöle als innovative Rohstoffe, 27-45, Fachagentur Nachwachsende Rohstoffe (Ed.). Gülzow, Germany, **2001**

Buchholz, K., Seibel, J., Isomaltooligosaccharides, in: Eggleston, G., Côté, G.L. (Eds), *Oligosaccharides in Food and Agriculture.* ACS Symposium Series 849, pp. 63–75. American Chemical Society, Washington, **2003**

Cheetham, P.S.J., Production of isomaltulose using immobilized microbial cells; in: Mosbach, K. (Ed.), *Methods Enzym.*, Vol. 136, S432–S454, **1987**

Cordt, S. de, Vanhoof, K., Hu, J., Maesmans, G., Hendrickx, M., Tobback, P., Thermostability of soluble and immobilized α-amylase from *Bacillus licheniformis, Biotech. Bioeng.*, **1992**, *40*, 396–402

Coutinho, P.M., Reilly, P.J., Structure–function relationships in the catalytic and starch binding domains of glucoamylase, *Protein Eng.*, **1994**, *7*, 393–400

Curtis, R.A., Ulrich, J., Montaser, A., Prusnitz, J.M., Blanch, H.W., Protein-Protein Interactions in Concentrated Electrolyte Solutions, *Biotechnol. Bioeng.* **2002**, *79*, 367–380

Declerck, N. et al., Probing structural determinants specifying high thermostability in *Bacilluslicheniformis* alpha-amylase, *J. Mol. Biol.*, **2000**, *301*, 1041–1057

Demuth, B., Jördening, H.-J., Buchholz, K., Modelling of oligosaccharide synthesis by dextransucrase, *Biotech. Bioeng.*, **1999**, *62*, 583–592

Denner, W.H.B., Gillanders, T.G.E., The legislative aspects of the use of industrial enzymes in the manufacture of food and food ingredients, in: Godfrey, T., West, S.I. (Eds), *Industrial Enzymology*, pp. 397–411. Macmillan Press, London, **1996**

Eriksen, N., Detergents; in: Godfrey, T., West, S.I. (Eds), *Industrial Enzymology*, pp. 187–207. Macmillan Press, London, **1996**

Feng, P.-H., Berensmeier, S., Buchholz, K., Reilly, P.J., Production, purification, and characterization of *Thermoanaerobacterium thermosaccharolyticum* glucoamylase, *Starch/Stärke*, **2002**, *54*, 328–337

Foster, K.A., Frackman, S., Jolly, J.F., Production of enzymes as fine chemicals, in: Reed, G., Nagodawithana, T.W. (Eds), *Biotechnology*, Vol. 9, pp. 73–120. VCH, Weinheim, **1995**

Fullbrock, P.D., Practical limits and prospects (Kinetics), in: Godfrey, T., West, S.I. (Eds), *Industrial Enzymology*, pp. 503–540. Macmillan Press, London, **1996**

Gaertner, A., Barnett, C., Dale, D., Enhanced stability in cleaning applications through improved formulations. Lecture, 91st Annual AOCS (American Oil Chemists' Society) meeting, April **2000**, San Diego, California, USA

Giardina, T., Günning, A.P., Juge, N., Both binding sites of the starch-binding domain of *Aspergillus niger* glucoamylase are essential for inducing a conformational change in amylose, *J. Mol. Biol.*, **2001**, *313*, 1149–1159

Gibson, T.D., Hulbert, J.N., Woodward, J.R., Preservation of shelf life of enzyme based analytical systems using a combination of sugars, sugar alcohols and cationic polymers or zinc ions, *Anal. Chim. Acta*, **1993**, *279*, 185–192

Giffhorn, F., Köpper, A., Huwig, A., Freimund, S., Rare sugars and sugar-based synthons by chemo-enzymatic synthesis. *Enzym. Microbiol. Technol.*, **2000**, *27*, 734–742

Godfrey, T., Textiles, in: Godfrey, T., West, S.I. (Eds), *Industrial Enzymology*, pp. 359–371. Macmillan Press, London, **1996**

Gottschalk, T.E., et al., Structure, function and protein engineering of starch-degrading enzymes, *Biochem. Soc. Trans.*, **1998**, *26*, 198–204

Grassin, C., Fauquembergue, P., Fruit Juices, in: Godfrey, T., West, S.I. (Eds), *Industrial Enzymology*, pp. 225–264. Macmillan Press, London, **1996**

Grindley, J.F., Payton, M.A., van den Pol, H., Hardy, K.G., Conversion of glucose to 2-keto-L-gulonate, an intermediate in L-ascorbate synthesis, by a recombinant strain of *Erwinia citreus, Appl. Environ. Microbiol.*, **1988**, *54*, 1770–1775

Haltrich, D., Leitner, B., Nidetzky, B., Kulbe, K.-D., Pyranose oxidase for the production of carbohydrate- based food ingredients, in: Bielecki, S., Tramper, J., Polak, J. (Eds), *Food Biotechnology*, pp. 137–149. Elsevier Science, Amsterdam, **2000**

Harris, E.M.S., Aleshin, A.E., Firsov, L.M., Honzatko, R.B., Refined structure for the complex of 1-deoxynojirimicin with glucoamylase from *Aspergillus awamori* var. X100 to 2.4-Å resolution, *Biochemistry*, **1993**, *32*, 1618–1626

Hendrix, M., Wong, C.-H., Enzymatic Synthesis of Carbohydrates, in: *Bioorganic Chemis-*

try: Carbohydrates, Hecht, S.M. (Ed.), Oxford University Press, **1999**, 198–243

Ikeda, M., Clark, D.S., Molecular cloning of extremely thermostable esterase gene from hyperthermophilic Archeon *Pyrococcus furiosus* in *E. coli*, *Biotechnol. Bioeng.*, **1998**, *57*, 624–629

Illanes, A., Altamirano, C., Aillapán, A., Packed bed reactor performance with immobilized lactase under thermal inactivation, *Enzym. Microbiol. Technol.*, **1998**, *23*, 3–9

Kaup, B., Bringer-Meyer, S., Sahm, H., Metabolic engineering of *Escherichia coli*: construction of an efficient biocatalyst for d-mannitol formation in a whole-cell biotransformation, *Appl. Microbiol. Biotechnol.*, **2003**, 1432–0614 (Online)

Kragl, U., Kruse, W., Hummel, W., Wandrey, C., Enzyme engineering aspects of biocatalysis: cofactor regeneration as examples, *Biotechnol. Bioeng.*, **1996**, *52*, 309–319

Kula, M.-R., Wandrey, C., in: Mosbach, K. (Ed.), *Methods in Enzymology*, Bd. 136, S9 S21, **1987**

Ladenstein, R., Antranikian, G., Proteins from hyperthermophiles: stability and enzymatic catalysis close to the boiling point of water, *Adv. Biochem. Eng.*, **1998**, *61*, 37–85

Lieker, H.P., Thielecke, K., Buchholz, K., Reilly, P.J., High-performance anion -exchange chromatography of saturated and unsaturated oligogalacturonic acids. *Carbohydrate Res.*, **1993**, *238*, 307–311

Maarel, van der, M.J., van der Veen, B., Uitdehaag, J.C., Leemhuis, H. Dijkhuizen, L., Properties and applications of starch-converting enzymes of the α-amylase family, *J. Biotechnol.*, **2002**, *94*, 137–155

Marchal, L.M., et al., Monte Carlo simulation of the α-amylolysis of amylopectin potato starch, *Bioprocess Biosystems Eng.*, **2001**, *24*, 163–170

Mirza, O., Skov, L.K., Remond-Simeon, M., Crystal structures of amylosucrase from *Neisseria polysaccharea* in complex with D-glucose and the active site mutant Glu328Gln in complex with the natural substrate sucrose, *Biochemistry*, **2001**, *40*, 9032–9039

Monsan, P., Combes, D., Effect of water activity on enzyme action and stability, *Ann. N. Y. Acad. Sci.*, **1984**, *434*, 48–60

Morgan, J.A., Clark, D.S., Salt-Activation of Nonhydrolase Enzymes for Use in Organic Solvents, *Biotechnol. Bioeng.* **2004**, *85*, 456–459

Novo Nordisk: Glutenase, B 836a-D 2000, June **1995**

Okkels, J.S., Method for preparing polypeptide variants. PCT WO 97/07205 Novo Nordisk A/S, **1995**

Olsen, H.S., Use of enzymes in food processing, in: Reed, G., Nagodawithana, T.W. (Eds), *Biotechnology*, Vol. 9, pp. 663–736, VCH, Weinheim, **1995**

Olsen, K., et al., Reaction mechanisms of Trp120→Phe and wild-type glucoamylases from *Aspergillus niger*. Interactions with maltooligodextrins and acarbose, *Biochemistry*, **1993**, *32*, 9686–9693

O'Rourke, T., Brewing, in: Godfrey, T., West, S.I. (Eds), *Industrial Enzymology*, pp. 103–131. Macmillan Press, London, **1996**

Pierre, F., Perrin, P., Champ, M., Bornet, F., Meflah, K., Menanteau, J., Short-chain fructo-oligosaccharides reduce the occurrence of colon tumors and develop gut-associated lymphoid tissue in mice, *Cancer Res.*, **1997**, *57*, 225–228

Pedersen, S., personal communication, **2002**

pedro web: *http://afmb.cnrs-mrs.fr/~pedro* (see Reilly, **1999**)

Pietsch, M., Walter, M., Buchholz, K., Regioselective synthesis of new sucrose derivatives via 3-ketosucrose, *Carbohydrate Res.* **1994**, *254*, 183–194

Poulson, Private communication, Enzyme Engineering Conference, Potsdam, Germany, **2001**

Prenosil, J.E., Dunn, I.J., Heinzle, E., in: Rehm, H.-J., Reed, G. (Eds), *Biotechnology*, Bd. 7a, pp. 489–545. Verlag Chemie, Weinheim, **1987**

Quax, W.J., Mrabet, N.T., Luiten, R.G.M., Schuuhuizen, P.W., Staussens, P., Lasters, I., Enhancing the thermostability of Glucose Isomerase by protein engineering. *Bio/Technology*, **1991**, *9*, 723–742

Rastall, R.A., Hotchkiss Jr., A.T., Potential for the development of prebiotic oligosaccharides from biomass, in: Eggleston, G., Côté, G.L. (Eds), *Oligosaccharides in Food and Agriculture*. ACS Symposium Series 849, pp. 44–53. American Chemical Society, Washington, **2003**

Reddy, B.S., Prevention of colon cancer by pre- and probiotics: evidence from laboratory studies, *Br. J. Nutr.*, **1998**, *80*, 219–230
Reilly, P.J., Protein engineering of glucoamylase to improve industrial performance – a review. *Starch/Stärke* **1999**, *51*, 269–274
Reilly, P., Glucoamylase, in: Whitaker, J.R., Voragen, A.G.J., Wong, D.W.S. (Eds), *Handbook of Food Enzymology*, pp. 727–738. Marcel Dekker, New York, **2003**
Riva, S., Carrea, C., Veronese, F.M., Bückmann, A.F., Effect of Coupling Site and Nature of the Polymer on the Coenzymatic Properties of Water-Soluble Macromolecular NAD Derivatives with Selected Dehydrogenase Enzymes, *Enzyme Microb. Technol.* **1986**, *8*, 556–567
Robyt, J.F., *Essentials of Carbohydrate Chemistry*. Springer, New York, **1998**
Röper, H., Selective oxidation of D-glucose: Chiral intermediates for industrial utilization. *Starch/Stärke*, **1990**, *42*, 342–349
Sauer, J., et al., Glucoamylase: structure/function relationships, and protein engineering, *Biochim. Biophys. Acta*, **2000**, *1543*, 275–293
Schmidt, E., et al., Optimization of a process for the production of (*R*)-2-hydroxy-4-phenyl-butyric acid, *J. Biotechnol.*, **1992**, *24*, 3215–3217
Schols, H.A., Voragen, A.G.J., Pectic polysaccharides, in: Whitaker, J.R., Voragen, A.G.J., Wong, D.W.S. (Eds), *Handbook of Food Enzymology*, pp. 829–843. Marcel Dekker, New York, **2003**
Schomburg, D., Stephan, D. (Eds), *Enzyme Handbook*. Springer, Berlin, **1996**
Schomburg, D., Schomburg, I. (Eds), *Springer Handbook of Enzymes*. Springer, Berlin, **2002** (http://www.springer.de/enzymes)
Sicard, P.J., Leleu, J.-B., Tiraby, G., Toward a new generation of glucose isomerase through genetic engineering, Starch **1990**, *42*, 23–27
Sigurskjold, B.W., Christensen, T., Payre, N., Cottaz, S., Driguez, H., Thermodynamics of binding of heterobidentate ligands consisting of spacer-connected acarbose and beta-cyclodextrin to the catalytic and starch-binding domains of glucoamylase from *Aspergillus niger* shows that the catalytic and starch-binding sites are in close proximity in space, *Biochemistry*, **1998**, *37*, 10446–10452
Sierks, M.R., Ford, C., Reilly, P.J., Svensson, B., Site-directed mutagenesis at the active site Trp120 of *Aspergillus awamori* glucoamylase, *Protein Eng.*, **1989**, *2*, 621–625
Sierks, M.R., Svensson, B., energetic and mechanistic studies of glucoamylase using molecular recognition of maltose OH groups coupled with site-directed mutagenesis, *Biochemistry*, **2000**, *39*, 8585–8592
Stoppok, E., Buchholz, K., The production of 3-keto derivatives of disaccharides, in: Bucke, C. (Ed.), *Methods in Biotechnology – Carbohydrate Biotechnology Protocols*, pp. 277–289. Humana Press, Totowa, New Jersey, USA, **1999**
Suvd, D., Fujimoto, Z., Takase, K., Matsumura, M., Mizuno, H., Crystal structure of *Bacillus stearothermophilus* alpha-amylase: possible factors of the thermostability, *J. Biochem. (Tokyo)*, **2001**, *129*, 461–468
Svendsen, A., *Biochim. Biophys. Acta*, **2000**, *1543*, 223–238
Svensson, B., Frandzen, T.P., Matoni, J., Mutational analysis of catalytic mechanism and specificity in amylolytic enzymes; in: Petersen, S.B., et al. (Eds), *Carbohydrate Bioengineering*, pp. 125–145. Elsevier, Amsterdam, **1995**
Svensson, B., Bak-Jensen, K.S., Mori, H., The engineering of specificity and stability in selected starch-degrading enzymes; in: Gilbert, H.J. (Ed.), *Recent Advances in Carbohydrate Bioengineering*, pp. 272–281. The Royal Society of Chemistry, Cambridge, **1999**
Syldatk, C., Altenbuchner, J., Mattes, R., Siemann-Herzberg, M., Microbial hydantoinases. *Appl. Microbiol. Biotechnol.*, **1999**, *51*, 293–309
Timme, V., Buczys, R., Buchholz, K., Kinetic investigations on the hydrogenation of 3-ketosucrose, *Starch/Stärke*, **1998**, *50*, 29–32
Tolan, J.S., Pulp and paper, in: Godfrey, T., West, S.I. (Eds), *Industrial Enzymology*, pp. 327–338. Macmillan Press, London, **1996**
Tramper, J., Poulson, P.B., Enzymes as processing aids and final products; in: Straathof, A.J.J., Adlercreutz, P. (Eds), *Applied Biocatalysis*, pp. 55–91. Harwood Academic Publishers, Amsterdam, **2000**
Tutunjian, R.S., in: Moo-Young, M. (Ed.), *Comprehensive Biotechnology*, Bd. 2, S411–S437. Pergamon Press, Oxford, **1985**

Uhlig, H., *Enzyme arbeiten für uns*, pp. 287–306. Hanser, München, **1991**

Uhlig, H., *Industrial enzymes and their applications*, John Wiley & Sons, Inc., New York, **1998**

Vind, J., Optimization of fungal lipase for diverse applications, *Engineering Enzymes*, preprints p. 31, Paris, **2002**

Weemaes, C., et al., High pressure, thermal, and combined pressure-temperature stabilities of α-amylases from *Bacillus* species, *Biotech. Bioeng.*, **1996**, *50*, 49–56

Ye, W.N., Combes, D., Monsan, P., Influence of additives on the thermostability of glucose oxidase, *Enzyme Microbiol. Technol.*, **1988**, *10*, 498–502

6　酶的固定化及其应用

为什么要固定酶?	提高酶的重复利用率以及稳定性的方法
胞内酶的固定化：固定化细胞还是纯化的酶	如果细胞中有很高的酶浓度或者需要辅酶再生系统（见第7章）则固定化细胞；反之固定化纯化的酶
固定化时所需的重要的酶性质	蛋白质表面性质（功能性基团、离子电荷和疏水基团；见2.2节和6.1.1节）
固定化载体，性质	多孔体系，极大的内表面积可用于吸附或者是共价偶联；载体表面的功能化
固定在不同载体上的方法	• 吸附：平衡（温度、酸碱、等电点），交联以阻止解吸附 • 共价偶联：载体的活化，与酶的功能化基团反应
相关方面	固定化酶回收率，反应动力学和效率，稳定性
举例	相关技术的应用

6.1　原理

不可溶的酶具有传统的异质催化剂的所有优点：反应后可方便地通过过滤、离心等方式将酶回收利用；可在连续式反应器、固化床或具有用于截流的过滤系统的流动床和搅拌釜反应器中应用。

连续反应过程将具有更易于过程控制、自动化和便于协调能力的通常更简单的设备与包括回收和纯化在内的上下游过程相组合。

今天，除了相当数量的进一步的具体应用之外，已经有超过15个重要的工序投入生产。表6.1是其中一部分工业应用的例子，虽然都是高附加值以及手性的产品（更多的例子见第 2 章，1.3 节，表 1.2），但其生产规模从每年几百万吨到几百吨不等。尽管其中包括了基础化学的产品如丙烯酰胺，但是这些生产过程最主要的应用还是在食品以及药品工业中。关于销售以及成本的细节，建议读者参考 Godfrey 和 West（1996）、West（1996）、Cheetham（2000）以及 Liese 等（2000）。

表 6.1 主要商业过程中使用固定化酶的例子（估计）

（Poulsen，1984；West，1996；Cheetham，2000；Liese et al.，2000；Schmid et al.，2002）

酶（固定化酶的使用量）	产物（产量）	公司（酶供应商；申请人）
葡萄糖异构酶（木糖异构酶）（1500t/a）	果糖葡萄糖糖浆 1000 万 t/a	Novozymes，Degussa，DSM，Danisco/Genencor，Nagase；Archer Daniels Midland，A. E. Staley，Cargill，CPC International 以及其他
蔗糖变位酶	异麦芽酮糖[a] 100 000	Cerestar，Mitsui Seito Co.，Südzucker
β-半乳糖苷酶（乳糖酶）	乳糖葡萄糖糖浆 >6000t/a	Central del Latte，Snow Brand Milk Prod.，Sumimoto Chemical Industries，Valeo/Alko
青霉素酰化酶（酰胺酶）[b]（几 t/a）	6-APA（6-氨基青霉烷酸）>10 000t/a	DSM，Asahi Chemical Ind. Co.，Beecham，Biochemie，Bristol Myers，Toyo Joze，Pfizer
1. D-氨基酸氧化酶；2. 戊二酰酰胺酶[b]	7-ACA（7-氨基头孢烷酸）	Asahi Chemical Ind. Co.，Aventis，Biochemie，DSM，Toyo Jozo
嗜热菌蛋白酶	阿斯巴甜糖[c] 10 000t/a	DSM，Holland Sweetener Company
腈水解酶	丙烯酰胺[d]>95 000t/a 烟碱>5000t/a	Nitto Chemicals，Lonza
氨基酰化酶（10t/a）	L-氨基酸，如丙氨酸、亮氨酸、苯丙氨酸、二羟苯丙氨酸、异亮氨酸；几千 t/a	Amino，Degussa，DSM，Fluka，Tanabe Seiyaku 以及其他
酰脲酶	D-氨基酸，如对羟基苯甘氨酸[e]、苯基丙氨酸、色氨酸、缬氨酸 1000t/a	Ajinomoto，Bayer，Degussa，DSM，Kanegafuchi
脂肪酶[e]	药物和杀虫剂中间体，如（S）-醇类、(*R*)-1-苯乙醇胺 >1000t/a	Novozymes，DSM，Genzyme Co.，BASF，Bristol Myers Squibb，DSM，Fluka，Schering Plough，Sumitomo Chemical Co.，Tanabe Seiyaku Co. 以及其他

a. 蔗糖异构体：α-D-葡萄糖基-1，6-D-果糖苷；b. 主要用于半合成青霉素和头孢菌素抗生素（氨苄青霉素，羟氨苄青霉素），销售额>3×10^9€/a（Cheetham，2000），见节 9.2；c. 销售额 850×10^9€/a（Cheetham，2000）；d. OECD，2001；e. 见 3.2.2.1 节和 3.2.2.6 节。

由于酶非常昂贵，它们的重复利用是固定化最主要的原因，目的是使其在工业生产过程中的使用更为经济。表 6.2 中总结了连续反应过程的优点和缺点。各种酶的传质限制从而降低了酶的效率是另一个需要考虑和优化的重要问题（见第 8 章，8.4 节）。

表 6.2 使用固定化酶的原因和局限

优点	局限
酶的重复利用，降低成本	载体和固定化的成本
连续生产过程	传质的限制
• 生产过程容易控制	辅酶以及再生的问题
• 低保留时间（高体积活性）	多酶系统的问题
• 产量最优化	
产物容易分离，并且固定化后回收稳定性提高	性质的改变（选择性）
	固定化过程中的失活

由于载体以及蛋白质的表面活性基团之间的相互作用，酶与载体表面的连接可能引起一些改变。在很多实例中都观察到了酶构象的改变以及失活。最近公布了一项分析数据，其中包括吸附等温线（Norde and Zoungrana ，1998）。

很多研究报道可以通过固定在不溶性载体上提高酶的稳定性。通常，在分子基础上对这种作用还不了解，但是有两点是清楚的：①提高蛋白酶的水解活力，因为固定化减少了肽酶与蛋白水解酶靶点的接触机会；②刚性基质在一定程度上限制了酶的去折叠，可稳定酶的三级结构。另外，这一问题受到经验性的分析和方法的约束。近年来，持续的努力终于提高了商业催化剂的操作稳定性，例如，生产率为 20 000kg（产物）/kg（酶）左右的葡萄糖异构酶和 200～2000kg（产物）/kg（酶）的青霉素酰化酶，并且操作寿命超过 1000h。酶起作用的范围决定于操作条件，如温度、底物的转化以及酶被替换时的残余活力。

酶通过传质固定到不溶物质上或者通过包埋固定在一定空间内，并且通过机械手段保留在反应器中，作为多相反应催化剂（图 6.1）。第二个原理，用半透膜包埋，在第 5 章中讨论（见 5.4 节）。还应提及微胶囊的进一步包埋，其中应用了小颗粒，但是酶依然是可溶的。至今，这些应用没有完全成功，因此这里将详细探讨这些原理中应用最频繁的，即与载体通过化学键连接。

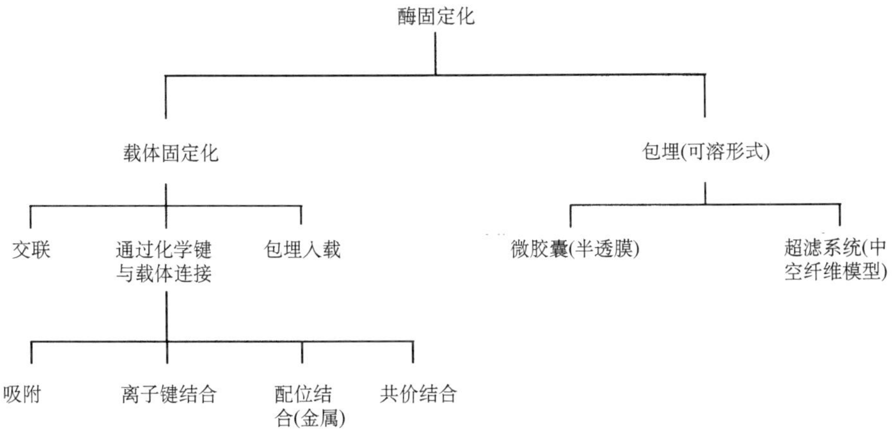

图 6.1 酶固定化的原理。

如果没有其他因素，如高分子质量的底物会引起严重问题，一步反应是固定化酶的优势领域。将酶连接到载体上的经典原理包括物理吸附、离子键结合到离子交换剂和配位结合到不溶的基质上（图 6.1）。后两个过程在技术应用中占优势。重要的应用在大规模生产中的例子如葡萄糖异构、丙烯酰胺生产、青霉素水解以及光学纯氨基酸的生产（表 6.1）。

游离酶是可溶的或者在膜上的。对于需要多个酶一起作用或辅酶再生的复杂的反应来说，第 7 章列出的含酶的固定化细胞（见第 7 章）明显比固定化游离酶更有优势。

6.1.1 固定化的参数

如同其他的物理和化学过程，固定化的速率和产量主要依赖于以下这些参数，如载体的类型、固定化方法、浓度、pH、温度和反应时间（Monsan，1977/78；Buchholz et al.，1979）。

通过化学键连接到多孔载体不仅是实验室也是工业应用的标准方法。外层蛋白表面的性质和可接触的功能性基团在结合到载体过程中起着重要的作用。吸附是由表面基团的疏水和亲水性质所决定的。主要的离子基团及其相互作用依赖于氨基酸的 pH 依赖性电荷以及它们的密度，这些由溶液的 pH 所影响并且决定着表面总电荷数（表 6.3）。大部分（多至 95%）可滴定的残基位于可溶性蛋白的表面，并且约 40% 是疏水残基（Petersen，1998；Creighton，1993）。近来，通过重组的办法对蛋白表面进行修饰以引入易与表面相互作用的氨基酸，或者改变等电点（Laurents et al.，2003）。然而这可能影响活性位点的结构，即影响活性和稳定性（见第 2 章，2.11 节）。

如果在蛋白质表面多个功能性基团都可接触，那么它们可以用于共价结合（表 6.3）。但在实践中只利用了其中很少部分，主要是赖氨酸和精氨酸的氨基，以及天冬氨酸和谷氨酸的羧基。

需要重点认识到涉及离子键、亲水和（或）疏水键和氢键以及涉及酶的稳定性的酶和载体表面之间的这些强相互作用。一些强作用力（及其协同作用）可能导致在载体表面发生不必要的不可逆吸附并使酶失活。这也可能部分归因于引起了蛋白质三级结构的构象改变。在刚性载体表面多种相互作用下可以尤其明显地观察到这个现象。

在一些情况下，建议以适当的密度引入表面基团，即间隔臂分子，这可以针对使酶变得难以接近的侵略性表面加以保护从而避免酶的失活。同样的，一定量的无活力的、廉价的蛋白质（如牛血清白蛋白）先于酶被吸附固定，作为一个保护的步骤是非常有用的。

从表 6.3 中的数据可以清楚地看到氨基和羰基的特殊功能化以及显著的链接能力是由于它们在许多蛋白质表面的反应性以及浓度（假设其不参与催化步骤）。

表 6.3 与固定化相关的蛋白质功能基团

功能基团	pK_a[a]	蛋白质中的平均含量/%	胰蛋白酶位点数（位于蛋白质表面可接近的）	胰凝乳蛋白酶位点数（位于蛋白质表面可接近的）	葡萄糖淀粉酶
氨基，胍基：					
赖氨酸-NH_2	10.5		13（>11）	13（>11）	8
精氨酸-NH_2		7	2	2	3
羧基：					
天冬氨酸-COO^-	3.9	4.8	24（7）	21（7～8）	38
谷氨酸-COO^-	4.1	4.8			
其他：					
酪氨酸-OH		3.4	10（3）	4	12
色氨酸-NH		1.2	4	7～8	12
组氨酸-	约 7	3.4/2.2			4
巯基-					
胱氨酸-SH					
寡糖[b]					

a. 在某种程度上取决于微环境；b. 只存在于真核细胞的酶。

6.2 载体

在此，我们只按照其实践相关性从大量文献报道中选择几种方法加以介绍。这些方法早已经被广泛地报道并且总结过了（Mosbach，1987；Bickerstaff，1997；Buchholz et al.，1979）。只有少数方法在实验室以及工业化生产中都被广泛应用了。交联是实现酶固定化的首选，这包括了交联酶晶体（或者是蛋白质在晶体表面）（CLEC）和酶聚集体这两项最近快速发展的技术（Tischer and Kasche，1999；Partridge et al.，1996；Cao et al.，2000）。另外，交联微生物已经成功应用于葡萄糖异构酶中，这些微生物可以作为载体，从而使所需的酶保持在有活力的状态下。

只有全细胞可以通过基质包埋入聚合物网中进行有效的固定化，并且这是现有的最方便的方法（见第 7 章）。酶由于直径太小而经常从颗粒中渗漏出来（葡聚糖蔗糖酶固定化到高分子质量的葡聚糖上除外；Reischwitz et al.，1995）。

固定化酶的标准方法是通过化学键将其连接到不溶的多孔载体上，这是这一节的重点。吸附在载体的内表面、与离子交换剂结合和共价结合都被用于实验室以及工业生产。我们将详细地讨论一些例子以说明这些方法的潜能。

固定化一种酶需要某些特殊的功能、技术应用以及另一方面更好的性质。表 6.4 中列出了必须考虑的并为特定目的服务的基质的主要性质。近来，对一系列常用载体的粒度分布、空隙表面积和骨架密度进行了研究（Barros et al.，2000）。

表 6.4 固定化酶所用的相关基质的性质

性质	要求
化学性质	
• 亲水/疏水	
• 膨胀系数	低
• 化学稳定性	高
• 微生物稳定性	好
形态学性质	
• 粒径、粒度分布	0.2～1mm/分布窄
• 孔径[a]	30～60nm
• 吸附或者交联的内表面积	大
机械性质	
• 耐压性/可压缩性	高/低
• 弹性	足够（不会被搅拌器磨损）
普遍要求	食品级（用于食品工业） 低成本

a. 孔径和相应的内表面积（如多孔玻璃）：

	低限制	高限制
孔径	20～40nm	80～160nm
内表面积	250～125m^2/g	45～25m^2/g

分子质量 23 800Da 的胰蛋白酶需要约 15nm^2 的表面积。

蛋白质与载体表面的相互作用必须在没有不必要的副作用和反应发生的范围内（如在玻璃表面经常发生的失活）。空隙内可接触的表面积必须足够大，以容纳单分子层所需的酶的数量从而提供催化剂的高活力。另一方面，为了让蛋白质能够扩散进载体的内部空间，载体的孔径必须足够大（小分子蛋白质的直径一般为 3～5nm，要达到无限制扩散，载体的孔径需大于此直径的 3 倍）。随着孔径的增加，相应地内表面积下降（表 6.4），因此需要兼顾载体的载荷和扩散传递两个方面综合考虑（见第 8 章，8.4 节）。一个载体吸附固定一个酶的能力可以通过测定最适条件（pH、温度、缓冲液、离子强度）下的吸附等温线而得到。在许多情况下郎格缪尔吸附等温线说明在介质内表面存在着一个单分子蛋白质层。

此外，载体颗粒外形应该倾向于表现出常规的外形（一般都为球形，图 6.2）和一个窄的颗粒大小分布，这些性质可以使载体在固定床反应器中达到最适的流动或在流化床反应器中达到最佳的悬浮状态，固定床反应器中流体流动和压力降显著依赖于上述性质。随着空体积下降，压力降明显地上升，这是都源于小颗粒的存在和（或）宽的颗粒尺寸分布（第 9 章，9.3.5 节）。

使用的不同载体可以根据它们的基本材料、来源或结构进行分类，此外，在内孔表面存在的功能基团也起着重要作用，鉴于此常见的载体可分为（表 6.5）。

• 无机载体；

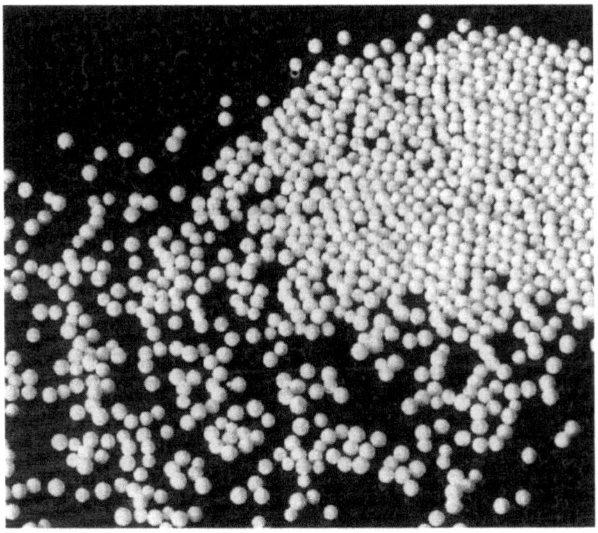

图 6.2 常规形状和窄尺寸分布的载体颗粒（Weidenbach et al.，1984）。

- 天然有机载体；
- 有机合成载体。

表 6.5 酶固定化常用载体

无机载体	应用[a]	功能基团[b]	制造商[c]
多孔玻璃 SiO_2	L	—OH	Corning（USA） Waters（USA） Schuller（D）
多孔硅胶 SiO_2 （商品名 Deloxan®）	I	—OH	Grace（USA） Solvay（D） Degussa（D）
明矾硅石		—OH	
天然有机载体		（多元醇）	
多糖： 琼脂糖（及其衍生物）	L	—OH	Amersham-Pharmacia（S）
交联葡聚糖 （商品名 Sepharose®）	L	—OH	Amersham-Pharmacia（S）
纤维素	L，I	—OH	
蛋白质：			
明胶			
生物质（如菌体）[d]	I		

续表

无机载体	应用[a]	功能基团[b]	制造商[c]
有机合成载体			
（甲基-）丙烯酸衍生物（共聚物）（商品名 Eupergit®）	L，I	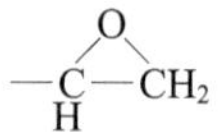	Bio Rad（USA） Koch-Light（USA） Degussa（D）
丙烯酰胺衍生物（共聚物）			
乙烯基乙酸衍生物（共聚物）	L		
顺丁烯二酸酐衍生物	I	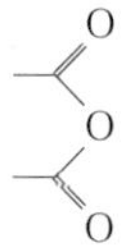	
聚酰胺（尼龙）		$—NH_2$ e)	
聚苯乙烯衍生物			Akzo（NL）
聚丙烯		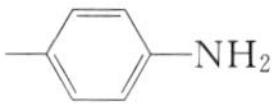	Mitsubishi（J）
Sepabeads 品牌大孔吸附树			

a. 应用：L：主要实验室；I：工业规模；b. 原始功能基团；c. 可选择的商业供应商；d. 微生物质与活性酶的化学交联或含有活性酶的化学交联微生物质；e. $—NO_2^-$ 基团还原后。

6.2.1　无机载体

无机载体具有高的压力稳定性，但是在搅拌器中容易遭受磨损；天然有机材料在大多数情况下与蛋白质有较好的相容性；而一般的有机合成载体具有高的化学稳定性。以二氧化硅为基材的载体可以通过简单地在其空间间隔臂上引入氨基而使其功能化，如用氨丙基三乙氧基硅烷（APTS）处理（Weetall，1976）（见下文，共价交联）。完全功能化导致功能基团的高密度堆积是产生水溶液中稳定载体所必需的。酶的共价结合是通过用戊二醛活化载体而实现的。像多孔玻璃、硅胶和氧化铝基材料的一些载体已经可以通过商业的途径获得并已在实验室和工业化规模上得到广泛地应用。广泛和不断深入地研究已经可以为所有基础类型的材料提供性质优良的载体。这些应用中包括如用固定化β-乳糖酶（乳糖分解酶）水解乳糖。

在有机介质中矽藻土是酶吸附和稳定的适宜载体（Balco et al.，1996；Andersson et al.，1999）。斑脱土对酶（如青霉素酰化酶）也有优良的吸附能力（每克斑脱土可吸附高达 1.5g 蛋白质）且活力没有太大的损失。通过大规模吸附和解吸附，斑脱土已被应用于酶的纯化。用戊二醛交联可防止解吸附，而载体包埋于藻酸盐可以使生物催化剂颗粒具有适宜的尺寸（Dauner-Schütze et al.，1988）。

6.2.2　多糖

许多多糖及其衍生物已被用于酶的固定化（图 6.3）。多糖表现出典型的宽的网状结构（图 6.4），但是它们的亲水性质使其与蛋白质的相互作用力较弱，不会导致蛋白质失活。

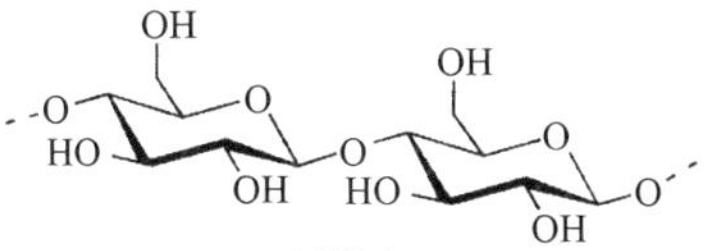

纤维素

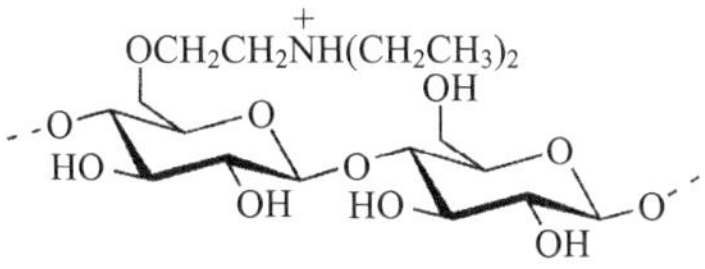

DEAE-纤维素

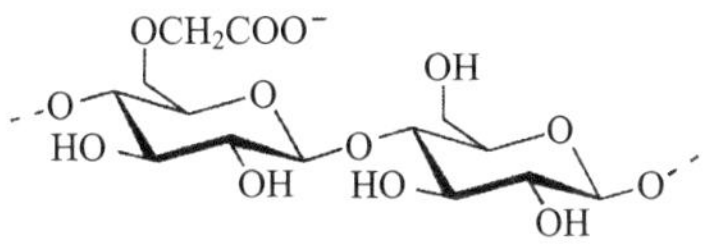

CM-纤维素

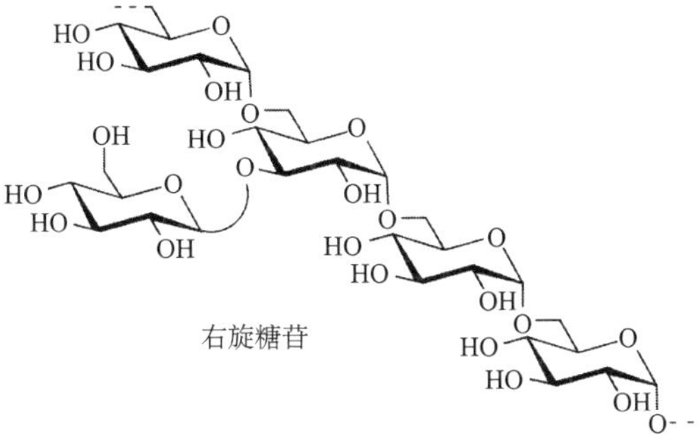

右旋糖苷

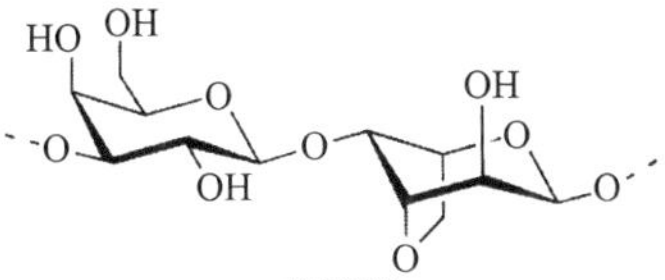

琼脂糖

图 6.3 用作酶固定化载体的多糖结构。

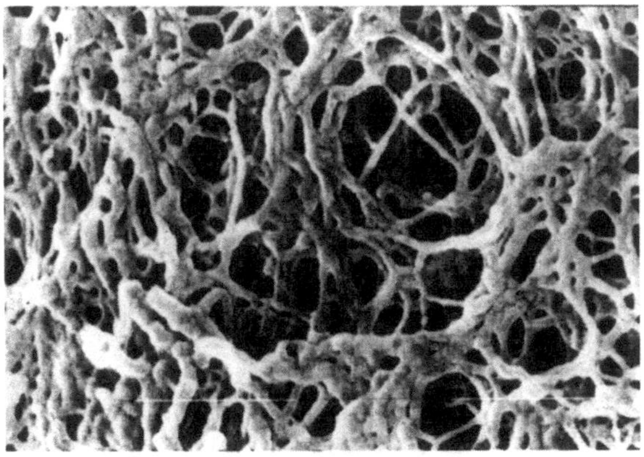

图 6.4 琼脂糖的孔状结构。孔状网络的扫描电镜图片（2%琼脂糖，白线 500nm，整个图片约 2500nm 宽）（Medin，1995；由 J. C. Jansson 提供）。

纤维素衍生物在实验室和工业上都得到了应用。商业化载体的典型功能基团是DEAE-（二乙基氨基乙基）和CM-（羧甲基）基团（图6.3），因此一个聚苯乙烯、二氧化钛和二乙基氨基乙基纤维素复合载体已在工业规模上用于葡萄糖异构酶的固定化（见下文，图6.9）（Antrim and Auterinen，1986）。通过离子交换而固定的酶具有较高的稳定性，在生物催化剂失活后（每千克生物催化剂生产10～15t糖浆后），载体可被再生并用于结合新的酶分子。

右旋糖苷（图6.3）已被广泛地应用于酶的固定化，值得一提的如在蛋白质凝胶色谱中的应用。右旋糖苷是水溶性的，但也可以根据应用的范围通过交联形成窄的或宽的网状结构而用作水不溶性载体材料。宽的网状结构具有低的机械和压力稳定性，但是窄的网状结构可以改善这个缺点。有许多系列商业化制备的右旋糖苷［如Sephadex®；Amersham-Pharmacia（S）］可供选择。传统地用溴化氰活化实现蛋白质的结合（表6.6）（Scouten，1987；Kohn and Wilchek，1982），但是有限的机械稳定性和载体活化中有毒试剂的应用，使得右旋糖苷的应用局限于实验室中。其他多糖如琼脂糖、淀粉、果胶和壳聚糖也有应用的报道，但是成功的例子有限。可以通过交联聚合物链提高它们的机械稳定性。

6.2.3 合成聚合物

已证明离子交换材料是一个经济的、技术上适宜的固定化材料，现已有许多性能优良的离子交换载体被用于酶的固定化，此外，离子交换载体具有与工业化加工处理相关的性质。由于价格的优势和方法的简便性，聚合物载体材料已广泛应用于商业化生产过程中（表6.7）。在用固定化脂肪酶催化非水系统的反应中，这些聚合物载体材料也是非常有用的（Balcao et al.，1996）。

聚苯乙烯是离子交换和吸附材料的常用单体，聚苯乙烯可与不同量的二乙烯基苯交联，因此形成的聚合物网络具有不同的密度，可得到具有凝胶或多孔结构的颗粒。具有多孔结构的载体是特别适宜的，因为载体内部的孔足够宽，可让蛋白质分子在内部自由扩散，此外，它们的高机械强度可以满足反应器的需要。功能基团可以通过共聚合引入，如用马来酸酐携带羧基，或者通过硝化和还原产生的氨基使聚合物衍生化引入，或者通过磺化引入。具有功能基团的丙烯酸型聚合物和衍生物也有许多系列的商业化产品可得到（表6.7）。

基于聚甲基丙烯酸酯和多乙酸乙烯酯共聚物等的一些特殊固定化酶载体也有所开发。许多具有不同性质的共聚物已被设计出来，包括疏水和亲水平衡共聚物、具有羧氨基功能基团共聚物、具有环氧基团共聚物以及含有空间臂的共聚物，其中一些现在已经可以通过商业化途径获得（如Eupergit；见www.roehm.com；www.degussa.com；www.pharma-polymers.com）（图6.5）。将酶固定到具有环氧功能基团的载体也已经研究过，包括适宜的反应条件（Burg et al.，1988；Katchalski-Katzir and Krämer，2000；Chikere et al.，2001；Martin et al.，2003）。

表 6.6 载体、功能基团、蛋白质功能基团和反应

基质最初功能基团	活化试剂	活化中间体	基质反应基团	酶的反应基团	联结反应，结合
 氨基烷基	$OHC(CH_2)_3CHO$	$—N=CH(CH_2)_3CHO$[a]	—CHO 醛基	$-NH_2$	希夫碱
$—CONH_2$ 酰胺	$OHC(CH_2)_3CHO$	$—CON=CH(CH_2)_3CHO$[a]	—CHO 醛基	$-NH_2$	希夫碱
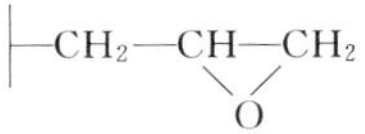 甲基丙烯酸缩水甘油酯	X		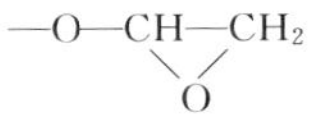 =NH,O,S	$-NH_2$ -OH -SH	烷化，烃化
—COOH 丙烯酸甲基丙烯酸	$R-N=C=N-R',H^+$		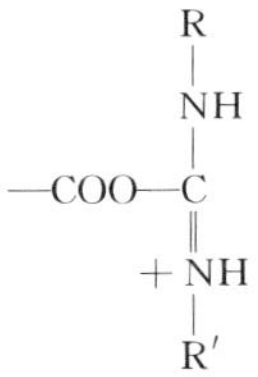	$-NH^2$	肽键
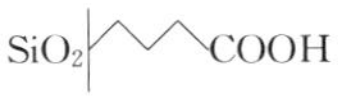 酸	$R-N=C=N-R',H^+$		*O*-酰基-尿素	$-NH_2$	肽键
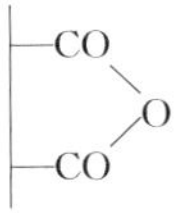 甲基丙烯酸酐			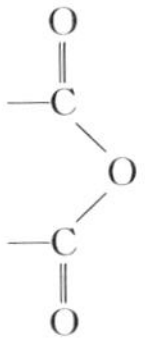 酸酐	$-NH_2$	肽键

续表

基质最初功能基团	活化试剂	活化中间体	基质反应基团	酶的反应基团	联结反应,结合
—OH —OH 多糖	CNBr	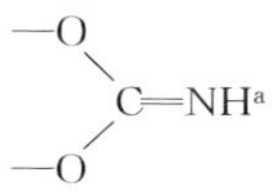	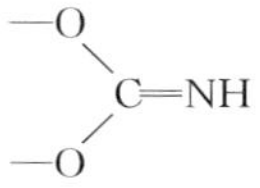 亚氨碳酸盐		异脲亚氨碳酸盐 碳酸亚氨 氨基甲酸盐
聚苯乙烯[b]			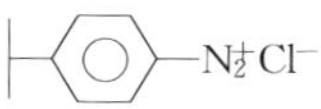 重氮盐	$-NH_2$ —SH 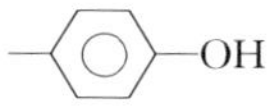	重氮键
			$-CH_2CON_3$ 酰基叠氮	$-NH_2$ —SH 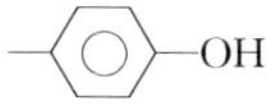	
$-CONH_2$ 丙烯酰胺	H_2NNH_2;HNO_2				
	Cl_2CO		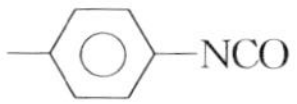 异氰酸盐(或酯)	$-NH_2$	肽键
$-R-NH_2$	Cl_2CS		—R—NCS	$-NH_2$	尿素衍生物 硫脲衍生物

a. 简化的;b. 氨基基团共聚物。

表 6.7 商业化离子树脂

化学要素[a]	功能基团
聚苯乙烯衍生物，交联	弱阴离子交换剂：$—NR_2H^+$
聚丙烯酸酯衍生物，交联	弱阳离子交换剂：$—COO^-$
离子交换树脂的商业供应商[a]	**类型[c]**
Amberlite（聚丙烯酸酯衍生物，Rohm&Haas）	如 IRA68；IRA94 S
Lewatit（Bayer）	如 E 2001/85
Duolite（聚苯乙烯、聚丙烯酸酯衍生物，Diamond Shamrock）	如 A561，A568，S761
Dowex（Dow Chemical）	
Diaion（Mitsubishi）	如 HP 20；HPA 25；HPA 75；WA 30
固定化推荐参数[a,b]	
载体粒径	0.1～0.8mm
孔径	10～200nm
内表面积	10～100m^2/g
酶载量	0.1～10g（蛋白）/L 湿树脂
吸附时间；温度	0.5～20h；10～60℃

a. Ullmann（1989）；b. Mitsubishi Kasei Corp.（1988）；c. 价位：5～25€/L。

图 6.5 合成聚合物载体；多孔颗粒结构。Eupergit C 250L 扫描电镜图片。球状外形和多孔结构容易分辨（由 S. Menzler，Degussa/Röhn GmbH 修改提供；www.roehm.com）。

合成树脂，包括我们称为XAD的吸附树脂，它们拥有疏水的特性，适合于固定化疏水的酶类，如脂肪酶。许多固定化系统及它们在合成反应的应用已经被报道。Balcao等（1996）在文献中总结了一些实验结果，涉及载体、结合方法的应用以及最适条件反应。

酶吸附和潜在交联反应的最适条件必须通过不断的实验尝试来确定，通过筛选不同的载体及固定化参数确定（关于合适的固定化条件的例子见练习6.5）。

6.3 结合方法

6.3.1 吸附

在硅藻土或陶瓷颗粒材料上吸附酶既简单又节约成本。Pedersen和Christensen（2000）开发了一种直接且经济的脂肪酶吸附、聚集、干燥和筛选的流程，以生产有一定机械强度和粒子直径的具有活性与稳定性的生物催化剂。因为陶土可以高得率与高活性地吸附酶，可以以相似的原理加以使用（Daune Schüutze et al，1988）。

随着大量的载体现在都可以以合理的价格获得（5～25€/L），在离子交换材料上进行吸附是有效的、技术上可行的且经济的方法。一些商业离子交换载体在表6.7中列举。为特定的酶选择合适的载体必须通过实验确定，固定化的最佳条件也必须通过实验确定，这些条件如载体与酶的比例（或两者的浓度比例）、pH、缓冲液和温度。在吸附是可逆的情况下，为了保证吸附后酶的稳定性，优选采用戊二醛进行交联（详见下文及练习）。

将脂肪酶固定化在合成树脂上有许多成功的应用实例。如果方法应用得当，吸附是紧密的，解吸附只是在很小的程度上发生。许多研究涉及交联在吸附中的作用。探讨了在载体表面多点结合的情况下部分去折叠的机制，文献报道及总结了大量包括结合率、操作条件、稳定性和水活度的研究结果（Bornscheuer，2003；Balco et al.，1996）。Pedersen和Christensen（2000）应用硅藻土吸附脂肪酶的报道就是一个例子。

6.3.2 共价结合

对125个蛋白质家族分析揭示大多数（超过95%）的极性与可滴定的残基位于可溶解蛋白的表面（Petersen et al.，1998）。但如脂肪酶的拥有疏水表面的蛋白质是例外。载体的功能性基团及其密度，在总的蛋白质结合与维持高活性得率中有重要作用。文献中总结出的通用结论是，对于每种生物催化剂和系统，最优条件必须通过实验研究来确定。

图6.6表示了一个硅载体功能及与酶结合的例子。多孔的硅材料或玻璃用氨丙基三乙氧基硅烷处理，从而导入氨基基团。然后载体通过戊二醛活化，再与酶结合。Monsan（1978）在文献中报道了涉及经戊二醛途径与氨基活化载体偶联的参数的详细研究。至今，因为它简单、经济且有效，这个方法广为应用。它还大量在实验室与生产规模中应用。但是，值得注意的是，溶液中的戊二醛包含寡聚体混合物，它们也可能发生反应，并且不同的反应机制可能使反应发生到至今不十分清楚的程度。这种缩合反应形成

双键，这可以通过颜色变化识别；建议进行氢化反应以使键更稳定。反应条件必须考虑有高的得率（大于90%固定化酶活性，如胰蛋白酶），特别是pH、温度、时间、载体量和戊二醛浓度与酶。对于胰蛋白酶在硅载体上固定化的最适条件可见Monsan（1977，1978）的文献。表6.8表示了固定化胰蛋白酶的最佳结果。建议采取两步法，第一步是活化载体，随后进行酶的固定化。在6.5节中会给出一个例子。固定化反应是相当快的，在几分钟（25℃）或几小时（4℃）内进行偶联（Buchholz et al.，1979）。

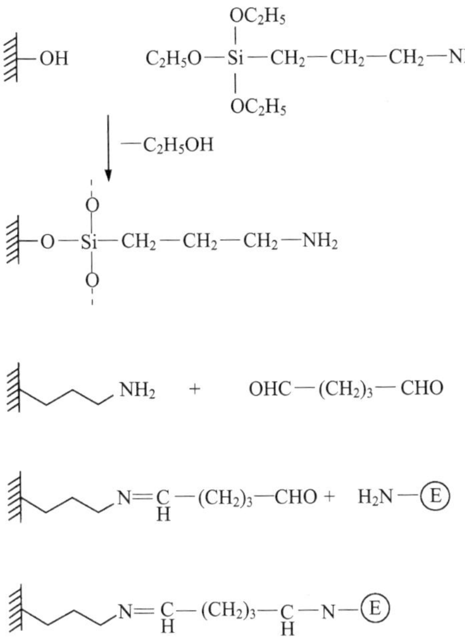

图6.6　硅载体的衍生化，通过戊二醛活化，酶通过游离的氨基基团与载体结合（如赖氨酸）。

表6.8　经戊二醛途径的胰蛋白酶固定化，条件范围（Monsan，1977，1978）

载体：	
氨基功能化的硅土（SiO_2）；数量	100g
内部面积范围	6～180m^2/g
孔径大小	75～2800nm
酶：	在弱酸性条件下溶解以防止自裂解
胰蛋白酶	
条件：	
活化反应	pH 8.6（磷酸盐缓冲液，50mmol/L）；15h，25℃
戊二醛浓度范围	0.5%～5%
偶联反应	磷酸盐缓冲液，pH8.6，50mmol/L，20ml，2h，4℃，蛋白质浓度2g/L

Mannens 等（1987）对与玻璃载体的结合进行了详细的研究，包括不同的活化技术、功能基团、手臂（包括戊二醛和琥珀酸盐）和固定化得率。共价多点固定化，包括重组手段，对载体上酶的稳定性有重要的意义（Fernandez-Lafuente et al.，1995，Rosell et al.，1995；Allard et al.；2002）。Toogood 等（2002）对酶（L-氨酰酶）在不同载体上的结合进行了研究，数据涉及用氨基对 XAD 树脂的衍生化和戊二醛活化，以及固定化后达到高活力得率的最优条件。Nilsson 和 Mosbach（1987）研究了用 Tresyl 氯化物活化的载体（硅载体和琼脂糖）及其应用于固定化酶的大量参数，包括结合试剂、pH、温度。

另一个在实验室与技术层面上成功应用的共价结合反应是通过环氧基团结合蛋白质。亲核的功能基团，如氨基、巯基、羟基（它们具有很小的反应活性），可以与环氧基团反应形成稳定的 C—N—、C—S—、C—O—键（图 6.7）。通过固定化条件的优化，活性结合的酶的得率是很高的。反应速率低，从而使得有效偶联可能需要许多个小时甚至数天（Krämer，1979）。图 6.5 列出了该类型不同的商业载体。各种酶，包括脂氧化酶、水解酶、青霉素酰化酶、脲激酶、β-糖苷酶和脂肪酶已被成功固定化，并且部分已应用在技术层面中（Chikere et al.，2001；Ferrer et al.，2002）。

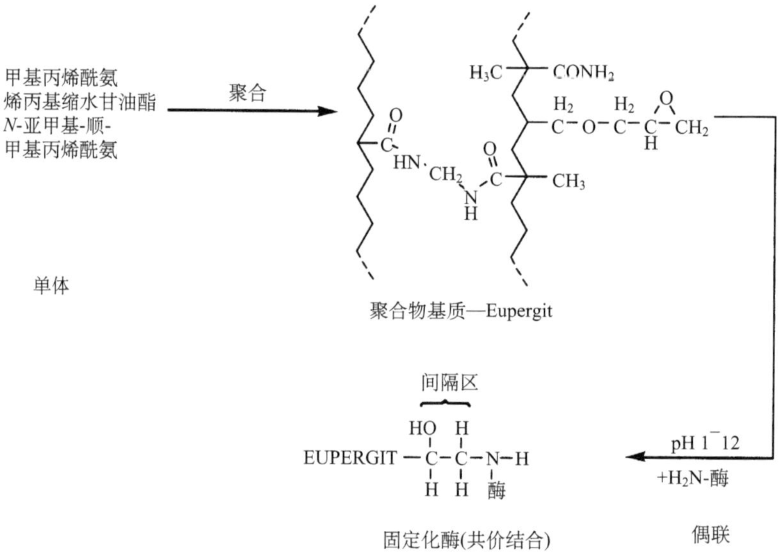

图 6.7 在载体基质（Eupergit®）上通过烷氧基团共价结合青霉素酰化酶（Katchalski and Krämer，2000）。

通过溴化氰活化多糖载体以及随后进行偶联是一个实验室经常应用的方法，可以产生多种类型的不稳定的键；这会导致酶从载体基质中泄漏。而且，试剂与副产物是有毒的，并且大规模生产也存在困难。因此，该方法不能使用在工业生产中。通过碳二亚胺衍生物活化羧基基团并同氨基基团结合形成氨键的方法在许多实验室中也有所应用。但是昂贵且有毒的试剂限制了它在技术系统中的应用。在 Scouten（1987）及 Buchholz 和 Kasche（1997）的报道中，有许多对传统固定化方法的评述。

针对在酶感应器中偶联已经发展了几种不同的方法，其中包括亲和相互作用，如生物素化的蛋白质与吸附的亲和素的结合（Polzius et al.，1996）。

交联的酶晶体（West，1996；Partridge et al.，1996；Schoevart et al.，2004）（CLEC）是由纯酶通过交联形成，如用戊二醛交联。底物与产物的扩散通过2～5nm的微孔通道进行。由于高活性与小的粒子直径（d_p7.5μm），在高底物转化情况下，必须考虑到扩散限制的问题。因此，在10mmol/L底物浓度条件下，Tischer和Kasche（1999）报道对于CLEC而言，青霉素酰化酶活性为16 000U/ml（颗粒直径d_p7.5μm），得出有效性为0.27，与之相比，Eupergit 250L的活性为170U/ml（颗粒直径d_p80μm），有效性为1。交联酶晶体是不溶的，在水相与有机相中显示了很高的操作稳定性。系统研究表明，与酶分子结合的残余水分子具有重要作用，而它们与酶的结合则由干燥过程与在有机溶剂中操作条件所决定（Partridge et al.，1996；West，1996；Grim，2001）。

Cao等（2000）报道了一种相似的方法。通过合适的沉淀剂，如硫酸铵、叔丁醇和PEG，酶可以被沉淀，同时保留活性可达100%，然后通过戊二醛交联，形成不溶的交联酶聚集体（CLEA）。因此，青霉素酰化酶可以约80%的水解活性加以固定化。而且，其合成氨苄青霉素的专一活性与游离酶相当。此外，该制剂在各种有机溶剂中保留了其合成活性，而游离酶则表现出很低的稳定性。

交联同样可以应用于包含充分高浓度酶的微生物，从而细胞分别作为基质或载体。该过程中，微生物细胞死亡，同时也不会存在副反应产生有毒或不期望的副产物。该方法已应用于葡萄糖异构酶固定化中（见6.4节），同时该方法可以提供稳定的并具有一定机械强度的固定化酶。

固定化过程中，必须保持固定化催化剂中导入的与恢复的酶活性的平衡。在基质表面手臂的作用对于为酶提供柔性可能是很重要的（Manecke et al.，1979；Buchholz and Kasche，1997）。

此外，如在第8章8.4.2节讨论的，固定化酶的有效性也是很重要的因素。青霉素水解酶（Carleysmith et al.，1980；Borchert and Buchholz，1984）的例子揭示了一种在粒子外壳仅外部表面固定化酶从而改善酶有效性的方法。Speif与Kasche（2001）利用共聚焦激光显微技术，提出了一项成熟的技术以分析酶在载体内外的分布情况，Guisan等（1997）利用该方法研究了酶的多点结合及其稳定性。

6.4 例子：固定化酶的应用

葡萄糖异构酶对于食品中甜味剂的应用与在药物生产青霉素水解是两个重要的生产工艺。在第9章中将对该两种工艺进行详细讨论，所以该章节中仅涉及一些概要信息。

6.4.1 碳水化合物的水解与修饰

高果糖作物的糖浆可以以每年10 000 000t的规模生产，每年大约要消耗价值50 000 000英镑的1500t的固定化酶。该产品是包括53%葡萄糖、42%果糖和5%其他产品的果浆，或者是包括40%葡萄糖和55%果糖的糖浆（通过添加色谱分离后的果糖达到与蔗糖同样的甜度）。该方法具有优势，因为在达到与蔗糖同等甜度的情况下，价格要比蔗糖便宜10%～20%；同时也具有技术上的优势，在大量食品产品中具有更低的结晶趋势。该产品主要在美国被广泛应用于饮料中，如可乐、柠檬水、蜜酒、果汁、糖果和酱料中，其甜度与口感都与蔗糖相当。

葡萄糖异构为果糖是一个平衡控制的反应［图6.8（b）］，45℃下果糖的平衡浓度是48%，而在85℃下果糖的平衡浓度是55%。但是，85℃的操作条件是不现实的，因为酶操作稳定性的问题和果糖在65℃以上就不稳定的限制，果糖会发生Mailard反应。葡萄糖异构酶进行的异构反应的机制包括开环、异构化、与环闭合形成一个α-酮［图6.8（a）］，其中异构化是C2位上的氢转移到开环葡萄糖C1位上，从而形成由两个镁离子存在的果糖产物（Lavie et al.，1994；Reilly and Antrim，2003）。

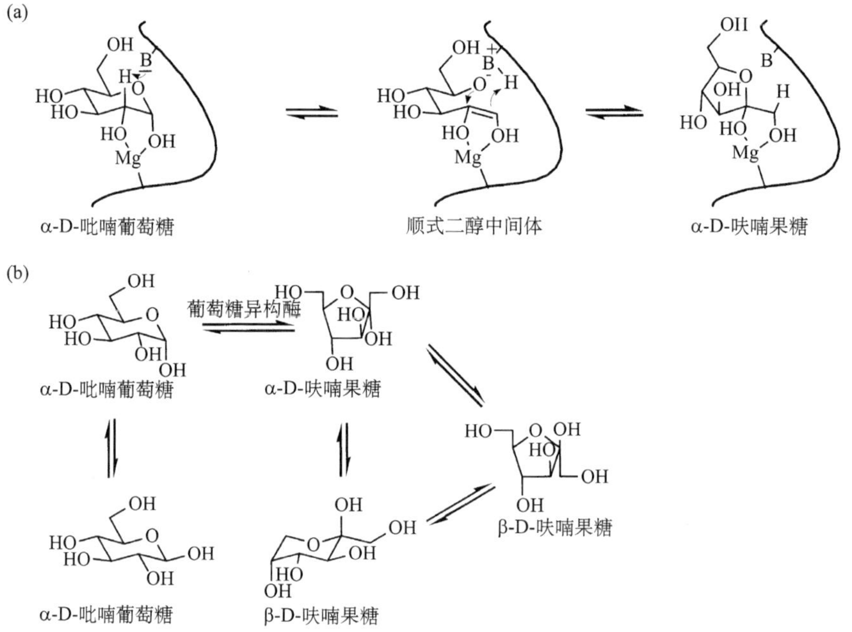

图6.8 葡萄糖异构化机制（Makkee et al.，1984）（a）；溶液中化学平衡（b）

许多GI（主要是D-木糖酮醇异构酶，EC5.3.1.5）的物化性质和三维结构现在已经知晓，氨基酸序列已经由Misset在2003年提出。大部分GI是由两条紧密相连的二聚体组成的同源四聚体，单体为（β，α）8环，即8条α螺旋环绕8条β链的结构（Lavie et al.，1994；也可以参见综述Misset，2003；Reilly and Antrim，2003；SWISS-PROT）。目前已经成功地通过基因工程的手段改进了GI的热稳定性（见2.11.3节，表2.15），以及提高了与Mg^{2+}的结合程度。因为无需通过离子交换向产物糖浆中添加和去除Mg^{2+}这两步，某种程度上，这样给生产提供了极大的优势。除此之外，GI也通过改性修饰提高了与底物葡萄糖和木糖的结合能力及相应的催化活性，在葡萄糖异构化反应上表现了较高的V_{max}和较低的K_m，从而更有利于葡萄糖的异构化。对GI进行理性蛋白设计，也使得GI的活性位点与较大的底物的结合更为灵活（Genencor International，1990）。

GI年产量为12～20t（干重），半衰期为80～150天（Misset，2003；Swaisgood，2003）。典型的反应规模为直径1.5m、高5m的固定床生物反应器，反应温度为58～60℃。已经发展了一些不同的工艺，并在技术规模上使用了不同的商品化催化剂。其中已确立的一种固定化方法是用GA与（链霉菌）细胞的交联，这样几乎能保留GI的所有活性［图6.9（a）］。另外一种是通过层析和结晶分离纯化然后离子交换介质吸附得到酶［图6.9（b）］（Pedersen and Christensen，2000；Antrim and Auterinen，1986）。表6.9列出了一些商业酶。书中第9章9.4.2节会提供处理过程数据。

表6.9 一些商业化固定化葡萄糖异构酶（Pederson and Christensen，2000）

生产商	商品名	酶源	固定化方法	初速度特征值（60℃）/(床体积/h)
CPC	G-zyme，G-994	*S. olivochromogenes*	阳离子交换树脂吸附纯化	6
Genencor International	Spezyme (600IGIU/g)	*S. rubiginosus*	包含用聚乙烯和TiO_2凝聚的DEAE的阳离子交换树脂吸附纯化	3.9
Nagase	Sweetase	*S. phaechromogenes*	细胞热处理，连接至阳离子交换树脂，颗粒状	1.4
NovozymeA/S	Sweetzyme T（300IGIU/g)	*S. murius*	戊二醛交联，挤压而成	2.1
UOP	Ketomax 100	*S. olivochromogenes*	用戊二醛交联的PEI处理的陶瓷氧化铝，纯化	5.2

使用固定化酶转化糖和多糖为新产品，合成低聚糖及其衍生物，主要的如甜味剂和其他功能性食品，这样的深加工过程已投入工业应用，甚至还有一些已具规模。它们由水解酶和糖基转移酶的一系列水解和合成反应组成。

在碳水化合物领域中，酶反应过程在区域选择性和立体选择性方面展现了很大的潜力，这一点上优于化学反应及经典催化反应。因为存在通过α键和β键建立连接到不同的区域的可能（如已糖中的1～6），这使得合成低聚糖极为复杂。一般说来，酶容易形成单键，或者催化得到一种高产率主产物（基本上大于80%）伴随着少量的异构体副产物形成。通过糖基转移酶从葡萄糖和果糖合成低聚糖如蔗糖还能利用糖苷键能，这几乎相当于用糖苷激活所需的能量（－23kJ/mol）。在水溶剂中，反应的产量高，这是食品级和经济加工过程的先决条件［关于欧洲和美国的相关报道，分别见Praaning（2003）和Whitake（2003）］。

图6.10提供了一些精选过的已建立的加工过程例子，表6.10中更进一步地列出了关于糖基转移酶的例子和数据。蔗糖酶（固定化后的，如用Eupergit®）（Uhlig，1991）水解蔗糖，这个过程与其他基于离子交换树脂水解的过程相竞争。酶反应过程的优点是能产生较少的副产物（如羟甲基糠醛）。奶制品和乳制品乳糖作为反应物，经过β-半乳糖苷酶（乳糖酶）水解转化成葡萄糖和半乳糖，改善了甜度和发酵效果。但是，水解奶制品和乳制品中乳糖的根本原因是为了克服乳糖在一些人体内难以消化的问题。

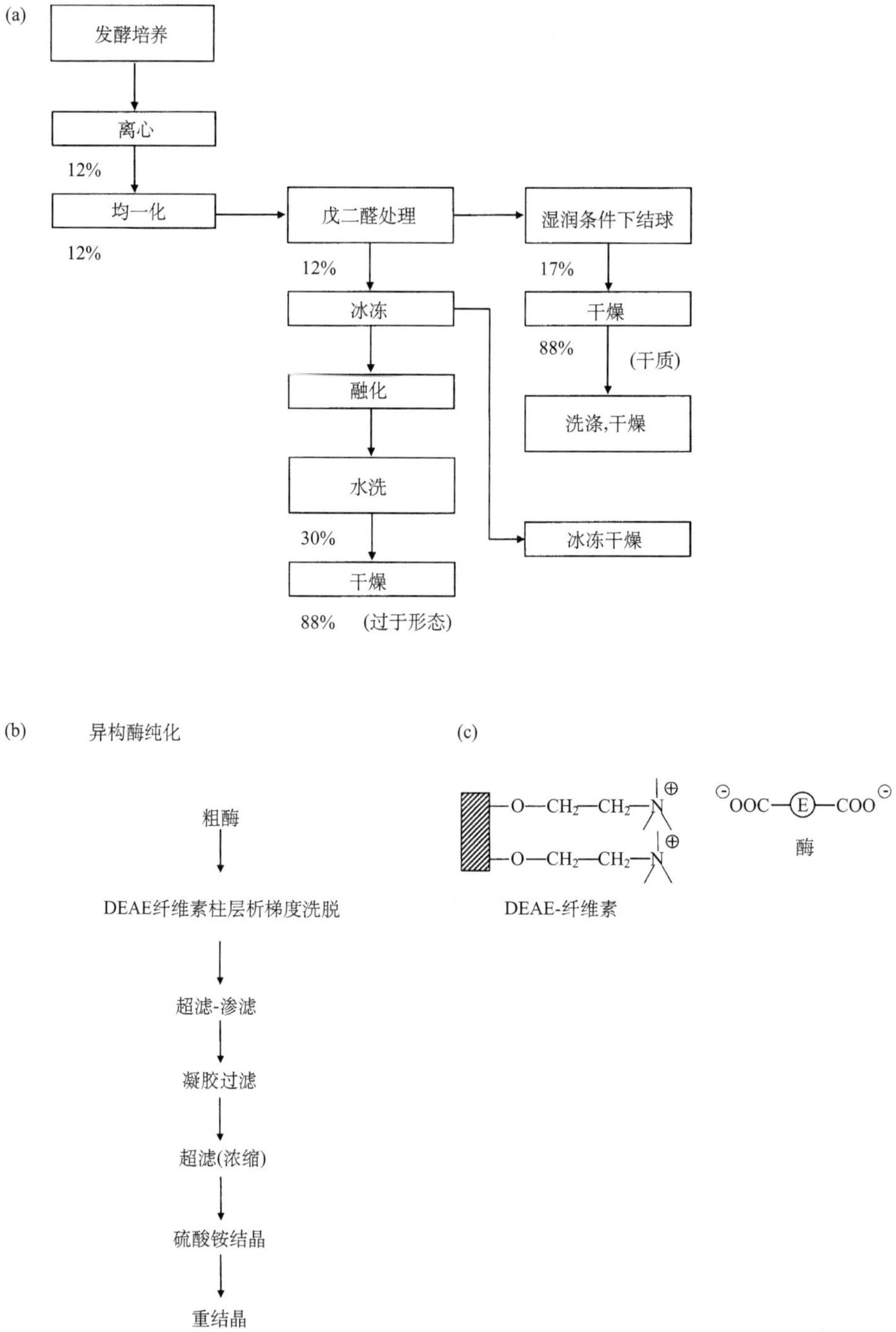

图 6.9　葡萄糖异构酶固定化过程。(a) Novo：细胞交联 (Pedersen and Christensen，2000)；(b) Genencor：晶体酶分离原理；(c) 混合型离子交换介质 (50%聚乙烯，20% TiO_2，30%DEAE 纤维素；d_p 400～800μm) 吸附 (Antrim and Auterinen，1986)。

带有 60％固体的糖浆的处理规模一般为每年好几千吨。一种典型生物催化剂是基于 Eupergit® 载体的，其半衰期为 20 个月，生产能力为 2000kg 产物/kg 催化剂。其他公司要么买生物催化剂，或者使用这样的工艺，包括 Corning、Valio、Suminoto 和 Snam Progetti（Uhlig，1991，1998；Swaisgood，2003）

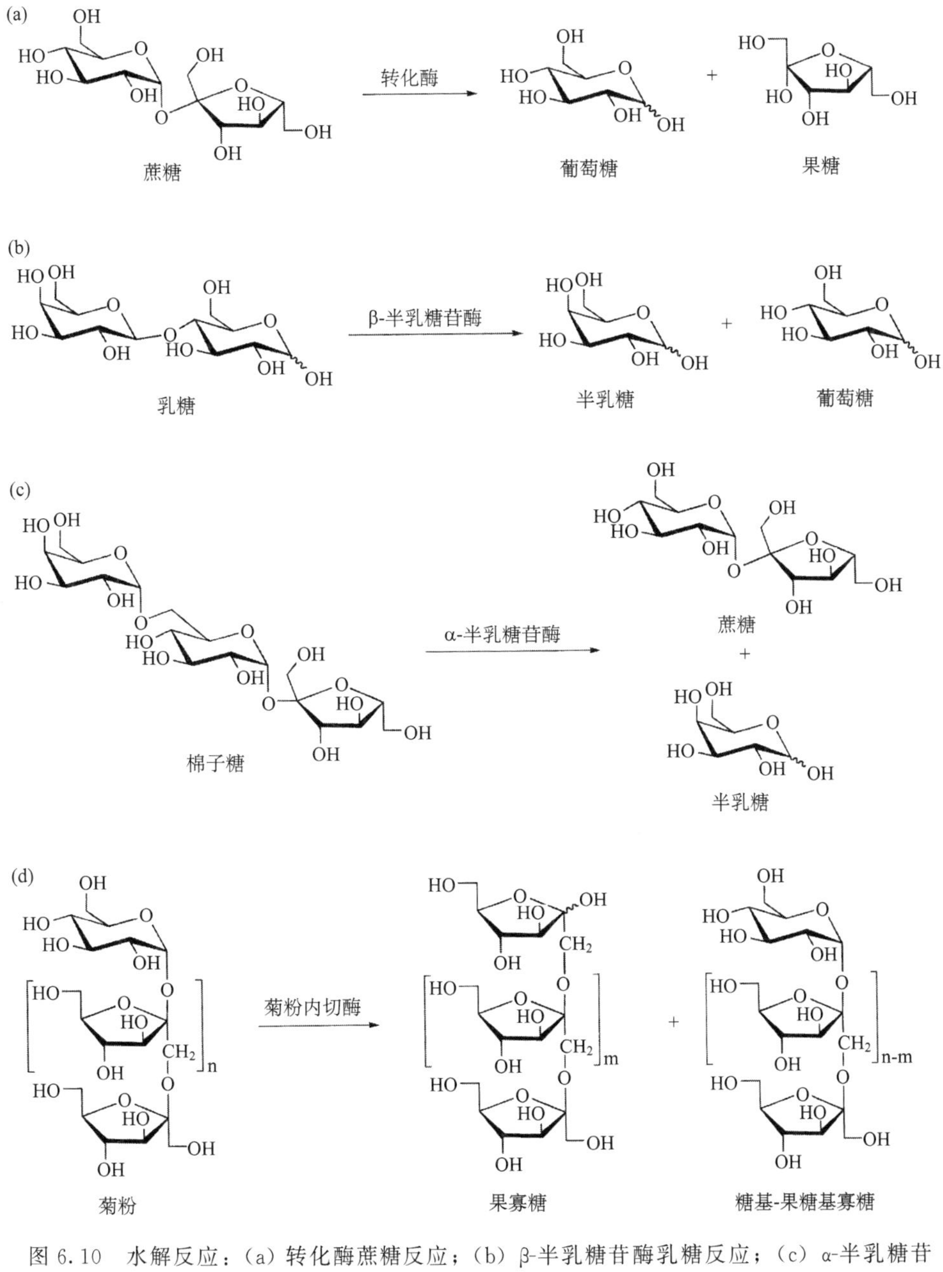

图 6.10　水解反应：(a) 转化酶蔗糖反应；(b) β-半乳糖苷酶乳糖反应；(c) α-半乳糖苷酶棉子糖反应；(d) 菊粉酶菊粉反应。

在日本，α-半乳糖苷酶已经在甜菜工艺过程中从浓缩的糖浆和糖蜜中水解棉子糖而得到蔗糖和半乳糖。该工艺改进了糖结晶（棉子糖作为抑制剂），提高了蔗糖的产量。反应中的酶与其中的微生物（*Mortierella vinacea* 菌丝体）交联，使得操作稳定性显著提高（图 6.11）（Linden，1982）。Hokkaido Sugar 公司已经达到每天处理 300t 含 1%～5%棉子糖的糖蜜的处理量（Hokkaido Sugar Co.，1990）。

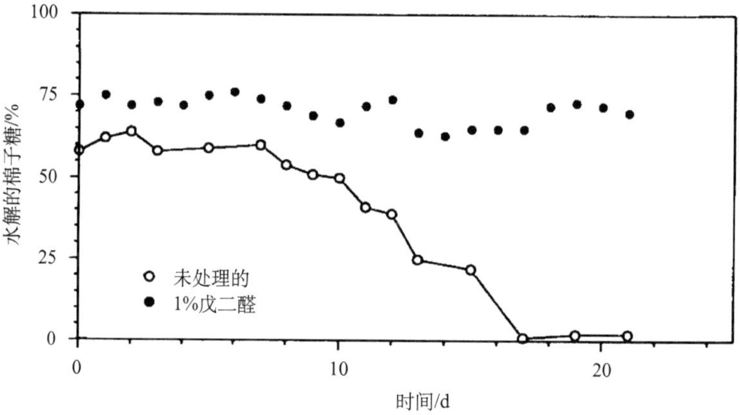

图 6.11 用戊二醛交联的 α-半乳糖苷酶的稳定性和棉子糖的水解情况。（○）用未经处理的菌丝体；（•）用 1%GA 交联的菌丝体（1.5h，pH7.0，20℃）；反应在糖浆中进行（大约 30%dm，2h/批，50℃，pH5.2）（根据 Linden，1982 摘自 Saimura）。

大量低聚糖可由糖基转移酶催化获得。糖基转移酶包括葡萄糖转移酶和果糖转移酶，分别以蔗糖、淀粉和葡聚糖这些廉价高质易得的底物转化得到。在高浓度情况下使用糖基水解酶的方法来促进缩合反应在应用中还未成功，主要是由于产量有限且区域选择性也不够好。

通过蔗糖（α-D-糖基-1，2-β-D-果糖）异构化生产异麦芽酮糖（α-D-糖基-1，6-D-果糖）[图 6.12（a）] 已经以每年大约 60 000t 的产量大规模生产（Südzucker AG，Cerestar，德国；Mitsui Seito Co.，日本）。蔗糖异构酶是一种糖基转移酶，它使得分子发生分子内重排从而异构化。从酶的固定化考虑而言，酶（*Protaminobacter rubrum*）可用海藻酸钠微粒交联包埋制得固定化酶。由于在高糖浓度下催化剂稳定性的提高十分重要，所以在一定的操作条件下蔗糖溶液中酶的稳定性目前还有待提高（1.6mol/L；半衰期：8000h 以上）（Cheetham，1987）。异麦芽酮糖的产量主要由反应的动力学控制，而且，海藻糖作为副产物也随着反应（保留）时间的延长而增加。大部分产品经过催化加氢，形成 α-D-糖基山梨糖醇和 α-D-糖基甘露醇（Isomalt®）的混合物，在许多食品中用作甜味剂（Schiweck et al.，1991）。

另一种用作甜味剂的二糖是 Leucrose（α-D-糖基-1，5-β-D-果糖），在一定条件下，葡聚糖蔗糖水解酶催化蔗糖发生类似的重排即可制得（Schwengers，1991）[图 6.12（a）]。

关于酶和低聚糖在食物应用中的介绍，我们可以从 Whitaker（2003）、Eggleston

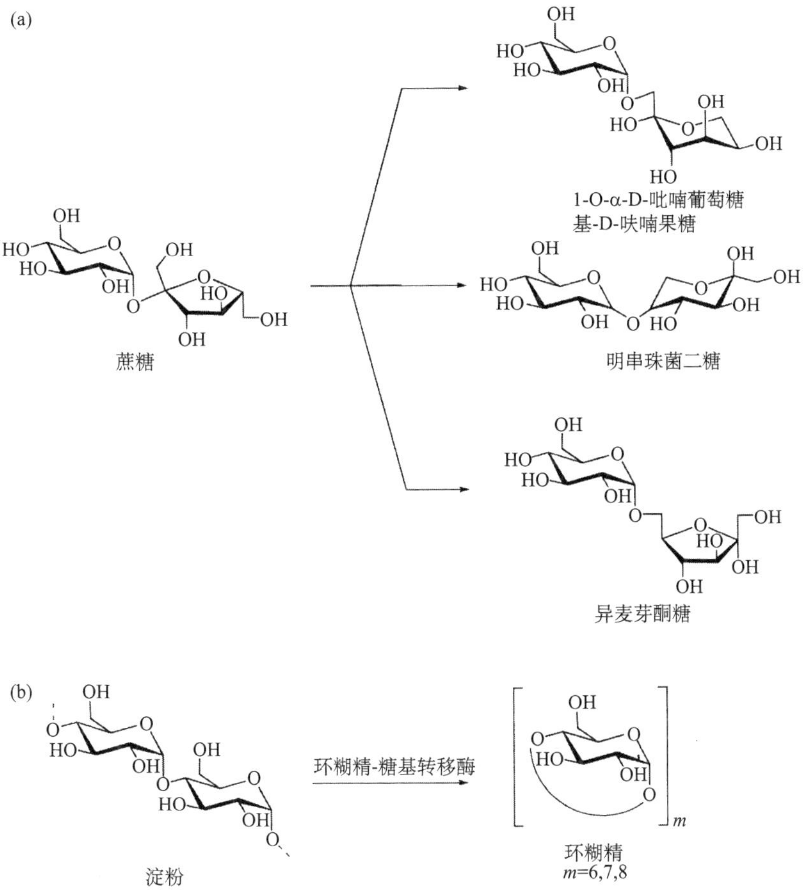

图 6.12 糖基转移酶的转糖苷作用。(a) 蔗糖异构化；(b) 环糊精合成。

和 Côté (2003) 的综述中看到。异麦芽糖低聚糖已经在日本和欧洲一些公司投入生产，分别应用于食品、饲料和化妆品行业中 (Paul et al., 1992; Remaud-Siméon et al., 1994; Buchholz and Monsan, 2003)。淀粉和蔗糖作为原材料，可转化为如葡萄糖或麦芽糖等产物。

果糖低聚糖 (FOS) 作为功能性食品成分和药物保健品已经在近些年获得了广泛的关注 (Rastall et al., 2003; Tungland, 2003)。一种方法是通过菊粉部分水解或者以蔗糖为底物由果糖转移酶催化得到 FOS (Yun and Kim, 1999; Yun and Song, 1999; Tungland, 2003)。另一种方法是利用果糖转移酶催化蔗糖来生产 FOS。它通过从一个蔗糖分子转移果糖单元至另一 (果糖) 分子，从而将 (位于) β键 (2→1) 的果糖单元转化为连接至蔗糖的果糖部分。最近，一些果糖转移酶 (主要来源于乳酸菌) 已经克隆表达，并进行了性质鉴定 (van Hijum et al., 2001, 2002)。这些酶可能不仅是形成β键 (2→1) 的葡萄糖蔗糖酶，而且是形成β键 (2→6) 的果聚糖蔗糖酶。用菊糖蔗糖酶水解得到的产物由葡萄糖、蔗糖、三聚糖和五聚糖混合而成，由 1 个葡萄糖和 2～4 个果糖单元通过β键 (2→1) (如蔗果三糖) 连接而成，显现出益生元的性质。FOS 的生理功能很多，它能预防龋齿，提供膳食纤维，刺激双歧杆菌，防止腹泻和便秘，降低血浆胆固醇，提升口感，改善食欲，作为脂肪的替代物（Yun and Song，1999；Tungland，2003；Rastall and Hotchkiss，2003）。所有的低聚糖（除了异麦芽糖，表 6.10），年产量估计在好几万吨。表 6.10 选择性地列出了一些商品及其生产厂家。

表 6.10 固定化糖基转移酶的应用（Fuji and Komoto，1991）

酶（参考文献）	产品	市场(估计值，t/a)	公司
蔗糖突变酶（1）	异麦芽糖酶	100 000	Südzucker（D）
环糊精转移酶	麦芽糖低聚糖	5000	Hayashibara（J）
α-葡萄糖苷酶和糖基转移酶（4）	异麦芽糖低聚糖	4800	Hayashibara（J）和其他公司
葡聚糖蔗糖酶	异麦芽糖低聚糖		BioEurope，Solabio（F）
葡聚糖蔗糖酶[a]	葡聚糖	200	Pharmacia（S）
β-半乳糖苷转移酶	半乳糖低聚糖	7000	Yacult（J）
果糖转移酶（2）	新糖	4000	Beghin-Meji Industries（F，J）
环糊精转移酶（3）	β-环糊精和其他环糊精	3000	Wacker-Chemie（D）

a. 不是由固定化酶制得的单一例子。Pharmacia 现在是 Pfizer 的一家公司。

文献来源：（1） Schiweck（1991）；（2） Ouarne and Guibert（1995）；（3） Wimmer（1999）；（4） Buchholz and Monsan（2003）。

在食品领域，低聚糖的价格在 2～5 €/kg。因此，这些产品（环糊精除外）代表着需要价格低廉的原材料（如蔗糖、淀粉、菊粉等）的大批量低价商品，并且要求使用固定化且高产率的生物催化剂的低成本工艺。

环糊精［图 6.12（b）］在食品、制药（药物保护，缓释作用）和其他商业领域中都是很重要的产品。例如，它可以用作纺织品染色，清除异味并作为香料载体。在食品方面，它可以作为香料配合物，缓释稳定香味，并能减少苦味。它也可以用来清除奶制品和蛋制品中的胆固醇。环糊精是一个环状分子，组成为 α 键（1 →4）连接的环状的葡萄糖低聚糖。它可形成内包复合物，包围各种各样的疏水分子，该特点的应用在前面已经提到。环糊精糖基转移酶可以催化淀粉或葡聚糖转化得到环糊精，实现环糊精的大量生产，其中一些酶已制成晶体，其结构、性质包括反应机制都已阐明（Dijkhuizen and van der Veen，2003）。

6.4.2 青霉素和头孢菌素的合成和水解

第二个具有高经济价值的重要例子就是青霉素和头孢菌素类抗生素的水解和合成。我们将在第 9 章（第 9.2 节）综述这方面的内容。20 世纪 70 年代，青霉素 G 和 V 的水解成为第一个使用固定化生物催化剂的大规模酶工艺（图 6.13，也可见 1.5 节的图 1.7）。该工艺的动力学数据见 2.8 节（表 2.7 和图 2.20），这些数据用来测定工艺情况，都是为当时最主要的水解工艺——青霉素 G 的水解工艺服务的。用于这些处理过程的大部分固定化酶都是由使用这些酶水解反应的公司生产，所以几乎没有什么数据由所有人支持公开（Liese et al.，2000）。一些公司已经生产了（或者还在生产）固定化酶用作商业目的，也将越来越多地公开那些固定化酶的数据（Katchlski-Krämer，2000；http：//biochem. roche. com/indbio/ind/pga/f _ p0. thm）。

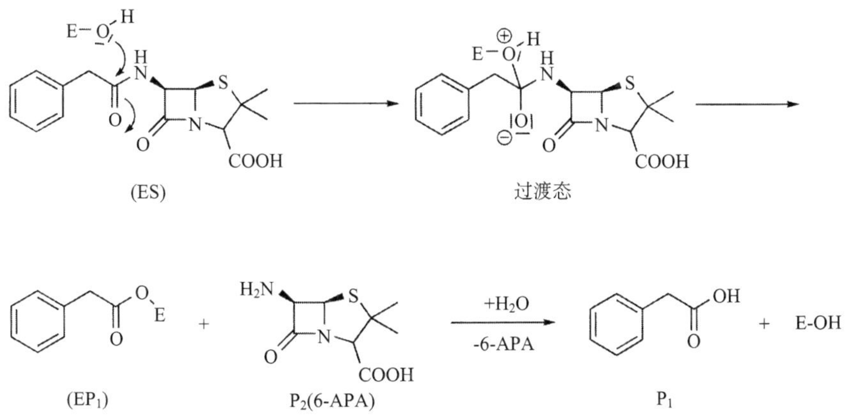

图 6.13　青霉素酰化酶水解青霉素。

使用的青霉素酰化酶是从粪产碱杆菌（*Alcaligenes faecalis*）、巨型芽孢杆菌（*Bacillus megaterium*）以及大肠杆菌（*Escherichia coli*）中得到的。其中，粪产碱杆菌中得到的酶更佳，因为它在碱性条件下更稳定，在 pH9 时，几乎可以发生定量水解反应。这种酶可以共价结合在不同载体上，一些相关的性质见表 6.11。

表 6.11　青霉素 G 水解的反应条件

（Liese et al.，2000；D. Krämer，personal communication）

固定化酶的 生产商/用户	Asahi Chem. Ind.（Jp） Asahi Chem. Ind.（Jp）	DSM（NL） DSM（NL）	Recordati（It） 多家
酶的来源	巨型芽孢杆菌	粪产碱杆菌	大肠杆菌
固定化方法	共价法固定于多孔聚丙烯腈	共价法固定于凝胶载体	共价法固定于 Eupergit®
固定化后的收率	未知	未知	60%～70%
酶活力	未知	约 200U/ml，湿载体	100～150U/ml，湿载体
反应器	填充床	搅拌罐或填充床	搅拌罐（10^4 U/L）
底物/（%，*m*/*m*）	0.3mol/L 青霉素 G	未知	青霉素-G-K（8%）
温度/℃	30～36	未知	37
初始 pH	8.4	未知	7.6～7.8
操作稳定性	约 1000h	未知	高达 1000 循环，>60d

表格中温度和 pH 的数据，来自第二章练习 2.12 中的工艺窗口。pH 的控制尤其关键，因为当 pH<7.5 时，平衡转化率太低；而当 pH>8 时，底物与产物的降解都大大加快。为防止酶失活，可加入氨水进行调节，而且充分地的混合也很重要。转化率为 98%～99%时，产物得率为 86%～93%（随产物得率上升，酶的生产能力下降）。酶的生产能力可达每千克酶 1000～2000kg 产品（或 5g/U）。酶的成本为 2.5€/kg（Poulson，1984；Cheetham，2000；Liese et al.，2000）。

另一种酶反应过程，头孢菌素 C 水解为 7-氨基头孢烷酸（7-ACA），是在 20 世纪 90 年代发展起来并进入工业规模生产的。详细的介绍见第 9 章，9.2 节。

半合成的头孢菌素和青霉素是由 6-氨基青霉烷酸（6-APA）、7-氨基头孢烷酸（7-ACA）、7-氨基去乙酸基头孢烷酸（7-ADCA）氨基端加入侧链基团得到的（详见 9.2.1 节）。工业生产中，化学合成仍占优势。但是为了降低不可回收的副产物带来的成本，酶法生产近来也得到发展，并成功推广到工业规模（Bruggink，2001）。

6.4.3　其他工艺

人们一直致力于研究氨基酸的合成，期望获得食品和药品生产中所需的手性化合物（详见第 3 章，3.2.1.1 节）。化学合成可以直接、灵活、经济地生产出一系列氨基酸的前体物质，包括乙内酰脲和乙内酰胺的衍生物，以及非天然的物质（Syldatk et al.，1999）（见第 3 章，3.2.2.6 节）。不论是工业中利用这些前体来生产氨基酸，还是利用 L-D-异构体的混合物进行化学合成，都会用到固定化技术来降低酶的成本。这个方法是在 1969 年，由日本的 Chibata 等首次使用的（Chibata et al.，1987）。经典的路线是：L-D-异构体混合物经过乙酰化作用后，在酰基转移酶的催化下进行立体专一的水解反应，最后通过离子交换与结晶的方法进行分离。外消旋作用后残余的乙酰化异构体将回收（图 6.14）。酰基转移酶通过吸附剂固定在离子交换树脂上，也可以采用其他固定化方式。

在第 3 章 3.2.1.1 节中，曾讨论了利用脱氨酶进行反应。接下来将介绍利用不同原理的其他反应过程（概述如下）。还有另一条路线，使用 α-酮酸或 α-羟基酸作为底物经转氨作用生产手性氨基酸。这在第 5 章中曾讨论（见 5.4 节）。

6.4.3.1　更多的合成氨基酸的原理

- 反丁烯二酸加氨水生成 L-天冬氨酸（Chibata et al. 1987）：

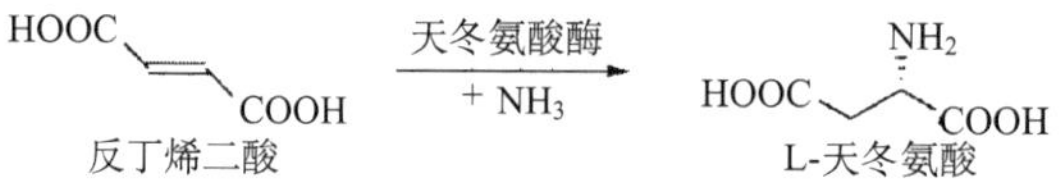

- L-天冬氨酸-4-脱羧酶生产脱去羧基的 L-氨基酸（Chibata et al.，1987）：

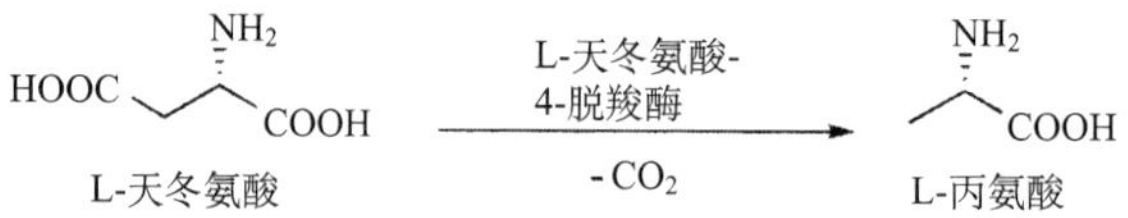

- 用转氨酶将 L-天冬氨酸的氨基集团转移到 2-酮酸上形成新的氨基酸；副产物草酰乙酸在脱羧酶作用下形成丙酮酸盐，促进反应向产物合成方向进行：

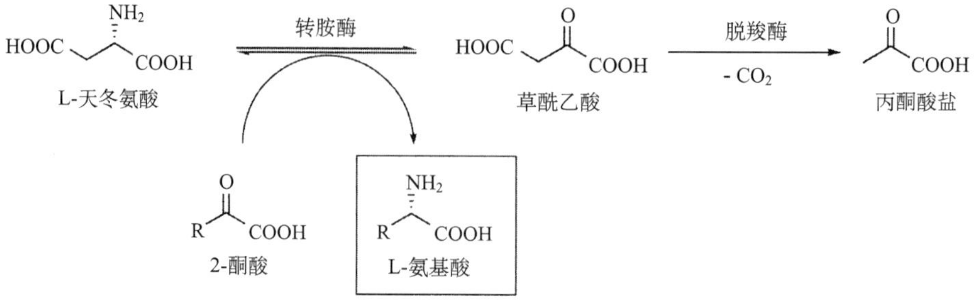

• 丝氨酸与吲哚合成 L-色氨酸：

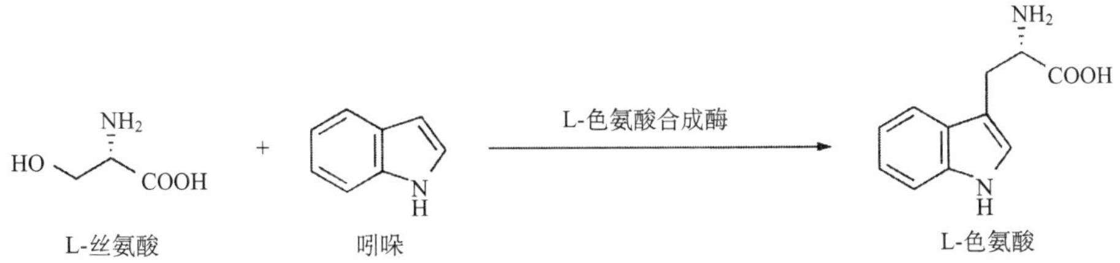

• 己内酰胺立体专一的裂解（Chibata et al.，1987）：

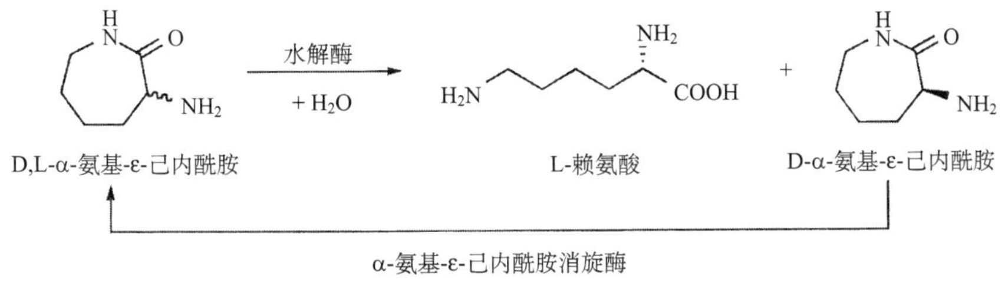

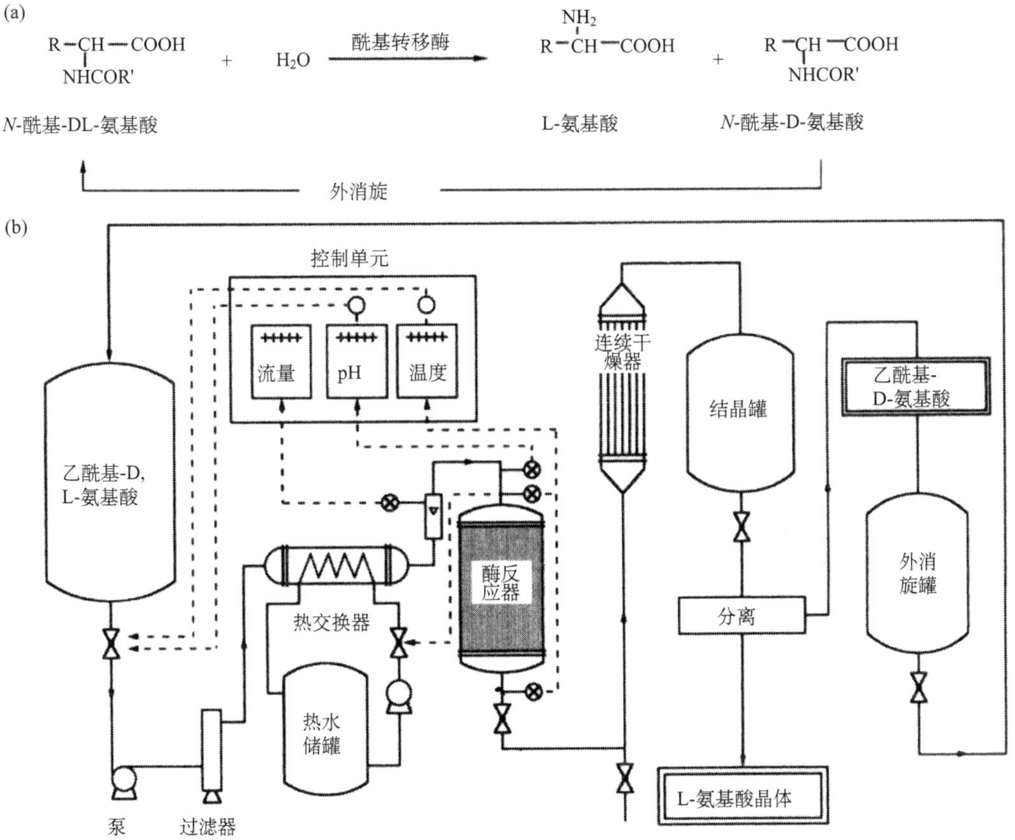

图 6.14 使用氨基酸酰基转移酶生产 L-氨基酸的示意图（Chibata et al.，1987）。（a）反应；（b）反应器体系及外围设备。

一个非常经济的合成肽的相关实例是阿斯巴甜（图 6.15）。这是一种高甜度的甜味剂，可以用在食品如饮料中，代替糖类以降低热量。阿斯巴甜的合成，是用苯甲基羧基端被保护的天冬氨酸（Z-Asp）和廉价的外消旋苯丙氨酸甲酯（Phe Me）（见 3.2.2.3 节）。残余的 D-Phe Me 重新外消旋化并回收。经过大范围筛选能立体异构催化此反应而不水解苯丙氨酸甲酯的酶，嗜热菌蛋白酶被挑选出。此酶经固定化后投入了使用，如用作 CLEC，在搅拌罐反应器中，以乙酸乙酯∶水作溶剂。在 55℃时，产率可达 95%，每年的销售额达 850×10^6€（Cheetham，2000；Grim，2001）。

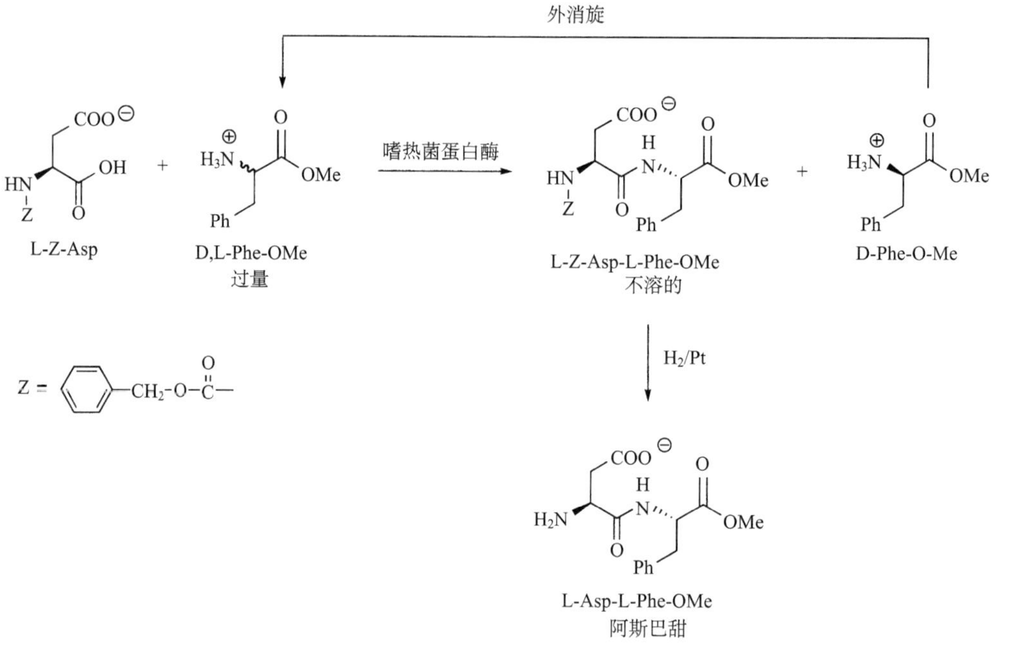

图 6.15　使用嗜热菌蛋白酶合成阿斯巴甜。

大量的其他反应过程也是以固定化酶催化进行的，尤其是手性化合物及其中间体，以及酯酶、脂肪酶或其他酶催化的药品与农药的合成（更多细节见第 3 章）。

6.5　练习

6.5.1　酶固定化在离子交换器上

• 脂肪酶（Novo，欧洲专利 0382 767，1988）
吸附于离子交换器：Lewatit E2001/85
酶：*Mucor miehei*-脂酶 2.6g（112U/mg）溶于 25ml 溶剂，加到 8.5g 载体上，pH6.1，21h。
固定化后活力：171 BIU/g（分批酯交换，60℃）。
无水或其他溶剂下，熔化后使用。

• 转糖苷酶与普鲁兰酶（Cerestar，欧洲专利 875 585，1997；更多实例：欧洲专利 336

376，Mitsubishi Kasei 公司，1988)

两种酶协同固定化于离子交换树脂 A 568；吸附与交联

酶：

1. 转糖苷酶（Amano）11mg/ml，103TUG/ml（溶液）。
   1ml 溶液加入到 10ml 离子交换树脂上，20℃保持 4h。
2. 普鲁兰酶（400PU/ml 溶液），加 15ml，保持 4h。
   交联：加入 5ml 戊二醛溶液（1%；0.2%的终浓度），20℃保持 12h，洗涤。
   脂肪酶固定化于硅胶的一种方法，见 Pedersen 与 Christensen 的介绍（2000）。

• 淀粉葡萄糖苷酶，多孔硅胶做载体。

试剂与仪器

——淀粉葡萄糖苷酶（AG）（如干粉在冰箱中保存许久，使用前检测酶活）；
——多孔硅胶，或多孔玻璃，含氨基酸残基（不同性能，见表 6.5 及 6.3.2 节）；
——5%的戊二醛溶液；
——Sorensen 磷酸缓冲液，pH7，0.01mol/L（加入一小滴甲苯作为抑菌剂）；
——Sorensen 磷酸缓冲液，pH5，0.01mol/L（加入一小滴甲苯作为抑菌剂）；
——恒温玻璃槽，大约 50ml，含过滤板或滤网及搅拌器；
——恒温 50℃；
——紫外分光光度计，比色皿（10mm）；
——蠕动泵；
——酶法，或 GC，HPLC，或葡萄糖分析仪，检测葡萄糖或乙醇浓度。

固定化

在 20ml（pH7）的缓冲液中悬浮 3g 载体，脱气；加入 5ml 的 GA（5%），如果需要再加入 10ml 缓冲液；在搅拌中进行反应 30min，并在容器外部将缓冲液从容器底部泵回顶部；移走缓冲液，载体用水洗涤 2 次。

加入 AG 溶液（对应为 0.2g，或 1000U）于 5ml 缓冲液（pH7）中；每 15min 在 280nm 处测吸光度（稀释至 20 倍），使反应进行 45min，移走缓冲液（测残余酶活），固定化酶用水洗涤 3 次，悬浮于 50ml（pH5）缓冲液中。

测定悬浮的固定化酶的酶活（用空载体做空白对照），以糊精溶液作底物（用低分子质量的；高分子质量的扩散困难影响水解）；葡萄糖可由酶法，或 HPLC，或葡萄糖分析仪检测。以时间为横坐标，葡萄糖或乙醇的浓度为纵坐标作图，由斜率确定酶活力 [g（葡萄糖或乙醇）/（g 产量 · h）]；与同等量的游离酶比较其酶活大小；计算有活性的固定化酶的比例。

• 淀粉葡萄糖苷酶，Eupergit C® 作载体

试剂和仪器

——淀粉葡萄糖苷酶（AG）；
——Eupergit C® 来自德国达姆斯塔特（Darmstadt），Degussa（Röhm）公司
——磷酸钾缓冲液，pH5，0.01mol/L；
——柠檬酸盐缓冲液，0.1mol/L，pH4.5；

——玻璃烧杯，100ml 或 200ml 体积。

固定化

在 4 只容器中分别加入 50mg（或 300U）的 AG，与 50ml 缓冲液（混合后 pH6）。加入不等量的载体（见下表），烧杯封口，25℃下振荡 24h，使反应发生。然后进行离心沉降，上清以移液管吸出，固定上了酶的载体用 0.1mol/L（pH4.5）的柠檬酸盐缓冲液洗涤三四次。

每一份的上清中，检测残余酶活力。固定化酶悬浮于 25ml 柠檬酸盐缓冲液（pH4.5）中，置于上述封口烧杯中振荡，检测酶活。

固定化的量

序号	淀粉葡萄糖苷酶/g	Eupergit/g	酶与载体质量比
1	0.05	0.25	0.20
2	0.05	0.50	0.10
3	0.05	0.75	0.067
4	0.05	1.00	0.05

专著

一般著作

Bickerstaff, G.F. (Ed.), *Methods in Biotechnology, Vol. 1: Immobilization of Enzymes and Cells*, Humana Press Inc., Totowa, NJ, USA, **1997**

Buchholz, K. (Ed.), Characterization of immobilized biocatalysts; in: *DECHEMA Monograph* **84**, VCH, Weinheim, **1979**

Godfrey, T., West, S. (Eds), *Industrial Enzymology*, Macmillan Press, London, 1996

Liese, A., Seelbach, K., Wandrey, C., *Industrial Biotransformations*, Wiley-VCH, Weinheim, **2000**

Mosbach, K. (Ed.), *Meth. Enzymol.*, Vol. 135, Academic Press, Orlando, **1987**

Pedersen, S., Christensen, M.W., Immobilized biocatalysts, in: Straathof, A.J.J., Adlercreutz, P. (Eds), *Applied Biocatalysis*, pp. 213–228, Harwood Academic Publishers, Amsterdam, **2000**

SWISS-PROT, *http://www.kr.expasy.org/enzyme/*

Tischer, W., Kasche, V., Immobilization enzyme crystals, in: *Trends Biotechnol.*, **1999**, **17**, 326–335.

参考文献

Allard, L., Cheynet, V., Oriol, G., et al., Versatile Method for Production and Controlled Polymer-Immobilization of Biologically Active Recombinant Proteins, *Biotechnol. Bioeng.* **2002**, **80**, 341–348

Andersson, M., Samra, B., Holmberg, H., Adlercreutz, P., Use of Celite-immobilised chloroperoxidase in predominantly organic media, *Biocatal. Biotransform.*, **1999**, **17**, 293–303

Antrim, R.L., Auterinen, A.-L., A new regenerable immobilized glucose isomerase, *Stärke*, **1986**, **38**, 132–137

Balcao, V.M., Paiva, A.L., Malcata, F.X., Bioreactors with immobilized lipases: State of the art, *Enzyme Microb. Technol.*, **1996**, **18**, 392–416

Barros, R.J., Wehtje, E., Garcia, F., Adlercreutz, P., Physical characterization of porous materials, *Biocat. Biotrans.*, **2000**, **16**, 67–85

Böker, M., Jördening, H.-J., Buchholz, K., Kinetics of Leucrose formation from sucrose by dextransucrase, *Biotechnol. Bioeng.*, **1994**, **43**, 856–864

Borchert, A., Buchholz, K., Improved biocatalyst effectiveness by controlled immobilization of enzymes, *Biotechnol. Bioeng.*, **1984**, **26**, 727–736

Bornscheuer, U.T., Immobilizing enzymes: how to create more suitable biocatalysts, *Angew. Chem. Int. Ed. Engl.*, **2003**, **42**, 3336–3337

Bruggink, A. (Ed.), *Synthesis of β-lactam antibiotics*, Kluwer Academic Publishers, Dordrecht, 2001

Buchholz, K., Duggal, SK., Borchert, A., Characterization of immobilized biocatalysts; in: DECHEMA Monograph **84**, pp. 1–48, 169–181, VCH, Weinheim, 1979

Buchholz, K., Kasche, V., *Biokatalysatoren und Enzymtechnologie*, VCH, Weinheim, 1997

Buchholz, K., Monsan, P., Dextransucrase, in: Whitaker, J.R., Voragen, A.G.J., Wong, D.W.S. (Eds), *Handbook of Food Enzymology*, pp. 589–603, M. Dekker, New York, 2003

Burg, K., Mauz, O., Noetzel, S., Sauber, K., Neue synthetische Träger zur Fixierung von Enzymen, *Angew. Makrom. Chem.*, **1988**, **157**, 105–121

Cao, L., van Rantwijk, F., Sheldon, R.A., Cross-linked enzyme aggregates: a simple and effective method for the immobilization of penicillin acylase, *Org. Lett.*, **2000**, **2**, 1361–1364

Carleysmith, S.W., Dunnil, P., Lilly, M.D., Kinetic behaviour of immobilizal penicillin acylase, *Biotech. Bioeng.*, **1980**, **22**, 735–756

Cheetham, P.S.J., Production of isomaltose using immobilized microbial cells, in: Mosbach, K. (Ed.), *Methods Enzymol.*, Vol. 136, pp. 432–454, 1987

Cheetham, P., Case studies in the application of biocatalysts; in: Straathof, A.J.J., Adlercreutz, P. (Eds), *Applied Biocatalysis*, pp. 93–152, Harwood Academic Publishers, Amsterdam, 2000

Chibata, I., Tosa, T., Sato, T., Application of immobilized biocatalysts in pharmaceutical and chemical industries, in: Rehm, H.J., Reed, G. (Eds), *Biotechnology*, Vol. 7a, pp. 653–684, Verlag Chemie, Weinheim, 1987

Chikere, A.C., Galunsky, G., Schünemann, V., Kasche, V., Stability of immobilised soybean lipoxygenases: influence of coupling conditions of the ionization state of the active site Fe, *Enzyme Microb. Technol.*, **2001**, 28, 168–175

Creighton, T.E., *Proteins: Structures and Molecular Properties*, W.H. Freeman, New York, 1993

Dauner-Schütze, C., Brauer, E., Borchert, A., Buchholz, K., Development of a high capacity adsorbent for enzyme isolation and immobilization; in: Moo-Young, M. (Ed.), *Bioreactor immobilized enzymes and cells*, pp. 63–70, Elsevier Applied Science, London, 1988

Demuth, B., Jördening, H.-J., Buchholz, K., Modelling of oligosaccharide synthesis by dextransucrase, *Biotechnol. Bioeng.*, **1999**, 62, 583–592

Dijkhuizen, L., van der Veen, B., Cyclodextrin glycosyltransferase, in: Whitaker, J.R., Voragen, A.G.J., Wong, D.W.S. (Eds), *Handbook of Food Enzymology*, pp. 615–627, M. Dekker, New York, 2003

Eggleston, G., Côté, G.L., Oligosaccharides in Food and Agriculture, ACS Symposium Series 849, American Chemical Society, Washington, 2003

Fernandez-Lafuente, R., Rosell, C.M., Rodriguez, V., Guisan, J.M., Strategies for enzyme stabilisation by intramolecular crosslinking with bifunctional reagents, *Enzyme Microb. Technol.*, **1995**, 17, 517–523

Ferrer, M., Plou, F.J., Fuentes, G., Cruces, M.A., Andersen, L., Kirk, O., Christensen, M., Ballesteros, A., Effect of the immobilisation method of lipase from *Thermomyces lanuginosus* on sucrose acylation, *Biocatal. Biotransform.*, **2002**, 20, 63–71

Fuji, S., Komoto, M., Novel carbohydrate sweeteners in Japan, *Zuckerindustrie*, **1991**, 116, 197–200

Genencor International, Glucose isomerases having altered substrate specificity. European Patent 1 264 883, 1990

Godfrey, T., West, S., Introduction to industrial enzymology, in: Godfrey, T., West, S. (Eds), *Industrial Enzymology*, pp. 1–8, Macmillan Press, London, 1996

Grim, M.D., Cross linked enzyme crystals: Biocatalysts for the organic chemist, in: Kirst, H.A., Yeh, W.-K., Zmijewski, M.J. (Eds), *Enzyme Technologies for Pharmaceutical and Biotechnological Applications*, pp. 209–226, Marcel Dekker, New York, 2001

Guisán, J.M., Rodriguez, V., Rosell, C.M., Stabilization of immobilized enzymes by chemical modification with polyfunctional macromolecules, in: Bickerstaff, G.F. (Ed.), *Methods in Biotechnology, Vol. 1: Immobilization of Enzymes and Cells*, pp. 289–298, Humana Press Inc., Totowa, NJ, USA, 1997

van Hijum, S.A.F.T., van Geel-Schutten, G.H., Rahaoui, H., van der Maarel, M.J.E.C., Dijkhuizen, L., Characterization of a novel fructosyltransferase from *Lactobacillus reuteri* that synthesizes high-molecular-weight inulin and inulin oligosaccharides, *Appl. Environ. Microbiol.*, **2002**, 68, 4390–4398

van Hijum, S.A.F.T., Bonting, K., van der Maarel, M.J.E.C., Dijkhuizen, L., Purification of a novel fructosyltransferase from *Lactobacillus reuteri* 212 and characterization of the levan produced, *FEMS Microbiol. Lett.*, **2001**, 205, 323–328

Hokkaido Sugar Co. Ltd., Tokyo, Procedure of Enzymatic Hydrolysis of Raffinose (Jap.), 1990. See also Obana, J., Hashimoto, S., Enzyme applications in the sucrose industry, *Sugar Technol. Rev.*, **1976/77**, 4, 209–258

Katchalski-Katzir, E., Krämer, D.M., Eupergit C, a carrier for immobilization of enzymes, *J. Mol. Catal. B Enzymol.*, 2000, 10, 157–176

Kohn, J., Wilchek, M., A new approach (cyano-transfer) for cyanogen bromide activation of sepharose at neutral pH, which yields activated resins free of interfering nitrogen derivatives, *Biochem. Biophys. Res. Commun.*, **1982**, 107, 878–884

Krämer, D.M., Characterization of immobilized biocatalysts; in: Buchholz, K. (Ed.), DECHEMA Monograph **84**, p. 168, VCH, Weinheim, 1979

Laurents, D.V., Huyghues-Despointes, B.M.P., Bruix, M., Thurlkill, R.L., Schell, D., Newsom, S., Grimsley, G.R., Shaw, K.L., Trevino, S., Rico, M., Briggs, J.M., Antosiewicz, J.M., Scholtz, J.M., Pace, C.N., Charge-Charge interactions are key determinants of the *pK* values of ionizable groups in ribonuclease SA (pI = 3.5) and a basic variant (pI = 10.2), *J. Mol. Biol.*, **2003**, 325, 1077–1092

Lavie, A., Allen, K.N., Petsko, G.A., Ringe, D., X-ray crystallographic structures of D-xylose isomerase-substrate complexes position the substrate and provide evidence for metal movement during catalysis, *Biochemistry*, **1994**, 33, 5469–5480

Linden, J.C., Immobilized α-D-galactosidase in the sugar beet industry, *Enzyme Microb. Technol.*, **1982**, 4, 130–136

Makkee, M., Kieboom, A.P.G., van Bekkum, H., Glucose Isomerase Catalyzed D-Glucose-D-Fructose Interconversion, *Recl. Trav. Chim. Pays-Bas*, **1984**, 103, 361–364

Manecke, G., Ehrenthal, E., Schlüsen, J., in: Buchholz, K. (Ed.), Characterization of Immobilized Biocatalysts, *Dechema-Monographien*, Bd. **84**, S49–72, 1979

Mannens, G., Slegers, G., Lambrecht, R., Immobilization of acetate kinase and phosphotransacetylase on derivatized glass beads, *Enzyme Microb. Technol.*, **1987**, 9, 285

Martin, M.T., Plou, F.J. Alcalde, M., Ballesteros, A., Mol, J., Immobilisation on Eupergit C of cyclodextrin glucosyltransferase (CGTase) and properties of the immobilised biocatalyst, *Catal. B: Enzymatic*, **2003**, 21, 299–308

Medin, A.S., Studies on structure and properties of agarose, Acta Universitatis Uppsaliensis, Uppsala, 1995

Misset, O., Xylose (glucose) isomerase, in: Whitaker, J.R., Voragen, A.G.J., Wong, D.W.S. (Eds), *Handbook of Food Enzymology*, pp. 1057–1077, Marcel Dekker, New York, 2003

Mitsubishi Kasei Corp., European Patent 336 376, 1988

Monsan, P.J., Optimization of glutaraldehyde activation of a support for enzyme immobilization, *J. Mol. Catalysis*, **1977/78**, 3, 371–384

Nilsson, K., Mosbach, K., Tresyl Chloride-Activated Supports for Enzyme Immobilization, in: Supports for Enzyme Immobilization, *Meth. Enzymol.*, **1987**, 135, 65–78

Norde, W., Zoungrana, T., Activity and structural stability of adsorbed enzymes, in: Ballesteros, A., Plou, F.J., Iborra, J.L., Halling, P.J. (Eds), *Stability and Stabilization of Biocatalysts*, pp. 495–504, Elsevier, Amsterdam, 1998

Ouarne, F., Guibert, A., Fructo-oligosaccharides: enzymic synthesis from sucrose, *Zuckerindustrie*, **1995**, 120, 793–798

Partridge, J., Hutcheon, G.A., Moore, B.D., Halling, P.J., Exploiting hydration hysteresis for high activity of cross-linked subtilisin crystals in acetonitrile, *J. Am. Chem. Soc.*, **1996**, *118*, 51

Paul, F., Lopez Munguia, A., Remaud, M., Pelenc, V., Monsan, P., U.S. Patent 5,141,858, 1992

Pedersen, S., Christensen, M.W., Immobilized biocatalysts, in: Straathof, A.J.J., Adlercreutz, P. (Eds), *Applied Biocatalysis*, pp. 213–228, Harwood Academic Publishers, Amsterdam, 2000

Petersen, S.B., Jonson, P.H., Fojan, P., Protein engineering the surface of enzymes, *J. Biotechnol.*, **1998**, 66, 11–26

Polzius, R., Schneider, T., Bier, F.F., Bilitewsky, U., Koschinski, W., Optimization of Biosensing using grating couplers: immobilization on tantalum oxide waveguides, *Biosensors Bioel.*, **1996**, 11, 503–514

Poulson, P.B., Current applications of immobilized enzymes for manufacturing purposes, *Biotechnol. Gen. Eng. Rev.*, **1984**, 1, 121

Praaning, D.P., Regulatory issues of enzymes used in foods from the perspective of the E.U. market, in: Whitaker, J.R., Voragen, A.G.J., Wong, D.W.S. (Eds), *Handbook of Food Enzymology*, pp. 59–65, M. Dekker, New York, 2003

Rastall, R.A., Hotchkiss, Jr., A.T., Potential for the development of prebiotic oligosaccharides form biomass, ACS Symposium Series, **2003**, 849, 44–53

Reilly, P., Antrim, R.L., Enzymes in grain wet milling, in: *Ullmann's Encyclopedia of Industrial Chemistry*, Wiley-VCH, Weinheim, 2003

Reischwitz, A., Reh, K.D., Buchholz, K., Unconventional immobilization of dextransucrase with alginate, *Enzyme Microb. Technol.*, **1995**, 17, 457–461

Remaud-Siméon, M., Lopez Munguia, A., Pelenc, V., Paul, F., Monsan, P., Production and use of glycosyltransferases from *Leuconostoc mesenteroides* NRRL B-1299 for the synthesis of oligosaccharides, *Appl. Biochem. Biotechnol.*, **1994**, 44, 101–117

Rosell, C., Fernandes-Lafuente, R., Guisan, J.M., Modification of enzyme properties by the use of inhibitors during their stabilisation by multipoint covalent attachment, *Biocatal. Biotransform.*, **1995**, 12, 67–76

Sauber, K., Lessons from industry, in: van den Tweel, W.J.J., Harder, A., Buitelaar, R.M. (Eds), *Stability and Stabilization of Enzymes*, Proceedings of an International Symposium Elsevier Science Publishers B.V., 1993

Schiweck, H., Munir, M., Rapp, K.M., Schneider, B., Vogel, M., New developments in the use of sucrose as an industrial bulk chemical, in: Lichtenthalter, F.W. (Ed.), *Carbohydrates as Organic Raw Materials*, pp. 57–94, VCH, Weinheim, 1991

Schmid, A., Hollmann, F., Park, J.B., Bühler, B., The use of enzymes in the chemical industry in Europe, *Curr. Opin. Biotechnol.*, **2002**, 13, 359–366

Schoevaart, R., Wolbers, M.W., Golubovic, M., Preparation, Optimization, and Structures of Cross-Linked Enzyme Aggregates (CLEAs), *Biotechnol. Bioeng.* **2004**, 87, 754–761

Schwengers, D., Leucrose, a ketodisaccharide of industrial design; in: Lichtenthaler, F.W. (Ed.), *Carbohydrates as Organic Raw Materials*, pp. 183–195, Verlag Chemie, Weinheim, 1991

Scouten, W.H., A survey of enzyme coupling techniques, in: Mosbach, K. (Ed.), *Methods in Enzymology*, Vol. 135, pp. 30–65, Academic Press, Orlando, 1987

Spiess, A., Kasche, V., Direct measurement of pH profiles in immobilised enzymes during kinetically controlled synthesis using CLSM, *Biotechnol. Prog.*, **2001**, 17, 294–303

Swaisgood, H.E., Use of Immobilized Enzymes in the Food Industry, *Handbook of Food Enzymology*, Whitaker, J.R. et al. (Eds.), Marcel Dekker, Inc. New York, 2003, 359–366

Syldatk, C, Altenbuchner, J., Mattes, R., Siemann-Herzberg, M., Microbial Hydantoinases, *Appl. Microbiol. Biotechnol.* **1999**, 51, 293–309

Tischer, W., Kasche, V., Immobilization enzyme crystals, *Trends Biotechnol.*, **1999**, 17, 326–335

Toogood, H.S., Taylor, I.N., Brown, R.C., Taylor, S.J.C., McCague, R., Littlechild, J.A., Immobilisation of the thermostable L-aminoacylase from *Thermococcus litoralis* to generate a reusable industrial biocatalyst, *Biocat. Biotransform.*, **2002**, 20, 241–249

Tungland, B.C., Fructooligosaccharides and other fructans, in: Eggleston, G., Côté, G.L. (Eds), *Oligosaccharides in Food and Agriculture*, ACS Symposium Series 849, American Chemical Society, Washington, 2003

Uhlig, H., *Enzyme arbeiten für uns*, Hanser, München, 1991; Industrial enzymes and their applications, John Wiley & Sons Inc., New York, 1998

Ullmann's Encyclopedia of Industrial Chemistry, Vol. A14, pp. 393–459, VCH, Weinheim, 1989

Weetall, H.H., Covalent coupling methods for inorganic support materials, in: Mosbach, K. (Ed.), *Methods in Enzymology*, Vol. 44, pp. 134–148, Academic Press, Orlando, 1976

Weidenbach, G., Bonse, D., Richter, G., Glucose isomerase immobilized on SiO_2-carrier with high productivity; *Stärke*, **1984**, 36, 412–416 (s. auch Beaded Catalysts and Carriers, Prospekt, Fa. Kali-Chemie, Hannover, Germany)

West, S., Chemical biotransformations, in: Godfrey, T., West, S. (Eds), *Industrial Enzymology*, pp. 155–175, Macmillan Press, London, 1996

Whitaker, J.R., Voragen, A.G.J., Wong, D.W.S. (Eds), *Handbook of Food Enzymology*, M. Dekker, New York, 2003

Wimmer, T., personal communication, Wacker.-Chemie, München, 1999

Yun, J.W., Song, S.K., Enzymatic production of fructooligosaccharides from sucrose, in: Bucke, C. (Ed.), *Methods in Biotechnology – Carbohydrate Biotechnology Protocols*, pp, 141–151, Humana Press, Totowa, New Jersey, USA, 1999

Yun, J.W., Kim, D.H., Enzymatic production of inulooligosaccharides from inulin, in: Bucke, C. (Ed.), *Methods in Biotechnology – Carbohydrate Biotechnology Protocols*, pp, 153–163, Humana Press, Totowa, New Jersey, USA, 1999

7 微生物和细胞的固定化

为什么固定化微生物?	• 无需酶的分离 • 复杂系统的应用 • 多酶系统的应用 • 胞内的辅酶再生 • 连续操作
固定化的方法	• 仅以生物体作载体（见第 6 章） • 离子化凝胶包埋 • 吸附
工业应用	• 乙酸（醋）生产 • 乙醇生产 • 啤酒成熟 • 厌氧废水处理 • 废气纯化
范例	

7.1 引言

本章关注活的或有生命力的微生物和细胞的固定化。使用这种系统的背景使发现固定化细胞的酶活相比分离的细胞可保持更长的时间，这是由于酶和辅酶的（再）合成及它们的再生。静息细胞本质上也是如此。早在 1823 年，吸附在木屑上的乙（酸杆）菌细胞就已用于从乙醇到乙酸的工业生产中（Knapp，1847）。这个工艺的基本原理后来分别由 Hattori 和 Fusaka 在 1959 年及 K. Mosbach、R. Mosbach 在 1966 年叙述。从 20 世纪七八十年代开始，混合培养中的活细菌就已成功地用于环境治理（Jördening and Buchholz，1999；Lettinga et al.，1999）。当前，具有多酶系统和（或）胞内辅因子再生的细胞——特别是具有特定反应途径的重组细胞（7.6 节）——获得了更多的关注。这些细胞首先被用于别的方式难以生产的中间体和高附加值化合物的制备。与传统的发酵过程相比，固定化微生物具有停留时间短的优点，而且在不同类型反应器（如管式反应器和流化床式反应器）中，连续过程中的高单位体积生产率是可能的。固定化系统可以用不生长（通过控制碳源、氮源、磷源限制适当的生长）但能再生辅因子的静息细胞发挥作用；另一方面，在合适条件下微生物的生长是可能的。当酶活性的形成或再生依赖于生长时，且如果一个新的生物量被形成和（或）输送到介质中，生长细胞的固定化是可应用的。

除微生物之外，植物或动物细胞也能被固定化。所有的这些生物催化剂都显示重复利用和连续应用的优点。固定化微生物和细胞的其他优点还包括：

- 无需酶的分离和纯化；
- 反应序列或需要多酶系统的生物转化反应；
- 本体系中的辅因子再生；
- 只能附着在表面生长的贴壁依赖性细胞的应用（如哺乳动物细胞）；
- 具有互养生长或代谢的固定化混合培养物的应用；
- 抗剪切力，及部分地抗有毒物质（如氧、金属离子、芳香族化合物）

因而，复杂的反应序列（如从糖到醇的形成）只能被那些能够合成酶和再生辅因子的活的微生物（细菌、酵母）来完成。如果酶难分离，或者在细胞外表现低的稳定性和活性时，也可用微生物的固定化，如丙烯酰胺生产中的腈水解酶（酶固定化的主题在第6章中讨论）。

与活的固定化微生物和细胞的应用相关的问题由多种不同的条件产生，包括：

- 不足的稳定性；
- 由于细胞在催化剂基质中生长而导致的传质限制；
- 副反应，产物的降解；
- 细胞裂解产生的副产物，或者微量的有毒代谢物（特别在制药和食品应用中）。

固定化微生物相比单一的固定化酶的一个普遍的缺点是低的比活。事实上，上面提到的问题直到现在仍然相当大地限制固定化微生物和细胞的应用（Freeman and Lilly，1998）。因而，利用固定化酵母进行醇的连续生产相对并不成功，尽管在系统的开发和放大中做了很大的努力。用于氧化生物转化的氧化葡萄糖杆菌（*Gluconobacter oxydans*）的固定化也被高的氧需求所阻碍，固定化带来传质局限，而且仅在一个生物转化反应循环后活性就损失了（Schedel，2000）。

固定化微生物和细胞应用的主要领域包括需要酶和辅因子再生的，以及/或者细胞生长的复杂转化反应。这些领域尤其包括使用厌氧培养物的废水处理和废气纯化（Jördening and Buchholz，1999；VDI，1996；Klein and Winter，2000）。

Brodelius 和 Vandamme（1987）已撰写了关于固定化微生物的研究和发展的综述，同时有关它们应用的基础研究则被 Wijffels 等（1996，2001）汇编。这篇综述有合并的主题，如黏附、固定化过程的详细资料、活的细胞、生理学、微环境的影响、传质和动力学模型、氧浓度分布概图及机械稳定性。Junter 等（2002）随后提出了支持固定化状态下存在特殊代谢行为的有关生理学和蛋白质表达的数据。这些作者聚焦于作为基因水平研究的补充工具的蛋白质组学方法。

对于固定化动物细胞的详细资料，读者可查阅 Tokayashi 和 Yokoyama（1997）、Doyle 和 Griffiths（1998）及 Waugh（1999）的综述，而对于固定化植物细胞的详细资料则推荐 Dörnenburg 和 Knorr（1995）以及 Ishihara 等（2003）的综述。

对于微生物和细胞固定化的最重要的原理是它们在聚合物基质中的包埋、在载体上的吸附或黏附，以及絮凝和（或）聚集。对于离子化凝胶中包埋的最重要的方法在7.3节中详细讨论，而载体上的黏附，基于微生物表面和固体表面的相互作用，在7.5节中详细讨论。其他的方法在7.2节中总结。

在工业应用中，目前有三种类型的固定化的活细胞系统被使用：①利用酵母细胞的啤酒成熟；②固定在微载体上的贴壁依赖性哺乳动物细胞（这对于疫苗生产是相当重要的技术）；③使用混合培养物的环境技术。尽管许多的努力用于实验研究（对于乙醇的连续生产达到中试水平），还没有其他的有关固定化活细胞的工业应用的报道。展望对这样的应用提出新的观点（7.6节）。

7.1.1 基本观点

微生物的固定化导致它们的微环境的修饰，结果涉及影响底物和产物梯度和代谢的传质现象。目前，关于这些现象和分析问题的详细资料几乎没有，主要因为它们的复杂性。

传质现象在第8章，8.4节中更充分地描述。当前，对在许多情况下可忽略的外部传质影响的了解很少（Radovic，1985）（见第9章，9.3.4节）。关于孔扩散和固定化微生物功效的更多研究被发表（Radovic，1985；Westin and Axelsson，1991）。Klein和Vorlop已经报道了通过改变基质中的颗粒直径和细胞浓度的系统研究（1985）。

如果不出现细胞生长的情况下，作为一个一般规则，当微生物被固定在离子化凝胶中的时候，低分子质量底物的扩散不会明显地低于水中的扩散（表7.1）。有效扩散系数是自由溶液中的50%～100%。相同的条件可能对生长在表面上的生物被膜有效。但是，在显著生长和提高生物被膜厚度（>100μm）的条件下，传质被剧烈地降低，结果是一个非常低的底物进入生物被膜的有效扩散。Omar（1993）报道了有关微生物存在时的氧气扩散进入凝胶，虽然传质和伴随的胞内现象已在Aspergillus niger和生物被膜的小球中被分析过（Bössmann et al.，2003）。

表7.1 30℃时底物在水中和海藻酸钙颗粒中的扩散系数（D）的比较
（Tanaka et al.，1984；Berensmeier et al.，2004），**以及37℃时在不同基质中的比较**
（Lundberg and Kuchel，1997）

底物	分子质量/(g/mol)	D/($10^{-6}cm^2/s$)，或水中的/($10^{-10}m^2/s$)	D/($10^{-10}m^2/s$)或海藻酸钙(2%)中/($10^{-10}m^2/s$)
L-胰蛋白	204	6.7	6.7
α-乳白蛋白	1 5600	1.0	1.0
白蛋白（Tanaka et al.，1984）	6 9000	0.70	无扩散
葡萄糖	180	7.0	5.6±0.2
蔗糖（Berensmeier et al.，2004）	342	5.23	4.7±0.2
葡萄糖	180	9.6±0.2	
-琼脂糖			6.8±0.1
-低密度藻酸盐			7.6±0.1
-高密度藻酸盐			6.7±0.3

续表

底物	分子质量/(g/mol)	D/($10^{-6}cm^2/s$)，或水中的/($10^{-10}m^2/s$)	D/($10^{-10}m^2/s$) 或海藻酸钙(2%) 中/($10^{-10}m^2/s$)
甘氨酸	75	13.8 ± 0.4	
-琼脂糖			10.4±0.3
-低密度藻酸盐			12.5±0.3
-高密度藻酸盐 (Lundberg and Kuchel，1997)			9.7±0.1

用实验方法和使用 *Escherichia coli* 作为模式生物的模型来研究扩散-反应-生长相关性（Lefebvre and Vincent，1995）。凝胶固定化的细胞系统内部生物量分布的不均匀性被详细地考察，并且相关的现象包括底物扩散和抑制产物的积累（图 7.7）。当底物浓度下降且膜厚度增加时，不均匀性被显著地增强（Lefebvre and Vincent，1995）。

Junter 等（2002）评论了涉及固定化与细胞生长和生产率应答的相关性的基本观点的固定化细胞生理学。文中汇集了多种生物的信息，如 *Pseudomonas* sp.，*Bacillus* sp.，*Saccharomyces cerevisiae* 和 *Candida* sp.，还有用于固定化的基质（如藻酸盐、琼脂糖、角叉菜聚糖球珠）的详细描述。报道的数据包括生长以及如乙醇、酶和抗生素等次级代谢物的生产率。报道的多种生长速率是针对固定化细胞的，无论下降、不变，还是增加，都是相比游离细胞体系而言的。在大多数情况下，生长因为营养和/或氧传质而受到限制，由于固定化的生物量集中在颗粒外围区域。生长促进影响归功于对抑制或有毒物质或代谢物（如乙醇，见下面）的保护作用。许多例子已显示与悬浮培养物相比的不变或较低的比生产率（Junter et al.，2002）。相反地，发现乙醇形成速率相比悬浮细胞提高 40%～50%，生长速率下降 45%，以及较低的胞内 pH（Doran and Bailey，1986；Galazzo et al.，1987）。

更详细的分析揭示一些细菌（如 *Pseudomonas aeruginosa*）对抗生素的高抗性，而且除了扩散限制的其他参数很明确地涉及这些现象。对 *E. coli*，可显示细胞通透性因为用作非特异扩散通路的多孔性的变化而改变。来自悬浮和固定化 *E. coli* 细胞的全部胞内蛋白质的二维电泳（2-DE）揭示了明显的质量和数量差异。那些数量随生长模式改变的蛋白质代表了检测的全部胞内蛋白质的约 20%。此外，已确定这些差异中的一些涉及应力响应（Junter et al.，2002）。

7.2　通过聚集作用和絮凝作用固定化

图 7.1 中列举了几种微生物和细胞的固定化的方法。对大多数的应用，聚集和絮凝（图 7.2）、吸附和（或）黏附，以及在聚合网格中的包埋，特别是在离子化凝胶（主要是藻酸盐）中的包埋，已获得广泛的认可，这些方法将在下面章节中详细论述。这些方法已在第 6 章描述，在这些方法中，完整微生物被固定，但仅是一个单一酶活性被使用，而生物体本身则作为基质（一般在戊二醛交联后）。

微生物和细胞的聚集和絮凝，即聚集体的形成，可被认为是一个天然且简单的固定化方法（Scott，1987）。这些过程的基本现象和生理已在别处有详细的描述（Marshall，

1984；Wingender and Flemming，1999）。

絮状物和生物被膜通常包含混合的细菌群，其中丝状形态可能发挥主要的作用，但是它们也代表一种真核微生物的生活环境。细菌的最大浓度 10^{10}～10^{12} 个细胞/ml，这由微生物的直接和非直接的相互作用导致。细胞表面聚合体和胞外聚合物对絮状物和生物被膜的形成与结构完整性非常重要（Wingender and Flemming，1999）。

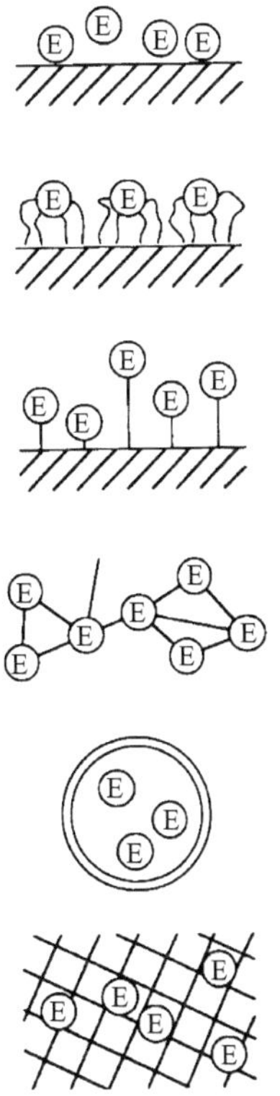

图 7.1　微生物固定化的方法（E 表示固定化细胞内的酶系统）。

絮凝或聚集的厌氧细菌（包括其他物质，如 $CaCO_3$）已成功地用于生物废水处理中（Sam-Soon et al.，1987；Lettinga et al.，1999）。在合适的条件下，形成具有沉淀（沉降）特性的小球，它们包含高浓度的混合细菌群，但可能也包含无机物质。这些系统以“升流厌氧污泥床”（UASB）或“膨胀颗粒污泥床”（EGSB）被熟知。聚集体或小球通常直径为 1～4mm，而且在适宜的条件下（如 $CaCO_3$ 的包埋）显示高的沉降速率（等于 0.17m/min）。在混合培养物中，已观察到丝状的（如 *Methanothrix soehngenii*）和杆状的形态；基本上，聚集体应当含有底物降解需要的所有菌种，包括水解的、产乙酸的和产甲烷的细菌。

在实验室规模，化学需氧量（COD）降解的反应速率可达到 50kg/(m·d)，生物量显示比活约为 2kg COD/kg 有机干物质（odm 本质上的生物量）/天（Hulshoff et al.，1983）。在工厂规模的 2000～5000m^3 的反应器中，反应速率降低 2～4 倍；针对这样的系统，聚集和絮凝的标准已经建立（表 7.2）。对某些类型的废水，低成本、增强的效率和操作稳定性使这种固定化方法相当吸引人。

表 7.2　关于厌氧混合培养物絮凝或颗粒化的特性、参数和标准

（Hulshoff et al.，1983；Sam-Soon et al.，1987）

参数	标准
底物的类型和有效性	有益的底物：
	低脂肪酸（除了乙酸）
	氮源（未限制）
	高的氢分压
	不受欢迎的底物：
	脂质
温度	30～37℃（实际应用范围）
pH	6.5～7.8
离子强度，单价和二价离子的比例	Ca^{2+} : K^{+} >5 : 1
启动的控制	对聚集菌种的选择压

絮凝酵母已研究用于乙醇的连续生产，在管式反应器和安装了一个后储系统的搅拌罐式反应器中生产率提高了（Scott，1987；Netto et al.，1985）。但是，这种方法在工业规模上的使用常常显示生物催化剂的操作稳定性的问题，正如使用 *Zymomonas* sp. 的乙醇发酵的实例中观察到的。

对于稳定絮凝的条件已在一些实例中研究（见下面），但了解得既不全面也不完全。多价离子（如 Ca^{2+}）和聚合电解质（如壳聚糖）可能适合微生物的聚集。底物、pH、离子强度和温度，每一个都发挥重要作用；有关的特性列在表 7.3 中。

表 7.3 微生物聚集体中的生命特征（Wingender and Flemming，1999）

特征	与之相关的现象
稳定微团的形成	高细胞密度
细胞对细胞的传递	易化的基因传递
长的保留时间	
传质的限制	pH、氧、营养物梯度的形成
	接近的好氧、微好氧和厌氧生活环境
	提高对有毒物质的耐受性

聚集作用也是真菌中的一种重要现象，如 *Aspergillus niger*。形态学的发展被认为随着分生孢子的聚集在接种后迅速地开始。分生孢子聚集的一个模型已经提出，它由两个单独的聚集步骤组成。第一步在接种后迅速发生（时间范围 5～8h），第二步被萌芽和菌丝生长激发（时间范围约 10h）。这些步骤的模型如图 7.2 所示（Grimm et al.，2004）。

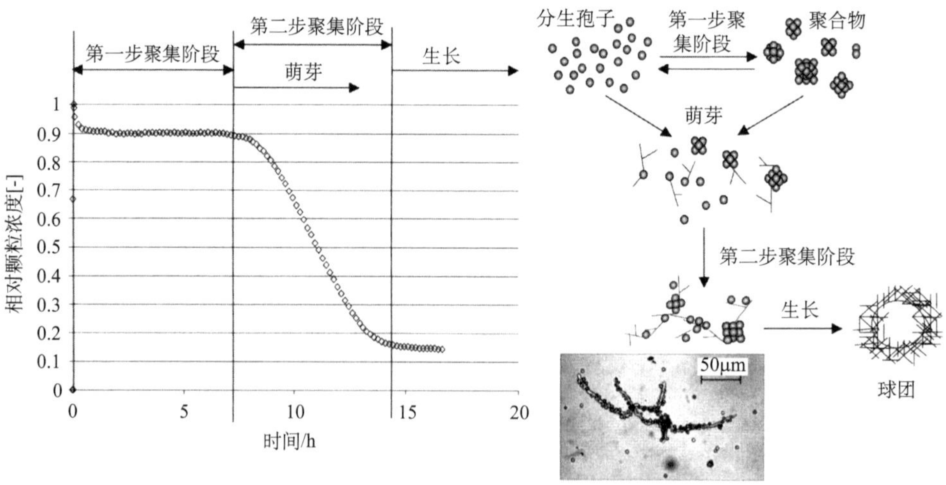

图 7.2 基于实验结果的 *Aspergillus niger* AB1.13 的分生孢子聚集的动力学模型。

丝状微生物的产物形成与它们的形态学密切相关。在不同的 *A. niger* AB1.13 的搅拌强度下，研究了小球形态学和葡萄糖淀粉酶形成。为了小球形成，采用低的能量耗散率很关键，这也利于产物形成（Kelly et al.，2004）。

在进一步的研究中，*A. niger* 被用作葡萄糖氧化酶（GOD）的表达系统，而且建立了小球模型，假定悬浮的菌丝和一个固定的小球数。尽管小球密度被认为是关键参数，全部的小球数也很重要，因为它影响小球表面积，进而影响底物的转化和产物形成（Rinas et al.，2004）。

7.3 包埋固定化

7.3.1 在多聚网格中的包埋

这种固定化方法近来已占据了研究和开发的主流，而黏附则更多地用于环境技术。多种多样的用于产生聚合多孔网格的方法允许设计不同的可使要被固定的细胞完全滞留的溶液，而几乎不限制底物和产物的传递（除了聚合物）。在合适的条件下（pH、温度、溶剂），为了保持细胞的催化能力，选择无毒成分很重要。因此，使用有机溶剂的方法还未被广泛地应用。

形成带有多聚的、聚合电解质的离子化凝胶相比其他的包埋方法最重要，因为它结合了低成本物质（大多数以天然多糖为基础）和温和的条件，还具有广泛的基质和设计（见 7.3.2 节）。

简单且温和的方法是凝胶化的方法，它涉及因温度变化引起的聚合物-溶剂混合物中的相变。为了这个目的，细胞在升高的温度下悬浮在聚合物（如琼脂或琼脂糖）溶液中；接下来再降温促使三维网格凝胶体，它包含了细胞的形成。所使用的多糖的性质利于均匀地固定化，而且这尤其适合敏感的植物细胞（Hulsta and Tramper，1989）。

基于聚乙烯醇的聚合物已被成功用作固定不同微生物的基质（Jahnz et al.，2001）。凝胶体形成可在温和的条件和室温下进行，并保持高的活生物存活率。聚合物被加热形成溶液，溶液再被冷却到室温，并与微生物悬浮物小心地混合。液滴在表面沉淀，接下来再被不完全干燥（15～20min）；然后再被稳定剂溶液覆盖以完成硬化。形成的颗粒具有光滑、似透镜的形状，直径 3～4mm，厚度 200～400μm，从而对底物有短的扩散路径。这个过程已被自动化以生产可再生的催化剂（LentiKats®）。以这种方式固定化的典型的微生物包括用于醇生产的 *Saccharomyces cerevisiae* 和 *Leuconostoc oenos*、用于水中将氨氧化成硝酸盐的生长缓慢的 *Nitrosomonas* 和 *Nitrobacter* sp.，以及用于色氨酸生产的 *E. coli*。该系统也可在不消毒的条件下操作，只要基质不被真菌或其他生物降解（Jahnz et al.，2001）。

通过缩聚反应和加成聚合反应可形成具化学抗性和机械稳定性的网格。因此，双功能的寡聚前聚物与合适的多功能物质反应。基于前聚物的带有两个末端异氰酸酯基团的聚亚安酯已证明是灵活的系统，特别适于疏水底物的转化（Fukui and Tanake，1982；Kawamoto and Tanaka，2003）。用于光诱导的自由基聚合反应的具有不同特性的前聚物也已开发（Fukui et al.，1987）。但是，由于涉及毒性影响和相当复杂的化学过程，这些系统没有被广泛使用。但用于醇生产的酵母的固定化已发展到中试规模。即使在不消毒的条件下，这个系统也能高生产率地运行 350 多天（Nojima and Yamada，1987）。

Freeman 和 Lilly（1998）总结了操作过程的具体事项，包括操作参数的影响。这篇综述仅限于合成应用，其中也讨论了氧和营养物的供给、高的比生产率、操作 100h 以上的稳定性，以及用于大规模操作的可行性。报道了通过氧化还原酶的生物转化反应以及有机酸、抗生素、酶或其他蛋白质的生物合成。

与高生产率和操作稳定性相关的过程参数包括：

- 固定化方法；
- 操作模式（如批式重复或连续）；
- 通气和混合；
- 生物反应器构造；
- 培养基组成（包括底物、前体或附加营养物的流加）；
- 温度、pH；
- 产物和（或）过量生物量的离线分离。

作者着重强调理解细胞生理的实用性以及生产率和操作稳定性之间的相互关系，操作稳定性限制了活的固定化微生物在合成中的应用（Freeman and Lilly，1998）。

Ueda 等（2003）已开发了一种新的策略以拓宽细胞的范围，如对新底物的利用，也就是细胞表面展示酶的酵母细胞的遗传改造。

7.3.2 离子化凝胶中的包埋

7.3.2.1 原理

水溶性的聚电解质可通过与聚阳离子或聚阴离子的交联形成坚固的多聚网格（凝胶体）。带有羧基或磺酰基（藻酸盐、果胶、角叉菜胶），或氨基（通过去乙酰化反应从几丁质获得的壳聚糖）的多糖特别适合于此。这些物质可用低的或合理的价格得到，而且无毒。此外，这种方法还提供了具有不同过程和条件的优化策略；一些平衡离子可用于交联，以形成多种次级结构。最常使用的离子是作为阳离子的 Ca^{2+} 和 K^{+}，以及作为阴离子的聚磷酸盐（表 7.4）。原则上，Al^{3+} 和 Fe^{3+} 也能使用，尽管在食品和制药工业中的应用限制局限了它们的应用。

表 7.4 离子多糖和用于交联的补偿离子

固定的基质离子	载体基质	反荷离子
$R\text{-}COO^{-}$	藻酸盐	Ca^{2+}（Al^{3+}、Zn^{2+}、Fe^{2+}、Fe^{3+}）
	果胶	Ca^{2+}（Al^{3+}、Zn^{2+}、Mg^{2+}）
	羧甲基纤维素	Ca^{2+}（Al^{3+}）
$R\text{-}SO_3^{2-}$	角叉菜胶	K^{+}、Ca^{2+}
$R\text{-}NH_3^{+}$	壳聚糖	聚磷酸盐

最受欢迎多糖的结构元件如图 7.3 所示。导致网格（凝胶体）形成的二级和三级结构如图 7.4 所示。在这些网格内部，微生物、细胞和细胞片段（如微粒体）可被温和且有效地包埋。酶通常不能用这种方法固定化，因为它们的尺寸小了好几个数量级，从而酶很容易地从凝胶体中扩散出来（Reischwitz et al.，1995）。

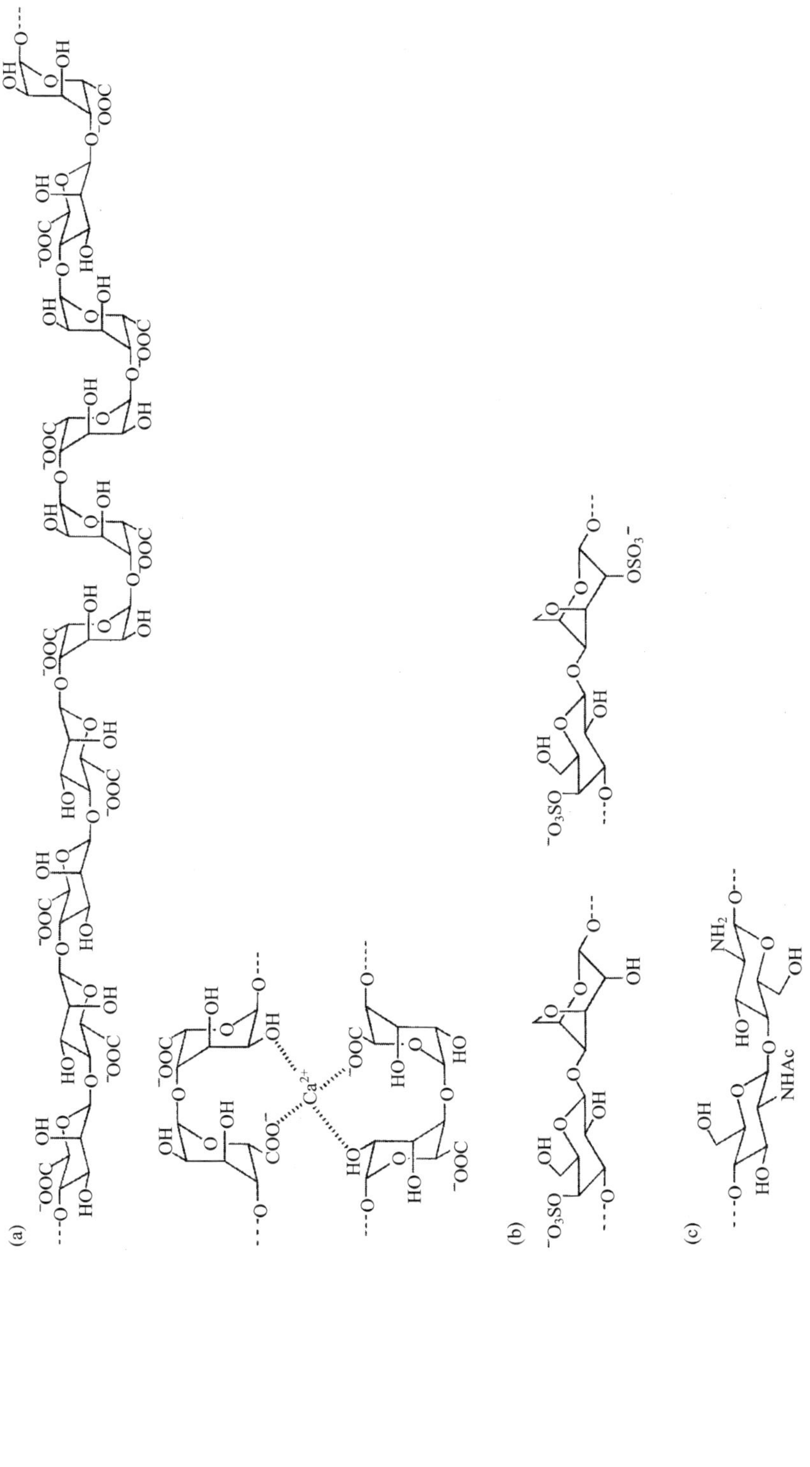

图 7.3　离子多糖的结构。(a)具有 D-甘露糖、L-古罗糖醛酸及混合结构元件的藻酸盐；(b)κ-(R=OH)和 ι-(R=OSO_3^-)角叉菜胶；(c)壳聚糖。

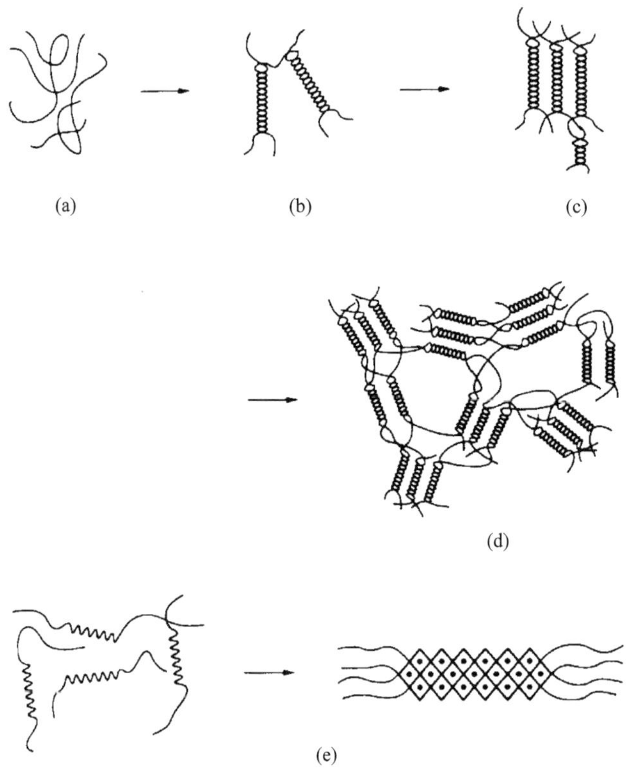

图 7.4　凝胶形成的机制。(a) 溶液中统计学的聚合物网格；(b) 双螺旋；(c) 双螺旋束/捆；(d) 它们的三级/超分子结构；(e) 因多价阳离子的交联而在藻酸盐中的网格形成（•）。

结构元件对于凝胶体和形成的颗粒的机械性能非常重要。

褐藻酸是一种从海藻中提取的聚糖醛酸，由不同比例的 1→4 键 β-D-甘露糖（M）和 α-L-古洛糖醛酸（G）组成（图 7.3）。这些残基比例的改变受来源影响，残基按竖直实叠码堆的方式排列，这个竖直实叠码堆由周围散布的不同的杂聚区域（MG 组）的同聚区域（MM 组和 GG 组）组成。胶体强度与 G 含量相关，G 含量为 20%～75%，依赖于海藻的来源。GG 组具有适合于二价离子的结合位点，如 Ca^{2+}。结果形成的凝胶体生化惰性且机械稳定，具有适合细胞固定化的间隙（Fraser and Bickerstaff，1997）。

角叉菜胶能构建不同的具有其他结合类型的网格，它的形成也用到 K^+。这些聚阴离子系统在升高 pH 时不稳定，而聚阳离子系统倾向于在低 pH 时溶解（Brodelius and Vandamme，1987）。

相当多的出版物已证明凝胶包埋方法的优缺点和可行性，特别是用藻酸盐和角叉菜胶（Mosbach，1987；Najima and Yamada，1987；Nagashima et al.，1987；Freeman and Lilly，1998；Dörnenburg and Knorr，1995；Bickerstaff，1997；Junter et al.，2002）。

7.3.2.2 实例

细胞在藻酸盐中的包埋是一种最简单的固定化方法。藻酸盐如水溶性的海藻酸钠商业有售，且已在食品和制药工业中作为增稠剂、乳化剂、产膜剂和凝胶剂使用超过了65年。在不溶的海藻酸钙中的包埋被认为是一种快速、无毒、价廉且通用的酶和细胞固定化的方法（Fraser and Bickerstaff，1997）。这也已成为最受欢迎的方法，在微生物和植物细胞的固定化中具有大量应用。Klein 和 Vorlop（1985）、Kierstan 和 Bucke（1977）以及 Jahnz 等（2001）报道了此工艺的主要发展。

为了制备固定化的细胞，2%～4%（*m*/*V*）的海藻酸钠溶液和一种合适的缓冲溶液与要固定的细胞混合，再通过一个喷嘴（注射器）逐滴地滴入含有氯化钙（200mmol/L）溶液的容器中，过程中温和地搅拌（图 7.5）。以这种方法可得到直径约 2mm（范围 1～4mm）的颗粒。颗粒尺寸通过干燥被减小。生物量的密度可显著增加 30%（相对湿重）（见练习 7.5.1）。

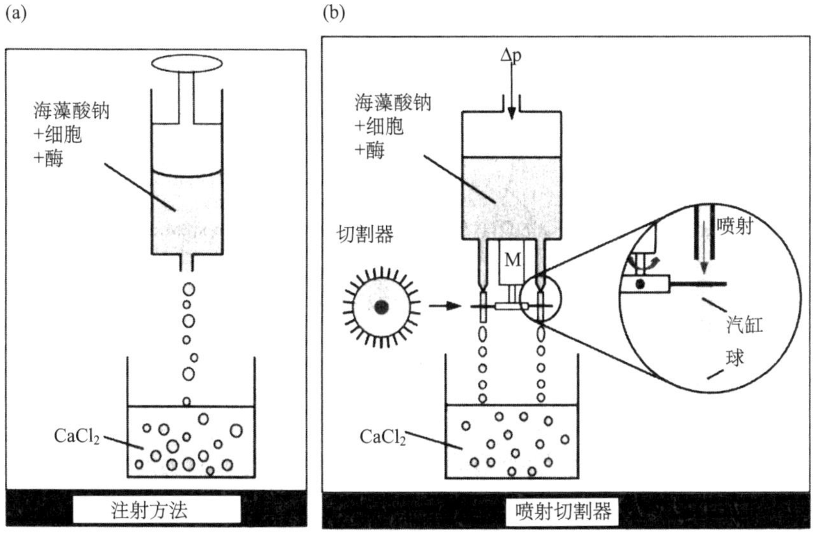

图 7.5 藻酸盐中的固定化。(a) 注射方法；(b) 具有藻酸盐-细胞悬浮液的喷射切割方法，压力使用 Δp，旋转切割器，喷射-喷嘴，脱离喷嘴的筒形溶液，切割以产生降落到用于交联的 $CaCl_2$ 溶液中的球形小滴（Pruesse et al.，2000）。

已开发了专门的方法以控制颗粒直径，特别是制备具有最适传质特性的小颗粒。在 Prüße 等（1998）建立的系统中，流体通过一个喷嘴被压缩形成液体喷射流。在喷嘴的下方，喷射流被一个旋转的由小金属丝固定在支持物上组成的切割工具切割成圆柱形的断片。当其落入 200mmol/L 的 $CaCl_2$ 溶液中时，断片形成球珠（图 7.5），颗粒直径依赖于旋转速度。以这种方式可获得 0.5mm 且大小分布窄的颗粒（图 7.6）。已经实现放大生产千克级的生物催化剂（Prüße et al.，1998）。此外，通过另外的二氧化钛或沙粒的包埋，可获得适合于流化床式反应器使用的颗粒，因为密度的增加而提供了高的沉降速度（Berensmeier et al.，2004）。

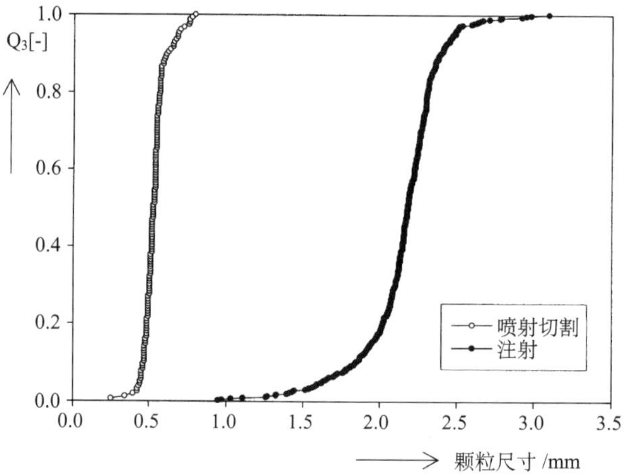

图 7.6　通过注射或喷射切割方法制备的藻酸盐球珠［含有 30%（*m*/*m*）的沙粒以提高沉降性能］的颗粒和粒径分布（Berensmeier et al.，2004）。

去除钙离子的螯合试剂（磷酸盐、柠檬酸盐、EDTA）和其他的可与 Ca^{2+} 置换的单价或二价离子可促进海藻酸钙的不稳定。在底物溶液转化过程中的操作稳定性一般需要单价离子和 Ca^{2+} 的比例<5 或<20（最大比例）。这是由于溶液中存在的所有离子的交换和静态平衡。凝胶珠中会发生渗漏，这主要受初始藻酸盐浓度、球珠的机械处理和细胞产率影响，如果正在分裂的细胞被固定化。2%的海藻酸钙球珠的电子显微术显示出直径氛围 5～200mm 的孔。用 Ca^{2+} 凝胶化后，藻酸盐颗粒可进一步地与壳聚糖、聚丙烯酸、聚乙烯醇或聚乙烯胺交联以产生更稳定、更低孔隙率、渗漏特性提高的复合物（Fraser and Bicherstaff，1997）。

许多研究和主要的开发针对使用固定化酵母或细菌（如 Zymomonas）的乙醇生产，达到数个立方米反应器体积的中试规模（Nagashima et al.，1987；Junter et al.，

2002)。对于流化床式反应器的应用，这种反应器对那些具有良好悬浮颗粒的工业底物呈现优势，含有与酵母细胞共固定的精细的 TiO_2 颗粒的藻酸盐球珠被证明是有利的。颗粒显示出提高的机械稳定性和沉降速度。活性因最初固定的且均匀分布在基质内部的酵母的生长而提高，这样的活性细胞集中在颗粒表面附近。因此，酵母细胞的不均匀分布导致合适的传质条件，对底物和产物都有短的扩散路径（图 7.7)。

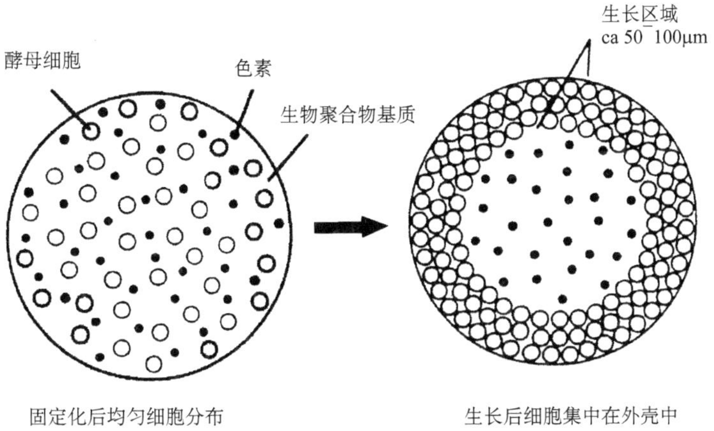

图 7.7 具有均匀分布（固定化后，左边）和不均匀分布（生长后，右边）酵母细胞的生物催化剂（色素：精细的 TiO_2 颗粒）（引自 Buchholz，1989；得到 Lurgi GmbH，Frankfurt 的友好许可）。

由于这种系统的工业重要性，一些研究已关注代谢响应（Doran and Bailey，1986；Galazzo et al.，1987；Norton and D' Amore，1994；Hunter et al.，2002)。对不同类型的固定化系统观察到活性代谢对固定化的刺激，如提高底物（主要是葡萄糖）摄入和产物（主要是乙醇）分泌的比速率。相比悬浮细胞提高了生产效率时常被报道。然而，正如 Norton 和 D' Amore 所提出的，对于已发表的关于生产率的数据应该仔细阐明，因为结果通常是从生化工程角度感兴趣的体积规模上报道的，而不是对固定化细胞的本质行为的定性。但是，尽管已有许多的努力，依然没有建立使用固定化细胞生产乙醇的工业过程。7.4 节中提供了这种系统的一个例子，即啤酒生产的最后环节或成熟。

固定化微生物的第一次工业应用建立在 Chibata 等（1987）开发的用于氨基酸生产的 κ-卡拉胶包埋的方法上（一步酶法，无活细胞）。原则上，通过在 70～80℃下溶解 κ-卡拉胶的钾盐（2%～5%的溶液）、40℃下将细胞悬浮在多糖溶液中、再冷却，凝胶化出现。但对于颗粒稳定性，将悬浮液放入氯化钾溶液（如 0.1mol/L）中证明有利。在两步工艺中，少量的细胞悬浮在多糖溶液中，此后通过在营养培养基中的培养使细胞在凝胶中生长。以这种方式，可获得高达 5×10^{12} 个细胞/L 的细胞浓度。详细的工艺由 Chibata 等提供（1987)。

使用卡拉胶的颗粒可通过一些方法被进一步地稳定和硬化，如通过己二胺、聚乙烯胺或戊二醛交联。表 7.5 提供了凝胶固定化微生物的概况。

表 7.5 在不同支撑物中的固定化微生物的范例

(Chibata et al.，1987；Freeman and Lilly，1998；Junter et al.，2002)

产物	微生物	载体	反应器[a]
乙醇	*Saccharomyces cerevisiae*	藻酸盐	
乙醇	*Zymomonas mobilis*	藻酸盐	
2，3-丁二醇	*Enterobacter aerogenes*	藻酸盐	
L-异亮氨酸	*Serratia marcescens*	藻酸盐	
11β-羟基-黄体酮	*Acetobacter phoenicis*	藻酸盐	
脱氢皮质（甾）醇	*A. globiformis*	聚丙烯酰胺	RB
L-多巴	*Erwinia herbicola*	卡拉胶	PB
噻烯霉素	*S. cattleya*	硅藻土	BC
葡萄糖淀粉酶	*Aspergillus niger*	藻酸盐	SF/RB
（甲苯的转化）	*Pseudomonas fluorescens*	阴离子交换树脂	
	Bacillus subtilis	卡拉胶	

a. RB：重复批次；PB：填充床；SF：摇瓶。

已发现使用固定化细胞相比悬浮细胞具有更高的比生产率和（或）产率，譬如在酶的生产和如抗生素的次级代谢物的生产中。但是，有一些其他的例子存在，固定化状态的培养物相比悬浮细胞显示没有变化、甚至更低的比生产率，主要因为传质的限制(Junter et al.，2002)。

然而，固定在聚合基质中的微生物的工业应用非常少，从而还没有工业应用于乙醇生产的报道。需要具有辅因子及其再生的多酶系统的氧化还原反应主要在悬浮的全细胞系统和分批反应中进行（Leise et al.，2000；Cheetham，2000；Kirst et al.，2001）。

植物细胞也可在藻酸盐和卡拉胶中固定化（Rosevear，1988；Hulst and Tramper，1989；Dörneburg and Knoll，1995）。由于细胞的复杂性和特殊需要，以及细胞培养的高成本，这些方法一般局限于高附加值产物的形成，如药物、香味成分和次级代谢物。因此，工业上使用植物细胞培养生产红色素紫草素，主要的努力也用于实现迷迭香酸、黄连素和人参的生产（Rosevear，1988）。从头合成、前体的生物转化（如洋地黄毒苷到地高辛的转化反应）以及吲哚生物碱的生产在原则上是可能的（Hulst and Tramper，1989）。

另一个例子涉及 *Taxus* sp. 植物细胞的固定化（Tang and Mavituna，2001）。Roisin 等（1996）提出了工厂设计，它被开发以分析在次级代谢物（如赤霉素和胡萝卜素）生产中 Gibberella fjikuroi 的代谢响应。

Dörneburg 和 Knoll（1995）综述阐述了利用培养的植物细胞生物转化外源底物的进展，并强调了对系列有机化合物的区域、立体选择性羟基化、氧化还原、氢化、糖基化、水解的能力。技术的发展在别处也有描述（Ishihara，2003）。

原则上，固定化植物细胞显示了与固定化微生物相同的优点，即生物催化剂的重复连续使用、简单的产物回收、高细胞密度和高的比生产率、保护细胞抗剪切力以及使生长和生产阶段分开。

动物和人细胞的固定化也被关注了许多年，特别是使用杂交瘤细胞的单克隆抗体的生产、使用重组细胞的治疗蛋白质的生产及疫苗的生产。如果能实现高的细胞密度，固定化可弥补低的生长速率和生产率。事实上，在固定床式和流化床式反应器中已经获得了 10^7～10^8 个细胞/ml 的细胞密度，悬浮系统中只有约 10^6 个细胞/ml。现在，微载体系统在实验室和工业规模上都已建立（见 7.4 节）。

7.4 吸附

自 1823 年就已经通过在木片上吸附 *Acetobacter* sp. 来生产乙（醋）酸，即使今天填充山毛榉刨花的 60m^3 反应器仍被用作使用乙醇和氧气作为底物的“滴流速醋酿塔”。通过泵将乙醇/水/乙酸混合物从储存器循环到罐顶部的分配器。将鼓风机用于吹动空气通过填充物。好的转化效率达到理论值的 88%～90%，正确操作的速醋酿塔中的填充物可使用 20 年（Atkinson and Mavituna，1991）。

尽管固定化酵母细胞用于啤酒生产已被广泛地研究，但到目前已知的使用活细胞的工业生产过程仅是啤酒酿造的最后环节，在成熟过程中产香。通过具有高内表面积（高达 0.4m^2/g 或 21～90m^2/L，d_p 2～3mm）的多孔硅土粒子（“Siran”，Schott，D）的吸附，固定化的酵母细胞（*Saccharomyces cerevisiae*）被固定化。各 2.5m^3 的两个反应器被安装用于生产 400 000hL（1hL＝100L）的啤酒。在成熟和香气形成期间，α-乙酰乳酸转化成乙偶姻和二乙酰的关键步骤被优化，降低了投资（归功于小的反应器体积），大大减少了停留时间（相比传统工艺的 10～20d 减少到 2h），采用过程自动化实现连续处理，减少了纯化物质（表面活性剂）以及减少了废水（Breitenbücher，1996）。

此外，利用固定化酵母生产低乙醇啤酒（Champagne，1996）和无醇啤酒的发展也引起了更多的关注。Iersel 等针对风味形成和细胞生理开展了详细的研究（1999）。酵母细胞附着在 DEAE-纤维素涂层的聚苯乙烯组成的载体表面上。在填充床反应器的操作过程中，观察细胞生理的变化，特别是对醇乙酰转移酶以及乙酸乙酯和乙酸异戊酯的形成，在 2～12℃温度范围内它们明显地受到温度的影响。事实上发现，通过引入规则的好氧周期以刺激酵母生长可获得最理想且稳定的风味曲线。

微载体上哺乳动物细胞的生长已很好地建立，并已成功地用于利用杂交瘤细胞的单克隆抗体的生产，以及利用重组细胞的治疗蛋白的生产和疫苗的生产上，达到了生产规模。微载体培养，就是悬浮在搅拌的培养基中的小颗粒（通常是直径 100～300μm 的球）的贴壁依赖型细胞的生长，已取得重大进展，并对蛋白质制备产生深远影响。人二倍体细胞系的获得促使人疫苗生产的快速发展（Doyle and Griffith，1998）。在这相当多的开发工作之后，获得了一系列的基于明胶、胶原蛋白、交联葡聚糖、纤维素、玻璃和聚苯乙烯的合适的微载体。关键标准是制备化学上和静电上都适合细胞黏附、扩展和生长的表面。1g Cytodex 微载体（Pharmacia）具有 6000cm^2 的表面积，当以 2g/L 的浓度使用时产生 12 000 cm^2/L 的面积。黏着 CHO（中国仓鼠卵巢，包括重组）细胞可被有效地固定在经过修饰的硅质载体（如明胶）上。修饰的纤维素被有效地用于杂交瘤细胞和肝细胞的固定化（Pörtner et al.，1995；Tokayashi and Yokoyama，1997；Doyle and Griffith，1998）。

对细胞固定化载体的要求总结如下：

• 细胞能容易黏着并在表面增殖的材料，对细胞无毒。

• 适合温和搅拌下流动的密度和大小。
• 大的单位体表面积。
• 机械强度和持久性。
• 在多孔载体中：合适的尺寸利于细胞容纳以及营养物和氧气的扩散，后者是一个关键参数。
• 放大的潜力以及市售价格合理（Tokayashi and Yokoyama，1997）。

放大已在 1～5m^3 反应器中完成，虽然细胞浓度低，通常是 2×10^6 个细胞/ml（Tokayashi and Yokoyama，1997）。搅拌式反应器、固定床和流动床式反应器也已研究（Lüllau et al.，1994；Pörtner et al.，1995；Waugh，1999）。

7.5 黏附

微生物的表面吸附和表面上生长是自然界熟知且常见的现象。典型的基质包括石头、沙子、黏土矿物、植物、牙齿以及金属和聚合体/塑胶表面。吸附原则上是基于一种物理的可逆的相互作用。但通常情况下，当微生物产生和分泌对原来的基质产生强烈且部分不可逆的黏附的次级代谢产物时，后续步骤就会跟随，许多情况下通过形成一个由代谢物形成的多聚体的次级基质。本章内容中这个过程称为"黏附"，这种情况在生物被膜形成细菌中最常见。

对于工业应用，基于黏附的固定化很重要，因为它形成了一个非常稳定且生物相容的微生物对载体的附着。它代表了一种完美且有效的固定化方法，一般可使用简单、方便且价廉的载体（如沙子、浮石、木炭、熔岩、木片、麦秆），无需特殊的添加剂。作为反应器，显示良好沉降性能的管式填充床以及使用载体的流化床都很方便。

在环境技术领域，一系列的过程已获得价值；确实，这部分被认为最相关，因为对于活的固定化微生物的应用具有相当可观的经济价值。例如，单在德国每年用于生物污水治理的全部费用估计超过 10×10^9€。适应不同污水的条件（很明显，它不可能是无菌条件下操作的封闭系统）后，多种混合微生物培养使用。用于污水和废气纯化的好气培养，以及用于食品和化学工业的高有机负荷废水处理的厌气培养已被使用，在这方面，全球几百家工厂正投入生产。

7.5.1 基本思路

微生物或细胞与载体间的相互作用本质上依赖于各自的表面特性。对第一步的初级吸附特别正确——更确切地说是在可能修饰表面的胞外代谢物的形成和分泌前。

尽管许多基质（如玻璃、硅土、黏土矿物、纤维素）已被很好地定性，但对微生物表面特性却知之甚少，微生物表面特性分别受生长条件和（或）周围介质的影响。X射线-光电子-分光光谱被证明是提供离表面 10nm 深的外部分子层中元素和结合类型信息的最有希望的方法（Brodelius and Vandamme，1987；Amory and Rouxher，1988；Mozes et al.，1988）。这种方法虑及不同细菌和酵母细胞表面的元素组成的分析。此外，电泳淌度提供了表面电荷的信息，以及有关表面疏水性的疏水色谱（van Loosdrecht et al.，1987；Amory and Rouxhet，1988）。根据这些物理-化学参数的相关性得出以下的结论：

- 磷酸根基团对表面电荷起主导作用；表面的 N/P 浓度与表面电荷相关。
- 研究的细菌比酵母显示更高的 N 浓度和 P 浓度。在这方面，应当考虑到某一菌株的元素组成依赖于发酵条件（如底物）和发酵时间（菌龄）。
- 细胞表面的蛋白质与疏水性相关。对酵母，疏水性与细胞表面的 N/P 比相称。相反地，细菌的疏水性显示与 N/P 比和氧浓度逆相关；此时，疏水性与细胞表面的碳氢化合物百分比相称。
- 微生物和载体表面的主要作用是范德华力、偶极距力和静电作用。在许多情况下，当微生物（如 *Saccharomyces*、*Acetobacter*、*Bacillus* sp.）和载体物质（如玻璃或硅表面）都带负的表面电荷时，排斥力也应该考虑。在这种情况下，载体的表面电荷可被合适的离子成分（Fe^{3+}、壳聚糖等）修饰或改变（颠倒）以推动初级吸附。

微生物聚集形成更大颗粒的絮凝可被认为是一种特殊吸附和（或）黏附固定化的形式。在这种情况下，细菌和酵母形成可能包含其他物质的颗粒，如碳酸钙，在厌氧废水处理中存在这种情况。这些粒状颗粒很容易被截留，如在流化床式反应器中。对于絮凝酵母，比前面提到的更加特殊的相互作用已被鉴定（Kihn et al.，1988）。

黏附和絮凝通常需要选择过程以及针对未知的操作稳定性的条件。微生物吸附中发生的过程可依据现象分成以下步骤（图 7.8）（Rouxhet，1990；Wanda et al.，1990）：

1.（第一步）吸附。

2. 黏附［第二步，建桥，如通过细胞器官、纤毛或如胞外蛋白和（或）多糖的次级代谢物］。

3. 黏着细胞的生长［生物被膜和（或）微生物、次级代谢物及诸如碳酸钙的其他成分组成的次级基质的形成］达到一个限制条件，在这条件下生长和由剪切引起的分散达到一个静态平衡。

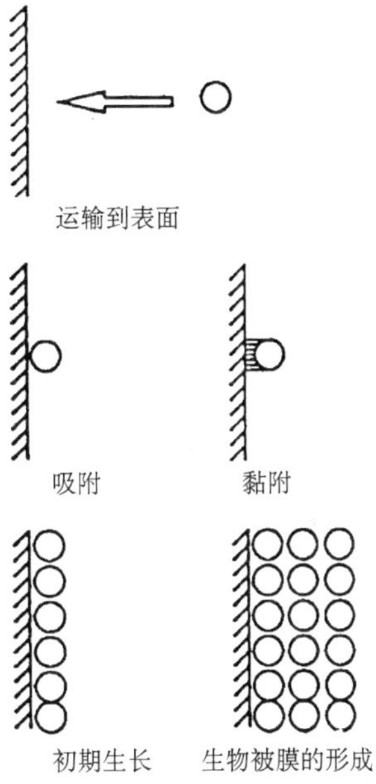

图 7.8 吸附、黏附以及微生物表面生长的不同阶段示意图（Rouxhet，1990）。

图 7.9 举例说明了吸附和黏附的单一过程，来自于玻璃表面上厌氧混合培养生长的一个例子。很明显，第一步吸附很快发生（几小时内），而生物被膜的形成则需要非常长的时间（几天或几周）［图 7.9（a）和（b）］。生物被膜的形成严格依赖于可利用的碳源；它给在载体表面上形成次级基质的胞外产物［如多糖；图 7.9.（c）］的形成提供了刺激物。对于厌氧生物，相比单一碳源，具有不同碳源的复杂的培养基，特别是中链脂肪酸，已证明利于多糖基质以及具有高稳定性和活性的生物被膜的形成（Wanda et al.，1990）。

（第二步）黏附提供机械稳定的生物被膜，在流化床式反应器中生物被膜抗磨损。它可通过细胞混合培养上的选择压来启动。为此，载体保存在提供了带有多种微生物混合培养物废水的反应器中（如固定床式或流化床式）。介质滞留时间应该低于微生物生长速率

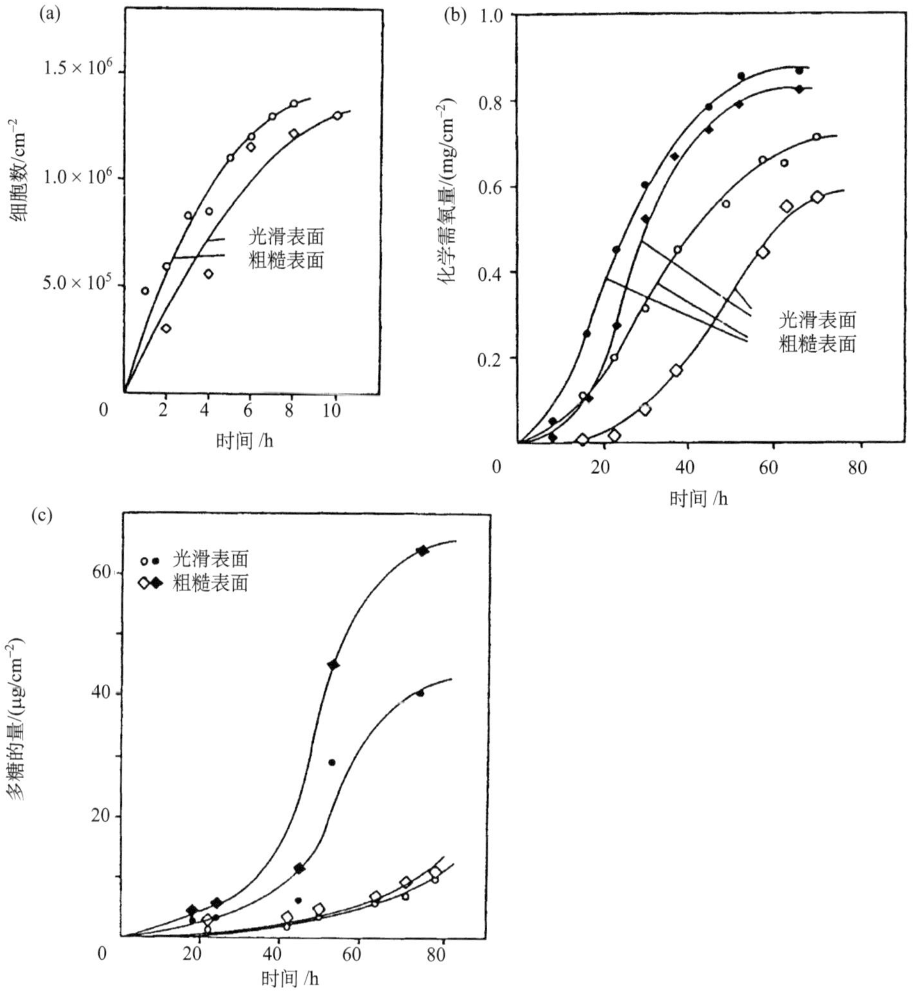

图 7.9 在平滑或粗糙玻璃表面上厌氧混合培养的生长过程（Wanda et al.，1990）。(a) 以乙酸作碳源的第一步吸附速率（每平方厘米细胞数的测量）。(b) 使用不同碳源的玻璃表面上生物被膜的形成［通过每平方厘米 COD（化学需氧量）来计量］（○，◇反应器 A：乙酸；●，◆反应器 B：乙酸和丁酸）。(c)（b）中显示系统的多糖含量。

的倒数，从而使不能黏附到表面的所有生物体被洗脱。好氧（流体停留时间 τ 为 45min）和厌氧（τ=1～4h）菌体都可通过这种方法被黏附固定化，从而实现选择压（Heijnen et al.，1991）。活菌体在载体表面上生长到高浓度可能需要数天到几周，但可通过接种载体固定的（预先挑选的）微生物（它先随接种物的低速分散转移，接着吸附到新的载体上）来加快（Jördening et al.，1991）。生物聚集体和生物被膜中的剖面分析近年来已取得相当大的发展（Bössmann et al.，2003）。

为了获得高活性和稳定性的固定化细菌培养物，一些条件（对不同应用仅部分地了解）必须维持：

- 稳定的 pH：在大反应器中这需要充分的混合及缓冲能力。

• 温度的控制：需要方便且便宜的能量来源（<50℃）和热交换器，以维持最适的温度。
• 最小的底物需求：碳源、无机盐（N、P及其他的生长必需物）；不变的浓度是有利的，大量的变数会带来问题；饥饿和底物的突变会导致不适应的培养物的崩溃；厌氧培养特别需要长时间（数周）以形成新的活生物量。
• 没有对微生物有毒的物质。

许多不同的物质已被用作载体：如颗粒（颗粒，球形、多孔或紧密型的载体）可优先用在流化床式反应器中，但因堵塞问题仅限部分固定床式反应器；内部构件可用在固定床式反应器中。

载体的类型是影响菌体浓度的主要因素，从而影响可获得的反应器时空产率。相比无孔载体（如沙子），多孔物质（如多孔硅胶、浮石）利于获得更高的单位体积活菌体浓度，进而提供更高的降解潜力（Keim et al.，1989，1990；Jördening et al.，1991；Aivasidis and Wandrey，1992）。相比无孔载体，多孔载体另外的优点是它们的低密度，从而对维持流态化的能量需求更低。因而，浮石的流化仅需要大约 $5W/m^3$，是沙子需求的 1/10（ $50W/m^3$，在 50% 膨胀率和相似的颗粒尺寸情况下；见表 7.6b）（Jördening et al.，1991）。

初始阶段中生物被膜的形成依赖于所接的菌种和有利的条件（底物、pH、温度）。对于厌氧混合培养的生长速率，包括甲烷细菌，是在 $0.04\sim0.15d^{-1}$ 范围内。在中试反应器中，在对数生长期可以获得每天 10%～20% 的增长（Jördening et al.，1991），而在光滑表面上的生物被膜的厚度为 0.02～0.2mm。Trulear 和 Charaklis（1982）对生物被膜的动力学进行了深入研究。

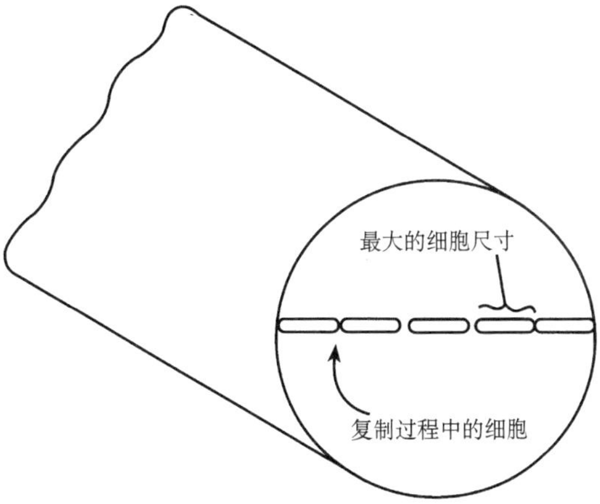

图 7.10 最适尺寸的孔内的细胞分裂的示意图。

具有足够大孔隙的多孔载体有利于获得最适宜的微生物密度。Messing（1982）发现当细胞需要生长时，大于细胞尺寸 5 倍的孔径最佳（图 7.10）。在所研究的陶瓷载体的情况下，获得了每克载体 $10^8\sim10^9$ 个厌氧细胞的细胞密度（载体：Cordierit；Corning Glass，New York；粒径 2～6mm，平均孔径 3μm）。

载体的选择以及它们的特性如表 7.6 所示。使用的物质包括无机载体（玻璃或多孔玻璃、硅酸盐、陶瓷、熔岩等）、合成的（聚亚安酯、聚乙烯、聚丙烯、木炭）以及天然的有机载体（泥炭、木屑）。载体物质最重要的标准是它们的机械、化学和生物学稳定性、比重（或密度）、适合微生物黏附的单位反应器体积的表面积（m^2/m^3）以及适合流体流动的空体积。另外，应当指出的是一些添加剂利于固定化，特别是碳酸钙沉淀物或离子，它们或减弱吸附，或加强吸附。

表 7.6a　针对固定床式反应器的典型支撑物（Jördening and Buchholz，1999）

支撑物	直径范围/mm	表面积/（m^2/m^3）	床孔率	相对孔径[a]	参考文献
腊希格环	10.16	45～49	0.76～0.78		Carrondo et al.（1983）
鲍尔环	90.9	102	0.95	20mm	Young and Dahab（1983）
	波纹模块	98	0.95	46mm	
鲍尔环	25	215			Schultes（1998）
Hiflow 90®	90	65	0.965	>30mm	Weiland et al.（1988）
Plasdek C. 10®	模块	148	0.96	>30mm	Weiland and Wulfert（1986）
Flocor R®	波纹环	320	0.97	>30mm	
陶瓷填充圈	25	190	0.74		Andrews（1988）

a. 相同的孔径。

表 7.6b　针对厌氧流化床式反应器的支撑物质（Jördening and Buchholz，1999）

支撑物	直径/mm	密度/（kg/m^3）	表面积/（m^2/m^3）	孔率	升流速率/（m/h）	生物量/（kg/m^3）	参考文献
沙子	0.5	2540	7100[a]	0.41	30	4～20	Anderson et al.（1990）
海泡石	0.5	1980	20 300[b]			32	Balaguer et al.（1992）
GAC	0.6					34	Chen et al.（1995）
生物颗粒					2～6.5		Franklin et al.（1992）
沙子	0.1～0.3	2600			16	40	Heijnen（1985）
Biolite	0.3～0.5	2000			5～10	30～90	Ehlinger et al.（1997）
浮石	0.25～0.5	1950	2.2×10^6	0.85	10		Jördening（1996），Jördening and Küster（1997）

a. 从给出数据计算，假定整个球形；b. 从 Sanchez 等给出的数据计算（1994）。

7.5.2　应用

通过吸附固定的微生物主要用于环境技术领域。许多流化床式反应器用于食品工业中对高负荷废水的纯化，这种反应器或带有以载体形式的活的厌氧混合培养物，或带有以颗粒细菌聚集体形式的活的厌氧混合培养物。同样地，将细菌加以固定化以通过硝化作用消除含氮物质的喷淋床式系统以及生物过滤器被用于废气纯化，主要用于消除大量不同的生产设备中的恶臭有机污染物。

相比游离悬浮的微生物，具有固定化微生物的系统的优点是微生物的高密度，以及高的生物催化活性。因此，高能反应器可能具有非常小的体积和更低的成本。因为固定化，难以生长的或成本密集型的生长缓慢微生物（如厌氧微生物）的再生就没必要了。采用的培养物能适应特殊的需要（主要随不同的底物和底物浓度而改变），并且通常能在非常低的浓度下转化化合物。

7.5.2.1　厌氧废水处理

相比需氧处理，厌氧废水处理具有相当多的优点。典型地，厌氧系统的比生产率更高，且工程简单。厌氧处理产生沼气形式的能量，然而在需氧废水处理工厂中，通气需要大量的能量。另一方面，这也意味着厌氧细菌生长缓慢；特别因为这个原因，厌氧工厂的启动很慢。生物量（多糖、蛋白质、脂质）厌氧降解的最重要反应途径的总结如图 7.11 所示。例如，所谓的“酸化细菌”将碳水化合物转化为脂肪酸、醇、二氧化碳和氢，一般来说，这是个相当快的反应。这些初始的发酵产物再进一步被产乙酸细菌转化生成乙酸盐、甲酸盐、CO_2 和 H_2，这些产物最后被产甲烷细菌利用形成沼气，即 CH_4 和 CO_2（McInerny，1999）。

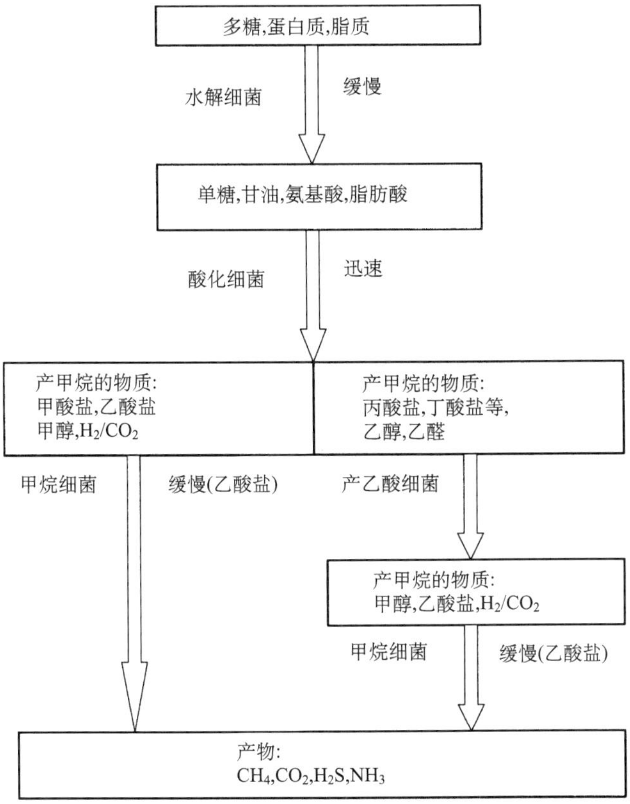

图 7.11　厌氧降解反应图。

这个反应网络的动力学是复杂的。对于新生物量的生长，在厌氧反应器的缓慢启动期间的本质阶段，生物量 x 的浓度可用相应指数生长的速率 μ 累计。

$$\mu = \frac{1}{x} \cdot \frac{dx}{dt} \tag{7.1}$$

积分给出时间 t 上的生物量 x 的浓度。

$$x = x_0 \cdot e^{\mu \cdot t} \tag{7.2}$$

生长速率 μ 依赖于饱和类型曲线中的底物浓度［S］，即 μ 依赖于［S］的关系如下：

$$\mu = \mu_{max} \cdot \frac{[S]}{K_m + [S]} \tag{7.3}$$

K_m 对应于生长速率达到最高值的一半时的底物浓度。

从方程（7.1）和（7.3），得到一个关于微生物生长的公式（关于高底物浓度的启动，也就是 $S \gg K_m$，正如依惯例使用的）：

$$\frac{dx}{dt} = \mu_{max} \cdot \frac{x \cdot [S]}{K_m + [S]} \sim \mu_{max} \cdot x, \quad 如果 \quad S \gg K_m \tag{7.4}$$

对于底物转化，通常使用简单的 Monod 或 Michaelis-Menten 方程，对应于一个限速步骤的假设（大多数情况是甲烷形成）：

$$-\frac{d[S]}{dt} = \frac{V_{max} \cdot [S]}{K_m + [S]} \quad （近似值） \tag{7.5}$$

对于具有通过吸附固定化的微生物的系统的静态有效因子是 η：

$$\eta = \frac{v_{Biofilm}}{v_{Suspension}} \tag{7.6}$$

并可根据第 8 章的 8.4.2 节来计算或估计。大多数情况下，这个值接近 1，但在具有活性生物量的膜层厚度比较高时，η 可能相当得低。在这种情况下，由于不足的营养供给，微生物的失活和从载体上脱落就可能发生。Gonzales-Gil 等（2001）已研究了厌氧微生物颗粒聚集体中的动力学和传质。研究发现，外部传质可忽略，而表观 K_m 因粒子内的传质而增加。一个模型被用于描述反应扩散动力学。

方程（7.5）的积分给出：

$$[S]_0 - [S] + K_m \cdot \ln\frac{[S]_0}{[S]} = V_{max} \cdot t \tag{7.7}$$

根据这个方程，可获得转化率（$[S]_0 - [S]$）或产出浓度 [S] 的估计值，它们依赖于反应器进口浓度 $[S]_0$、停留时间 $\tau = t$ 以及依经验测定的 V_{max} 和 K_m。为了这个目的，控制 pH（≥7）和温度保持稳定很关键。此外，必须考虑 V_{max} 和 K_m 的（表观）值可能随着静态条件（如浓度或底物成分）而变化。

与对废水投料 COD 的分析数据一样，值很容易获得。如果一种酸（大多数是乙酸）占主导，COD 可以作为底物浓度 [S] 的近似值（见方程 7.5）（1g 乙酸相当于 1.07g COD）。但是这种简单的近似值仅在静态条件被很好地定义且不变的条件下才能使用。

在这种方法不能使用的情况下，对应于最重要的底物和中间产物的两个不同的方程可在简单的 Michaelis-Menten 动力学基础上建立（方程 7.5），并通过数值法解答。举例说明，下面给出了针对丁酸（But）降解（一个相当常见的情况）的不同的方程。在这种情况下，异丁酸（i-But）通过丁酸的平衡反应形成。乙酸（Ace）仅从丁酸形成（方程 7.8～方程 7.10）（Mösche，1998）。这些方程可通过使用 Runge-Kutta 方法以及具有最小误差的参数优化的算法来数值解答。

$$\frac{d[But]}{dt} = -\left\{\frac{V_{max,But,i\text{-}But}\left(1 - \frac{[i\text{-}But]}{[But]K_{eq}}\right)}{1 + \frac{K_{m,But,i\text{-}But}}{[But]} \cdot \left(1 + \frac{[i\text{-}But]}{K_{m,i\text{-}But,But}}\right)}\right\} - \left(\frac{V_{max,But,Ace}[But]}{K_{m,But,Ace} + [But]}\right) \tag{7.8}$$

$$\frac{d[i\text{-}But]}{dt} = \left\{\frac{V_{max,But,i\text{-}But}\left(1 - \frac{[i\text{-}But]}{[But]K_{eq}}\right)}{1 + \frac{K_{m,But,i\text{-}But}}{[But]} \cdot \left(1 + \frac{[i\text{-}But]}{K_{m,i\text{-}But,But}}\right)}\right\} \tag{7.9}$$

$$\frac{d[Ace]}{dt}=\left(\frac{V_{max,But,Ace}[But]}{K_{m,But,Ace}+[But]}\right)-\left(\frac{V_{max,Ace}[Ace]}{K_{m,Ace}+[Ace]}\right) \tag{7.10}$$

K_{eq}是丁酸到异丁酸异构化的平衡常数；下标 But，i-But 或 i-But，But 指丁酸和异丁酸的异构化反应；But，Ace 指丁酸到乙酸的转化；Ace 指乙酸转化。方程（7.8）和（7.9）中的第一项可从描述一个可逆的单一底物反应速率的方程 2.37 获得，方程 2.37 中推进可逆反应的（V_{max}/K_m）比等于 K_{eq}。

这些动力学模型不描述外部偏差，诸如非静态的存在或乳酸和（或）丙酸的积累——来自食品工业废水中的常见现象。这些物质的转化可能成为一个严重的瓶颈（如果混合培养不被采用），pH 下降，产烷生物失活。表 7.7 中列举了对工业底物和动力学的典型数据。

表 7.7　常见的工业底物（来自制糖工业的废水）的数据和固定化厌氧系统的动力学数据（实验室数据）（Jördening et al.，1991；Buchholoz et al.；1992）

废水成分	kg/m^3	动力学数据	
有机物		活性生物量	15～80g/L
化学需氧量（全部）	5～15	（以 odm 测定）[a]	0.03～0.08d^{-1}
乙酸盐	1～2	最大生长速率 μ_{max}	0.02～0.2mm
丙酸盐	0.5～1.5	生物被膜厚度	达到 100g（COD）L^{-1} · d^{-1}
丁酸盐	1～2	酸化反应的 V_{max}	30～150g（COD）L^{-1} · d^{-1}
（D-，L-）乳酸盐	0.2～2.5	甲烷生成的 V_{max}（多孔玻璃作载体）完全降解速率	40～80g（COD）L^{-1} · d^{-1}

a. odm＝有机干物质。

对厌氧细菌的生长动力学，包括缓慢生长的产甲烷菌种，在 0.03～0.08d 的范围内，相当于 7～20d 的倍增速率（活性生物长到初始量的 2 倍）（Jördening et al.，1991）。因此，当获得充足的接种（需要约最终活性生物量的 5%）以及采用了最佳策略时，对于这种系统的启动需要 5～10 周。对于季节性的系统（在某些季节操作），这在许多食品工业中是常见的，这就意味着在季节的开始，重新启动需要 1～2 周以获得全容量（假定在周期内的 6～8 月期间，活性损失通常为 50%）。此外，对 UASB 和 EGSB 系统的动力学数据已由 Gonzales-Gil 等发表（2001）。

厌氧废水处理包括酸形成和甲烷形成，通常随营养需求、生长动力学以及针对环境条件的敏感性而显著地变化，特别是 pH（表 7.11）（Demirel and Yenigün，2002）。所以，这两个步骤偏向于分开，而且两阶段体系被认为更好，因为它们的性能从稳定性和时空产率上讲优于一阶段体系。第一步不需要固定化细菌，因为涉及的这些细菌显示快速生长，而第二步需要高性能的固定化体系。对第二步，带有挥发性脂肪酸（在一个带有分开的酸化反应器的系统中）的反应器的负荷，相比一步系统以及带有复杂底物的加料（没有完全酸化），可能高出 4～5 倍（Henze and Harremoes，1983）。

生物催化剂由微生物的颗粒聚集体或带有黏附微生物的载体、胞外次级产物（如多糖）和最后沉淀的无机化合物（如 $CaCO_3$）组成。用于固定床式和流化床式反应器的载体在前面已提过（表 7.6a 和 b）。载体（如多孔硅胶、浮石、塑料）应该具有大的、粗糙且大孔（性）的表面，以容纳大量的细菌且提供抗剪切力的保护。第二步产甲烷的微生物由复杂的混合培养物（包括丙酸-、丁酸-、乳酸-转化的和甲烷生成的细菌）组成，它们可分泌如多糖和蛋白质的次级代谢物，以形成一个适合于黏附的次级基质（图7.9和图7.12）。复杂的反应序列［方程（7.8）～（7.10）］可在单一的颗粒中进行，因为提到的形成乙酸、甲酸和氢的产甲烷菌和其他菌种共生生长，并且使用快速形成的产物，包括种间的氢转移（McInerny，1999）。

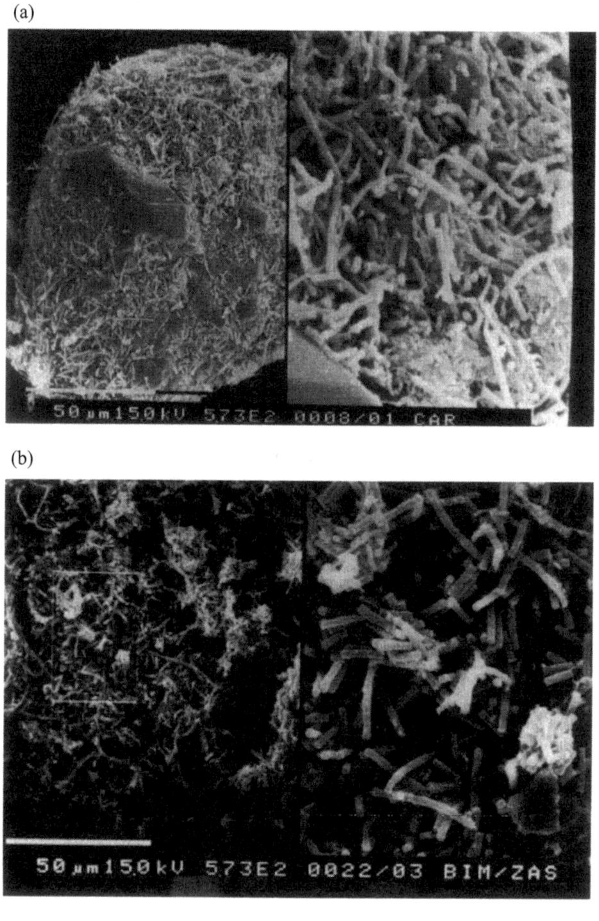

图7.12　在两个不同放大倍数下，黏附在（a）沙子和（b）浮石上厌氧混合培养的微生物（标尺＝50μm）。

在固定床式和流化床式反应器中高性能厌氧处理的一个非常广泛且成功的应用涉及来自基于农产品和林业产品的工业废水，带有非常高浓度的可被厌氧细菌容易降解的有机底物。相比传统的系统，这些系统提供了高负荷系统的优势，需要非常小的体积和空间，从而需要更低的投资。此外，这些系统在瞬变条件下操作更加稳定，如底物和pH的波动。

事实上，大量的不同类型的带有固定化厌氧细菌的工厂现在正投入生产，这样的工厂包括超过 50 个的需要载体的固定床式反应器和大约 20 个需要载体的流化床式反应器。但是，占据主导的是大约 200 个膨胀颗粒污泥床（EGSB）和约 700 个升流式厌氧污泥床反应器（UASB）的系统，这些系统操作不需要载体，而更适合使用颗粒细菌聚集体（Lettinga et al.，1999；Macarie，2001；Frankin，2001）。

底物主要由洗涤程序的原料、漂白、提取、发酵或酶加工而产生。最初的底物在大多数情况下是碳水化合物，如糖、淀粉、纤维素和半纤维素、蛋白质和脂肪，所有的这些物质很容易地被细菌降解成脂肪酸，主要是乙酸、丙酸、丁酸和乳酸。多数装置用在土豆、淀粉和糖工业中，水果、蔬菜和肉类加工行业中，乳酪、酵母、乙醇、柠檬酸和果胶生产中，以及造纸和纸浆工业中。底物浓度主要为 5～50kg COD/m^3，这些底物通过再循环（环行反应器用于浓度、pH 的控制，并提供颗粒的悬浮；见第 9 章，9.1 节）被稀释到低于 2kg COD/m^3。

全球使用最广的系统是 UASB-系统（Lettinga et al.，1999；McCarty，2001）。进入的废水被一个管系统平均分配到横断面上。废水以低的表面升流速率（1～2m/h）垂直地流过一个聚集细菌的颗粒床。在反应器的上部，一个避免污泥球瓦解的三相分离装置被整合。这个系统的一个缺点是缺乏对系统成功很关键的颗粒形成的信息。该系统的进一步发展产生了具有相当高负荷能力的 EGSB-设备。高的升流速率需要特殊的离析器（筛网或改进的内部薄片离析器）（van Lier et al.，2001；Lettinga et al.，1999）。

对来自于农业和食品加工的在实验室和中试规模获得高转化（降解的 COD 超过 80%）的普通废水，典型的装料速率在 50～90kg COD/（m^3 · d）范围内，（Jördening and Buchholz，1999）。尽管在实验室规模的数据很不错，但报道的在工业规模上操作的数据则处于相当低的 8～30kg COD/（m^3 · d）范围，如针对固定床式反应器的表 7.8 和针对流化床式反应器的表 7.9 所示（见例子，Jördening and Buchholz，1999；Macarie，2001；Jördening and Buchholz，2004）。EGSB 设备的投料速率超过 20kg COD/(m^3 · d)，对 UASB 大约是 10kg COD/(m^3 · d)（表 7.9）（Lettinga et al.，1999；Frankin，2001）。

表 7.8 工业规模的厌氧的流化床式反应器的数据

废水	反应器大小/m^3	支撑物	装料/[kg/（m^3 · d）]	排除率/%	参考文献
肉类加工	22[a]	多孔玻璃（Siran®）	10～50	达到 80	Breitenbücher (1994)
奶制品	362	塑胶（Flocor® 和 cloisonyle）	10～12	70～80	Austermann-Haun et al. (1993)
糖	1400	塑胶环（Flocor®）	13		Weiland et al.（1988）
土豆加工	660	鲍尔环（100mm）	3～6		Weiland et al.（1988）
淀粉	4300[b]	熔岩	25	>70	Schraewer（1988）
酿酒厂	13 000	塑胶模块	8～12		Weiland et al.（1988）
化学	1900	塑胶	16～20	90	Henry and Varaldo（1988）

a. 以酸化（40m^3）为第一阶段的两阶段系统；b. 以 1000 m^3 的酸化反应器为第一阶段的两阶段系统。

表 7.9 针对工业规模的厌氧的流化床式反应器——UASB 和 EGSB 系统的数据

废水[a]	公司	支撑物	反应器体积/m^3	比例[b] [—]	装料/[kg/(m^3 · d)]	浓度/(kg COD/m^3)	HRT[c]/h	排除率/%	参考文献
					流化床				
大豆	Dorr—Oliver	沙子	304	2.0	14～21	0.8～10		75～80	Sutton et al. (1982)
Several	Degremont	biolite	210～480		16～21	3.8～5	0.25	50～60	Ehlinger(1994)
酵母和药物	Gist—Brocades[d]	沙子	400	4.4	8～30	1.9～4	0.14～0.41	95～98	Franklin et al. (1992)
糖用甜菜	BMA	浮石	500	5.0	20～30	1～5	1.5	90～95	Jördening(1996)
					UASB				
阿斯巴甜	Nutrasweet Co.		2×600		7.8	22			Macarie(2001)
PET[e]	Eastman Chemical		144		12	12		90～95	
尼龙	Rhone Poulenc[f]		990		8	16		80	
					EGSB				
甲醛	Caldic Europort		275		17	40			Macarie(2001)
DMT[e]	Kosa		550		13	34		98	
DMT 和 PET[e]	Sasa		2×1000			6.5			

a. 废水来源；b. 高度/直径；c. HRT：水力停留时间；d. 现在的 DSM(NL)；e. PET：聚对苯二甲酸乙二醇酯；DMT：二甲基对苯二酸酯；f. 现在的 Aventis。

厌氧处理的废水通常不能直接排放到环境中。流出物中的COD-浓度通常达不到好氧处理达到的低浓度，而且常常产生有气味的产物。因为这个原因，高负荷废水常常通过厌氧和好氧过程相结合来处理。如果需要，第二步（好氧）也被建立用于氮消除。

7.5.2.2　氮消除（硝化反应和脱氮反应）

废水的氮消除是一个标准要求，因为政府对全部含氮化合物（特别是氨）的限制值要求采取这一步骤。它通常是接在有机化合物的厌氧降解后的下一个过程。在含氮化合物的厌氧降解过程中，氮被转化为氨。接下来的硝化作用和脱氮作用将它转化为氮（N_2），极少部分转化为 N_2O，这应当尽可能地避免。在这里，仅给出一个简短的反应和过程步骤总结，因为全面且基本的情况已在前面的章节中阐述（Dorials et al.，1999；Kayser，2004）。

两组细菌催化氨到硝酸的氧化反应；氨氧化组（如 *Nitrosomonas* sp.）形成亚硝酸，亚硝酸再被亚硝酸氧化细菌（如 *Nitrobacter* sp.）氧化成硝酸：

$$NH_4^+ + 1.5O_2 \xrightarrow{Nitrosomonas} NO_2^- + 2H^+ + H_2O \quad +275kJ/mol \tag{7.11}$$

$$NO_2^- + 0.5O_2 \xrightarrow{Nitrobacter} NO_3^- \quad +75kJ/mol \tag{7.12}$$

以上两个步骤之和为：

$$NH_4^+ + 2O_2 \longrightarrow NO_3^- + 2H^+ + H_2O \quad +359kJ/mol \tag{7.13}$$

硝酸接下来在缺氧条件下被脱氮细菌还原，通过亚硝酸产生 H_2O 和 N_2。用乙酸作辅助底物的脱氮反应如下：

$$8\ NO_3^- + 5H_3COOH \longrightarrow 4N_2 + 10CO_2 + 6H_2O + 8OH^- \tag{7.14}$$

硝化反应和脱氮反应的动力学数据已由 Verstraete 和 van Vaerenberg（1986）以及 Dorias 等（1999）发表。

在混合培养物中，具有固定化细菌的技术系统已建立，且主要使用两个系统：①滴滤池；②生物转盘。针对高过程效率的条件和一般指导原则可见文献 Dorias（1999）和 EPA（1993）。在滴滤池中，主要部分是嵌入的填塞物，它可能是石头、熔岩或塑胶物质。它既能允许废水的自由流动和自由空气流通（对有氧操作的滤池），也允许生物剩余污泥随水流而去除。因此，使用颗粒尺寸为 40～80mm 和 80～150mm 的石头和矿渣。大量的具有 $200m^2/m^3$ 的比表面积且具有大约 95％的空隙空间的塑胶介质已专门地设计。三种不同的工艺方法被采用：在滴滤池中随着硝酸的往复同时发生脱氮反应；在缺氧区中的预脱氮；或可能以滴滤池操作的后脱氮。带有浸没滚筒的生物转盘主要用在比较小的废水处理工厂中，带有塑料物质制成的转盘的生物转盘一半浸入水中。

7.5.2.3 废气纯化

固定化的混合培养物常常用在废气处理中，多种有机物质（表 7.10），甚至一些无机气味化合物都能从废气中被消除（VDI，1991，1996，2002）。Klein 和 Winter（2000）已总结了微生物的和工程的基本原理。该原理已成功应用在食品工业中，包括动物-、肉类-、鱼类-、酵母-和香味产品，也用在化学工业中，具有烃（脂肪族的和芳香族的）、苯酚、硫化物、胺、氨基化合物甚至卤代化合物的降解等不同的例子，还被用在铸造厂，以及用于汽车生产中的喷雾舱（表 7.10）。近来已描述了丙烯腈和苯乙烯混合物的消除（Lu et al.，2002）。

表 7.10 废气中可降解物质群的例子（VDI，1991，1996）

物质群	例子
脂肪族烃	己烷，乙烯
芳香族烃	甲苯，二甲苯
醇	甲醇，丁醇
醚	四氢呋喃
醛	甲醛，乙醛
羧酸	丁酸
胺	三甲胺

使用固定化混合培养微生物的反应器类型包括生物洗涤器、生物滤池和滴滤池。它们应用的实例已被 Fisher（2000）、Plaggemeier 和 Lämmerzahl（2000）及 VDI（1989，2000）等总结。生物废气处理的优点首先是在低温下操作，其次是低浓度、低成本的情况下消除废气流中有毒、有气味物质的效率。

有效处理的必要条件是具有好的传质，也就是说，组分可以充分快速地从气相传递到流动相中并进行了生物降解。如果这些条件都满足，且接种物中存在包含充分广泛的细菌组合的话，混合培养物可适应底物。重要的参数有组分的浓度、pH 和流动相的缓冲能力、温度、可用的表面积以及相的停留时间分配。但对微生物有毒的物质会抑制系统。

支配生物滤池或滴滤池功效的现象是传质和降解反应的动力学。要被降解的物质从气相到流动相（生物被膜）的传递依赖于两相的溶解性和平衡，以及传质的动力学。在气（g）液（l）两相的平衡（c^*）中的浓度与 Henry 系数相关，He：

$$c_g^* = \mathrm{He} \cdot c_1 \tag{7.15}$$

传质速率可从对气相的物料平衡中获得：

$$Q_g(c_{go} - c_{ge})V_R^{-1} = k_L a \Delta c \tag{7.16}$$

方程中 Q_g 是单位体积的气流速率（m^3/h），下标 o 和 e 表示进料流和出料流，V_R 是反应器体积；k_L 是平均传质系数，a 是界面面积；Δc 是两相的浓度差的平均对数。

流动相中的传质一般来说是限速的。传质系数 k_L 通过使用颗粒大小的 d_p 和有效扩散系数 D'_s 的相关性，或者 Sherwood（Sh）、Reynolds（Re）和 Schmidt（Sc）数值的对应相关性来大概地计算（对无量纲数的进一步的相关性，见第 9 章，9.3 节）：

$$\mathrm{Sh} = k_L dp(D'_s)^{-1} = 0.054\mathrm{Re}_l^{0.6}\mathrm{Re}_g^{0.85}\mathrm{Sc}^{0.33} \tag{7.17}$$

式中：l 和 g 指液相和气相。表面 a 难以测定，但可从载体表面估算。对于易被降解的化合物，传质被认为是限速的。相反地，对于降解缓慢的化合物，生物反应的速率将是限速的；通常，反应速率遵循 Michaelis-Menten 动力学（初始阶段后）：

$$v = k\ x_b[S]_b(K_m + [S]_b)^{-1} \tag{7.18}$$

（生物被膜中的微生物浓度 x_b 和底物浓度 $[S]_b$）。

降解路径或多或少是复杂的，其依赖于化合物和微生物，其中微生物大部分是细菌和真菌。部分底物（等于 50%）被用于微生物的生长，这部分必须从系统中除去。氧化降解反应一般产生 CO_2 和水；以丙醛为例：

$$C_2H_5CHO + 4O_2 \longrightarrow 3CO_2 + 3H_2O$$

无机的有气味物质也可被部分转化，因此也能从废气中除去。吸附后氨被氧化成亚硝酸和硝酸，而硫化氢可被一些细菌氧化成硫酸。

废气的主要参数包括相对湿度、温度、废气流速、化学污染物特性和浓度以及气味浓度。关键参数是相对湿度（>95%）、气体温度（<60℃）、表面负荷流速[$m^3/(m^2 \cdot h)$]、质量负荷流速[$g/(m^3 \cdot h)$]、消除负载［$g/(m^3 \cdot h)$］以及去除效率（%）。对于气味的消除，嗅觉测定非常关键（VDI，1991，2002；Waweru et al.，2000）。

常用的反应器包括生物滤池（这是使用最普遍的，含上百套的装置）和滴滤池（喷淋床空气生物过滤池），滴滤池可以达到更高的处理比速率。生物滤池是固定床反应器，废气流过带有吸附于载体表面的细菌混合培养物的载体床（通常是天然纤维材料）。

滴滤池法是用于废气处理的另一标准方法。与生物滤池相比，它能在单位体积内降解更多的污染物，处理量达到 100 000m^3/h。在喷淋床式反应器中，液相连续循环通过惰性物质床。填料可以由散堆惰性填料（拉西环、矩鞍环等）或结构化填料组成。填料的材质可以是塑料，如聚乙烯、聚丙烯、聚氨酯发泡塑料等。

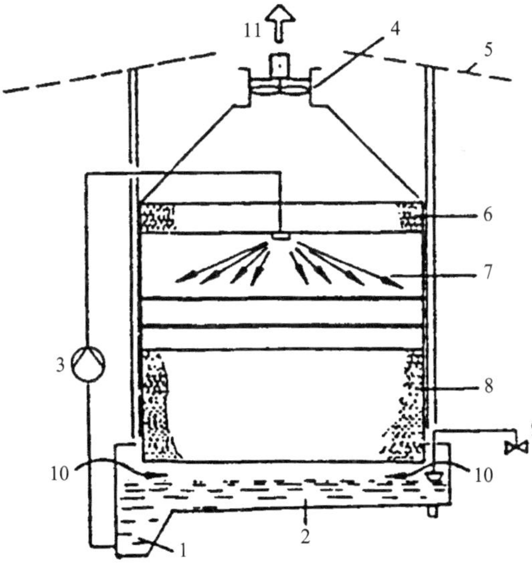

图 7.13 生物滴流滤池示意图 。(1) 蓄水池；(2) 水槽；(3) 水泵；(4) 排气扇；(5) 屋顶；(6) 去液滴填料；(7) 水流分配系统；(8) 填充床；(9) 流出物控制；(10) 废气进气口；(11) 处理后废气。

表面应该适合生物被膜的黏附。废气可以以顺流或逆流的方式随着液体流过填料（图 7.13）。流体均匀分布在每个截面上对于充分的传质很重要。压力差必须低（200m/h 的流速下保持在 10～50Pa/m），而且应确保能去除剩余污泥。这类反应器的体积可能是几百立方米，填充床的高度为 2～10m。表 7.11 中总结了适合生物滤池和喷淋床反应器的污染物浓度和其他操作参数。

表 7.11　生物滤池和喷淋床反应器的污染物浓度和其他操作参数

（VDI，1996；Waweru et al.，2000）

	生物滤池	喷淋床反应器
污染物浓度/（g/m^3）	<1	<0.5
亨利系数［—］	<10	<1
表面负荷流速/［m^3/（m^2·h）］	50～200	100～1000
质量负荷流速/［g/（m^3·h）］	10～160	<500
空床接触时间/s	15～60	1～10[a]；30～60[b]
表面负荷流速/［m^3/（m^3·h）］	100～200	
消除负载/［g/（m^3·h）］	10～160	
去除效率/%		

a. 适用于易降解化合物；b. 适用于不易降解化合物。

7.6　展望：设计的细胞

利用设计的全细胞系统进行的生物转化是一个引起高度兴趣的领域，采用该法进行多步反应已经有许多应用实例。大部分利用悬浮细胞。利用全细胞系统作为固定化生物催化剂进行连续化操作的潜力还存在争议。一个瓶颈问题是催化剂的稳定性，特别是辅因子的再生和再合成。代谢工程是解决这些问题的一个关键手段：其一，代谢工程有助于确定反应的限速步骤（如在氧化还原反应中）；其二，代谢工程可以通过优化代谢流来提高产量（Edwards et al.，1999；Segre et al.，2002）。

通过构建一株具有氧化/还原循环能力的大肠杆菌，成功地进行了 D-果糖到 D-甘露醇转化的全细胞催化（Kaup et al.，2003）。首先，编码来自 *Leuconostoc pseudomesenteroides* ATCC 12291 的甘露醇脱氢酶（MDH）的 *mdh* 基因被表达。为了提供还原 D-果糖所需的还原力，来自 *Mycobacterium vaccae* N10、编码甲酸脱氢酶（FDH）的 *fdh* 基因被共表达。通过甲酸脱氢转化成二氧化碳，FDH 产生 D-果糖还原所需的 NADH。此外，另外一个编码 *Zymomonas mobilis* 的葡萄糖易化蛋白的基因的引入，可以使细胞更有效地吸收 D-果糖（图 7.14）。通过添加甲酸来控制 pH 进行的生物转化，8h 后产生浓度为 362mmol/L 的 D-甘露醇。甘露醇的转化率（相对于果糖）达到 84 mol%。如果把葡萄糖异构酶整合入该系统的话，就有可能使用葡萄糖作为底物进行转化（Kaup et al.，2003）。

目前，已有几个全细胞催化系统用于工业规模的生产（Schmid et al.，2002）。例如，在德国 BASF 公司，通过氧化（*R*）-2-苯酚基丙酸生产（*R*）-2-（4′-羟基苯酚基）丙酸（图 7.15）（由氧化酶所催化的反应特点详见本书 3.2.1.2 节）。

另一个工艺过程结合了两个酶-腈水合酶和酰胺酶的反应，催化外消旋 2-苯基丙腈转化成（S）-2-苯基丙酸（瑞士 Lonza 公司，2004；Schmid et al.，2002）（由腈水解酶和腈水合酶催化的反应参考本书 3.2.2.5 节）。进一步的反应步骤被整合在一个过程中，2-氰基吡嗪先被氧化成吡嗪羧酸，接着，通过相同的细菌催化 5-羟基吡嗪羧酸的区域选择性羟化反应（图 7.16）（Schmid et al.，2001）。另外一个工艺是利用二甲苯降解途径从 2，5-二甲基吡嗪生产 5-羟基吡嗪羧酸（Schmid et al.，2001）。

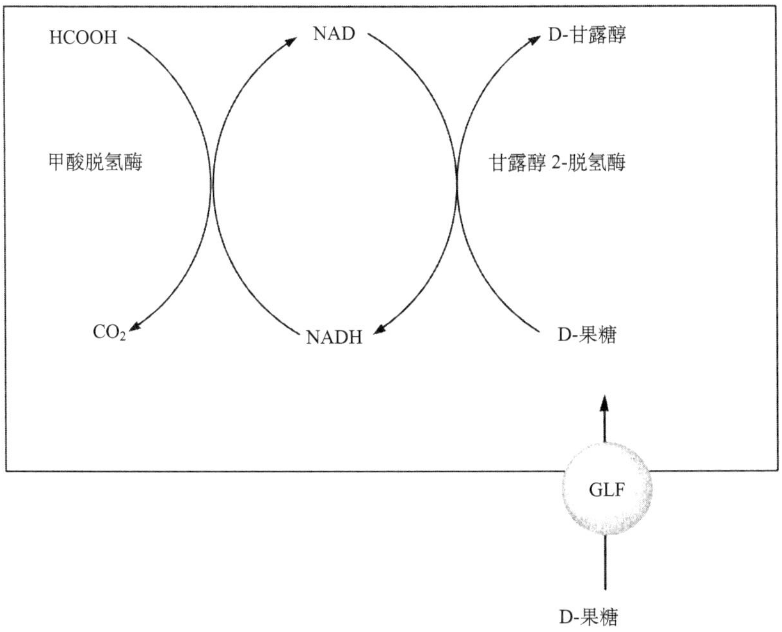

图 7.14 全细胞生物转化中用于甘露醇合成的生物催化剂（GLF，葡萄糖易化蛋白）(Kaup et al.，2003)。

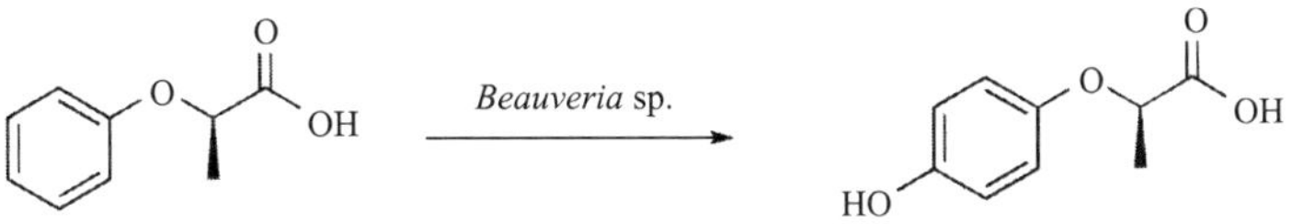

图 7.15 全细胞生物转化：(*R*)-2-苯酚基丙酸氧化产生 (*R*)-2-(4′-羟基苯酚基) 丙酸 (BASF) (Schmid et al.，2002)。

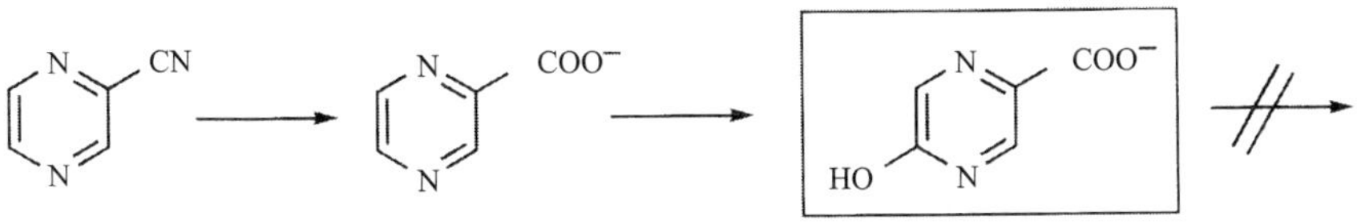

图 7.16 全细胞生物转化用于 5-羟基吡嗪羧酸的生产（瑞士 Lonza 公司）(Schmid et al.，2001)。

近年来，对 L-抗坏血酸的新合成途径投入了非常多的努力，尤其是重组微生物的构建。用重组 *Erwinia* sp. 菌株发展了一个高效的转化系统，该菌株本身能把葡萄糖氧化成 2，5-二酮-D-葡萄糖酸。这个菌株编码了来自生产 2-酮-L-古龙糖酸的 *Corynebacterium* sp. 的还原酶，2-酮-L-古龙糖酸通过环化重组很容易地转变成维生素 C (图 7.17)。当 *Erwinia* sp. 菌株的培养基中共加入 40g/L 的葡萄糖时，在 72h 的生物转化过程中 49.4%的葡萄糖被转化成 2-酮-L-古龙糖酸（Grindley et al.，1998）。早在 1985 年，Anderson 等就提出了相类似的想法。德国的 BASF 公司则用另一种方法实现了工业化生产，该方法中利用两种微生物的混合培养。山梨醇作为底物，先被氧化成 L-山梨糖，再被氧化成 2-酮-L-古龙糖酸，随之重排成维生素 C。然而，这个方法的细节没有出现在任何出版物中。

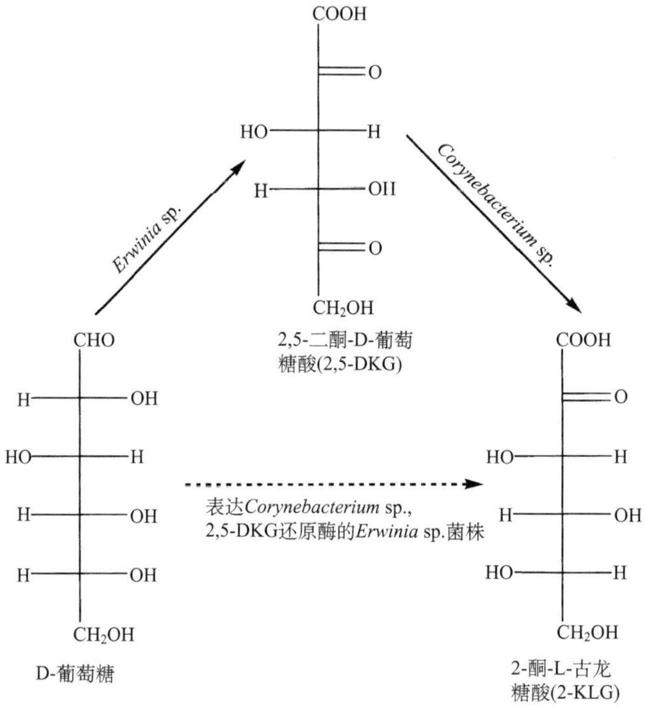

图 7.17　通过重组 *Erwinia* sp. 菌株进行全细胞生物转化 D-葡萄糖生成 2，5-二酮-D-葡萄糖酸（DKG）和 2-酮-L-古龙糖酸（KLG）（在溶液中，葡萄糖和糖酸都能以吡喃和内酯形式存在）（Grindley et al.，1998）。

另外一个商业化产品是靛青，它是全球最大宗的纺织品染料之一。Doukyu 等发展的生物转化路线如下：通过在一株已编码了 NADH 再生系统的、耐有机溶剂的大肠杆菌突变株中克隆来自 *Acinetobacter* sp. 多组分羟化酶的基因，设计生物转化路线。这个菌株能在有机-水两相系统中从吲哚产生靛青（Doukyu et al.，2003）。

在甾醇代谢中产生的类固醇途径中间体，被认为是一种重要的药物合成前体。人们采用多种途径来克服微生物代谢途径能力不足的问题。Dijkhuizen 研究组利用生物工程，设计了 *Rhodococcus* sp. 的突变菌株，该菌株在类固醇 δ^1-脱氢及 9-α-脱氢作用中受阻。现在，已建立一整套的分子工具用于基因组库构建、功能互补和基因表达，该套工具包含了类固醇代谢途径的特性研究、针对 *Rhodococcus* sp. 的各种克隆和表达载体。利用这套工具，各种具有良好甾醇/类固醇生物转化能力的 *Rhodococcus* 菌株得以理性化构建（van der Geize et al.，2002）。

目前，利用这些方法的一个挑战是系统的稳定性，也就是重复和连续使用。这意味着，在细胞的蛋白质转化循环中必须有辅因子的再生和酶的再合成，这样才能在长时间内保持一定的生产能力，并提供经济的产物合成。

7.7　练习

7.7.1　用藻酸钙包埋酵母菌用于乙醇生产

实验仪器和材料

- 注射器（20ml 或 100ml）；筛子或过滤漏斗；恒温摇床；具网恒温柱式生物反应器（体积 10～100ml）。
- 葡萄糖和（或）乙醇的分析装置（酶法），或 GC、HPLC，或葡萄糖分析仪。
- 藻酸钠溶液：可用高压蒸汽或膜过滤法灭菌。溶液浓度常为 2%～4%（m/V）：把藻酸钠溶于蒸馏水或合适缓冲溶液中。溶解过程非常缓慢，通常需要搅拌 5h。溶液可在 4℃中保存，但使用时间不能超过一个星期。
- 氯化钙（$CaCl_2 \cdot 6H_2O$）溶液：浓度 0.15mol/L，需要量一到数升。该溶液可在室温下保存。
- 干面包酵母：取 1.0g 悬浮于 5ml 蒸馏水中，在小乳钵中混合研磨至光滑团状。
- 酵母细胞-藻酸钙混合物：把 1ml 酵母团和 50ml 藻酸钠溶液混合，充分搅拌以确保完全混合。藻酸钠溶液的最高工作浓度是 4%～5%（m/V），视藻酸钠的质量而定，浓度过高会导致溶液的黏度过高。
- 缓冲液：0.1mol/L 磷酸钠缓冲液，pH7.0。

固定化

产生小珠的结构如图 7.5 所示。利用藻酸钠，通过亲离子凝胶形成来进行固定化的所有步骤必须在 4℃下进行。把藻酸钠和酵母菌的混合物转移到滴出装置，如注射器（100ml；针头的推荐内径是 0.55mm；藻酸钙小珠的数量和尺寸取决于针头开口处的尺寸）。把装有 1L $CaCl_2$ 溶液的烧杯放置在滴出装置下方，通过磁力搅拌产生轻微的旋涡。调节藻酸钠的流速，使其一滴一滴地滴入 $CaCl_2$ 溶液中，滴下的高度在 10cm 左右。保持藻酸钠不断滴下，直到形成足够多的小珠。

继续搅拌 20～30min，然后用布氏漏斗或其他大的过滤漏斗来收集小珠。注意：在过滤过程中，必须确保小珠始终浸没在液体中！在漏斗中用 1L 适合该微生物细胞的缓冲液来洗涤小珠（对酵母细胞而言，用蒸馏水即可）。使用前把小珠浸没在尽量少的蒸馏水中保存（Fraser and Bickerstaff，1997）。

在形成凝胶小珠前，可以在藻酸钠溶液中预先加入添加剂（二氧化钛或细沙粒）以调节小珠的密度、沉降速度以及机械强度（Berensmeier et al.，2004）。

小珠可以在室温下在 pH7.0 的 0.1mol/L 磷酸钠缓冲液中溶解。完全溶解需要几个小时，随初始藻酸钠浓度而异。

实验：葡萄糖的转化和乙醇的生成

非连续化实验

锥形烧瓶中放入少许一定直径的小珠（5～10g）；加入 50ml 葡萄糖溶液（5g/L）后把烧瓶放入 37℃摇床；总反应时间为 2h（估计转化率可达 80%左右），每隔 10min 或 20min 取样测定葡萄糖和（或）乙醇浓度。以时间作横坐标，葡萄糖和/或乙醇浓度作纵坐标画曲线。催化活性［g（葡萄糖/乙醇）/g（酵母）/h］由斜率算出。可以比较不同直径小珠的催化活性。通过这些数据可以考察催化的效率（见第 8 章，8.3 和 8.4 节）。

理论上，1mol 葡萄糖可以产生 2mol 的乙醇（或 1g 葡萄糖可以产生 0.45g 的乙醇）。大约 10%的葡萄糖被消耗用于维持菌体的新陈代谢。

连续化实验

把 100g 生物催化剂（10%～30%是固定化酵母）加入具筛网的柱中，构成一个填充床。泵入葡萄糖溶液（5g/L），溶液通过固定化酵母床层的速度是 0.4～4L/h（假定床层体积是 200ml，则滞留时间是 30～3min）。系统一般需要 3～5 倍的滞留时间达到稳定。之后，每隔 10min 或 20min 取样测定其中的葡萄糖和/或乙醇的含量。计算转化率、时空收率、催化剂产率。比较不同流速下的转化率。

注意：可工业化的过程应在接近最高浓度处进行操作，也就是乙醇浓度达到 10%～12%（在这个浓度下，乙醇对酵母的毒性影响了酵母的生产能力）。这样的话，葡萄糖的浓度就是大约 200g/L。由于考虑到经济原因，必须在高转化率的情况下进行生产。这时，产物抑制以及生物催化剂的失活必须加以考虑。

7.7.2 厌氧流化床反应器的特点

考察两种具有不同载体的流化床反应器的工艺特点；考察厌氧流化床反应器的操作特点。

装置

两个带循环的玻璃反应器（管式，底部有筛网，体积 7L）；两个泵（用于底物的导入以及用于循环）；流量计；电导仪；pH 计及调节器；用于 COD 或 TOC 测定的仪器；气相色谱（GC）或 HPLC 或离子色谱。

试剂

沙子（d_p 0.1～0.2），多孔玻璃，或浮石（d_p 0.2～0.42），吸附有厌氧混合培养物的载体，底物（乙酸、丙酸、丁酸或混合酸）。

流化床的压力降

分别采用无载体反应器以及以沙子、多孔玻璃或浮石作载体的反应器。在 20 个不同的升流空床速度（Q）下，分别测定压力降（$\Delta\rho$）以及床层膨胀。床层膨胀的起始点由 Q 和 $\Delta\rho$ 的对应关系确定。

厌氧流化床反应器的操作

在吸附有厌氧混合培养物的流化床反应器中，测定动力学参数 V_{max} 和表观 K_m。通过调节流速，使得载体体积膨胀 50%。往反应器中导入底物溶液，其中 COD 浓度是

1g。每隔 30min 取样测定 COD 或 TOC（总有机碳）。当不再有气体产生时实验结束。

厌氧 COD 降解

通过有机酸的降解和中间体的产生，来测定不同酸以及中间体的转化过程中的最大反应速度以及表观米氏方程常数 K_m（表观的）。从连续化的流化床反应器（载体：多孔玻璃或浮石，并在其上吸附厌氧混合培养物，其中混合培养物中含产乙酸菌和产甲烷菌；T：37℃；pH：6.8～7.3；底物：实验开始时以丁酸作底物；每 15min 取样）中取样。通过 GC 或 HPLC 测定样品中的丁酸、乙酸的量，如有条件的话，也可同时测定中间产物如异丁酸的量。动力学参数通过套用米氏方程来计算，同时要考虑可逆的异构化反应存在［方程（7.5）～（7.10）］。

专著

一般著作

Bickerstaff, G.F. (Ed.), *Methods in Biotechnology, Vol. 1: Immobilization of Enzymes and Cells*, Humana Press Inc., Totowa, NJ, USA, 1997

Doyle, A., Bryan Griffiths, J. (Eds), *Cell and Tissue Culture: Laboratory Procedures in Biotechnology*, John Wiley & Sons, New York, 1998

Hauser, H., Wagner, R. (Eds), *Mammalian Cell Biotechnology in Protein Production*, Walter de Gruyter, Berlin, New York, 1997

Jördening, H.-J., Winter, J., *Environmental Biotechnology*, Wiley-VCH, 2004

Klein, J., Winter, J. (Vol. Eds), *Environmental Processes III. Biotechnology*, Vol. 11c, Wiley-VCH, Weinheim, 2000

Marshall, K.C. (Ed.), *Microbial Adhesion and Aggregation*, Springer, Berlin, 1984

Mosbach, K. (Ed.), *Methods Enzymol.*, Vol. 135, Academic Press, Orlando, USA, 1987

Wijffels, R.H., Buitelaar, R.M., Bucke, C., Tramper, J., *Immobilized Cells: Basics and Applications*, Elsevier, Amsterdam, 1996

Wijffels, R.H., *Immobilized Cells*, Springer, Berlin, 2001

Winter, J. (Vol. Ed.), *Environmental Processes I. Biotechnology*, Vol. 11a, Wiley-VCH, Weinheim, 1999

参考文献

Aivasidis, A., Wandrey, C., Reaktionstechnische Optimierung und Maßstabsvergrößerung von anaeroben Festbett-Umlauf- und Wirbelschichtreaktoren, *Chem.-Ing.-Tech.*, 1992, 64, 374–375

Amory, D.E., Rouxhet, P.G., Surface properties of *Saccharomyces cerevisiae* and *Saccharomyces carlsbergensis*: chemical composition, electrostatic charge and hydrophobicity, *Biochim. Biophys. Acta*, 1988, 938, 61–70

Anderson, S., Berman Marks, C., Lazarus, R., et al., Production of 2-keto-L-gulonate, an intermediate in L-ascorbate synthesis, by a genetically modified *Erwinia herbicola*. *Science*, 1985, 230, 144–149

Atkinson, B., Mavituna, F., *Biochemical Engineering and Biotechnology Handbook*, 2nd edn., pp. 529–546, 1171–1173, MacMillan Publisher Ltd., New York, 1991

Austermann-Haun, U., Kunst, S., Saake, M., Seyfried, C. F., Behandlung von Abwässern, in: *Anaerobtechnik* (Böhnke, B., Bischofsberger, W., Seyfried, C. F., Eds), pp. 467–696, Springer-Verlag, Berlin, 1993

Berensmeier, S., Ergezinger, M., Bohnet, M., Buchholz, K., Design of immobilised dextransucrase for fluidised bed application, *J. Biotechnol.*, 2004, in press

Bössmann, M., Staudt, C., Neu, T.R., Horn, H., Hempel, D.C., Investigation and modeling of growth, structure and oxygen penetration in particle supported biofilms. *Chem. Eng. Technol.*, 2003, 26, 219–222

Breitenbücher, K., Hochleistung durch mehr Biomasse, *UTA Umwelttechnik Aktuell*, 1994, 5, 372 -374

Breitenbücher, K., Schott information 79, 1996

Brodelius, P., Vandamme, E.J., Immobilized cell systems, in: Rehm, H.J., Reed, G., Kennedy, J.F. (Eds), *Biotechnology*, Vol. 7a, pp. 405–464, VCH Verlagsgesellschaft, Weinheim, 1987

Buchholz, K., Immobilisierte Enzyme – Kinetik, Wirkungsgrad und Anwendung, *Chem. Ing. Tech.*, 1989, 61, 611–620

Buchholz, K., Diekmann, H., Jördening, H.-J., Pellegrini, A., Zellner, G., Anaerobe Reinigung von Abwässern in Fließbettreaktoren; *Chem. Ing. Tech.*, 1992, 64, 556–558

Champagne, C.P., Immobilized cell technology in food processing, in: Wijffels, R.H., Buitelaar, R.M., Bucke, C., Tramper, J. (Eds), Immobilized Cells: Basics and Applications, pp. 633–640, Elsevier, Amsterdam, 1996

Cheetham, P.S.J., Case studies in the application of biocatalysts for the production of (bio)chemicals, in: Straathof, A.J.J., Adlercreutz, P. (Eds), Applied Biocatalysis, pp. 93–152, Harwood Academic Publishers, Amsterdam, 2000

Chibata, I., Tosa, T., Transformations of organic compounds by immobilized microbial cells, *Adv. Appl. Microbiol.*, 1977, 22, 1–27

Chibata, I., Tosa, T., Sato, T., Takata, I., Immobilization of cells in carrageenan, in: Mosbach, K. (Ed.), *Methods in Enzymology*, Vol. 135, pp. 189–198, Academic Press, Orlando, USA, 1987

Demirel, B., Yenigün, O., Two-phase anaerobic digestion processes: a review, *J. Chem Technol. Biotechnol.* 2002, 77, 743 -755

Doran, P.M., Bailey, J.E., Effects of Immobilization on Growth, Fermentation Properties, and Macromolecular Composition of

Saccharomyces cerevisiae Attached to Gelatin, *Biotechnol. Bioeng.*, 1986, 28, 73–87

Dorias, B., Hauber, G., Baumann, P., Design of nitrification/denitrification in fixed growth reactors, in: Winter, J. (Vol. Ed.), *Biotechnology*, Vol. 11a, pp. 335–348, Wiley-VCH, 1999

Dörnenburg, H., Knorr, D., Strategies for the improvement of secondary metabolite production in plant cell cultures, *Enzyme Microb. Technol.*, 1995, 17, 674–684

Doukyu, N., Toyoda, K., Aono, R., Indigo production by *Escherichia coli* carrying the phenol hydroxylase gene from *Acinetobacter sp.* strain ST-550 in a water-organic solvent two-phase system, *Appl. Microbiol. Biotechnol.*, 2003, 60, 720 –725

Doyle, A., Bryan Griffiths, J. (Eds), Cell and tissue culture: Laboratory procedures in biotechnology, Chap. 5.8, pp. 262–267: Microcarriers – Basic Techniques. John Wiley & Sons, New York, 1998

Edwards, J.S., Ibarra, R.U., Palsson, B.O., Metabolic flux balance analysis, in: Papoutsakis, E.T. (Ed.), *Metabolic Engineering*, pp. 13–57, PUBLISHER, 1999

Ehlinger, F., Anaerobic biological fluidized beds: operating experiences in France, pp. 315–323, *Proc. 7th Int. Symp. Anaerobic Digestion*, Cape Town, South Africa, 1994

EPA (U.S. Environmental Protection Agency), Manual Nitrogen Control, EPA/625/R-93/010, 1993

Fischer, K., Biofilters, in: Klein, J., Winter, J. (Vol. Eds), *Environmental Processes III. Biotechnology*, Vol. 11c, pp. 321–332, Wiley-VCH, Weinheim, 2000

Flitsch, S.L., Watt, G.M., Enzymes in carbohydrate chemistry: formation of glycosidic linkages, *Biotechnology*, 2000, *8b*, 243–274

Franklin, R.J., Full-scale experiences with anaerobic treatment of industrial wastewater, *Water Sci. Technol.*, 2001, 44, 1–6

Franklin, R.J., Koevoets, W.A.A., van Gus, W.M.A., van der Pas, A., Application of the biobed upflow fluidized bed process for anaerobic waste water treatment, *Water Sci. Technol.* 1992, 25, 373 –382

Fraser, J. E., Bickerstaff, G. F., Entrapment in calcium alginate, in: Bickerstaff, G.F. (Ed.), *Methods in Biotechnology, Vol. 1: Immobilization of Enzymes and Cells*, Humana Press Inc., Totowa, NJ, USA, 1997

Freeman, A., Lilly, M.D., Effect of processing parameters on the feasibility and operational stability of immobilized viable microbial cells, *Enzyme Microb. Technol.*, 1998, 23, 335–345

Fukui, S., Tanaka, A., Immobilized microbial cells, *Annu. Rev. Microbiol.*, 1982, 36, 145–172

Fukui, S., Sonomoto, K., Tanaka, A., Entrapment of biocatalysts with photo-crosslinkable resin prepolymers and urethane resin prepolymers, in: Mosbach, K. (Ed.), Methods in Enzymology, Vol. 135, pp. 230–252, Academic Press, Orlando, USA, 1987

Galazzo, J.L., Shanks, J., Bailey, J.E., Comparison of Suspended and Immobilized Yeast Metabolism using ^{31}P Nuclear Magnetic Resonance Spectroscopy, *Biotechnol. Techn.*, 1987 , 1, 1–6

Geize, van der, R., Hessels, G.I., van Gerwen, R., et al., Molecular and functional characteriation of *kshA* and *kshB*, encoding two components of 3-ketosteroid 9-alpha-hydroxylase, a class IA monooxygenase, in *Rhodococcus erythropolis* strain SQ1, *Mol. Microbiol.*, **2002**, 45, 1007 –1018

Geize, van der R., Hessels, G.I., Dijkhuizen, L., Molecular and functional characterization of the *kst*D2 gene of *Rhodococcus erythropolis* SQ1 encoding a second 3-ketosteroid δ^1-dehydrogenase isoenzyme, *Microbiology*, **2002**, 148 , 3285–3292

Gonzales-Gil, G., Seghezzo, L., Lettinga, R., Kleerbezem, R., Kinetics and mass transfer in anaerobic sludge, *Biotechnol. Bioeng.*, 2001, 73, 125–134

Grimm, L.H., Kelly, S., Hengstler, J., Göbel, A., Krull, R., Hempel, D.C., Kinetic studies on the aggregation of *Aspergillus niger* conidia, *Biotechnol. Bioeng.*, 2004, 87, 213–218

Grindley, J.F., Payton, M.A., van den Pol, H., Hardy, K.G., Conversion of glucose to 2-keto-L-gulonate, an intermediate in L-ascorbate synthesis, by a recombinant strain of *Erwinia citreus*, *Appl. Environ. Microbiol.*, 1988, 54, 1770 –1775

Heijnen, J.J., Mulder, A., Weltevrede, R., Hols, J., van Leeuwen, H.L.J.M., Large-scale anaerobic-aerobic treatment of complex industrial waste water using biofilm reactors, *Water Sci. Technol.*, 1991, 23, 1427 –1436

Henry, M., Varaldo, C., Anaerobic digestion treatment of chemical industry wastewaters at the Cuise-Lamotte (Oise) plant of Société Française Hoechst 479, in: *Anaerobic Digestion 1988* (Hall, E.R., Hobson, P.N., Eds), pp. 479 -486. Pergamon Press, Oxford, 1988

Henze, M., Harremoes, P., Anaerobic treatment of wastewater in fixed film reactors – a literature review, *Water Sci. Technol.*, 1983, 15, 1–101

Hulshoff, L.W., de Zeeuw. W.J., Velzeboer, C.T.M., Lettinga, G., Granulation in UASB-Reactors, *Water Sci. Technol.*, **1983**, 15, 291–304
Hulst, A.C., Tramper, J., Immobilized plant cells: A literature survey, *Enzyme Microb. Technol.*, 1989, 11, 546–558
Iersel, van M.F.M., van Dieren, B., Rombouts, F.M., Abee, T., Flavor formation and cell physiology during the production of alcohol-free beer with immobilized *Saccharomyces cerevisiae, Enzyme Microb. Technol.*, 1999, 24, 407–411
Ishihara, K., Hamada, H., Hirata, T., Nakajima, N., Biotransformation using plant cultured cells, *J. Mol. Catalysis B: Enzymatic*, 2003, 23, 145–170
Jahnz, U., Wittlich, P., Pruesse, U., Vorlop, K.D., New matrices and bioencapsulation processes, in: Hofmann, M., Anne, J. (Eds), *Focus on Biotechnology*, Vol. 4, pp. 293–307, Kluver Academic Publishers, Dordrecht, 2001
Jördening, H.-J., Scaling-up and operation of anaerobic fluidized bed reactors, *Zuckerindustrie*, 1996, 121, 847–854
Jördening, H.-J., Jansen, W., Brey, S., Pellegrini, A., Optimierung des Fließbettsystems zur anaeroben Abwasserreinigung, *Zuckerindustrie*, 1991, 116, 1047–1052
Jördening, H.-J., Küster, W., Betriebserfahrungen mit einem anaeroben Fließbettreaktor zur Behandlung von Zuckerfabriksabwasser, *Zuckerindustrie*, 1997, 122, 934–936
Jördening, H.-J., Buchholz, K., Fixed film stationary-bed and fluidized-bed reactors, in: Winter, J. (Vol. Ed.), *Biotechnology*, Vol. 11a, pp. 493–515, Wiley-VCH, 1999
Jördening H.-J., Buchholz, K., High-rate anaerobic waste water treatment, in: Jördening, H.-J., Winter, J. (Eds), *Environmental Biotechnology*, pp. 135–162, Wiley-VCH, 2004
Junter, G.-A., Coquet, L., Vilain, S., Jouenne, T., Immobilized-cell physiology: current data and the potentialities of proteomics, *Enzyme Microb. Technol.*, 2002, 31, 201–212
Kaup, B., Bringer-Meyer, S., Sahm, H., Metabolic engineering of *Escherichia coli:* construction of an efficient biocatalyst for D-mannitol formation in a whole-cell biotransformation, *Appl. Microbiol. Biotechnol.*, 2004, 64, 333–339
Kawamoto, T., Tanaka, A., Entrapment of biocatalysts by prepolymer methods, in: Whitaker, J.R., Voragen, A.G.J., Wong, D.W.S. (Eds), *Handbook of Food Enzymology*, pp. 331–341, M. Dekker, New York, 2003
Kayser, R., Activated sludge processes, in: Jördening, H.-J., Winter, J. (Eds), *Environmental Biotechnology*, pp. 79–120, Wiley-VCH, 2004
Keim, P., Luerweg, M., Aivasidis, A., Wandrey, C., Entwicklung der Wirbelschichttechnik mit dreidimensional kolonisierbaren Trägermaterialien aus makroporösem Glas am Beispiel der anaeroben Abwasserreinigung, *Korresp. Abwasser*, 1989, 36, 675–687
Keim, P., Luerweg, M., Striegel, B., Aivasidis, A., Wandrey, C., Einsatzbeispiele und Scale-up von Wirbelschichtreaktoren mit Kugeln aus porösem Sinterglas in der anaeroben Abwasserreinigung, *Chem.-Ing.-Tech.*, 1990, 62, 336–337
Kelly, S., Grimm, L.H., Hengstler, J., Schultheis, E., Krull, R., Hempel, D.C., Agitation effects on submerged growth and product formation of *Aspergillus niger, Bioprocess Biosystems Eng.*, 2004, 26, 315–323
Kierstan, M., Bucke, C., The Immobilization of Microbial Cells, Subcellular Organelles and Enzymes in Calcium Alginate Gels, *Biotechnol. Bioeng.*, **1977**, 19, 387–397
Kihn, J.C., Masy, C.L., Mestdagh, M.M., Yeast flocculation: competition between nonspecific repulsion and specific bonding in cell adhesion, *Can. J. Microbiol.*, 1988, *34*, 773–778
Kirst, H.A., Yeh, W.-K., Zmijewski, Jr., M.J. (Eds), *Enzyme Technologies for Pharmaceutical and Biotechnological Applications*, Marcel Dekker, New York, 2001
Klein, J., Vorlog, K.-D., Immobilization Techniques-Cells, Comprehensive Biotechnology, Ed. Moo-Young, M., Pergamon Press, Oxford, **1985**, 2, 203–224
Knapp, F., Lehrbuch der chemischen Technologie, Vol. *2*, 1847, F. Vieweg und Sohn, Braunschweig, 1847
Lefebvre, J., Vincent, J.-C., Diffusion-reaction-growth coupling in gel-immobilized cell systems: Model and experiment, *Enzyme Microb. Technol.*, 1995, 17, 276–284
Lefebvre, J., Vincent, J.-C., Control of the biomass heterogeneity in immobilized cell systems. Influence of initial cell and substrate concentrations, structure thickness, and type of bioreactors. *Enzyme Microb. Technol.*, 1997, 20, 536–543
Lettinga, G., Hulshof Pol, L.W., van Lier, J.B., Zeemann, G., Possibilities and potential of anaerobic waste water treatment using anaerobic sludge bed (ASB) reactors

In: Winter, J. (Vol. Ed.), *Biotechnology*, Vol. 11a, pp. 517– 526, Wiley-VCH, 1999

Liese, A., Seelbach, K., Wandrey, C., *Industrial Biotransformations*, Wiley-VCH, Weinheim, 2000

Lonza (2004): http://www.lonzabiotec.com/biotec/en/areas/0.html

Lu, C., Lin, M.-R., Wey, I., Removal of acrylonitrile and styrene mixtures from waste gases by a trickle bed air biofilter, *Bioprocess Biosyst. Eng.*, **2000**, 25, 61–67

Lüllau, E., Biselli, M., Wandrey, C., Growth and metabolism of CHO-cells in porous glass carriers, in: Spier, R.E., Griffiths, J.B., Berthold, W. (Eds), *Animal Cell Technology: Products of Today, Prospects of Tomorrow*, pp. 152–255, Butterworth-Heinemann, 1994

Lundberg, P., Kuchel, P.W., Diffusion of solutes in agarose and alginate gels: ^{1}H and ^{23}Na PFGSE and ^{23}Na TQF NMR studies, *Magnet. Reson. Med.*, 1997, 37, 44–52

Macarie, H., Overview of the application of anaerobic treatment to chemical and petrochemical wastewaters, *Water Sci. Technol.*, 2001, 44, 201–214

McCarthy, P.L., The development of anaerobic treatment and its future, *Water Sci. Technol.*, 2001, 44, 149–156

McInerny, M.J., Anaerobic metabolism and its regulation, in: Winter, J. (Vol. Ed.), *Biotechnology*, Vol. 11a, pp. 455–478, Wiley-VCH, 1999

Messing, R.A., High-rate, continuous waste processor for the production of high BTU gas using immobilized microbes; in: Chibata, I., Fukui, S., Wingard, L.B., Jr. (Eds), *Enzyme Engineering*, Vol. 6, pp. 173–180, Plenum Publishing Corp., 1982

Mösche, M., Anaerobe Reinigung von Zuckerfabriksabwasser in Fließbettreaktoren: vom Pilotmaßstab zum 500-m^3-Reaktor, Fortschrittsberichte VDI, Nr. 201, pp. 49–53, Düsseldorf, 1998

Mozes, N., Léonhard, A.J., Rouxhet, P.G., On the relation between the elemental surface composition of yeast and bacteria and their charge and hydrophobicity, *Biochim. Biophys. Acta*, 1988, 945, 324–334

Nagashima, M., Azuma, M., Nogushi, S., Large scale Preparation of Alginate immobilized Yeast cells and its application to Industrial Ethanol Production, in: Mosbach, K. (Ed.), *Meth. Enzymol.*, Vol. 136, pp. 394–405, Academic Press, Orlando, USA, 1987

Netto, C.B., Destruhaut, A., Goma, G., Ethanol Production by Flocculating Yeast: Performance and Stability Dependence on a Critical Fermentation Rate, *Biotechnol. Lett.*, **1985**, 7, 359–360

Nojima, S., Yamada, T., Large scale production of Photo-Cross-Linkable Resin-Immobilized Yeast, in: Mosbach, K. (Ed.), *Meth. Enzymol.*, Vol. 136, pp. 380–394, Academic Press, Orlando, USA, 1987

Omar, S.H., Oxygen diffusion through gels employed for immobilization. Part 2. In the presence of microorganisms, *Appl. Microbiol. Biotechnol.*, 1993, 40, 173–181

Plaggemeier, T., Lämmerzahl, O., Treatment of Waste Gas Pollutants in Trickling filters, in: Klein, J., Winter, J. (Vol. Eds), *Environmental Processes III. Biotechnology*, Vol. 11c, pp. 333–344, Wiley-VCH, Weinheim, 2000

Pörtner, R., Shimada, K., Matsumura, M., Märkl, H., High density culture of animal cells using macroporous cellulose carriers, in: Beuvery, E.C., et al. (Eds), *Animal Cell Technology: Developments Towards the 21st Century*, pp. 835–839, Kluwer Academic Publishers, The Netherlands, 1995

Prüße, U., Dallun, J., Breford, J., Vorlop, K.-D., Production of spherical beads by jet cutting, *Chem. Eng. Technol.*, 2000, *23*, 1105–1110

Prüße, U., Fox, B., Kirchhoff, M., Bruske, F., Breford, J., Vorlop, K.-D., The jet cutting method as a new immobilization technique, *Biotechnol. Technol.*, 1998, 12, 105–108

Radovich, J.M., Mass Transfer Effects in Fermentations Using Immobilized Whole Cells, *Enz. Microb. Technol.* **1985**, 7, 2–10

Reischwitz, A., Reh, K.D., Buchholz, K., Unconventional immobilization of dextransucrase with alginate, *Enzyme Microb. Technol.*, 1995, 17, 457–461

Rinas, U., El-Enshasy, H., Emmler, M., Hille, A., Hempel, D.C., Horn, H., Model-based prediction of substrate conversion and protein synthesis and excretion in recombinant *Aspergillus niger* biopellets, *Biotechnol. Bioeng.*, 2004, in press

Roisin, C., Bienaimé, C., Nava Saucedo, J.E., Barbotin, J.-N., Influence of the microenvironment on immobilised *Gibberella fujikuroi*, in: Wijffels, R.H., Buitelaar, R.M., Bucke, C., Tramper, J. (Eds), Immobilized Cells: Basics and Applications, pp. 189–195, Elsevier, Amsterdam, 1996

Rosevear, A., Immobilized plant cells, *Food Biotechnol.*, 1988, 2

Rouxhet, P.G., Biocatalysts/interfacial chemistry, *Ann. N. Y. Acad. Sci.*, 1990, 613, 265–278

Sam-Soon, P., Loewenthal, R.E., Dold, P.L., Marais, G.R., Hypothesis for pelletisation in the upflow anaerobic sludge bed reactor, *Water SA*, 1987, 13, 69–80

Schedel, M., Regioselective oxidation of aminosorbitol with *Gluconobacter oxidans*; Key reaction in the industrial 1-deoxynojirimycin synthesis, *Biotechnology*, 2000, *8b*, 295–311

Schmid, A., Dordick, J.S., Hauer, B., Kiener, A., Wubbolts, M., Witholt, B., Industrial biocatalysis today and tomorrow, *Nature*, 2001, 409, 258–267

Schmid, A., Hollmann, F., Park, J.B., Bühler, B., The use of enzymes in the chemical industry in Europe, *Curr. Opin. Biotechnol.*, 2002, 13, 359–366

Schraewer, R., Das Anfahrverhalten von anaeroben Bioreaktoren zur Reinigung hochbelasteter Stärkeabwässer, *Starch/Stärke*, **1988**, 40, 347–352

Segre, D., Vitkup, D., Church, G.M. (2002): Analysis of optimality in natural and perturbed metabolic networks, *Proc. Natl. Acad. Sci. USA*, 2002, 99, 15112–15117

Sutton, P.M., Li, A., Evans, R.R., Korchin, S., Dorr–Oliver's fixed film and suspended growth anaerobic systems for industrial wastewater treatment and energy recovery, *37th Ind. Conf.*, **1982**, Purdue, West Lafayette, IN, USA

Tanaka, H., Matsumura, M., Veliky, I.A., Diffusion Characteristics of Substrates in Ca-Alginate Gel Beads, *Biotechnol. Bioeng.*, **1984**, 26, 53–58

Tang, C.W., Mavituna, F., Cell immobilisation of taxus media, in: Van Broekhoven, A., et al. (Eds), *Novel Frontiers in the Production of Compounds for Biomedical Use*, pp. 401–407, Kluwer Academic Publishers, Netherland, 2001

Tokayashi, M., Yokoyama, S., Cell cultivation technology, in: Hauser, H., Wagner, R. (Eds), *Mammalian Cell Biotechnology in Protein Production*, Walter de Gruyter, Berlin, New York, 1997

Trulear, M.G., Characklis, W.G., Dynamics of biofilm processes, *WPCF*, 1982, 54, 1288–1301

Ueda, M., Murai, T., Tanaka, A., Genetic immobilization of enzymes on yeast cell surface, in: Whitaker, J.R., Voragen, A.G.J., Wong, D.W.S. (Eds), *Handbook of Food Enzymology*, pp. 343–357, M. Dekker, New York, 2003

van Lier, J.B., van der Zee, F.P., Ian, N.C.G., Rebac, S., Kleerebezem, R., Advances in high-rate anaerobic treatment: staging of reactor systems, *Water Sci. Technol.*, 2001, 44, 15–25

van Loosdrecht, M.C.M., Lyklema, J., Norde, W., Schraa, G., Zehnder, A.J.B., Electrophoretic mobility and hydrophobicity as a measure to predict the initial steps of bacterial adhesion, *Appl. Environ. Microb.*, 1987, *53*, 1898–1901

VDI: VDI-Richtlinien 3477, Biological Waste Gas/Waste Air Purification. Biofilters, 1991 (German, English)

VDI: VDI-Richtlinien 3478, Biological Waste Gas Purification. Bioscrubbers and Trickle Bed Reactors, 1996 (German, English)

VDI: VDI-Richtlinien 3477, Biologische Abgasreinigung. Biofilter, 2002 (German)

Verstraete, W., van Vaerenberg, E., Aerobic activated sludge; in: Rehm, H.J., Reed, G. (Eds), *Biotechnology*, Vol. 8, pp. 43–112, VCH, Weinheim, 1986

Wanda, U., Wollersheim, R., Diekmann, H., Buchholz, K., Adhesion of anaerobic bacteria on solid surfaces, in: de Bont, J.A.M., Visser, J., Mattiassen, B., Tramper, J. (Eds), *Physiology of Immobilized Cells*, pp. 109–114, Elsevier, Amsterdam, 1990

Waugh, A., Culturing animal cells in fluidized bed reactors, in: Jenkins, N. (Ed.), *Methods in Biotechnology, Vol. 8: Animal Cell Biotechnology*, pp. 179–185, Humana Press Inc., Totowa, NJ, 1999

Waweru, M., Herrygers, V., Van Langenhove, H., Verstraete, W., Process engineering of biological waste gas purification, in: Klein, J., Winter, J. (Vol. Eds), *Environmental Processes III. Biotechnology*, Vol. 11c, pp. 259–273, Wiley-VCH, Weinheim, 2000

Weiland, P., Thomsen, H., Wulfert, K., *Entwicklung eines Verfahrens zur anaeroben Vorreinigung von Brennereischlempen unter Einsatz eines Festbettreaktors*, in: Verfahrenstechnik der mechanischen, thermischen, chemischen und biologischen Abwasserreinigung, Part 2: Biologische Verfahren (GVC-VDI, Ed.), pp. 169–186, Düsseldorf: VDI, Düsseldorf, 1988

Westrin, B.A., Axelsson, A., Diffusion in Gels Containing Immobilized Cells: A Critical Review, *Biotechnol. Bioeng.*, **1998**, *38*, 439–446

Wingender, J., Flemming, H.-C., Autoaggregation of microorganisms: Flocs and biofilms, in: Winter, J. (Vol. Ed.), *Biotechnology*, Vol. 11a, pp. 65–83, Wiley-VCH, 1999

8　固定化生物催化剂的特性

这些特性用于回答以下问题：	以下可用于回答这些问题：有关现象和需要的数据
需要多少固定化生物催化剂才能得到理想的时空产率？	需要的时空产率和效力因子（8.2，8.3，8.7节）
与游离生物催化剂相比，还有哪些其他特性会影响固定化生物催化剂的时空产率和生产力？	反应和扩散，颗粒大小和效力因子（8.3，8.4节）
如何计算效力因子？它们与实验数据相差多大？	根据描述反应和扩散的关系（8.4，8.7节）
对比不同的连续反应器（搅拌槽或填充床反应器），哪种更好？必须使用哪些效力因子？	对这些反应器时空产率的计算（8.5节）
设计一个酶反应过程必须了解生物催化剂的哪些特性？ 对于一个已给出的酶反应过程，生物催化剂的哪些特性需要改进？	对用于酶反应过程中的固定化生物催化剂的重要的机械、物理、化学和催化剂特性的描述（8.6节）
含有微溶底物或沉淀产物的悬浮液（乳状液）中能否使用固定化生物催化剂进行酶反应？	8.8节
如何将酶反应过程中由于微环境（浓度或pH梯度）和纳米环境（微孔表面电荷）的作用而产生的负面作用最小化？	使用合适的缓冲液；选择带有更少表面电荷和底物扩散距离的支持物（8.9节）

8.1　引言

固定化生物催化剂被运用在酶技术工艺上以实现分析、制备及工业目的。它们使酶可以重复利用，降低每单位产品所消耗的催化剂成本（见第6和7章）。对固定催化剂性能的研究开始于20世纪60年代左右。在那之前，自然系统，如细胞、组织及土壤中的固定酶的重要性已得到认可并对其进行了研究（Mclaren and Packer，1970；Weize，1972）。与使用非固定酶的系统相比，其反应速率不仅由催化剂的性能决定，同时还受固定化生物催化剂的质的传入、传出、内部的质的传递及其微米和纳米级环境的影响（pH、微米和纳米范围的离子间作用力）。对这种多相系统的首次试验和理论上的研究是在20世纪20年代在生理系统上进行的（Warburg，1923；Raskevsky，1940）。从30年代起，具有相同现象的系统-多相-化学催化剂被用于化学工程。在那时，最初是进行全面的量的分析（Damköhler，1937；Thiele，1939；Zeldovich，1939）。这两个系统的分析描述的相似之处曾经一度得到认可，为固定化生物催化剂的分析和试验性能的研究做出了很大的贡献。

这两个系统为酶催化过程加入固定化生物催化剂的理性设计提供了基础知识。作为不同系统性能的功能，在已知的生物催化剂活性的条件下完成所给的一个底物转化时间之间的量的关系必须算出来（见8.2～8.5节）。从中可得出单位时间产量、生物催化剂的生产效率（每单位生物催化剂所催化的底物的量，称为活性或单位质量）及生物催化剂的成本。为进一步优化固定化生物催化剂，我们必须弄清其有利于应用的性能，仔细研究固定酶及其在纳米级环境中如何受影响的。

8.2 影响固定化生物催化剂时空产率的因素

酶作用过程的时空产率（STY）为（见第2章，2.8节）：

$$\mathrm{STY}=\frac{[\mathrm{S}]_0-[\mathrm{S}]_t}{t} \tag{8.1}$$

式中：t 是底物浓度由 $[\mathrm{S}]_0$ 变为 $[\mathrm{S}]_t$ 所要求的时间，得到STY所需的生物催化剂活性 $V_{\max,0}$ 可以从等式（8.2）中计算出：

$$V_{\max,0}=\frac{\int_{[\mathrm{S}]_t}^{[\mathrm{S}]_0}\mathrm{f}([\mathrm{S}],[\mathrm{P}])\mathrm{d}[\mathrm{S}]}{(1-\mathrm{e}^{-k_i t})/k_i} \tag{8.2}$$

式中：k_i 是生物催化剂一级失活速度常数。在反应器中使用具有相同催化活性的固定化生物催化剂时，不能假定所有的催化剂都同时被使用。一些处于颗粒内部的催化剂，在它们被转运到颗粒外部前，就无法接触到底物。考虑到这一点，必须在等式（8.2）中引入效力因子 η（催化剂使用程度≤1）。给出以下关系式：

$$V_{\max,0}=\frac{\int_{[\mathrm{S}]_t}^{[\mathrm{S}]_0}\mathrm{f}([\mathrm{S}],[\mathrm{P}])\mathrm{d}[\mathrm{S}]}{\eta(1-\mathrm{e}^{-k_i t})/k_i} \tag{8.3}$$

在这个关系式中，一旦知道了 η，就可以得出 $V_{\max,0}$。在8.3～8.5节中概述了不同反应器的效力因子的定义和计算。

时空产率作为 $V_{\max,0}$ 的函数，受到以下系统特性的限制（图8.1）：

- 单位时间内，被传送到带有固定化生物催化剂的颗粒的最大底物量。
- 在带有固定化酶或细胞的颗粒中能够达到的最高生物催化剂浓度。

它们受工程方法（颗粒大小、质量迁移率）或生物化学/生物方法（催化剂内容）影响。除此之外，STY可以受到以下因素影响：

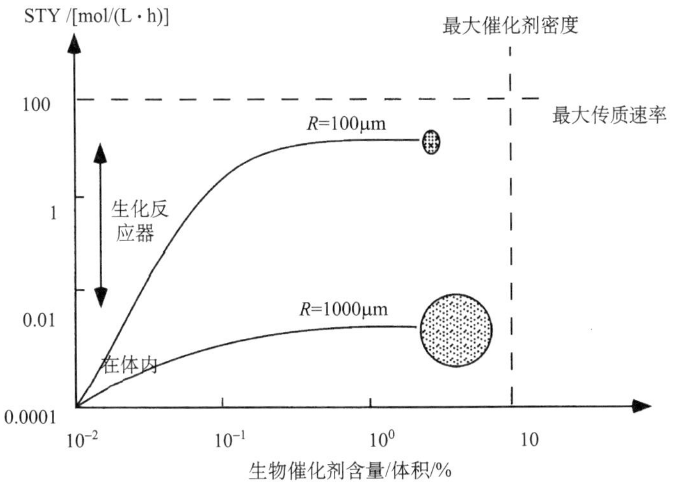

图 8.1 使用固定化生物催化剂的反应器中对于最大的时空产率（STY）的限制系统特性是生物催化剂含量（反应器容量的%）和颗粒半径 R 的函数。

- 带有固定化生物催化剂的颗粒的特性：
  —化学、机械和热稳定性；
  —单位颗粒量内部（微孔）和外部表面官能团（电荷、疏水基）的浓度和类型；
  —多孔性、微孔尺寸；
  —颗粒浓度。
- 固定化生物催化剂（酶或细胞）的特性：
  —固定化生物催化剂的生物催化特性（见第 2 章的 2.6 节和 2.7.1 节）；
  —动力学控制反应 $(k_T/k_H)_{app}$ 的转换数 k_{cat}、米氏常数 K_m、立体选择性 E 或合成/水解选择性；
  —稳定性。
- 颗粒中底物和产物的浓度梯度（尤其是 pH 梯度）（Tischer and Kasche，1999）。

8.3 固定化生物催化剂的效力因子

图 8.2 为带有固定化生物催化剂的颗粒外部的底物浓度。在稳定的状态下，底物梯度是与时间无关的；单位时间内，传送到颗粒的相同量的底物转变为颗粒内部的产物。

由于底物会传送到颗粒中，在颗粒（细胞）外部会形成一个浓度梯度。这种扩散是由浓度梯度驱动的，浓度梯度是用非搅拌扩散层的厚度 δ 来描述的。

在这个层上质传递仅以扩散的方式进行。膜的厚度可以用搅动的方式来减小，搅动可以增大颗粒相对溶剂的速率（图 8.2）。搅动产生的力可能会引起颗粒的磨损，所以为了避免磨损，搅动的速度必须有一个最高值。

从图 8.2 可知，固定化生物催化剂处在比整体浓度低的底物中。这是由两个不同的效力因子引起的（固定的和操作的）（图 8.3 和图 8.4）。

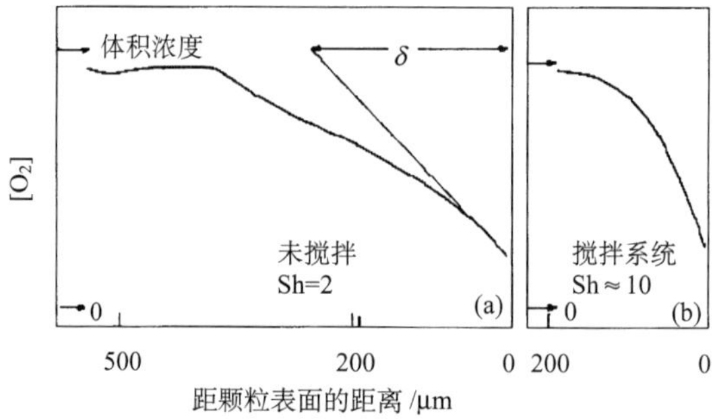

图 8.2 带有固定葡萄糖氧化酶（该种酶能够在有氧气时催化葡萄糖的氧化反应）的球形颗粒（半径 R 约 300μm）外部的氧气浓度梯度。(a) 没有搅拌［舍伍德数 (Sh)＝2］；(b) 有搅拌 (Sh≈10)。氧气浓度是通过氧气微电极来测定的，微电极的探针直径只有几个微米。可以注意到，在颗粒表面的梯度（切线）与氧气的体积的交叉点处的扩散层的厚度约等于未搅拌系统中的颗粒半径。这与理论分析的结果（Kasche and Kuhlmann，1980）相符。

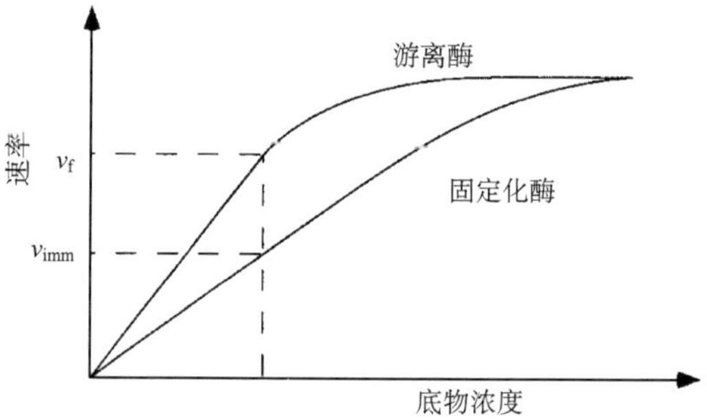

图 8.3 固定效力因子 η 的确定。

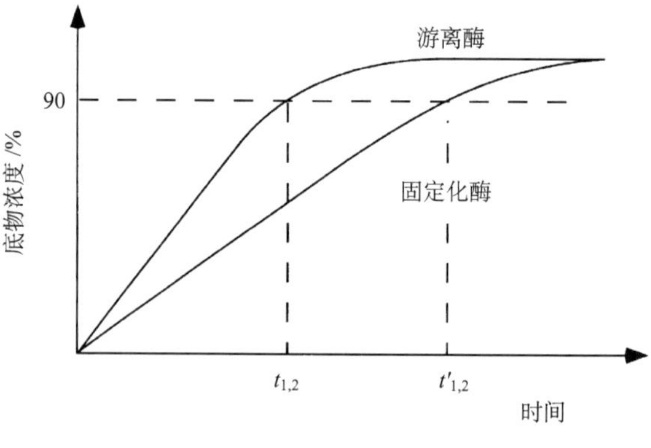

图 8.4 由过程曲线确定操作效力因子 $\eta_o = t_{1/2}/t'_{1/2}$。

固定效力因子 η 是在相同条件、有相同的生物催化剂（V_{max}）和整体浓度下最初速率的比率：

$$\eta = v_{\text{imm}} / v_{\text{f}} \tag{8.4}$$

这由试验可以容易地得出。固定效力因子可以分为外部（扩散层）效力 η_e 和内部（颗粒内部）效力 η_i。然而，与固定效力因子 η 相比，这两者很难由试验得出，这里将不采用。

这种固定效力因子并不能说明达到酶反应终点所需的时间（图 1.9 和图 2.9）。在这个过程中，颗粒外的底物浓度以及固定效应都被改变了。因此，Kasche 于 1983 年引入了操作效力因子 η_o 并将其定义为，在其他条件不变时，相同的最初底物浓度下，单位反应器体积里相同的游离及固定化生物催化剂量，达到一个过程终点所需要的时间（图 8.4）：

$$\eta_{o} = t_{1/2} / t'_{1/2} \tag{8.5}$$

从图 8.4 中的进程曲线图（底物浓度与时间的函数关系）上可以很容易得出这一结论。

8.4　传质与反应

8.4.1　固定化生物催化剂最大反应速率与颗粒半径的函数关系

STY 或者酶反应观察速率 v_{obs} 与颗粒状生物催化剂浓度的函数关系如图 8.1 所示。它受底物传递给载体中的颗粒与生物催化剂的最大传递速率的限制。如果后者决定速率，可以通过提高生物催化剂浓度至 v_{obs} 受限于传质，来提高速率。

最佳生物催化剂浓度，即活性 $V'_{\max}$ 可以这样得出：在生物催化剂含量低时曲线图中的线性部分与最大传质速率相交的地方，如图 8.1 中水平部分所示，如下的速率等于 1。

$$\frac{\text{颗粒最大反应速率}}{\text{颗粒最大传质速率}} = \frac{V_{\text{p}} \eta \dfrac{V'_{\max}}{\text{f}([\text{S}],[\text{P}])}}{A_{\text{p}} k_{\text{L}} \alpha c_{\text{S}}(\infty)} = 1 \tag{8.6}$$

并且该速率可以用来估计 $V'_{\max}$，此公式中 V_{p} 和 A_{p} 分别是颗粒体积和固定酶颗粒的表面积。η 是固定效力因子。固定化生物催化剂为最佳量。α 是主要底物浓度 $c_{\text{S}}(\infty)$ 中的一部分在扩散层中的浓度变化，k_{L} 是传质系数。后者，以及尺寸速率，都是间歇式反应器中搅拌速度或者填充层反应器中线性流动速率的函数。可以用如下等式表示：

$$k_{\text{L}} = D_{\text{S}}\,\text{Sh}/2R = D_{\text{S}}/\delta \tag{8.7}$$

式中：D_{S} 是酶反应物的扩散系数，Sh 是无因次舍伍德数（离子直径与未受搅动的扩散层厚度的比）。在一个未经搅动的体系中，对一个球形颗粒来说，其值为 2（Kasche and Kuhlmann，1980；见第 9 章）。$V'_{\max}$ 可以用如下的假设（等式 8.6）：$c_{\text{S}}(\infty)$ 远大于 K'_{m}，从等式 8.6 中推出，此时，$\text{f}([\text{S}],[\text{P}])$ 和公式 8.6 中的 η 约等于 1（见 2.7 节）。在酶过程中需要达到摩尔水平的较高的初始底物浓度，此时假设成立（表 2.4）。从等式 8.6 和 8.7 中所得出的对于 $V'_{\max}$ 的表达式是

$$V'_{\max} = (1.5/R^2) D_{\text{S}}\,\text{Sh}\,\alpha c_{\text{S}}(\infty) \tag{8.8}$$

$V'_{\max}$ 为图 8.5 中颗粒半径和不同主要底物浓度的函数，适用于 MW≈500，$D_{\text{S}}\approx$

$6\times10^{-6}V'_{max}$为 cm^2/s，Sh=10 并且 $\alpha=0.1$。填充床反应器所使用的固定化生物催化剂半径应该大于 100～200μm，以避免反应器中出现过大的背压。对于搅拌的间歇式反应器，半径可以小些。当半径≤10μm 时，不管是用过滤还是沉淀都很难将颗粒从反应混合物中分离。半径不能超过 100～200μm，才能提高速率和 STY（图 8.5）。问题在于，此图中所计算的 V'_{max}能否应用于可行的固定化生物催化剂载体中（见第 6 章）。在这些颗粒中，每升湿载体中可以固定达到 10g 的酶，可以为 MW 为 25～100kDa 的酶提供 100～400μm 的酶浓度。许多酶的转换数为 100/s（图 2.4 和图 2.5），这使得 V'_{max}取值范围为 0.01～0.04（或 $6\times10^5\sim24\times10^5$U/L），即和图 8.5 中所计算的值的数量级一样。实际值可能会小些，因为假设值 $\alpha=0.1$（过大），$\eta\approx1$（过大）。为了分析这种情况，颗粒内外的效力因子和底物浓度都必须考虑进去（见 8.4.2 节）。

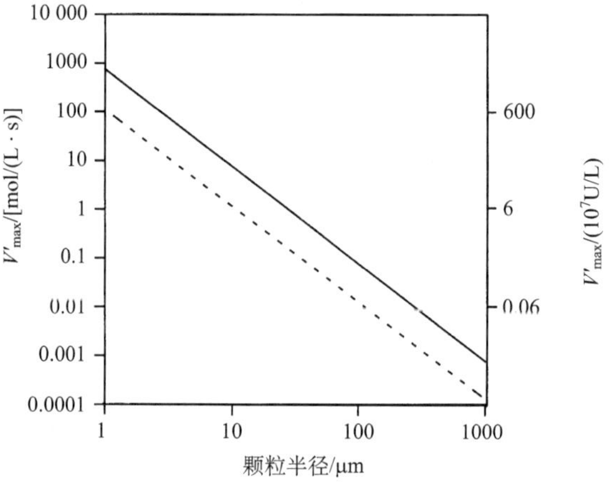

图 8.5　V'_{max}作为颗粒半径的函数，颗粒半径从等式（8.8）中算出，等式表达了最初主要底物的浓度，1mol/L 为实线，0.1mol/L 为虚线。

8.4.2　效力因子和颗粒内外浓度分布曲线计算

从 $r+dr$ 和 r 间体积元素质量守恒关系中，我们可以发现，使用固定化生物催化剂的球形颗粒内外浓度分布曲线维持在一个稳定的状态（图 8.6），因此，净扩散相当于底物的转换（仅参考无抑制作用和固定化生物催化剂性质的米氏动力学模型）。

$$D'_S\cdot A(r+dr)\frac{dc_S(r+dr)}{dr}-D'_S\cdot A(r)\frac{dc_S(r)}{dr}=\frac{V'_{max}\cdot c_S(r)}{K'_m+c_S(r)}A(r)\cdot dr \quad (8.9)$$

或者说是 $A(r+dr)$ 和 $A(r)$ 的部分与扩散运动部分垂直，根据泰勒级数，得到以下公式：

$$\frac{dc_S(r+dr)}{dr}=\frac{dc_S(r)}{dr}+\frac{d^2c_S(r)}{dr^2}\cdot dr \quad (8.10)$$

根据这个公式，公式（8.9）转变为：

$$D'_S\left(\frac{d^2c_S(r)}{dr^2}+\frac{n}{r}\cdot\frac{dc_S(r)}{dr}\right)=\frac{V'_{max}\cdot c_S(r)}{K'_m+c_S(r)} \quad (8.11)$$

式中，$n=0$、1 或 2，分别对应于平面、圆柱和球形几何。使用以下限制条件，可对这个等式求解：

$$\frac{\mathrm{d}c_S(r)}{\mathrm{d}r}=0 \quad \text{at} \quad r=0$$

$$c_S(R)=c_S(\infty)-\frac{D_S}{k_L}\cdot\frac{\mathrm{d}c_S(R)}{\mathrm{d}r} \quad \text{for} \quad r=R(\text{颗粒表面})$$

从等式（8.7）和图 8.6 中，我们可以得出 $\mathrm{d}c_S(R)/\mathrm{d}r$ 值，这可以算出底物进入颗粒的比率，在稳定的状态下，这个比率等于颗粒底物的转换比率。

运用多步运算，可以将等式（8.11）转换成无因次形式

$$\gamma=\frac{c_S(\infty)}{K'_m} \quad z=\frac{r}{R} \quad c_S(z)=\frac{c_S(r)}{c_S(\infty)}$$

这样可以得出：

$$\frac{\mathrm{d}^2c_S(z)}{\mathrm{d}z^2}+\frac{n}{z}\cdot\frac{\mathrm{d}c_S(z)}{\mathrm{d}z}=\frac{R^2\cdot V'_{max}}{D'_S\cdot K'_m}\cdot\frac{c_S(z)}{1+c_S(z)\cdot\gamma} \tag{8.12}$$

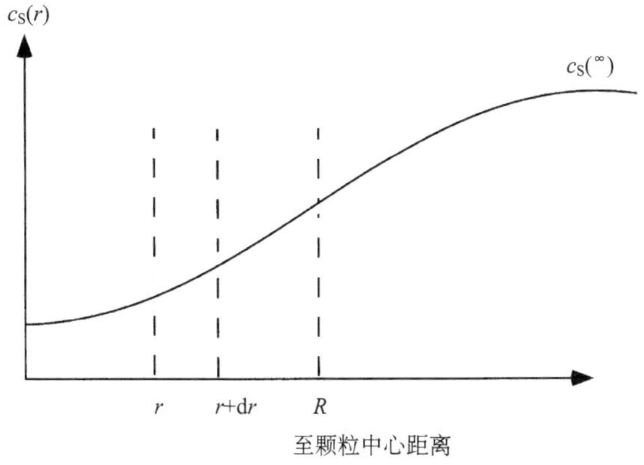

图 8.6 稳定状态下，使用生物催化剂（酶、细胞），颗粒内外（半径 R）底物浓度（c_S）无因次值。

$$\varphi^2=\frac{R^2\cdot V'_{max}}{D'_S\cdot K'_m} \tag{8.13}$$

等式（8.12）是一个无因次 Thiele 模数的平方，它是颗粒中底物转换率最大值与底物进入颗粒率最大值之比，这个以异相催化剂为特征的比率首先由 Damköhler (1937) 提出，它包括了影响固定化生物催化剂活性的性质，在这些数值中，D'_S 和 R 对于自由生物催化剂的活性没有影响，这里 φ^2 可以应用于所有底物浓度，即第一位反应（$c_S<K_m$），零次位反应（$c_S\geqslant K_m$）（在一些关于异相催化剂的书中，算出无因次数只能求出第一位和零次位反应值）。

只有通过分析第一和零次反应，才能解出微分方程式［等式（8.12）］，因此大体上只要用数值法分解就可以解出方程，这里一个比较适用的方法是排列法（Villadesen and Michelsen，1978）。得出浓度分布曲线后，效力因子能通过以下 8.3 节的定义解出，不变的效力因子为

$$\eta=\frac{3\cdot D'_S\cdot\dfrac{dc_S(R)}{dr}}{R_m\cdot V(c_S(\infty))}=\frac{3\int_0^1 z^2\cdot V(c_S(z))dz}{V(c_S(1))}\tag{8.14}$$

式中：R_m 为颗粒平均半径长度，$V(c_S(\infty))=V'_{max}\cdot c_S(\infty)/(K'_m+c_S(\infty))$。

等式（8.5）中的 $t'_{1/2}$ 能通过以下多步积分得到

$$d(c_S(\infty))/dt=\eta(c_S(\infty))\cdot V(c_S(\infty))\cdot n\cdot(4/3)\pi R_m^3$$

$$\int_{c_{S1}(\infty)}^{c_{S2}(\infty)}\frac{-3dc_S(\infty)}{\eta(c_S(\infty))\cdot V(c_S(\infty))\cdot n\cdot 4R_m^3\pi}=\int_0^{t'_{12}}dt=t'_{12}\tag{8.15}$$

式中：n 为每单位体积内的颗粒数，当 $\eta=1$ 时，将等式（8.15）积分，可以算出等式（8.5）中的时间 $t_{1,2}$，然后可以从等式（8.5）中算出 η_0。

效力因子算出了不同的参数，在图 8.7 和图 8.8 中可以看到。我们使用了舍伍德常数［等式（8.7）］作为外部传质系数，对于球形颗粒在一个不搅拌的系统中，舍伍德常数等于 1，而在搅拌式反应器或填充床反应器中，舍伍德常数为 20～30。数值越高，所需搅动和输送的能量越大，那么效力因子在一定范围内改变，在图中算出的值可以用来推测出固定化生物催化剂的效力因子，对比实验数据（图 8.8）显示实验误差为±20%～30%，误差大是由于等式（8.7）和（8.13）计算量，它们用来计算 Thiele 模数和舍伍德数。误差最好被限制在±5%左右，我们使用自由酶的 K_m 来对此进行预测。由于速率也必须在［S］$\leqslant K'_m$ 的条件下确定（见 2.7.1 节），从图 8.7 可知，只有在 $\varphi^2<1$ 的系统中才能确定固定化酶的内在分子性质 K'_m。

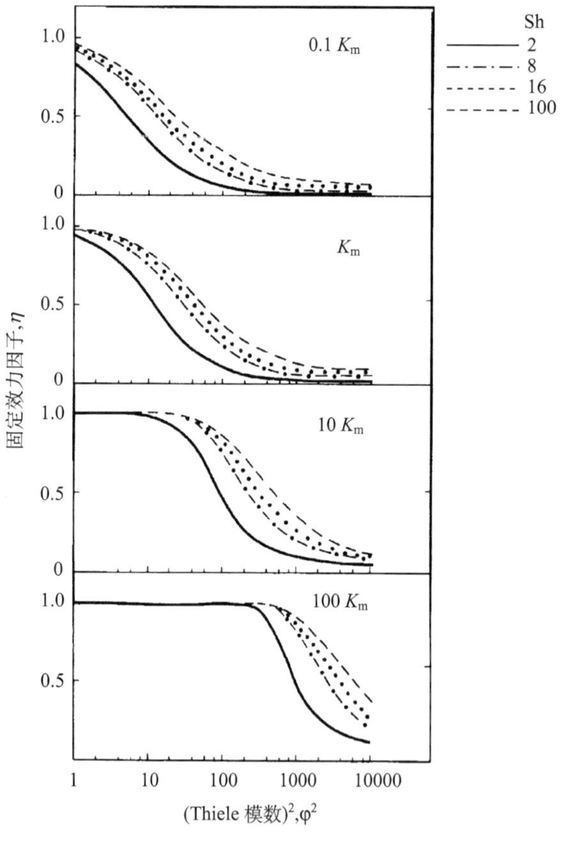

图 8.7　针对不同底物浓度，适于简单米氏动力学模型（一种底物，无抑制剂）的固定效力因子 η 作为 Thiele 模数的平方数和舍伍德数（Sh）的函数，以 K_m 为单位（Kasche，1983）。

图 8.7 和图 8.8 的值可以用简单米氏动力学模型（一种底物，无抑制剂）计算得出，但这并不适用于酶催化过程，其他情况下（一种底物有抑制剂，两种底物有或者没有抑制剂）的效力因子同样能通过计算得出。许多酶催化过程如水解反应可以看作是同种底物的反应。然而这里竞争性产物抑制剂不能被忽略。因此，K'_m 可以推导变

为$K_m(1+[P]/K_i)$，其中 [P] 随时间的增长而增长（表 2.6）。对于此过程，效力因子可以从图 8.7 和图 8.8 通过代入$[P]=0.5[S]_0$——起始底物浓度的一半来计算。

因此，这些数字可以用来：

- 推测出给定的固定化生物催化剂的效力因子；
- 设计出效力因子≈1 的固定催化剂。

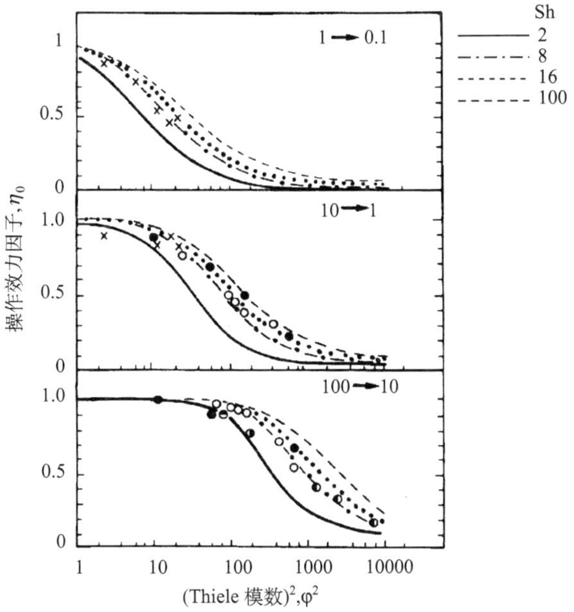

图 8.8 针对不同初始底物浓度，适于简单米氏动力学模型（一种底物，无抑制剂）的操作效力因子 η_0 作为 Thiele 模数的平方数和舍伍德数（Sh）的函数，以 γ/K_m 为单位，适用于球形颗粒和 90%的底物转化。对这些过程所得的计算（曲线）和实验（圈）数据进行对比（Kasche，1983）。

8.5 时空产率和不同反应器的效力因子

为设计出使用固定化生物催化剂的酶催化过程，从而评估不同反应器使用过程，需要得到生物催化剂的活性（V_{max}），这样可以计算出时空产率［等式（8.3）］。时空产率和 V_{max}之间的关系可以从最重要的几种反应器中获得——连续搅拌反应器（CST）和填料床反应器（PB），我们会根据以下（理想化）假设进行演示：

- 连续搅拌反应器：完全混合过程；
- 填料床反应器：栓（活）塞流；没有径向扩散。

两种反应器都能控制在相同的温度，装载相同的固定化生物催化剂，而钝化作用被忽略。催化反应被描述为简单米氏动力学模型（一种底物，无抑制剂），这样可以用来回答为什么效力因子适用于不同反应器的问题。

8.5.1 连续搅拌反应器

连续搅拌反应器（图 8.9）特征如下：V_T = 反应器体积；α_T = 反应器体积中固定化生物催化剂占的体积；Q = 流量。平衡状态下，反应器中（[S] 与时间无关）的关系为：

$$[S]_0 \cdot Q - [S] \cdot Q - \frac{\eta([S]) \cdot \alpha_{CST} \cdot V_{CST} \cdot V_{max}[S]}{K_m + [S]} = 0 \tag{8.16}$$

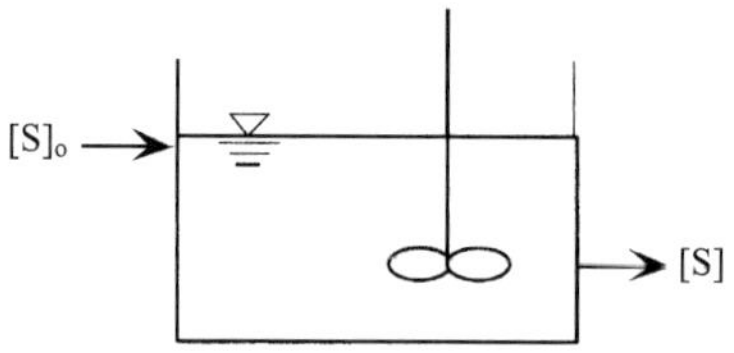

图 8.9 连续搅拌反应器；操作细节。

这里，必须使用不变的效力因子 [等式 (8.4)]，因为底物浓度是常数。用相关的底物浓度

$$\gamma_2 = \frac{[S]}{K_m}; \gamma_1 = \frac{[S]_0}{K_m} \tag{8.17}$$

等式 (8.7) 可以写为：

$$(\gamma_1 - \gamma_2)Q = \frac{\eta(\gamma_2) \cdot \alpha_{CST} \cdot V_{CST} \cdot \gamma_2}{(1+\gamma_2)K_m} \tag{8.18}$$

从 γ_1 和 γ_2 处获得的反应器底物转化的反应时间 $\tau_{12,CTS}$ 为

$$\tau_{12,CTS} = \frac{V_{CST}}{Q} = \frac{\gamma_1 - \gamma_2}{\gamma_2} \cdot \frac{(1+\gamma_2)K_m}{\alpha_{CST} \cdot V_{max}\eta(\gamma_2)} \tag{8.19}$$

STY 表示为：

$$\begin{aligned} STY_{CST} &= \frac{\text{转化的底物量(mol)}}{\text{单位时间·单位反应器体积}} \\ &= \frac{(\gamma_1 - \gamma_2)K_m}{\tau_{12,CTS}} = \eta(\gamma_2) \cdot V_{max} \cdot \frac{\gamma_1 \cdot \alpha_{CST}}{1+\gamma_2} \end{aligned} \tag{8.20}$$

从这个公式中，我们可以计算出单位时间内单位体积反应器所需的生物催化剂量，获得 STY。

8.5.2 填料床反应器（PB）或间歇搅拌反应器

反应器（图 8.10）特征如下：

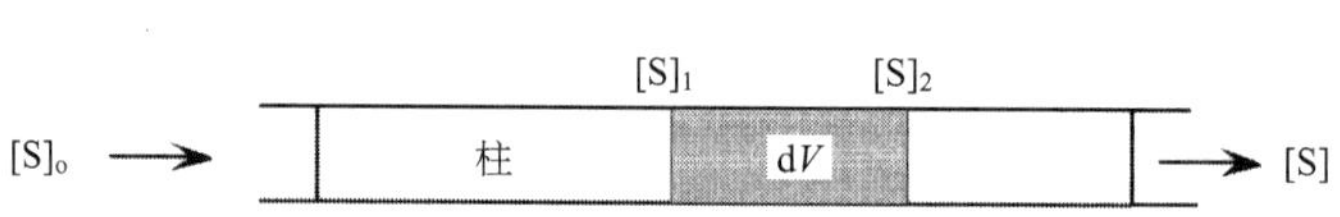

图 8.10 填料床反应器；操作细节。

随着将下标由 CST 改为 PB，同样的特征也适用于这种反应器。在体积项 dV 中，以下关系适用于平衡态。

$$([S]_1 - [S]_2) \cdot \frac{dV}{dt} - \frac{\eta \cdot \alpha_{PB} \cdot V_{max} \cdot [S] \cdot dV}{K_m + [S]} = 0 \tag{8.21}$$

在 PB 反应器中，固定效力因子不是常数，它随 [S] 变化。根据相对底物浓度，等式 (8.17) 和 (8.21) 变化为

$$\frac{d\gamma}{dt} = \frac{\alpha_{PB} \cdot V_{max} \cdot \gamma \cdot \eta(\gamma)}{K_m(1+\gamma)} \quad \text{或} \quad dt = \frac{K_m(1+\gamma)d\gamma}{\alpha_{PB} \cdot V_{max} \cdot \eta(\gamma) \cdot \gamma}$$

对填料床积分获得底物从 γ_1 到 γ_2 转化所需要的保留时间。根据效力因子的定义，我们得到

$$\tau_{12,\mathrm{PB}} = \int_0^{t_{12,\mathrm{PB}}} \mathrm{d}t = \frac{K_\mathrm{m}}{\alpha_\mathrm{PB} \cdot V_{\max}} = \int_{\gamma_2}^{\gamma_1} \frac{(1+\gamma)\mathrm{d}\gamma}{\eta(\gamma) \cdot \gamma} \tag{8.22}$$

$$\tau'_{12,\mathrm{PB}} = \frac{1}{\eta_{0,12}(\gamma_1)} \cdot \frac{K_\mathrm{m}}{\alpha_\mathrm{PB} \cdot V_{\max}} \{\ln(\gamma_1/\gamma_2) + (\gamma_1 - \gamma_2)\} \tag{8.23}$$

首先在 $\eta(\gamma)=1$（对于游离酶）的情况下对等式（8.23）积分，然后用等式（8.5）的定义得出等式（8.24）。当酶的失活可以忽略时，一个考虑到产物和底物受抑制情况的通用的关系式为

$$\tau_{12,\mathrm{PB}} = \frac{1}{\eta_{0,12}([\mathrm{S}]_0)} \cdot \frac{\int_{[\mathrm{S}]_t}^{[\mathrm{S}]_0} \mathrm{f}([\mathrm{S}],[\mathrm{P}])\mathrm{d}[\mathrm{S}]}{\alpha_\mathrm{PB} \cdot V_{\max}} \tag{8.24}$$

式中：$\mathrm{f}([\mathrm{S}],[\mathrm{P}])$ 如等式（2.34）、（2.35）、（2.36）所示。它也适用于不连续搅动间歇反应器，对于该反应器，必须使用操作效力因子。对于这些反应器的 STY 类似于等式（8.21）的推导。

$$\mathrm{STY}_\mathrm{PB} = \eta_{0,12} \cdot V_{\max} \cdot \frac{\alpha_\mathrm{PB}(\gamma_1 - \gamma_2)}{\ln(\gamma_1/\gamma_2) + \gamma_1 - \gamma_2} \tag{8.25}$$

由此可以计算出单位反应器体积所需的固定化生物催化剂的量（$\alpha_\mathrm{PB}V_{\max}$）。

8.5.3　CST 与 PB 反应器的比较

等式（8.20）和（8.25）表明，STY 在所使用的效率系数和表示底物转化率的术语上存在差异。当底物转化率不变时（≥90%），等式（8.25）与等式（8.20）的比是

$$\frac{\mathrm{STY}_\mathrm{PB}}{\mathrm{STY}_\mathrm{CST}} = \frac{\eta_{0,12}(\gamma_1) \cdot \alpha_\mathrm{PB} \cdot (\gamma_1 - \gamma_2) \cdot (1+\gamma_2)}{\eta(\gamma_2) \cdot \alpha_\mathrm{CST} \cdot \gamma_2 \cdot (\ln(\gamma_1/\gamma_2) + \gamma_1 - \gamma_2)} \tag{8.26}$$

此关系式可用来比较这两种反应器。总体而言，$\gamma_1 \gg 1$，$\alpha_\mathrm{PB} > \alpha_\mathrm{CST}$，并且 $\eta_{0,12}(\gamma_1) \geqslant \eta(\gamma)$（图 8.7 和图 8.8）。这时，等式（8.26）中的比率是>1，即此时 PB 反应器的 STY 大于 CST 反应器的。这也说明，当 STY 相同时，PB 反应器中的生物催化剂用量应该比 CST 反应器中的更少，反应器体积也要更小。在 CST 反应器中，α_CST 应小于 0.05，以避免剪应力以及颗粒碰撞所产生的磨损。这限制了反应器中所能达到的 STY。在 PB 反应器中，$\alpha_\mathrm{PB} \geqslant 0.5$，因此同等反应器体积条件下，可以获得更高的 STY。

对于有数个底物抑制和酶的失活等情况的反应过程来说，等式（8.20）和（8.25）会更复杂。有了产物的抑制，PB 反应器优于 CST 反应器，因为后者比前者作业时的产物浓度更大。在某些条件下，CST 反应器优于 PB 反应器，尤其对于气态产物或者需要中和的产物来说，如 H^+。PB 反应器上不利的 pH 梯度问题可以通过将其分为几个连续的反应器来解决，这样，pH 可以调节成各个反应器中所需要的值。酶催化过程中所使用的是体积为 $0.01 \sim 10\mathrm{m}^3$ 的 CST 和 PB 反应器。

8.6　固定化生物催化剂基本性质的测定

基于实验室需求、分析目的和酶技术等广泛的应用，发展了固定化的生物催化剂。

考虑到固定化生物催化剂的可重复使用性及为特定应用选择最佳的酶，必须对生物催化剂进行定性测定，即用标准步骤测定其基本的物理化学性质（包括机械性能）、动力学性质、生产工艺条件下的稳定性。这项工作在一些科学文献中也被提出来了（Buchholz. et al.，1979），表 8.1 列出了对酶的大规模生产工艺具有重要影响的性质，但并不是所有的性质对酶在实验室或分析水平都具有重要作用。这也解释了为什么在科学文摘中关于固定化生物催化剂性质的描述经常不充分，或生产商不能提供足够的信息。

表 8.1　应该给出或测定的固定化生物催化剂的基本信息或性质，考虑到其可重复使用性及衡量支持物的好坏，还应该包括影响因素，这些影响因素对于酶反应过程必不可少（Buchholz et al.，1979；EFB，1983）（斜体字表示的性质是催化剂工业应用中必须要测定的）

基本信息/性质	影响性质的因素
基本信息	
1.1 所催化的反应	
1.2 酶（EC 数）和酶的来源（微生物或组织）；纯度，pI（等电点）	
1.3 固定化催化剂使用的支持物；功能基团	
固定化	
2.1 固定化方法；固定化过程的条件（浓度，pH，I，T）；如何失活支持物上无用基团？	pH，I，T，t
2.2 固定化产率（关于酶量和酶活）和如何确定	固定化起始 pH，I，T，t [E]。通过吸附作用固定化的吸附等温线
2.3 对于疏水溶剂中的固定化生物催化剂：在转移到无水溶剂前的 pH 和使用的缓冲液	
固定化生物催化剂的物理-化学性质	
3.1 形状，湿颗粒平均直径（R）和分布范围；表面积/g 湿重；颗粒微孔的平均直径（R）及分布范围	pH，I
3.2 膨胀度（湿体积/干体积）	pH，I
3.3 压缩性/填冲床的压降	床高度 H，R，压降 Δp；线性流动速率 u
3.4 搅拌式反应器或流式床反应器中的磨损	R，颗粒密度，搅拌桨直径和速度
3.5 荧光光谱	pH
3.6 支持物固有电荷（正或负电荷）n_c；微孔表面：亲水的或疏水的	pH，I
动力学性质	
4.1 固定化酶的本质性质 V'_{max}；k'_{cat} 及活性酶浓度 n_E；K'_i；选择性 [立体的和 $(k_T/k_H)_{app}$]	pH，I，T，[S]，n_c
4.2 反应条件下固有的和实际效力因子	PB 反应器的 pH，I，R，V'_{max}，K'_m，D'_S，[S]，[P]. CST 和批反应器的 n，d_i
4.3 反应条件下的空间时间得率	pH，I，R，V'_{max}，K'_m，D'_S，[S]，[P]
稳定性和生产力	
5.1 存储稳定性	pH，I，T，t
5.2 反应条件下的稳定性（操作稳定性）	pH，I，T，k_i，t
5.3 生产力（空间时间得率是酶随时间的积分）（产物的量/单位体积固定化酶的量）	pH，I，R，V'_{max}，K'_m，D'_S，[S]，k_i

固定化生物催化剂的性质如前所述——特别是通过采用不同的支持物，对同一种酶在相同的反应下进行对比研究，这种方法能提供关于支持物的重要信息，对于改进生产工艺具有重要作用，最近开发的纳米生物技术，即纳米水平上的分子反应，如在固定化生物催化剂颗粒微孔的表面、天然或人工膜表面进行的反应，使我们重新认识到了固定化生物催化剂研究的重要性。

当将此技术用于食品或医药工业时，我们就必须考虑健康和环境控制方面的问题，相关信息可以在 WHO（WHO；www.who.org）或 FDA（FDA；www.fda.gov）网站的首页上找到，也可以查看第 4 章 4.1 节和附录 A。

8.6.1　物理-化学性质

表 8.1 给出了固定化生物催化剂的物理-化学性质。使用显微镜，能够测定膨胀颗粒的平均半径，或专门的仪器也能确定颗粒尺寸的分布范围。窄的分布范围对于 PB 反应器很重要，因为其决定了床的多孔性结构，继而决定了压降。测量颗粒直径大小分布的方法也可以用来衡量搅拌罐或流式床反应器中酶颗粒的磨损程度。就技术相关性来说，磨损作用是颗粒浓度的函数，必须在具有高剪切力的反应器中才能实现。这就要求有装有隔板的管道，并施加搅拌，要求颗粒的直径≥50mm（见第 9 章，9.3 节）。正如预期所料，磨损作用随反应器中颗粒浓度的增加而增加，以此为基础，颗粒含量的上限不能超过这类反应器体积的 5%。这限制了这些反应器的空间-时间产率。在酶技术中，所用的颗粒直径 R 的范围为 50～500μm，其内部表面积为 10～100m^2/g 湿颗粒。颗粒上微孔的平均直径通常大于 20nm。干的颗粒只能用孔隙率计测量其微孔的直径分布，快速冷冻的颗粒还可以用扫描电子显微镜来测量。

在所有的反应器中，颗粒的直径影响效力因子，在 PB 反应器中，反应器中的压降由直径的平方决定，同时受空隙体积分数 ε（或称床体孔隙率）的影响。对于球状颗粒在最佳填充时空隙体积占 35%～40%的床体积。在流式床反应器中，颗粒的直径和密度通过影响线性液体流动速率的作用形式，来决定床体的膨胀度。通常来说，颗粒的半径分布是不均一的，因此必须测定其平均值。用简单的平均值表示为［等式（8.27）］。

$$\overline{R}_{\mathrm{p}} = \left(\sum_{i=1}^{n} R_{\mathrm{p},i}\right)/n \tag{8.27}$$

式中，n 为颗粒数量，不能用来计算颗粒总的表面积，总表面积决定了物质向颗粒的传递速率。由此，必须用下面的平均值［等式（8.28）］

$$\overline{R}_{\mathrm{p,A}} = \left(\sqrt{\sum_{i=1}^{n} R_{\mathrm{p},i}^{2}}\right)/n \tag{8.28}$$

在用于酶反应的反应器中，必须测定酶的一些相关性质。为了减少酶的用量，必须使用合适的小尺寸反应器。对于填充式和流式床反应器，可以用等高的小横截面的反应器达到此目的。对 PB 反应器来说，压缩率很重要，在较高流速时当床的高度降低超过10%，这也将导致压降的增加，表明颗粒将在高压下分解。用一个简单的柱子就能测其压降，要求柱子有1m的柱床高度，在不同流速下要求至少有20g的颗粒；最小的压降1巴（bar）也必须要持续1h。这种可压缩的颗粒不适用于PB反应器（见第9章）。

通过观测固定化过程中光谱的变化，带荧光标记的固定化生物催化剂可以用来测定酶在支持物内的分布，这种方法需借助荧光分光光度计或共焦显微镜（Kas che et al.，1994；Heinemann et al，2002）。把荧光强度具有pH依赖性的荧光染料与酶一同固定到支持物上，就能测定颗粒中因反应产生或消耗H^+所引起的pH梯度（Spie β and Kasche，2001）。

固定化生物催化剂固有的电荷密度是一个经常不被测定的重要性质，可以用滴定法测定。通过实验发现其净电荷密度大于10mmol/L。这个值大大超过固定化酶引起的电荷密度，其值$n_E<0.1$mmol/L。这些电荷是在失活固定化生物催化剂不需要基团时产生的，或是支持物生产过程中使用的带电复合物引起的（Bozhinova et al.，2004；Kasche et al.，unpublished data）。因为这些电荷位于颗粒上微孔的表面，与颗粒的总体积相比它们分布在更小的范围内。微孔表面附近的电荷密度可能会大于1mol/L。这种作用在纳米尺度上产生双电子层，使pH和I值与溶液中的不同（图8.11）。特别是当酶反应过程中涉及带电荷的底物或产物分子时，可能影响固定化酶的内在性质。同时当酶与其表面具有同种电荷时，会降低固定化酶的生产中得率。这要求已知酶的等电点pI，pI可以通过等电聚焦来获得（见第4章，4.5节）。这种情况下，固定化处理应该在高离子强度下进行，以减少支持物表面与酶之间相互排斥作用增加得率（Chikere et al.，2001）。

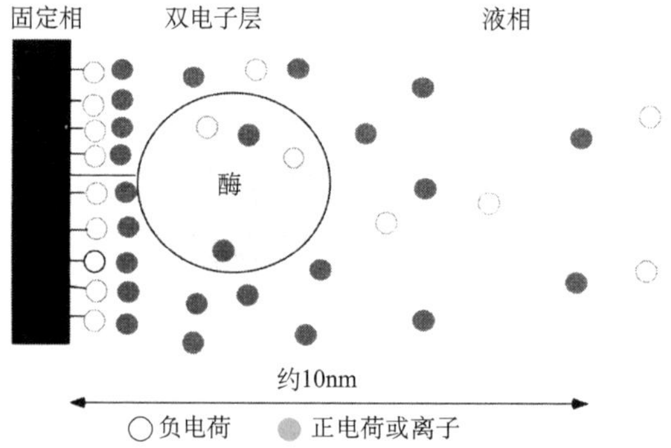

图8.11 带有固定化酶的颗粒微孔表面由于固有电荷的作用形成的双电子层。双电子层中的pH和离子强度与溶液中的值不同。这能改变定位于双电子层中酶的本质性质（Hunter，1993；Gonzalez-Gaballero and Shilov，2002）。

8.6.2 固定化生物催化剂的动力学性质；水系和其他体系中支持物性质在纳米或微米水平上的影响

表 8.1 给出了对估算达到给定的空间-时间得率所需的酶量，即设计固定化生物催化剂的生产工艺、所需的酶的固有性质。一些被固定的酶分子可能会在固定化的过程中失活。失活程度可以通过浓度和活性（固定化前酶的量/活性－固定操作后冲洗液中的酶量/活性）差值来测定，对于纯的酶来说，可以采用分光光度法。是否所有的固定化酶都具有活性只能通过测定固定化活性位点浓度 n_E的方法来判断。因为酶被固定化后其动力学性质一般会发生变化，所以这种方法只适用于活性位点可以被滴定的情况。为达到此目的，使用了能与活性位点特异发生不可逆反应的底物，这类底物以具有颜色或荧光的化合物作为其释放基团。当底物过量时，释放基团的浓度就等于固定化酶样本中活性位点的数量。另一种供选择的方法是使用抑制剂不可逆的失活活性位点。通过提高抑制剂的浓度直至酶失去活性，这样，酶的活性位点就能用滴定法测出来。这类活性位点滴定法通常适用于水解酶类，如 α-蛋白酶、胰蛋白酶、青霉素酰胺酶和脂肪酶（Gabel et al.，1974；Svedas et al.，1977；Fujii et al.，2003）。

对于通过共价键固定的方法，几乎可以获得定量的结合产量。这种方法中，固定化酶的浓度受支持物表面具有反应活性的基团的量和支持物表面积的限制（相关内容见第 6 章 6.2 节）。对于非共价键吸附，固定化生物催化剂的量决定于吸附等温线和溶液中游离酶的浓度。固定肽酶时，要避免由于蛋白质水解作用导致活性酶的丧失；解决的办法是，将酶溶解于一定 pH 的缓冲液中，在这种缓冲液中酶的活性较低，同时固定化操作要在低酶浓度的条件下进行（Kasche，1983）。

有活性的固定化酶的最大浓度 n_E，受酶横截面积（对于分子质量为 10～100kDa 的分子为 1×10^{-17}～$5\times10^{-17}m^2$）和颗粒总的表面积（10～100m^2/ml 湿支持物）的限制。这个浓度是在微孔的表面被固定化生物催化剂所覆盖时获得的；对于分子质量为 10kDa 和 100kDa 的酶分子，其 n_E最大值范围分别为 1.6～16mmol/L（16～160mg/ml）和 0.3～3mmol/L（30～300mg/ml）。但是实际操作中只能达到这些数值的 10%（Katchalski Katzir and Krämer，2000；Janssen et al.，2002）。

8.6.2.1 V_{max}和 k_{cat}的测定

只能在非物质转换限制的体系中测定固定化酶的内在性质，即酶的固有效力因子 η 等于 1。对于 V_{max}的测定通常要求 [S]≫K'_m（图 8.7），只有酶的活性位点可以被滴定时才能测出其转换数 k'_{cat}。

一种简单的方法可以测定 η。利用超声波裂解颗粒以减小其直径 R 和 Thiele 模数的值以使 $\eta\approx1$。通过比较完整和裂解颗粒在相同初始底物含量下的初始催化反应速率，就能确定完整颗粒的 η 值（图 8.3 和图 8.12）。但是即使 $\eta\approx1$ 这种方法测出的转换数也不一定代表酶的固有性质（图 8.12）。这主要是针对反应过程中会产生或消耗酸碱的情况来说的。颗粒中 pH 梯度的形成会干扰 pH 依赖的酶的固有性质（见第 2 章，2.7 节）。为避免此效应，使用了在某 pH 点具有高缓冲能力的缓冲液，这意味着缓冲液的

pK 应该在酶的作用 pH 附近（Tischer and Kasche，1999）。对这种方法，0.05mol/L 的缓冲液离子强度就足够了（图 8.12）。

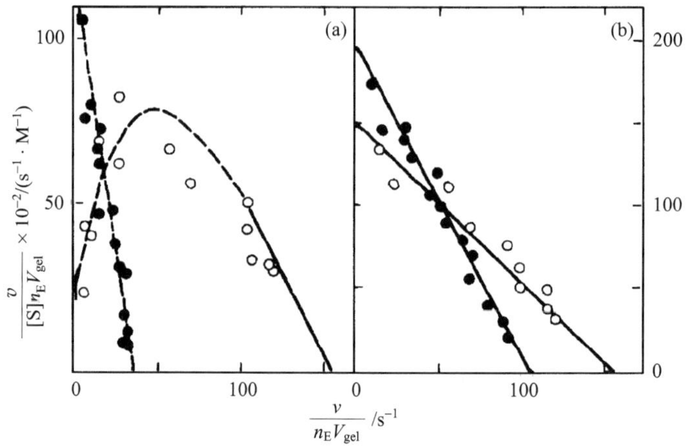

图 8.12　在搅拌批反应器中 pH-梯度对产生 H^+ 的酶反应的影响。缓冲容量和颗粒直径对固定于 Sepharose 4B 上的 α-胰凝乳蛋白酶 k_{cat} 和 K_m 测定的影响（$n_E=90\mu mol/L$），测定速率的方法来自方程（2.13）。(a) $R=60\mu m$；(b) $R=3\mu m$［是 (a) 的均一裂解产物］25℃和 pH8.0。缓冲液 0.05mol/L（空心圆）或 0.001mol/L（实心圆）的总离子强度是 0.25mol/L。底物：N-乙酰-（S）-乙烷-酯（Kasche and Bergwall，1973）。

众所周知，与配体相连或在溶液中经过化学修饰的酶，其固有动力学性质会发生变化。通过连接（吸附）或共价键修饰连接到支持物上的酶，也会产生此效应。图 8.13 表示，将青霉素酶固定在不同的支持物上以两种不同的物质作为底物时的转换数。对比游离酶值，固定化导致一种底物的 k_{cat} 升高，而对另一种底物其 k_{cat} 却降低了，观测到的变化达到了 2 倍的差距。导致这种变化的原因还不清楚，但是这些结果正如预期所料，表明当酶被固定化后其固有的性质会发生变化。把酶固定到疏水性的支持物上时同样观测到了这种现象（Kasche et al.，1991）。在某些实验中，这种变化在误差的范围内。例如，图 8.12 中溶解在高缓冲能力的缓冲液中的 α-凝乳蛋白酶，测得其完整和均一颗粒的转化数 k_{cat} 与自由酶的相同（表 2.4）。

初始底物足够时，许多酶反应过程中酶的固有效力因子 $\eta=1$。在产生或消耗 H^+ 的反应过程中，不能忽视 H^+ 对酶依赖于颗粒中 pH 梯度的固有常量的干扰（Spieβ and Kasche，2001）。图 8.14 表示在均衡控制下的青霉素和谷胱甘肽-7-氨基头孢烷酸的水解。在没有缓冲液时，产生的酸（p$K\approx4\sim5$）和碱（p$K\approx4.5$）引起 pH 的显著降低，在颗粒中约降低 5，但是通过提高线性流动速率到 1cm/s 可以减小降低程度。加入合适的缓冲液，要求缓冲液的 pK 在反应最佳 pH 附近，可以进一步降低这种效应。

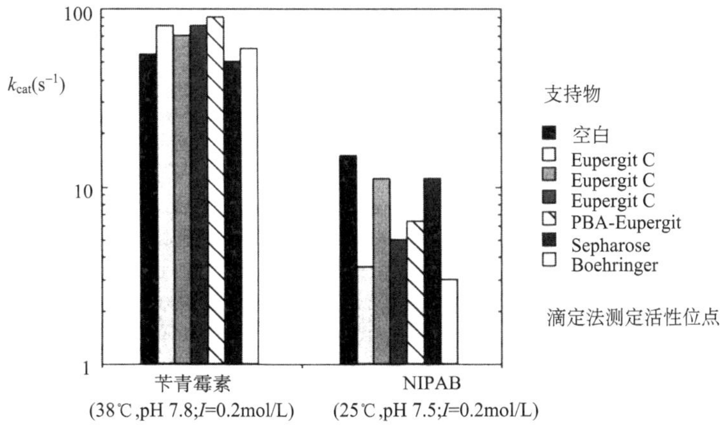

图 8.13　在搅拌批反应器中测定固定在不同支持物上的来源于 *E. coli* 的青霉素酰胺酶水解青霉素 G 和 6-硝基-3-苯乙酰胺基安息香酸（NIPAB）的转化数。离子强度只与使用的磷酸缓冲液有关（Galunsky and Kasche，unpublishied data）。

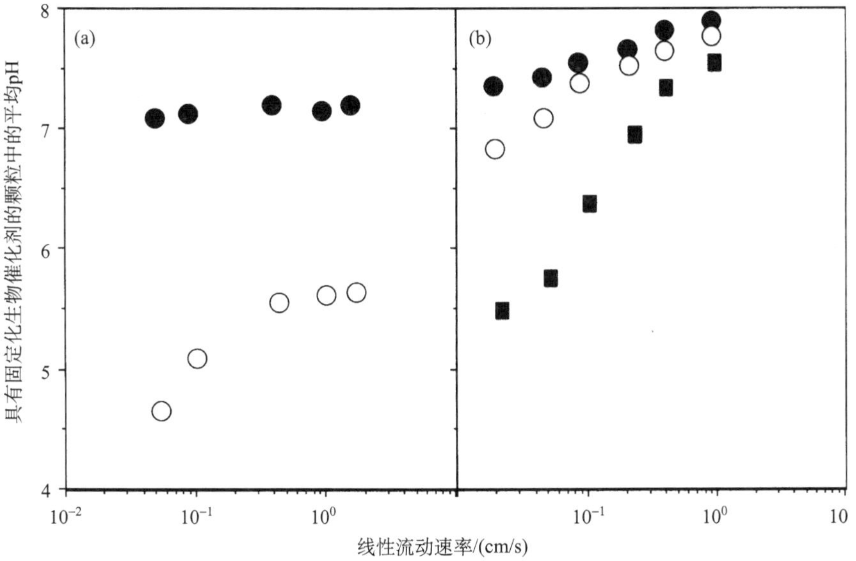

图 8.14　在填充床反应器中 pH 梯度对产生 H^+ 的酶反应的影响。缓冲容量和线性流动速率对带有固定化酶的颗粒中平均 pH 的影响。实心表示加有缓冲液，空心的没有缓冲液。颗粒中的平均 pH 是通过固定在酶上的荧光素的荧光强度确定的，荧光强度在 pH9 以下是 pH 依赖的。并使用了小尺寸的填充床反应器（长度 3～5mm），反应器中 pH 的下降不超过一个单位。初始底物浓度下的固定效力因子≈1；即所用的体系不是物质传递控制的。(a) 在 38℃，加和不加磷酸缓冲液，固定在 Eupergit C 上来源于 *E. coli* 的青霉素酰胺酶水解 300mmol/L 青霉素的试验（反应器入口底物溶液的 pH 是 7.9）。(b) 加和不加磷酸缓冲液（I=0.2mol/L），固定在类似 Eupergit C 上的谷胱甘肽酰胺酶水解 40mmol/L（圆环）谷胱甘肽-7-氨基头孢烷酸（Glu-7-ACA）的试验，支持物的前体是 Hoechst AG（n_E=100μmol/L；平均颗粒直径 100μm）。135mmol/L 的 Glu-ACA（方框）中含有缓冲液成分是氨水、碳酸盐和乙酸盐（I≈0.6mol/L），反应温度是 25℃。反应器入口底物溶液的 pH 是 8.0（Spieβ et al.，1999）。

8.6.2.2 K_m 和 K_i

为测定这些性质，n_E本身必须是非限制因素，但是效力因子必须等于1。因为对于转化数，认为酶被固定化后这些性质是会改变的。固定化产生的空间位阻会引起缔合反应速率的降低，因此预期平衡常数也会减小。解离反应速率常数的变化可能会抵消此作用。图8.12显示均一颗粒的 K_m 比自由酶的大5倍（Kasche and Bergwall，1973）。在其他酶中观测到了相似或相反的变化（表8.2）。

表8.2 25℃下在不同离子强度的磷酸缓冲液中（pH7.5），测定游离或固定在不同支持物上来源于*E. coli*的青霉素酰胺酶和牛胰蛋白酶（TRY）水解不同底物的 k_{cat} 和 K_m。同时给出了PA对映体（等式2.15）的相关数据（Goldstein et al.，1964；Wiesemann，1991）

底物/酶	支持物	I/(mol/L)	k_{cat}/s^{-1}	K_m/(mmol/L)	E_{eq}
(R)-苯基甘氨酸氨-基化合物/PA	空白	0.20	35	19	
	Eupergit C	0.20	30	18	
	PBA-Eupergit C	0.20	16	7	
	Sepharose	0.20	22	7	
(S)-苯基甘氨酸氨-基化合物/PA	空白	0.20	6	11	0.30
	Eupergit C	0.20	11	26	0.25
	PBA Eupergit C	0.20	17	34	0.20
	Sepharose	0.20	14	26	0.15
苯（甲）酰-精氨酸-乙醛酯/TRY	空白	0.04	n.d	6.9	
	空白	0.50		6.9	
	乙烯-苹果酸盐	0.04		0.2	
	共聚物（负电性的）	0.50		5.2	

这些结果表明：酶被固定化后转化数和米氏常数都有相当程度的变化。如预期所料，大多数情况下，除表8.2中的吸附到非离子交换介质上的情况外，引起这种作用的原因还不清楚。一定程度上可能是由共价结合或吸附到支持物表面导致空间构象的改变引起的。对于溶液中的游离酶来说，构象改变也会导致 k_{cat} 和 K_m 的变化。固定化生物催化剂颗粒附近的微环境也会引起表观常数的改变（表8.2）。低离子强度下，带正电荷的苯甲酰精氨酸乙酯在带负电荷的支持物表面聚集，但是这种现象在高离子强度下却不会发生。

8.6.2.3 选择性

图8.15阐明了立体选择性 E_{kin}，和动力学控制下游离的及使用不同支持物的固定化青霉素酰胺酶合成的选择性。观测到大多数固定化生物催化剂的支持物本身含有的电荷（主要是羧基和氨基），其数量级远大于固定化的酶带有的电荷。带有电荷的支持物能引起选择性的较大改变（图8.15），图8.15中所用的方法是在 $\eta \approx 1$ 的条件下进行的。图8.15（b）通过比较完整的和均一的支持物对酶选择性的影响，证实了这种结果。当颗粒被均一裂解时，酶的合成和分解反应总的速率不变。已经发现青霉素酰胺酶

水解（R）苯甘氨酰胺的反应与离子强度无关。图中观测到选择性的降低，是由酶所定位的支持物表面上双电子层中的离子强度引起的。这种效应减少了带负电荷的亲核试剂（7-ADCA）与酶上带正电荷结合位点的结合（Kasche，1986）。选择性随着固定化生物催化剂支持物上固有电荷浓度的增加而降低，或者对于游离酶其选择性会随离子强度增加而降低。这些结果表明，对存在带电荷底物的动力学控制的合成反应，为提高酶的选择性，应降低支持物表面的电荷浓度。

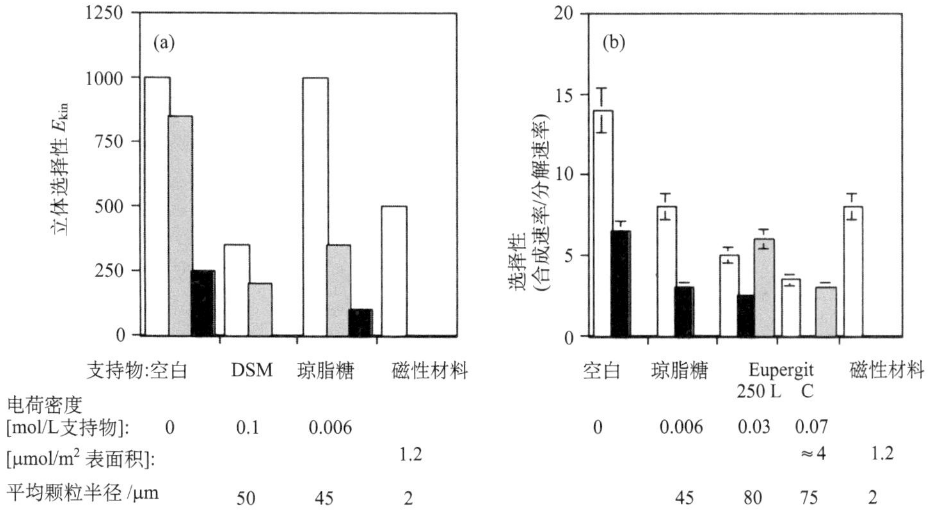

图 8.15 支持物上电荷的影响：反应器中游离和固定化的青霉素酰胺酶（PA），催化带有电荷底物的平衡控制反应下的（a）立体选择性 E_{kin}（等式 2.16）、（b）选择性。DSM 支持物基于明胶（Spiess and Kaxche，2001），磁性支持物基于聚乙烯醇（Bozhinova，2004）。在 pH9.0 温度为 25℃，以不同来源的 PA 为催化剂，以 20mmol/L（R）-苯基甘氨酸氨基化合物和 100mmol/L-（R，S）-phe 为底物，合成（R）-phenylglycil-（R，S）-Phe 的动力学控制反应的 S_1'- 立体选择性（空心柱：来源于 *E. coli*；灰色柱：来源于 *A. faecalis*；黑色柱：来源于 *B. megaterium*）。E 值大于 1000 不能够精确测定，其值在 1000 以下的实验误差为±10%。（b）以来源于 *E. coli* 的游离或固定的 PA 为催化剂，存在于缓冲液中（I=0.05）的 200mmol/L 的（R）-苯基甘氨酸氨基化合物和 50mmol/L 的 7-氨基去乙酰氧基头孢烷酸为底物，头孢氨苄动力学控制合成反应的选择性，反应的温度 5℃，pH 为 7.5。实验中空心柱表示未加 1mol/L NaCl，实心黑柱表示加有 1mol/L 的 NaCl。对于使用均一裂解的 Eupergit 支持物的测量（灰色柱）同样不加 NaCl，Eupergit 250L 和 Eupergit C 平均颗粒大小分别是 2.3μm 和 1.1μm。

要分析图 8.15（a）中支持物表面电荷引起酶立体选择性变化的原因太复杂了。带负电荷的亲合试剂（R，S）-phe 与带正电荷的结合位点的结合，受到双电子层中离子强度的影响而降低。但是，仅仅这一个因素并不能导致 E_{kin} 的降低。酶 N 端在酶催化反应（图 2.5）中被酰化的 Ser 的 pK，会因为（R）-phe 上带负电荷的羧基的作用而升高（Lummer et al.，1999）。这种作用会被双电子层中的离子强度所削弱，并引起固定化生物催化剂的立体选择性降低。

在 η=1 时，对于不带电荷的底物，发现固定在带电荷或是疏水性支持物上的酶，其立体选择性可能升高也可能降低（Kasche et al.，1991；Palomo et al.，2003）。需要进一步的研究来解释这些变化的原因，但是以上的讨论显示：酶被固定化后其表面附近的微环境效应能引起酶选择性的巨大变化。

8.6.2.4 效力因子的测定

酶的固有效力因子 η 可以用图 8.3 中所表示的方法测定，也可以用 Thiele 模量来估算，此模量是利用游离酶的值和利用图 8.7 得出的初始底物浓度计算出来的。

实际操作中的效力因子 η，可以利用图 8.4 所示的方法测定，或结合图 8.8 利用上面计算出的 Thiele 模量来估算。也可以利用实验数据来计算，即利用游离酶和固定化生物催化剂对相同底物完成 50%转化所需的时间 t_{12}（等于反应器单位体积量 V_{max}）和 t'_{12}（等于反应器单位体积量 V'_{max}），分别利用下列关系式：

$$\eta_{0,12}=(t_{12}\cdot V_{max})/(t'_{12}\cdot V'_{max}) \tag{8.29}$$

假设 $K_m=K'_m$。

8.6.3 反应条件下的生产能力和稳定性

在反应过程条件下，由于催化剂的失活，不能保持催化剂浓度 V'_{max} 和固定化生物催化剂时间-空间得率（STY）的恒定不变。除了表 2.9 所列出的失活作用外，下列作用也与固定化生物催化剂的失活有关：

- 搅拌反应器中剪切力、搅拌和颗粒与颗粒之间的碰撞所引起的磨损。
- 支持物的化学不稳定性或支持物与酶之间共价键的化学不稳定性，还有已吸附酶的解吸附作用（Ulbrich et al.，1991）。
- 与酶反应过程中高浓度的底物或产物发生的双分子反应，例如，由葡萄糖异构酶催化的异构化反应中，由葡萄糖和 Lys 的氨基之间发生反应引起的失活。
- 由于分子或微生物吸附引起的物质转移限制。
- 对于酶的活性或稳定性来说，金属离子的解吸附作用是必需的，如羧肽酶 A 或乙内酰脲的 Zn^{2+}（图 2.4）或海因酶（见第 3 章）、α-淀粉酶、某些脂肪酶、青霉素酰化酶、枯草杆菌蛋白酶的 Ca^{2+}（见第 4 章，4.4 节）。

固定化生物催化剂的储存、pH 和温度稳定性通常比游离酶高（Aguado et al.，1995；Monti et al.，2000；Park et al.，2002；Ferreira et al.，2003）。正如自由酶一样，失活作用可以用一个表观一阶速率常数 k_i 或半衰期 $t_{1/2}$，即催化活性只有初始值 50%所需的反应时间来表示。这个数值通常由生产固定化生物催化剂的商家或使用者来测定，方法是对特定的酶反应过程测定酶时间的函数 STY。一个高的 $t_{1/2}$ 值对于降低催化剂的成本、提高其生产能力非常关键，一些重要的酶反应过程已经做到了这一点，如青霉素的水解和葡萄糖的异构化。在反应条件下，当固定化生物催化剂的 STY 只有初始值 20%～50%时，就要换用新的催化剂，此时 STY 随时间的积分代表了固定化生物催化剂的生产能力。通常表示为每千克酶转化的千克底物量。对不同的酶反应过程，其数值变化在 100～1000kg/kg 范围内。不论是固定化生物催化剂的生产者还是使用者，都在不懈努力提高其生产能力以降低成本。

8.7　固定化生物催化剂计算数据与实验数据的比较

当设计一个酶反应过程时，达到设计 STY 需要的固定化生物催化剂活力 V'_{max}，或在给定 V'_{max} 和底物时，完成转化所需的时间，要求必须能够通过计算或估算获得它们的值。第 2 章 2.8 节主要讨论了对于游离酶如何处理，但是对于固定化生物催化剂可以应用第 8 章 8.5 节得出的关系。还必须考虑 8.4 节中提出的效力因子的计算。

这种方法已经用于一些酶反应过程，如青霉素 G、V 和谷胱甘肽-7-氨基头孢烷酸（Carleysmith et al.，1980；Haagensen et al.，Tischer et al.，1992；Spiess et al.，1999）的水解。pH 梯度（图 8.14）和效力因子的影响被认为排在以上相关因素最后的位置，在大规模反应过程所用的条件下，用青霉素 G 的水解来阐明这些估算方法的准确性（第 2 章给出了反应过程窗口）。这个酶反应过程由于存在竞争性产物抑制剂，以前主要在添加缓冲液的批反应器中操作，缓冲液的 pH 约为 8，温度控制在 30～38℃。在这些条件下，可以选择 90％的底物转化作为反应的终点。对于精确的计算，必须知道水解反应和其逆反应的所有酶动力学常数（V'_{max}、K'_m 和抑制剂常数）及平衡控制反应依赖的 pH 和温度（T）。对大多数酶反应过程，要测定这些数据（除 V'_{max} 外）很困难或很耗费时间，因此在文献中很少发表这些数据。这种计算方法必须建立在简单假设的基础上，假设：恒定的 pH，忽略催化剂的失活和逆反应。带搅拌的批反应器中，对于存在产物抑制剂的反应，底物转化量从 $[S]_0$ 到 $[S]_t$ 所需的时间为［等式（8.3）、等式（2.36）和（8.23）］

$$t = \frac{K_m(1+[S]_0/K_i)\cdot\ln([S]_0/[S]_t)+(1-K_m/K_i)([S]_0-[S]_t)}{\eta_0\cdot V_{max,0}} \qquad (8.30)$$

$V_{max,0}$ 从图 8.16 数据中获得，K_m 来自表 2.4，对于产物竞争性抑制苯乙酸 $K_i=20\mu mol/L$，Thiele 模量的平方 $D\approx5\times10^{-6}cm^2/s<1$，对于这个反应过程，可以用表观 K_m：$K_m(1+[S]_0/2K_i)$（见 8.4.2 节）。从图 8.8 可以得出对于 90％的底物，其实际效力因子≈1。用这些值计算出的时间为：

- 游离酶为 41min（实验值为≈90min）；
- 固定化生物催化剂为 29min（实验值为≈55min）。

在这两种情况下，计算值比实验值小，约为其值的 1/2。对固定化生物催化剂来说，部分是由颗粒内部的 pH 梯度引起的［图 8.14（a）］，即计算所用的 V_{max} 太高了。游离酶附近也会产生 pH 梯度。可以使用更多的缓冲液避免此效应，但是并不建议在酶反应过程中使用缓冲液，因为反应结束后缓冲液必须从产品和废水中去除。低估完成预期底物转化量所需时间的其他因素是：

- 动力学数据的实验误差［K_m 和 K_i 有≥20％的误差（Deranleau，1969），V_{max} 有≥10％的误差］；
- 计算所用的假设。

使用越少的假设和越多的数据，计算值和实验之间的差异就越小（Spiess et al.，1999）。但是在酶反应过程的实际设计中必须使用简单化的假设，即带有相当误差的个

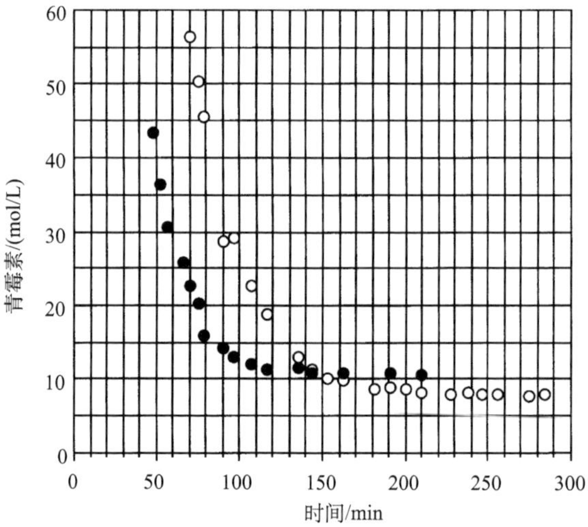

图 8.16 表示在搅拌批反应器中，来源于 *E. coli* 的游离（图中空心圆，9000U/L 反应器）或固定化（图中实心圆，13 000U/L 反应器）的青霉素酰胺酶（PA），在 38℃、pH7.8（磷酸缓冲液 $I=0.05$mol/L）的条件下水解青霉素 G 的试验。实验中通过滴加 3mol/L 的 NH_3 维持反应器中 pH 的恒定。PA 交联吸附于双功能支持物（表 4.4）苯基-丁基-胺-Eupergit（PBA-Eupergit，平均颗粒直径为 80μm），交联剂为戊二醛。通过活性位点的测定，测得有活性的固定化酶浓度为 3.4mg/mL 湿支持物（或 130 000U/L 湿支持物）。青霉素 G 的浓度是用 HLPC 测定的。

人或公开发表数据，并用这估算方法计算（正如上面所述）。因而，计算数值与实验数值之间有 2 倍的误差并不出乎人的预料。这就需要进一步研究，以确定对减小这种差异所必需的数据，这可能比在观测计算值和实验数值之间差异的基础上调整设计需要的时间更长。

如今，青霉素 G 的水解反应越来越多地被用于一些连续或循环式 PB 反应器中，这种循环式反应器的床体与管道之间的 pH 是可调的（见第 9 章）。在这种情况下，能缩短反应时间，减少了不稳定产物 6-氨基-青霉烷酸的损失。当水解反应在 pH9 时进行，来源于 *A. faecalis* 的青霉素酰胺酶更稳定，能获得较高的转化率（第 2 章）。

8.8 水悬浮液中固定化生物催化剂在酶反应过程中的应用

酶反应过程中使用的很多底物或生成的产物都是微溶的。在第 2 章，2.9.1 节已经表明，涉及此种化合物的反应，使用游离酶在水悬浮液或乳浊液中操作能获得高的 STY。图 8.17 表明涉及悬浮底物的这些过程也可以使用固定化生物催化剂（Kasche and Galunsky，1995；Youshko et al.，2002）。实际上，即使反应产物是沉淀物也仍然可以使用固定化生物催化剂，虽然这种情况下必须要使用具有窄孔径的颗粒，以阻止反应产物在固定化生物催化剂颗粒微孔中的沉淀，因为沉淀会限制固定化生物催化剂的重复使用（图 8.18，也可以参考图 2.23）。

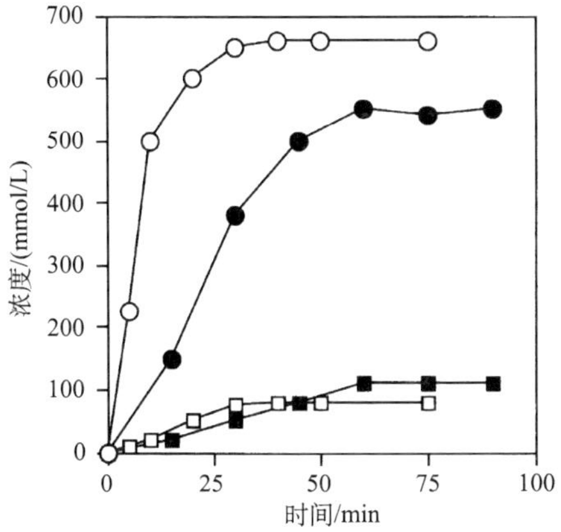

图 8.17 表示 25℃时，在水悬浮液中以游离和固定化的 α-胰凝乳蛋白酶为催化剂，沉淀性的底物 N-乙酰-Tyr-乙醛酯（ATEE）为原料，合成 N-乙酰-Tyr-Arg-NH_2 的动力学控制反应（圆圈表示）。起始条件：pH9.0（碳酸盐缓冲液，$I=0.2$mol/L），750mmol/L ATEE 和 800mmol/L Arg-NH_2；游离酶 20μg/ml；固定化酶 200μ/L（20μmol/L 存在于支持物中）固定于 Sepharose 上。产物 N-乙酰-Try（方形表示）在反应中并不形成沉淀。反应过程中保持 pH9.0 恒定。游离 ATEE 的浓度小于 20mmol/L（Kasche and Galunsky，1995）。

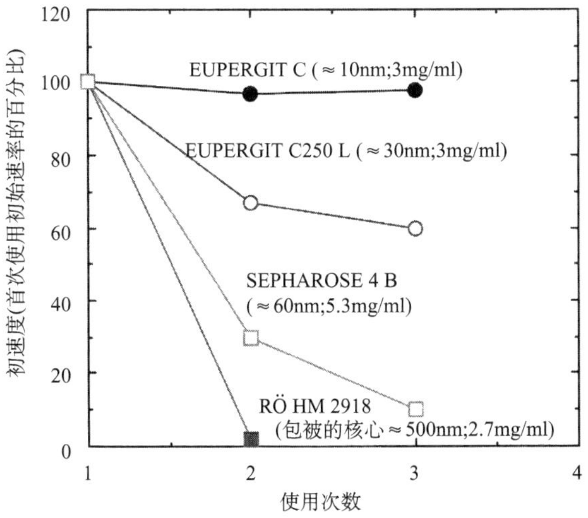

图 8.18 在 pH7.5 和温度 25℃时，用百分比速率表示产物沉淀对首次使用的来源于 *E. coli* 的青霉素酰胺酶水解 400mmol/L (*R*)-苯-氨基乙酸初始速率的影响，酶被固定在不同颗粒半径的支持物上。支持物微孔半径和固定化酶浓度在支持物后面的括号中给出（Kasche and Galunsky，1995）。

8.9 改善固定化生物催化剂的效能

在 8.4 节中已经阐述了当影响因子小于 1 时，酶作用底物及产物会在固定化生物催化剂颗粒中产生一个浓度梯度。在产生 H^+ 的反应过程中，即使是固定化生物催化剂的影响因子约等于1，也会产生一个pH梯度（图8.14）。表8.3总结了在不同的酶反应过程中，由这种浓度梯度或双电子层引起的问题。读者可以试着去思考如何解决这些提出的问题。

表8.3　固定化生物催化剂的酶反应过程中，由于浓度梯度引起的问题及如何解决

反应	对比游离催化剂存在的问题	事例	如何解决
Ⅰ. 平衡-控制反应			填写
1. 涉及带电荷底物/产物的水解反应	产物抑制增强 速率降低 增加（平衡控制）或降低（动力学控制）副产物的形成	双、寡糖的水解	
2. 涉及酸和碱的水解反应	带电荷支持物上的双电子层 形成pH梯度 降低速率、催化剂稳定性和产率 见1	抗生素（头孢菌素、青霉素G和V），多肽，蛋白质，脂，核酸等的水解	
3. 外消旋物的分离	见1和2 产物空间纯度降低	外消旋物的工业化分离	
Ⅱ. 动力学控制反应			
聚合产物的合成（抗生素，多肽等）	产率降低 见Ⅰ：1和2	β-内酰胺抗生素，多肽的合成（头孢菌素、青霉素）	
外消旋物的分离	产物空间纯度和得率降低 见Ⅰ：1～3		

这个浓度梯度可以通过缩小Thiele系数来降低。可以使用更小的颗粒或减少流动相和固定化生物催化剂间的扩散距离来实现。后者已在可灌流颗粒（perfusible particle）中得以实现，此项技术主要应用于色谱分析。然而直到现在这些方法仅仅是被少量地应用于酶技术。

可是最近，对于小型的特别是微米和纳米级的无孔磁性颗粒和无磁性微粒的研究兴趣有了较大的增加。这种无孔的可灌流颗粒可以被应用于水解酶选择性水解生物聚合物的反应中，因为生物聚合物能很容易扩散至酶附近。其潜在用途的实例是将重组前体蛋白水解为具有生物活性的蛋白质，如重组人体胰岛素原转变为胰岛素的过程。

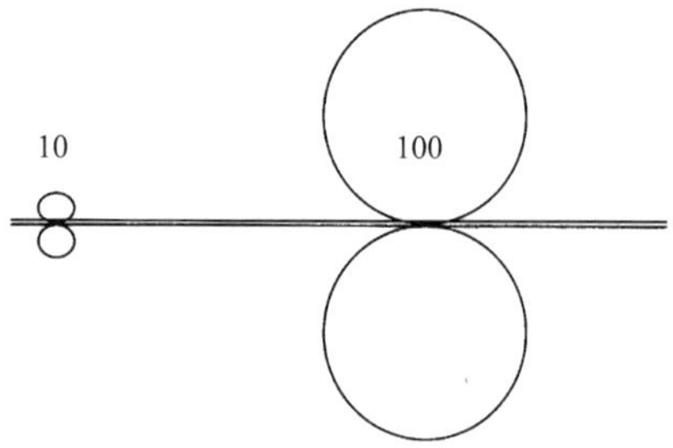

图8.19　在距离＜1μm的范围内，颗粒-颗粒之间接触面积与颗粒总表面积的比值，随颗粒直径的降低而增大。当颗粒半径小于50μm时，这会影响颗粒对流性物质转移的有效表面积（Renken，1993）。

磁性颗粒可以在反应结束后被轻易地从混合物中分离出来。通过使用更小的多孔微粒可以获得更大的STY（图8.5），但由于不断增长的压降，这些微粒不能在PB反应器中使用。图8.19表示了小微粒在PB反应器中的另一个限制，即整个颗粒表面可为对流性物质转移所用的区域是随着微粒半径的减小而减小的。由于整个外表面不断地被微粒与微粒之间接触的区域所取代，因此表面只能进行扩散性的转移。在填充床中存在多达 10 个以上微粒-微粒直接接触的区域（Hinberg et al.，1974；Anderson and Walter，1986；Renken，1993）。

8.10　练习

1. 如何测定水溶液中固定化生物催化剂催化反应的底物消耗速率?
2. 定义酶的固有和操作效力因子。如何测定它们?
3. 推导适合于球形颗粒的等式（8.12）。
4. 何种直径范围的颗粒适合于球形固定化生物催化剂（参照图 8.5 和 8.9 节）? 为何?
5. 如何增加一个给定的固定化生物催化剂的影响因子?
6. 解释如下结果：

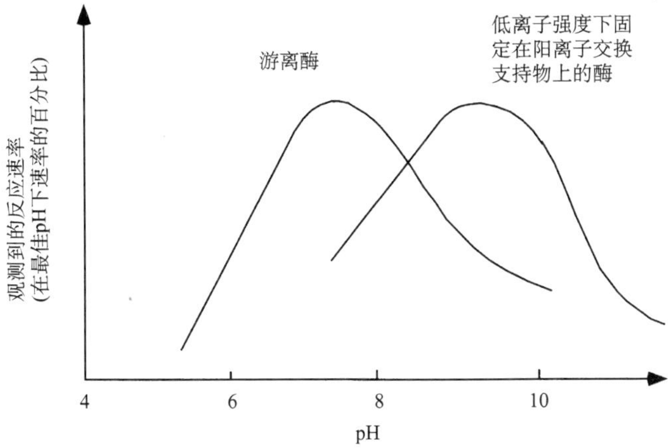

pH 是在颗粒外部的溶液中测定的。为什么在某些 pH 下 $\eta>1$?
在高离子强度下会发生什么变化?

7. 试解释等式（8.25）中效力因子的影响?
8. 竞争性产物抑制因子如何影响等式（8.19）和等式（8.23）? 如何在产生氢离子的情况下使这种作用最小?
9. 为何固定化生物催化剂的 STY 会存在一个上限?
10. 解释下面关于固定化生物催化剂的图：
11. 在一些反应器中如何保持 STY 的恒定? 不能改变底物浓度和转化度。
12. 推导等式（8.30）。
13. 确定图 8.15 中游离酶和固定化生物催化剂的选择性。它们为什么不同?
14. 在葡萄糖化酶催化麦芽糖水解的反应中，异麦芽糖是这个平衡控制反应的副产物：

葡萄糖 + 葡萄糖 ⇌ 异麦芽糖

在 β-半乳糖酶水解乳糖的反应中，在此平衡控制反应中乳糖作为一种副产物生成，其生成步骤介于底物与半乳糖-酶复合物之间，在此反应中固定化生物催化剂的选择性假定是不变的。讨论：在上面的过程中，固定化生物催化剂是如何影响副产物

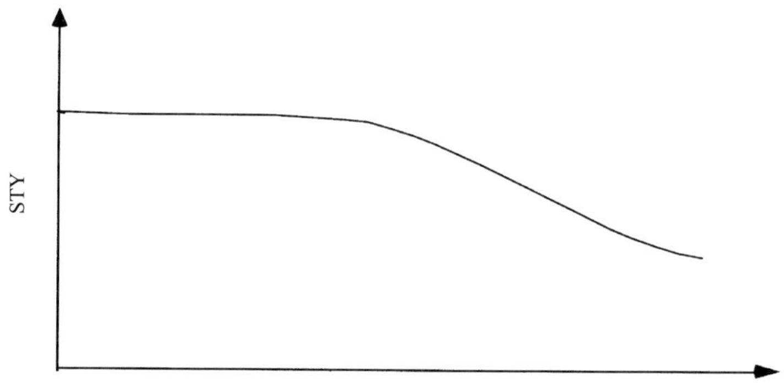

的生成的。在反应器中所使用的游离酶和固定化生物催化剂的选择性是相同的。

15. 神经肽 kyotorphin Tyr-Arg 的前体可以通过动力学控制的反应合成。

X-Tyr-OEt＋Arg-NH_2（或 Arg-OEt）→X-Tyr-Arg-NH_2（或 X-Tyr-Arg-OEt）＋EtOH 在水悬浮液［X＝Acetyl，X-Tyr-OEt 是悬浮的（图 2.23；图 8.17 和图 8.18)］中或在完全水溶液中（X＝Maleyl 其提高水的溶解性，第 3 章，3.2.2.3 节）由游离或固定化的内肽酶 α-胰凝乳蛋白酶所催化。

a）比较和讨论这些酶反应过程的优夭缺点。（提示：怎样将产物和副产物从剩余底物和酶中分离出来？在高 pH 条件下脂类在水中是不稳定的，EtOH 使酶不稳定）

b）怎样以 a）中的前体物质生产 Kyotorphin?

c）以无保护的氨基酸为原料生产 Kyotorphin，为使反应副产物最少，作为合适的催化剂酶应该具有什么性质？（提示：图 2.3～图 2.5 及表 2.4）怎样将产物从剩余底物和酶中分离出来？（提示：Kyotorphin、Tyr 和 Arg 的等电点）（见第 4 章，4.5 节）

参考文献

Afeyan, N.B., Gordon, N.F., Mazsaroff, I., Varady, L., Fulton, S.P., Yang, Y.B., Regnier, F.E., Flow-through particles for the HPLC separation of biomolecules: perfusion chromatography, *J. Chromatogr.* **1990**, *519*, 1–29

Aguade, J., Romero, M.D., Rodríguez, L., Calles, J.A., Thermal deactivation of free and immobilized β-glucosidase from *Penicillium finiculosum*, *Biotechnol. Prog.* **1995**, *11*, 104–106

Andersson, D.J., Walters, R.R., Equilibrium and rate constants of immobilized concanavalin A determined by high-performance affinity chromatography, *J. Chromatogr.* **1986**, *376*, 69–85

Bozhinova, D., Galunsky, B., Yueping, G., Franzreb, M., Köster, R., Kasche, V., Evaluation of magnetic polymer micro-beads as carriers for immobilized biocatalysts for selective and stereoselective transformations, *Biotechnol. Lett.* **2004**, *26*, 343–350

Buchholz, K. (Ed.), *Characterization of immobilized biocatalysts*, DECHEMA Monograph Bd. 84, **1979**

Carleysmith, S.W., Dunnill, P.D., Lilly, M.D., Kinetic behaviour of immobilized penicillin amidase, *Biotechnol. Bioeng.* **1980**, *22*, 735–756

Cheetham, P.S.J., Production of isomaltulose using immobilized cells. *Methods Enzymol.* **1987**, *136*, 432–454

Chikere, A.C., Galunsky, B., Schünemann, V., Kasche, V., Stability of immobilised soybean lipoxygenases: influence of coupling conditions on the ionisation state of the active site Fe'', *Enzyme Microb. Technol.* **2001**, *28*, 168–175

Damköhler, G., Influence of diffusion, fluid flow, and heat transport on the yield in chemical reactors, *Der Chemie Ingenieur* **1937**, *3*, 359–485, translated in *Int. Chem. Eng.* **1988**, *28*, 132–198

Deranleau, D.A., Theory of the measurement of weak molecular complexes, I. General Considerations, *J. Am. Chem. Soc.* **1969**, *91*, 4044–4049

Fujii, R., Utsunomiya, Y., Hiratake, J., Sogabe, A., Sakata, K., Highly sensitive active-site titration of lipase in microscale culture media using fluorescent organophosphorus ester. *Biochim. Biophys. Acta* **2003**, *1631*, 197–205

Ferreira, L., Ramos, M.A., Dordick, J.S., Gil, M.H., Influence of different silica derivatives in the immobilization and stabilization of a *Bacillus licheniformis* protease (Subtilisin Carlsberg), *J. Mol. Catal. B: Enzym.* **2003**, *21*, 189–199

Gabel, D., Active site titration of immobilized chymotrypsin with a fluorogenic reagent. *FEBS Lett.* **1974**, *49*, 280–281

Gonzáles-Caballero, B., Shilov, V.N., Electric double layer at a colloid particle, in: *Encyclopedia of Surface and Colloid Science*. Marcel Dekker, New York, **2002**

Goldstein, L., Levin, Y., Katchalski, E., A water-insoluble polyanionic derivative of trypsin. II. Effect of the polyelectrolyte carrier on the kinetic behavior of the bound trypsin, *Biochemistry* **1964**, *3*, 1913–1919

Haagensen, P., Karlsen, L.G., Petersen, J., Villadesen, J., The kinetics of penicillin-V deacylation on an immobilized enzyme, *Biotechnol. Bioeng.* **1983**, *25*, 1873–1895

Heinemann, M., Wagner, T., Doumèche, B., Ansorge-Schumacher, M., Büchs, J., A new approach for the spatially resolved qualitative analysis of the protein distribution in hydrogel beads based on confocal laser scanning microscopy. *Biotechnol. Lett.* **2002**, *24*, 845–850

Hinberg, I., Korus, R., O'Driscoll, K.F., Gel-entrapped enzymes: kinetic studies of immobilized β-galactosidase, *Biotechnol. Bioeng.* **1974**, *16*, 943–963

Hunter, R.J., *Foundations of Colloid Science*, Oxford University Press, Oxford, **1993**

Janssen, M.H., van Langen. L.M., Pereira, S.R.M., van Rantwijk, R., Sheldon, R.A., Evaluation of the performance of immobilized penicillin G acylase using active-site titration, *Biotechnol. Bioeng.* **2002**, *78*, 425–432

Jia, H., Zhu, G., Wang, P., Catalytic behaviors of enzymes attached to nanoparticles: the effect of particle mobility. *Biotechnol. Bioeng.* **2003**, *84*, 406–414

Kasche, V., Bergwall, M., in: *Insolubilized Enzymes* (Salmona, M., Saronio, C., Garattini, S., Eds.). Raven Press, New York, **1973**, pp. 77–86

Kasche, V., Kuhlmann, G., Direct measurements of the thickness of the unstirred diffusion layer outside immobilized biocatalysts. *Enzyme Microb. Technol.* **1980**, *2*, 309–312

Kasche, V., Correlation of theoretical and experimental data for immobilized biocatalysts. *Enzyme Microb. Technol.* **1983**, *5*, 2–14

Kasche, V., Galunsky, B., Michaelis, G., Binding of organic solvent molecules influences the P_1'-P_2' stereo- and sequence specificity of α-chymotrypsin in kinetically controlled peptide synthesis, *Biotechnol. Lett.* 1991, *13*, 75–80

Kasche, V., Mechanism and yields in enzyme catalyzed equilibrium and kinetically controlled synthesis of β-lactam antibiotics peptides and other condensation products, *Enzyme Microb. Technol.* **1986**, *8*, 4–16

Kasche, V., Gottschlich, N., Lindberg, Å., Niebuhr-Redder, C., Schmieding, J., Perfusible and non-perfusible supports with monoclonal antibodies for biospecific purification of *E. coli* penicillin amidase within its pH-stability range, *J. Chromatogr.* **1994**, *660*, 137–145

Kasche, V., Galunsky, B., Enzyme-catalyzed biotransformations in aqueous two-phase systems with precipitated substrate and/or product, *Biotechnol. Bioeng.* **1995**, *45*, 261–267

Katchaski-Katzir, E., Krämer, D., Eupergit® C, a carrier for immobilization of enzymes of industrial potential, *J. Mol. Catal. B: Enzym.* **2000**, *10*, 157–176

Lummer, K., Riecks, A., Galunsky, B., Kasche, V., pH-dependence of penicillin amidase enantioselectivity for charged substrates, *Biochim. Biophys. Acta* **1999**, *1433*, 327–334

McLaren, A.D., Packer, L., Some aspects of enzyme reactions in heterogeneous systems, *Adv. Enzymol.* **1970**, *33*, 245–303

Monti, D., Carrea, G., Riva, S., Baldaro, E., Frare, G., Characterization of an industrial biocatalyst: immobilized glutaryl-7-ACA acylase, *Biotechnol. Bioeng.* **2000**, *70*, 239–244

Palomo, J.M., Muñoz, G., Fernándes-Lorente, Mateo, C., Fuentes, M., Guisan, J.M., Fernándes-Lafuente, R., Modulation of *Mucor miehei* lipase properties via directed immobilization on different hetero-functional epoxy resins. Hydrolytic resolution of *(R,S)*-2-butyroyl-2-phenylacetic acid, *J. Mol. Catal. B: Enzym.* **2003**, *21*, 201–210

Park, S.W., Choi, S.Y., Chung, K.H., Hong, S.I., Kim, S.W., Characteristics of GL-7-ACA acylase immobilized on silica gel through silanization, *Biochem. Eng. J.* **2002**, *11*, 87–93

Rashevsky, N., *Mathematical Biophysics*, The University of Chicago Press, Chicago, **1940**

Renken, E., Signalentstehung und Signalentwicklung in fluorimetrischen dynamischen und Affinitäts-Durchfluß-Biosensoren. Dissertation, TU Hamburg-Harburg, **1993**

Sherwood, T.K., Pigford, L.R., Wilke, R., *Mass transfer*. McGraw-Hill, Kogakusha Ltd., Tokyo, **1975**

Spieß, A., Schlothauer, R, Hinrichs, J., Scheidat, B., Kasche, V., pH gradients in heterogeneous biocatalysts and their influence on rates and yields of the catalysed processes, *Biotechnol. Bioeng.* **1999**, *62*, 267–277

Spieß, A., Kasche, V., Direct measurement of pH profiles in immobilised enzymes during kinetically controlled synthesis using CLSM, *Biotechnol. Prog.* **2001**, *17*, 294–303

Svedas, V.K., Margolin, A.L., Sherstiuk, S.F., Klyosov, A.A., Berezin, I.V., Inactivation of soluble and immobilized penicillin amidase from *E. coli* by phenylmethylsulphonylfluoride: kinetic analysis and titration of the active sites, *Bioorg. Khim.* **1977**, *3*, 546–553

Thiele, E.W., Relations between catalytic activity and size of particle, *Ind. Eng. Chem.* **1939**, *31*, 916–920

Tischer, W., Giesecke, U., Lang, G., Röder, A., Wedekind, F., Biocatalytic 7-Aminocephalosporanic acid production, *Ann. N. Y. Acad. Sci.* **1992**, *613*, 502–509

Tischer, W., Kasche, V., Immobilized enzymes: crystals or carriers?, *Trends Biotechnol.* **1999**, *17*, 326–335

Ulbrich, R., Golbik, R., Schellenberger, A., Protein adsorption and leakage in carrier-enzyme systems, *Biotechnol. Bioeng.* **1991**, *37*, 280–287

Villadsen, J., Michelsen M.L., *Solution of differential equation models by polynomial approximation*, Prentice-Hall, Englewood Cliffs, N.J., **1978**

Warburg, O., Experiments on surviving carcinoma tissue, *Biochem. Z.* **1923**, *142*, 317–333

Weisz, P.B., Diffusion and chemical reaction, *Science* **1972**, *179*, 433–440

Wiesemann, T., Enzymmodifikationen für analytische und präparative Zwecke: natürliche und künstliche Penicillinamidase-Varianten. Dissertation, TU Hamburg-Harburg, **1991**

Youschko, M.I., van Langen, L.M., de Vroom, E., van Rantwijk, F., Sheldon, R.A., Svedas, V.K., Penicillin acylase-catalyzed ampicillin synthesis using a pH gradient: a new approach to optimization, *Biotechnol. Bioeng.* **2002**, *78*, 589–593

Zeldovich, Ya. B., The theory of reactions on powders and porous substances, *Acta Physicochim. U.R.S.S.* **1939**, *10*, 583–592

9 反应器及过程技术

反应器种类	以反应的物料平衡为依据进行选择
标准反应器	搅拌釜式反应器和管式反应器
特殊反应器类型 实例 1	处理废水过程中所使用的循环反应器和流化床反应器 酶催化合成 7-氨基头孢烯酸（7-ACA）
过程的基本理论	测量及计算停留时间的分布；混合；压降；传质；能量需求
过程技术： 上游（底物）操作及下游操作（产品的分离和纯化）	单元操作： 混合；热交换及分离技术
实例 2	高果糖浆的生产

生物催化在工业过程中的应用目的是合成高附加值的产物或是转化（降解）环境技术工艺中的化合物。生物反应器是设备的核心部分，在其中所发生反应的条件是受到严格控制的。以几种基本反应器的化学反应工程学为依据，对反应器进行了特殊的改造并且开发出一些特殊的反应器结构，从而使其能在最优条件下操作。为了降低成本，在反应器的选择上应遵循以下几个方面：

- 高产率（通常上应大于理论产率的 90%）、高浓度和高纯度，也就是一些难分离的副产物及添加剂的浓度较低，如缓冲液。
- 高催化生产率，即催化剂具有较高的效率及操作稳定性。
- 低成本、低维护费、降低对空间的要求，即优先考虑使用一个或是几个容量小且配件少的反应器（如配件、阀、仪器）。

在技术发展的过程中，大量的例子表明以上这些要求往往是相互矛盾的：与单一反应器相比，在多级反应器中更容易实现较高的转化率和高催化生产率；就反应条件而言，一个连续、稳定的最优操作需要坚固耐用的具有多重分析功能的仪器设备和控制单元。生产商可以仅仅做出一个经济上可行的决定，但是化学家、工程师或是生物工程师必须详细地阐述依据计算和实验所修订的方案和选择。

反应器的类型和反应器的一些重要性质分别在 9.1 节和 9.3 节中进行了介绍。

酶催化过程被集成为这个过程链上的一个部分，其在设计中具有重要作用（9.4 节）。为了阐述这个问题，在本章中引入了两个实例，分别是：

- 通过一种新的酶催化工艺生产半合成头孢菌素抗生素的前体物 7-氨基头孢烯酸（7-ACA）。选择适当的反应器在优化产物得率和降低副产物生成中起到重要作用。因为酶催化过程在生产 β-内酰胺抗生素（头孢菌素和青霉素）中具有重要的作用，我们将在 9.2 节对其进行全面的评述。
- 其中经典的实例：以淀粉为原料，综合了酶催化步骤来加工生产高果糖浆（HFCS）的过程（5.3.2 节和 6.4.1 节）中所涉及的上下游的操作（9.4.2 节）。

尽管反应器在整个过程中占据着中心的位置，但是先期设备投入及后期的底物的准备、产品的分离、纯化一直到成品，这些因素在总体过程费用中也具有重要作用。同样，配件、导管及特别是用来测量、控制、收集处理数据的设备也是十分昂贵的。这些要素的最优组合是过程技术的基础，这些内容将在 9.4 节中进行简要介绍。

9.1　反应器类型

9.1.1　基本反应器类型及物料平衡

虽然只有两种基本的酶催化反应器，分别为搅拌釜式反应器和管式反应器，但是由它们组成的多级反应器在生物催化过程中扮演着重要的角色。特别是，它们被应用在通过实验和数学模型来确定最优反应器结构的过程中。在实际的工业中，搅拌釜式反应器应用在非稳态模型（分批式操作）和稳态模型（连续操作）中。浓度（分析物和产品）、空间和（停留）时间上的相关性导致了这两种类型反应器的特性差异。图 9.1 示意性地描述了这种相关性。这里所要指出的是，这里所谈到的都是理想反应器，而背离了理想条件的真实反应器的行为将在 9.3 节中讨论。

物料平衡要考虑反应器尺寸、反应器停留时间、催化剂的用量及所需要的转化量。随后，人们对其简单情况进行了探讨（Prenosil et al.，1987；Reuss，1991；Cabral and Tramper，2000）。因此，在这里我们讨论的是连续搅拌釜式反应器（CSTR）和连续管式反应器中的物料平衡（图 9.1）。非连续搅拌釜式反应器（分批式过程）也被包括在内，因为其物料平衡的数学处理过程与管式反应器相同。为了简化，我们假设 pH、温度和催化活性等参数为常数。

基质的转化量（$\Delta[S]$）分别由基质的初始浓度 $[S]_0$ 和终了浓度 $[S]_E$ 决定，（$\Delta[S]=[S]_0-[S]_E$）的决定依据是：

- 催化剂的量和活性（它们由最大反应速率 V_{max} 所决定）；
- 反应时间（t）或是停留时间（τ）；
- 基质浓度 $[S]$，其取决于反应时间（t）或是停留时间（τ）（或是管式反应器的长度）。

底物浓度 $[S]$、反应速率 v 及效率因子 η 在过程中都是变化的，效率因子是自由酶和固定化酶反应速率之比（见第 8 章，8.3 节）。

对于一个连续的搅拌釜式反应器来说，底物浓度不随空间和时间而变化，其与最终底物浓度相等。在实际过程中，这种反应器并不受欢迎。因为，其反应速率取决于最终的底物浓度，但最终的底物浓度往往很低。值得注意的是，对于产物抑制的反应来说，它是不合适的，因为在该反应器中反应往往是在高产物浓度的情况下进行的。然而，这

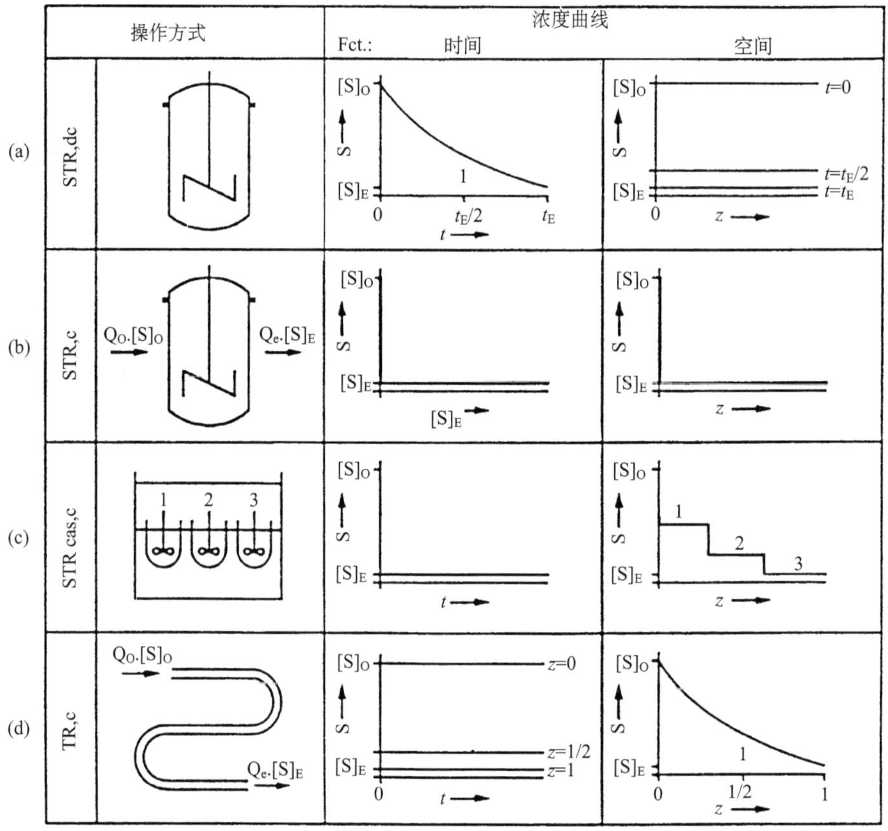

图 9.1　理想的基本反应器类型及其操作方式以及底物浓度分布随时间和空间的变化。(a) STR，dc：搅拌釜式反应器，非连续；(b) STR，c：搅拌釜式反应器，连续；(c) STR cas，c：多级，连续；(d) TR，c：管式反应器，连续（Q=体积流量；z=长度；索引：进口=0；出口=E)。

种反应器比较适合底物抑制的反应，尤其是当反应器中的底物浓度等于最大反应速率所需的底物浓度时。

为了建立一个 CSTR 在稳态下的物料平衡，输入反应器的底物量和从反应器中输出的底物量之差［分别为 $[S]_0$ 和 $[S]_E$，体积流率 $Q(L/s)$］等于在反应器体积 V 中底物的转化量。对于符合 Michaelis-Menten 方程的例子来说，我们可以得到［等式 (8.16)］：

$$Q[S]_0 - Q[S]_E = v([S]) \cdot V = \eta \cdot \frac{V_{max} \cdot [S]_E}{K_m + [S]_E} \cdot V \qquad (9.1)$$

对于不连续搅拌釜式反应器和连续管式反应器来说，反应器中底物的浓度分别随着反应时间 (t) 或是停留时间 (τ) 或是长度 (z) 变化［图 9.1 (a) 和 (d)］。因此，对反应速率的方程 (9.2) 进行积分，从而得到一个以转化率 $X=\Delta[S][S]_0^{-1}$ 为参数的停留时间 (τ)（或是反应时间 t）的函数［等式 (9.3) 和 (9.4)］。如果其中涉及传质过程，在等式中必须引进一个操作效率因子 η_0［见 8.3 节，等式 (8.5) 和 8.5 节］。

$$v([S]) = -\frac{d[S]}{dt} = \eta_0 \frac{V_{max} \cdot [S]}{K_m + [S]} \tag{9.2}$$

$$-\int_{[S]_0}^{[S]_E} (K_m + [S]) \cdot \frac{d[S]}{[S]} = \eta_0 \cdot V_{max} \cdot \int_0^t dt \tag{9.3}$$

$$[S]_0 - [S]_E + K_m \cdot \ln([S]_0/[S]_E) = \eta_0 \cdot V_{max} \cdot t \tag{9.4}$$

物料衡算是计算在特定时间内转化特定量的底物所需反应器体积（或是停留时间 τ）或是所需生物催化剂的量（或是活性 V_{max}）的基础（见第 8 章，8.5 节）。因此，在已知催化剂的量或是活性（$V_{max}=k_{cat}\times[E]_0$）的情况下，根据等式（9.4）可以计算出转化特定量底物所需的反应时间（已知 $[S]_0$ 和 $[S]_E$）。对于已知反应时间，该方程仍可计算出要转化一定量的底物所需的单位体积的酶活。对于固定化体系，必须考虑一定浓度范围内的操作效率系数 η_0 和转化率 $[X=([S]_0-[S]_E)/[S]_0]$。

表 9.1 总结了在连续搅拌式反应器和管式反应器中三种不同动力学情况下（分别是简单的 Michaelis-Menten 动力学及与之相关的产物和底物抑制动力学）有关产物（$V_{max}\cdot\tau$）的方程，该表中和后面的方程中有效因子取值均为 1。然而，对于固定化生物催化而言，反应速率 v 必须乘以有效因子 η 或是 η_0（8.5 节）。

表 9.1　连续搅拌釜式反应器和管式反应器在三种不同动力学情况下的 $V_{max}\cdot\tau$ 方程

（底物转化率 $X=\Delta[S][S]_0^{-1}$；P=产物=$[S]_0-[S]_E$；K_i=抑制剂相关系数）

反应速率 v	关联式：$\frac{V_{max}\cdot V}{Q}=V_{max}\cdot\tau$ 搅拌釜式反应器	管式反应器
Michaelis-Menten		
$V_{max}\frac{[S]}{K_m+[S]}$	$X\cdot\left(\frac{K_m}{1-X}+[S]_0\right)$	$[S]_0\cdot X+K_m\cdot\ln(1-X)$
产物竞争抑制		
$V_{max}\frac{[S]}{K_m\cdot(1+[P]/K_I)+[S]}$	$[S]_0\cdot X+K_m\frac{X}{1-X}+[S]_0\frac{K_m}{K_I}\cdot\frac{X^2}{(1-X)}$	$K_m\cdot(1+[S]_0/K_I)\cdot\ln(1-X)+(1-K_m/K_I)\cdot[S]_0\cdot X$
底物抑制		
$V_{max}\frac{[S]}{K_m+[S]+[S]^2/K_I}$	$[S]_0\cdot X\left[1+\frac{K_m}{[S]_0\cdot(1-X)}+\frac{(1-X)\cdot[S]_0}{K_I}\right]$	$[S]_0\cdot X-K_m\cdot\ln(1-X)+\frac{[S]^2}{2K_i}(2X-X^2)$

反应速率为 v 时，转化组分 S 所需的停留时间 τ 可以根据物料衡算来进行计算。

对于 CSTR 而言，根据物料衡算［等式（9.1）］，可以得到停留时间为：

$$\tau = V/Q = \frac{[S]_0 - [S]_E}{v([S])} \tag{9.5}$$

对于连续的管式反应器，其停留时间为：

$$\tau = \int_0^t dt = V/Q \tag{9.6a}$$

$$\tau = V/Q = -\int_{[S]_0}^{[S]_E} d[S](v([S]))^{-1} \tag{9.6b}$$

在图 9.2 中，停留时间 τ 的两种相关性通过图的形式表示了出来（Reuss，1991）。图 9.2 中的上部表示的是反应级数>0 的情况。对于 CSTR 来说，对于给定底物量和转化率所需的停留时间或所需的反应体积可以用以 $1/v$ 和［S］为坐标的矩形来表示，所需的边界条件 $[S]_0$ 和出口处浓度 $[S]_E$（图 9.2 中表示了两种不同的情况下不同的出口浓度 $[S]_1$ 和 $[S]_2$）。对于管式反应器来说，相应的停留时间可以根据 $1/v$ 和［S］的关系在边界条件 $[S]_0$ 和出口处浓度 $[S]_E$ 上积分得到。从图 9.2 中很明显看出，与 CSTR 相比，管式反应器所需的体积要小得多，并且这种差别随着转化率的增加而增大。

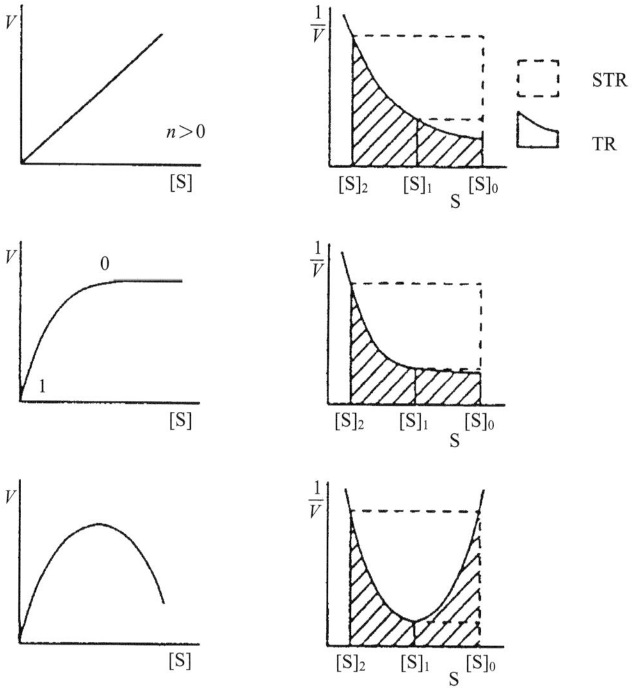

图 9.2 不同反应类型的连续搅拌式反应器（STR）和管式反应器（TR）所需停留时间的图形分析，在上下文中就其进行了解释。

中部的图是 Michaelis-Menten 动力学，其在生物催化中经常得到应用。从图中可以清晰地看到在零级动力学范围内，管式反应器和搅拌釜式反应器在所需体积上没有差别（其中初始浓度 $[S]_0$ 和最终浓度 $[S]_E$ 都大于 K_m）。如果要得到更高的最终转化率（最终浓度为 $[S]_2$），则反应的级数要大于零，其情况与我们前面所讨论的一致。

在图 9.2 中，底部的图表示的是底物抑制的情况。从 $1/v$ 和［S］的相互关系可以看出，反应器的最优选择依赖于所需的转化率。在低转化率的情况下（最终浓度为 $[S]_1$），CSTR 是最好的选择，然而在高转化率的情况下（最终浓度为 $[S]_2$），管式反应器又成为了更好的选择。最优的反应器结构是以搅拌式反应器为第一级和管式反应器为第二级的组合。

对管式反应器和搅拌式反应器的效率进行了大体比较，可以得出以下规律（连续操作的情况下）：对于符合反应速率随着转化率的增加而减少的动力学的反应来说（如 Michaelis-Menten 动力学），在同样的反应体积和同样的催化剂活性下，与搅拌式反应器相比，管式反应器可以提供更高的转化率。这些结论与化学反应工程中所描述的相似。

为了比较在不同转化率和不同初始浓度的情况下所需的反应体积，图 9.3 分别表示了 CSTR 和管式反应器所需酶的活性（见第 8 章，8.5 节）。

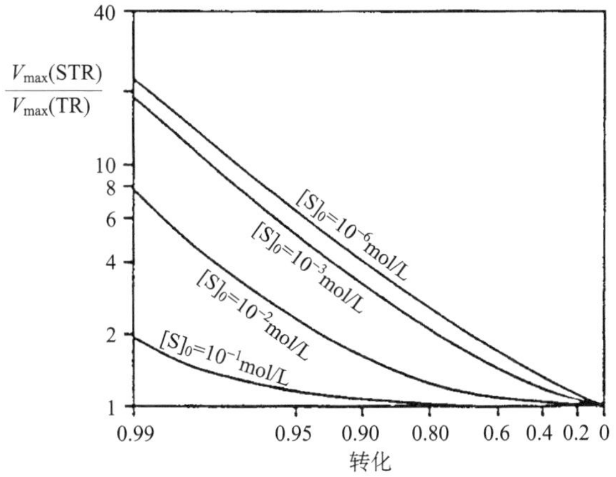

图 9.3 不同初始浓度 $[S]_0$ 下，连续的搅拌釜式反应器和管式反应器的所需酶反应速率之比，其动力学符合简单 Michaelis-Menten 动力学，其中米氏常数 K_m 为 1mmol/L（Lilly，1978）。

9.1.2 其他反应器类型和结构：应用实例

一些简单的标准反应器具有灵活性的优势，这种特性使其可以应用在不同方面。在新的研究过程中常常应用一些老式的搅拌釜式反应器，这样的目的是为了节约研发成本。相反的，为了满足某些特殊反应，人们就对一些基本的反应进行特殊改造使其符合优化设计的需要。

首先，人们提出了对搅拌釜式反应器的修改和组合（Lilly，1978；Prenosil et al.，1987；Cabral and Tramper，2000；Hempel，2004）。

带内环流的搅拌釜式反应器被称为环流反应器（图 9.4），其具有较短的循环时间，并且强化了反应溶液的混合。对于连续操作，为了保证较短的循环时间，循环质量（circulated mass）（或是体积）至少是进料的 5～10 倍。按比例放大几个数量级后，混合时间和一些重要参数控制就成了问题，如 pH；这种情况对于高黏度溶液更为突出。在环境技术中，往往放大必须经过从实验室的 1～10L 的反应器水平放大 4～5 个数量级，达到几百立方米的水平，例如，使用固定化的菌群来处理厌氧废水。通常对其中混合行为的控制（这种控制是必需的）需要一些特殊的设备，如内部的管道［图 9.4

(a)]。反应器内流体的循环速率控制在一个适当的速率以保证对浓度分布的控制，除此之外浓度的分布还与底物进量和反应有关（Blenke，1985）。

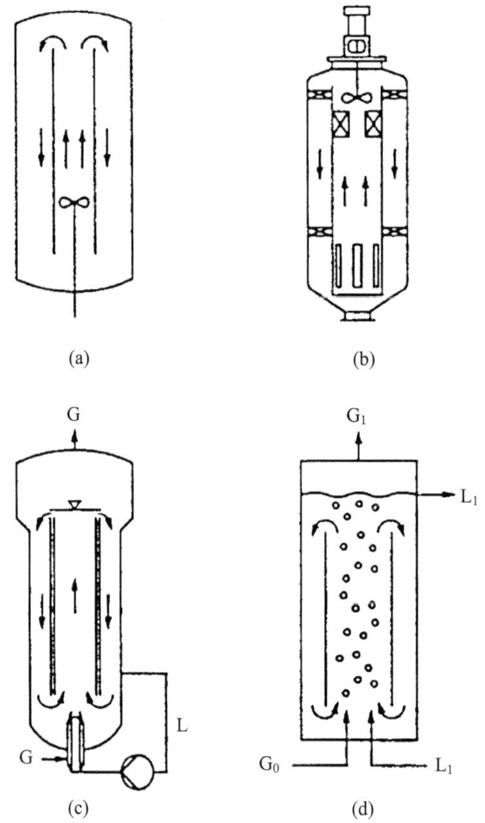

图 9.4　环流反应器（G=气相；L=液相）。(a) 具有内部管道和搅拌器的反应器的简单原理；(b) 带有挡板的薄型反应器；(c) 具有放大的头部的反应器；(d) 泡罩塔环流反应器。

多级搅拌式反应器对于连续过程是最便利的方法，其中可以利用搅拌釜式反应器所具有的简单和灵活的优点，同时可以避免在生物催化中所遇到的稳态下底物浓度较低和产物浓度过高的缺点。多级搅拌釜式反应器的浓度水平与管式反应器中的相似［图 9.1 (c) 和图 9.1 (d)］。内部具有筛孔或凿孔金属板的多级管式反应器的结构实际上是非常简单的，在其内部有一个中心发动轴来带动各部分的搅拌器［图 9.5 (a)］。

多级反应器的物料平衡以（9.1）式为依据，其中将前一反应器的出口处浓度作为反应器进口浓度 $[S]_i$，对于 Michaelis-Menten 方程，其可以表示为：

$$v = \eta_{s,i} \frac{k_{cat} \cdot [E]_i \cdot [S]_i}{K_m + [S]_i} \tag{9.7}$$

进料浓度与每个反应器的出料浓度有关，因此可以写为（其中 X 为转化率（$[S]_0 - [S]_E) \times [S]_0^{-1}$，$V$ 是反应器体积，停留时间为 $\tau = V \times Q^{-1}$）：

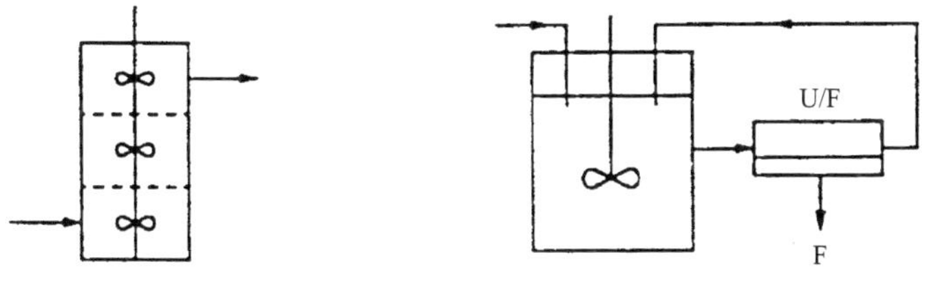

图 9.5 连续搅拌釜式反应器结构。(a) 用内部管道分割各个区域的多级搅拌釜式反应器。(b) 带有后续超滤单元的搅拌釜式反应器。

$$[S]_i/[S]_{i-1} = 1 - V/Q(v_i/[S]_{i-1}) = 1 - X_i \quad (9.8a)$$

$$X_i = (V/Q) \cdot (v_i/[S]_{i-1}) = \tau \cdot v_i/[S]_{i-1} \quad (9.8b)$$

单个方程相乘可以得到由 i 个反应器组成的多级反应器的最终出口浓度与初始进料浓度的关系：

$$[S]_i/[S]_0 = \prod_1^i (1 + \tau \cdot v_i/[S]_i)^{-1} \quad (9.9)$$

最终转化率 X_i 为：

$$X_i = 1 - [S]_i/[S]_0 \quad (9.10)$$

(对于其他一些改造的反应器的物料平衡，如循环反应器，可以见 Moser，1985)。

连续搅拌釜式反应器被应用在淀粉水解中。无论是使用 α-淀粉酶对淀粉进行液化，还是利用葡萄糖化酶进行进一步的水解，都涉及了连续搅拌釜式反应器。在这个重要的技术过程中，也应用了多级搅拌釜反应器（见 5.3.2 节和 9.4.2 节）。在葡萄糖的生产过程中，一般使用 6～12 个反应器组成的多级反应器来避免终产物的损失（Uhlig，1991；Olsen，1995）。

在连续过程中可溶性的酶会有损失，不过如果使用廉价的酶，这种损失在经济上是可行的（如淀粉水解过程）。但如果生物催化剂的成本增加（大于产品价格的 2%），就需要使用带有循环装置的反应器，也就是在反应器的下游安装一个生物催化剂的分离装置。对于可溶酶，超滤膜系统是比较适合的（见第 5 章，5.4 节和图 5.9）。

另一种所使用的反应器结构是将搅拌釜式反应器和微分固定床反应器结合起来（图 9.6）。它被应用在利用固定化青霉素酰胺酶水解青霉素的非连续过程中（见 9.1.3 节，实例）（Liese et al.，2000）。在生物催化剂固定床的青霉素微分转化过程中，需要通过混合来控制 pH。固定床上的生物催化剂可以避免由反应器内发生的 pH 的变化引起的影响，也可以避免由于叶轮的剪切而带来的

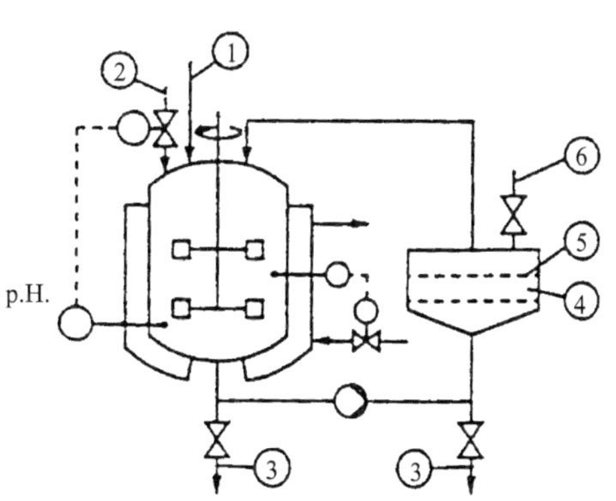

图 9.6 具有分选固定床（含青霉素酰化酸）和搅拌釜的青霉素水解反应器。(1) 加入青霉素；(2) 加入氨；(3) 6-氨基青霉烷酸排放口；(4) 固定化酶；(5) 筛板；(6) 排气口

损耗（9.3.3 节）。

管式反应器主要以带有固定化生物催化剂（球形或小颗粒）的固定床反应器的形式应用在各个方面［图 9.7（a）］，如葡萄糖异构化和动力学拆分外消旋氨基酸（见第 6 章 6.4 节）。为了满足某些特殊的要求（如无沉积物的底物溶液），有必要进行适当的上游操作，这些我们在 9.4 节再做详细介绍。固定床基本的优势在于其简单的连续操作。与 CSTR 相比，由于在管式反应器内其底物和产物的特征曲线，使其具有很高的催化活性，在葡萄糖异构酶和氨基酸酰基转移酶的例子中，其活性要高出 1.7 倍（Chibata，1987；Jensen and Rugh，1987）。具有固定化葡萄糖异构酶的固定床反应器的床高为 5～8m，其底物的进料速率为 1～2t/（m^3 · d）。

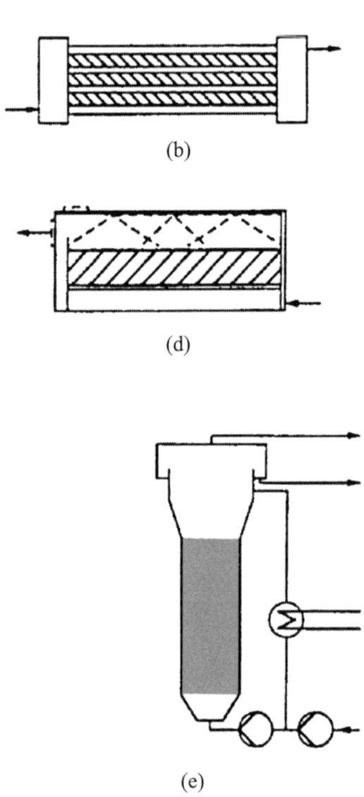

图 9.7　不同结构的管式反应器。(a) 带有生物催化剂的圆柱形反应器；(b) 中空纤维膜反应器；(c) 喷淋床反应器；(d) 生物过滤器；(e) 流化床反应器。

理论上，可溶性酶可以应用在简单的管式反应器中。然而，当将管子的直径放大后，会出现返混现象（见第 9 章 9.3 节），但是这种现象可以通过一些反应器的构件来控制。酶的循环可以依靠后续的超滤单元来完成［见第 5 章 5.4 节；图 5.9（d）］。中空纤维膜反应器是由一束中空纤维构成的，其中酶被固定在膜上［图 9.7（b）］。

喷淋床反应器被应用在各种各样的生物废气净化过程中［图 9.7（c）］。这些三相反应器包括一个能降解有机污染物的混合细菌培养物的载体；液相从反应器顶部流向底部，吸收废气中有机成分，而废气的流动方向相反，从反应器较低的部分流向反应器顶部。生物过滤器是另一类处理废气的系统［图 9.7（d）；在第 7 章 7.5.2 节中对以上两种系统进行了详细介绍]。

流化床反应器［图 9.7（e)］适用于两相或是三相系统。液相（底物相）从底部进入反应器中，上升流使生物催化剂悬浮在反应器管道内。流速的状态受到双重限制，一是流速要保证颗粒的悬浮状态（最小流态化速度），二是最大流速不能使颗粒离开反应器。通常，流速的控制都是靠外部的循环来完成的。这样的系统的优点是（无堵塞现象）可以允许在流体中含有悬浮颗粒介质或沉淀（经常发生在废水处理过程中），并且可以容易地引入或是除去气相（如生物气）。缺点在于流动相的混合，如果在内部不安装部件或筛板，其停留时间接近搅拌式反应器的停留时间。

图 9.8 工业上处理厌氧废水的流化床反应器；反应体积 500m^3，高 30m（这幅图片的复制得到了 Nordzucker AG，Braunschweig 的允许；Jördening et al.，1996)。

大尺度的（500m^3）流化床反应器已被应用在厌氧废水的处理中（图 9.8)。厌氧混合培养物（包括产甲烷细菌）生长得很慢，因此就需要其能维持在内部或是可以在反应器中循环，从而获得较高的反应速率。如果通过黏附进行固定化（如在沙子或是轻石上，见第 7 章 7.4.2 节)，它们可以应用在流化床反应器中，其中所形成的大量的生物气可以从液相中分离出来，并从反应器的顶部排出。通过外部循环进行再循环混合是必需的，并且通过它来控制 pH［图 9.7（e)］。混合培养物能够适应低浓度的底物，并且在这些情况下反应器可以高效地运转。

上面所提到的这些例子表明了在食品和制药工业上大型反应器和复杂的反应工程学是十分重要的、标准的技术。目前，一些大规模的反应器系统已经应用在环境技术中（从 100m^3 到几千立方米)。因此，为了强化过程和增加这些系统的效率，反应工程学在其中起着十分重要的作用。

9.2 实例学习 1：由头孢菌素 C 催化生产 7-ACA

9.2.1 生产 β-内酰胺抗生素的酶催化过程

青霉素和头孢菌素都是属于 β-内酰胺抗生素类药物，它们都来自共同的前体物——三肽异青霉素 N（图 9.9)。β-内酰胺结构是由半胱氨酸和缬氨酸之间的闭环反应所形成的，其中（*S*)-缬氨酸被异构化为（*R*)-缬氨酸。青霉素和头孢菌素是目前主要使用的抗生素①，其占有约 65%的市场份额（Elander，2003)。所有的青霉素和头孢菌素的前体

① 为了避免对抗药性菌株进行无必要的筛选和传播（通过食物链)，同样的抗生素不能用于人类和动物，所以在动物饲料中不应该含有用于防治感染的抗生素。

β-内酰胺都是通过发酵进行生产的，其发酵罐体积已达到约 $1000m^3$。经过 5～7d 的完全发酵，培养基中的产品浓度可以达到 100g/L（青霉素）以及 20g/L（头孢霉素 C）。头孢霉素的低产率也解释了其比青霉素昂贵的原因。通过菌种的改良，产率在不断地提高，生产成本也将进一步降低。

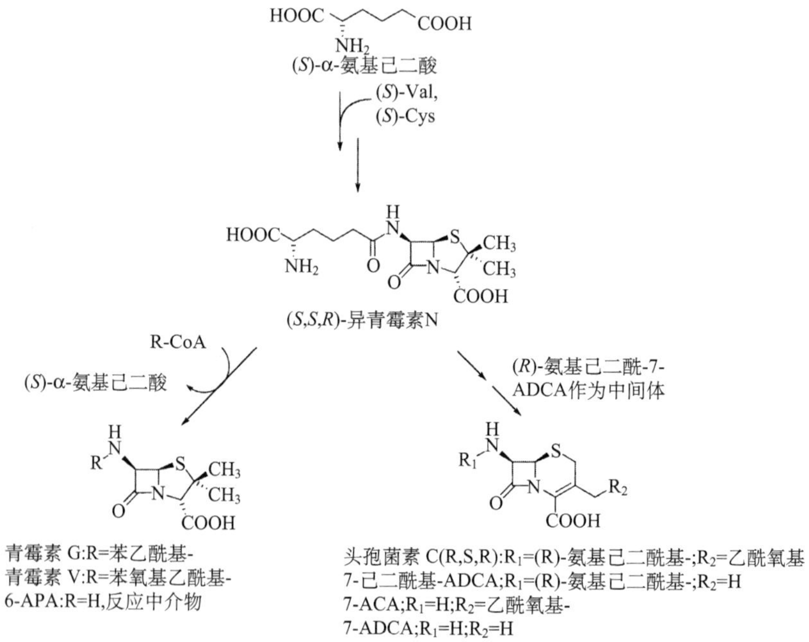

图 9.9 利用生物合成的青霉素和头孢菌素来生产半合成的 β-内酰胺抗生素。注意：括号中表示氨基酸异构体结构的变化（Ingolia and Queener，1989；Crawford et al.，1995；Weil et al.，1995）。

图 9.10 总结了由图 9.9 中发酵产物生产半合成的青霉素和头孢霉素的酶法和化学法的过程。这些产品的市场价值近 $20\times10^9\sim30\times10^9$ €（2002）。大多数通过发酵所得的青霉素和头孢霉素被水解来获得 6-氨基青霉烷酸（6-APA）和 7-氨基头孢烯酸（7-ACA），这两种物质都被用来生产半合成的 β-内酰胺抗生素，如氨苄青霉素、阿莫西林、头孢氨苄和头孢噻肟（图 9.10）。直到最近，才实现用化学方法由青霉素 G 合成 7-ADCA（Bruggink，2001）。另一种通过发酵来制备 7-ADCA 的方法如下：在头孢菌素 C 的生物合成中，(*R*)-氨基己二酰-7-ADCA 是中间体（图 9.11）。如果将催化这个化合物氧化的酶除去，就可以使用与从头孢菌素 C 生产 7-ACA 同样的酶催化过程来生产 7-ADCA。这种两步的生产程序可以由一步反应来代替。在从异青霉素向青霉素 G 转化中，将 6-APA 的苯乙酰基用己二酰基取代。

己二酰基-6-APA 的生产可以在能催化扩环的细胞中转化为己二酰基-7-ADCA，如图 9.11 所示。己二酰基-7-ADCA 可以被用来水解谷氨酸-7-ACA 的戊二酰基酰胺酶水解。这个代谢工程中的成功的例子已经被应用在工业上（Bruggink，2001）。这种工艺中所产生的废物要少于先前的化学过程。

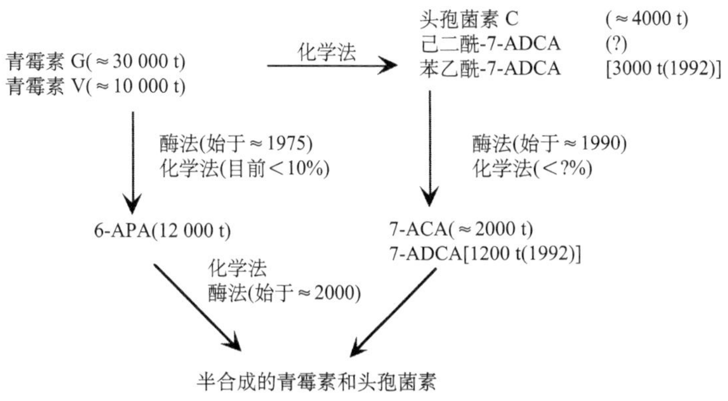

R	R-6-APA	R-7-ADCA	R-7-ACA
(*R*)-苯甘氨酰	氨苄青霉素	头孢氨苄	头孢甘酸
(*R*)-羟基-苯甘氨酰	阿莫西林	头孢羟氨苄	

图 9.10　利用图 9.9 中的发酵产物（6-APA、7-ACA、7-ADCA）的水解产物，用酶法和化学法生产半合成的青霉素和头孢菌素。副产物乙酸苯酯和己二酸可以在发酵中循环利用。以上的产量均由文献数据得出（Bruggink，2001；Elander，2003）。

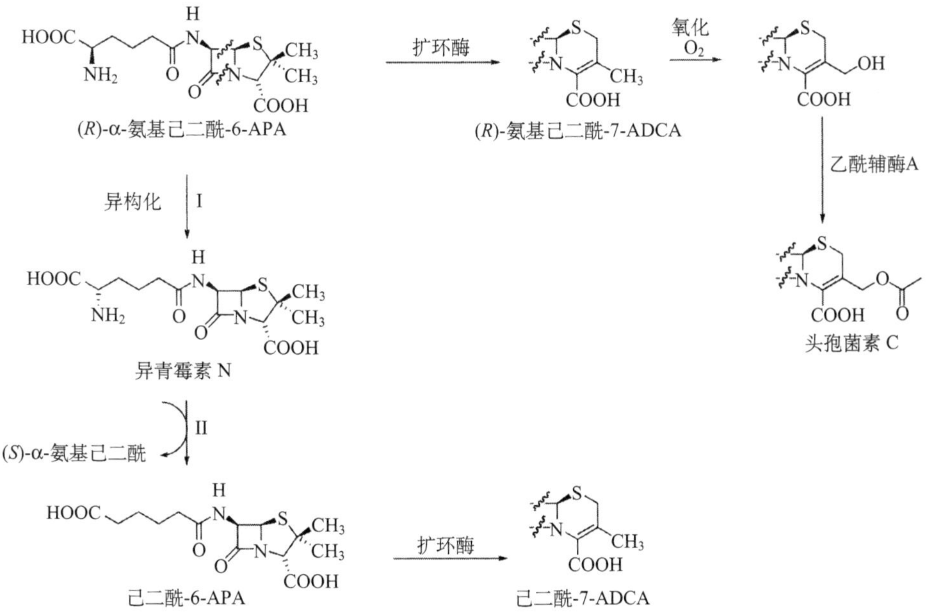

图 9.11　通过发酵从异青霉素 N 生产（*R*)-7-ADCA 的两种工艺。（Ⅰ）在细胞内，(*R*)-氨基己二酰-7-ADCA 的氧化是被阻碍的。只有一部分环可以通过上面的形式进行扩环（Adrio et al.，2002)。（Ⅱ）细胞内含有扩环酶，但不含有可以催化异青霉素 N 中氨基己二酰基进行异构化的消旋酶（Crawford et al.，1995；Bruggink，2001）。

β-内酰胺环是抗生素具有生物功能所必需的。β-内酰胺类抗生素实际上是一种不可逆的酶抑制剂，其对革兰氏阳性菌中催化糖蛋白细胞壁形成的酶起到抑制作用。而在哺乳动物中却不存在这样类似的酶，这可以解释它的有机体特异性功能和与其他抗生素相比具有较小的负面影响的原因。β-内酰胺有可能酰化蛋白质，作为半抗原并引起抗体的形成，导致过敏反应，但是可以通过提高抗生素纯度来降低这种影响（Schneider and de Weck，1981）。但长时间大剂量的服用（如治疗骨感染），β-内酰胺抗生素对核酸的生物合成会有影响（Do et al.，1987）。

水解青霉素获得6-APA和7-ADCA或是水解头孢菌素C获得7-ACA都可以通过化学工程或是生物技术（酶）工程来实现。目前，后者因其低成本和低污染而成为主流过程。在天然的青霉素，苯乙酰-7-ADCA和头孢菌素C的水解反应是由平衡控制的，酶作为催化剂不能影响反应终点（见第2章2.6节），反应的平衡是pH、温度和离子强度的函数（见第2章2.8节）。为了获得较高的产率，必须使水解率接近100%，然而在这种情况下，产品或酶可能不稳定，并且酶的动力学特性在这种情况下不是最佳的。为了设计出最佳的酶催化过程，必须考虑图1.10中所示的几步。最终，其他的侧链加到了6-APA、7-ACA和7-ADCA的氨基基团上产生了半合成的β-内酰胺抗生素，这些抗生素具有比青霉素G/V或是头孢菌素C更好的性质（口服的酸稳定性，更广泛的抗生素活性等）（图9.10）。虽然化学法仍是主要的生产工艺，但使用催化青霉素G水解的酶作为生物催化剂进行合成也是可行的。因为可能产率非常低，所以这个工艺不应是平衡控制过程，在动力学控制下的过程中可以得到更高的产率（见第2章2.6、2.8节和图2.20）。

合成β-内酰胺抗生素的酶催化动力学控制过程已经被应用到工业中（Bruggink，2001）。在下一节中，我们将依据图1.10详细讨论如何设计从头孢菌素C生产7-ACA的酶催化过程。

9.2.2 7-ACA的生产过程

图9.12为整个过程的流程图。这里我们将讨论最后三步过程的设计。为了达到这样的目的，我们必须知道经过色谱分离所得头孢菌素C溶液的浓度和纯度。发酵培养基滤出液中的头孢菌素C和副产物（图9.9和图9.11）被疏水吸附剂所吸附，并与滤出液中所有的离子和未交换的极性分子分离开。然后，用异丙醇和水的混合物对头孢菌素C进行解吸附。解吸附溶液中的pH增加到5，并且头孢菌素C吸附到阴离子交换柱上。在解吸附过程中使用乙酸洗提液，其纯度可以达到90%～95%以上。在19世纪70年代，为了解决化学水解反应的后续处理问题，最初

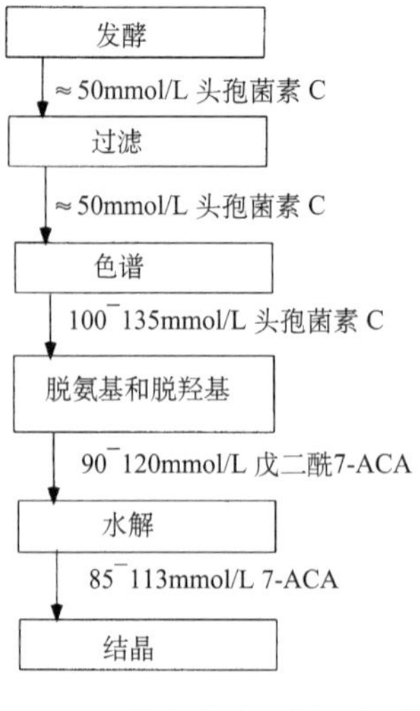

图9.12 7-ACA的生产流程图，标明了每步过程后前体的浓度。色谱步骤后的浓度增加是由于使用了交换色谱或是纳滤。

的色谱分离工艺被研发了出来。

9.2.3　从头孢菌素 C 到 7-ACA 的转换

图 9.13 中展示了采用化学法和酶法实现这种转化的过程。发展酶过程的主要原因就是为了减少在化学过程中产生的大量污染。酶过程在这方面很成功，合成每吨 7-ACA 所产的废物从 31t 减少到 0.3t。因此，目前酶过程已取代了化学过程。

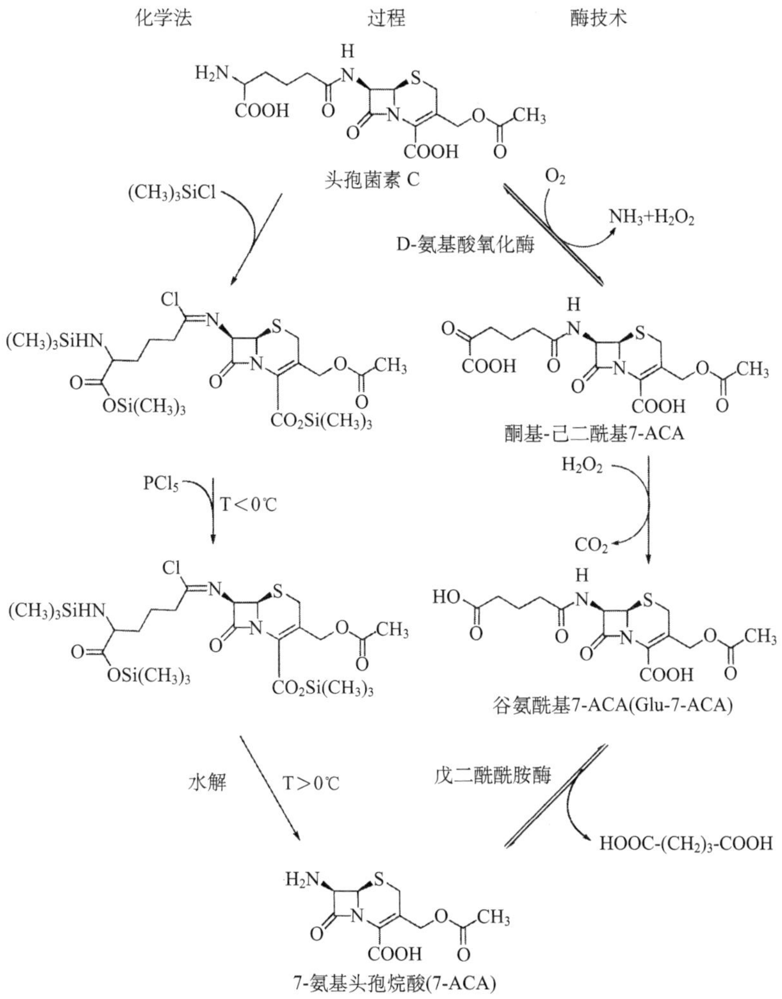

图 9.13　化学（左）和酶技术（右）过程利用头孢菌素 C 生产 7-氨基头孢烯酸。（注意：在这些化合物的酸碱功能基团转化过程中的 pH 并未给出）。酶催化过程中用到了（*R*)-氨基酸氧化酶（氧化脱氨基）和戊二酰基酰胺酶（水解）。酮基-己二酰基-7-AACS 脱羧反应是非催化反应，在该反应中消耗了第一步酶催化反应中形成的过氧化氢。

如果能得到一种能够将头孢菌素 C 一步水解为 7-ACA 的酶，那么两步的酶过程就可以得到改进。虽然有很多有关解决这个问题的研究，但是至今还没有找到答案（见第

2 章，表 2.15)。这种酶必须具有与戊二酰基酰胺酶相似的性质。

9.2.4 反应特征及确定限制因素

9.2.4.1 酶法脱氨基和化学法脱羧

第一个反应是平衡控制过程，其反应速率严格地与 O_2 含量有关，而在气相饱和的水溶液中，其浓度只约为 0.2mmol/L。随着产品的进一步转化，接近 100%的产率是可能的。这需要将在酶催化反应中所产生的 H_2O_2 全部被化学反应所消耗。任何 H_2O_2 的损失都会导致 Glu-7-ACA 产率的下降。H_2O_2 和酶的反应可能会导致酶活性的降低。实际上，我们发现并不是所有的 H_2O_2 都用来产生 Glu-7-ACA。文献中产率(Glu-7-ACA 的摩尔数/头孢菌素 C 的摩尔数)的范围为 0.85～0.93 (Tischer et al., 1992; Conlon et al., 1995)。目前，还得不到这些反应的热力学数据。由于在酶反应和化学反应中会形成 NH_3 和 CO_2，所以 pH 不会有较大的变化，但在酶催化过程中 pH 必须保持恒定。

9.2.4.2 Glu-7-ACA 的水解

已知该步反应的表观平衡常数由 pH 和温度所决定 (Spieβ et al., 1999)。如果产率大于 95%，反应就必须在 pH≥8 的情况下完成(图 9.14)。产率随着离子强度而增加。因为 NH_3 和 CO_2 的形成，脱氨基和脱羧反应后的溶液与初始的头孢菌素 C 溶液相比具有较高的离子强度。这些离子可以形成 HCO_3^-、CO_3^{-2} 和 NH_4^+，这样就增强了水解反应中的缓冲能力。由于在溶液中存在戊二酸的自由羧基 (pK=4) 和 7-ACA 的自由氨基 (pK=4.6)，减弱了溶液的 pH 变化。如果没有缓冲液，将会导致在水解过程中反应混合物的 pH 发生 4～5 个单位的变化。

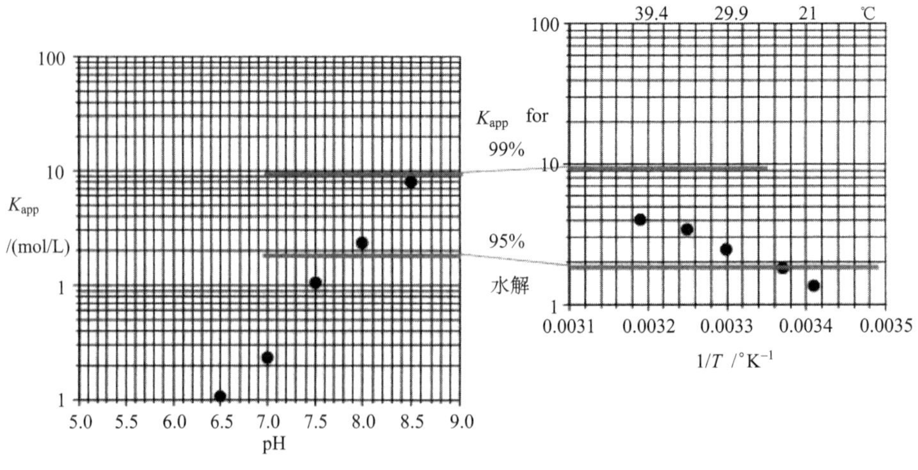

图 9.14 温度和 pH 与水解 100mol/L 的 Glu-7-ACA 的表观平衡常数 (K_{app}=[戊二酸][7-ACA]/[Glu-7-ACA]) 的关系)。左：30℃下，使用 NaCl 磷酸缓冲液时，其与 pH 的相关性 (I=1.5mol/L)。右：当磷酸缓冲液 pH 为 8 时，与温度的相关性 (I=0.2mol/L) (Spieβ et al., 1999)。

在水解过程中，由于下面的单分子反应而使 7-ACA 的产率下降：

（1）7-ACA→去乙酰基-7-ACA＋HAc

（2）7-ACA→7-ACA-内脂

总体的反应速率常数为 k_1，并且还存在双分子反应（Tischer et al.，1992）：

（3）7-ACA＋7-ACA $\xrightarrow{k_2}$ 二聚体

反应（2）的反应速率随着有自由氨基的化合物的存在而增加（Yamana and Tsuji，1976；V. Kasche et al.，未发表结果）。图 9.15 中所表示的是在一定范围内 pH 和温度对水解反应速率的影响。从这些数据可以看出，当浓度为 100mmol/L，pH8，温度分别为 37℃、30℃、22℃，反应 1h 后，由反应（1）～（3）所造成 7-ACA 的损失分别为 6％、3％和 1％。因此，为了避免 7-ACA 的损失，该吸热水解反应应控制温度≤25℃，并且应缩短水解时间（≤30min）。

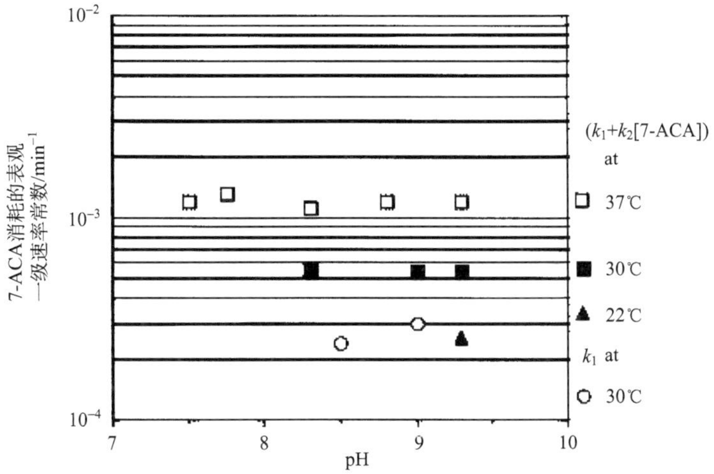

图 9.15 pH 和温度与降低 7-ACA 产率的反应（1）～（3）的表观一级速率常数（k_1+k_2[7-ACA]）之间的相关性。

9.2.5 酶的特性及其限制因素

9.2.5.1 (*R*)-氨基酸氧化酶

(*R*)-氨基酸氧化酶是胞内酶，其主要以分离的形式使用。企业在酶催化过程中选择使用这个酶，并且对其生产进行优化（Tischer et al.，1992；Sauber，1992）。以头孢菌素 C 作为底物，酶的最适 pH 为 8.3～9.5。但是得不到更详细的有关酶动力学的数据。酶的生产十分昂贵，而且必须将其从产品中分离出去。因此，酶经常以固定化的形式被使用［共价连接到大孔径的颗粒上，如 Eupergit C（Katchalski-Katzir and Krämer，2000)］。对于 60min 的酶催化反应，固定化酶可以使用约 150 次（Conlon et al.，1995）。其稳定性不受脱氨基反应中产生的 H_2O_2 影响（Sauber，1992）。

9.2.5.2 戊二酰基酰胺酶（酰基转移酶）

这种酶是可以从不同种微生物中获得的胞外（周质）酶，其主要来源是假单胞菌。其作为大肠杆菌的异源酶，可以达到很高的产量（5g/L）（Koller et al.，1998）。该酶与一些青霉素酰胺酶（PA）有着相似的加工方式，即在肽原中除去连接肽（Li et al.，1999）。第一步反应是一步发生于分子内部的质子自递的反应，形成了N端的丝氨酸，这是具有催化活性所必需的（见4.4节）。该酶的三维结构已经得到确定（Fritz-Wolf et al.，2002）。与一些青霉素酰胺酶相比，其三维结构表明了与戊二酰（GA）和青霉素（PA）酰胺酶具有相似功能。然而，它们底物的特异性和稳定性却有很大不同。

在pH8、30℃下，对于Glu-7-ACA来说，GA的k_{cat}约为$10s^{-1}$，然而，PA对青霉素G的k_{cat}约为$80s^{-1}$。这些底物的K_m却相差3个数量级，也就是对GA而言，K_m为10mmol/L，而对PA而言，K_m为10μmol/L（Galunsky et al.，2000）。

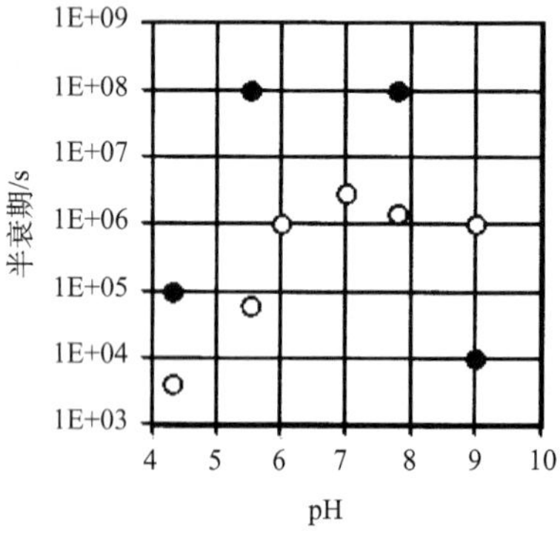

图9.16 *E. coli*产生的戊二酰酰胺酶和青霉素酰胺酶的半衰期作为pH的函数（25℃，缓冲液I=0.2mol/L）

酶的半衰期是pH的函数，如图9.16所示。在pH6～8时，酶的半衰期为常数，但是GA的半衰期要远低于PA。这也许是因为在GA中缺少像PA中那样对Ca^{2+}的紧密束缚（见第2章2.4节和图2.6）。酶必须从产品中除去，因此使用与在（*R*)-氨基酸氧化酶固定化中所使用的相似的载体对其进行固定化。对于90min的反应，固定化的GA可以循环使用300次，但固定化的酶将损失近50%的初始活性（Monti et al.，2000）。

9.2.6 过程选择的评估

9.2.6.1 过程操作范围

对于Glu-7-ACA的水解达到95%以上或是99%以上的过程操作区域是pH>8或>8.6，如图9.14所示。从酶和减少副产物形成的角度来说，其上限是pH9。为了减少由于副产物形成所造成的产品损失，温度应该控制在25℃以下。而温度的下限又由最小反应速率所决定，并且还要满足脱氨基和脱羧反应（图9.17）。由此可见，在两个连续的反应中没有必要改变pH。

9.2.6.2 选择适合的反应器和缓冲溶液对pH进行控制

对于一个年产1000t的7-ACA车间来说，每天都有一定量的头孢菌素C必须转化为7-ACA，这个过程可以是连续的，也可以是不连续的。由于产物抑制，CSTR是不适合的，因为对于给定的时空产率，CSTR比固定床反应器需要更多的酶。而固定床反应器因为很难提供必需的O_2，并且在沿反应器方向上pH会发生变化，所以不适合脱

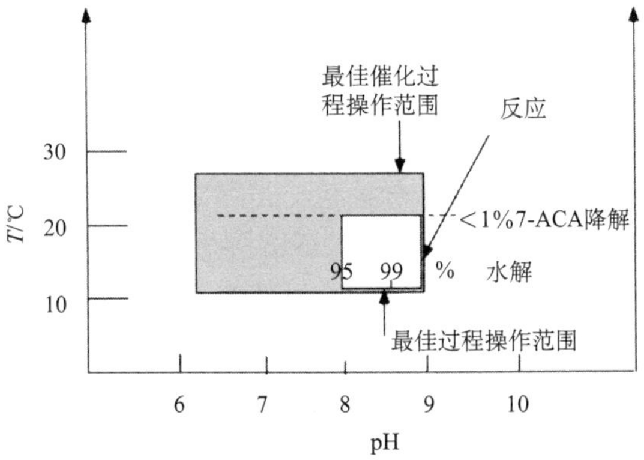

图 9.17 水解 100mmol/L Glu-7-ACA 的 pH-T 过程操作范围，其中重叠部分为催化和反应的最佳操作区（水解≥95%）。

氨基步骤。在水解反应器中也是如此。因此，这两个过程肯定是不连续反应。

人们一直尝试在一个反应器中同时完成两个酶促反应，但是没有成功。因为与两个独立的反应器相比，这种情况下 Glu-7-ACA 的浓度低，而且会增加产物抑制的影响。

为了避免 7-ACA 的损失，Glu-7-ACA 的水解反应必须很快地完成（30min 内）。这样就需要在固定化酶反应器中有大量的酶，因此分批式反应器就不适合了。固定酶含量大于 10%（*V*/*V*）时，由于颗粒之间的碰撞所引起的固定化酶的损耗就不可以忽略。由于固定床反应器不能被使用，循环反应器是一个合适的反应器，其包括固定床和混合釜，在混合器中可以调节 pH（图 9.18）。底物一直在固定床中循环直到达到反应终点。在这样的反应器中，反应器总体积（固定床＋混合釜）的 20%～30%可以被固定化酶所填充（图 9.6）。

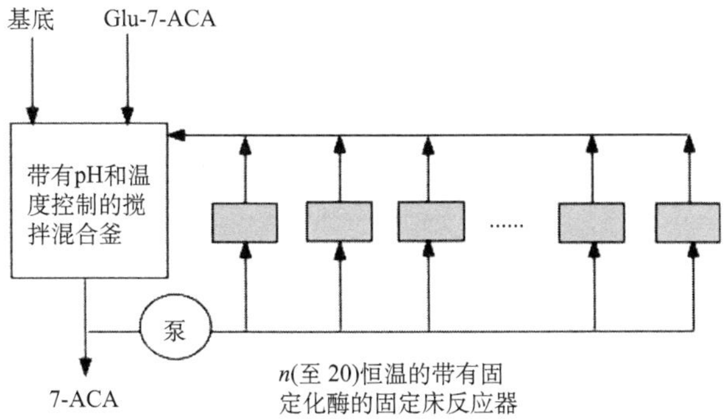

图 9.18 具有高含量固定化酶和低损耗的微分反应器。该系统含有一个混合釜来控制 pH（氧化底物溶液使头孢菌素 C 脱氨基）和一个或是多个平行的固定床反应器，底物溶液注入反应器中直到达到反应终点。混合釜和固定床的温度必须控制。以上系统虽然是为青霉素 G 水解设计的，但也可以用于将头孢菌素 C 转化为 7-ACA 的过程。

这样的反应也可以取代目前所使用的分批式反应器来进行氧化脱氨基和脱羧反应。由于 O_2 含量是十分关键的，所以这些反应器通常在高压（3bar）下运行，以保证获得较高的氧气浓度。

反应器的设计必须保证由每天所需转化的头孢菌素 C 的量决定的最小时空收率。酶会失活，所以必须用新的固定化酶所替代。当固定床反应器包括几组平行的固定床时，失活的固定床可以被新的所取代，来保证维持最小时空收率（图 9.18）。

在两步酶过程中，混合釜中的 pH 必须保持在 8～9。在这里，最适合使用的碱就是其 pK 在这个范围内的碱，如 NH_3 和 CO_3^{-2}。后者是更佳的选择，因为它可以降低用于废水脱氮的成本。NaOH 不是合适的缓冲液，因为其可能造成混合釜内局部 pH＞10，从而降低了生物催化剂、底物和产物的稳定性。

9.2.6.3 最小时空收率的反应终点和所需固定化酶的量

关键的反应是 Glu-7-ACA 的水解反应，它必须在 30min 内完成来保证 7-ACA 的降解少于 1%。正如上面所示（图 9.14 和图 9.17），99%的水解是可能的。这是一个理想的反应终点。如果 $[S]_0=100$mmol/L，$t=30$min，所需要的空收率为 3.3mmol/（L · min）。

根据第 8 章，可以计算出来要达到这种结果所需的单位体积催化剂的量 $V_{max,0}$（见第 8 章 8.5 节和 8.7 节）。对于 30min 的水解反应，可以忽略酶的失活。对于 99%的水解，7-ACA 的降解和逆反应可以被忽略。因此，$V_{max,0}$ 可以用等式（8.30）来计算，包括生物催化剂的失活，写为下式：

$$V_{max,0}=\frac{K_m(1+[S]_0/K_i)\ln([S]_0/[S]_t)+(1-K_m/K_i)([S]_0-[S]_t)}{\eta_0\cdot(1-e^{-k_i t})/k_i} \tag{9.11}$$

这个方程源于一个相似的过程，即青霉素 G 的水解。不考虑催化剂失活，分母为 t。操作有效因子约为 1。在 pH8～9 时，K_m 为 7mmol/L，戊二酸和 7-ACS 都是竞争性抑制剂，并且在这个 pH 范围内其 K_i 分别为 80mmol/L 和 200mmol/L，它们可以被视为一种 K_i 为（200 × 80/280mmol/L）的抑制剂（Spieβ et al.，1999），并且 $V_{max,0}=$ 6000U/L。预备的固定化 GA 的活性约为 50 000U/L，并且可以重复使用 300 次，直到活性降到初始值的 50%（Monti et al.，2000）。由此得知，固定化酶所占体积至少为酶反应器体积的 10%。

对于脱氨基和脱羧反应，当 99%的底物被转化时，反应即达到终点。后面的水解反应也在同一时间完成。由于不是所有的酮-己二酰-7-ACA 都与 H_2O_2 作用，所以只有 90%的底物转化为 Glu-7-ACA，并且一些 Glu-7-ACA 被脱去酰基（图 9.13）（Conlon et al.，1995）。因此，这个反应的 $[S]_0$ 和时空收率必须比水解 Glu-7-ACA 的大 10%。还没有确定要达到所要时空收率时所需固定化酶的量的动力学数据。这必须由实验室中的实验来确定。

对于工业酶催化过程中的反应器尺寸见 9.5.1 节练习。

9.2.6.4 产品的分离

在 pH 为 4.0 左右时，7-ACA 的溶解度很低（＜10mmol/L）。水解反应之后，通过迅速将 pH 调为 4.0 可以使其快速地结晶出来。除去副产物戊二酸。在己二酰-7-ADCA 水解的过程中的副产物己二酸在发酵罐中循环利用（Bruggink，2001）。

9.3　反应器中的停留时间分布、混合、压降和质量传递

9.3.1　放大，无因次数

放大是一个困难的步骤，其要求往往相互矛盾。例如，同为固体颗粒悬浮所要求的恒输入功率和恒叶端速率操作，会导致明显不同的结果。传递过程在很大程度上取决于实验规模，这正是放大问题存在的主要原因。在小规模实验中，传递过程由动力学现象（kinetic phenomena）决定，而在大规模实验中传递过程则一般由传递现象（transport phenomena）决定。其中最主要的问题是搅拌釜反应器中颗粒物质的混合、悬浮和磨损，以及管式固定床反应器中的压降。生物催化过程的最佳条件经常需要相互矛盾的过程条件。此外，各种放大方法之间相互关系的准确性也还存有疑问（Kossen and Oosterhuis，1985；Middleton and Carpenter，1992）。

在实验室和一部分小规模实验中，反应器可能是在接近理想的状态下制造和操作的，所以先前所列的浓度曲线（表 9.1）具有良好的近似性。这其中包括理想的混合状态，即在任意给定的时间内，理想搅拌釜反应器中的物质浓度处处相等，或在稳态连续培养中物质浓度不随时间变化。然而，在较大的反应器中，由于规模效应会出现非常大的偏差（图 9.19）（Reuss and Bajpai，1991；Schmalzried et al.，2003）。

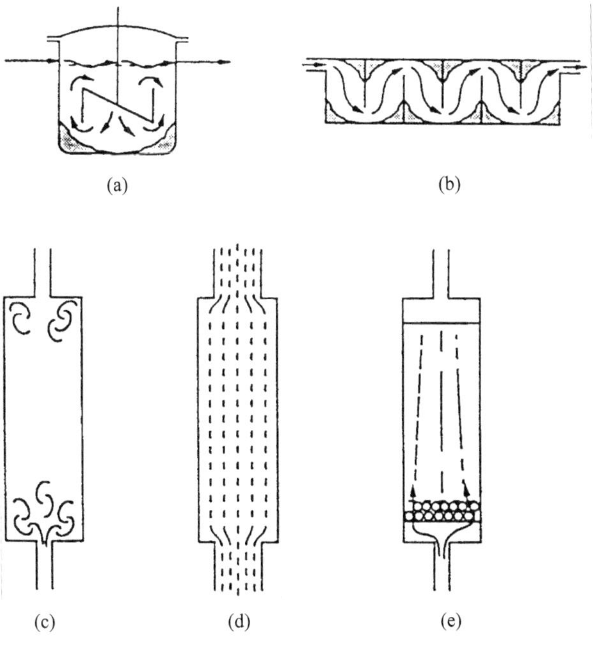

图 9.19　流体实际流动情况与理想搅拌式反应器（a）和理想管式反应器（b）～（e）内流动情况的差别示意图。(a) 停滞区与短路流场/沟流；（b）停滞区；（c）局部湍流流场中的反混；（d）不完全的轴向混合；（e）含有催化剂的固定床中的沟流。

此外，一些参数在实验室规模中并不起作用，或者它们常常被忽略；如填充床反应器中的压降或者搅拌器内颗粒物质的磨损。但有相当数量的参数则必须要考虑，它们需要相互关联。为了减少这些参数的数量，可以从物理意义角度把一组组参数组合成无因次数，无因次数可以相互进行关联，这就大大减少了描述某些公式所必需参数的数量。这些公式是从如外部传质和热量传递中得来的。

无因次数，如 Re、Ne、Sh 和 Sc 常常被用来与功率消耗进行关联，以及通过流体动力学分析质量传递，即不同流动状态下流体的流动情况。它们的定义如下：

- 用于描述流体流动：雷诺准数（Reynolds number）

  $\mathrm{Re}=(\rho n \cdot d_i^2/\eta)$（惯性力/黏滞力）适用于搅拌釜反应器

  $\mathrm{Re}=(\rho u \cdot d_p/\eta)$ 适用于颗粒固定床管式反应器
- 用于描述功率消耗：牛顿准数（Newton number）

  $\mathrm{Ne}=(P_R/(\rho n^3 \cdot d_i^5))$
- 用于描述外部质量传递：施伍德准数（Sherwood number）和施密特准数（Schmidt number）

  $\mathrm{Sh}=(k_L \cdot d_p/D_S)$（总的质量传递/通过扩散的质量传递）

  $\mathrm{Sc}=(v/D_S)$（液体流动边界层/质量传递边界层）

  v＝动力黏度
- 另一个与放大最相关的参数（非无因次）是输入功率：

  $P_R=6\rho n^3 \cdot d_i^5$

9.3.2　停留时间分布

有 3 个描述反应器中流体流动的重要参数：①（有效）停留时间；②停留时间分布；③混合时间。停留时间可以提供反应器中某种物料停留状态的时间信息。在真实的反应器，特别在连续搅拌釜式反应器（CSTR）中，不同的物料会有迥然不同的停留时间；停留时间分布 $E(t)$ 即用来描述这种状态。这个式子表示了在 $t=0$ 时刻进入反应器的体积微元（或是浓度为 c 的脉冲示踪剂），在 t 时刻离开反应器的概率（这也表示摩尔流量 n' 对应于 $t=0$ 时的流量 n_0；图 9.20）：

$$E(t)=\frac{\dot{n}}{n_0}=\frac{Q \cdot c(t)}{\int_0^\infty Q \cdot c(t)\mathrm{d}t},\quad \text{其中}\quad \int_0^\infty E(t)\mathrm{d}t=1 \tag{9.12}$$

流体平均停留时间 τ_h 可以由反应器体积与流体流动体积之比来计算。把实时分布与停留时间相关联常常是有利的，而且可以通过以下的定义来引出一个无因次时间准数。

$$\tau_h=V \times Q^{-1}\quad \text{以及}\quad \theta=t \times \tau_h^{-1} \tag{9.13}$$

将停留时间积分［等式（9.14）］可以得到在时间 t 离开反应器的物料总量 $n(t)$［参考等式（9.12）］。它可以通过示踪剂的实时浓度 $c(t)$ 和在进口处的恒定浓度 c_0 的比值来描述。

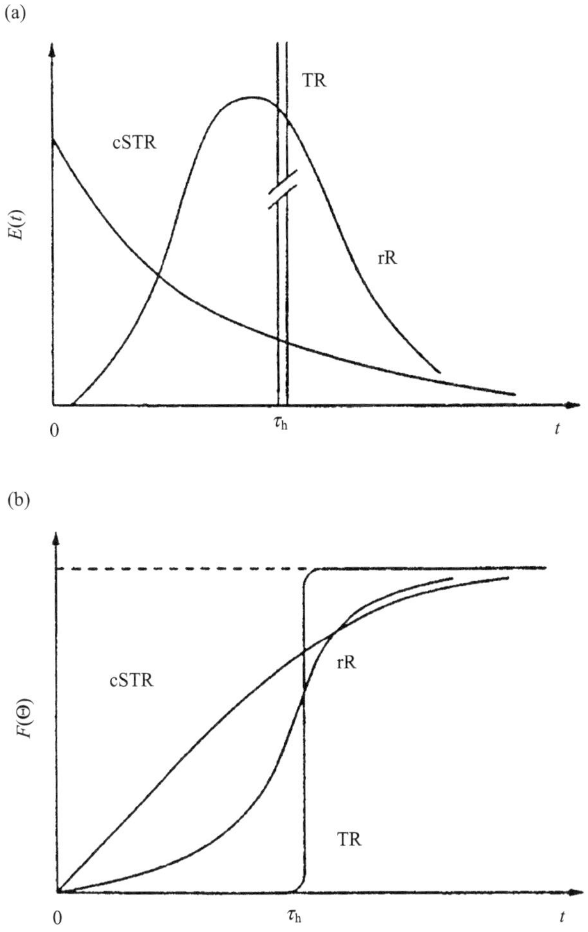

图 9.20 (a) 连续搅拌釜式反应器 (cSTR) 和管式反应器 (TR) 以及真实反应器 (RR) 中的停留时间分布 $E(t)$; (b) 理想和真实反应器停留时间分布的积分 F (Θ)。

$$F(\Theta)=\int_0^{\Theta}E(\Theta)\mathrm{d}(\Theta)=\frac{c(\Theta)}{c_0} \tag{9.14}$$

为了通过实验来得到停留时间的计算公式，把一种示踪剂注入反应器的入口，再测量其在出口处的浓度作为停留时间的函数。所加入的示踪剂不应当影响反应器内物料的物理性质（密度、黏滞度），而且其必须为化学惰性；通过示踪剂，可以测定物料的电导率（电解质的加入）或热导率，还有吸收光谱（如含有锂的盐可以吸收特定的原子光谱）。示踪剂的加入有两种不同的方法：

- 第一种方法在一段尽可能短的时间内脉冲加入一定量的示踪剂。在反应器出口处连续测量示踪剂的浓度可以得到脉冲加入的示踪剂的停留时间分布。在比较不同的反应器时发现［图 9.20 (a)］，理想的 CSTR 表现出最宽的停留时间分布：示踪剂在

$t=0$ 被注入之后便在反应器中均匀混合，并在出口处以浓度 $c_0(t=0)$ 流出；在流体停留时间 $t=\tau_h$时，大约有 25%的示踪剂停留在反应器中。在理想的管式反应器中，所有的示踪剂在流体停留时间 τ_h从反应器的出口处流出。

- 在第二种方法中，在反应器入口处突然改变示踪剂溶液，如突然增加示踪剂的浓度。出口处的信号与停留时间分布 $F(t)$ 的积分相一致［图 9.20（b）］。

CSTR 各级的停留时间函数分别处在理想搅拌式反应器和管式反应器这两种极限状态之间。从应用的角度看，3～5 个反应器即可提供足够好的停留时间分布（如从催化效率考虑）。图 9.21 表示了不同级数的多级反应器的停留时间分布及其积分。

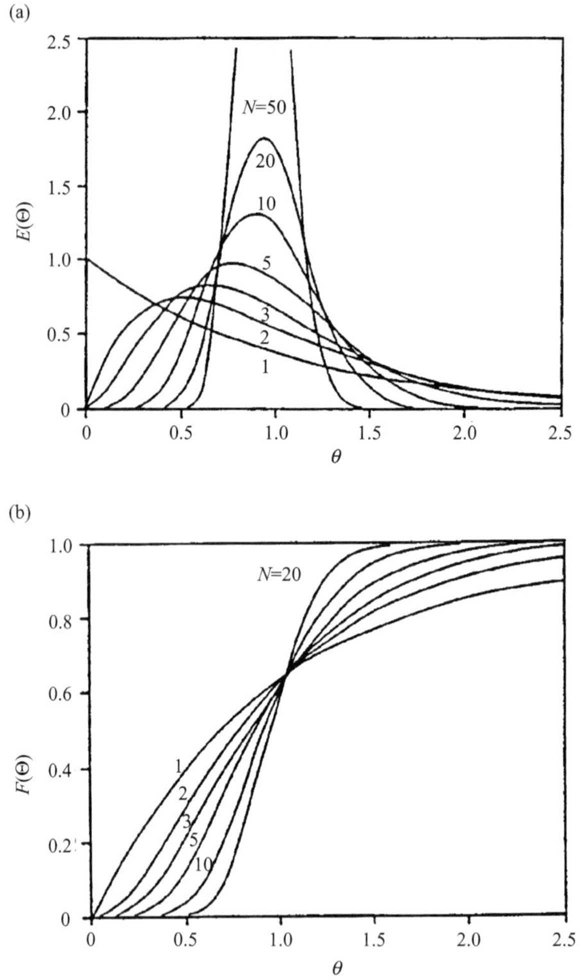

图 9.21 （a）多级连续搅拌釜反应器中的停留时间分布；参数：反应器的级数；（b）多级反应器停留时间分布的积分；N：级数。

停留时间分布是衡量反应器效率的最重要的标准，尤其对生物催化的效率有显著影响。但在实际运用中经常会出现偏差，这种偏差往往会带来不好的结果，特别是对于高转化率和（或）高选择性的反应。造成停留时间分布出现与理想状态偏差的原因见图9.19。对于搅拌式反应器，偏差出现的原因可能是进口和出口安装不当（如安装在了相反的位置上），这可能会导致出现旁流和短路流场，一部分加入的物料可能会直接流向出口，本质上并没有与反应器内的溶液相混合［图9.19（a）］。在黏性培养基中［如在淀粉水解物中，以及一般的高浓度物料；图9.19（a）和图9.19（b）］很可能出现混合不佳的区域（死区）。图9.22展示了一个停留时间分布的计算模型，其与理想反应器出现了很大的偏差，这个计算模型是在加入了一个含有旁流的模型之后进行模拟的。在实际情况中出现的第二极大值，在停留时间分布曲线的最大值之前及之后，可能是由于多级反应器中未充分混合而出现的。

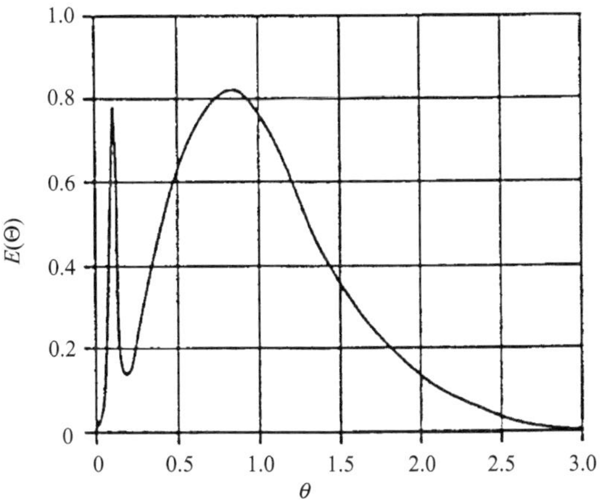

图9.22 存在短路流场的停留时间分布（模拟）。

9.3.3 搅拌式反应器中的混合

在实验室条件下可以忽略能量要求，搅拌釜反应器可以应用在实验上，而且在模型计算中可以将其视为理想混合反应器。这与生产应用的反应器不同，后者必须从经济的角度来考虑电能的消耗（搅拌机）。此外，从（固定化）生物催化剂的剪切力和机械损耗方面来考虑则必须严格控制叶轮的长度和转速。在另一方面，把所需的低溶解度物料（如氧气）传递给催化剂要求短时剧烈混合，或者需要反应物进行快速有效的混合（如青霉素水解中的中和）。

基于上述几点因素，人们已经对搅拌釜反应器进行了广泛研究，搅拌釜反应器已经成为应用型反应器的典型代表。混合时间在一定程度上可以表示反应器内脉冲示踪剂的分布程度，被视为混合质量的一个特征参数。图9.23展示了分别装有一组或两组叶轮的反应器中流体的流动方式。溶液的电导率可以作为测定混合时间的一种信号，如当盐类被当作示踪剂加入时。Reuss和Bajpai（1991）以及Schmalzried等（2003）已经给出了不同的模型及其数学推导过程。

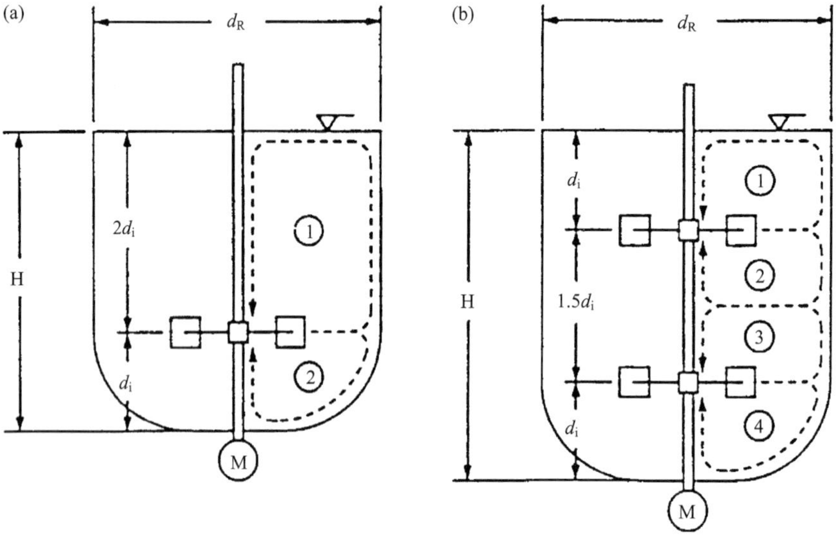

图 9.23　搅拌釜反应器中流体循环的方式。(a) 叶轮安装在非对称位置的反应器；(b) 装有两组叶轮的反应器（H＝高度；d_R＝反应器直径；d_i＝叶轮直径；1～4＝循环路径）(Eeuss and Bajpai，1991)。

下面的例子可以说明作为搅拌釜反应器关键参数的混合时间 t_m 的相关情况。给出了达到某种混合程度所需时间的定义。它是指被认为是针对一个特定问题（图 9.24）的可接受的信号（相对应于示踪剂的浓度）振幅 A_m（Reuss and Bajpai，1991）。可以通过下面的关系式来计算（包含恒定的振幅衰减系数 K_A）：

$$t_m = K_A^{-1}\ln(2 \cdot A_m^{-1}) \tag{9.15}$$

必须指出，叶轮的安装位置（反应器的中央或较低的位置）以及叶轮转速 n（通过雷诺准数）会对这个关系式产生影响；因此，混合时间只能做粗略的估计。K_A 可由下式近似计算得到：

$$\frac{n}{K_A}\left(\frac{d_i}{d_R}\right)^{2.3} \approx 0.5 \quad 因为 \quad \mathrm{Re} = \frac{nd_i^2}{v} > 2 \times 10^3 \tag{9.16}$$

平均循环时间 τ'（图 9.23）可以通过等式（9.17）与系统参数相关联；这里也忽略了反应器中叶轮的不对称造成的影响（Reuss and Bajpai，1991）（在小型反应器和大型反应器中，平均循环时间从几秒钟到几分钟不等）：

$$n\tau' = 0.76\left(\frac{H}{d_R}\right)^{0.6} \cdot \left(\frac{d_R}{d_i}\right)^{2.7} \tag{9.17}$$

为了进一步的研究，搅拌釜反应器中的混合及混合时间可以用在计算流体力学（CFD）（Schmalzried et al.，2003）基础上进行模拟得到的数据来说明。这样的模拟可以协助和加快放大过程。在实验和模拟试验中，Rushton 叶轮对低黏度液体的混合作用得到了很好的确认。它可以产生径向和切向离开叶轮的液流，而后这股液流从反应器壁反循环进入叶轮区域，这就是叶轮产生混合效果的主要原因。图 9.25 展示了搅拌釜反

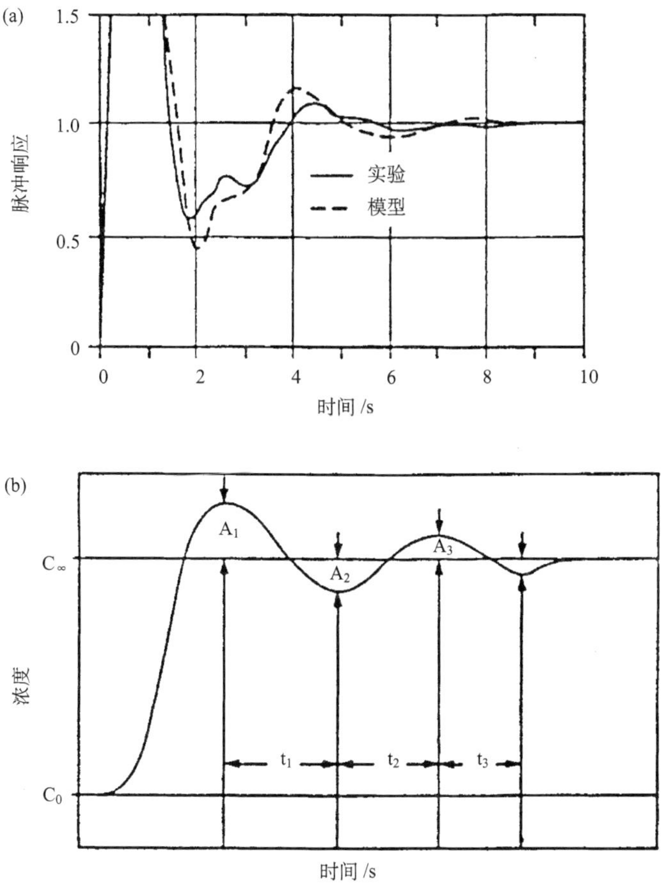

图 9.24 脉冲注入示踪剂后混合的实验及模拟信号。

应器中脉冲注入的示踪剂在不同时间分布状况的动态模拟。从这个例子可以清楚地看到混合需要一段延迟时间（这个例子为 8s 多一点），这在大型反应器中可能会导致显著的副反应。在生产应用中相关的例子有青霉素和头孢菌素 C 的酶解（见 9.2 节），为了避免产物溶液对底物的稀释，底物必须以高浓度添加，所以搅拌反应器加料口附近的高 pH 区域内会发生物料的降解和生物催化剂的失活（Carleysmith et al.，1980）。类似地，大型搅拌罐中的物料分布很大程度上取决于进料口的位置（Schmalzried et al.，2003）。因此，反应物的加料口应当放在搅拌桨叶尖附近（振幅最大的区域）。

图 9.26 展示了几种不同类型的叶轮。每一种叶轮的混合时间可由图 9.26（b）画出的经验关系得到。搅拌速率和混合时间 t_m 的乘积可以作为求雷诺准数（Re）的一个公式。

叶轮的功率消耗也可以由经验关系式得到；因此，对于不同形式的叶轮，功率因数（牛顿准数，Ne）与雷诺准数（Re）都可以相应地关联。

与混合时间一样，对于一个给定类型的搅拌桨和确定的几何排列，牛顿准数与雷诺准数都有一个唯一的关系式：

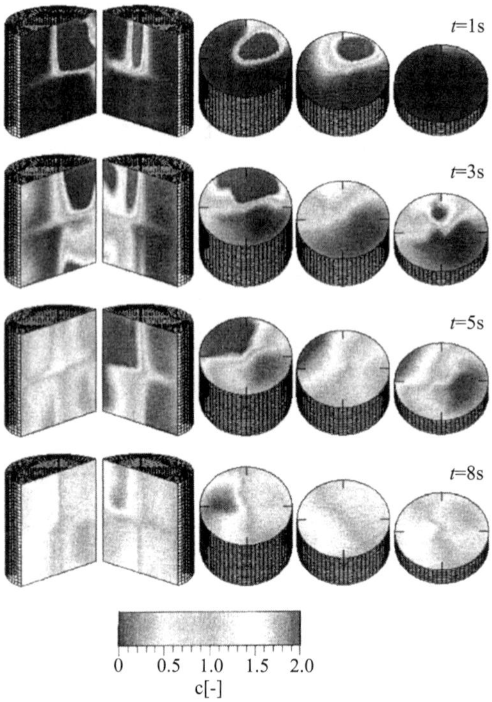

图 9.25　示踪剂脉冲加至搅拌釜反应器液面后不同时间的分布状况动力学模拟（罐高/罐径=1.0，Rushton 叶轮，叶轮长度/罐径=0.3125，叶轮间隙/液面高度=0.31）（图片取自 Schmalzried et al.，著述中的图 9，2003）。

$$\mathrm{Ne}=\frac{P_{\mathrm{R}}}{\rho\cdot n^{3}\cdot d_{\mathrm{i}}^{5}}=f(\mathrm{Re}) \tag{9.18}$$

有三种流动模式需要考虑（Brauer，1985）：

1. 对于层流区，下式成立：

$$\mathrm{Ne}\approx\mathrm{Re}^{-1}\quad\text{或}\quad\mathrm{Ne}\times\mathrm{Re}=\text{常量} \tag{9.19}$$

2. 在层流和湍流的过渡区：

$$10^{1}<\mathrm{Re}<10^{2} \tag{9.20}$$

3. 在湍流区，由于挡板（必需）的影响导致叶轮的功率消耗增加了 10 倍，由下式决定：

$$\mathrm{Ne}=\text{常量};P_{\mathrm{R}}=\text{const.}\cdot n^{3}\times d_{\mathrm{i}}^{5}\times\rho(\text{Zhokanik},1972)\text{ 或} \tag{9.21}$$

$$\mathrm{Ne}\approx\mathrm{Re}^{-0.28}(\text{Brauer},1985) \tag{9.22}$$

在大型反应器中剪切力相应增大，取决于叶轮的类型，为（$N\times d_{\mathrm{i}}^{2}$）或（$N\times d_{\mathrm{i}}$）^{2}（由不同的文献得到）（Kossen and Oosterhuis，1985）；从一个约 10L 的实验室反应器（$n=5\mathrm{s}^{-1}$，$d_{\mathrm{i}}=0.03\mathrm{m}$）放大到 $10\mathrm{m}^{3}$ 的工业反应器（$n=2\mathrm{s}^{-1}$，$d_{\mathrm{i}}=0.5\mathrm{m}$），且输入功率相同（与 $n^{3}\times d_{\mathrm{i}}^{5}$ 呈比例），结果反应器剪切力的换算因数增加了 50 倍，这可能会导致颗粒生物催化剂磨损的诸多问题。

为了颗粒的悬浮，通常的放大准则是保持 P/V=常数（Kossen and Oosterhuis，1985）。

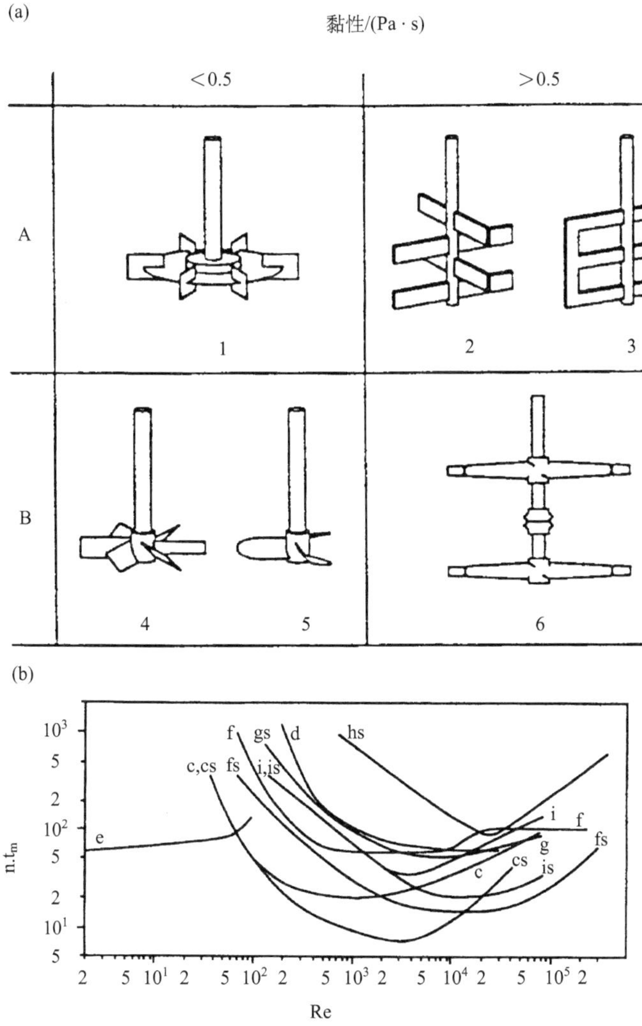

图 9.26 (a) 一般搅拌桨的几种类型，按用于不同黏度的培养基以及不同流动形式的顺序；A＝切向流与法向流；B＝轴向流；1＝Rushton 搅拌桨；2，3＝用于更高黏度的特殊搅拌桨；4＝斜叶搅拌桨；5＝螺旋桨式搅拌桨；6＝MIG 搅拌桨（Ekato）。(b) 用于估计不同类型搅拌桨混合时间的关系图：s＝存在阻碍时的搅拌桨；c＝类型 2；d＝锚式；e＝螺带式；f，fs＝MIG 搅拌桨；gs＝涡轮式；i＝叶轮；hs＝螺旋桨式（Zlokarnik，1972）。

9.3.4 反应器中的质量传递

反应器中的外部传质取决于流体力学，湍流状态下的搅拌釜反应器通常没有速率限制，而在固定床反应器中的质量传递可能会相当的慢而且最终会产生速率限制，这取决于流速。其中涉及的现象可以用简化的薄膜模型方便地讨论，薄膜模型假定了依附于催化剂表面的一层一定厚度（δ）的近乎停滞的流体层（Buchholz，1982）。物料和产物必须依照它们的浓度通过扩散作用穿过这层薄膜（图 8.29）。这项传质步骤的速率可以用下式表示：

$$k_L(c_S(\infty) - c_S(R)) = (D_S/\delta)(c_S(\infty) - c_S(R)) \quad (9.23)$$

当体系处于稳态时，此传质速率与总的反应速率相等。

$$v = k_L A_p (c_S(\infty) - c_S(R)) V_p^{-1} \quad (9.24)$$

颗粒外表面积 A_p 的重要性显而易见，k_L 可由实验确定（在大多数的实验情况下 δ 并没有一个真正的物理意义），它与反应器系统的流体力学有很强的相关性，尤其是固定床和流化床的流速以及流体的黏滞度。

质量传递和实验状态的关系一般可以用一组无因次数群来表示（9.3.1 节）：

$$\mathrm{Sh} = c\,\mathrm{Re}^a\,\mathrm{Sc}^b \quad (9.25)$$

文献中报道的填充床以及滴流床中数据的计算方法如下（Atkinson and Mavituna，1991）：

$\mathrm{Sh}=0.99\mathrm{Re}^{1/3}\mathrm{Sc}^{1/3}$；$\mathrm{Re}<1$；

$\mathrm{Sh}=0.95\mathrm{Re}^{1/2}\mathrm{Sc}^{1/3}$；$10<\mathrm{Re}<10^4$；

$\mathrm{Sh}=2+0.73\mathrm{Re}^{1/2}\mathrm{Sc}^{1/3}$；多种关联情况的一般近似值。

报道的各向同性湍流的计算关系式为：

$$\mathrm{Sh} = 0.13\mathrm{Re}^{3/4}\mathrm{Sc}^{1/3} \quad (9.26)$$

9.3.5　管式反应器中的压降和流化

在固定床反应器中，压降对于生物催化剂的应用最为重要。往往几米的高度就会导致几巴的压降。在层流状态下（$\mathrm{Re}<10$），床层高度 H 导致的压降 ΔP、流速 u、空隙率 ε 和颗粒直径 d_p 的一般的相互关系如下式所示：

$$\Delta p H^{-1} = 150(1-\varepsilon)^2 \eta u (\varepsilon^3 d_p^2)^{-1} \quad (9.27)$$

对于在大型填充床一般不会出现的湍流状态，此公式需要相应地扩展（Buchholz，1982；Eigenberger，1992）。

由上述的公式可以明显地看出，床层空隙率 ε 和颗粒直径 d_p 有很强的相关性。工业应用的固定化生物催化剂颗粒直径的选择必须考虑两个相互矛盾的要求：①为了提供最高的空间-时间比产量，酶的高效填充要求的最佳尺寸为 50～100μm；②对于过滤操作、批量筛留和固定床的应用，过滤时间和压降将颗粒尺寸限制在最小为 200～300μm（见第 8 章，8.4.1 节）。为了限制大型固定床反应器的压降，实际应用的颗粒尺寸为 400～1000μm（Antrim and Auterinen，1986；Pedersen and Christensen，2000；Jensen and Rugh，1987；Busse，2004）。决定空隙率的颗粒尺寸分布也是非常重要的，它的范围应当越小越好。

在流化床反应器中，单个颗粒保持稳态的极限速率，就是它有被冲出反应器倾向的临界状态。这可以通过经典的关系式来估计（Jördening and Buchholz，1999；Werther，1992）。其中最重要的一点是流化床的膨胀，可以通过 Richardson 和 Zaki 公式（1954）来计算，一般如下：

$$u = u_T \varepsilon^n \quad (9.28)$$

u_T 为单个颗粒的极限速率，指数 n 的取值如下：

$$n = 4.65 \qquad 0 < Re < 0.2$$

$$n = 4.4Re^{-0.03} \qquad 0.2 < Re < 1$$

$$n = 4.4Re^{-0.1} \qquad 1 < Re < 500$$

$$n = 2.4 \qquad 500 < Re$$

其中 $Re = u_T d_p v^{-1}$。

流化的典型操作范围是从低黏度的物质如轻石（5～10m/h）到沙子（10～30m/h，直径 0.5mm）等颗粒的操作。低黏度物料导致的流化床压降远远比沙子之类的物料要小得多（Jördening and Buchholz，1999）。

9.4 过程技术

反应工程与将原料转化为产品的生物转化技术相关，这就是说，9.1 节和 9.2 节已经涉及了这方面的内容。在这里，将会对所谓的上游工程和随后的所谓下游步骤进行详细的讨论。在生产中，反应就像最终产品的质量一样，必须建立在这些操作步骤即操作单元之上。首先，下面将会给出一个概述，接着会列出一个实际应用例子，即高果糖浆的生产过程，其中包括一些相关的一般操作单元。

9.4.1 概述

这里不可能对过程技术进行深入的探讨，因为那样就需要讨论所有的操作单元，包括质量传递的工程基础原理与装置设备的设计及操作等问题。

在实际工作中需要对这些工程问题的基本理论进行深入的了解。尽管在某些情况下技术问题的解决是以经验和试验的方式进行的，最优方法和设备的选择还是需要大量的实验研究，否则就很可能进行不了合理的选择。这就需要关于操作单元和反应工程方面的知识（Hempel，2004；*Ullmann's Encyclopedia of Industrial Chemistry*，1988，1992）。某些这一领域的综合性专著（Moo-Young，1985；Atkinson and Mavituna，1991）和综述（可见 *Advances in Biochemical Engineering* 系列丛书，Schmalzried et al.，2003；Brauer，1985；Kossen and Oosterhuis，1985）已经对生化工程和生物技术的关键操作单元做了论述。

转化是生化工程和生物技术的核心步骤。然而，在一般情况下它只占用了不到一半的设备、操作费用和所需的投资。物料的制备和添加，产品的分离和纯化，副产物的利用和循环，以及废物的处理通常比生物转化本身需要更多的设备、人力消耗和投资支出。为了确保生产过程的经济性，整个操作过程的各个分步骤都必须精密地协调。整个过程必须用合适的检测和控制设备进行调控。实验室得到的实验结果，包括像色谱分离之类的分离操作，要通过比较谨慎的放大方法转化到生产规模。

表 9.2 列出了生产过程中最重要的步骤，包括相应的单元操作和所需设备。所有的分步骤必须依据质量和热量传递进行协调并可进行检测和控制。其中包括罐体积、搅拌器和泵的功率、管道和柱的截面（如离子交换柱），以及滤器的过滤能力和热交换装置

的传热效率（为计算泵和管道等设备的功率和规格，见 Dunlap，1985）。另外，所做的规划中还必须包括物料和添加剂的质量。

过程技术和生化工程设计的目标是实现如下的过程：

- 高品质的产物
- 经济高效地产出

表 9.2 过程技术中基本要素

步骤		操作单元	设备
1. 游离物（educt）（底物、添加剂）的预处理	分离/纯化	过滤	储罐
		除菌过滤	过滤器
		吸附和离子交换层析	交换柱
	泵入		泵
	浓缩	蒸发	蒸发器
		超滤	隔膜系统
		反渗透	
	稀释	混合	搅拌罐
	（pH 调节）		
	加热		
	冷却		
2. 生化转化	反应工程[a]		
3. 产品分离和纯化	分离/纯化	同上	
		结晶	
		沉淀	
	固定化	固定化	
		干燥	干燥器
	浓缩	同上	喷雾干燥器
4. 辅助材料的循环（如溶剂）			
5. 残留物和废料处理（如离子交换剂再生水）			
6. 精制			
（如包装）			
浓缩			

a. 见 9.1 节和 9.3 节。

这可能只是一个折中方案，因为一些具体的方面和单独的步骤往往会有相互矛盾的要求。放大过程中所出现的挑战和特殊的问题已经在前面的章节中做过简单的讨论。一些专业文献也对一般的操作方法进行了概述（Atkinson and Mavituna，1991；Kossen and Oosterhuis，1985）。

生化过程设计中出现的许多问题可以以高果糖浆的生产制造作为示例。这种甜味剂的质量、价值和价格取决于许多因素，其中包括颜色，这是由一种副产物的合成所决定的，即所谓的褐变产物（browning product）。不仅仅是过程参数（如 pH、温度），底物溶液中的非糖类物质对颜色的形成也有显著的影响。问题仍然停留在酶促转化之前加入纯化步骤的必要性和经济可行性，以及是否合适的过程能否完全避免颜色的产生上面，这些必须在过程技术的背景下做出选择。

9.4.2 实例学习 2：高果糖浆的生产

与葡萄糖相比，果糖的甜度有明显的提高（约 2 倍），大量的果糖是通过玉米淀粉制得的。因此，一部分的葡萄糖被异构转化为果糖（见 6.4 节）。这是规模最大的生物催化工程，每年有大约 1500t 固定化酶生产的 1000 万 t（干重）葡萄糖-果糖糖浆（高果糖浆，HFCS）（Antrim and Auterinen，1986；Misset，2003；Pedersen and Christensen，2000；Reilly and Antrim，2003；Swaisgood，2003）。至少有 5 家大公司可完整地进行和提供整个过程，而且现在经营得非常成功（见 6.4 节，表 6.8）。酶促转化是整个过程的核心步骤，但是还有很多必须以正确的技术方法进行操作，以确保整个过程的经济可行性。

以整个过程为例，其中最相关的步骤和单元操作在表 9.3 中做了详细的描述。因过程状态的变化而进行的相应改动也应用到了实践中（Uhlig，1991）。在这过程中的一部分，淀粉被至少两种可溶酶水解而产生右旋葡萄糖占 95%～97% 的葡萄糖糖浆（见 5.3.2 节，表 5.6）。在第二部分，葡萄糖被葡萄糖异构酶异构转化为果糖。这步反应仅能达到 50% 葡萄糖和 50% 果糖（取决于反应温度）的化学平衡状态。

表 9.3 高果糖浆的生产方法[a]（Antrim et al.，1989；Jφrgensen et al.，1988；Uhlig，1991；Olsen，1995）

过程步骤	设备/单元操作	反应参数
游离物（educt）：淀粉（30%～40% d. m. 悬浊液）[b]	储罐 热交换器	
1. 糊化[c]	管式反应器	105～110℃，5～10min
2. 部分水解（用 α-淀粉酶液化[d]）	多级搅拌釜反应器	85～95℃，1～2h，pH6.5，35% d. m.[b]，3～50μg/g Ca^{2+}
3. 水解（用葡萄糖糖化酶[d]作用于葡萄糖）	6～12 级搅拌釜反应器	55～60℃，pH4.5，24～72h
4. 下游过程	过滤或离心 吸附（活性炭） 阳离子，阴离子交换	
5. 蒸发	蒸发器	
6. 异构化	管式固定床反应器	55～60℃，pH7.5～8.2，40%～50% d. m.[b]，45μg/g Ca^{2+}
7. 产品纯化	吸附（活性炭） 离子交换	
8. 蒸发，冷却 产品： 高果糖浆	蒸发器 热交换器	71% d. m.[b]，果糖 ≥ 42%（干重），pH3.5～4.5，0.05%灰分

a. 简明起见，略去泵入和混合操作（pH 调节）；b. d. m. =干物质；c. 可选：加入耐热 α-淀粉酶；d. 所用的酶大部分是不同催化活性和催化特异性的酶的混合物。

在最开始的步骤中，悬浮的磨碎淀粉被置于喷射式蒸煮锅（管式反应器）中热处理（105～110℃）成胶状，以使α-淀粉酶更易伸入多糖微粒中。第一步的水解反应，通过内切葡聚糖酶（α-淀粉酶）进行的部分水解反应，是在95℃的多级搅拌釜反应器（图9.27）（Olsen，1995）中进行90min的停留。最佳酶活条件已在表9.3中列出。对于野生的α-淀粉酶，适当的Ca^{2+}浓度对酶的稳定性是必需的，而经过基因改造的酶则不需要添加Ca^{2+}。

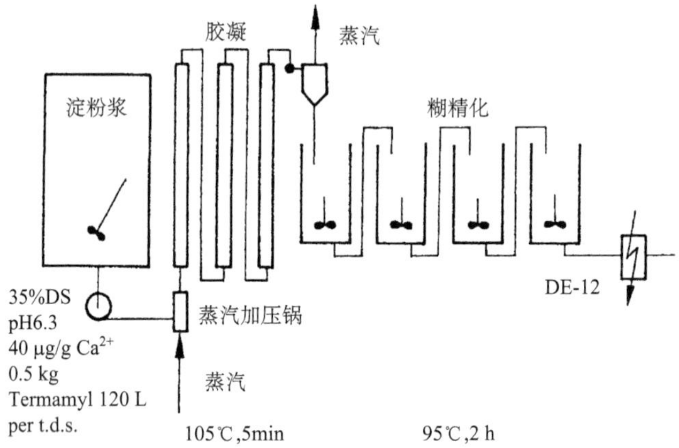

图9.27　用于淀粉液化的反应器构造（Termamyl是一种细菌耐热型α-淀粉酶）（Olsen，1995）。

同一过程中细菌耐热型淀粉酶的不同使用。在胶凝步骤（$T \geqslant 105$℃）加入一部分耐热型α-淀粉酶，以利用热成胶和部分水解的协同作用。另一部分的α-淀粉酶在85～90℃加入第二个步骤（部分水解）。水解的程度（为了得到特定DE值的糊精）由酶的快速失活决定［酸化和（或）热处理］。作为去分支酶添加的异淀粉酶和（或）普鲁兰酶可以使淀粉的转化更有效率（见第5章，5.3.2节）。

随后取得葡萄糖浆（DE 96%～97%）的水解反应在低温和低pH的环境下进行，其中需要进行热交换和混合以调节pH。转化反应要在大型搅拌罐中进行很长的时间。葡萄糖浆的产量在96%～97%，副产物为2%～3%的二糖（麦芽糖和异麦芽糖）及1%～2%或更高的寡糖。

在下游过程中，有几个操作单元必须在最佳条件下进行，以利于接下来的异构化步骤。因此，维持淀粉酶稳定所需的Ca^{2+}必须用离子交换法除去，因为Ca^{2+}会抑制葡萄糖的异构化反应，而异构化所需的离子为Mg^{2+}。此外，有机物如褐变产物（browning product）、有机酸、多肽和氨基酸等必须通过活性炭的吸附除去。干物质的含量则通过蒸发来调节。过程的最后一部分，葡萄糖的异构化，在一系列管式反应器中进行（如9.2节中生产7-ACA的反应器），其中装有可平行运行的葡萄糖异构酶固定床。里面所涉及的步骤，从底物的准备（葡萄糖的溶解）到最终产品的处理（高果糖浆）都在表9.4中详细列出。

用于异构化反应的固定床反应器的直径为0.6～1.5m，高度为2～5m，因此容积在0.5～9m^3。压降可能会达到3bar。生物催化剂颗粒的尺寸为0.3～1.0mm，酶活为300U/g，一个直径1.5m、高度5m的反应器可以容纳约4000kg的生物催化剂。一个装有 20 个反应器的车间一天可以生产约 1000t 的产品（含 42%的果糖，干重）（Olsen，1995；Misset，2003）。

表 9.4 葡萄糖异构化中的操作单元（Olsen，1995；Misset，2003）

过程步骤	操作单元/设备	反应参数
底物：		40%～50% d. m.[a]，葡萄糖、多肽、
葡萄糖溶液		有机底物≥95%
1. 底物的准备	吸附	去除：褐变产物
	阴离子交换	NO_3^-；（氨基）酸
2. 添加 $Na_2S_2O_8$（溶液），或 SO_2		SO_2 50μg/g，Mg^{2+} 45μg/g
$MgSO_4$		（Ca^{2+}＜1μg/g）
3. 调节 pH	混合器	pH7.5～8.2
NaOH	储罐	
4. 灭菌	热交换器	
蒸汽		
冷却水		
5. 异构化	固定床反应器	55～60℃，pH7.5～8.2
		40%～47%d. m.[a]
6. 产品处理	过滤	棕色产品
收尾	吸附（活性炭）	离子交换混合物的丢弃
	阳离子交换	
	阴离子交换	
产品：		约 45%d. m.[a]，果糖：42%（干重）
高果糖浆		或果糖 55%

a. d. m. =干重。

大多数的商品固定化葡萄糖异构酶随着放置时间的增长，会显示出酶活的指数性减少。一般地，当酶活降低到初始值的 12.5%时就要对酶进行更换。这种酶的半衰期为 80～150d，大多数的商品固定化葡萄糖异构酶的半衰期为 200d。生物催化剂的产率为 12～20t（产品）/kg（生物催化剂）。为了维持稳定的果糖浓度，要根据实际的酶活相应地调整加料率。当同时操作几个装有不同程度失活的酶批次的反应器时，可以保持稳定的产品生产率。

Olsen（1995）介绍了每一步操作的费用。就像大多数只需要较低生产费用的过程（常常在食品工业中出现），原料（淀粉）所占的费用最多，达到 37%（8.8€/100kg HFCS），原料的碾磨和加料前处理占 29%（这里讨论的图表中没有包括）。正如前面所建议的一样，酶的费用必须控制在较低的水平，因此液态酶（α-淀粉酶）占 0.7%，糖化酶（淀粉糖化酶和支链淀粉酶）占 1.5%，以及葡萄糖异构酶占 1.6%。报道的生产费用约为 24€/100kg HFCS。

葡萄糖异构酶的生产必须遵循已发布的质量标准，其中最重要的标准已在表 9.5 中列出。可以依靠一些下游操作单元的引入来确保这些标准的执行（表 9.4）。

表 9.5 高果糖浆（HFCS）的质量要求（三种规格）（Aschengreen，1984；Bonse，1986；Misset，2003）

参数	A	B	C
果糖含量/%	42	42	55
葡萄糖含量/%	52～53	52～53	41
寡糖/%	4		
干质含量/%	71	95～96	
密度/(kg/L)，38℃	1.34		
pH	3.5～4.5		
黏度/厘泊，27℃	160		
Ca^{2+}浓度/（μg/g）		<1	
灰分/%	0.05		
混浊度	无	无	无
消光（紫外光和可见光）	0.5[a]（UV 280nm）	低	低
相对甜度（以蔗糖为 100）	100	100	110

a. 底物的消光值。

9.4.3 反应器设备

图 9.28 描述了另一个例子，即青霉素的分批水解反应器，也详细介绍了自动化的监测和控制单元（周期为 24h 的分批过程）。经过浓缩和恒温处理的底物溶液与去离子水都通过计算机来控制添加，温度的控制也是通过计算机进行的。其中最重要的是 pH 的控制，可以通过添加氨水中和来实现（见 9.2 节实例学习）。氨水使用的速度可以反映出反应进行的进程，也就是反应的速率。这些数据通过计算机进行连续不断地收集。整个过程要求高标准的控制措施，以确保稳定的生产过程和较高的产品质量。

反应器及操作单元都需要更多的外部设备，特别是用于检测和控制的设备。最好的也是最常用的方法是用一个可以满足所有要求的过程控制中心：从在线数据分析系统获得数据，用计算机进行数据处理和转换，显示结果，包括以表格和图表的形式显示，储存结果，生成文件，从而提供一个过程数据库。相关的文献（Atkinson and Mavituna，1991b；Zabriskie，1985）给出了有关仪器、设备的检测和可靠性以及故障处理的具体信息。Atkinson 和 Mavituna（1991c）已经描述了某些特殊单元步骤和整个过程的经济价值。对于大批量生产必须指出，酶的费用要控制在很低的范围，以使整个过程经济可行。例如，典型的酶费用应当小于总费用的 1%（参见高果糖浆）。

9.4.4 展望：对集成化过程工程的一点看法

在生物反应器中集成产品的分离过程是一种降低下游过程费用的方法。在这里我们将会给出一些参考文献，可以作为进一步研读的参考和对集成过程设计理念的一个挑战。这个理论还没有在广泛基础上得到发展，但它却常常可以为更加简单经济的产品生产开辟一条新的道路。

原位分离技术（ISPR）的一种可选方式是：如果特定的吸附可以实现，在产品的合成过程中，反应器中即对其进行选择性吸附。例如，依靠固定化葡聚糖蔗糖酶，利用从蔗糖（底物）到葡萄糖（受体）的葡萄糖基转移反应来制造异麦芽糖的过程，此过程

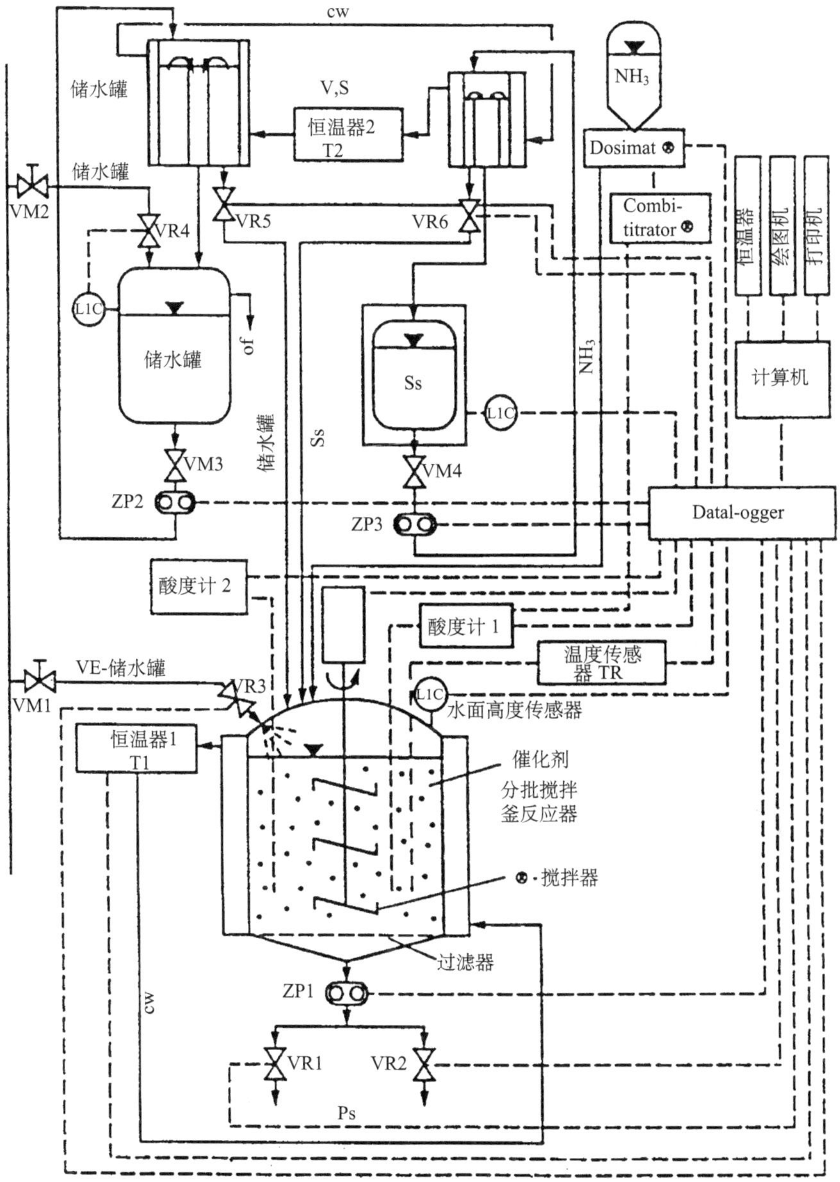

图 9.28 用于青霉素自动分批水解的实验室反应器中的检测与控制单元。VM，VR＝机械或电子控制的阀门；VE＝储罐；ZP＝泵（Tischer，1990）。

需要对反应器中的产品进行迅速的选择性分离。因为异麦芽糖可以被反转化为葡萄糖，从而形成一系列的高聚寡糖。用原位吸附进行产品的选择性分离的多相流化床反应器已经被开发出来。作为生物催化剂的葡聚糖蔗糖酶被固定在海藻酸钙矩阵中（d_p 1mm），还加有包裹的沙粒来增加其密度，以使固定化的生物催化剂能停留在反应器中。异麦芽糖的整体分离可以通过悬浮沸石（＜50μm）的吸附来实现，沸石是随着流动相进入和离开反应器的（图 9.29）（Berensmeier et al.，2004）。

双相系统和膜模块（见第 5 章，5.4 节）可以促进酶反应器中产品的提取。因此，

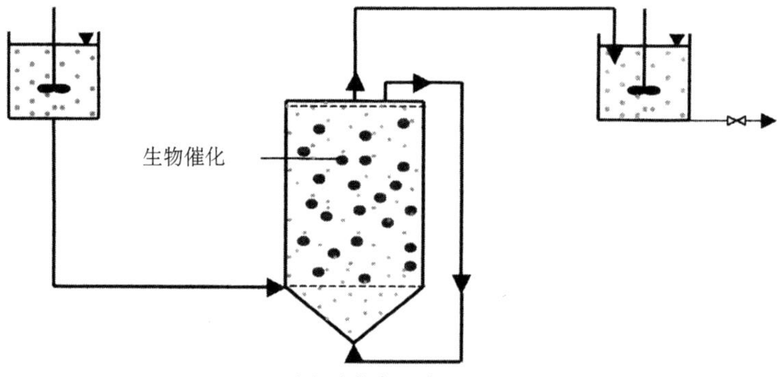

图 9.29 多相流化床吸附；在反应器中加入底物（蔗糖、葡萄糖）溶液和用于吸附产物的沸石；固定化葡聚糖蔗糖酶催化从蔗糖到葡萄糖的葡萄糖基转移反应产生异麦芽糖，其中形成副产物果糖；麦芽糖被沸石选择性地吸附，之后沸石与产物溶液一起离开反应器（包括残留的蔗糖、葡萄糖以及副产物果糖）。吸附有产物的沸石被分离出来，用水/乙醇将异麦芽糖释放出来，用蒸法/精馏溶液的方法重新得到异麦芽糖。

用从红球菌中得到的脱氢酶，从廉价的饱和底物中生产不饱和脂肪酸的过程已经实现，反应是在油/水乳浊液中进行的。产物（和残留的底物）通过以疏水膜为基质的滤膜来提取（Liese et al.，2000）。

SPR 在增加平衡（热力学的）控制过程的产量中也非常有用。有关的例子是用膜系统或低沸点的共沸混合物移出脂肪酶催化的酯化反应中的水（Bartling et al.，2001；Yan et al.，2002）。

异辛烷中外消旋甲氧萘丙酸硫脂（naproxen thioester）的动态分解，以及与之偶联的剩余底物（*R*)-硫脂的持续原位消旋化，是通过固定化的脂肪酶的催化实现的。反应体系结合的中空纤维膜反应性地从反应介质中提取出所需要的（*S*)-甲氧萘丙酸（Lu et al.，2002）

另一种可供选择的方法是产物沉淀法。这样不仅可以改变产物组成的平衡状态，还可以解除产物的抑制效应。一个例子是阿斯巴甜的合成，从反应混合物中沉淀出 Z-保护的甜味剂（见第 3 章，3.2.2.3 节和第 6 章，6.5.1 节），另一个是 β-内酰胺抗生素羟氨苄青霉素的合成（Spieβ and Kasche，2001）。

9.5 练习

9.5.1 实例学习 2 相关习题

1. 在戊二酰-7-ACA 或己二酰-7-ADCA 水解过程中产生的戊二酸（己二酸）是怎样被循环利用的？
2. 讨论如何才能降低筛选具有 β-内酰胺抗性菌株所用的次数？
3. 图 9.14 中的结果是怎么决定的？7-ACA 的水解反应是吸热还是放热反应？确定

25℃下自由能的变化，以及在所研究的温度区间内水解反应熵和焓的变化。

4. 在戊二酰-7-ACA 的水解过程中，使 7-ACA 的损失小于 1%的条件是什么（图 9.15)?
5. 如何改造 GA 使其能够催化头孢菌素 C 的水解过程？提示：必须改变它的什么性质？它必须水解（*R*-*S*-*R*）三肽中的（*R*-*S*）肽键，其中第一个（*R*)-异构体是一个带电的残基。另一种可以进行这种水解反应的酶是青霉素酰胺酶（PA)。
6. 问题 5 中经过改进的酶能否可以用作外消旋物的拆分和肽的去保护?
7. 有一个年产 1000t 7-ACA 的工厂，在这个工厂中，每天要水解 3.8t 的 Glu-7-ACA。水解液为 $100m^3$，Glu-7-ACA 浓度为 100mmol/L。水解周期为 30min，底物转化率为 99%，固定化催化剂的催化活性为 50 000U。其余条件见 9.2.3.6 节。
   (a) 不考虑酶的失活，每天进行这样的水解反应所需的最小的填充床体积是多少? 300 个循环之后的催化产率是多少?
   (b) 试估计填充床的总体积和产率，如果考虑酶的失活（半衰期约 15d)，应当如何改造此反应器以保证所需的空间-时间产量。

9.5.2　混合与搅拌相关习题

1. 计算下列反应器的平均循环时间［考虑规模，等式（9.17)］
   (a) $n=5s^{-1}$；$H=0.5m$；$d_R=0.3m$；$d_i=10cm$
   (b) $n=5s^{-1}$；$H=2.0m$；$d_R=1.0m$；$d_i=0.3cm$
   在怎样的搅拌速率下可以得到相同的混合时间? 试比较由图 9.26（b）中分别得到的水溶液中涡轮搅拌桨和螺旋桨搅拌桨的数据所计算的结果。
2. 计算 10L 搅拌釜反应器放大过程中增加的剪切力
   (a) 放大到 $0.5m^3$ 小规模实验
   (b) 放大到 $15m^3$ 生产规模
   每种情况的恒定能量输入为 $P_R=6\rho n^3 \cdot d_i^5$，搅拌桨直径为反应器直径的 1/3，搅拌釜的尺度为 $H : d_R=3 : 1$。剪切力（在湍流情况下）与 $\rho(n \cdot d_i^2)$ 呈正比。

文献

一般著作

Atkinson, B., Mavituna, F., *Biochemical Engineering and Biotechnology Handbook*, 2nd edn., MacMillan Publishers Ltd., New York, 1991

Brauer, H., Stirred vessel reactors, in: Brauer, H. (Vol. Ed.), *Biotechnology*, Vol. 2, pp. 395–444, Wiley-VCH, Weinheim, 1985

Hempel, D.C., Bioverfahrenstechnik, in: Dubbel, Taschenbuch für den Maschinenbau, 21st edn., Springer-Verlag, Berlin, Heidelberg, New York (English version in preparation), 2002

Kossen, N.W.F., Oosterhuis, N.M.G., Modeling and scaling-up of bioreactors; in: Brauer, H., (Vol. Ed.), *Biotechnology*, Vol. 2, pp. 571–605, VCH, Weinheim, 1985

Moo-Young, M., *Comprehensive Biotechnology*, Vols. 1 and 2, Pergamon Press, Oxford, 1985

Ullmann's Encyclopedia of Industrial Chemistry (a and b): *Unit Operations I and II*, 5th edn., Vol. B2 and B3, VCH, Weinheim, 1988

Ullmann's Encyclopedia of Industrial Chemistry (1992): Principles of Chemical Reaction Engineering and Plant Design, 5th edn., Vol. B4, VCH, Weinheim, 1992

参考文献

Adrio, J.L., Hintermann, G.A., Demain, A.L., Piret, J.M., Construction of hybrid bacterial deacetoxycephalosporin C synthases (expandases) by in vivo homologous recombination, *Enzyme Microb. Technol.*, **2002**, *31*, 932–940

Antrim, R.L., Auterinen, A.-L., A new regenerable immobilized glucose isomerase, *Stärke*, **1986**, *38*, 132–137

Antrim, R.L., Lloyd, N.E., Auterinen, A.-L., New isomerization technology for high fructose syrup, *Stärke*, **1989**, *41*, 155–159

Aschengreen, N.H., Technical isomerization of glucose, in: Immobilisierte Biokatalysatoren, DECHEMA-Kurs, Braunschweig, 1984

Atkinson, B., Mavituna, F., Biochemical Engineering and Biotechnology Handbook, 2. edn., pp. a: 706, 707; b: 1023–1057; c: 1059–1109, MacMillan Publisher, New York, 1991

Acetate in *n*-Hexane with Membrane-Mediated Water Removal, *Biotechnol. Bioeng.*, **2001**, *75*, 676–681

Bartling, K., Thompson, J., Pfromm, P.H. et al., Lipase-Catalyzed Synthesis of Geranyl

Berensmeier, S., Ergezinger, M ., Bohnet, M., Buchholz, K., Design of Immobilised Dextransucrase for Fluidised Bed Application, *J. Biotechnol.*, **2004**, in press

Berensmeier, S., Buchholz, K., Separation of Isomaltose From High Sugar Concentrated Enzyme Reaction Mixture by Dealuminated Beta-Zeolite, *Sep. Purific. Technol.*, **2004**, *38*, 129–138

Blenke, H., Biochemical loop reactors, in: Rehm, H.-J., Reed, G., Brauer, H., (Eds), *Biotechnology*, Vol. 2, pp. 465–517, VCH, Weinheim, 1985

Bonse, D., Schindler, H., Immobilisierte Glucoseisomerase, in: Immobilisierte Biokatalysatoren, DECHEMA-Kurs, Braunschweig, 1986

Bruggink, A., *Synthesis of ß-lactam antibiotics*, Kluwer Academic Publishers, Dordrecht, 2001

Buchholz, K., Reaction engineering parameters for immobilized biocatalysts, *Adv. Biochem. Eng.*, **1982**, *24*, 39–71

Busse (Amino) (2004), personal communication: standard particle size of ion exchangers: 300–1200 μm; optimized particles: 600 μm

Cabral, J., Tramper, J., Bioreactor design, in: Straathof, A.J.J., Adlercreutz, P., (Eds), *Applied Biocatalysis*, pp. 339–378, Harwood Academic Publishers, Amsterdam, 2000

Carleysmith, S.W., Dunnil, P., Lilly, M.D., Kinetic behavior of immobilized penicillin acylase, *Biotechnol. Bioeng.*, **1980**, *22*, 735–756

Chibata, I., Tosa, T., Sato, T., Application of immobilized biocatalysts in pharmaceutical and chemical industries, in: Rehm, H.-J., Reed, G., (Eds), *Biotechnology*, Vol. 7a, pp. 653–684, VCH, Weinheim, 1987

Conlon, H., Baqai, J., Baker, K., Shen, Y.Q., Wong, B.L., Noiles, R., Rausch, C.W., Two-step immobilized enzyme conversion of cephalosporin C to 7-aminocephalosporanic acid, *Enzyme Microb. Technol.*, **1995**, *46*, 510–513

Crawford, L., Stepan, A.M., McAda, P.C., Ramsbosek, J.A., Conder, M.J., Vinci, V.A., Reeves, C.D., Production of cephalosporin intermediates by feeding adipic acid to recombinant *Penicillium chrysogenum* strains expressing ring expansion activity, *Bio/Technology*, **1995**, *13*, 58–62

Do, U.H., Neftel, K.A., Spadari, S., Hübscher, U., Beta-lactam antibiotics interfere with eucaryotic DNA-replication by inhibiting DNA polymerase, *Nucleic Acid. Res.*, **1987**, *15*, 10945

Dunlap, C.E., Solids and Liquids Handling. In: Moo-Young, M. (Ed.), *Comprehensive Biotechnology*, Vol. 2, pp. 237–271, Pergamon Press, Oxford, 1985

Eigenberger, G., Fixed bed reactors, in: *Ullmann's Encyclopedia of Industrial Chemistry (1992): Principles of Chemical Reaction Engineering and Plant Design*, 5th edn., Vol. B4, pp. 199–238, VCH, Weinheim, 1992

Elander, R.P., Industrial production of β-lactam antibiotics, *Appl. Microbiol. Biotechnol.*, **2003**, *61*, 385–392

Fritz-Wolf, K., Koller, K.P., Lange, G., Liesum, A., Sauber, K., Schreuder, H., Aretz, W., Kabsch, W., Structure based prediction of modifications in glutarylamidase to allow single-step enzymatic production of 7-aminocephalosporanic acid from cephalosporin C, *Protein Sci.*, **2002**, *11*, 92–103

Galunsky, B., Lummer, K., Kasche, V., Comparative study of substrate- and stereospecificity of penicillin G amidases from different sources and hybrid isoenzymes, *Chem. Monthly*, **2000**, *131*, 623–632

Ingolia T., Queener, S.W., Beta-lactam biosynthetic genes, *Med. Res. Rev.*, **1989**, *9*, 245–264

Jensen, V.J., Rugh, S., Industrial scale production and application of immobilized glucose isomerase, in: Mosbach, K., (Ed.), *Meth. Enzymol.*, Vol. 136, pp. 356–370, Academic Press, Orlando, 1987

Jördening, H.-J., Buchholz, K., Fixed film stationary-bed and fluidized-bed reactors. In: Winter, J. (Vol. Ed.), *Biotechnology*, Vol. 11a, pp. 493–515, WILEY-VCH, 1999

Jördening, H.-J., Mösche, M., Küster, W., Entwicklung und Betrieb von Fließbettreaktoren für die anaerobe Abwasserreinigung, *Chem. Ing. Techn.*, **1996**, *68*, 1152–1153; and *Zuckerindustrie*, **1996**, *121*, 847–854

Jørgensen, O.B., Karlsen, L.G., Nielsen, N.B., Pedersen, S., Rugh, S., A new immobilized glucose isomerase with high productivity produced by a strain of *Streptomyces murinus*, *Stärke*, **1988**, *40*, 307–313

Katchalski-Katzir, E., Krämer, D., Eupergit C, a carrier for immobilization of enzymes of industrial potential, *J. Mol. Catal. B: Enzymatic*, **2000**, *10*, 157–176

Koller, K.P., Riess, G.J., Aretz, W., Process for the preparation of glutarylacylase in large quantities, US Patent 5.830.743, 1998

Liese, A., Seelbach, K., Wandrey, C., *Industrial Biotransformations*, Wiley-VCH, Weinheim, 2000

Li., Y., Chen, J., Jiang, W., Mao, X., Zhao, G., Wang, E., *In vivo* post-translational processing and subunit reconstitution of cephalosporin acylase from *Pseudomonas* sp. 130, *Eur. J. Biochem.*, **1999**, *262*, 713–719

Liese, A., Seelbach, K., Wandrey, C., (Eds), *Industrial Biotransformations*, Wiley-VCH, 2000

Lilly, M.D., Immobilized enzyme reactors, in: *Biotechnology*, Dechema-Monographs, Vol. 82, pp. 165–180, Verlag Chemie, Weinheim, 1978

Lu, C.-H., Cheng, Y.-C., Tsai, S.-W., Integration of Membrane Extraction, *Biotechnol. Bioeng.*, **2002**, *79*, 31–34

Middleton, J.C., Carpenter, K.J., Stirred-tank and loop reactors, in: *Ullmann's Encyclopedia of Industrial Chemistry*, Vol. B 4, pp. 167–180, Wiley-VCH, Weinheim, 1992

Misset, O., Xylose (glucose) isomerase, in: Whitaker, J.R., Voragen, A.G.J., Wong, D.W.S., (Eds), *Handbook of Food Enzymology*, pp. 1057–1077, Marcel Dekker, New York, 2003

Monti, D., Carrea, G., Riva, S., Baldaro, Frare, G., Characterization of an industrial biocatalyst: immobilized glutaryl-7-ACA acylase, *Biotechnol. Bioeng.*, **2000**, *70*, 239–244

Moser, A., Imperfectly mixed bioreactor systems, in: Moo-Young, M., (Ed.), *Comprehensive Biotechnology*, Vol. 2, pp. 77–98, Pergamon Press, Oxford, 1985

Olsen, H.S., Use of enzymes in food processing, in: Reed, G., Nagodawithana, T.W., (Eds), *Biotechnology*, Vol. 9, pp. 663–736, VCH, Weinheim, 1995

Pedersen, S., Christensen, M.W., Immobilized biocatalysts, in: Straathof, A.J.J., Adlercreutz, P., (Eds), *Applied Biocatalysis*, pp. 213–228, Harwood Academic Publishers, Amsterdam, 2000

Prenosil, J.E., Dunn, I.J., Heinzle, E., Biocatalyst Reaction Engineering; in: Rèhm, H.-J., Reed, G. (Eds.), *Biotechnology*, Vol. 7a, pp. 489–545, VCH, Weinheim, 1987

Reilly, P., Antrim, R.L., Enzymes in grain wet milling, in: *Ullmann's Encyclopedia of Industrial Chemistry*, Wiley-VCH, Weinheim, 2003

Reuss, M., Bioreaktionstechnik; Skriptum zur Vorlesung, Universität Stuttgart, Institut für Bioverfahrenstechnik, 1991

Reuss, M., Bajpai, R., Stirred tank models, in: Rehm, H.-J., Reed, G., (Eds), *Biotechnology*, Vol. 4, pp. 299–348, VCH, Weinheim, 1991

Richardson, J.F., Zaki, W.N., Sedimentation and fluidization: Part 1, *Trans. Inst. Chem. Eng.*, **1954**, *32*, 35–53

Sauber, K., Lessons from industry, in: Van den Tweel, W., Harder, A. Buitelaar, R.M., (Eds), *Stability and stabilization of enzymes*, pp. 145–151, Elsevier Science Publishers, Amsterdam, 1992

Schmalzried, S., Jenne, M., Mauch, K., Reuss, M., Integration of physiology and fluid dynamics, *Adv. Biochem. Eng.*, **2003**, *80*, 19–68

Spieß, A., Kasche, V., Enzymatic synthesis of amoxicillin. Process integration using multiphase systems, *in Novel Frontiers in the Production of Compounds for Biomedical Use* (A. van Broekhoven et al., Eds), Kluwer Academic Publishers, Amsterdam, 169–192, 2001

Spieß, A., Schlothauer, R, Hinrichs, J., Scheidat, B., Kasche, V., pH gradients in heterogeneous biocatalysts and their influence on rates and yields of the catalysed processes, *Biotechnol. Bioeng.*, **1999**, *62*, 267–277

Swaisgood, H.J., Use of immobilized enzymes in the food industry, in: Whitaker, J.R., Voragen, A.G.J., Wong, D.W.S. (Eds), *Handbook of Food Enzymology*, pp. 359–366, Marcel Dekker, New York, 2003

Tischer, W., Immobilisierte Enzyme in der Anwendung, in: Präve, P., Schlingmann, M., Crueger, W., Esser, K., Thauer, R., Wagner, J., (Eds), *Jahrbuch Biotechnologie*, pp. 251–275, Carl Hanser Verlag, München, 1990

Tischer, W., Giesecke, U., Lang., Röder, A., Wedekind, F., Biocatalytic 7-aminocephalosporanic acid production, *Ann. N.Y. Acad. Sci.*, **1992**, *612*, 502–509

Uhlig, H., *Enzyme arbeiten für uns*, pp. 214–241, Hanser-Verlag, München, 1991

Uhlig, H., *Industrial enzymes and their applications*, John Wiley & Sons, Inc., New York, 1998

Voser, W., Process for the recovery of hydrophobic antibiotics, US Patent 3,725,400, 1973

Werther, J., Fluidized bed reactors, in: *Ullmann's Encyclopedia of Industrial Chemistry (1992): Principles of Chemical Reaction Engineering and Plant Design*, 5th edn., Vol. B4, pp. 239–274, VCH, Weinheim, 1992

Yamana, T., Tsuji, A., Comparative stability of cephalosporins in aqueous solution: kinetics and mechanism of degradation, *J. Pharm. Sci.*, **1976**, *65*, 1563–1574

Yan, Y., Bornscheuer, U.T., Schmid, R., Efficient Water Removal in Lipase-Catalyzed Esterifications Using a Low-Boiling-Point Azeotrope, *Biotechnol. Bioeng.*, **2002**, *78*, 31–34

Zlokarnik, M., Rührtechnik, in: *Ullmann's Encyclopädie der technischen Chemie*, 4. Aufl., Bd. 2, S259–281, Verlag Chemie, Weinheim, 1972

Zabriskie, D.W., Data analysis, in: Moo-Young, M., (Ed.), *Comprehensive Biotechnology*, Vol. 2, pp. 175–190, Pergamon Press, Oxford, 1985

附录A 生物技术信息世界：反应信息行为的8个要素*

“信息能力是指采用适当的信息行为，无论通过什么渠道或媒介，来得到符合需要的信息，以及对社会中理智而又有道德地使用信息的重要性的关键认识。”

(B. Johnston and S. Webber，2003)

1. 考虑你的信息行为

信息能力对于学术生活以及职业生活中的自主学习是一种重要的关键技能。除了有效地检索和导航策略外，信息能力首先还包括通过自发的，以需求为导向的方式组织和形成自己的信息过程的创造力。对于检索者来说，找到一些信息已经不再是问题了，但是从许多相似的信息中过滤得到有效的信息却更困难。

和每一个学科一样，除了特殊的导航策略外，生物技术也有自己独特的信息媒介来满足与学科相关的信息需求。在这些有用的数据库中，哪些符合你的特定要求而又可靠呢？那些所谓的“隐形网络”或者“深层次网络”包括了没有被大多数搜索引擎，例如，Google所收集到的信息源，这就是说，它包含了特殊数据库，如专利，有进入密码保护的或只在企业内部网络上可获得的网站和基于脚本的数据库，它们提供一些如动态内容的信息。

为研究而阅读和获取信息的原因有很多：为了给你提供一些想法并且提高你的创造力；为了理解并能有效地评价在你的学科中其他的研究人员所做的研究；为了开阔你的思路并通过其他人的成果来审视自己的工作（直接的个人经验是绝对不足的）；为了使你的观点有道理；为了避免在研究上的重复结果；为了学到更多的研究方法和它们在实际中的应用；而且还可以找到新的研究领域（Blaxter et al.，2001）。在开始搜索信息之前，首先要思索你的题目和特定的信息需求，收集背景信息，然后集中到你的研究中。

2. 熟悉数据库和搜索条件

当在一个数据库中搜索时，使用恰当的关键词来进行所需信息的检索是非常重要的。太宽泛的关键词会产生过多的检索结果，而常常其中只有一小部分有用；而使用太专业的关键词，重要的信息可能没有找到。使用合理的所谓布尔算子（AND、OR、NOT）来连接检索条件以及使用通配符（joker）（‘?’或‘*’或‘$’，每个都依赖于搜索界面）是十分有利的。例如，搜索“biodegr?”就可以得到包括“biodegradation，biodegaradable，biodegraded或biodegradability”之类的词的文献。

一个搜索条件工作表可以构造出你的查询。这样，你必须把题目分成几个组分，并根据各个组分选择关键词。为了进行搜索，在工作表中的每个框里的条件必须要用“OR”，最终用“AND”连接起来：

---

* 注：本部分在Thomas Hapke的帮助下完成。

题目：土壤中芳香族化合物的微生物降解

组分 1	组分 2	组分 3
microbi? degrad?	armat?	soil?
biodegrad?	polyaromat?	clay?
bioremed?	Benzene	compost?
microbe? Decompos?	PAH	sediment?

3. 指南、学科门户和文献索引

指南，网络上的学科入口和文献索引有助于自己知道搜索的信息。DISCUS（大学生信息技术和能力发展）是一个针对工程学中的信息能力网络双语（德语、英语）学习指南的例子，它可以不管时间和空间来使用。它也包括一个生物技术的模块。

DISCUS 由德国汉堡理工大学大学实验室研发出来，并且在网页 http：//discus. tu-harburg. de 上公布出来。另一个例子是在 http：//tilt. lib. utsystem. edu 上的得克萨斯信息读写能力指南（TILT）。

所谓的"学科门户"是包括学科特定相关网址的链接集合，这是很好的起始点。例如，在 http：//www. eevl. ac. uk 上的"EEVL（扩大而又被评价的虚拟图书馆）——工程学、数学和计算机学的网络索引"和网址为 http：//vifatec. tib. uni-hannover. de/index. php3？L＝e 的德国科学技术国家图书馆上的 TIB/UB 工程学学科门户。在网络上找到的关于生物技术的特殊链接集合编成了一个目录，例如，Yahoo^{TM}（http：//dir. yahoo. com/science/biology/biotechnology/）或者开放目录计划（http：//www. dmoz. org/Science/Biology/Biotechnology/）以及像"美国国家生物技术信息中心"（http：//www. ncbi. nlm. nih. gov）这样的网站。

文献索引提供了关于所处理题目的所有形式一级和二级文献的全面的综述。化学领域信息资源的最实际的索引是 Maizell 写的（1998），它对生产过程和生物化学工程领域也有很大价值。也可以参考 MacLeod 和 Corlett（2004）不久将要修订的《工程学信息资源》（第 3 版，1996）。对于生命科学的索引参见 Schmidt（2002）和 Wyatt（1997），商业信息索引参见 Moss（2004）。

4. 使用当地的图书馆

即使是在网络时代，到当地大学的图书馆查找资料也可以减轻信息检索的压力。如果这个图书馆没有你感兴趣的内容，那么图书馆联合目录可以给你较大范围的馆藏资源，你可以通过跨馆借阅或文献投递的方式得到这些资源。在许多国家，那么特殊的图书馆是作为国家科技图书馆来使用的（如德国汉诺威的 TIB/UB，网址 http：//www. tib. uni-hannover. de）。当地内部网络可以使用的数据也可以参考文献以得到更深层次的信息（如期刊文章）而不是局限于图书馆本身。学科图书管理员也能够给出一些可供参考的信息。

5. 利用百科全书

关于化学和过程工程学内容的百科全书已经出版了，其中有专门关于生物技术的分册。这些在这本书第一章节的最后列了出来。百科全书包括了所评估知识的详细的综述，以及参考文献以进一步阅读。图书馆阅览室内提供了印刷形式的所选范围的这种参考文献。在本地内部网络里，可以获得电子版本。

6. 搜索期刊文章，专利和数据

今天，大多数的最新研究成果都发表在学术期刊和某种学科专门的课本上。此外，专利是一种非常重要却又通常较少被学术界使用的资源。一次文献检索（如前所述）可以很快对特定的期刊文章、综述和最新书籍进行筛选。随后即可通过大学图书馆主页作为入口来下载这些原始出版物，或者在图书馆中找到印刷本（还可以参考："德国电子期刊图书馆"，网址为 http：//www. biblithek. uni-regensburg. de/ezeit/或者"DOAJ 开放数据库期刊入口"，网址为 http：//www. doaj. org）。

在化学、生物技术以及相关领域内的信息检索数据库范围如表 A. 1 所示。

表 A. 1　生物催化常用的网络数据库（节选）

查询内容	数据库名称和网址	注　释
期刊文献	CEABA-VTB（化学工程与生物技术文摘），http：//www. dechema. de/ceabalang-en. html	过程工程和生物技术的首选（Dechema 创建）
	美国化学文摘，http：//www. cas. org	包括了化学所有领域和与其相关的科学，如材料科学和环境科学（可能在你的当地内部网络使用的是网络版）
	COMPENDEX（网络版工程索引），http：//www. ei. org/eicorp/compendex. html	关于一般工程学的最重要和最全面的数据库
	INSPEC（科学文摘数据库），http：//www. iee. org/publish/inspec/	这个数据库的重要性是因为现在信息技术在工程学的所有领域里都起了相当重要的作用
	FIZ Technik（德国工业技术信息情报中心），http：//www. fiz—technik. de/en/	数据库也包括德文资源
	科学信息协会创建的 Web of Science 上的"科学引文索引"，http：//www. isinet. com/	在这个多学科引文数据库中，你可以用"检索条件"搜索文献，还可以得到诸如：某篇文献被谁引用过？一篇文献被引用的频率如何？之类的问题的答案
	PubMed，http：//www. ncbi. nlm. nih. gov/entrez/query. fcgi	药学的多学科数据库，对生物技术领域也很重要
	Toxline，http：//toxnet. nlm. nih. gov	毒物学和危险物质
	Agricola，http：//agricola. nal. usda. gov	关于农业科学
	Ulidat，http：//doku. uba. de	关于环境科学的德文数据库
专利	DEPATISnet 网址：http：//depatisnet. dpma. de	德国专利数据库免费提供 pdf 形式的专利资料，包括所有德国和美国以及其他一些国家的专利，使用时需要了解确切的专利号。另可使用其他搜索项检索某特定年限的专利，如标题、专利发明者，或所属领域。因此若查询一篇 1981 年的德国专利可利用标准或所属学科领域检索

续表

查询内容	数据库名称和网址	注　释
专利	Esp@cenet 网址：http：//ep. espacenet. com	欧洲专利（欧洲专利部）
	美国专利商标局网址：http：//www. uspo. gov/patft	提供国家专利的全文
化学品	化学数据库（ChemFinder）网址：http：//chemfinder. camsoft. com	化合物信息的元搜索引擎
	NIST Webbook 网址：http：//webbook. nist. gov/chemistry/	大量普通化合物的细目数据
危险物品	GESTIS 网址：http：//www. hvbg. de/e/bia/fac/stoffdb/index. html	德国法定事故保险与预防协会的免费信息检索系统（英文版可用）
	化合物毒性相关数据库（TOXNET）网址：http：//toxnet. nlm. nih. gov/	美国国家医学图书馆
	国际化学品安全卡（ICSC）网址：http：//www. bfr. bund. de/cd/444	德国资料数据库（英文版）
酶制剂生产商（又见表 5.4）	网址：http：//www. amfep. org	AMFEP（the Association of Manufacturers and Formulators of Enayme Products）的主页。囊括各种关于酶及其安全使用规程的信息，并有类似组织，公司和对于酶的法规而言重要的组织的链接（如 EU、FAO、WHO 等）
酶的分类与结构	http：//www. chem. qmul. ac.　ukiubmb/enzymes	（酶的分类）
	http：//www. expasy. ch/	囊括蛋白质/酶所有方面的详尽资料。包含酶的命名并有更特异酶数据库的链接。
	http：//www. rcsb. org/qdb	蛋白质/酶的空间结构，酶的结构与功能所需重要辅因子的数据库
	http：//biochem. ucl. ac. uk/bsm/cath	基于空间结构对酶分类的数据库
酶的性质	http：//www. brenda. uni-koeln. de	酶性质的综合数据库（不同底物的 k_{cat}、K_m；辅因子；抑制剂；稳定性等）
酶的催化反应	http：//xpdp. nist. gov/enzyme thermodynamics/enzymel. pl	酶催化反应的势力学数据
	http：//genome. ad. jp/kegg/ligand. -html	可以查到催化某特定化合物（配基）进行生物转化的酶的数据库。并有酶催化的代谢反应的代谢图标的相关链接
特异性的酶	http：//merops. sanger. ac. uk	肽数据库
	http：//www. led. uni-stuttgart. de	脂肪酶的数据库
	http：//afmb/cnrs-mrs. fr/CAZY	催化碳水化合物生化反应相关酶的数据库

续表

查询内容	数据库名称和网址	注 释
生物信息学	http：//www. ncbi. nlm. nih. gov/education/index. html	生物信息学教育专栏
	http：//www. ebi. ac. uk http：//www. hnbioinfo. de	由研究蛋白质/酶的生物信息学组织——欧洲生物信息研究所和德国亥姆霍兹研究机构提供的两个庞大的数据库，可链接到主数据库，序列与结构分析工具（基因或蛋白质）或酶的序列等
生物催化	http：//www. accelrys. com/chem _ db/biocat. html	庞大的生物催化数据库，包含 38 000 多种以生物催化剂为媒介的反应（需付费使用）
	http：//umbbd. ahc. umn. edu	生物催化/生物降解数据库

7. 搜索之后：信息的评估与处理

顺利检索之后，你需要评估检索结果的相关性。如何确定所有潜在的重要文件都在你的搜索结果中？如何调整你的搜索条件来达到这个目标？不过同样重要的是严格评估所得文献的质量。如果文献是发表在由学术同行评议的期刊上的，那么在其接受/发表之前已经过了独立专家的评估。作者是谁，其背景如何？文献为什么被提供？它有多新？

为了与潮流趋势同步，一些期刊的发行人为我提供免费获取至少期刊目录的途径，或当每一期刊物出版时，经由电子邮件提供一份免费的内容目录。另一种方式是订阅某一领域的邮件表或浏览该特定领域的博客，比如生物信息学方面的博客 http：//www. nodalpoint. org。

8. 信息与世界

什么是出版物？什么是作者、文献、期刊、收藏或图书馆？在因特网的电子世界中，这些术语的意义和用法都有所变化。在生物技术中思考信息学的东西具有特殊意义（Braman，2004）。在这样一个时代，一个被科学史学者描述为“……生物学在信息科学下的变形”的时代（Lenoir，1999），反映信息及其传递和使用是非常必要的（Feather and Sturges，2003）。

尽管信息已经超负荷，但在因特网上只有非常有限的信息可以免费获得。一些为学者研究提供信息的商业信息资源库，如参考文献数据库和特定期刊的全文数据库，使用时通常需要交纳许可费并需要密码。不过，它们常可在一些大学或企业的局域网免费使用。开放浏览活动试图使学术性出版物能够免费浏览，至少对于以研究和教育为目的浏览。如期刊 PLOS Biology 网址 http：//www. plosbiology. ory。

在“剪贴”的氛围下，人们对知识产权和版权的关注在不断提升。为什么引用信息的来源非常重要？正确引用的途径是什么？关于信息道德规范的问题（盗版）以及政策（所有权、使用权、私有权）变得越来越重要。是否存在一个数字鸿沟？甚至考虑信息的存储。电子记录或数据将在 30 年或 50 年后会发生什么？

参考文献

Blaxter, L., Hughes, C., Tight, M., *How to research*, 2nd edn., Open University Press, Buckingham, **2001**

Braman, S., (Ed.), *Biotechnology and Communication: The Meta-Technologies of Information*, Lawrence Erlbaum, Mahwal, NJ, **2004**

Feather, J., Sturges, P., (Eds), *International Encyclopedia of Information and Library Science*, 2nd edn., Routledge, London, **2003**

Johnston, B., Webber, S., Information literacy in higher education: a review and case study, *Studies in Higher Education* **2003**, 28, 335–352

Lenoir, T., Shaping biomedicine as an information science, in: Bowden, M.E., Hahn, T.B., Williams, R.V., (Eds), *Proceedings of the 1998 Conference on the History and Heritage of Science Information Systems*, pp. 27–45, Information Today, Medford, NJ, **1999**. Available online at www.chemheritage.org/explore/ASIS_documents/ASIS98_Lenoir.pdf

Maizell, R.E., *How to Find Chemical Information: A Guide for Practicing Chemists, Educators, and Students*, 3rd edn., Wiley, New York, **1998**

MacLeod, R.A., Corlett, J., (Eds), *Information Sources in Engineering*, 4th edn., Saur, Munich, **2004**

Moss, R.W., *Strauss's Handbook of Business Information: A Guide for Librarians, Students, and Researchers*, 2nd edn., Libraries Unl., Westport, Conn., **2004**

Schmidt, D., Davis, E.B., Jacobs, P.F., *Using the Biological Literature: A Practical Guide*, 3rd edn., Dekker, New York, **2002**

Wyatt, H.V., (Ed.), *Information Sources in Life Sciences*, 4h edn., Bowker-Saur, London, **1997**

附录B 符　　号

a	单位体积表面积	$[m^{-1}]$
A_p	微粒外表面积	$[m^2]$
A_m	混合时浓度的变化幅度	[mol/L]
c	反应中外消旋程度/转化率	
c	浓度	[mol/L]
$c_S(r)$	微粒中心 r 距离处底物浓度	[mol/L]
$c_S(\infty)$	容积底物浓度	[mol/L]
$c_S(z)$	无因次底物浓度	
d_i	搅拌直径	[m]
d_p	微粒直径	[m]
d_R	反应器直径	[m]
D_S	溶剂离散系数	$[cm^2/s]$
D'_S	固定化生物催化剂离子离散系数	$[cm^2/s]$
DS	干底物量（重量%）	
ee	对映体过量值	
E	对映体或立体选择性/对映体得率	
E_{eq}	平衡控制过程中对映体或立体选择性	
E_{kin}	动力学控制过程中对映体或立体选择性	
$E(t)$	停留时间分布	$[s^{-1}]$
h	小时	
H	高度	[m]
I	离子强度	[mol/L]
k_{cat}	转化数	$[s^{-1}]$
k_H	动力学控制过程中水解表观速率常数	$[L\ mol^{-1}s^{-1}]$
k_i	酶灭活反应的表观一阶速率常数	$[s^{-1}]$
k_L	Mass 迁移系数	$[ms^{-1}]$
k_T	动力学控制过程中转移酶表观速率常数	$[L\ mol^{-1}s^{-1}]$
K	平衡常数（场作为分离常数）	[mol/L]
K_A	幅度	$[s^{-1}]$

K_{app}	水解反应中表观分裂系数	[mol/L]
K_i	与抑制剂结合分裂系数	[mol/L]
K_m	米氏常数	[mol/L]
K_{ref}	水解反应参考平衡常数	[mol/L]
M	浓度	[$mol\ L^{-1}$]
MW	分子质量	[Da]
n	搅拌速度	[s^{-1}]
n_E	活性固定化酶的浓度	[mol/L]
n_0	$t=0$ 时某化合物的摩尔数	[mol]
$\dot{n}$	摩尔流通率	[mol/s]
Ne	牛顿数	
p	分配系数	
p	压强	[Pa]
P	产率（kg 产物/kg 生物催化剂）	
P	渗透率	[ms^{-1}]
P_R	输入功率	[Ws^{-1}]
[P]	产物浓度	[mol/L]
Q	体积量	[m^3/s]
r	据离子中心距离	[m]
Re	雷诺系数	
R	微粒或细胞半径	[m]
Sh	舍伍德系数	
Sc	施密特系数	
$[S]_E$	反应终端底物浓度	[mol/L]
$[S]_0$	$t=0$ 时底物浓度	[mol/L]
$[S]_i$	i 反应后底物浓度	[mol/L]
$[S]_t$	t 处底物浓度	[mol/L]
STY	时空得率	[$mol\ L^{-1}s$] 或 [$g\ L^{-1}s$]
t	时间	[s]
t_{12}	从底物 [S_1] 转化到底物 [S_2] 所需时间	[s]
$t_{1/2}$	半衰期	[s]
t_m	混合时间	[s]
T	温度	[K,℃]

TTN	总转化数	
u	线流率	[ms^{-1}]
U	单位酶活	[μmol/min]
v，V_{max}	反应速率，酶催化反应最大反应速率	[mol $L^{-1}s$]
v_{obs}	生物催化剂所催化的反应观测速率	[mol $L^{-1}s$]
V	反应器体积	[m^3]
V_p	微粒（细胞）体积	[m^3]
V_{CST}，V_{PB}	连续搅拌罐（CST）或填床式（PB）反应器体积	[m^3]
x	单位体积细胞数	[L^{-1}]
X	底物转化程度 $\Delta[S]/[S]_0=([S]_0-[S]_t/[S]_0)$	
z	距微粒中心的无因次距离（r/R_p）	
α	容积率	
γ	相对底物浓度$=[S]/K_m$	
δ	扩散层厚度	[m]
φ	蒂勒模数	
ε	填床孔积率	
η	固效因子	
η_0	操作有效因子	
η	黏度	[kg/（m·s)]
ρ	密度	[kg/m^3]
σ^2	循环分配差异	
τ	停留时间	[s]
τ'	循环时间	[s]
τ_h	流动停留时间	[s]
v	动黏滞率	[m^2/s]

索　引

T

W

X

Y

Z

其他